教育部高等学校化工类专业教学指导委员会推荐教材

荣获中国石油和化学工业优秀教材一等奖

分离工程

第二版

叶庆国　陶旭梅　徐东彦　主编

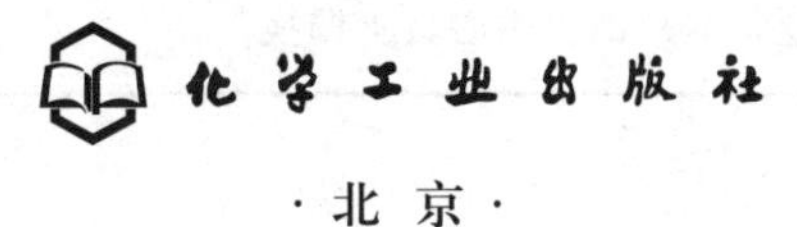

·北京·

《分离工程》(第二版) 简要介绍了分离过程的特征与分类、分离过程的研究内容与研究方法，在此基础上详细介绍了多组分分离基础、精馏、气体吸收和解吸、多组分多级分离的严格计算、分离过程及设备的效率与节能、其它分离方法（包括吸附、离子交换、液液萃取、膜分离）等内容。

本书重点突出，难点分散，以“实例—原理—模型—应用”进行教材内容的组织，应用性强。本书可作为高等院校化学工程与工艺专业本科生教材，亦可供从事化学工程、石油加工及气体分离、制药工程等专业的技术人员参考。

图书在版编目（CIP）数据

分离工程/叶庆国，陶旭梅，徐东彦主编．—2版．—北京：化学工业出版社，2017.6（2025.1重印）
教育部高等学校化工类专业教学指导委员会推荐教材
2010年中国石油和化学工业优秀教材一等奖
ISBN 978-7-122-29504-0

Ⅰ.①分…　Ⅱ.①叶…②陶…③徐…　Ⅲ.①分离-化工过程-高等学校-教材　Ⅳ.①TQ028

中国版本图书馆CIP数据核字（2017）第081518号

责任编辑：徐雅妮　丁建华　　　　装帧设计：关　飞
责任校对：王素芹

出版发行：化学工业出版社（北京市东城区青年湖南街13号　邮政编码100011）
印　　刷：北京云浩印刷有限责任公司
装　　订：三河市振勇印装有限公司
787mm×1092mm　1/16　印张22¾　字数574千字　　2025年1月北京第2版第9次印刷

购书咨询：010-64518888　　　　售后服务：010-64518899
网　　址：http://www.cip.com.cn
凡购买本书，如有缺损质量问题，本社销售中心负责调换。

定　　价：59.00元

教育部高等学校化工类专业教学指导委员会 推荐教材编审委员会

序

化学工业是国民经济的基础和支柱性产业，主要包括无机化工、有机化工、精细化工、生物化工、能源化工、化工新材料等，遍及国民经济建设与发展的重要领域。化学工业在世界各国国民经济中占据重要位置，自2010年起，我国化学工业经济总量居全球第一。

高等教育是推动社会经济发展的重要力量。当前我国正处在加快转变经济发展方式、推动产业转型升级的关键时期。化学工业要以加快转变发展方式为主线，加快产业转型升级，增强科技创新能力，进一步加大节能减排、联合重组、技术改造、安全生产、两化融合力度，提高资源能源综合利用效率，大力发展循环经济，实现化学工业集约发展、清洁发展、低碳发展、安全发展和可持续发展。化学工业转型迫切需要大批高素质创新人才，培养适应经济社会发展需要的高层次人才正是大学最重要的历史使命和战略任务。

教育部高等学校化工类专业教学指导委员会（简称“化工教指委”）是教育部聘请并领导的专家组织，其主要职责是以人才培养为本，开展高等学校本科化工类专业教学的研究、咨询、指导、评估、服务等工作。高等学校本科化工类专业包括化学工程与工艺、资源循环科学与工程、能源化学工程、化学工程与工业生物工程等，培养化工、能源、信息、材料、环保、生物工程、轻工、制药、食品、冶金和军工等领域从事工程设计、技术开发、生产技术管理和科学研究等方面工作的工程技术人才，对国民经济的发展具有重要的支撑作用。

为了适应新形势下教育观念和教育模式的变革，2008年“化工教指委”与化学工业出版社组织编写和出版了10种适合应用型本科教育、突出工程特色的“教育部高等学校化学工程与工艺专业教学指导分委员会推荐教材”（简称“教指委推荐教材”），部分品种为国家级精品课程、省级精品课程的配套教材。本套“教指委推荐教材”出版后被100多所高校选用，并获得中国石油和化学工业优秀教材等奖项，其中《化工工艺学》还被评选为“十二五”普通高等教育本科国家级规划教材。

党的十八大报告明确提出要着力提高教育质量，培养学生社会责任感、创新精神和实践能力。高等教育的改革要以更加适应经济社会发展需要为着力点，以培养多规格、多样化的应用型、复合型人才为重点，积极稳步推进卓越工程师教育培养计划实施。为提高化工类专业本科生的创新能力和工程实践能力，满足化工学科知识与技术不断更新以及人才培养多样化的需求，2014 年 6 月“化工教指委”和化学工业出版社共同在太原召开了“教育部高等学校化工类专业教学指导委员会推荐教材编审会”，在组织修订第一批 10 种推荐教材的同时，增补专业必修课、专业选修课与实验实践课配套教材品种，以期为我国化工类专业人才培养提供更丰富的教学支持。

本套“教指委推荐教材”反映了化工类学科的新理论、新技术、新应用，强化安全环保意识；以“实例—原理—模型—应用”的方式进行教材内容的组织，便于学生学以致用；加强教育界与产业界的联系，联合行业专家参与教材内容的设计，增加培养学生实践能力的内容；讲述方式更多地采用实景式、案例式、讨论式，激发学生的学习兴趣，培养学生的创新能力；强调现代信息技术在化工中的应用，增加计算机辅助化工计算、模拟、设计与优化等内容；提供配套的数字化教学资源，如电子课件、课程知识要点、习题解答等，方便师生使用。

希望“教育部高等学校化工类专业教学指导委员会推荐教材”的出版能够为培养理论基础扎实、工程意识完备、综合素质高、创新能力强的化工类人才提供系统的、优质的、新颖的教学内容。

教育部高等学校化工类专业教学指导委员会

2015 年 1 月

前言

《分离工程》为教育部高等学校化工类专业教学指导委员会推荐教材，自2009年出版以来至今已有8年，被国内众多院校选作化工与制药类专业本科生教材，并荣获2010年中国石油和化学工业优秀教材一等奖。为切实配合国家新时期创新发展战略、卓越工程师教育培养计划和工程教育专业认证的需要，不断提高本科教学水平和教育质量，我们对本书第一版进行了认真的修订。

现代社会离不开化工分离技术，化工分离技术亦发展于现代社会。一方面，传统分离技术的研究和应用不断进步，分离效率提高，处理能力加大，工程放大问题逐步得到解决，新型分离装置不断出现；另一方面，为了适应技术进步提出了新的分离要求，膜分离技术、超临界萃取技术、吸附技术等现代分离技术的开发、研究和应用已成为分离工程研究的前沿课题。本次修订主体框架和主要内容没有变化，只是将第7章反应精馏移至第3章，删除了各院校不经常选用的化学吸收内容。教学重点仍然是传统分离过程，但增加了能反映当代分离过程科学技术进步的新成果和科技前沿，使学生既掌握扎实的分离工程基础知识，又树立开拓创新意识。本次修订更正了第一版中遗留的疏漏，统一了插图的格式，在每一章增加了工程案例，部分课后习题也增加了工程背景。通过工程案例和习题，培养学生基于问题的学习、基于项目的学习、基于案例的学习等多种研究性学习方法，强化学生的工程实践能力、解决复杂工程问题的能力，以及工程设计能力与工程创新能力，实现从知识课堂向能力课堂转变、从句号课堂向问号课堂转变，为学生多样化发展提供合适的舞台。

本书由青岛科技大学分离工程课程教研组编写，叶庆国、陶旭梅、徐东彦主编。此次修订是在本书第一版基础上完成的，在此向为第一版教材编写做出贡献的刘名礼、杜华、郭焕美、孙烈刚和王英龙老师表示感谢！葛纪军、辛戈、宋佳佳、姚飞洋、吴晓炜等在计算机模拟计算、插图的绘制和书稿校对方面给予了帮助，本书还得到了青岛科技大学化工学院的支持和鼓励，在此一并表示衷心的感谢！本书出版以来得到了各兄弟院校的支持和褒奖，编者由衷地感谢大家的支持与鼓励。

凡选用本书作为教材的学校，可向化学工业出版社索取《分离工程》习题解答和多媒体课件。

由于本书内容涉及面广，加之编者的水平所限，书中难免存在疏漏和不足之处，诚望专家和读者指教。

编　者

2017年1月

第一版前言

分离工程是化学工程学科的重要分支，它是混合物分离与提纯的工程科学，它与化学工艺密切相关。分离工程是清洁工艺的重要组成部分，它一方面为化学反应提供符合质量要求的原料，清除对反应或催化剂有害的杂质，减少副反应，提高收率；另一方面又对反应产物进行分离提纯，以得到合格产品，并使未反应物料循环使用，对生成的废物进行末端治理。分离过程与技术在提高生产过程的经济效益、社会效益和产品质量中起到举足轻重的作用。

《分离工程》作为化工专业及其相关专业的一门骨干专业课程，具有应用性和实践性较强，内容涉猎面广、跨度大、知识点多的特点，其在化工生产实际中，在化工类及其相关专业的人才培养中有着重要的地位和作用。本教材适用于化工类本科专业，如化学工程、化学工艺、精细化工等，也可适用于其它相关专业，如石油加工、化学制药、制药工程、材料、冶金、食品、生化、原子能和环保等领域都广泛地应用到分离过程。本书可作为工科高等院校化学工程与工艺及相关专业本科生的教材，亦可供从事化学工程、石油加工及气体分离、制药工程等方面的工程技术人员参考。

本教材定位为应用型教材，使用对象为教学研究型与教学型学校的学生，面向化工生产实际，面向就业，突出应用性；编写中遵循分离过程知识教学和学习规律，按照“掌握基本知识，注重应用联系，辅以能力培养”的目的，强调理论联系实际、工程与工艺结合，以培养学生分析和解决实际问题的能力；保留了成熟与经典的内容，增加了各种分离过程目前的研究动向，同时对一些新的有发展前景的和对开发新分离方法有启发性的分离方法做了简要的介绍，以利于扩展学生的视野和思路，提高学生选择与开发分离方法的能力。通过本课程教学，要求学生牢固掌握分离过程的基本原理及应用方法，熟练进行简化计算，了解多种数值计算方法，学会实际分离过程的分析与综合，了解分离及相关工程研究的进展，学会针对工业实际正确选择分离过程及设备。

本书内容共分七章，分别介绍多组分分离基础、精馏、气体吸收和解吸、多组分多级分离的严格计算、分离过程及设备的效率与节能、其它分离方法等内容。本书由青岛科技大学叶庆国教授任主编，其中第 1 章和第 2 章由叶庆国编写，第 3 章和第 4 章分别由山东师范大学刘名礼和杜华编写，第 5 章由潍坊学院郭焕美和叶庆国编写，第 6 章和第 7 章由烟台大学的孙烈刚编写。此外，青岛科技大学王英龙负责本书英文专业词汇的编译工作。最后，感谢阎淑芸、孙培生、梁永宁、胡莹和董先营等同学在插图的绘制和书稿校验方面给予的帮助。

为了给教师的教学和学生的自习提供方便，与本书配套的《分离工程学习指导与习题集》也同时由化学工业出版社出版，相信会对提高教学活动的灵活性和教学效率有所帮助。凡选用本书作为教材的学校，可向本书作者叶庆国索取以下资料：《分离工程》电子教案和《分离工程》多媒体课件。

由于编写人员水平有限，书中不妥之处在所难免，衷心希望广大读者和有关专家学者予以批评指正。

编　者

2008 年 11 月

目录

1 绪论 / 1

2 多组分分离基础 / 23

3 精馏 / 72

4 气体吸收和解吸 / 164

5 多组分多级分离的严格计算 / 199

6 分离过程及设备的效率与节能 / 252

1

绪 论

1.1 分离工程理论的形成和特性

1.1.1 分离工程理论的形成与完善[1~5]

石油化工、生物医药、冶金等过程工业的原料精制及中间产物分离、产品提纯离不开分离科学，它是获得优质产品、充分利用资源和控制环境污染的关键技术，对工业过程的技术经济指标起着重要作用。分离技术是随着化学工业的发展而逐渐形成和发展的，生产实践是分离工程形成与发展的源泉。分离单元操作的概念在20世纪初得以确立；分离工程的理论在20世纪中叶形成与完善；分离应用领域在20世纪后期得到拓宽与推广。

先了解早期人类生产活动中的分离过程，早在数千年前，人们已利用各种分离方法制作许多人们生活和社会发展中需要的物质。例如，利用日光蒸发海水结晶制盐；农产品的干燥；从矿石中提炼铜、铁、金、银等金属；火药原料硫黄和木炭的制造；从植物中提取药物；酿造葡萄酒时用布袋过滤葡萄汁；制造蒸馏酒等。这些早期的人类生产活动都是以分散的手工业方式进行的，主要依靠世代相传的经验和技艺，尚未形成科学的体系。

现代化学工业是开始于18世纪产业革命以后的欧洲。当时，三酸二碱等无机化学工业成为现代化学工业的开端。而19世纪以煤为基础原料的有机化工在欧洲也发展起来。当时的煤化学工业规模不是很大，主要着眼于苯、甲苯、酚等各种化学品的开发。在这些化工生产中需要将产品或生产过程的中间体从混合物中分离出来。例如，当时著名的索尔维制碱法中，使用了高达二十余米的纯碱碳化塔，同时应用了吸收、精馏、过滤、干燥等分离操作。但在当时，这项成就是由化学家根据实验室研究结果直接建立的，即在进行化学工艺过程开发的同时完成的，他们并没有意识到他们同时在履行着化学工程师的职责。这时的分离技术是结合在具体的化工生产工艺的开发过程中，单独而分散地发展的。

随着大量的工业实践，人们逐渐认识到，生产用的大装置中的化学或物理过程与实验室玻璃器皿中的现象有很大的不同。而在不同产品的生产过程中，却有许多过程遵循相似的原理。如尽管化工产品种类繁多，但生产过程的设备可以认为是由其中的核心即反应过程所涉及的反应器及其它由分离设备和通用的换热器、压缩机、泵等构成。其中分离设备，用于原料、中间产物、产品等混合物的分离、提纯过程，它是获得合格产品的关键。由此提出的单元操作原理奠定了化学工程学科最初的理论基础。

19世纪末20世纪初大规模的石油炼制业促进了化工分离技术的成熟与完善。20世纪初提出的单元操作的概念指出：任何化工生产过程不论规模如何，皆可分解为一系列单元操作的过程。1901年由英国学者戴维斯编著的世界上第一本《化学工程手册》中首先确定了分离操作的概念，作者在他多年的化工生产实践中，逐步将化工生产过程各步骤加以分类，归纳为若干共性单元操作。蒸发、精馏、吸收、结晶、透析等分离过程单元，在这本著作中均有阐述。从而确立了分离单元操作的概念。1923年美国麻省理工学院W.K.刘易斯和W.H.麦克亚当斯合著《化工原理》出版，推出了传质与分离单元操作的定量计算方法，分离工程的理论初见端倪。

20世纪20～30年代一批分离工程著作先后问世，包括C.S.鲁宾逊的《精馏原理》(1922年）和《蒸发》(1926年)、W.K.刘易斯的《化工计算》(1926年)、T.K.舍伍德的《吸收与萃取》(1937年）等著作，使分离工程的理论得到充实和完善。单元操作概念的建立对化学工程的发展起了重大的作用。它对用于不同的化学工艺中的同样的操作，以单元操作的概念抽象出来，对其共同规律进行研究。通过对其基础研究、单元操作所用设备的结构、操作特性、设计计算方法及应用开发等多方面的研究，为分离过程在化工工艺开发、化工过程放大、化工装置设计和在化工生产中的正确应用提供了较为完整的理论体系和经济高效的分离设备，对促进化学工业的发展起到了重要的作用。

自20世纪50年代以来，通过对化学工程的深入研究，提出了“三传一反”(动量传递、热量传递、质量传递和化学反应工程）的概念，使分离工程建立在更基本的质量传递的基础上，从界面的分子现象和基本流体力学现象进行分离工程中各单元操作的基础研究，并用定量的数学模型描述分离过程，用于分析已有的分离设备，并用于设计新的过程和设备。

进入20世纪70年代以后，化工分离技术更加高级化，应用也更加广泛。随着科学技术的不断发展，最初的单元操作以及后继出现的单元操作逐步交叉、渗透、融合，形成了相对独立的分离过程领域，如生物分离技术、膜分离技术、环境化学分离技术、纳米分离技术、超临界流体萃取技术等。这些基本操作的知识对于化工分离过程的正确开发和化工流程、装置的正常运行及经济性有重要的作用。由于计算机技术的飞速发展，使得从较基础的理论角度出发对分离过程和设备进行研究成为可能，减少了误差和失真。对一些复杂的数学模型的开发并用于分离过程的优化，使化工过程更趋成熟和完善。

21世纪，化工分离技术将面临一系列新的挑战，其中最主要的是来自能源、原料和环境保护三大方面。此外，化工分离技术还将对农业、食品和食品加工、城市交通和建设以及保健、提高和改善人们的生活水平方面做出贡献。随着生产技术的发展，所处理的混合物种类日益增多，分离的要求越来越高（产品纯度高)。分离物料的量，有的越来越大（生产大型化)，有的越来越小（各种生化制品的发展)，特别是随着各种天然资源被不断开采使用，含有用物质较高的资源逐步减少，迫使人们从含量较少的资源中去分离、提取有用物质。所有这些都促使常规的分离方法迅速改造和完善，出现了新的强化设备和新的计算方法以适应技术革命飞速发展的需要，同时也进一步探索各种新的分离原理和开发新的分离方法。因此，了解分离过程、选择、设计和分析分离过程中的各个参数，对化工技术人员和管理人员是非常重要的任务。

1.1.2 工业生产中的分离过程[6,7]

自然界的物料，无论是固体矿物、石油、空气、海水，还是取自动植物的各种物料都是混合物，对于这些天然物料，人们直接利用它们，或者采用化学或生物化学的方法将它们转化为需要的物质，绝大多数都需要先把它们分离成纯的物质。应用化学或生物化学方法得到的产物，通常也需要应用分离技术将它们分离成各种纯度的中间产品或产品。工业生产将过程原料如天然形成的原材料、植物或动物、化学中间体、商业化学品、废料等制造成组成不同的产品。

作为重要的有机化工基础原料之一，对二甲苯（PX）是近年来产量增长最快的芳烃品种。PX是制造对苯二酸和对苯二酸二甲酯的中间体，两者都是制造聚酯纤维的原料。PX还可用作溶剂以及医药、香料、油墨等的生产原料，用途十分广泛。对二甲苯是二甲苯的三种异构体之一，三者的物理性质很相近。对二甲苯的生产流程和工业生产装置分别见图1-1和图1-2。制造二甲苯所用的石脑油原料，沸程通常在70～145℃之间。石脑油进入高温、高压重整化学反应器中发生反应，使烷烃为主的石脑油大部分转化为芳香族分子。典型的反应包括正己烷转化为环己烷之类的环化反应和环己烷转化为苯和氢之类的芳构化反应。芳香族产品为苯、甲苯、二甲苯异构体和高级芳香族的混合物。重整反应器中的催化剂必须用氢气保护以免失活。因氢气价格昂贵，故应在气-液分离器中回收，以便循环使用。为了除去在环化和芳构化反应中净生的氢气，需要放空一部分循环气。从分离装置排出的部分液流，通过精馏塔以除去丁烷和轻组分。塔釜的物料进入液-液萃取过程，在此，烃类与一不互溶的溶剂如乙二醇相接触。这时，芳香族选择性地溶解于溶剂中，而烷烃和环烷烃（环状非芳香族）则不溶。含芳香族的溶剂送至再生精馏塔中，将芳香族从溶剂中分离出来。然后将溶剂再循环至萃取装置。

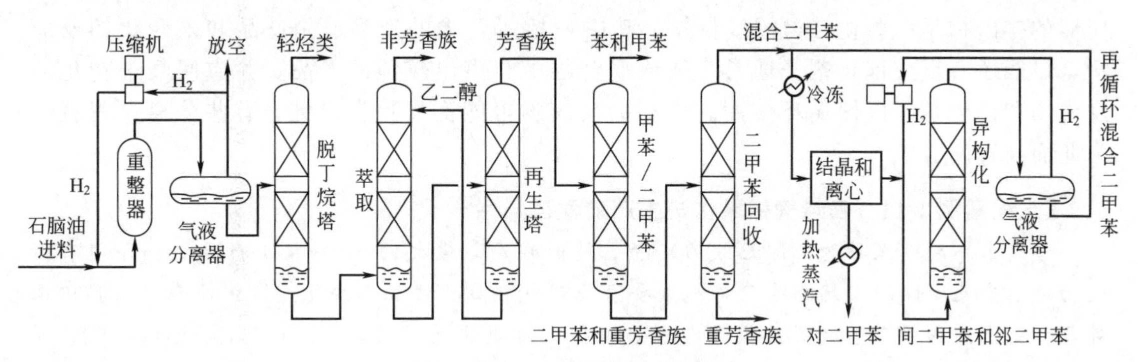

图1-1 对二甲苯的生产流程

图1-2 对二甲苯的工业生产装置

继萃取之后还有两个精馏塔，第一塔用以从二甲苯和重芳香族中除去苯和甲苯，第二塔用以从混合二甲苯中除去重芳香族。然后将所得二甲苯异构体的混合物冷冻至冰点以下，生成对二甲苯晶体。因此通过离心分离或过滤分出晶体就可完成对位异构体与邻位、间位异构体的分离。对二甲苯熔化后作为产品，而清液则送至异构化反应器，在此得到三种二甲苯异构体的平衡混合物。在反应器中有固体催化剂，也必须用高压循环氢气来保护。平衡的二甲苯化合物再循环至结晶器中，用这种方法几乎全部二甲苯馏分都可转化为对二甲苯。

在该例中，有四种不同类型的分离过程：

① 气-液分离（回收氢气） 多相流体可分离为组成不同的气相和液相，其中每一相可单独引走。对某些情况，则需要加热（蒸发）或减压（膨胀）以生成蒸气。

② 精馏（脱丁烷塔、再生塔、甲苯-二甲苯分离塔、二甲苯回收） 分离是根据相对挥发度的不同，反复汽化和冷凝而达到的。

③ 萃取（芳香族选择性地溶解于乙二醇中） 两种不互溶的液相接触时，待分离的物质在两相中溶解度不同。

④ 结晶（对二甲苯回收） 通过液体的部分凝固而形成固相，而所生成的两相具有不同的组成。

在制造对二甲苯的例子中所提到的分离工序，是以化学反应为基础的典型过程。反应器的排出物是一些化合物的混合物，其中包括所要求的产品、副产品和未转化的反应物，可能还有反应催化剂。通常，须从混合物中分离出较纯的产品，并应回收未转化的反应物和催化剂，以便循环使用。所有的反应物可能都要预先提纯，有些分离过程就是为此而设置的。

【工程案例 1-1】 乙烯气相氧化法生产醋酸乙烯酯[3]

醋酸乙烯酯［又称为乙酸乙（烯）酯］是世界产量最大的 50 种化工产品之一，现有衍生物用途广泛，醋酸乙烯酯生产路线主要有乙烯气相氧化法和乙炔气相氧化法两种，其中乙烯气相氧化法由于工艺经济性优而占主导地位。自该法问世后，Bayer、Hoechst 及 USI 等公司先后开展了相关的工业研究。1968 年第一套乙烯气相 Bayer 法装置在日本投产，1972 年乙烯气相 USI 法装置也开车成功。1998 年 BP Amoco 公司开发出了流化床乙烯气相法 Leap 工艺，并于 2001 年在英国 Hull 地区采用该工艺建设了一套 250kt/a 的生产装置。该装置的投资费用比同等规模采用传统工艺建设的装置降低约 30%。乙烯气相氧化法是乙烯、醋酸和氧气在气相中反应生成醋酸乙烯酯，再通过吸收脱除 CO_2，初馏分出乙酸；闪蒸脱除溶解在反应液中的乙烯等气体，脱气的反应液经汽提、脱水等处理后送去精馏提纯。如图 1-3 和图 1-4 所示分别为醋酸乙烯酯的工艺流程及工业生产装置。

主要含乙烯的循环气用压缩机升压至稍高于反应压力，和新鲜乙烯充分混合后一同进入乙酸蒸发器 1 的下部，与蒸发器上部流下的乙酸逆流接触。已被乙酸蒸气饱和的气体从蒸发器的顶部出来，用过热蒸汽加热到稍高于反应温度后进入氧气混合器 2，与氧气急速均匀地混合，达到规定的含氧浓度，并严格防止局部氧气过量，以防爆炸。从氧气混合器导出的原料气，在配管中途添加喷雾状的碳酸钾溶液后，进入列管式固定床反应器 3。列管中装填钯-金催化剂，管间走中压热水，原料气在给定的温度、压力条件下与催化剂接触反应，放出的反应热被管间的热水所吸收，并汽化而产生中压蒸汽。

反应产物含醋酸乙烯酯、CO_2、水和其它副产物，以及未反应的乙烯、乙酸、氧和惰性

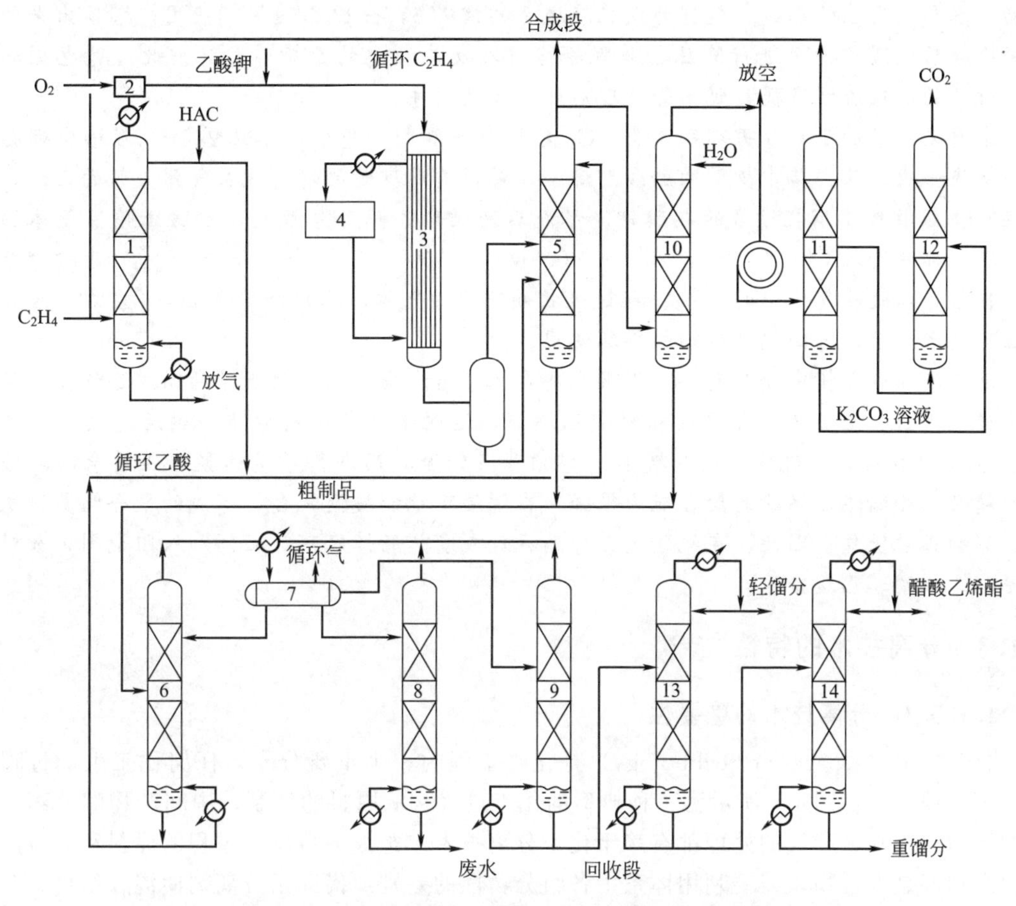

图 1-3 乙烯气相氧化法生产醋酸乙烯酯的工艺流程

1—乙酸蒸发器；2—氧气混合器；3—反应器；4—冷却系统；5—吸收塔；6—初馏塔；7—脱气槽；8—汽提塔；9—脱水塔；10—水洗塔；11—CO_2 吸收塔；12—解吸塔；13—脱轻馏分塔；14—脱重馏分塔

图 1-4 乙烯气相氧化法生产醋酸乙烯酯的工业生产装置

气体，从反应器底部导出。反应产物分步冷却到 40℃左右，进入吸收塔 5，塔顶喷淋冷乙酸，把反应气体中的醋酸乙烯酯加以捕集，从塔顶出来的未反应原料气，大部分经压缩机增压后，重新参加反应，小部分去循环气精制部分，脱除 CO_2 进行净化。反应生成的醋酸乙烯酯、水和未反应的乙酸一起作为反应液送至初馏塔6，分出乙酸循环使用；塔顶出来的蒸汽经冷凝后送脱气槽7进行降压，并脱除溶解在反应液中的乙烯等气体。此气体也循环使用，脱气的反应液经汽提、脱水等处理后送去精馏提纯。

来自吸收塔的小部分循环气，含CO_2达15%～30%，先进入水洗塔10，在塔中部再用乙酸洗涤一次，除去其中少量的醋酸乙烯酯，塔顶喷淋少量的水，洗去气体夹带的乙酸，以免在CO_2吸收塔中消耗过多的碳酸钾。水洗后的循环气一部分放空，以防止惰性气体的积累，其余部分进入CO_2吸收塔，在0.6～0.8MPa、100～120℃条件下与30%的碳酸钾溶液逆流接触，以脱除气体中的CO_2。经过吸收处理后的气体，CO_2含量降至4%左右，经冷凝干燥除去水分后，再回循环压缩机循环使用。

反应液在脱气槽中分为两层，下层主要是水，送汽提塔8回收少量的醋酸乙烯酯，釜液作为废水排出。上层液为含水的粗醋酸乙烯酯，送脱水塔9进行脱水，然后进脱轻馏分塔13除去低沸物后，再进脱重馏分塔14，塔顶蒸汽经冷凝后即得质量达聚合级要求的醋酸乙烯酯精品。纯醋酸乙烯酯的聚合能力很强，在常温下就能缓慢聚合，形成的聚合物易堵塞管道，影响正常操作。因此，在纯醋酸乙烯酯存放或受热的情况下，必须加入阻聚剂，如对苯二酚、二苯胺、乙酸铵等。

1.1.3 分离技术的特性[7～11]

1.1.3.1 分离技术的重要性

分离技术（separation technology）是化学工程的一个重要分支，任何化工生产过程都离不开这种技术。图1-5所示为一种典型的化工过程，从原料的精制，中间产物的分离，产品的提纯和废水、废气的处理都有赖于化工分离技术。绝大多数反应过程的原料和反应所得到的产物都是混合物，需要利用体系中各组分物性的差别或借助于分离剂使混合物得到分离提纯。无论是石油炼制、塑料化纤、湿法冶金、同位素分离，还是生物制品的精制、纳米材料的制备、烟道气的脱硫和化肥农药的生产等都离不开化工分离技术。它往往是获得合格产品、充分利用资源和控制环境污染的关键步骤。分离操作一方面能为化学反应提供符合质量要求的原料，清除对反应或催化剂有害的杂质，减少副反应并提高收率，另一方面又对反应产物起着分离提纯的作用，以便得到合格的产品，并使未反应的反应物得到循环利用。此外，分离操作在环境保护和充分利用资源方面起着特别重要的作用。由此可说明分离过程在石油、化学工业和生物化工中的重要性，通常在基建投资中它占有50%～90%的比重。

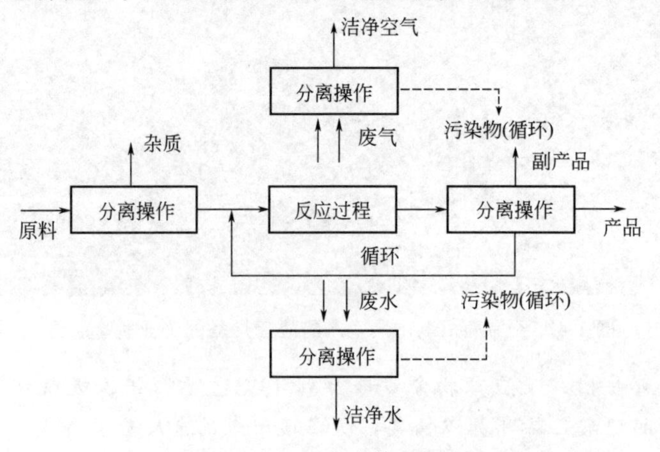

图1-5 化工生产中的分离过程

分离过程是耗能过程，设备数量多，规模大，在化工厂的设备投资和操作费用中占着很高的比例，对过程的技术经济指标起着重要的作用。随着现代工业大型化的趋势，分离设备往往变得十分庞大。在1000万吨常、减压和100万吨乙烯等特大型石化装置中，塔径10m以上的分离塔比比皆是。除了技术和经济的因素以外，环境保护和生产安全也对分离过程有所要求。分离过程已成为使“三废”不致污染环境的最常用的手段之一。这样，分离技术的重要性就更为突出。

从上述各种过程的讨论，对各种分离过程必须仔细思考和深入理解，必须选择特定的操作类型以便用于指定的分离要求，并且必须仔细设计和分析每一个分离设备，这些问题就是本书研究的主要课题。

1.1.3.2 分离技术的多样性

由于化工分离技术的应用领域十分广泛，原料、产品和对分离操作的要求多种多样，这就决定了分离技术的多样性。按机理划分，可大致分成五类，即：生成新相以进行分离（如精馏、结晶），加入新相进行分离（如萃取、吸收），用隔离物进行分离（如膜分离），用固体试剂进行分离（如吸附、离子交换）和用外力场或梯度进行分离（如离心萃取分离、电泳）等，它们的特点和设计方法有所不同。Keller于1987年总结了一些常用分离方法的技术成熟度和应用成熟度的关系图（图1-6），近三十年来，化工分离技术虽然有了很大的发展，但图中指出的方向仍可供参考。例如，精馏、萃取、吸收、结晶等仍是当前使用最多的分离技术。液膜分离虽然构思巧妙，但由于技术上的局限性，仅在药物缓释等方面得到有限的应用。

作为分离过程的支撑科学包括分离技术的基础理论、分离设备的基础理论、计算机的发展等多个方面，其中任何一个方面取得突破，分离技术相应也会取得突破性进展。分离技术与支撑科学的关系通过对图1-7的分析来加以解释。

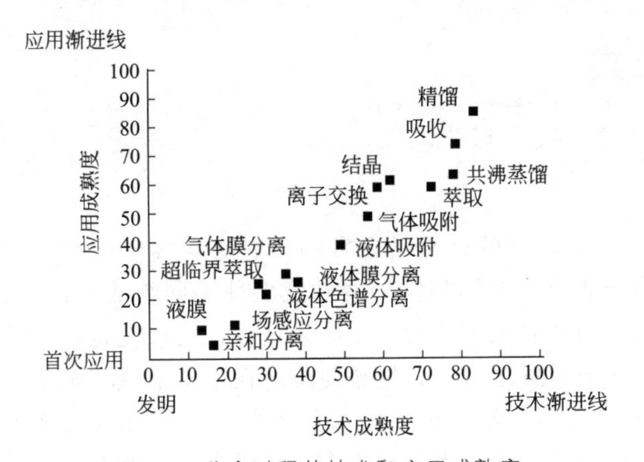

图1-6 分离过程的技术和应用成熟度

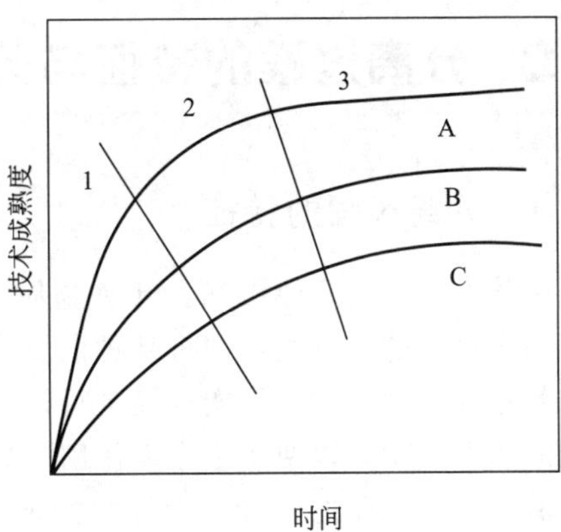

图1-7 技术成熟度与时间的关系

图1-7中，A、B、C三条曲线分别表示技术的不同发展阶段，其技术发展水平高低：阶段A>阶段B>阶段C，而区间1代表技术高速发展期，在这一阶段，技术高速发展；区间2为技术平稳发展期，这一阶段技术发展较区间1有所减慢，其主要工作将集中于经验数据的理论表征；区间3为技术缓慢发展阶段，这是一个从经验向理论过渡的阶段，此时技术发展速度将大大降低。因而，根据三个阶段的特点也就决定了在选择研究课题时要尽量做到从区间1中进行选择，这样研究才更容易获得成果。在这三个阶段，每一个阶段技术发展速

度的快慢主要取决于该领域的支撑科学的发展，当支撑科学取得突破性进展时，则该领域的技术发展也会发生突变。就像20世纪由于计算机科学的发展，使得各个领域的发展都发生了飞跃。如果要想在新分离方法的开发方面取得突破时，就必须在基础研究方面加大力度。

1.1.3.3 分离技术的复杂性

分离技术的重要性和多样性决定了它的复杂性，即使对于精馏、萃取这些比较成熟的技术，多组分体系大型设备的设计仍是一项困难的工作，问题在于缺乏基础物性数据和大型塔器的可靠设计方法。

从原则上讲，可以从手册中查找或用多种模型推算各种物性，但是对于很多高温、高压、多组分和强非理想体系，不仅平衡数据和分子扩散系数难以准确计算，就连界面张力、黏度等物性数据也难以求得。对于诸如催化剂和反应萃取之类的耦合分离技术，基础物性数据更为缺乏。大型塔器设计、放大的主要困难在于塔内两相流动和传质特性十分复杂，数学模型尚不完善。例如，大型规整填料塔中既存在着纵向混合和径向混合等宏观尺度的流动，也存在界面附近微尺度的涡流、界面和传递过程。沿用了百余年的平衡级模型虽然简单、直观，但用于多组分分离过程的缺点已显而易见。非平衡级模型被称为是“可能开创板式分离设备设计和模拟新纪元”，优越性显著，但缺乏传质系数实验数据和模型参数过多，使得这种先进模型的工程应用存在困难。许多商用软件功能强大，已在工程设计中得到广泛运用，但是多相、多组分传质过程的数学模型尚不完善，对于一些新的或特殊分离过程往往需要自行开发相关的子程序，工程经验和中试实验往往是不可缺少的。设计时如何选择高效低耗的分离技术以实现节能减排的目标也是人们十分关注的问题。

展望21世纪，化工分离技术将面临一系列新的挑战，其中最主要的是来自能源、原料和环境保护三大方面。此外，化工分离技术还将对农业、食品和食品加工、城市交通和建设以及保健、提高和改善人们的生活水平方面做出贡献。

1.2 分离过程的特征与分类

1.2.1 分离过程的特征[7,11~13]

由热力学第二定律可知，几种物质混合在一起的过程是自发的、混乱度或熵增加的过程，与之相反的逆过程，即将某种混合物分离成为互不相同的两种或多种不同组成的产品，是强制过程，熵减小，不能自发进行，就必须建立某种装置、系统或过程，为该混合物提供相当的热力学功，以便产生分离作用。如将糖粒置于水中，糖粒便溶解在水中形成完全均匀的溶液，反之，要把糖水分为纯净的糖和水需要供给热量，使水分蒸发，水蒸气冷凝为纯水，糖在变浓的溶液中结晶成纯糖。或供给冷量，使纯水凝固出来，然后在较高温度下使其融化；其次将糖水加压，通过特殊的固体膜将水与糖分离。如图1-8为一般分离过程的示意图。

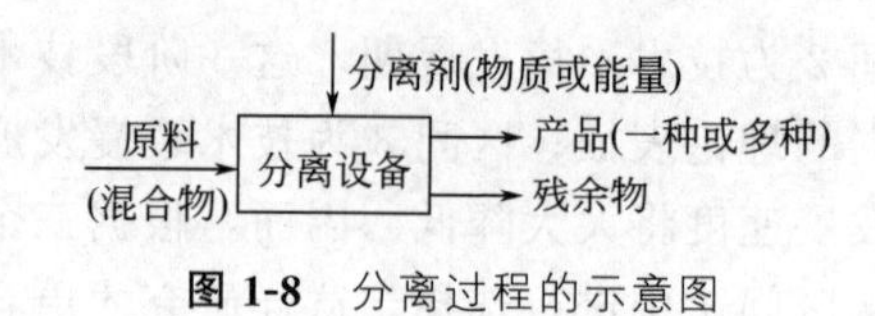

图1-8 分离过程的示意图

分离过程的原料可以是一股或几股物料，至少必须有两股不同组成的产品，这是由分离过程的基本性质决定的。分离作用是由于加入分离剂（媒介）而引起的，分离剂可以是能量（ESA）或物质（MSA），有时也可两种同时应用。ESA是指传入系统或传出系统的热量或冷量，还有输入或输出的功，消耗能量驱动泵、压缩机使系统维持流动状态等，MSA 如吸收剂、溶剂、表面活性剂、过滤介质、吸附物质、离子交换树脂、液膜和固膜材料或另一种原料。当 MSA 与 ESA 共同使用时，还可有选择性地改变组分的相对挥发度，使某些组分彼此达到完全分离，例如萃取精馏。分离剂常常可引起第二相物质的生成。例如在蒸发过程中，分离剂是提供给蒸发器的热量（能量），它使水先蒸发出来成为第二相（蒸汽）。

1.2.2 分离因子

1.2.2.1 定义

分离因子（separation factor）可表示任一分离过程所达到的分离程度，因为分离装置的目的在于生产不同组成的产品，故以实际产品组成之间的关系来定义分离因子。

$$\alpha_{i,j}^{s}=\frac{x_{i,1}/x_{j,1}}{x_{i,2}/x_{j,2}} \tag{1-1}$$

式中，$\alpha_{i,j}^{s}$ 为组分 i 对组分 j 的实际分离因子；$x_{i,1}$，$x_{i,2}$ 为组分 i 在分离产物 1 与分离产物 2 中的浓度；$x_{j,1}$，$x_{j,2}$ 为组分 j 在分离产物 1 与分离产物 2 中的浓度。组分 i 和 j 的实际分离因子就是分离产物 1 中该两组分的浓度比和分离产物 2 中相应浓度比之商，$\alpha_{i,j}^{s}$ 与组分浓度表示方法无关。

分离因子与 1 相差越远，则越能达到有效的分离。

$\alpha_{i,j}^{s}=1$，则表示组分 i 及 j 之间并没有被分离；

$\alpha_{i,j}^{s}>1$，组分 i 富集于 1 相，而组分 j 富集于 2 相；

$\alpha_{i,j}^{s}<1$，组分 i 富集于 2 相，而组分 j 富集于 1 相。

既然分离的程度可以偏离 1 的程度来判断，i、j 可任意指定，习惯上常使组分 i、j 的选择，使得 $\alpha_{i,j}^{s}$ 大于 1。

基于产品的实际组成而获得分离因子反映了相间传质过程的平衡组成的差别，以及分离所依据的基本物理现象所致的传质速率不同，同时还能反映分离装置的结构的流动形式以及分离流程的影响。

硅烷气是太阳能电池生产过程中不可或缺的材料，其分离提纯备受关注。国内有学者[14,15]对六种三元硅烷体系的分离因子进行了计算，为其分离提纯提供了理论基础。分离因子可用来度量同位素效应的大小，对钯氢化物同位素分离因子的理论计算与实验测定进行研究，是贮氢材料在工程应用中的一个至关重要的参数。

1.2.2.2 固有分离因子（理想分离因子）

$$\alpha_{i,j}=\frac{y_i/y_j}{x_i/x_j} \tag{1-2}$$

式中，y_i、x_i、y_j、x_j 分别为组分 i 和 j 的汽液平衡组成；$\alpha_{i,j}$ 称为固有分离因子（inherent separation factor），也称为相对挥发度，它不受分离设备的影响。

1.2.2.3 α_{ij}^{s} 与 α_{ij} 的关系

根据平衡组成而得的理想 $\alpha_{i,j}$ 与根据实际产品组成而得的 $\alpha_{i,j}^{s}$ 都可以用来分析分离过程，当用 $\alpha_{i,j}$ 来分析某一分离过程时，即将分离过程理想化，平衡分离过程仅讨论其两组组成的平衡浓度，速率控制过程只讨论在场的作用下的物理传递机理，把那些较复杂的，不易定量的因素归之于效率，来说明实际过程与理想过程的偏差。即将实际分离设备所能达到的分离因子与理想分离因子之间的差别用级效率来表示，级效率$=\alpha_{i,j}^{s}/\alpha_{i,j}$，如精馏，理想分离因子就是相平衡常数之比，或相对挥发度，而级效率则表达了实际情况与平衡时的差异程度。

当分离过程的物理现象复杂，难以确定$\alpha_{i,j}$，则需由实验数据经验地得到$\alpha_{i,j}^{s}$作为参考。$\alpha_{i,j}=1$，则不管流动情况如何，$\alpha_{i,j}^{s}$必等于1，而$\alpha_{i,j}^{s}$在数值上可能比$\alpha_{i,j}$更近于1，也可能离1更远。

1.2.3 传质分离过程的分类[7,11,12]

1.2.3.1 分离过程的分类

分离过程若按级数分可分为单级和多级；若按相态分则可分为固-固、固-液、固-气、气-液、液-液、气-气；而按分离过程中有无物质传递现象发生来划分，分离过程可分为机械分离和传质分离。

机械分离过程的分离对象是两相以上的混合物，通过简单的分相就可以分离，而相间并无物质传递发生。例如，用过滤机或离心机将浆状物分成液相和固相。又如，用旋风除尘器分离出气体中的粉尘等。这类过程有过滤、沉降、离心分离、旋风分离和静电除尘等。

大多数分离装置所接受的原料是均相的，并涉及物质从原料向一股产品流的扩散，这一过程遵循物质传递原理，所以称为传质分离过程（mass transfer separation process），也称扩散分离过程。大多数扩散分离过程是不互溶的两相趋于平衡的过程，而两相在平衡时具有不同的组成，这些过程称为平衡分离过程。如蒸发、结晶、精馏和萃取过程等。另一类分离过程是通过某种介质，在压力、温度、组成、电势或其它梯度所造成的强制力的推动下，依靠传递速率的差别来操作，这类过程称为速率控制过程。如超滤、反渗透和电渗析等。通常，速率控制过程所得到的产品，如果令其互相混合，就会完全互溶。

1.2.3.2 传质分离过程的分类

(1) 平衡分离（equlibrium separation）

该法是借助分离剂（如热能、溶剂、吸附剂等）使原气体或液体的均相混合物系形成新的相界面的方法，常使用不互溶的两个相界面上的平衡关系进行分离。其分离基础是混合物中各组分在相平衡时两个相中的不同等的分配，即利用两相平衡组成不等的原理，常采用平衡级（理论板）作为处理手段，并把其它影响归纳于效率中，或采用传质系数表达过程有效程度的处理方法。该过程通常要引入热能或物质，所以过程中耗能较多，操作费用较高。

根据两相状态不同，平衡分离过程可分为如下几类：

① 气液传质过程，如吸收、气体的增湿和减湿；

② 汽液传质过程，如液体的蒸馏和精馏；

③ 液液传质过程，如萃取；

④ 液固传质过程，如结晶、浸取、吸附、离子交换、色层分离、参数泵分离等；

⑤ 气固传质过程，如固体干燥、吸附等。

(2) 速率分离（rate separation）

分离的机理是利用溶液中不同组分在某种推动力（如压差、浓度差、温度差和电位差）作用下经过某种介质（如半透膜）时的传质速率（透过率、迁移率、扩散速率）差异而实现分离，这类过程的特点是所处理的物料和产品通常属于同一相态，仅有组成的差别。其工程处理方法一般是把现状和达到平衡之间的浓度梯度或压力梯度作为过程的推动力，而把其它影响参数都归纳于阻力之中，传质速率就成为推动力与阻力的商。

速率分离可分为膜分离和场分离两大类。

① 膜分离　膜分离是利用液体中各组分对膜的渗透速率的差别而实现组分分离的单元操作。膜可以是固态或液态，所处理的流体可以是气体或液体，过程的推动力可以是压力差、浓度差或电位差。

② 场分离　场分离包括电泳、热扩散、高梯度磁力分离等。如热扩散是以温度梯度为推动力，在均匀的气体或液体混合物中出现分子量较小的分子（或离子）向热端漂移的现象，建立起浓度梯度，以达到组分分离的目的。

传质分离过程的能量消耗，常构成单位产品成本的主要因素之一，因此降低传质分离过程的能耗，受到全球性普通重视。膜分离和场分离是一类新型的分离操作，由于其具有节约能耗，不破坏物料，不污染产品和环境等突出优点，在稀溶液、生化产品及其它热敏性物料分离方面，有着广阔的应用前景。

(3) 耦合分离（coupling separation）

各种传统分离方法的耦合分离技术是在传统分离方法的基础上逐渐发展起来的，这些技术是化工分离的前沿，它既包括平衡分离方法的耦合速率分离方法的耦合，也包括这两类方法间的耦合，还可以将反应和分离进行耦合，即反应精馏、化学吸收、膜萃取、膜精馏、膜吸收等。

1.2.4　分离方法的比较[4,7,12,16]

物料的分离方法存在多种不同类型，是因为有多种多样的化工生产物料，而分离方法选择的原则是首先要保证分离的可行性，即是否能分离；其次是物料的物理化学性质，决定是否好分离；而生产的处理规模则是决定是否分离快；投资及运行的经济学性决定是否成本低；安全与环保是保证环保性。

1.2.4.1　可被分离利用的物性

分离过程得以进行的基础是由于混合物待分离的组分之间，其在物理、化学、生物学等方面的性质，至少有一个存在着差异，并采用工程手段使之达到分离。按物理、化学以及生物学性质差异进行分类列于表1-1。

表1-1　可用于分离的性质

类别		性质
物理	力学	密度、摩擦因数、表面张力、尺寸、质量
	热力学	熔点、沸点、临界点、转变点、蒸气压、溶解度、分配系数、吸附平衡
	电、磁	电导率、介电常数、迁移率、电荷、淌度、磁化率
	输送	扩散系数、分子平均速度
化学	热力学	反应平衡常数、化学吸附平衡常数、离解常数、电离电位
	反应速率	反应速率常数
生物学		生物学亲和力、生物学吸附平衡、生物学反应速率常数

在表1-1所列的物理以及化学性质当中，属于混合物平衡状态的参数有溶解度、分配系数、平衡常数等；属于各个组分自身所具有的性质有密度、迁移率、电离电位等；而属于生物学方向的性质，可以认为有由生物体高分子这样的极大分子复合后的相互作用、立体构造、有机体的复杂反应以及三者综合作用产生的特殊性质等。

这些性质上的差异与能量的组合，可以有各种形式，并且对发生作用的方式还可以进行很多推敲与改进，所以到目前为止，人们设计了许多分离方法，并完善以致实用化。

1.2.4.2 各种分离方法的特点

分离一定混合物选择分离方法的主要依据之一是它们所能达到分离程度的大小，即物料的挥发性（精馏、蒸发、解吸），溶解度（结晶、萃取、吸收），分子的大小、形状（分子筛吸附、结晶）及化学反应能力等，表 1-2 给出了常见分离方法的分离原理。平衡分离过程对于达到相同的分离效果，采用能量分离剂比采用物质分离剂能量消耗低，因此各类分离过程中应用蒸馏（精馏）过程至今仍遥遥领先，它是能量分离剂平衡过程，容易实现多级连续逆流操作，能适应大规模生产。精馏过程不包含有固相，比结晶平衡分离过程优越。而物质分离剂过程引入了另一个组分，此组分又必须从一个产品中除去；分离剂需要再生和循环，部分分离剂损耗需补充新的分离剂。速率控制过程通常在只需要单级分离就能达到分离要求时才考虑选用。对分离因子不是很大的多级分离，过程能量消耗按能量分离剂→物质分离剂→速率控制过程递增，因为平衡分离过程能有效地利用设备及能量，而速率过程很难分级。

表 1-2 常见分离方法的分离原理

过程名称			被分离系统	分离原理	分离条件
机械分离		沉降	L+S	密度差别	重力
		离心	L+S、L+L	密度差别	离心力
		过滤	L+S	固体颗粒大于过滤介质细孔	压力梯度和过滤介质
传质分离	平衡分离	蒸馏(精馏)	L	相对挥发度差别	热量
		吸收	G	溶解度差别	吸收剂
		蒸发	L	蒸气压差别	热量
		吸附	G 或 L	吸附差别	固体吸附剂
		萃取	L	不同溶解度	不互溶液体
		结晶	L	利用过饱和度	冷量或热量
	速率分离	热扩散	G 或 L	热扩散速率差别	温度梯度
		电渗析	L	膜对不同电荷离子的选择性渗透	电场、阴(阳)离子膜
		反渗透	L	溶质的溶解度与溶剂在膜中的扩散速率	压力梯度(泵)和膜
		超过滤	L	分子大小不同所引起的膜透过率不同	压力梯度(泵)和膜

各类分离方法适合分离不同浓度范围的混合物。低浓度混合物通常用固定床操作分离最适宜，因为流动相中被传递的溶质浓度越低，所要求的床层越小，固定床需要再生的周期越长或移除不净物质。液-液萃取及气体吸收通常适宜于分离中等浓度的物料。精馏操作虽然能处理各种浓度范围的混合物，但处理低浓度物料时级效率很低。膜分离是速率控制分离过程，它对回收或提浓高分子物质或大分子溶质（超过滤操作）、海水淡化脱盐（渗透操作）以及提馏高、低分子物质（渗析操作）等有很高的选择能力。

1.2.4.3 投资费用及生产规模

各类分离方法所需的设备及操作费用差异很大；产品的经济价值及生产规模也影响分离过程的选择。适用于产品价值高的分离过程不适宜低经济价值产品。产品的价值越低，就应选择能耗低、分离剂价格低的分离过程。即往往分离高价值的物质，进行小规模生产，因此要选择适宜的分离方法。通常混合物分离的难易程度严重影响分离操作费用，对难以分离的贵重物质应考虑采用新型的、特殊的分离手段。生产规模也是影响选择分离过程的因素，产品价值低的生产过程多半是大规模，因此必须选择耗资低的分离方法。精馏、萃取、吸收等较易实行大规模生产。色谱分离最适用于多级分离，在一个色谱分离装置中能提供很多的分离级，因此它适用于纯度要求很高、需要很多级的分离，但只适合于小规模分离。

1.2.4.4　热损害及污染

许多情况下，物料或产品受热后易分解、变质，必须采取合理的措施加以防止，例如设法在低压或物流停留时间较短的条件下操作。萃取、吸收、结晶等过程不需要加入热量分离剂，适宜于处理热敏性物料及产品的分离；精馏、蒸发等涉及加热汽化，则可考虑在真空条件下操作。在生物分离过程中加入物质分离剂可能污染物料或产品，可考虑沉降法或固体吸附等适宜的分离方法。

1.2.4.5　伴有可逆化学反应的分离

大多数工业生产的分离过程不涉及化学反应。有些分离过程是以各种分子参与一定化学反应的能力的差异为基础的伴有可逆化学反应的分离。化学作用（络合）的溶剂在许多情况下提供更好的选择性和提高溶剂容量，因此具有较高的分离因子，但化学络合剂的再生一般是很困难的。萃取、吸收、共沸及萃取精馏等分离过程中都可选择适宜的溶剂实行伴有可逆化学反应的分离操作。

1.2.5　分离过程的选择

研究和开发新的分离方法和传质设备、优化传统传质分离设备的设计和操作、不同分离方法的集成化、化学反应和分离过程的有机耦合都是值得重视的发展方向。在进行分离方法选择时，应认真考虑被分离物系的相态（气态、液态和固态）和特性（热敏性、可燃性、毒

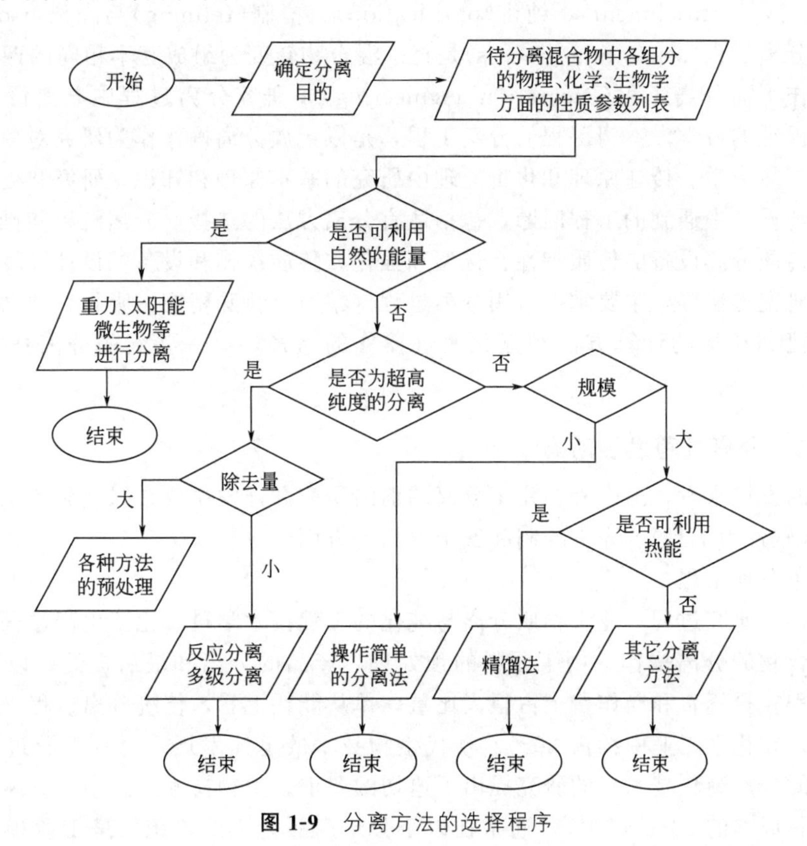

图 1-9　分离方法的选择程序

性等)，对分离产品的质量要求（纯度、外观等)，经济程度（设备投资、操作费用、动力消耗等)，当地环境条件及环境保护等因素，尤其要注意一些可变因素（如原料组成、温度甚至物态和设备等）的影响，以便充分调动有利因素、因地制宜，取得最大的经济和社会效益。

分离方法的选择程序如图 1-9 所示。首先确定分离的目的，并将各物性参数列出。然后分析分离所需的能量，最好能够利用自然的能量。接着要评估规模的程度。如果要求产品具有超高纯度，则可考虑反应分离，但反应分离的特异性说明它不可能适合所有的情况，因此若反应分离不适合，只好依赖于多级分离，如果对产品纯度的要求不很高时，则应先对处理量的大小进行分析，倘若规模较小就可采用可自动化操作并且尽可能简单的分离方法。一般用电能作为分离所需的能量。

当规模比较大时，首先要考虑能否利用热能。可以利用热能且相对挥发度（分离因子）大于 1.05，则选择精馏法。若相对挥发度小于 1.05，则采用萃取等其它分离法与精馏法相互组合而构成的分离过程。在热能无法利用时就只能选好速率差分离法。

1.3 分离过程的研究内容与研究方法

1.3.1 研究内容与分离过程发展动态

1.3.1.1 研究内容

分离过程借助一定的分离剂，实现混合物中的组分分级(fractionalization)、浓缩(concentration)、富集(enrichment)、纯化(purification)、精制(refining)与隔离(isolation)等的过程。因此分离过程(separation process)是将一混合物转变为组成互不相同的两种或几种产品的那些操作，而分离工程(separation engineering)是研究分离过程中分离设备的共性规律，分离与提纯的科学。本门课程的分离工程，是以传质分离操作作为研究对象，它应用物理化学、化工热力学、传递原理和化工原理中研究的基本原理和知识，研究和处理传质分离过程的开发和设计中遇到的工程问题，包括适宜分离方法的选择，分离流程和操作条件的确定和优化，传质分离设备的传质特性、选型和强化，传质操作和设备的设计计算，以及分离操作的实验研究方法等，主要掌握常用分离过程（精馏、特殊精馏、吸收）的基本理论、操作特点。简捷和严格的计算方法和强化改进操作的途径，对一些新的分离技术有一定的了解。

1.3.1.2 分离过程发展动态[17~22]

从近年的发展来看，国内外在化工分离的前沿研究和开发主要在绿色分离工程、分离方法先进设计(软件为工具)、先进控制和安全评估等方面。

(1) 绿色分离工程

分离工程是研究过程工业中物质分离与纯化的工程技术学科。化工生产过程中通常包含有多组分混合物的分离操作，用于原料的预处理、产品的分离和最后提纯，以及废料处理等。分离过程在投资费和操作费上占很大比重，单从能耗上看，传统分离过程（如精馏、干燥、蒸发等）在化学工业中约占 30%。现代生物技术的迅速发展，对其下游过程技术（生物技术产品的分离纯化技术）的研究提出了迫切的要求。生物技术产品中，分离纯化的成本一般要占其总成本的 60%～90%。通常在以小分子产品为主的传统发酵工业中，分离成本约占总成本的60%，而现代基因工程产品则有时占90%以上。因此，分离过程的绿色化具有重要意义。

绿色分离工程（green separation engineering）是指分离过程绿色化的工程实现。分离过程绿色化的途径有两种：一是对传统分离过程进行改进、优化，使过程对环境的影响最小甚至于没有；二是开发及使用新型的分离技术，如膜分离技术、分步结晶技术、超临界萃取技术等。

① 传统分离过程的绿色化　对传统分离过程的绿色化主要是对过程（如精馏、干燥、蒸发等）利用系统工程的方法，充分考虑过程对环境的影响，以环境影响最小（或无影响）为目标，进行过程集成。由于分离过程的巨大能耗，最早引起人们关注的是过程的能量集成。国外学者以化工过程为对象，进行了不少研究。最早体现在20世纪70年代提出的换热网络问题（简称HENs），HENs主要针对过程的能量进行最小化。此后，El Halwagi等1989年提出质量交换网络（简称MENs），MENs主要考虑过程产生的废物最小，而没有考虑过程产生的废物对环境的影响。Hilaly&Sidar（1994）提出废物削减（简称WAR）算法，旨在用过程模拟的方法开发出预防污染的新方法。例如，过程A产生100kg/h的废物，过程B产生200kg/h的废物，但过程A产生的废物对环境的影响可能比过程B大得多。由于这种差异，可能出现过程B产生200kg/h废物对环境的影响比过程A产生的100kg/h废物小得多。基于这一原因，Cabezas等提出了潜在环境影响平衡理论（简称PEI）对WAR算法进行了修正。最终确定了用PEI平衡作为评价过程绿色的指标。国内虽然在这方面的研究还比较少，沈绍传认为要实现绿色分离工程，首先要解决的是怎样评价过程系统对环境影响的问题。过程系统对环境产生影响主要是因为其向环境排放各种有害废物，据此提出影响流的概念。可以用一个表示化学物质对环境影响特性的值与该物质排放流率的乘积来表示此物质排放对环境影响的程度。过程系统对环境的影响即为各物质排放的影响流的总和。但如何将这些方法引入到分离过程（甚至于全过程）的研究中，是今后的一个发展方向。

② 现代分离过程的绿色化　随着化学工业的发展，分离工程也处于不断发展之中。一方面，对传统分离技术和应用不断进步，分离效率提高，处理能力加大，工程放大问题逐步得到解决，新型分离装置不断出现；另一方面，为了适应技术进步所得出的新的分离要求，对新分离方法的开发、研究和应用非常活跃，成为化学工程研究前沿之一。这些分离技术有些本身就是绿色技术的重要分支，如超临界技术，以无毒无害的超临界流体替代各种对人和环境有害的有机溶剂。而膜分离技术则是一种节能、高效、无二次污染的分离技术，在食品加工、医药、生物化工、精细化工等领域有其独特的适用性。开发新的分离过程，在早期阶段就应注意过程的绿色化，即过程对环境、人体健康的影响给予足够的考虑，避免再走先污染后治理的老路子。

由于受当时设计和制造等各方面的影响，现有化学工业中或多或少存在着一些对环境及人体健康产生危害的因素。对包含这些因素的过程进行绿色化是当今化学工程师面临的一大挑战。

（2）分离过程与清洁生产的关系

清洁生产在不同的发展阶段或者不同的国家有不同的叫法，例如，“废物减量化”“无废工艺”“污染预防”等，但其基本内涵是一致的，即对产品和产品的生产过程采用预防污染的策略来减少污染物的产生，它是面向21世纪社会和经济可持续发展的重大课题，也是当今世界科学技术进步的主要内容之一。

清洁生产工艺将生产工艺和防治污染有机地结合起来，使污染物减少或消灭在工艺过程中，从根本上解决工业污染问题。与化工分离过程密切相关的有：①降低原材料和能源的消耗，提高有效利用率、回收利用率和循环利用率；②开发和采用新技术、新工艺，改善生产操作条件，以控制和消除污染；③采用生产工艺装置系统的闭路循环技术；④处理生产中的副产物和废物，使之减少或消除对环境的危害；⑤研究、开发和采用低物耗、低能耗、高效率的“三废”治理技术。因此，清洁工艺的开发和采用离不开传统分离技术的改进，新分离技术的研究、开发和工业应用，以及分离过程之间、反应和分离过程之间的集成化。

闭路循环系统是清洁工艺的重要方面，其核心是将过程所产生的废物最大程度地回收和循环使用，减少生产过程中排出废物的数量。生产工艺过程的闭路循环示意见图 1-10。

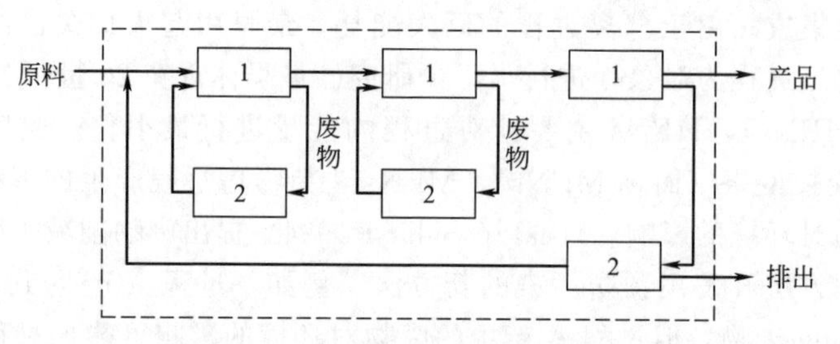

图 1-10 生产工艺过程的闭路循环示意

1—单元过程；2—处理

如果工艺中的分离系统能够有效地进行分离和再循环，那么该工艺产生的废物就最少。实现分离与再循环系统使废物最小化的方法有以下几种。

① 废物直接再循环。在大多数情况下，能直接再循环的废物流常常是废水，虽然它已被污染，但仍然能代替部分新鲜水作为进料使用。

② 进料提纯。如果进料中的杂质参加反应，那么就会使部分原料或产品转变为废物。避免这类废物产生的最直接方法是将进料净化或提纯。如果原料中有用成分浓度不高，则需提浓。例如，许多氧化反应首选空气为氧气来源，而用富氧代替空气可提高反应转化率，减少再循环量，在这种情况下可选用气体膜分离制造富氧空气。

③ 除去分离过程中加入的附加物质。例如，在共沸精馏和萃取精馏中需加入共沸剂和溶剂，如果这些附加物质能够有效地循环利用，则不会产生太多的废物，否则，应采取措施降低废物的产生。

④ 附加分离与再循环系统。含废物的物料一旦被丢弃，它含有的任何有用物质也将变为废物，在这种情况下，需要认真确定废物流股中有用物质回收率的大小和对环境构成的污染程度，或许增加分离有用物质的设备，将有用物质再循环是比较经济的办法。

上述分析表明，清洁工艺除应避免在工艺过程中生成污染物，除从源头减少三废之外，生成废物的分离、再循环利用和废物的后处理大多是由分离过程承担和完成的，由此促使传统分离过程，如蒸发、精馏、吸收、吸附、萃取、结晶等不断改进和发展；同时新的分离方法，如固膜与液膜分离、热扩散、色层分离等也不断出现和实现工业化应用。

1.3.1.3 化工分离技术发展的若干特点[7～9,23～26]

近年来，分离技术的发展呈现了新的特点。

(1) 从实现可持续发展的高度来促进分离过程的强化

传统的过程工业大多由原生矿物资源（如铁、铜、铝矿石等）和化石资源（如煤、石油、天然气等）的开采、加工、产品消费到废物处理的单向运动模式构成，在对人类社会做出了重大贡献的同时，也造成大量资源、能源的消耗和严重的“三废”污染，成为人类社会可持续发展的巨大障碍。平衡分离过程经历了长时期的应用实践，随着科学技术的进步和高新产业的兴起，日趋完善不断发展，演变出多种具有特色的新型分离技术。在传统分离的过程中，精馏仍列为石油和化工分离过程的首位，因此强化方法在不断地研究和开发中。过程强化是用更小的，更便宜的和更高效的设备和工艺来代替庞大的、贵的和耗能的设备和工艺，或用较少的（或单个）设备来代替多个设备。任何能使设备小型化、能量高效化和有利于可持续发展的化工分离新技术均属于分离过程的强化之列，这是化工分离技术发展的重要趋势之一。如反应和分离的耦合、组合分离过程、外场作用以及其它新技术的应用，剧烈的竞争加速了分离技术发展，促进了分离过程的强化。过程强化致力于高效、节能和无污染的生产过程，是解决“发展—污染”的矛盾和实现可持续发展的有效手段。

以精馏、吸收和萃取等化工塔器的内件为例，高效塔板、规整填料和散装填料发明层出不穷。塔内件的优化匹配也引起重视。在散装填料方面，Norton 公司的金属 Intalox 填料、Kocn Glitsch 公司的 CMR 和我国自行开发的超级扁环（SMR）等各有千秋。在规整填料方面，Sulzer 公司的 Mellapak、KocnGlitsch 公司的 Gempak、Kuhni 公司的 Rombopak 和 Montz 公司的 Montzpac 等竞争激烈。新型塔板的种类更是数不胜数，显著减小了设备的尺寸，大大降低了能耗。大量的研究和工程实践还表明，各类塔内构件都有其特定的优势和适用范围，因此，塔内件优化匹配的概念引起了人们的重视。Kister 提出用流动参数 $FP[FP=(L/V)\sqrt{(\rho_g/\rho_l)}]$ 作为塔内件选型判据的观点具有参考价值。

（2）耦合分离技术引起重视

各种传统分离方法的耦合分离技术是在传统分离方法的基础上逐渐发展起来的，这些技术是化工分离的前沿，它既包括平衡分离方法的耦合、速率分离方法的耦合，也包括这两类方法间的耦合，还可以将反应和分离进行耦合，它们综合了两种分离技术的优点，具有独到之处，并成功地应用于生产。催化精馏在甲基叔丁基醚（MTBE）等工艺中和反应萃取在已内酰胺工艺中的成功应用充分说明了这类新方法具有简化流程、提高收率和降低消耗的突出优点。如国内一些工厂在对原有 MTBE 装置进行技术改造时采用了催化精馏新技术，并对后续的精馏和萃取设备进行了改造，可使装置的处理能力从 2 万吨/年提高到 6 万吨/年，大大节约了投资。过程强化创造了显著的经济效益。耦合分离技术还可以解决许多传统的分离技术难以完成的任务，因而在生物工程、制药和新材料等高新技术领域有着广阔的应用前景。如发酵萃取和电泳萃取在生物制品分离方面得到了成功的应用。采用吸附树脂和有机络合剂的络合吸附具有分离效率高和解吸再生容易的特点。电动耦合色谱可高效地分离维生素。CO_2 超临界萃取和纳米过滤耦合可提取贵重的天然产品等。由于耦合分离技术往往比较复杂，设计放大比较困难，因此也推动了化工数学模型和设计方法的研究。

① 反应过程与分离过程的耦合　为改善不利的热力学和动力学因素，减少设备和操作费用，节约资源和能源，分离过程和反应过程多种形式的耦合已开发和应用。如化学吸收是反应和分离过程耦合的单元操作，可提高推动力和液相传质系数；化学萃取是伴有化学反应的萃取过程，溶质与萃取剂反应可提高过程推动力和速率；反应精馏是反应和精馏结合成一个过程形成了精馏技术中的一个特殊领域。其一方面成为提高分离效率而将反应和精馏相结合的一种分离操作，另一方面成为提高反应收率而借助于分离手段的一种反应过程。目前，反应精馏已从单纯的工艺开发向过程普遍性规律研究的方向发展。工业广泛应用于酯化、酯交换、皂化、胺化、水解、异构化、硝化等反应；膜反应器是将合成膜的优良分离性能与催化反应相结合，在反应的同时选择性地脱除产物，使平衡转化率提高，或控制反应物的加入

速度提高转化率、收率和选择性。

② 分离过程与分离过程的耦合　不同分离过程耦合在一起构成复合分离过程，以集中原分离过程之所长，避其所短。适用于特殊物系的分离。如萃取结晶是分离沸点相近的混合物的有效方法；吸附精馏是在同一设备中进行气-液-固三相的分离过程。

③ 过程的集成　精馏、吸收和萃取是最成熟和应用最广的传统分离过程，大多数化工产品的生产都离不开这些分离过程。在流程中合理组合这些过程，扬长避短，才能达到高效、低耗和减少污染。如共沸精馏与萃取集成或共沸精馏与萃取精馏集成。传统分离与膜分离过程集成，因为传统分离过程工艺成熟，生产能力大，适应性强；而膜分离过程不受平衡的限制，能耗低，适于特殊物系或特殊范围的分离。将膜技术应用到传统分离过程中，如吸收、精馏、萃取、结晶和吸附等过程，可以集各过程的优点于一体，具有广阔的应用前景。因此过程集成的目标是生产工艺更清洁、能量消耗达到最小和经济效益获得最大。

(3) 信息技术推动了分离技术的发展

分离科学和技术具有多学科交叉的特点，信息技术和传统化工方法的结合显得十分重要。信息技术在分离过程中的运用涉及的热力学和传递性质、多相流、多组分传质、分离过程和设备的强化和优化设计等，对分离技术的发展具有深远的影响，如分子模拟大大提高了预测热力学平衡和传递性质的水平。分子设计加速了高效分离剂的研究、开发。化工模拟软件的商品化和 CAD（计算机辅助设计）和 AI（人工智能）在化工中的广泛应用大大推动了分离过程和设备的优化设计和优化控制。信息技术和先进测试技术的高速发展为化工多层次、多尺度的研究提供了条件。分离过程的研究已从宏观传递现象的研究深入到气泡、液滴群、微乳和界面现象等，加深了对分离过程中复杂传递现象的理解。LDV（激光多普勒测速仪）和 PIV（激光成像测速仪）等的应用使研究深度从宏观平均向微观、局部瞬时发展。局部瞬时速度、浓度、扩散系数和传质速率的测量，液滴群生成、运动和聚并过程中界面的动态瞬时变化的研究等引起了人们的重视。功能齐全的 CFD（计算流体力学）软件可以对分离设备内的流场进行精确的计算和描述，加深了人们对分离设备内相际传递过程机理的认识并对设备强化和放大提供了重要信息。高新技术和分离技术的联系变得越来越紧密。信息技术带动了化工分离技术的迅猛发展。

还应指出，由于工业体系和化工塔器内部两相传递现象极为复杂，在很多情况下理论计算仍有局限性。因此，实验研究和计算机模拟相结合仍是分离技术研究开发和设计放大的主要途径。国外各大工程公司都建立了规模宏大、设备精良的实验基地，对新工艺、新设备和新材料进行深入的研究。

(4) 面临新的挑战，加速分离科学和技术的发展

近年来，能源、资源、环保和生物等领域对化工分离过程提出了更高的要求。例如全球气候变暖已成为国际热点问题，政府间气候变化专门委员会（IPCC）在 2007 年初发表的第 4 次气候变化评估报告中指出，气候变暖已经是“毫无争议”的事实，人类活动“很可能”是导致气候变暖的主要原因。减少 CO_2 排放，降低大气中 CO_2 浓度已成为当务之急。但是，温室气体 CO_2 捕集的难度很大。例如，燃煤电厂是最大的工业 CO_2 排放源，从燃煤电厂烟道气中捕集和分离 CO_2 的难度在于：CO_2 浓度和压力很低，导致设备尺寸特别大；烟道气中所含的 NO_x、SO_x 和 O_2 等气体会造成溶剂损失和设备腐蚀；溶剂再生的能耗非常高等。因此，利用现有技术捕集和分离燃煤电厂烟道气中 CO_2 的成本高达 40～50 美元/吨，从燃煤电厂烟道气中捕集和封存 CO_2 会使发电成本增加约 50%。这对任何国家都是难以承受的沉重负担。从水泥厂和钢铁厂废气中捕集和分离 CO_2 的成本也很高。因此，温室气体 CO_2

的捕集和分离给分离科学与技术带来严峻的挑战。

面临新的挑战，人们对化工分离科学和技术的发展提出了更高目标。大量实例表明，化工分离过程强化对过程工业的节能减排发挥了重要作用，新分离技术得到了长足的发展，例如膜分离在海水淡化等方面得到成功的应用，制备色谱在制药和生物制品分离方面显示突出的优点，超临界流体萃取具有特效性和无污染的优势，利用表面活性剂的分离技术如反微团等也已成功地用于生产等。诸如催化精馏、膜精馏、吸附精馏、反应萃取、络合吸附、发酵萃取、化学吸收和电泳萃取等耦合分离技术综合了两种分离技术的优点，具有独到之处。一个突出的例子是 Eastman 公司开发的高度集成的乙酸甲酯生产过程。该公司采用乙酸甲酯复合塔，把精馏、萃取精馏和反应精馏等过程耦合在一个塔中，大大简化了流程，减少了设备数目，降低了成本。我国的分离技术的研究和应用从 20 世纪 50 年代以来也取得了重大的进展。例如石油工业的崛起大大推动了精馏技术的发展，核燃料后处理和湿法冶金的发展推动了溶剂萃取技术水平的提高等。但是，相对于发达国家，我国的分离技术水平还有差距，例如我国的单位产值能源消耗量是世界先进水平的数倍，原因之一是我国的分离过程的能耗强度要比发达国家高得多，因此提高分离技术的水平显得尤为重要。由于分离科学和技术具有多学科交叉的特点，只有化学、化工、机械和信息技术等各学科的协同努力，并加强基础研究，致力创新，开发具有自主知识产权的新过程、新设备和新软件，才能保证我国的化工分离技术水平的持续提高，满足我国现代化建设的迫切需求。

化工分离过程的发展机遇是提高分离过程选择性；从稀溶液中浓缩溶质；界面现象及其调控；提高分离过程的速率和能力；开发分离设备的适宜型式；提高分离系统的能量效率；研制新型高效分离介质。总发展趋势是多样化、精细化、洁净化即环境友好。

1.3.2 研究方法[12,27,28]

传质分离操作的开发是研究适宜分离方法的工业化途径的，以期经济合理地实现规定的分离任务。分离过程开发应达到下列目的：

① 适宜的分离方法和流程，通常通过小试研究来实现分离方法的选择和分离流程的确定；

② 优化的工艺操作条件，通常是在小试数据的基础上，通过中试对工艺参数进行优化；

③ 合理的分离设备的选型，通过中试确定工业化过程的设备形式和几何尺寸。

化工新技术开发有三个关键环节：概念形成到课题的选定、技术与经济论证（可行性）和放大技术。其中，放大技术是研究开发的核心。放大技术可以采用数学模型方法、逐级经验放大、工程理论指导放大和参照类似工业装置放大等方法。对于一个缺乏参照系统的新的传质分离操作来说，前两种方法更为常用。

1.3.2.1 逐级经验放大法

步骤为进行小试，确定操作条件和设备形式。确定的依据是最终产品质量、产量和成本，并不考虑过程的机理，小试之后进行规模稍大的中试，以确定设备尺寸放大后的影响（放大效应），然后才能放大到工业规模的大型装置，在处理物料复杂或对选用的分离方法缺少经验时，放大把握不大，则上述每级试验放大倍数就小，往往需多级中间试验，耗资大，开发周期长。

1.3.2.2 数学模型法

此法基于对过程本质的深刻理解：①将复杂过程分解为多个较简单的子过程，再根据研究的目的进行合理的简化，得出物理模型；②应用物理基本规律及过程本身的特征方程对物理模型进行数学描述，得数学模型；③对数学模型进行分析解或数值解得到设计计算方法，通过试验确定方程中的模型参数；④应用计算机进行复杂过程的综合研究和寻优，得到最优结果，最后需进行中间试验检验结果的可靠性。

数学模型法尽管在方法的逻辑上合理，从方法论上说也很科学，与逐级经验放大方法相比，可以节省试验费用，缩短开发周期，结果比较可靠，但在化工中的实际应用至今仍然有限。主要原因在于化工过程太复杂，可靠又合理简化的数学模型难以建立。

实际上，上述两种开发方法是两个极端。对于待开发的过程和设备如果极其复杂，对它们理解得极少，那往往需沿袭逐级经验放大法，试验将主要寻求设备的放大效应，得到放大判据。如果过程和设备都很简单，通过合理的分解和简化完全可能得到可靠的数学模型，当然应采用较科学的数学模型方法，则试验将主要是验证数学模型，修正模型参数。

但大多数的实际问题的复杂性和人们对它们的认识往往介于两个极端之间。成功的开发常常采用数学放大方法和逐级经验放大两者相结合来实现。现就传质分离操作而言，对于常用的精馏、吸收，已经达到了相当深度的认识，对于工程上广泛遇到的物系，其设计可以从基本物性和基础平衡数据出发进行，几乎不必进行实验，就可以完成设计。对于不熟悉的新物系，或希望开发的塔设备，一般也只要作下述的实验测定工作：①平衡关系以及必要的热力学和传递物性的测定；②板效率、传质单元数或传质系数的测定。且因相平衡热力学的迅速发展，开发出了一些比较可靠的关联式，使得相平衡的实测工作量可以大为减少。对于萃取操作，其过程和设备均较复杂，故其开发和设计需更多地依赖实验，但因发展了一套设计计算方法，其实验远不像逐级经验放大那样，而是为了掌握其内在规律，得到一些模型参数。对于膜分离操作，目前对它们尚缺乏系统而深入的了解，尚无可靠的一套设计计算方法，所以开发中需做更多的实验甚至只能逐级放大。但在开发过程中应用已有的规律性知识进行指导，及时总结经验，抓住问题的特殊性，对于开发结果的可靠性，节省开发费用和缩短开发周期起决定性的作用。否则，即使对精馏那种已对其规律性有充分认识，并积累了丰富的开发、设计和操作经验的分离操作，开发中也会遇到不少困难。例如，当精馏用来分离组分数较多的混合物时，且有的组分在液相会电离、聚合，有的在汽相也会发生缔合，这时开发就相当困难，因为要得到可靠的汽液平衡关系所需进行的巨大实验工作量，也会令人却步。但如果能充分认识每个开发问题都是个特定问题，都有其特殊性，并不一定需要追求解决普遍适用的规律，那么就有可能在已有规律性知识的指导下，使问题得到合理简化。例如，在塔的各段中必须正确计算平衡关系的组分数可以减少，或有的组分的平衡关系可用简单的关系式表达。总之，能否自觉应用正确的方法论和利用规律性知识作指导，开发的速度和效果将大不一样。

本章符号说明

英文

ESA——能量分离剂；

FP——流动参数；

MSA——物质分离剂；

G——气相；

L——液相；

S——固相；

x——液相摩尔分数；

y——气相摩尔分数。

希文

α——分离因子；

ρ——密度，kg/m^3。

上标

s——实际。

下标

i，j，k——组分；

1，2——产品。

习题

1. 石油化工、生物医药、冶金等过程工业的原料精制及中间产物分离、产品提纯离不开分离科学，它是获得优质产品、充分利用资源和控制环境污染的关键技术，因此分离工程是化学工程学科的重要学科，且在分离中存在一些专业的名词。请说明分离过程与分离工程的区别？

2. 分离因子是表示任一分离过程所能达到的分离程度，分离因子为什么分为实际分离因子与固有分离因子，分析它们主要不同点是什么？

3. 分离因子可用于量化分离过程的难易程度。叙述怎样用分离因子进行判断？

4. 分离是熵减的过程，需要外加分离剂进行分离，常用的分离剂分为能量分离剂（ESA）和物质分离剂（MSA），请根据实际应用比较使用 ESA 与 MSA 分离方法的优缺点。

5. 物料的分离方法多种多样，为更好地了解各种方法的特点与应用，可以根据物理化学原理的不同，对传质分离过程怎样进行分类？

6. 分离过程常借助分离剂将均相混合物变成两相系统，以实现低能耗完成物料的分离，并且根据体系的不同，应采取不同的分离剂类型，请举例说明分离剂的类型。

7. 耦合分离技术近年来被充分重视，解决了一些传统分离技术难以完成的任务。请说明分离过程中耦合及集成在分离过程中所起的作用与优势。

8. 某同学在实验过程中需要对乙苯和三种二甲苯混合物进行分离，请根据所学知识对分离方法进行选择。

（1）通过列出间二甲苯和对二甲苯的有关性质：沸点、熔点、临界温度、临界压力、偏心因子、偶极矩等，说明哪些性质的差别对该物系分离是最好的？

（2）有学生提出使用精馏方法分离间二甲苯和对二甲苯？但有学生不同意，试说明不同意的理由。

（3）工业上通常选择熔融结晶和吸附分离间二甲苯和对二甲苯，为什么？

9. 聚乙烯醇是一种用途相当广泛的水溶性高分子聚合物，可用于制造聚乙烯醇缩醛、耐汽油管道和维尼纶合成纤维、织物处理剂、乳化剂、纸张涂层、黏合剂、胶水等。查阅文献给出电石乙炔法生产聚乙烯醇的工艺，并画出工艺流程简图，同时说明该生产涉及哪些分离操作。

参考文献

[1] 朱家文，房鼎业．面向21世纪的化工分离工程［J］. 化工生产与技术，2000，07（02）：1-6.

[2] 朱家文，纪利俊，房鼎业. 化工分离工程与高新科技发展［J］. 化学工业与工程技术，2000，21（02）：1-6.

[3] 李军，卢英华．化工进展前沿［M］．厦门：厦门大学出版社，2011：1-5.

[4] （美）西德尔，（美）亨利著．分离过程原理［M］．朱开宏，吴俊生译．上海：华东理工大学出版社，2007：3-4，23-28.

[5] 姜忠义，吴洪，唐韶坤．从单元操作到分离过程［J］．化学工业与工程，2005，22（1）：56-59.

[6] Seader J D. Separation Process Principles［M］. John Wiley & Sons，2010：1-4.

[7] 陈洪钫，刘家祺．化学分离过程［M］．第2版．北京：化学工业出版社，2014：1-10.

[8] 费维扬，罗淑娟，赵兴雷．化工分离过程强化的特点及发展方向［J］．现代化工，2008，28（9）：1-4.

[9] 刘会洲，陈家镛．过程工业中重要分离技术的新进展［J］．化工学报，2000，51（1）：29-35.

[10] 袁晴棠．分离工程的技术进步［J］．石油化工，1994，23（1）：51-55.

[11] 刘红，张彰．化工分离工程［M］．北京：中国石化出版社，2013：1-5.

[12] 邓修，吴俊生．化工分离工程［M］．北京：科学出版社，2013：4-11.

[13] 徐东彦，叶庆国，陶旭梅．分离工程（英文版）[M]．北京：化学工业出版社，2011：1-6.
[14] Qiu Z M，Liu Z W，Hu P. Calculation of the separation factor for some silane systems [J]. Advanced Materials Research，2012，391-392 (23)：1012-1016.
[15] 唐涛，陈虎翅，陆光达等．钯氢化物同位素分离因子的理论计算与实验测定 [J]．稀有金属，2004，28 (4)：652-656.
[16] 陈立钢，廖丽霞．分离科学与技术 [M]．北京：科学出版社．2014：5-6.
[17] 沈绍传，姚克俭．绿色化学与绿色分离工程 [J]．林产化学与工业，2001，21 (3)：83-86.
[18] 王鉴，柳荣伟，陈侠玲．绿色化学推动分离工程技术的进步——绿色分离工程 [J]．化工科技，2008，1 (1)：57-60.
[19] Salgin U，Korkmaz H. A green separation process for recovery of healthy oil from pumpkin seed [J]. The Journal of Supercritical Fluids，2011，58 (2)：239-248.
[20] 魏国峰，王硕．绿色分离技术及其在精细化工中的应用 [J]．现代化工，2006，26 (2)：368-370.
[21] 赵德明．分离工程 [M]．杭州：浙江大学出版社，2011：7-8.
[22] 魏刚．化工分离过程与案例 [M]．北京：中国石化出版社，2009：2-5.
[23] 杨玉芬，陈敢虎，张永晖等．化工新型分离技术的研究进展 [J]．化工中间体，2010，(7)：9-13.
[24] Buchaly C，Kreis P，Górak A. Hybrid separation processes - combination of reactive distillation with membrane separation [J]. Chemical Engineering & Processing，2007，46 (9)：790-799.
[25] 朱学佳，袁惠新，赵松伟．化学工业中反应-分离过程结合技术的研究进展 [J]．山西化工，2007，27 (6)：35-37.
[26] 李鑫钢，谢宝国，吴巍等．精馏过程大型化集成技术 [J]．化工进展，2011，30 (1)：40-46.
[27] Ren L，Xu T，He R，et al. A green resolution-separation process for aliphatic secondary alcohols [J]. Tetrahedron Asymmetry，2013，24 (5-6)：249-253.
[28] 徐宝东．化工过程开发设计 [M]．北京：化学工业出版社，2014：1-4.

2

多组分分离基础

在生产上所遇到的各种分离操作中，处理多组分溶液比双组分溶液更为常见。因此，研究和解决多组分分离的设计及生产问题更有实际意义。在化工原理中，已对双组分溶液的分离过程进行过讨论。多组分溶液的分离所依据的原理及使用的设备与双组分分离相同，但由于系统的组分数目增多了，因此其有关设计计算的问题比双组分分离的计算要复杂得多。因此本章将在二元分离有关内容的基础上，讨论多组分分离的基本计算问题。

2.1 分离过程的变量分析及设计变量的确定[1～5]

在设计包含质量传递和热量传递的分离过程装置中，就是要求确定各个物理量的数值，因为这些物理量都是互相关联、互相制约的，所以其中只有少量是独立变量，可供设计者选择。赋值的变量多好还是少优？解方程组时，什么条件下得唯一解（独立方程式数目＝未知数的数目），矛盾解（独立方程式数目＞未知数的数目），无唯一解（独立方程式数目＜未知数的数目）。如果指定的独立变量太少设计就不能有结果（多组解），但指定的变量数目过多设计也同样无法进行（矛盾解）。因此设计的第一步还不是选择变量的具体数值，而是要知道在设计时所需要指定的独立变量的数目，即设计变量（design variable）。

2.1.1 设计变量

2.1.1.1 定义

分离过程涉及的变量数 N_ν 多于描述该过程的方程数 N_c，两者的差值为应指定的独立设计变量数 N_i。

$$N_i = N_\nu - N_c \tag{2-1}$$

式中，N_ν 为描述系统所需的独立变量总数；N_c 为各独立变量之间可以列出的方程式数和给定的条件，为约束关系数。

因此必须要指定若干个独立变量的数值，使方程中的未知变量与独立的方程数相等，这组方程方能得到确切的解。设计者规定若干独立变量值以后过程便被确定，其它非独立变量值也就随之确定。

要确定 N_i，需正确确定 N_ν 和 N_c，一般采用 1956 年郭慕孙[6]发表在美国化学工程师学会杂志的方法，该法的特点是简单、方便，不易出错，因而一直沿用至今。

郭氏法的基本原则是将一个装置分解为若干进行简单过程的单元，由每一单元的独立变量数 N_ν^e 和约束数 N_c^e 求出每一单元的设计变量数 N_i^e，然后再由单元的设计变量数计算出

装置的设计变量数 N_i^u。在设计变量 N_i 中，又被分为固定设计变量 N_x 和可调设计变量 N_a，N_x 是指确定进料物流的那些变量（如进料组成和流量）以及系统的压力，这些变量常常是由单元在整个装置中的地位，或装置在整个流程中的地位所决定，也就是说，实际上不要由设计者来指定，即使没有预先定好，也很容易看出或决定下来的量。而 N_a 才是真正要由设计者来确定的，因此郭氏法的目的是确定正确的 N_a 值，并按工艺要求对各变量赋值。郭氏法适用于连续稳定流动过程，在过程中无化学反应，流体流动的动能和位能可忽略，与外界交换的机械能只限于轴功，平衡级是串联的。

2.1.1.2 独立变量与约束数

（1）独立变量数（independent variables）

系统的独立变量数可由出入系统的各物流的独立变量数以及系统与环境进行能量交换情况来决定。

① 单相物流

$$N_\nu = f + R$$

式中，f 为自由度，指强度性质变量，如 x_i、T 等；R 为容量性质变量。

根据相律可以确定每一物流处于平衡状态时的自由度为

$$f = c - \pi + 2 = c + 1$$

式中，c 为组分数；π 为相数。相律所指的独立变量是指强度性质即温度、压力和浓度，与系统的量无关的性质，而要描述实际分离过程中的流动系统，则必须加上一个描述物流大小的物理量。即独立变量数 $N_\nu = f + 1 = c + 2$

② 相平衡物流　对由两个互成平衡的相所构成的物流，要加上两个相的流率，则独立变量数为

$$N_\nu = f + 2 = c - 2 + 2 + 2 = c + 2$$

由上可见，不管是单相物流还是含有互成平衡的两相物流都可用 $c+2$ 个独立变量来描述，其余情况可以类推。

在实际的分离过程中，处理的物系是流动系统，在过程中尚有热量和功的进出，因此设计变量数除强度性质的物理量和物流外，还要加上热量和功的变量数。

（2）约束数（bounded numbers）

约束数是在这些变量中可以列出的方程数和给定条件的总数目，可以依靠热力学第一定律和第二定律来计算，即由物料衡算、热量衡算和平衡关系写出变量之间的关系式。

① 物料平衡式：总物料平衡式 1 个，c 个组分有 c 个组分物料平衡式，其中独立物料平衡式为 c 个。

② 能量平衡式：一个系统为一个，不能对每个组分分别写。

③ 相平衡关系式：$c(\pi-1)$ 个。

相平衡关系是指处于平衡的各相温度相等，压力相等以及组分 i 在各相中的逸度相等，一般仅考虑无化学反应的分离系统，故不考虑化学平衡约束数。

④ 化学平衡关系式。

⑤ 内在关系：即约定的关系，如已知的等量、比例关系等。

2.1.2 单元的设计变量

2.1.2.1 无浓度变化的单元

无浓度变化的单元一般为辅助单元，如分配器、泵、加热器、冷却器、换热器、全凝器、全蒸发器等，因为这些单元中无浓度变化，故每一物流均可看成单相物流，每一物流有

$c+2$ 个独立变量，通常考虑取流率、组成（$c-1$ 个）、温度及压力。但当单元中有热交换设备和输送设备泵时，总独立变量 N_ν 还应包括说明热量 Q 和轴功 W 的变量；约束数 N_c 是物料平衡式、能量平衡式、物流的压力、温度等式及相平衡关系式等的总和数。对于系统的压力及有关进料物流的变量都为固定设计变量 N_x，一般都是给定的。如图 2-1 中的加热器。

$$N_\nu^e=2(c+2)+1=2c+5$$

约束数：　　物料平衡式　　c 个

　　　　　　能量平衡式　　1 个

所以

$$N_c^e=c+1$$

$$N_i^e=N_\nu^e-N_c^e=2c+5-(c+1)=c+4$$

其中，$N_x^e=c+3$（即进料 $c+2$ 个，压力 1 个）

$N_a^e=1$，为系统换热量或出换热器的温度。

对冷却器、泵等其它无浓度变化的单元情况类似。

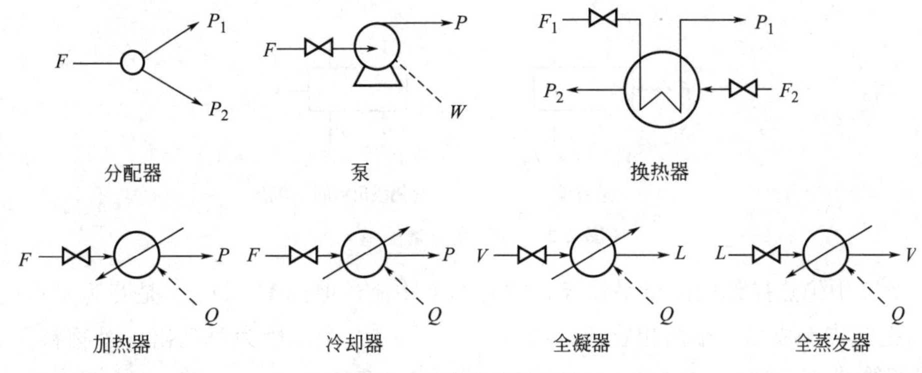

图 2-1　无浓度变化的单元

图 2-1 中的换热器有四个物流，若冷物流有 c 个组分，热物流有 c' 个组分，两进料物流的独立变量数分别为 $c+2$ 个和 $c'+2$ 个。约束数 N_c 的考虑是，因冷热物流不直接接触（不混合）所以对热物料与冷物料可分别列出物料衡算式，则可列出（$c+c'$）个等式，二个物流可列出一个热量衡算式。设计变量为 $c+c'+7$ 个，其中固定设计变量 $c+c'+6$ 个；两进料物流的流率、组成（$c-1$ 个）、温度及压力共 $c+c'+4$ 个，系统的压力为 2 个（因传热面两侧各有一个压力）；可调设计变量为 1 个，这一可调设计变量通常可指定一物流的出口温度或传热面积。

$$N_\nu^e=2(c+2)+2(c'+2)=2c+2c'+8$$

约束数：　　物料平衡式　　$c+c'$ 个

　　　　　　能量平衡式　　1 个

所以

$$N_c^e=c+c'+1$$

$$N_i^e=N_\nu^e-N_c^e=2c+2c'+8-(c+c'+1)=c+c'+7$$

$$N_x^e=c+2+c'+2+2=c+c'+6$$

$$N_a^e=N_i^e-N_x^e=c+c'+7-(c+c'+6)=1$$

2.1.2.2　有浓度变化的单元

有浓度变化的单元如混合器、分相器、部分蒸发器、部分冷凝器、简单的平衡级等。在这些单元中，描述一个单相物流的独立变量数及一个互成平衡的两相物流的独立变量数都是

$c+2$。对于互成平衡的两个物流，如离开分相器的两个物料，也可以把它们看成是一个两相物流，因为互成平衡的两个物流间可列出 $c+2$ 个等式（压力相等，温度相等，c 个组分的化学位分别相等），因此和算成一个两相物流时的 N_i 值是一样的。计算 N_c 时，物料平衡式对各种情况都是 c 个，即对每一组分可写出一个衡算式。其它情况与无浓度变化相同。

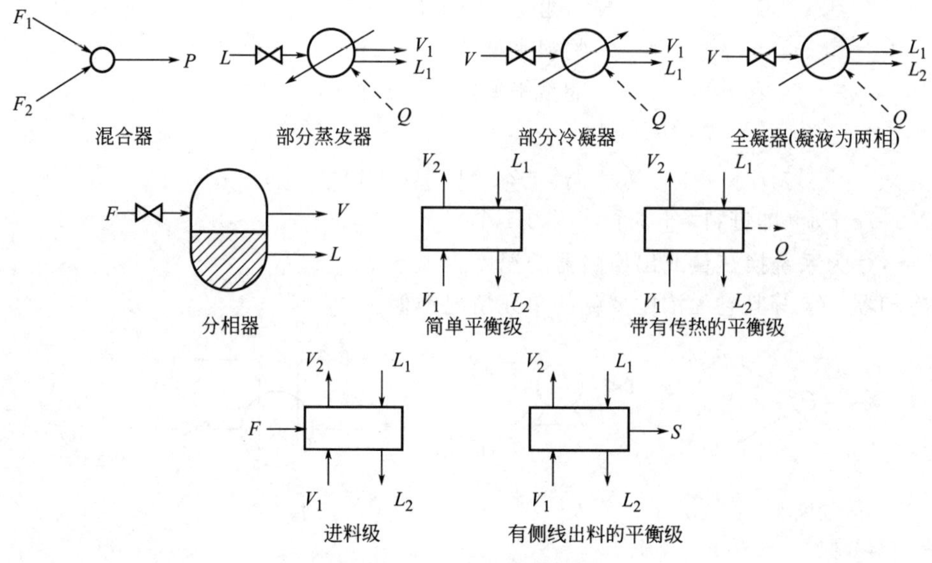

图 2-2 有浓度变量的单元

如图 2-2 中绝热操作的简单平衡级，共有四个物流，但因 V_n 与 L_n 是互为平衡的物流，所以可以把它们看成是一个两相物流，故 $N_v^e=3(c+2)$ 个。因为可列出 c 个物料衡算式和 1 个热量衡算式，所以

$$N_c^e=c+1, \qquad N_i^e=3(c+2)-(c+1)=2c+5$$

也可视为四个单相物流来计算，可得到相同的结果。

其中，$N_x^e=2c+5$，因为有两股进料，且进料之间以及进料与 n 级上的压力不相等，$N_a^e=0$。其它单元计算可见表 2-1。

表 2-1 各种单元的设计变量

单元名称	N_v^e	N_c^e	N_i^e	N_x^e	N_a^e
分配器	$3c+6$	$2c+2$	$c+4$	$c+3$	1
泵	$2c+5$	$c+1$	$c+4$	$c+3$	1
换热器	$4c+8$	$2c+1$	$2c+7$	$2c+6$	1
加热器	$2c+5$	$c+1$	$c+4$	$c+3$	1
冷却器	$2c+5$	$c+1$	$c+4$	$c+3$	1
全凝器	$2c+5$	$c+1$	$c+4$	$c+3$	1
全蒸发器	$2c+5$	$c+1$	$c+4$	$c+3$	1
混合器	$3c+6$	$c+1$	$2c+5$	$2c+5$	0
分相器	$3c+6$	$2c+3$	$c+3$	$c+3$	0
全凝器(凝液为两相)	$3c+7$	$2c+3$	$c+4$	$c+3$	1
部分蒸发器	$3c+7$	$2c+3$	$c+4$	$c+3$	1
部分冷凝器	$3c+7$	$2c+3$	$c+4$	$c+3$	1
简单平衡级	$4c+8$	$2c+3$	$2c+5$	$2c+5$	0
带有传热的平衡级	$4c+9$	$2c+3$	$2c+6$	$2c+5$	1
进料级	$5c+10$	$2c+3$	$3c+7$	$3c+7$	0
有侧线出料的平衡级	$5c+10$	$3c+4$	$2c+6$	$2c+5$	1

从表 2-1 可以看出，无论是有浓度变化或无浓度变化的单元，可调设计变量均与组分的数目 c 无关，组分数只在固定设计变量中出现。而且 N_a^e 都是一个很小的整数，即 0、1。因此，计算整个装置的 N_a 是比较方便的。

2.1.3 装置的设计变量

分离装置是由若干单元所组成的，如单个平衡级、换热器和其它与分离装置有关的单元综合而得，即装置的 N_i^u 是否等于$\sum N_i^e$。有两点值得注意：

① 在装置中某一单元以串联的形式被重复使用，则用重复变量 N_r 以区别于一个这种单元与其它种单元的联结情况，每一个重复单元增加一个变量；

② 各个单元是依靠单元之间的物流而联结成一个装置，因此必须从总变量中减去那些多余的相互关联的物流变量数，或者是每一单元间物流附加（$c+2$）个等式。

$$N_i^u=\sum N_v^e-\sum N_c^e+N_r-n(c+2) \tag{2-2}$$

$$N_i^u=\sum N_i^e+N_r-n(c+2)=\sum N_x^e+\sum N_a^e+N_r-n(c+2) \tag{2-3}$$

式中，n 为单元间物流的数目。

因为装置的 N_x^u 固定，是指进入该装置的各进料物流（而不是装置内各单元的进料物流）的变量数以及装置中不同压力的等级数，因此它应比$\sum N_x^e$ 少$n(c+2)$。

$$N_x^u=\sum N_x^e-n(c+2) \tag{2-4}$$

$$N_i^u=N_x^u+N_a^u=N_x^u+N_r+\sum N_a^e \tag{2-5}$$

$$N_a^u=N_r+\sum N_a^e \tag{2-6}$$

应用郭氏法确定任何复杂的分离装置的独立变量数的步骤：

① 确定过程中的独立压力等级数。即不考虑由于摩擦阻力而引起的微小压降时，装置内共有几个不同的压力等级。

② 以每一进料有 $c+2$ 个变量计算装置的进料变量总数，当某一进料的压力和进入单元的压力相等时，则在进料变量总数中减 1。

③ 计算整个装置的可调设计变量，等于各单元的可调设计变量与装置中串级单元数之和。

一般第①、②项是给定的条件，这两项之和即为固定变量数 N_x^u，而设计者所能定的只是可调设计变量 N_a^u，虽然确定变量可以采用不同的方案，但是所能指定的变量数只能是 N_a^u 个。

如进料级单元可以看成是一个分相器和两个混合器的组合，此时 $N_r=0$，且分相器和混合器的 N_a^e 均为零，故进料板单元的 $N_a^u=0$，侧线采出级是理论级与分配器的组合。

因为 $N_r=0$，分配器 $N_a^e=1$，理论级的 $N_a^e=0$，所以 $N_a^u=1$。

由若干（N）理论级串级而成的串级单元是最重要的一种组合单元，因为 $N_r=1$，而理论级的 $N_a^e=0$，所以 $N_a^u=1$。

同样由 N 个绝热操作的简单平衡级串联构成的简单吸收塔很容易得出：$N_a^u=1$，$N_i^u=2c+N+5$，$N_x^u=2c+N+4$。

【例 2-1】 分析图 2-3 所示的精馏塔的设计变量。该塔有一个进料口，设全凝器和再沸器。

解 计算如下：先将塔划分为各种不同的单元，共 6 个单元（包括两个串级单元），由表 2-1 求出 N_i^e，再求出 $\sum N_i^e$。

单　元	$\sum N_i^e$
全凝器	$c+4$
回流分配器	$c+4$
$N-(M+1)$级的平衡串级	$2c+(N-M-1)+5$
进料级	$3c+7$
$(M-1)$级的平衡串级	$2c+(M-1)+5$
再沸器(部分蒸发器)	$c+4$
合计	$10c+N+27$

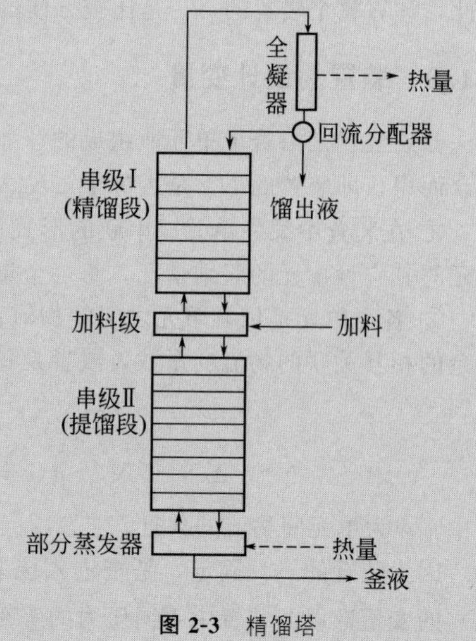

图 2-3 精馏塔

由于进出各单元（联结各单元）共有 9 股物流，所以 $n=9$，而整个精馏装置的 $N_r=0$。

$$
\begin{aligned}
N_i^u &= \sum N_i^e + N_r - n(c+2) \\
&= (10c+N+27)-9(c+2) \\
&= c+N+9
\end{aligned}
$$

其中，固定设计变量

$$N_x^u=(c+2)+N+2=c+N+4$$

可调设计变量 $N_a^u=N_i^u-N_x^u=5$

也可由表 2-1 求出各单元的 N_a^e，可得 $N_a^u=\sum N_a^e=5$，因为除进料级的 $N_a^e=0$ 外，其余均为 1，则很易求出 $N_x^u=N_i^u-N_a^u$。

对操作型精馏塔，固定设计变量可规定为进料 $c+2$ 个，每级压力（包括再沸器）N 个，全凝器压力 1 个和回流分配器压力 1 个。而可调设计变量可规定为回流温度为泡点温度，总理论级数，进料位置，馏出液流率和回流比。

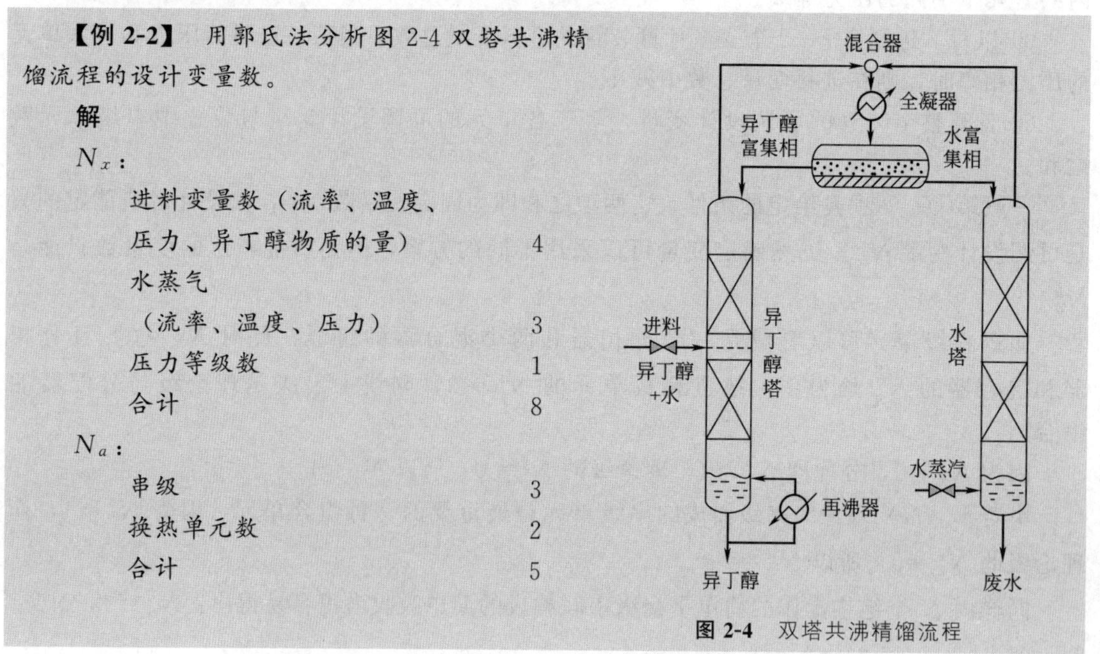

【例 2-2】 用郭氏法分析图 2-4 双塔共沸精馏流程的设计变量数。

解

N_x：

进料变量数（流率、温度、压力、异丁醇物质的量）	4
水蒸气（流率、温度、压力）	3
压力等级数	1
合计	8

N_a：

串级	3
换热单元数	2
合计	5

图 2-4 双塔共沸精馏流程

可调设计变量的几种选择。①操作型：三个串级各自的级数；再沸器的蒸发速率；冷凝器的过冷温度。②设计型：异丁醇塔釜液中异丁醇的摩尔分数；水塔釜液中异丁醇的摩尔分数；异丁醇原料在异丁醇塔中的最适宜位置进料；再沸器的蒸发速率；冷凝器的过冷温度。

上两例中的选择只能作为一般的情况。由于在比较复杂的装置中，变量数很多，而且各变量间又是相互制约的，根据具体要求对设计新塔和对原有塔的新分离任务而言确定可调变量的方案是决然不同的，故设计者必须对所设计的分离过程的机理要有全面的了解，只有这样才能正确选择设计变量。

2.2 相平衡关系的计算

在气相、液相、固相和超临界流体这四个相当中，由任何两个或两个以上的相进行组合，其界面上将形成一种平衡状态。这种相间的平衡即称为相平衡（phase equilibrium）。通过界面进行分离，就是利用待分离组分在相间的平衡关系。

对于双组分系统温度-压力-组成的平衡关系，常常利用实验来测得，而多组分系统的相平衡关系用实验方法来测定就比较复杂。随着相平衡理论研究的深入，对双组分和多组分系统的汽（气）液相平衡和液液相平衡已建立了一些定量的关系式，利用这些关系式，它只需用少量的双组分的实验数据，这就大大地减轻了实验工作量。

2.2.1 相平衡关系[7~10]

2.2.1.1 相图

相图（phase diagram）主要用来表示两元或三元系统的相平衡关系，包括恒压下的 t-x 图和 y-x 图，恒温下的 p-x 图等。

2.2.1.2 相平衡基本关系式

（1）汽液相平衡关系

根据多相平衡条件可推出汽、液相平衡条件是组分 i 在汽液两相中的化学位相等

$$\mu_i^{\mathrm{V}}=\mu_i^{\mathrm{L}} \tag{2-7}$$

化学位在研究相平衡的理论推导中非常重要，但它的数值却难以确定。逸度和活度是由化学位导出的，而数值计算较容易，因此，工程上相平衡的实际计算多使用逸度和活度。故相平衡条件也可表示为组分 i 在汽、液两相中的逸度相等。

$$\hat{f}_i^{\mathrm{V}}=\hat{f}_i^{\mathrm{L}} \tag{2-8}$$

为把逸度和实测压力、温度、组成等物理量联系起来，引入逸度系数和活度系数。根据热力学基本关系，可得汽相逸度与汽相组成的关系为

$$\hat{f}_i^{\mathrm{V}}=p\hat{\phi}_i^{\mathrm{V}}y_i=\gamma_i^{\mathrm{V}}f_i^{0\mathrm{V}}y_i \tag{2-9}$$

式中，$f_i^{0\mathrm{V}}$ 为系统温度、压力下，纯 i 组分的汽相逸度；γ_i^{V} 为 i 组分的汽相活度系数；$\hat{\phi}_i^{\mathrm{V}}$ 为系统温度、压力下 i 组分的汽相逸度系数。

液相逸度与液相组成的关系为

$$\hat{f}_i^{\mathrm{L}}=p\hat{\phi}_i^{\mathrm{L}}x_i=\gamma_i^{\mathrm{L}}f_i^{0\mathrm{L}}x_i \tag{2-10}$$

$$f_i^{0L}=p_i^0\phi_i^0\exp\frac{V_i^L(p-p_i^0)}{RT} \tag{2-11}$$

式中，f_i^{0L} 为 i 组分的标准态的液相逸度，对可凝性组分通常取纯 i 组分液体在系统温度、压力下的逸度，对不凝性组分，则取另一种标准态逸度；γ_i^L 为 i 组分的液相活度系数；$\hat{\phi}_i^L$ 为系统温度、压力下，i 组分的液相逸度系数；V_i^L 为 i 组分的液相摩尔体积，mL/kmol；p_i^0 为 i 组分在系统温度下的饱和蒸气压，MPa；$\exp\frac{V_i^L(p-p_i^0)}{RT}$ 为普瓦廷因子（Poynting factor）。

一般 V_i^L 较小，当 p 与 p_i^0 差别不大时，普瓦廷因子可以忽略不计，于是式(2-11) 可简化成

$$f_i^{0L}=p_i^0\phi_i^0 \tag{2-12}$$

当系统压力较低时（例如 0.1MPa），$f_i^{0L}=p_i^0$。

将式(2-9) 和式(2-10) 代入式(2-8) 可得两个最常使用的汽液相平衡的基本关系式

$$p\hat{\phi}_i^V y_i=p\hat{\phi}_i^L x_i \quad 或 \quad p\hat{\phi}_i^V y_i=f_i^{0L}\gamma_i^L x_i \tag{2-13}$$

(2) 液液平衡关系

$$\hat{f}_i^{\text{I}}=\hat{f}_i^{\text{II}} \tag{2-14}$$

式中，Ⅰ和Ⅱ分别表示液相Ⅰ和液相Ⅱ。用式(2-10) 表示两液相中组分 i 的逸度，当两相中使用相同的基准态逸度时，液液平衡可表示为

$$\gamma_i^{\text{I}}x_i^{\text{I}}=\gamma_i^{\text{II}}x_i^{\text{II}} \tag{2-15}$$

式中，γ_i^{I}、γ_i^{II} 分别为液相Ⅰ和液相Ⅱ中组分 i 的活度系数；x_i^{I}、x_i^{II} 分别为液相Ⅰ和液相Ⅱ中组分 i 的摩尔分数。

2.2.1.3 相平衡常数 K_i

(1) 定义

工程中常用相平衡常数（phase equilibrium constant）来表示相平衡关系。

汽液相平衡常数

$$K_i=\frac{y_i}{x_i} \quad 或 \quad y_i=K_i x_i \tag{2-16}$$

式中，K_i 为 i 组分在平衡的汽液两相中的分配情况，俗称分配系数。

对于液液平衡

$$K_i=\frac{x_i^{\text{I}}}{x_i^{\text{II}}} \tag{2-17}$$

(2) 汽液相平衡常数 K 的计算方法

在精馏的操作分析、设计计算和优化中，相平衡常数 K 是最重要的性质，其适宜计算方法的选择对于结果的正确可靠和耗费计算机的计算时间起着决定性的影响。

① 状态方程法

$$K_i=\frac{y_i}{x_i}=\frac{\hat{\phi}_i^L}{\hat{\phi}_i^V} \tag{2-18}$$

逸度系数可以从该物质的 p-V-T 关系或实测数据计算。研究状态方程或实测 p-V-T 数据，应用式(2-18) 算得相平衡常数，即可求出 K_i，而已知 K_i 则可由 $x_i(y_i)$ 求与之相平衡的 $y_i(x_i)$，是工程计算中获取相平衡常数的一条常用途径。

$\hat{\phi}_i^L$ 和$\hat{\phi}_i^V$ 若用状态方程来计算，则该状态方程必须同时适用于汽液两相，即用适当的同一状态方程直接计算汽、液相的逸度系数、逸度及其它热力学性质。常见的有 SRK 方程（Soave 改进的 Redlich 方程）、PR（Peng-Robinson）方程和 SHBWR 方程（Starling-Han 改进的 BWR 方程）以及 L-K（Lee-Kesler）方程等，此法适用于中压下，液相非理想性不是很强的烃类系统（包括含非烃气体的轻烃混合物）的分离过程。

② 活度系数法

$$K_i=\frac{y_i}{x_i}=\frac{\gamma_i f_i^{0L}}{p\hat{\phi}_i^V} \tag{2-19}$$

即 K_i 是通过适当的状态方程或实测 p-V-T 数据求汽相逸度系数$\hat{\phi}_i^V$，如维里方程、RK 方程，而液相活度系数 γ_i 则由活度系数模型来计算，这是求得相平衡常数的另一条途径。该法用于压力不高、液相非理想性强的系统。状态方程法与活度系数法计算相平衡常数的比较见表 2-2。

表 2-2 状态方程法与活度系数法的比较[10]

方　法	优　点	缺　点
状态方程法	(1)不需要基准态 (2)只需要 p-V-T 数据，原则上不需有相平衡数据 (3)可以应用对比状态理论 (4)可以用在临界区	(1)没有一个状态方程能完全适用于所有的密度范围 (2)受混合规则的影响很大 (3)对于极性物质、大分子化合物和电解质系统很难应用
活度系数法	(1)简单的液体混合物的模型已能满足要求 (2)温度的影响主要表现在 f_i^L 上，而不在 γ_i 上 (3)对许多类型的混合物，包括聚合物、电解质系统都能应用	(1)需用其它的方法获得液体的偏摩尔体积（在计算高压汽液平衡时需要此数据） (2)对含有超临界组分的系统应用不够方便，必须引入亨利定律 (3)难以在临界区内应用

2.2.1.4 相对挥发度

相对挥发度（relative volatility）$\alpha_{i,j}$ 的定义是 i，j 两组分的相平衡常数之比。

$$\alpha_{i,j}=\frac{K_i}{K_j}=\frac{y_i/x_i}{y_j/x_j}=\frac{y_i/y_j}{x_i/x_j} \tag{2-20}$$

形式与式(1-2) 固有分离因子相同，主要用于精馏过程，且随温度和压力的变化不敏感，若近似当作常数，能使计算简化。通常将 K 值大的当作分子，故 $\alpha_{i,j}$ 一般大于 1。当 $\alpha_{i,j}$ 偏离 1 时，便可采用平衡分离过程使均相混合物得以分离，$\alpha_{i,j}$ 越大越容易分离。

若 $\alpha_{i,j}=1$，表示汽液两相中 i、j 两组分的浓度之比相等，因此不能用一般的精馏来分离。可用 $\alpha_{i,j}$ 表示相平衡关系

$$K_i=\frac{\alpha_{i,j}}{\sum\alpha_{i,j}x_i},\qquad y_i=\frac{\alpha_{i,j}x_i}{\sum\alpha_{i,j}x_i} \tag{2-21}$$

$$K_i=\alpha_{i,j}\sum\frac{y_i}{\alpha_{i,j}},\qquad x_i=\frac{y_i/\alpha_{i,j}}{\sum y_i/\alpha_{i,j}} \tag{2-22}$$

所以在某些传质单元操作中，分离因子又有专用名称，如蒸馏或精馏中称作相对挥发度，萃取中称作选择性系数。对液液平衡情况，常用 $\beta_{i,j}$ 代替 $\alpha_{i,j}$，称为相对选择性。

$$\beta_{i,j}=\frac{K_i}{K_j}=\frac{x_i^{\mathrm{I}}/x_i^{\mathrm{II}}}{x_j^{\mathrm{I}}/x_j^{\mathrm{II}}} \tag{2-23}$$

【例 2-3】 某精馏塔顶产品在 1.313MPa 和 6℃下以 $C_2^=$ 为对比组分各组分的相对挥发度如下表所示，当塔顶产品是汽相出料时，求与其相平衡的回流液组成。

组分 i	C_1^0	$C_2^=$	C_2^0	$C_3^=$
$y_{i,D}$(摩尔分数)	0.0039	0.8651	0.1284	0.0026
$\alpha_{i,j}$	4.3925	1.0000	0.6729	0.1963

解 计算方法：用相对挥发度表示的汽液平衡关系为

$$x_i=\frac{y_i/\alpha_{i,j}}{\sum y_i/\alpha_{i,j}}$$

先计算 $y_i/\alpha_{i,j}$，然后再计算 $\sum y_i/\alpha_{i,j}$，结果如下表所示：

组分 i	$y_{i,D}$(摩尔分数)	$\alpha_{i,j}$	$y_i/\alpha_{i,j}$	$x_i=\frac{y_i/\alpha_{i,j}}{\sum y_i/\alpha_{i,j}}$(摩尔分数)
C_1^0	0.0039	4.3925	0.00089	0.00083
$C_2^=$	0.8651	1.0000	0.86510	0.80846
C_2^0	0.1284	0.6729	0.19082	0.17833
$C_3^=$	0.0026	0.1963	0.01325	0.01238
合计	1.000		1.07006	1.000

2.2.2 汽液平衡的分类与计算

2.2.2.1 汽液平衡的分类

根据分子间作用力的不同，汽相可分成以下三类。

(1) 理想气体的混合物

此时分子间的作用力和分子本身所占的体积可以忽略，其 p-V-T 关系服从理想气体定律，$\hat{\phi}_i^V=1$，$\hat{f}_i=p_i$，即式(2-9) 简化为

$$p_i=py_i \tag{2-24}$$

此式即是我们熟知的理想气体混合物中 i 组分的逸度等于其分压的关系式。

(2) 理想的气体混合物（或实际气体的理想溶液）

此时相同分子间的作用力和相异分子间的作用力相同，分子大小一样，在混合时体积具有加和性。对此气体混合物可以导得$\hat{\phi}_i^V=\phi_i^V$，即式(2-9) 简化为

$$f_i^V=\phi_i^V py_i \tag{2-25}$$

式中，f_i^V 为纯组分 i 的气体在系统的 p、T 条件下的逸度，显然 f_i^V 与混合物的组成无关。

(3) 实际气体

此时相同分子和相异分子间的作用力不同，各组分分子的大小也不同，是最一般情况。

与此类似，液相也可分为理想溶液和实际溶液（与实际气体对应）两类，但不存在理想气体那样的溶液。对理想溶液，$\gamma_i=1$，则式(2-10) 简化为

$$\hat{f}_i^L=f_i^0x_i=p_i^0\phi_i^0x_i \tag{2-26}$$

此式是一般化的拉乌尔定律，f_i^0为纯液体 i 在溶液 p、T 条件下的逸度，忽略 Poynting 因子。

三类不同汽相和两类不同溶液可以组合成表 2-3 所示的五类汽液平衡系统，它们的相平

衡常数计算式也列于其中，以后将分别予以进一步讨论。

表 2-3 汽液平衡的分类

液相＼汽相	理想气体的混合物 $\hat{\phi}_i^V=1,\phi_i^0=1$	理想的气体混合物 $\hat{\phi}_i^V=\phi_i^V$	真实气体混合物
理想溶液 $\gamma_i=1$	(1)完全理想系 $py_i=p_i^0x_i$ $K_i=\frac{p_i^0}{p}=f(T,p)$	(2)理想系 $py_i\phi_i^V=p_i^0\phi_i^0x_i$ $K_i=\frac{p_i^0\phi_i^0}{p\phi_i}=f(T,p)$	$py_i\hat{\phi}_i^V=p_i^0\phi_i^0x_i$ 实际不存在
非理想溶液	(3)非理想系 $py_i=\gamma_ip_i^0x_i$ $K_i=\frac{p_i^0\gamma_i}{p}=f(T,p,x_i)$	(4)完全非理想系 $py_i\phi_i^V=p_i^0\phi_i^0\gamma_ix_i$ $K_i=\frac{p_i^0\phi_i^0\gamma_i}{p\phi_i^V}=f(T,p,x_i)$	(5)高度非理想系 $py_i\hat{\phi}_i=p_i^0\phi_i^0\gamma_ix_i$ $K_i=\frac{p_i^0\phi_i^0\gamma_i}{p\hat{\phi}_i}=f(T,p,x_i,y_i)$

注：表中的基本关系式，$p\hat{\phi}_i^Vy_i=f_i^{0L}\gamma_ix_i=p_i^0\phi_i^0\gamma_ix_i$，忽略 Poynting 因子，$f_i^{0L}=p_i^0\phi_i^0$。

2.2.2.2 汽液平衡常数的计算

从式(2-18) 可知，计算汽液平衡常数（vapor-liquid phase equilibrium constant）主要应解决如何计算逸度系数和活度系数，这部分内容在化工热力学有详细的介绍，这里简要介绍计算方法。

(1) 逸度系数的计算

逸度系数可以通过气体状态方程、p-V-T 实验数据、普遍化关系来计算，可根据情况任选一种。但用状态方程和普遍化关系来计算汽相逸度系数使用较多。

① 纯组分的逸度系数基本关系

$$\ln\phi_i=\int_0^p(Z_i-1)\frac{dp}{p} \tag{2-27}$$

采用普遍化关系，当 $V_r\geqslant2$ 时

$$\ln\phi_i=\frac{p_r}{T_r}(B^0+\omega B^1) \tag{2-28}$$

其中 $$B^0=0.083-\frac{0.422}{T_r^{1.6}},\qquad B^1=0.139-\frac{0.172}{T_r^{4.2}}$$

当 $V_r<2$ 时 $$\ln\phi_i=\ln\phi_i^0+\omega\ln\phi_i^1 \tag{2-29}$$

其中，$\ln\phi_i^0$，$\ln\phi_i^1=f(T_r,p_r)$ 可查相应的热力学图。

② 混合物的逸度系数基本关系

$$\ln\hat{\phi}_i=\int_0^p(\bar{Z}_i-1)\frac{dp}{p} \tag{2-30}$$

a. 两项式维里方程

$$Z=\frac{p\nu}{RT}=1+\frac{Bp}{RT} \tag{2-31}$$

对 n mol 气体混合物，在 T、p、$n_{j\neq i}$ 为常数时，对 n_i 微分，并代入式(2-30) 积分得

$$\ln\hat{\phi}_i=\left[2\left(\sum_j y_jB_{ij}\right)-B_m\right]\frac{p}{RT} \tag{2-32}$$

其中 $$B_m=\sum_i\sum_j y_iy_jB_{ij},\qquad \frac{Bp_c}{RT_c}=B^0+\omega B^1$$

对二元混合物 $B_m=y_1^2B_{11}+2y_1y_2B_{12}+y_2^2B_{22}$

式中，B_{11}、B_{22}为纯1、纯2组分的第二维里系数；B_{12}为1组分对2组分的交叉第二维里系数，按混合物性计算，即B_{ij}用混合规则求，需先求T_{cij}、p_{cij}、ω_{ij}。

b. 范德华方程

$$p=\frac{RT}{\nu-b}-\frac{a}{\nu^2} \tag{2-33}$$

按以上类似方法，可导出相应的混合物中i组分的汽相逸度系数

$$\ln\hat{\phi}_i=\frac{b_i}{\nu_m-b_m}-\ln\left[Z_m\left(1-\frac{b_m}{\nu_m}\right)\right]-\frac{2\sqrt{a_m a_i}}{RT\nu_m} \tag{2-34}$$

其中
$$a_i=\frac{27R^2T_{c,i}^2}{64p_{c,i}},\qquad b_i=\frac{RT_{c,i}}{8p_{c,i}}$$
$$a_m=\left(\sum y_i\sqrt{a_i}\right)^2,\qquad b_m=\sum y_i b_i$$

c. R-K 方程

$$p=\frac{RT}{\nu-b}-\frac{a}{T^{1/2}\nu(\nu+b)} \tag{2-35}$$

$$\ln\hat{\phi}_i=\ln\frac{\nu_m}{\nu_m-b_m}+\frac{b_i}{\nu_m-b_m}-\frac{2\sum\limits_k y_k a_{ik}}{RT^{3/2}b_m}\ln\left(\frac{\nu_m+b_m}{\nu_m}\right)$$
$$+\frac{a_m b_i}{RT^{3/2}b_m^2}\left[\ln\left(\frac{\nu_m+b_m}{\nu_m}\right)-\frac{b_m}{\nu_m+b_m}\right]-\ln\left(\frac{p\nu_m}{RT}\right) \tag{2-36}$$

其中
$$a_i=\frac{0.42748R^2T_{c,i}^{2.5}}{p_{c,i}},\qquad b_i=\frac{0.0867RT_{c,i}}{p_{c,i}}$$
$$b_m=\sum_i y_i b_i,\qquad a_m=\sum_j\sum_i y_i y_j a_{ij}$$

d. BWR 方程

$$p=RT\rho+\left(B_0RT-A_0-\frac{c_0}{T^2}\right)\rho^2+(bRT-a)\rho^3+a\alpha\rho^6+\frac{c\rho^3}{T^2}(1+\gamma\rho^2)\exp(1-\gamma\rho^2) \tag{2-37}$$

式中，A_0、B_0、C_0、a、b、c、γ和α为方程常数，ρ为密度，$\rho=\frac{1}{\nu}$。

$$RT\ln\hat{\phi}_i^{\mathrm{V}}=RT\frac{\rho_m RT}{p}+\left[(B_{0m}+B_{0i})RT\times2(A_{0m}A_{0i})^{1/2}-2(c_{0m}c_{0i})^{1/2}T^{-2}\right]\rho_m$$
$$+\frac{3}{2}\left[RT(b_m^2b_i)^{1/3}-(a_m^2a_i)^{1/3}\right]\rho_m^2+\frac{3}{5}\left[a_m(a_m^2a_i)^{1/3}+a_m(a_m^2\alpha_i)^{1/3}\right]\rho_m^5$$
$$+\frac{3(c_m^2c_i)^{1/3}\rho_m^2}{T^2}\left[\frac{1-\exp(-\gamma_m\rho_m^2)}{\gamma_m\rho_m^2}-\frac{\exp(-\gamma_m\rho_m^2)}{2}\right]$$
$$-\frac{2c_m\rho_m^2}{T^2}\left(\frac{\gamma_i}{\gamma_m}\right)^{\frac{1}{2}}\left[\frac{1-\exp(-\gamma_m\rho_m^2)}{\gamma_m\rho_m^2}-\left(\frac{1+\gamma_m\rho_m^2}{2}\right)\exp(-\gamma_m\rho_m^2)\right] \tag{2-38}$$

在用R-K和BWR方程求逸度系数前，首先应解R-K或BWR方程求出ν或ρ，它们为三次方程或近似三次方程，解出三个实根。对ν来讲，最大的代表汽相根，最小的代表液相根，中间根无物理意义；对ρ则相反，最大的代表液相根，最小的代表汽相根，三次方程可用迭代法求解，ν或ρ的初值一般按经验选取。

【例 2-4】 按完全理想系处理和用范德华方程计算乙烯在 311K 和 3444.2kPa 下的汽液平衡常数（实测值 $K_{C_2}=1.726$）。

解 由手册查得乙烯的临界参数：$T_c=282.4$K；$p_c=5034.6$kPa。乙烯在 311K 时的饱和蒸气压，$p^0_{C_2^=}=9117.0$kPa。

（1）汽相按理想气体、液相按理想溶液计算汽液平衡常数

$$K_{C_2^=}=\frac{p^0_{C_2^=}}{p}=\frac{9117.0}{3444.2}=2.647$$

（2）用范德华方程计算汽液平衡常数

① 用下列公式计算参数 a_i 和 b_i，计算汽相混合参数 a_m、b_m；

$$a_i=\frac{27R^2T^2_{c,i}}{64p_{c,i}},\qquad b_i=\frac{RT_{c,i}}{8p_{c,i}}$$

$$a_m=\left(\sum y_i\sqrt{a_i}\right)^2,\qquad b_m=\sum y_ib_i$$

② 由下列范德华方程计算摩尔体积 ν 和压缩因子 Z_m

$$\nu^3-\left(b+\frac{RT}{p}\right)\nu^2+\frac{a}{p}\nu-\frac{ab}{p}=0$$

该方程有三个根，计算汽相摩尔体积时取数值最大的根；计算液相摩尔体积时取数值最小的根。

$$Z_m=\frac{p\nu}{RT}=\frac{\nu}{\nu-b}-\frac{a}{RT\nu}$$

③ 将上述结果代入逸度系数表达式

$$\ln\hat{\phi}_i=\frac{b_i}{\nu_m-b_m}-\ln\left[Z_m\left(1-\frac{b_m}{\nu_m}\right)\right]-\frac{2\sqrt{a_ma_i}}{RT\nu_m}$$

即可求出汽相逸度系数。

根据上述公式，相应的计算过程如下：

$$a=a_i=\frac{27R^2T_c^2}{64p_c}=\frac{27\times(8.314\times1000)^2\times(282.4)^2}{64\times(5034.6\times1000)}=4.619\times10^5$$

$$b=b_i=\frac{RT_c}{8p_c}=8.314\times1000\times282.4/(8\times5034.6\times1000)=0.0583$$

$$\nu^3-0.81\nu^2+0.134\nu-0.00782=0$$

求解得最大根与最小根分别为 $\nu^V=0.6117$，$\nu^L=0.1131$，则

$$Z^V=\frac{p\nu^V}{RT}=3444.2\times1000\times0.6117/(8.314\times1000\times311)=0.8148$$

$$Z^L=\frac{p\nu^L}{RT}=3444.2\times1000\times0.1131/(8.314\times1000\times311)=0.1506$$

$$\ln\hat{\phi}^L_i=\frac{b_i}{\nu^L_m-b_m}-\ln\left[Z_m\left(1-\frac{b_m}{\nu^L_m}\right)\right]-\frac{2\sqrt{a_ma_i}}{RT\nu^L_m}$$

$$=\frac{0.0583}{0.1131-0.0583}-\ln\left[0.1506\times\left(1-\frac{0.0583}{0.1131}\right)\right]-\frac{2\times4.619\times10^5}{8.314\times1000\times311\times0.1131}$$

$$=1.06387+2.617378-3.158966=0.522282$$

故 $\hat{\phi}^{L}=1.68587$

同样 可得$\hat{\phi}^{V}=0.8405$

因此 $K=\dfrac{y_i}{x_i}=\dfrac{\hat{\phi}^{L}}{\hat{\phi}^{V}}=2.0$

（2）活度系数的计算

若 $\gamma_i>1$，称为对拉乌尔定律有正偏差，$\gamma_i<1$ 为负偏差。

大多数非烃类混合物，都表现为正偏差，少数由于有缔合现象或属于电解质溶液，能发生负偏差。一般可以液相中分子间的作用力来估计偏差的正负。

目前，还不能完满地定量计算活度系数，对于双组分系统，主要通过实验测定，也可采用某些公式计算，对于三组分或更多组分的非理想溶液，实验数据很少，活度系数主要用公式估算。

热力学已经导出如下总过剩自由焓（又称超额过剩自由焓）与活度系数的关系

$$\frac{G^E}{RT}=\sum_i(x_i\ln\gamma_i) \quad 或 \quad \ln\gamma_i=\left[\frac{\partial(nG^E/RT)}{\partial n_i}\right]_{T,p,n_{j\neq i}} \tag{2-39}$$

只要知道 G^E 的数学模型，就可通过组分 i 的物质的量 n_i 求偏导数得到 γ_i 的表达式。

① 范拉尔方程（Van-Laar）

$$\ln\gamma_1=\frac{A_{12}}{\left(1+\dfrac{A_{12}x_1}{A_{21}x_2}\right)^2}, \qquad \ln\gamma_2=\frac{A_{21}}{\left(1+\dfrac{A_{21}x_2}{A_{12}x_1}\right)^2} \tag{2-40}$$

式中，A_{12}、A_{21}为系统端值常数。

【讨论】

a. A 的物理意义

$$A_{12}=\lim_{x_1\to 0}\ln\gamma_1=\ln\gamma_1^{\infty}, \quad A_{21}=\lim_{x_2\to 0}\ln\gamma_2=\ln\gamma_2^{\infty}$$

活度系数方程中均含有一些特定的参数，它们必须由实测平衡数据推算得到。可用二元系的一对无限稀释活度系数 γ_1^{∞} 和 γ_2^{∞} 确定参数，是一个比较简便的方法。但是由于无限稀释活度系数的测定或推算的精度尚存在问题，所以由此求得的参数来预计全浓度范围的活度系数，正确性也存在问题。

b. 由 $\ln\gamma_i$ 计算 A_{12}、A_{21}

$$A_{12}=\ln\gamma_1\left(1+\frac{x_2\ln\gamma_2}{x_1\ln\gamma_1}\right)^2, \qquad A_{21}=\ln\gamma_2\left(1+\frac{x_1\ln\gamma_1}{x_2\ln\gamma_2}\right)^2$$

c. 当 $A_{12}=A_{21}=A$ 时，此二元系统称为对称系统，方程可变为单参数的对称方程

$$\ln\gamma_1=A_{12}x_2^2=Ax_2^2 \qquad \ln\gamma_2=A_{21}x_1^2=Ax_1^2$$

d. 当 $A_{12}=A_{21}=0$ 时，$\gamma_i=1$ 为理想体系；

当 $A_{12}<0$，$A_{21}<0$ 时，$\gamma_i<1$ 为负偏差非理想体系；

当 $A_{12}>0$，$A_{21}>0$ 时，$\gamma_i>1$ 为正偏差非理想体系。

A 可用来判别实际溶液与理想溶液的偏离度。

e. 范拉尔方程在多数情况下均能较适应和符合于试验数据。但其使用也有一定的限制，

即A_{12}、A_{21}为不同的符号，而$x_1/x_2=|A_{21}|/|A_{12}|$时，式中的分母相互抵消为零，式(2-40) 不能求解，这种情况虽然很少会遇到，但方程式的中断是它的缺点，为此得到改进的范拉尔方程如下

$$\ln\gamma_1=A_{12}Z_2^2\left[1+2Z_1\left(\frac{A_{12}A_{21}}{|A_{12}A_{21}|}-1\right)\right] \tag{2-41}$$

$$\ln\gamma_2=A_{21}Z_1^2\left[1+2Z_2\left(\frac{A_{12}A_{21}}{|A_{12}A_{21}|}-1\right)\right] \tag{2-42}$$

式中，$Z_1=\frac{|A_{12}|x_1}{|A_{12}|x_1+|A_{21}|x_2}$；$Z_2=1-Z_1$。

当A_{12}和A_{21}为同符号时，式(2-41)、式(2-42) 即等同于式(2-40)。

② 马格勒斯（Margules）方程

$$\ln\gamma_1=x_2^2[A_{12}+2x_1(A_{21}-A_{12})] \quad 或 \quad \ln\gamma_2=x_1^2[A_{21}+2x_2(A_{12}-A_{21})] \tag{2-43}$$

式中，A_{12}和A_{21}的意义与范拉尔方程相同。

同理可推导得：$A_{12}=\lim\limits_{x_1\to 0}\ln\gamma_1$，$A_{21}=\lim\limits_{x_2\to 0}\ln\gamma_2$，即

$$A_{12}=\frac{x_2-x_1}{x_2^2}\ln\gamma_1+\frac{2\ln\gamma_2}{x_1}, \qquad A_{21}=\frac{x_1-x_2}{x_1^2}\ln\gamma_2+\frac{2\ln\gamma_1}{x_2}$$

三元溶液的活度系数

$$\ln\gamma_1=x_2^2[A_{12}+2x_1(A_{21}-A_{12})]+x_3^2[A_{13}+2x_1(A_{31}-A_{13})]+x_2x_3[A_{21}+A_{13}-A_{32}+2x_1(A_{31}-A_{13})+2x_3(A_{32}-A_{23})-c(1-2x_1)] \tag{2-44}$$

式中，c表示三元系性质的特征常量，是c_{123}的简写，须用三元系的实验数据来确定。因此，不能单用两元系数据来正确推断三元系的活度系数。但一般系统可取$c=0$，或由实验数据测定。

$$c=\frac{A_{21}-A_{12}+A_{23}-A_{32}+A_{31}-A_{13}}{2} \tag{2-45}$$

式中，A_{ij}为有关的双组分溶液之端值常数，可查阅手册，顺序轮回替换下标，用2代1，用3代2，用1代3，便可求γ_2及γ_3。

用马格勒斯方程计算三组分溶液的活度系数是一个近似值。活度系数不仅是组成x_i的函数，而且是压力和温度的函数。严格说来，上式仅在恒温、恒压下适用。由于压力对活度系数影响甚小，计算结果可在不同压力下使用。

当$x_3=0$时，式(2-44) 即变成求双组分溶液的活度系数方程。

范拉尔方程和马格勒斯方程有悠久的历史，仍有实用价值，特别是定性分析方面。其优点为数学表达式简单；容易从活度系数数据估计参数；非理想性强的二元混合物包括部分互溶物系，也经常能得到满意的结果。缺点是不能用二元数据正确推断三元系的活度系数，不能用于多元系相平衡计算。且二元系的范拉尔方程和马格勒斯方程一般认为只有当方程中两个参数之比小于1.6，两个参数值小于3.0（即无限稀释活度系数小于20）时，此两方程才适用。

③ 威尔逊（Wilson）方程[10]

$$\ln\gamma_i = 1 - \ln\sum_{j=1}^{n} x_j\lambda_{ij} - \sum_{k=1}^{n} \frac{x_k\lambda_{ki}}{\sum_{j=1}^{n} x_j\lambda_{kj}} \tag{2-46}$$

$$\lambda_{ij} = \frac{V_i^L}{V_j^L}\exp\left(-\frac{g_{ij}-g_{ii}}{RT}\right) \tag{2-47}$$

对于二元溶液 $\ln\gamma_1 = 1-\ln(x_1+x_2\lambda_{12})-\left[\frac{x_1}{x_1+x_2\lambda_{12}}+\frac{x_2\lambda_{21}}{x_1\lambda_{21}+x_2}\right]$ (2-48)

式中，λ_{ij} 为威尔逊参数；g_{ii} 和 g_{ij} 是组分 i 和 j 的二元交互作用能量参数，J/kmol；V_i^L 和 V_j^L 是纯液体 i 和 j 的摩尔体积，m^3/kmol。将上式下标 1 和 2 交换可得到 γ_2 的计算式。

【讨论】

a. 当 $x_1 \rightarrow 0$ 时，$\ln\gamma_1^\infty = 1-\ln\lambda_{12}-\lambda_{21}$；当 $x_2 \rightarrow 0$ 时，$\ln\gamma_2^\infty = 1-\ln\lambda_{21}-\lambda_{12}$。

b. 当 $\lambda_{12}=1$、$\lambda_{21}=1$ 时，为理想体系；当 $\lambda_{12}>1$、$\lambda_{21}<1$ 时，为正偏差非理想体系。λ 可用来判别实际溶液与理想溶液的偏离度。

c. $g_{ij}=g_{ji}$，但 $\lambda_{ij} \neq \lambda_{ji}$。

三元溶液的活度系数

$$\ln\gamma_1 = 1-\ln(x_1+x_2\lambda_{12}+x_3\lambda_{13})-\left[\frac{x_1}{x_1+x_2\lambda_{12}+x_3\lambda_{13}} + \frac{x_2\lambda_{21}}{x_1\lambda_{21}+x_2+x_3\lambda_{23}}+\frac{x_3\lambda_{31}}{x_1\lambda_{31}+x_2\lambda_{32}+x_3}\right] \tag{2-49}$$

威尔逊方程具有以下几个特点：

第一，仅需用有关二元系的参数 λ_{ij} 和 λ_{ji} 即能预测多元系的活度系数；

第二，适用范围广，对酮、醇、醚、腈、酯类及含水、硫、卤化物的互溶系统，均有较高的正确度；

第三，λ_{ij} 基本上与温度无关，因此方程中包括了温度对活度系数的影响；

第四，不能预计液液系统和部分互溶系统的活度系数。

因此，该方程的计算结果较好。虽较繁复，但随着计算机辅助计算的广泛应用，目前威尔逊方程使用较多。

④ 有规双液（non-random two liquid，NRTL）方程[11]

$$\ln\gamma_1 = x_2^2\left[\frac{\tau_{21}G_{21}^2}{(x_1+x_2G_{21})^2}+\frac{\tau_{12}G_{12}}{(x_2+x_1G_{12})^2}\right] \tag{2-50}$$

将上式中的下标 1 和下标 2 交换可得到 γ_2 的计算式。

多元溶液的活度系数方程

$$\ln\gamma_1 = \frac{\sum_{j=1}^{c}\tau_{ij}G_{ij}x_j}{\sum_{k=1}^{c}G_{ik}x_k} + \sum_{j=1}^{c}\frac{x_jG_{ji}}{\sum_{k=1}^{c}G_{jk}x_k}\left(\tau_{ji}-\frac{\sum_{l=1}^{c}x_i\tau_{jl}G_{jl}}{\sum_{k=1}^{c}G_{jk}x_k}\right) \tag{2-51}$$

式中，$\tau_{ij}=(g_{ij}-g_{ii})/RT$，$g_{ij}-g_{ii}$ 为组分 i 和 j 的二元交互作用能量参数；$G_{ij}=\exp(-\alpha_{ij}\tau_{ij})$，$\alpha_{ij}$ 为模型参数，通常在 0.2～0.47 之间，可由二元实验数据求得，在无实验数据时可从有关手册上查得其近似值。

NRTL 方程具有与威尔逊方程第二、第三个特点类同的性质，而且还适用于液液平衡，不过需要有关二元系三个模型参数（τ_{ij}、τ_{ji} 和 α_{ij}）才能预计多元系的相平衡。经验表明，对于汽液相平衡的预计精度比威尔逊方程稍差一点，但对含水系统的精度预计很好。

Vatani 等[12]基于遗传算法，采用 NRTL 和 Two-Suffix Margules 模型分别计算了 20 种三元离子液体系水活度系数，发现 NRTL 比 Two-Suffix Margules 拟合效果更好，数据更精确。

⑤ UNIFAC 基团贡献法[13]　基团贡献法的原理是把纯物质和混合物的物性看成是构成它们的基团对此物性贡献的加和。通过系统实验测定、数据的收集和数据库的建立，从而拥有大量可供应用的数据；选用热力学原理进行关联拟合应用于活度系数的计算。在化工生产上遇到的化合物很多，但构成这些化合物的基团只有数十个，因此以基团参数出发来推算混合物的物性具有应用广泛和灵活的特点。

UNIFAC 的基团参数基本上与温度无关，目前已拥有约 100 个基团，在 300～425K 范围内实际应用的基团配偶参数是 414 个，该法可用于汽液平衡数据推算，其汽相摩尔分数的计算值与实验值的平均绝对偏差为 0.01；如果预计 γ_i 所需的基本数据均具备，γ_i 的预计精度已达一定水平，误差一般小于 10%～15%，至少据此 γ_i 算出的相平衡常数，可以用来判别该混合物是否适合用精馏操作来分离。对于多元系中含量较少又不起重要作用的组分，用这种活度系数模型估算也较合适，可以节省平衡数据测定的工作。本方法还可用于液液平衡、汽液平衡、无限稀释活度系数、过量焓、固液平衡等数据和加压条件下的汽液平衡（1MPa 以下）的推算。但此法不能用于同分异构体的推算，否则就得把整个异构体分子作为基团，这时就失去了基团贡献的意义。如安维中等[14]提出基于 UNIFAC 法预测聚乙二醇合成工艺中环氧乙烷（EO）-聚乙二醇（PEG）体系的汽液平衡数据，为工业反应器的数学建模和安全评价等提供理论依据。Paduszyński 等[15]利用修订的 UNIFAC 法估算哌啶离子液体体系中水的活度系数，计算值与实验值的平均偏差几乎为零，参数拟合精确度较高。

（3）相平衡常数的估计[16～18]

① 烃类系统的列线图法　相平衡常数是温度、压力和汽液组成的函数，无论用状态方程还是用活度系数模型，其计算工作量都很大，必须借助于计算机辅助计算。但对于完全理想系和理想系而言，K_i 仅是 T、p 的函数，计算可以大大简化。如烃类物系在化工中十分重要，汽液两相均较接近于理想溶液，可仅考虑 p、T 对 K_i 的影响。迪普里斯特（Depriester）以 BWR 方程为基础，经广泛的实验和理论推算，做出了轻烃类的 p-T-K 列线图，见图 2-5，这些图虽然没有假设理想溶液这个条件，但在图上所示的有限的压力范围内，组成对 K 值的影响很小，仍然把 K 看成是 T、p 的函数，平均误差为 8%～15%，适用于0.8～1MPa（绝对压）以下的较低压区域。压强高时，宜采用前面介绍的计算法。

② 相平衡常数经验式　对于组成对相平衡常数的影响不很明显的体系，可以将其表示为温度和压力的函数

$$\ln K_i = a_i + \frac{b_i}{T} + c_i \ln p \tag{2-52}$$

由于压力对相平衡常数的影响远比温度的影响小，所以在分离过程的计算中，当压力变

化不大时，可以将相平衡常数只表示为温度的函数。例如在精馏塔计算中，可以采用在全塔平均压力下的相平衡常数表示时而不会造成显著的误差。相平衡常数和温度的关系一般采用下列几种形式

$$K_i = A_{i,0} + A_{i,1}T + A_{i,2}T^2 + A_{i,3}T^3 \tag{2-53}$$

$$\ln K_i = B_{i,1} - \frac{B_{i,2}}{T + B_{i,3}} \tag{2-54}$$

$$\sqrt[3]{\frac{K_i}{T}} = C_{i,0} + C_{i,1}T + C_{i,2}T^2 + C_{i,3}T^3 \tag{2-55}$$

式(2-53)～式(2-55) 中，$A_{i,j}$、$B_{i,j}$、$C_{i,j}$ 为各经验式的系数，有两种来源，一种是由

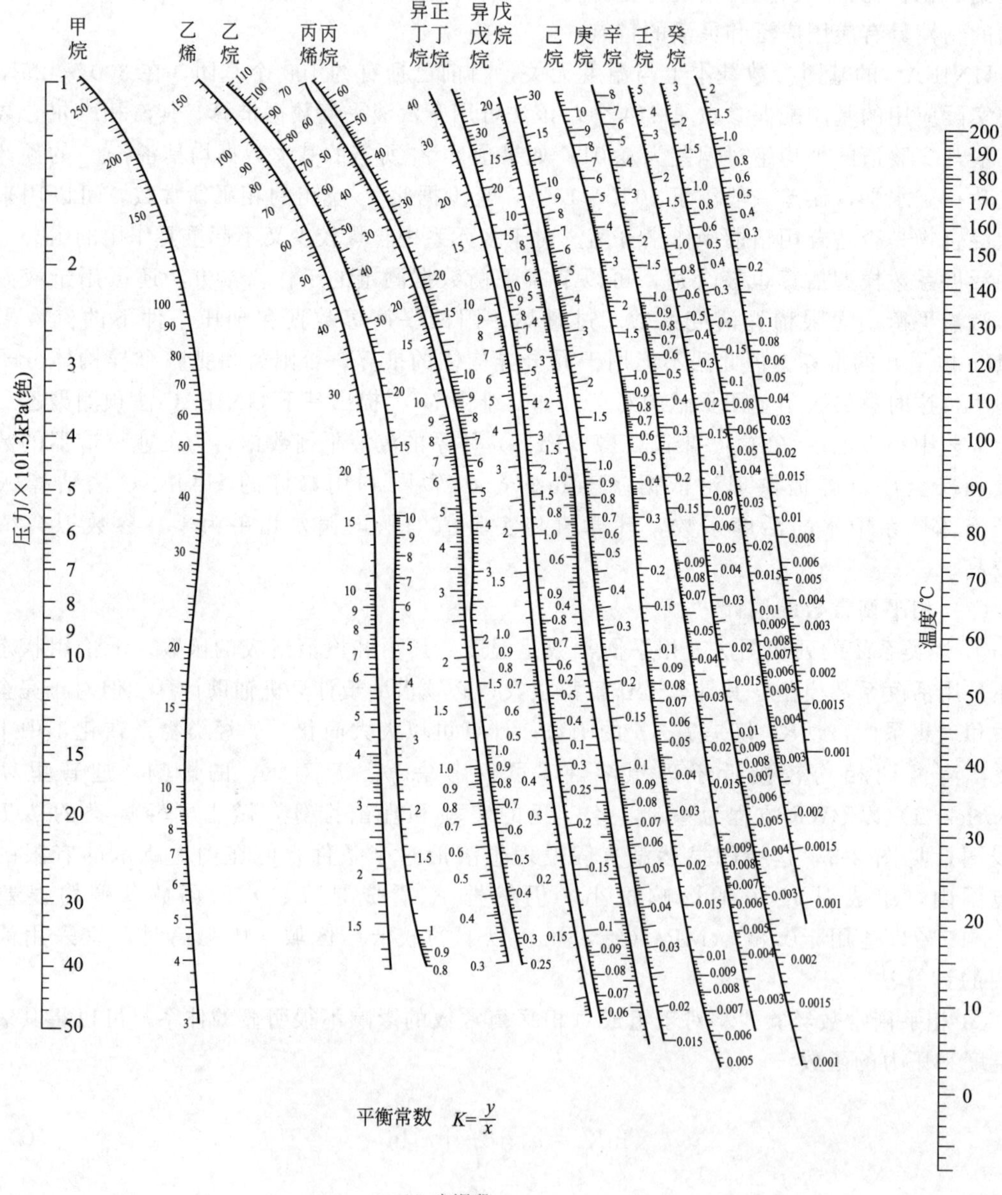

(a) 高温段

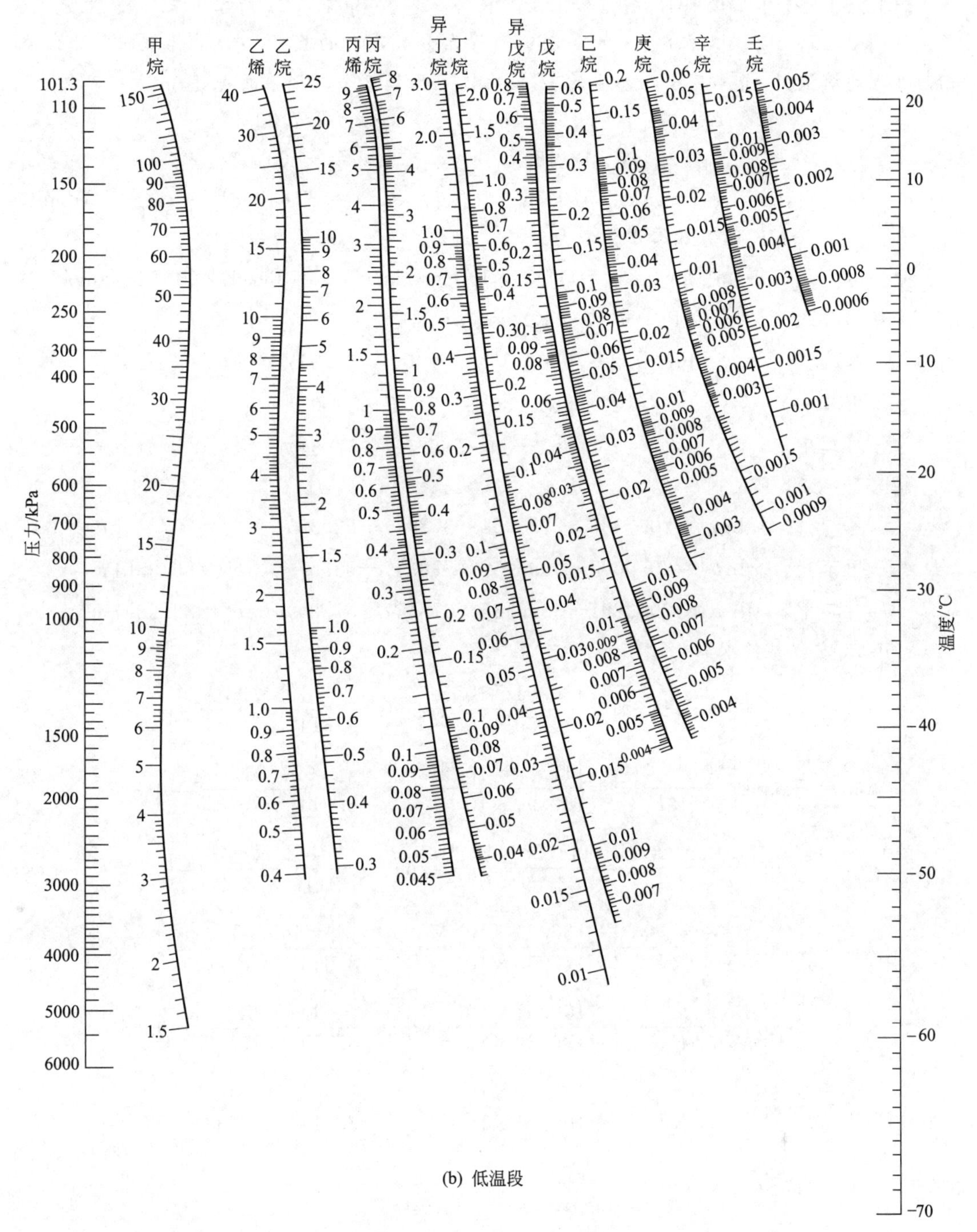

(b) 低温段

图 2-5 Depriester p-T-K 图

实验数据直接回归而得，另一种是由各种计算相平衡常数的方法计算值回归而得。既达到了加速计算的目的，又基本上不失应用原有相平衡常数计算方法的准确性。于志家等[18]讨论了低中高压下的汽液平衡计算的特点与之间的关系，通过程序设计运用活度系数法对双组分系统进行了高压汽液平衡计算，设计的计算路线不仅适于高压汽液平衡计算，亦能较好预测中低压下的汽液平衡数据。

【例 2-5】 计算在 0.1013MPa 和 378.47K 下苯（1)-甲苯（2)-对二甲苯（3）三元系，当 $x_1=0.3125$、$x_2=0.2978$、$x_3=0.3897$（摩尔分数）时的 K 值（汽相为理想气体，液相为非理想溶液)，并与完全理想系的 K 值比较。已知三个二元系的 Wilson 方程参数。

$$g_{12}-g_{11}=-1035.33 \qquad g_{12}-g_{22}=977.83$$

$$g_{23}-g_{22}=442.15 \qquad g_{23}-g_{33}=-460.05$$

$$g_{13}-g_{11}=1510.14 \qquad g_{13}-g_{33}=-1642.81 \qquad (\text{单位：J/mol})$$

在 $T=378.47\text{K}$ 时液相摩尔体积为

$\nu_1^L=100.91\times10^{-3}\text{m}^3/\text{kmol}$ $\nu_2^L=117.55\times10^{-3}\text{m}^3/\text{kmol}$ $\nu_3^L=136.69\times10^{-3}\text{m}^3/\text{kmol}$

安托因公式（p_i^0 单位 Pa，T 单位 K）为：

苯 $\ln p_1^0=20.7936-2788.51/(T-52.36)$

甲苯 $\ln p_2^0=20.9065-3096.52/(T-53.67)$

对二甲苯 $\ln p_3^0=20.9891-3346.65/(T-57.84)$

解 $T=378.47\text{K}$ 时

苯 $\ln p_1^0=20.7936-2788.51/(378.47-52.36)$，$p_1^0=207.48\text{kPa}$

甲苯 $\ln p_2^0=20.9065-3096.52/(378.47-53.67)$，$p_2^0=86.93\text{kPa}$

对二甲苯 $\ln p_3^0=20.9891-3346.65/(378.47-57.84)$，$p_3^0=38.23\text{kPa}$

Wilson 方程参数求取

$$\lambda_{12}=\frac{\nu_1^L}{\nu_2^L}\exp\left(-\frac{g_{12}-g_{11}}{RT}\right)=\frac{100.91\times10^{-3}}{117.55\times10^{-3}}\exp\left(-\frac{-1035.33}{8.314\times378.47}\right)=1.193$$

$$\lambda_{21}=\frac{\nu_2^L}{\nu_1^L}\exp\left(-\frac{g_{12}-g_{22}}{RT}\right)=\frac{117.55\times10^{-3}}{100.91\times10^{-3}}\exp\left(-\frac{977.83}{8.314\times378.47}\right)=0.854$$

$$\lambda_{23}=\frac{\nu_2^L}{\nu_3^L}\exp\left(-\frac{g_{23}-g_{22}}{RT}\right)=\frac{117.55\times10^{-3}}{136.69\times10^{-3}}\exp\left(-\frac{442.15}{8.314\times378.47}\right)=0.7472$$

$$\lambda_{32}=\frac{\nu_3^L}{\nu_2^L}\exp\left(-\frac{g_{23}-g_{33}}{RT}\right)=\frac{136.69\times10^{-3}}{117.55\times10^{-3}}\exp\left(-\frac{-460.05}{8.314\times378.47}\right)=1.346$$

$$\lambda_{13}=\frac{\nu_1^L}{\nu_2^L}\exp\left(-\frac{g_{13}-g_{11}}{RT}\right)=\frac{100.91\times10^{-3}}{136.69\times10^{-3}}\exp\left(-\frac{1510.14}{8.314\times378.47}\right)=0.457$$

$$\lambda_{31}=\frac{\nu_3^L}{\nu_1^L}\exp\left(-\frac{g_{13}-g_{33}}{RT}\right)=\frac{136.69\times10^{-3}}{100.91\times10^{-3}}\exp\left(-\frac{-1642.81}{8.314\times378.47}\right)=2.283$$

$$\ln\gamma_1=1-\ln(x_1+\lambda_{12}x_2+\lambda_{13}x_3)-\left(\frac{x_1}{x_1+\lambda_{12}x_2+\lambda_{13}x_3}+\frac{\lambda_{21}x_2}{\lambda_{21}x_1+x_2+\lambda_{23}x_3}+\frac{\lambda_{31}x_3}{\lambda_{31}x_1+\lambda_{32}x_2+x_3}\right)$$

$$=1-\ln(0.3125+1.193\times0.2978+0.457\times0.3897)-\left(\frac{0.3125}{0.3125+1.193\times0.2978+0.457\times0.3897}\right.$$

$$\left.+\frac{0.854\times0.2978}{0.854\times0.3125+0.2978+0.7472\times0.3897}+\frac{2.283\times0.3897}{2.283\times0.3125+1.346\times0.2978+0.3897}\right)$$

$$=-0.09076$$

所以 $$\gamma_1=0.9132$$

$$\ln\gamma_2=1-\ln(x_1\lambda_{21}+x_2+x_3\lambda_{23})-\left(\frac{x_1\lambda_{12}}{x_1+\lambda_{12}x_2+\lambda_{13}x_3}+\frac{x_2}{\lambda_{21}x_1+x_2+\lambda_{23}x_3}+\frac{\lambda_{32}x_3}{\lambda_{31}x_1+\lambda_{32}x_2+x_3}\right)$$

$$=1-\ln(0.3125\times0.854+0.2978+0.3897\times0.7472)-\left(\frac{0.3125\times1.193}{0.3125+1.193\times0.2978+0.457\times0.3897}\right.$$

$$\left.+\frac{0.2978}{0.854\times0.3125+0.2978+0.7472\times0.3897}+\frac{0.3897\times1.346}{2.283\times0.3125+1.346\times0.2978+0.3897}\right)$$

$$=0.0188$$

所以

$$\gamma_2=1.1994$$

$$\ln\gamma_3=1-\ln(x_1\lambda_{31}+x_2\lambda_{32}+x_3)-\left(\frac{x_1\lambda_{13}}{x_1+\lambda_{12}x_2+\lambda_{13}x_3}+\frac{\lambda_{23}x_2}{\lambda_{21}x_1+x_2+\lambda_{23}x_3}+\frac{x_3}{\lambda_{31}x_1+\lambda_{32}x_2+x_3}\right)$$

$$=1-\ln(0.3125\times2.283+0.2987\times1.346+0.3897)-\left(\frac{0.3125\times0.457}{0.3125+1.193\times0.2978+0.457\times0.3897}\right.$$

$$\left.+\frac{0.7472\times0.2978}{0.854\times0.3125+0.2978+0.7472\times0.3897}+\frac{0.3897}{2.283\times0.3125+1.346\times0.2978+0.3897}\right)$$

$$=-0.0961$$

所以

$$\gamma_3=0.9084$$

故

$$K_1=\frac{\gamma_1p_1^0}{p}=\frac{0.9132\times207.48}{101.3}=1.8704$$

$$K_2=\frac{\gamma_2p_2^0}{p}=\frac{1.1994\times86.93}{101.3}=1.0293$$

$$K_3=\frac{\gamma_3p_3^0}{p}=\frac{0.9084\times38.23}{101.3}=0.3428$$

而完全理想系

$$K_1=\frac{p_1^0}{p}=\frac{207.48}{101.3}=2.048$$

$$K_2=\frac{p_2^0}{p}=\frac{86.93}{101.3}=0.8581$$

$$K_3=\frac{p_3^0}{p}=\frac{38.23}{101.3}=0.3774$$

2.3 多组分物系的泡点和露点计算[3,7,17]

泡点（bubble point）温度（压力）是在恒压（温）下加热液体混合物，当液体混合物开始汽化出现第一个气泡时的温度（压力），简称泡点。

露点（dew point）温度（压力）是在恒压（温）下冷却气体混合物，当气体混合物开始冷凝出现第一个液滴时的温度（压力），简称露点。

根据泡点、露点的概念，精馏塔塔顶温度即为对应塔顶汽相组成的露点，塔釜温度即为对应塔釜液相组成的泡点。由于气体中出现的露点液和液体中出现的泡点气泡，其物质量仅为原混合物的极为微小部分，因而物系形成了第一个液滴和第一个气泡后，原有物系组成并未改变。在露点和泡点下均会出现汽液两相，可以通过泡点、露点的计算，了解在该温度下的汽液平衡组成。

2.3.1 泡点温度和压力的计算

2.3.1.1 泡点计算与有关方程

泡点计算在精馏计算中大量反复进行，用来确定塔级温度和塔的操作压力。如果液体混合物有 c 个组分，其组成为 x_1、$x_2 \cdots x_c$，由相律可知当处于汽液平衡时自由度为

$$f=c-\pi+2=c$$

该系统有 c 个独立变量。即只要给定 c 个变量，整个系统就规定了，由于由 c 个组分构成的溶液其独立变量数为（$c-1$）个，所以在一般的计算中除已知混合物的组成外，还必须已知一个压力或温度，可以利用相平衡关系计算。

（1）相平衡关系

$$y_i=K_i x_i \tag{2-56}$$

（2）浓度总和式

$$\sum_{i=1}^{c} y_i=\sum_{i=1}^{c} K_i x_i=1 \tag{2-57}$$

$$\sum_{i=1}^{c} x_i=\sum_{i=1}^{c} \frac{y_i}{K_i}=1 \tag{2-58}$$

（3）相平衡常数关联式

$$K_i=f(T,p,x_i,y_i) \tag{2-59}$$

共有方程数 $2c+2$ 个方程，变量数为 $3c+2(K_i,x_i,y_i,T,p)$，故设计变量数为 c 个，因此给定操作压力 p（或操作温度 T）和 $c-1$ 个 x_i，则上述方程有唯一解。因为上述方程对 T 和 y_i 均是非线性的，需用迭代法求解。

2.3.1.2 计算方法

（1）平衡常数与组成无关的泡点计算

从汽液平衡的热力学分析可知，混合物中 i 组分的相平衡常数 K_i 是系统温度 T、压力 p 和平衡的汽液相组成 x_i 和 y_i 的函数，如果按严谨的汽液平衡模型计算 K_i 值，其工作量很大只能借助于计算机进行。为适应手工计算的需要通常均作简化处理。对石油化工中常见的烃类系统由于组成对 K_i 的影响较小，因而在简化计算中可将 K_i 近似为 $K_i=f(T,p)$，对烃类物系可采用 p-T-K 列线图；当汽相为理想气体，液相为理想溶液时可用式(2-60)。

$$K_i=\frac{p_i^0}{p}=\frac{1}{p}\exp\left(A_i-\frac{B_i}{T+C_i}\right) \tag{2-60}$$

式中，系数 A_i、B_i、C_i 为组分 i 的安托因常数。

① 手算　计算思路：

设 $T(p)$ $\xrightarrow{p(T),x_i \text{ 已知}}$ 求 K_i $\longrightarrow$ $y_i=K_i x_i$ $\longrightarrow$ $\sum K_i x_i-1\leqslant\xi$ $\xrightarrow{\text{是}}$ $T_B=T$ 或 $p_B=p$，$y_i=K_i x_i$；否 → 调整 $T(p)$，返回

ξ 为试差的允许偏差，手算中一般取 0.01～0.001。

按初设温度 T 所求得的 $\sum K_i x_i$ 值若大于 1，说明 K 值偏大，由式(2-57) 可知，表明

所设温度偏高，$T>T_B$；反之若小于1，则表明所设温度偏低。如果已知操作温度求泡点压力，此时是已知 T，应设 p，其计算步骤仍按上进行。若其计算结果 $\sum K_i x_i$ 值若大于1，因 K 与 p 成反比，说明所设的压力 p 偏小。虽然可以根据该法定性来调整所设的温度或压力，但它不能定量地表达应调整多少，如何调整 $T(p)$ 值，为避免盲目性，加速试差过程的收敛可用下法，将 $\sum K_i x_i$ 表示为

$$\sum K_i x_i = K_G \left(\sum \frac{K_i}{K_G} x_i\right) = K_G \sum \alpha_{i,G} x_i$$

式中，下标G表示对 $\sum K_i x_i$ 值影响最大的组分；$\alpha_{i,G}$ 表示 i 组分对G组分的相对挥发度，在一定的温度范围内 $\alpha_{i,G} \approx$ 常数。

$$\frac{1}{K_G} \sum K_i x_i = \text{常数}$$

亦即对各次试差 $\left(\frac{1}{K_G} \sum K_i x_i\right)_n = \left(\frac{1}{K_G} \sum K_i x_i\right)_{n-1}$

n 为试差序号，为使第 n 次试差时 $(\sum K_i x_i)_n = 1$

$$K_{Gn} = \left(\frac{K_G}{\sum K_i x_i}\right)_{n-1} \tag{2-61}$$

由该 K_{Gn} 便可以从 K 图读出第 n 次试差时应假设的温度 $T_n(p_n)$ 值，按上述方法通常经过2～3次试算便可求得解。

对压力的迭代还可采用下面的方式

$$(p_B)_{n+1} = (p_B \sum K_i x_i)_n$$

此式可自动调整压力 p。

若为完全理想系，则 $K_i = p_i^0 / p$，代入式(2-57) 得到可直接计算泡点压力的公式

$$p_B = \sum_{i=1}^{c} p_i^0 x_i \tag{2-62}$$

对汽相为理想气体，液相为非理想溶液的情况，用类似的方法得到

$$p_B = \sum_{i=1}^{c} \gamma_i p_i^0 x_i \tag{2-63}$$

【例2-6】 一烃类溶液，其组成（摩尔分数）为 $x_{C_2^=} = 0.5352$，$x_{C_2^0} = 0.1235$，$x_{C_3^=} = 0.3175$，$x_{C_3^0} = 0.0238$，求该溶液在 $p = 3.5\text{MPa}$ 下的泡点温度 T_B 和平衡汽相组成 y_i。

解 设 $T_1 = 25℃$ 时，由烃类的 p-T-K 图读的 $p = 3.5\text{MPa}$，$T_1 = 25℃$ 时各组分的 K_i 值列于下表，经第一次试差，$(\sum K_i x_i)_1 = 1.1343 > 1$。取 $C_2^=$ 作为关键性组分G，由此求得

$$K_{G,2} = K_{C_2^=,2} = \frac{K_{C_2^=,1}}{(\sum K_i x_i)_1} = \frac{1.60}{1.1343} = 1.411$$

查 p-T-K 图得：在 $p = 3.5\text{MPa}$ 下，$K_{C_2^=} = 1.411$ 时，$T_2 = 17℃$。再查 p-T-K 图得 $p = 3.5\text{MPa}$，$T_2 = 17℃$ 时各组分的 K_i，然后计算

$$\sum K_i x_i = 0.9920$$

因 $|\sum K_i x_i - 1| = 0.008 < 0.01$，所以 $T_B = 17℃$，即为泡点温度。经圆整的平衡汽相组成 y_i 列于下表最后一栏。由上计算可看出，仅需调整一次便可结束计算。

组分 i	x_i(摩尔分数)	$T_1=25℃$		$T_2=17℃$		$T_B=17℃$
		K_i	K_ix_i	K_i	K_ix_i	y_i(摩尔分数,圆整值)
$C_2^=$	0.5352	1.60	0.8563	1.411	0.7550	0.7611
C_2^0	0.1235	1.10	0.1359	0.962	0.1188	0.1198
$C_3^=$	0.3175	0.42	0.1334	0.35	0.1111	0.1120
C_3^0	0.0238	0.365	0.0087	0.30	0.0071	0.0071
合计	1.0000		1.1343		0.9920	1.0000

② 计算机计算　计算机技术现已成功地应用到分离过程。对平衡常数 K_i 可以用很多模型进行严谨的计算。当相平衡常数 K_i 可表示为温度 T 的函数时,求定压下的泡点温度用牛顿-拉夫森(Newton-Raphson)迭代法求解。泡点方程为

$$F(T)=\sum K_ix_i-1=0 \tag{2-64}$$

求导可得

$$F'(T)=\sum x_i\frac{\mathrm{d}K_i}{\mathrm{d}T}$$

迭代公式

$$T_{n+1}=T_n-\frac{F(T_n)}{F'(T_n)} \tag{2-65}$$

式中，下标 n 表示迭代序号。设一温度初值 T，由 $K=f(T)$ 关联式求出各组分的 K 值后，便可按上述公式计算，通常允许偏差 ξ 取 10^{-4}。

也可用 Richmond 迭代法

$$T_{n+1}=T_n-\frac{2}{\dfrac{2f'(T_n)}{f(T_n)}-\dfrac{2f''(T_n)}{f'(T_n)}} \tag{2-66}$$

(2) 平衡常数与组成有关的泡点计算

当系统非理想性较强时，$K_i=f(T,p,x_i,y_i)$，需计算混合物中 i 组分逸度系数或活度系数，而 $\hat{\phi}_i^V$ 是 y_i 的函数，γ_i 是 x_i 的函数，在 y_i 或 x_i 未求得之前无法求得 $\hat{\phi}_i^V$ 或 γ_i 值，于是计算时还需对 $\hat{\phi}_i^V$、γ_i 进行试差，对泡点计算，由于已知 x_i，除需迭代泡点温度或压力外，还需对 $\hat{\phi}_i^V$ 进行试差。迭代思路为:

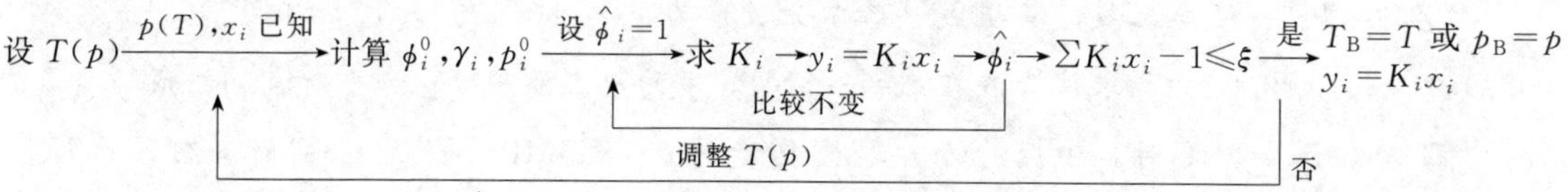

设 $T(p)$ —[$p(T)$, x_i 已知]→ 计算 ϕ_i^0, γ_i, p_i^0 —[设 $\hat{\phi}_i=1$]→ 求 K_i → $y_i=K_ix_i$ → $\hat{\phi}_i$ → $\sum K_ix_i-1\leqslant\xi$ —[是]→ $T_B=T$ 或 $p_B=p$，$y_i=K_ix_i$

（$\hat{\phi}_i$ 比较不变，否则返回求 K_i；否 → 调整 $T(p)$，返回设 $T(p)$）

由于汽相组成 y_i 通过 $\hat{\phi}_i$ 起作用，其影响一般不大，当 p 较低时，y_i 的影响更小。计算框图见图 2-6。由于 p 和 x_i 给定，故 K_i 主要受温度影响。温度通过 p_i^0 起作用，若 p_i^0 用安托因方程计算，$\ln K_i$ 与 $1/T$ 成近似线性关系，故收敛判据为:

$$G(1/T)=\ln\sum K_ix_i=0 \tag{2-67}$$

用 Newton-Raphson 法能较快地求得泡点温度。

曾健等[19]提出了一种新的泡点计算方法，该法使目标函数与自变函数的关系变为单调函数的线性关系，即使目标函数线性化，从而消除了极值点和拐点。由于形式简单，技术也简单，收敛非常迅速，一般经过 2～4 次迭代即可达到收敛精度，且初值范围大。Oprisiu 等[20]提出采用 QSPR 方法来预测二元液体混合物的泡点温度。王军[21]则对极性物系多组分分离泡点计算进行了研究。近年来对泡点压力出现了 Asoodeh 等[22,23]用经验公式和由

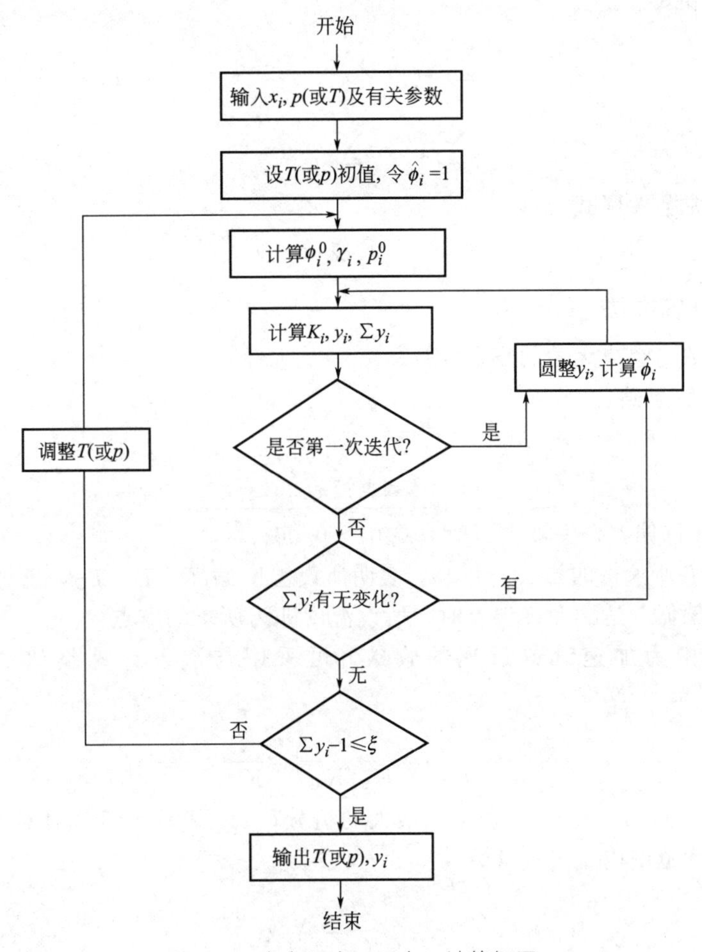

图 2-6 泡点温度（压力）计算框图

PVT 数据来估算的研究，Stephanie[24]对朗肯循环中常见的 8 种二元混合物的泡点进行了计算。而对于烃类系统处于泡点状态时的压力，工厂现场人员常称作饱和压力。油藏开发中应当尽量维持油层压力高于泡点压力，避免天然气析出。因为天然气在油层中析出会消耗能量、增加阻力、增加地下原油黏度，降低石油采收率。因此 Bandyopadhyay 等[25]提出半解析模型预测原油的泡点压力。

2.3.2 露点温度和压力的计算

露点计算在精馏计算中用来确定出汽相产品的分凝器温度或压力，也可用来确定各塔级温度，尤其当物料中各组分的挥发性差别较大时，用露点计算确定塔级温度收敛稳定性更好一些。露点计算也分为露点温度和露点压力计算两类，此时汽相组成 y_i 给定。当压力指定，求开始凝出第一滴露珠时的温度为露点温度 T_D 计算；当温度指定，求恒温增压到结出第一滴露珠时的压力为露点压力 p_D 计算。两者均需确定此露珠的组成 x_i。

2.3.2.1 露点计算与有关方程

（1）相平衡关系

$$y_i=x_iK_i \tag{2-56}$$

(2) 浓度总和式

$$\sum_{i=1}^{c} y_i = \sum_{i=1}^{c} K_i x_i = 1 \tag{2-57}$$

$$\sum_{i=1}^{c} x_i = \sum_{i=1}^{c} \frac{y_i}{K_i} = 1 \tag{2-58}$$

(3) 相平衡常数关联式

$$K_i = f(T, p, x_i, y_i) \tag{2-59}$$

2.3.2.2 计算方法

(1) 平衡常数与组成无关的露点计算

① 手算 计算思路：

$$\text{设 } T(p) \xrightarrow{p(T),\ y_i \text{ 已知}} \text{求 } K_i \longrightarrow x_i = y_i/K_i \longrightarrow \Sigma\frac{y_i}{K_i} - 1 \leqslant \xi \xrightarrow{\text{是}} T_D = T \text{ 或 } p_D = p,\ x_i = y_i/K_i$$

（否：调整 $T(p)$，返回求 K_i）

ξ 为试差的允许偏差，手算中一般取 0.01～0.001。

按初设温度 T 所求得的$\Sigma x_i - 1 < 0$，表明所设温度偏高，$T > T_D$，反之若$\Sigma x_i - 1 > 0$，则表明所设温度偏低。达到允许误差时，所设温度即为所求的露点。

在露点计算中为加速试差过程的收敛，可采用与泡点计算类似的调整方法，将$\Sigma(y_i/K_i)$ 表示为

$$\Sigma\frac{y_i}{K_i} = \frac{1}{K_G}\left(\Sigma\frac{y_i}{K_i/K_G}\right) = \frac{1}{K_G}\Sigma\frac{y_i}{\alpha_{i,G}}$$

式中，下标 G 表示对$\Sigma(y_i/K_i)$ 值影响最大的组分，$\alpha_{i,G}$表示 i 组分对 G 组分的相对挥发度，在一定的温度范围内 $\alpha_{i,G} \approx$常数。

$$K_G\Sigma\frac{y_i}{K_i} = \text{常数}$$

亦即对各次试差 $$\left(K_G\Sigma\frac{y_i}{K_i}\right)_n = \left(K_G\Sigma\frac{y_i}{K_i}\right)_{n-1}$$

n 为试差序号，为使第 n 次试差时$\left(\Sigma\frac{y_i}{K_i}\right)_n = 1$

$$K_{Gn} = \left(K_G\Sigma\frac{y_i}{K_i}\right)_{n-1} \tag{2-68}$$

同理对露点压力计算的迭代式为

$$(p_D)_{n+1} = \frac{(p_D)_n}{\Sigma(y_i/K_i)} \tag{2-69}$$

若为完全理想系，由于 $K_i = p_i^0/p$ 代入式(2-69)，得到可直接计算露点压力的公式

$$p_D = \left[\sum_{i=1}^{c}\frac{y_i}{p_i^0}\right]^{-1} \tag{2-70}$$

对汽相为理想气体、液相为非理想溶液的情况，用类似的方法得到

$$p_D = \left[\sum_{i=1}^{c}\frac{y_i}{\gamma_i p_i^0}\right]^{-1} \tag{2-71}$$

【例 2-7】 已知某乙烷塔，塔操作压力为 2.9MPa，塔顶采用分凝器，并经分析得塔顶汽相产品组成（摩尔分数）为：

组　分	甲烷(1)	乙烷(2)	丙烷(3)	异丁烷(4)	合计
组成 y_{iD}(摩尔分数)/%	1.48	88	10.16	0.36	100

求塔顶温度。

解 由于塔顶采用分凝器，塔顶温度即为对应塔顶汽相组成的露点。设 $t=20℃$，$p=2.9\text{MPa}$，由查图得：

$$K_1=5.4,\ K_2=1.2,\ K_3=0.37,\ K_4=0.18$$

所以 $$\sum x_i=\sum\frac{y_i}{K_i}=\frac{0.0148}{5.4}+\frac{0.88}{1.2}+\frac{0.1016}{0.37}+\frac{0.0036}{0.18}=1.031\neq 1$$

选乙烷为参考组分，则

$$K_i=K_G\sum x_i=1.031\times 1.2=1.24$$

由 $K_2=1.24$，$p=2.9\text{MPa}$，查图得 $t=22℃$

$$K_1=5.6,\ K_2=1.24,\ K_3=0.38,\ K_4=0.19$$

所以 $$\sum x_i=\sum\frac{y_i}{K_i}=\frac{0.0148}{5.6}+\frac{0.88}{1.24}+\frac{0.1016}{0.38}+\frac{0.0036}{0.19}=0.999\approx 1$$

故塔顶温度为 22℃。

② 计算机计算

露点方程 $$F(T)=\sum\frac{y_i}{K_i}-1=0 \tag{2-72}$$

$$F'(T)=-\sum\left(\frac{y_i}{K_i^2}\frac{\text{d}K_i}{\text{d}T}\right)$$

$$T_{n+1}=T_n-\frac{F(T_n)}{F'(T_n)} \tag{2-65}$$

或 $$\phi(T)=\ln\sum\frac{y_i}{K_i}=0 \tag{2-73}$$

$$\phi'(T)=\frac{f'(T)}{\sum\frac{y_i}{K_i}}$$

$$T_{n+1}=T_n-\frac{\sum x_i\ln\sum x_i}{F'(T)} \tag{2-74}$$

(2) 平衡常数与组成有关的露点计算

求算露点，由于已知 y_i，则除需迭代露点温度或压力外，还需对 γ_i 进行试差，迭代思路如下。

设 $T(p)$ —$p(T), y_i$ 已知→ 计算 $\phi_i^0, \hat{\phi}_i, p_i^0$ —设 $\gamma_i=1$→ 求 K_i → $x_i=y_i/K_i$ → γ_i → $\sum\frac{y_i}{K_i}-1\leqslant\xi$ —是→ $T_D=T$ 或 $p_D=p$，$x_i=y_i/K_i$

（γ_i 比较不变则返回求 K_i；否：调整 $T(p)$，返回设 $T(p)$）

计算框图见图 2-7。

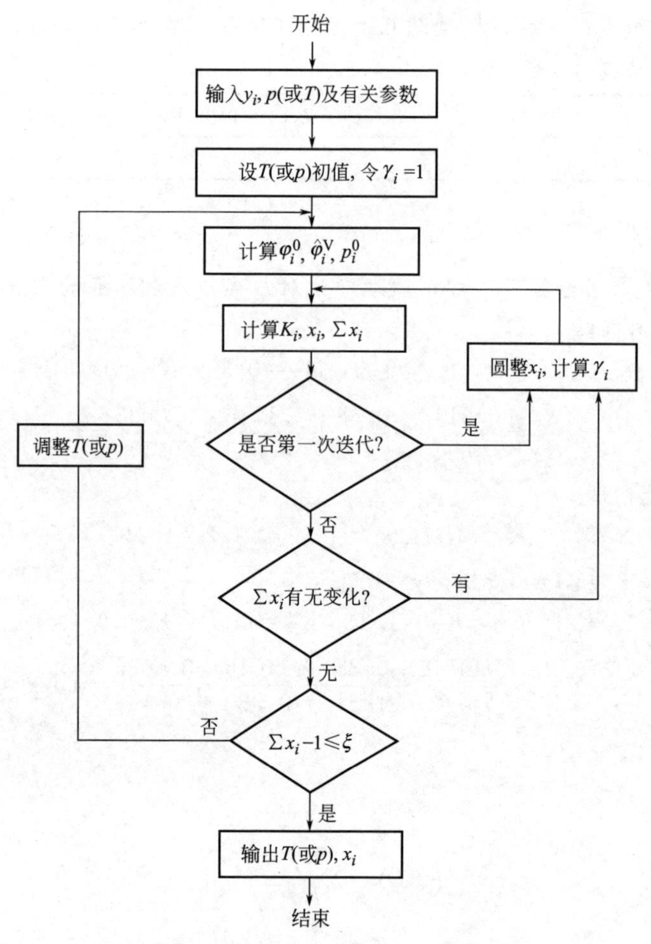

图 2-7 露点温度（压力）计算框图

此外汪萍等[26]提出一种改进的泡露点计算方法，而班玉凤、于志家等[27,28]采用 Excel 多变量规划求解的强大计算功能，即可计算出混合物的泡、露点压力与温度。李克微等[29]用 Visual Basic 实现多组分理想体系的泡露点计算。

2.4 单级平衡分离过程计算

单级平衡过程在石油化工生产中广泛应用，如石油炼制。化工产品分离都要借助于大量的精馏塔、吸收塔和萃取精馏塔等传质设备，这些设备的正常操作首先要解决的是塔顶、塔釜温度和塔的操作压力的确定，以及塔顶用冷凝冷却剂、塔釜用加热剂的选取问题，对相对挥发度较大物系的预分离问题等，每个问题的解决都离不开单级平衡分离过程的计算。

单级平衡分离（single stage equilibrium separation）是指两相经一次紧密接触达到平衡后随即分离的过程，由于平衡两相的组成不同，因而可起到一个平衡级的分离作用。

平衡蒸馏又称闪蒸，是连续、稳态的单级蒸馏过程，该过程使进料混合物经加热、冷却或降压部分汽化或冷凝得到含易挥发组分较多的蒸汽和含难挥发组分较多的液体，即一个平衡级过程。在分离流程中常遇到的部分汽化和冷凝，绝热闪蒸以及部分互溶系统精馏塔顶蒸汽冷凝后的分层过程均属这类单级分离过程。它们的计算依据是假设物系于出口处汽液两相达到了平衡其分离效果相当于一个理论级。除非组分的相对挥发度非常大，一般来说单级分离所达到的分离程度是不大的，因此闪蒸和部分冷凝通常是作为辅助操作。由于用于精馏和吸收的塔设备可以认为是由若干单级平衡分离设备所构成，因此，单级分离的计算方法是计算多级平衡分离的基础。

2.4.1 混合物相态的确定和闪蒸计算的类型[5,30]

2.4.1.1 混合物的相态的确定

单级平衡分离中通过闪蒸过程分离成相互平衡的汽相和液相物流。因此在进行闪蒸计算时，需判断混合物在指定温度和压力下是否处于两相区，为此需对进料混合物作检验以确定其相态。由上面计算泡点、露点温度的原理可以推出：

$$\sum K_i z_i \begin{cases} =1 & T=T_B \quad \text{进料处于泡点，}\nu=0 \\ >1 & T>T_B \quad \text{进料可能为汽液两相区，}\nu>0 \\ <1 & T<T_B \quad \text{进料为过冷液体} \end{cases}$$

$$\sum (z_i/K_i) \begin{cases} =1 & T=T_D \quad \text{进料处于露点，}\nu=1 \\ >1 & T<T_D \quad \text{进料可能为汽液两相区，}\nu<1 \\ <1 & T>T_D \quad \text{进料为过热蒸汽} \end{cases}$$

可得出可能同时含有蒸汽和液体混合物相状态的判据，以检验平衡时是否确实存在两相。该判据也可用来判断在一个封闭的化工设备中混合物处于的相态。表 2-4 为混合物相状态确定的判据。

表 2-4 混合物相状态确定的判据

$\sum K_i x_i$	<1	$=1$	>1	>1	>1
$\sum (y_i/K_i)$	>1	>1	>1	$=1$	<1
相状态	过冷液体	饱和液体	汽、液混合物	饱和蒸汽	过热蒸汽

从图 2-8 的二元溶液的 T-x 相图上也可看出，计算闪蒸时，所指定的温度应在泡露点温度之间，这样才会出现汽液两相，否则只会是单相不必进行等温闪蒸的计算。若 $\sum (z_i/K_i)<1$，所指定的温度高于露点温度。若 $\sum K_i z_i<1$，所指定的温度低于泡点温度，则所指定的温度下不可能实现闪蒸。

只有 $\sum (z_i/K_i)>1$ 和 $\sum K_i z_i>1$ 时，混合物处于汽液两相区（$0<\nu<1$），需要进行等温闪蒸的计算。此外也可分别用泡露点方程计算闪蒸压力下的泡露点温度，若 $T_D>T>T_B$，则闪蒸成立。

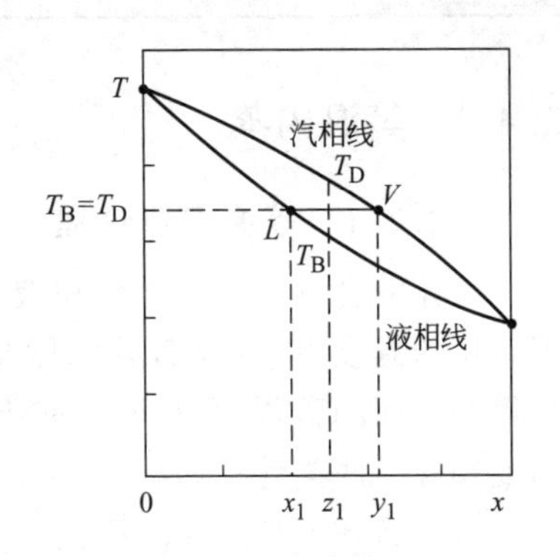

图 2-8 二元溶液的 T-x 图

2.4.1.2 闪蒸计算类型

图 2-9 是表示平衡闪蒸（flash evaporation）或部分冷凝的简图。通过阀门后的压力可能降低，也可能不降低。实际过程中当需要传热时，通常是在单独逆流热交换器中进行的，在简图中 Q 值可以是零、正值或负值，根据不同的闪蒸类型进料可以是液体混合物或气体

混合物。

闪蒸过程的计算方程（MESH equations）

（1）物料衡算——M方程，c 个

$$Fz_i = Vy_i + Lx_i \tag{2-75}$$

式中，F、V、L 分别表示进料、汽相出料和液相出料的流率；z_i、y_i 和 x_i 为相应的组成。

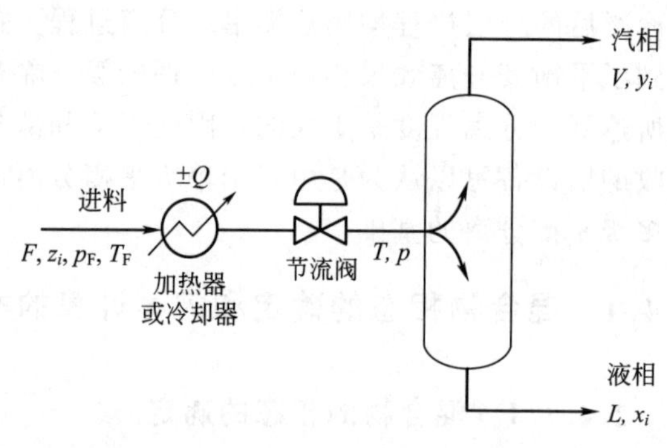

图 2-9 平衡闪蒸或部分冷凝的简图

（2）相平衡——E方程，c 个

$$y_i = K_i x_i \tag{2-56}$$

（3）摩尔分数加和式——S方程，2个

$$\sum_{i=1}^{c} y_i = \sum_{i=1}^{c} K_i x_i = 1 \tag{2-57}$$

$$\sum_{i=1}^{c} x_i = \sum_{i=1}^{c} \frac{y_i}{K_i} = 1 \tag{2-58}$$

（4）热量平衡式——H方程，1个

$$Q + FH_F = VH_V + LH_L \tag{2-76}$$

式中，H_F、H_V、H_L 分别表示进料、汽相出料和液相出料的摩尔焓值。

方程总数共 $2c+3$ 个，变量数为 $3c+8$ 个（$F, T_F, p_F, T, p, V, L, Q, z_i, y_i, x_i$），因此需规定设计变量数为 $c+5$ 个，其中进料变量数为 $c+3$ 个（F, T_F, p_F, z_i），根据其余2个变量的规定方法可将闪蒸计算分为表2-5的五类，其中等温闪蒸和绝热闪蒸在化工生产中最常见。

表 2-5 闪蒸计算类型

规定变量	p, T	$p, Q=0$	$p, Q\neq 0$	p, L（或 e）	p（或 T），V（或 ν）
闪蒸形式	等温	绝热	非绝热	部分冷凝	部分汽化
输出变量	Q, V, L, y_i, x_i	T, V, L, y_i, x_i	T, V, L, y_i, x_i	Q, T, V, y_i, x_i	Q, T（或 p），L, y_i, x_i

2.4.2 等温闪蒸[1,17,31,32]

2.4.2.1 等温闪蒸过程

气体混合物的部分冷凝和液体混合物的部分汽化如图2-10所示，所谓等温闪蒸是指在闪蒸罐的温度 T 与闪蒸后气体与液体的温度是相等的，而闪蒸温度 T 不一定与闪蒸前原料的温度相等。两类计算如下。

（1）已知：F、z_i、T、p，指定工艺条件，求：V、y_i、L、x_i、Q。

液化率 $$e = \frac{液化的量}{总加入量} = \frac{L}{F} \tag{2-77}$$

汽化率 $$\nu = \frac{汽化的量}{总加入量} = \frac{V}{F} \tag{2-78}$$

$$e + \nu = 1 \tag{2-79}$$

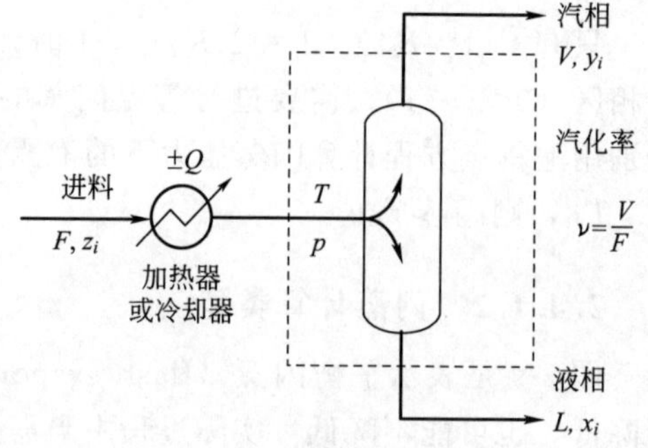

图 2-10 等温闪蒸过程

(2) 已知：F、z_i、p、$\nu(e)$，指定汽化率求操作条件，求：T、y_i、x_i、V (L)、Q。

2.4.2.2 基本计算公式

由于进、出口量是相等的及出口处的汽液两相达到平衡，因而可通过物料平衡式(2-75)、相平衡式(2-56)、浓度总和式(2-57)、式(2-58) 和相平衡常数关联式(2-59) 来计算。

方程中共有 $4c+5$ 个变量，方程数仅 $3c+3$ 个，所以设计变量数为 $c+2$。当 F、z_i、T 和 p 指定后，上列方程组具有唯一解，可计算出平衡的汽、液相的量 V、L 和组成 y_i、x_i。当进料量 F 为 1kmol/h 时，汽相的量 V 即为汽化率 ν。如指定 F、z_i、p 和 e，通过计算可求出加热或冷却的温度 T 及平衡的汽、液相组成 y_i、x_i。此非线性方程组均需用迭代法求解。

将式(2-75) 和式(2-56) 联立并结合汽化率和液化率可得关系方程

$$x_i=\frac{z_i}{(1-e)K_i+e}=\frac{z_i}{\nu K_i+(1-\nu)} \tag{2-80}$$

$$y_i=\frac{K_iz_i}{(1-e)K_i+e}=\frac{K_iz_i}{1+\nu(K_i-1)} \tag{2-81}$$

2.4.2.3 计算方法

(1) 汽液平衡常数与组成无关

① 第一类计算

设 e 或 ν —p,T 已知→ 计算 K_i → 计算 x_i 或计算 y_i → $\sum x_i-1\leqslant\xi$ 或 $\sum y_i-1\leqslant\xi$ —是→ 计算 V,L,x,y

否 → 调整 e 或 ν → 返回计算 K_i

注意 e、ν 的初值的选取不能使 x_i 或 $y_i=z_i$。

当指定 T、p (K_i 被指定) 和 z_i 由式(2-80) 或式(2-81) 求解 e 或 ν 时，由于需求解高度非线性方程，为避免试差计算的盲目性，可采用计算机计算中常用的迭代求根法，如 Newton-Raphson 法，按该法的迭代公式对 ν 可写出

$$\nu_{n+1}=\nu_n-\frac{F(\nu_n)}{F'(\nu_n)} \tag{2-82}$$

闪蒸方程

$$F(\nu)=\sum x_i-1=\sum\frac{z_i}{1+\nu(K_i-1)}-1=0 \tag{2-83}$$

$$F'(\nu)=-\sum\frac{z_i(K_i-1)}{[1+\nu(K_i-1)]^2}$$

或

$$F(\nu)=\sum y_i-1=\sum\frac{K_iz_i}{1+\nu(K_i-1)}-1=0 \tag{2-84}$$

$$F'(\nu)=-\sum\frac{K_iz_i(K_i-1)}{[1+\nu(K_i-1)]^2}$$

按指定的 T、p 求出 K_i 值并假设 ν 的初值 ν_1，便可以计算 $F(\nu)$、$F'(\nu)$ 并求出下次迭代用的 ν_2 值依次重复进行直至 $|F(\nu)|$ 小于指定的允许偏差 ε_ν 为止。

同样需注意 ν 的初值的选取，以免发散，可取 $\nu=(T-T_B)/(T_D-T_B)$ 为初值，此外，应选择适宜的迭代方法，而同一迭代方法若采用不同的目标函数对收敛速度和稳定性有很大影响。

采用式(2-83) 和式(2-84) 闪蒸方程均能用于求解汽化率，它们是 c 级多项式，当 $c>3$

时可用试差法和数值法求根，但收敛性不佳，这是因为此函数与 ν 的关系不是单调变化的，中间有极值，$\nu=1$（或 $\nu=0$）是它的假根，为应用牛顿切线法，式(2-83) 应设初值 $\nu=1$，式(2-84) 应设初值 $\nu=0$。由式(2-81) 减去式(2-80) 可得更通用的闪蒸方程

$$\sum y_i - \sum x_i = 0 \tag{2-85}$$

将关系方程式(2-80) 和式(2-81) 代入式(2-85) 得

$$F(\nu)=\sum(y_i-x_i)=\sum\frac{z_i(K_i-1)}{1+\nu(K_i-1)}=0 \tag{2-86}$$

该式接近于一线性单调收敛函数，称为 Rachford-Rice 方程，有很好的收敛特性，对初值 ν_1 的选择并无特殊要求，无论在 ν 根的左方或右方均能迅速求得解，可选择 Newton-Raphson 迭代法求解，迭代方程仍为式(2-82)。导数方程为

$$F'(\nu)=-\sum\frac{z_i(K_i-1)^2}{[1+\nu(K_i-1)]^2}$$

采用该法迭代一般从 $\nu=0.5$ 开始，当 $|F(\nu)|<0.0001$ 时终止迭代可达到足够的精度，其闪蒸计算框图如图 2-11 所示。近年 Okuno R 和 Yinghui L 等[33,34]对 Rachford-Rice 方程进行了修改，使其用于多组分闪蒸的计算机模拟。

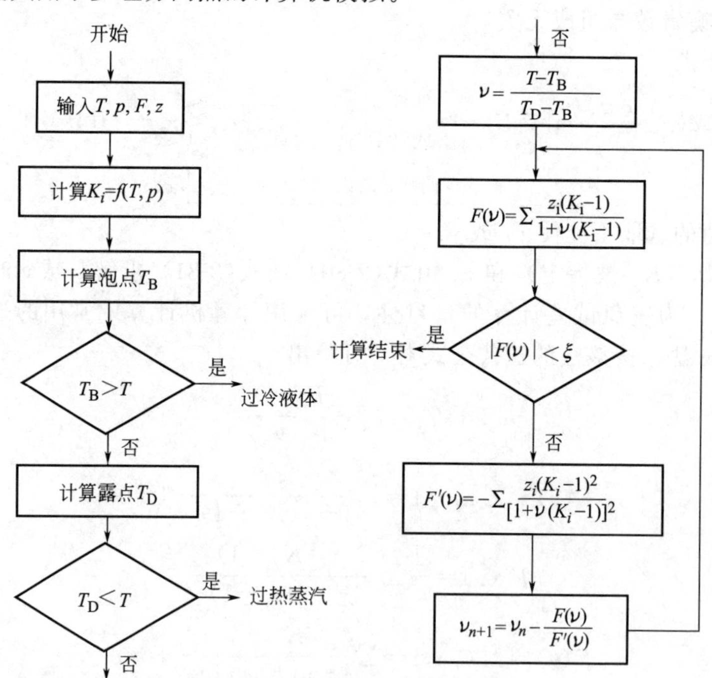

图 2-11 闪蒸计算框图

【例 2-8】 某混合物含丙烷（1）0.451（摩尔分数）、异丁烷（2）0.183、正丁烷（3）0.366，在 $t=94℃$ 和 $p=2.41\text{MPa}$ 下进行闪蒸，试估算平衡时混合物的汽化率及汽相和液相组成。已知 $K_1=1.42$，$K_2=0.86$，$K_3=0.72$。

解 设 $\nu=0.5$，由 $t=94℃$，$p=2.41\text{MPa}=2410\text{kPa}$，$K_1=1.42$，$K_2=0.86$，$K_3=0.72$ 得

$$\sum\frac{z_i}{K_i}=\frac{0.451}{1.42}+\frac{0.183}{0.86}+\frac{0.366}{0.72}=1.039>1$$

$$\sum K_i z_i=1.42\times0.451+0.86\times0.183+0.72\times0.366=1.061>1$$

故混合物处于两相区，可进行闪蒸计算。

$$F(\nu)=\sum(y_i-x_i)=\sum\frac{z_i(K_i-1)}{1+\nu(K_i-1)}=0$$

$$F(\nu)=\frac{0.451\times(1.42-1)}{1+0.5\times(1.42-1)}+\frac{0.183\times(0.86-1)}{1+0.5\times(0.86-1)}+\frac{0.366\times(0.72-1)}{1+0.5\times(0.72-1)}=0.0098$$

$$F'(\nu)=-\sum\frac{z_i(K_i-1)^2}{[1+\nu(K_i-1)]^2}=-\frac{0.451\times(1.42-1)^2}{[1+0.5\times(1.42-1)]^2}-\frac{0.183\times(0.86-1)^2}{[1+0.5\times(0.86-1)]^2}-$$

$$\frac{0.366\times(0.72-1)^2}{[1+0.5\times(0.72-1)]^2}=-0.0973$$

$$\nu_{n+1}=\nu_n-\frac{F(\nu)}{F'(\nu)}=0.5-\frac{0.0098}{-0.0973}=0.601$$

$$F(\nu)=\frac{0.451\times(1.42-1)}{1+0.601\times(1.42-1)}+\frac{0.183\times(0.86-1)}{1+0.601\times(0.86-1)}+\frac{0.366\times(0.72-1)}{1+0.601\times(0.72-1)}$$

$$=0.0006\approx0$$

故 $$\nu=0.601$$

由 $x_i=\dfrac{z_i}{1+\nu(K_i-1)}$，$y_i=K_ix_i$，得

$$x_1=\frac{0.451}{1+0.601\times(1.42-1)}=0.360，x_2=\frac{0.183}{1+0.601\times\ (0.86-1)}=0.200$$

$$x_3=1-x_1-x_2=1-0.360-0.200=0.440 \quad 或 \quad x_3=\frac{0.366}{1+0.601\times(0.72-1)}=0.440$$

$$y_1=1.42\times0.360=0.511，y_2=0.86\times0.2=0.172$$

$$y_3=0.72\times0.440=0.317 \quad 或 \quad y_3=1-y_1-y_2=1-0.511-0.172=0.317$$

② 第二类计算　计算思路：

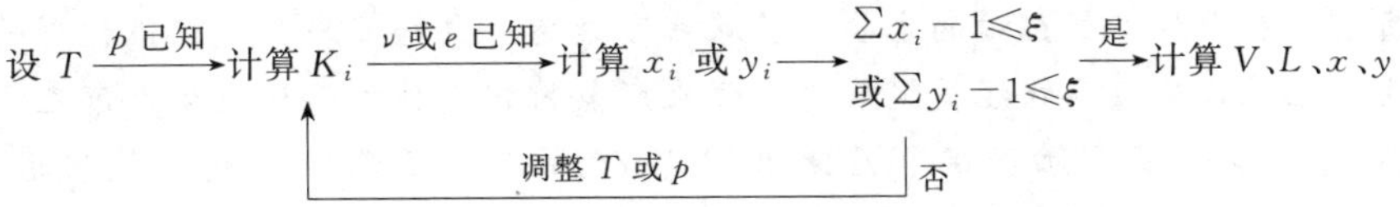

设 T —(p 已知)→ 计算 K_i —(ν 或 e 已知)→ 计算 x_i 或 y_i → $\sum x_i-1\leqslant\xi$ 或 $\sum y_i-1\leqslant\xi$ —是→ 计算 V、L、x、y

否 → 调整 T 或 p → 返回计算 K_i

为有助于收敛，选用 Rachford-Rice 方程核实假定值是否正确为佳。此外，可用下式估计 T

$$K_G(T_{n+1})=\frac{K_G(T_n)}{1+dF(T_n)} \tag{2-87}$$

式中，K_G 为基准组分的平衡常数；d 为阻尼因子，$d\leqslant1.0$。

在单级平衡分离过程中，部分物料发生了相变化，有热量的放出或吸收，原料和产物的焓值、温度也有可能变化。因此，单级平衡分离过程的计算除了和平衡计算有关外，还涉及物料的焓值的计算。在上述两类计算中加热或冷凝的热量，均可由式(2-76) 的热量衡算得到，即

$$Q+FH_F=VH_V+LH_L$$

若设为理想溶液，其 H_F、H_V、H_L 可由纯物质的焓加和求得，则

$$H_F=\sum H_{i,F}z_i \tag{2-88}$$

$$H_V = \sum y_i H_{i,V} \tag{2-89}$$

$$H_L = \sum x_i h_i \tag{2-90}$$

式中，$H_{i,F}$、$H_{i,V}$、h_i 分别表示进料、汽相出料和液相出料各纯组分的焓值，可由一些手册上的焓图查读。如果溶液为非理想溶液，则还需要混合热数据。

（2）汽液平衡常数与组成有关的闪蒸计算

当 K_i 不仅是温度和压力的函数而且还是组成函数时，计算更繁复，由于 $K_i=f(T,p,x_i,y_i)$，因此需先按 $K_i=f(T,p)$ 初估 x_i 和 y_i，迭代求 ν 至收敛，再估算新的一组 x_i 和 y_i，并计算 K，重新迭代 ν，直至 x_i 和 y_i 没有变化为止。计算思路如下

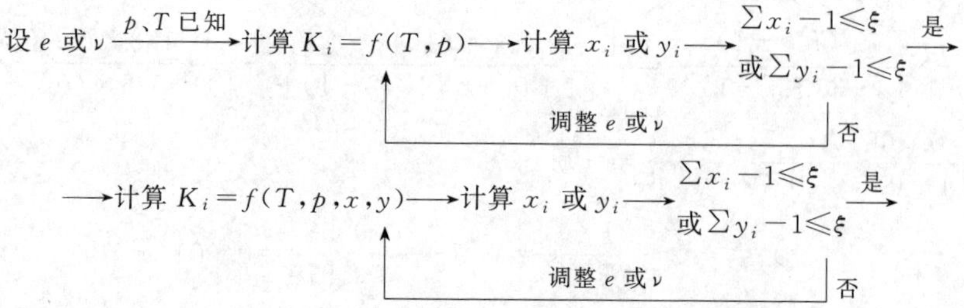

设 e 或 ν —(p、T 已知)→ 计算 $K_i=f(T,p)$ → 计算 x_i 或 y_i → $\sum x_i-1\leqslant\xi$ 或 $\sum y_i-1\leqslant\xi$ —是→

（否：调整 e 或 ν，返回计算 $K_i=f(T,p)$）

→ 计算 $K_i=f(T,p,x,y)$ → 计算 x_i 或 y_i → $\sum x_i-1\leqslant\xi$ 或 $\sum y_i-1\leqslant\xi$ —是→

（否：调整 e 或 ν，返回计算 $K_i=f(T,p,x,y)$）

Mohammed S 等[35]采用 SRK 方程计算闪蒸过程。刘云[36]基于 SHBWR 状态方程，建立了等温闪蒸模型，用牛顿法和二分法相结合的方法来求解模型。传统闪蒸计算中，大部分时间花费在稳定性分析上。Claus P 等[37]采用组分瞬间模拟可以有效节省闪蒸计算时间。Belkadi A 等[38]对加速闪蒸计算的阴影法（shadow region method）和组成的空间自适应制表（compositional space adaptive tabulation，CSAT）法进行了比较。由于阴影法通过跳过单相区大部分组分的稳定分析，在两相区运用牛顿-拉普森算法减少闪蒸计算时间。CSAT 法以预先储存的闪蒸计算结果代替两相区相分离计算来减少闪蒸计算时间。受 CSAT 法启发，提出基于转接线距离的近似（tieline distance based approximation，TDBA）算法，可以显著提高两相区的闪蒸计算速度。对三组元平衡闪蒸，赵晋曾[39]提出了 Z-K-ν 的关联式，可使计算简化。Lucia A 等[40]提出了用于多组分多相平衡闪蒸计算的多尺度 GHC EOS 方法，并用实验数据验证了其优越性。

【工程案例 2-1】 单级平衡分离在乙苯脱氢生产苯乙烯工艺过程中的应用[41]

苯乙烯是重要的基本有机化工原料，广泛用于生产塑料、树脂和合成橡胶。乙苯脱氢制苯乙烯是目前工业上生产苯乙烯的主要工艺路线。该路线包括苯与乙烯在催化剂作用下经烷基化反应生产乙苯，反应产物经提纯后进一步在脱氢催化剂作用下反应生产苯乙烯，反应产物经提纯得到合格的苯乙烯产品。乙苯生产苯乙烯工业装置和脱氢工段流程图分别如图 2-12和图 2-13 所示。原料乙苯和回收乙苯混合后用泵连续送入乙苯蒸发器 1，经乙苯加热器 2，在混合器 3 中与过热蒸汽混合达到反应温度，然后进入脱氢反应器 4 中进行脱氢反应。脱氢后的反应气体含有大量的热能。在废热锅炉 5 中回收热量后被冷却的反应气体再进入水冷凝器 6 冷凝，未冷凝的气体再经盐水冷凝器 7 进一步冷凝，两个冷凝器冷凝下来的液体进入油水分离器 9 沉降分离出油相和水相，油相送入储槽 10 中并加入一定量的阻聚剂，然后送精馏工段提纯，水相送入汽提塔回收有机物。冷凝器未冷凝的气体经气液分离器 8 后不凝气体引出作燃料用。

粗苯乙烯（油相）首先送入乙苯蒸出塔 11，塔顶蒸出乙苯、苯、甲苯经冷凝器冷凝后，一部分回流，其余送入苯-甲苯回收塔 12，将乙苯与苯、甲苯分离。回收塔釜得到乙苯送脱氢工段，塔顶得到苯、甲苯经冷凝后部分回流，其余再送入苯-甲苯分离塔 13。苯-甲苯分离

图 2-12 大庆石化年产 10 万吨乙苯脱氢装置

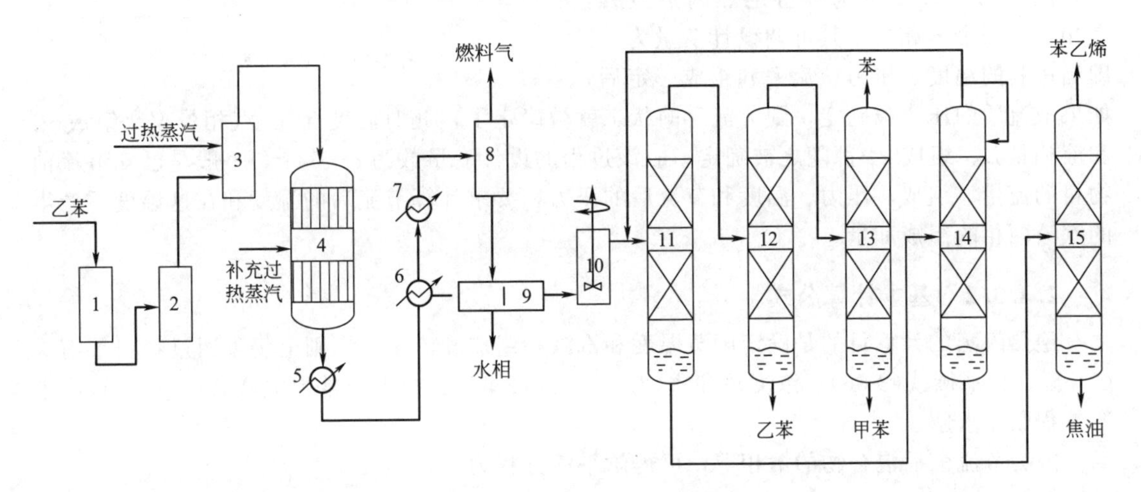

图 2-13 乙苯脱氢工段流程

1—乙苯蒸发器；2—乙苯加热器；3—混合器；4—脱氢反应器；5—废热锅炉；6—水冷凝器；
7—盐水冷凝器；8—气液分离器；9—油水分离器；10—阻聚剂添加槽；11—乙苯蒸出塔；
12—苯-甲苯回收塔；13—苯-甲苯分离塔；14—苯乙烯粗馏塔；15—苯乙烯精馏塔

塔顶可得到苯，塔釜可得甲苯。乙苯蒸出塔釜液主要含苯乙烯及少量乙苯和焦油等，将其送入苯乙烯粗馏塔 14，将乙苯与苯乙烯、焦油分离，塔顶得到含少量苯乙烯的乙苯，可与粗乙苯一起作为乙苯蒸出塔进料。塔釜液则送入苯乙烯精馏塔 15，塔顶可得到纯度达 99%（摩尔分数）以上的苯乙烯，塔釜为含苯乙烯 40%（摩尔分数）左右的焦油残渣，进入蒸发釜中可进一步回收苯乙烯返回精馏塔。

在以上的案例中，气液分离器 8 是一个闪蒸分离器。它的作用是将乙苯脱氢产物中的 H_2、CH_4、C_2H_4、C_2H_6、CO、CO_2 等气体与苯、甲苯、乙苯、苯乙烯、水等液体组分分离开。

2.4.3 绝热闪蒸[1,5,17]

除非组分的相对挥发度相差很大，单级平衡分离所能达到的分离程度是很低的，所以，闪蒸和部分冷凝通常是作为第一步分离的辅助操作。但是，用于闪蒸过程的计算方法极为重要，普通精馏塔中的平衡级就是一简单绝热闪蒸级。可以把从单级闪蒸和部分冷凝导出的计算方法推广用于塔的设计。

2.4.3.1 绝热闪蒸过程及其计算内容

流量为 F，组成为 z_i 的液相进料于压力 p_1、温度 T_1 下经阀门在绝热情况下减压至 p_2，将有一部分液体依靠进料本身携带的热量汽化，而系统温度降至 T_2，由于上述过程是在绝热情况下进行的（$Q=0$），因而节流前后混合物的焓 $H_1=H_2$，节流生成的汽相和剩余液相分离时假设达到平衡。所以这过程称为等焓节流又称绝热闪蒸（adiabatic flash），如图 2-14 所示。

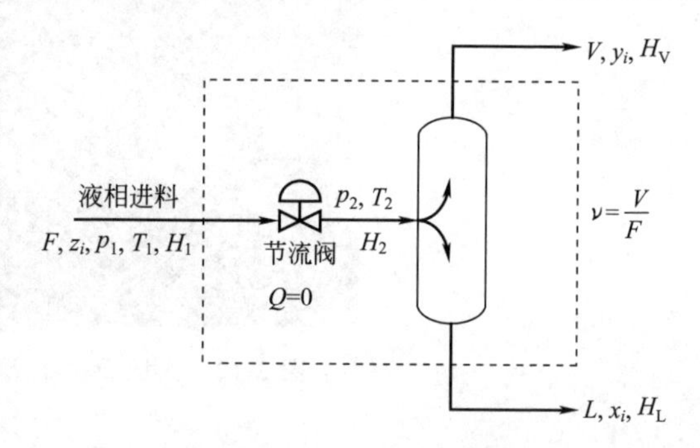

图 2-14 绝热闪蒸过程

等焓节流和等温闪蒸都能产生汽液平衡相，属单级平衡分离，但所用的分离剂不同。用郭氏法的设计变量来分析绝热闪蒸过程，它相当于一个分相器，其可调设计变量为零。即当进料的温度、压力、流率和组成一定后，如果节流后的压力被确定，则节流后的状态就被确定了，此时温度 T_2、汽相量 V、组成 y_i 和液相量 L、组成 x_i 都随之被确定。故该过程的设计变量数为 $c+3$ 个，一般是已知节流前物料的流量、组成、压力、温度和节流后的压力，要求计算节流后的温度和在这温度下产生的汽液两相的组成和量。

2.4.3.2 基本计算公式

绝热闪蒸的计算目的是确定闪蒸温度和汽液相组成和流率。原则上仍可通过物料平衡式(2-75)、相平衡式(2-56)、浓度总和式(2-57)、式(2-58)、相平衡常数关联式(2-59) 和焓平衡方程联立求解。

因为节流前后混合物的焓相等，可得焓平衡方程为

$$H_1=H_2 \tag{2-91}$$

对闪蒸罐能量平衡

$$FH_2=VH_V+LH_L$$

将汽化率 ν 代入上式

$$H_2=\nu H_V+(1-\nu)H_L \tag{2-92}$$

$$\nu^*=\frac{H_2-H_L}{H_V-H_L}=\frac{H_1-H_L}{H_V-H_L} \tag{2-93}$$

式中，H_1、H_2、H_V 和 H_L 分别为节流前后汽相出料和液相出料混合物的摩尔焓。绝热闪蒸为等焓过程，故可应用式(2-93) 计算汽化率。在压力为 p_2 时，式(2-93) 中的 H_2、H_V 和 H_L 均为温度 T_2 的函数，因此假设 T_2 值后可计算出相应的汽化率值。

若为理想溶液，可按式(2-88)～式(2-90) 计算相应的焓值，同样存在式(2-80) 和式(2-81)的关系方程。

2.4.3.3 计算方法

(1) 作图法

思路：先假设一个 T_2（T_2 应在泡露点温度 T_D 与 T_B 之间），这样可按闪蒸来计算产生的汽液两相组成和量，得出 T-ν 关系，闪蒸曲线，然后再由进出料热焓相等原则来校核 T_2，即等焓平衡线，交点为（T_2,ν）。

① 闪蒸曲线（T-ν 曲线）

a. 试差求 p_2 下的 T_D、T_B；

b. 在 T_D、T_B 之间设 T_2'、T_2''…，试差求 ν_1、ν_2…。

② 等焓平衡线

a. 在上述 T_D、T_B 之间所设 T_2'、T_2''…下，由求出的 x_i、y_i 并根据 p_2、T_2 查出 $H_{i,V}$、$H_{i,L}$，求出 H_V、H_L

$$\nu_1^* = \frac{H_1 - H_L}{H_V - H_L}$$

b. 作 T_2-ν^* 等焓平衡线，交点为（T_2,ν），由此求出 V、L、x_i、y_i，见图 2-15。

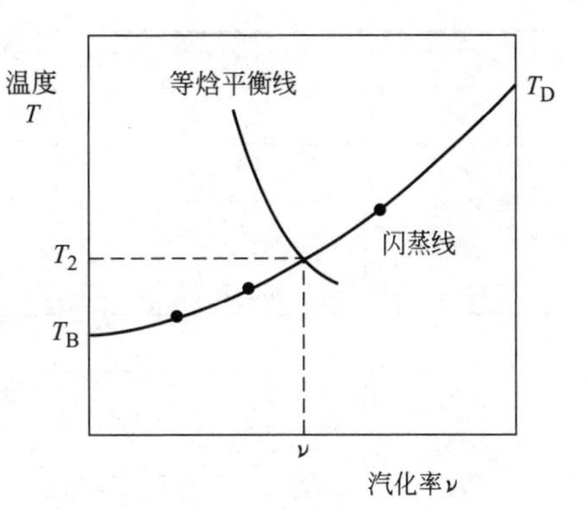

图 2-15 等焓节流汽化率与温度的关系

【例 2-9】 某乙烯、乙烷和丙烯混合物，其组成为：乙烯 0.2、乙烷 0.4 和丙烯 0.4（摩尔分数）。现将温度 10℃、压力 2.0265MPa 的饱和液体等焓节流到 0.816MPa。求节流后的温度、汽化率和汽液相组成。

解 先计算 0.816MPa 压力下该物系的泡露点温度。

解得 0.816MPa 压力下物系的泡点温度为－32℃，露点温度为－10℃。

在－32～－10℃间设三个 T_2 温度（－16℃、－20℃、－26℃），按等温闪蒸来计算汽化率及汽液相组成。结果见下表：

－16℃，ν＝0.725					
组分	z_i①	K_i	$\nu K_i+(1-\nu)$	x_i①	y_i①
乙烯	0.2	2.8	2.305	0.0868	0.2430
乙烷	0.4	1.65	1.471	0.2719	0.4486
丙烯	0.4	0.48	0.623	0.6421	0.3082
合计	1.0			1.0008	0.9998
－20℃，ν＝0.545					
组分	z_i	Ki	$\nu K_i+(1-\nu)$	x_i	y_i
乙烯	0.2	2.6	1.872	0.1068	0.2778
乙烷	0.4	1.51	1.278	0.3130	0.4256
丙烯	0.4	0.43	0.689	0.5803	0.2495
合计	1.0			1.0001	0.9999
－26℃，ν＝0.297					
组分	z_i	K_i	$\nu K_i+(1-\nu)$	x_i	y_i
乙烯	0.2	2.35	1.402	0.1428	0.3355
乙烷	0.4	1.35	1.104	0.3623	0.4892
丙烯	0.4	0.354	0.808	0.4950	0.1752
合计	1.0			1.0001	0.9999

① 组分组成为摩尔分数。

将泡点 ν＝0，露点 ν＝1 和上述三点数据，在坐标图上作闪蒸曲线如图 2-16 所示。

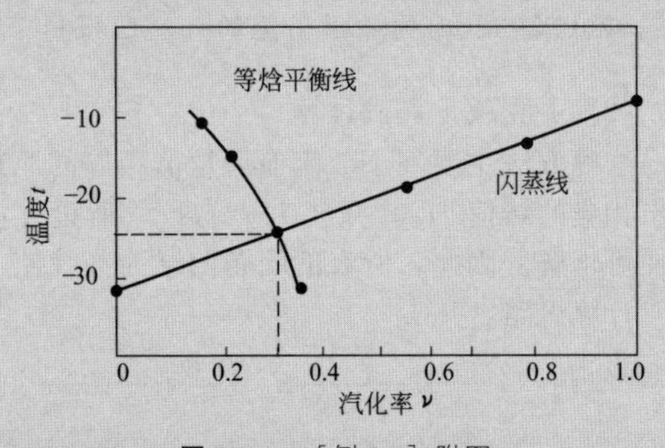

图 2-16 ［例 2-9］附图

已知 10℃、2.0265MPa 下各纯组分的液相焓为 $H_{乙烯}$ = 11720J/mol，$H_{乙烷}$ = 11050J/mol，$H_{丙烯}$ =13010J/mol，则

$$H_1 = \sum z_i H_i$$
$$= 0.2 \times 11720 + 0.4 \times 11050 + 0.4 \times 13010$$
$$= 11968 \text{J/mol}$$

按式(2-93) 计算－10℃（露点温度）、－16℃、－20℃、－26℃和－32℃（泡点温度）下的 ν^* 值，结果见下表。其中 H_{iV}、h_i 分别为汽相出料和液相出料各纯组分的焓值，均根据相应的温度和压力从手册中查得。

−10℃(露点温度),$\nu^*=0.1162$						
组分	x_i[①]	h_i/(J/mol)	H_L/(J/mol)	y_i[①]	$H_{i,V}$/(J/mol)	H_V/(J/mol)
乙烯	0.0645	9965	642.74	0.200	17585	3517
乙烷	0.2162	9421	2036.82	0.400	19460	7784
丙烯	0.7194	11080	7970.95	0.400	26730	10692
合计	1.0001		10650.51	1.000		21993
−16℃,$\nu^*=0.1866$						
组分	x_i	h_i/(J/mol)	H_L/(J/mol)	y_i	$H_{i,V}$/(J/mol)	H_V/(J/mol)
乙烯	0.0868	9833	810	0.2430	17515	4255
乙烷	0.2719	8668	2357	0.4486	19319	8667
丙烯	0.6421	10447	6708	0.3082	26520	8173
合计	1.0008		9875	0.9998		21095
−20℃,$\nu^*=0.2361$						
组分	x_i	h_i/(J/mol)	H_L/(J/mol)	y_i	$H_{i,V}$/(J/mol)	H_V/(J/mol)
乙烯	0.1068	8910	952	0.2778	17470	4853
乙烷	0.3130	8165	2556	0.4256	19220	9084
丙烯	0.5803	10025	5817	0.2495	26380	6582
合计	1.0001		9325	0.9999		20519
−26℃,$\nu^*=0.2931$						
组分	x_i	h_i/(J/mol)	H_L/(J/mol)	y_i	$H_{i,V}$/(J/mol)	H_V/(J/mol)
乙烯	0.1428	8478	1210	0.3355	17397	5837
乙烷	0.3623	7788	2822	0.4892	19064	9325
丙烯	0.4950	9492	4698	0.1752	26340	4615
合计	1.0001		8730	0.9999		19777
−32℃(泡点温度),$\nu^*=0.3399$						
组分	x_i	h_i/(J/mol)	H_L/(J/mol)	y_i	$H_{i,V}$/(J/mol)	H_V/(J/mol)
乙烯	0.200	8210	1642	0.400	17250	6900
乙烷	0.400	7540	3016	0.486	18860	9166
丙烯	0.400	9150	3660	0.114	26220	2989
合计	1.000		8318	1.000		19055

① 组分组成为摩尔分数。

在图 2-16 上绘出等焓平衡线。得两条曲线的交点为节流后的温度 t_2 为−26℃，汽化率 ν 为 0.293。前面等温闪蒸的计算已得出节流后−26℃的汽液相组成。

（2）手算或计算机计算

这种方法主要基于节流前后焓值相等的原理。假设节流后的温度为 T_2 的情况下，可计算出相应的焓值 H_2，只要 $H_2=H_1$，所设 T_2 即为节流后的温度，得出 T_2 后，其它未知量便可求解。因此，所有的问题归结为寻找使 $H_2=H_1$ 方程成立的 T_2。

计算思路：

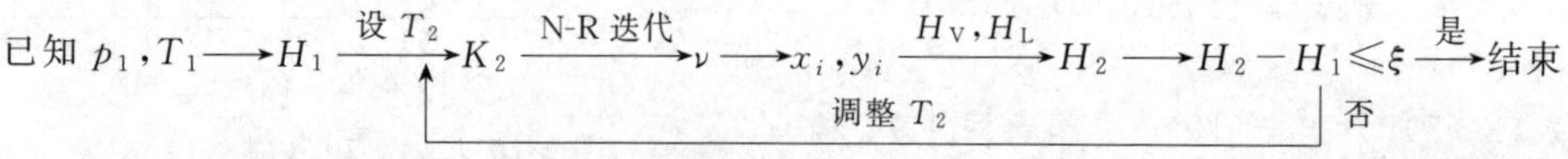

已知 $p_1, T_1 \longrightarrow H_1 \xrightarrow{\text{设 } T_2} K_2 \xrightarrow{\text{N-R 迭代}} \nu \longrightarrow x_i, y_i \xrightarrow{H_V, H_L} H_2 \longrightarrow H_2-H_1 \leqslant \xi \xrightarrow{\text{是}}$ 结束

否 → 调整 T_2（返回设 T_2）

本计算为两层迭代循环，内层为 ν 循环，用 Newton-Raphson 迭代求解汽化率 ν，收敛精度 $|F(\nu)|<0.005$。外层则为 T_2 循环，也可用正割法调整节流后的温度，但需两点温度：

$$T_{2,n}=\frac{T_{2,n-2}F(T_{2,n-1})-T_{2,n-1}F(T_{2,n-2})}{F(T_{2,n-1})-F(T_{2,n-2})} \tag{2-94}$$

$$F(T_2)=H_2-H_1=0 \tag{2-95}$$

收敛精度

$$\left|\frac{(H_2-H_1)}{H_1}\right|<0.005 \tag{2-96}$$

正割法计算绝热闪蒸的框图见图 2-17。

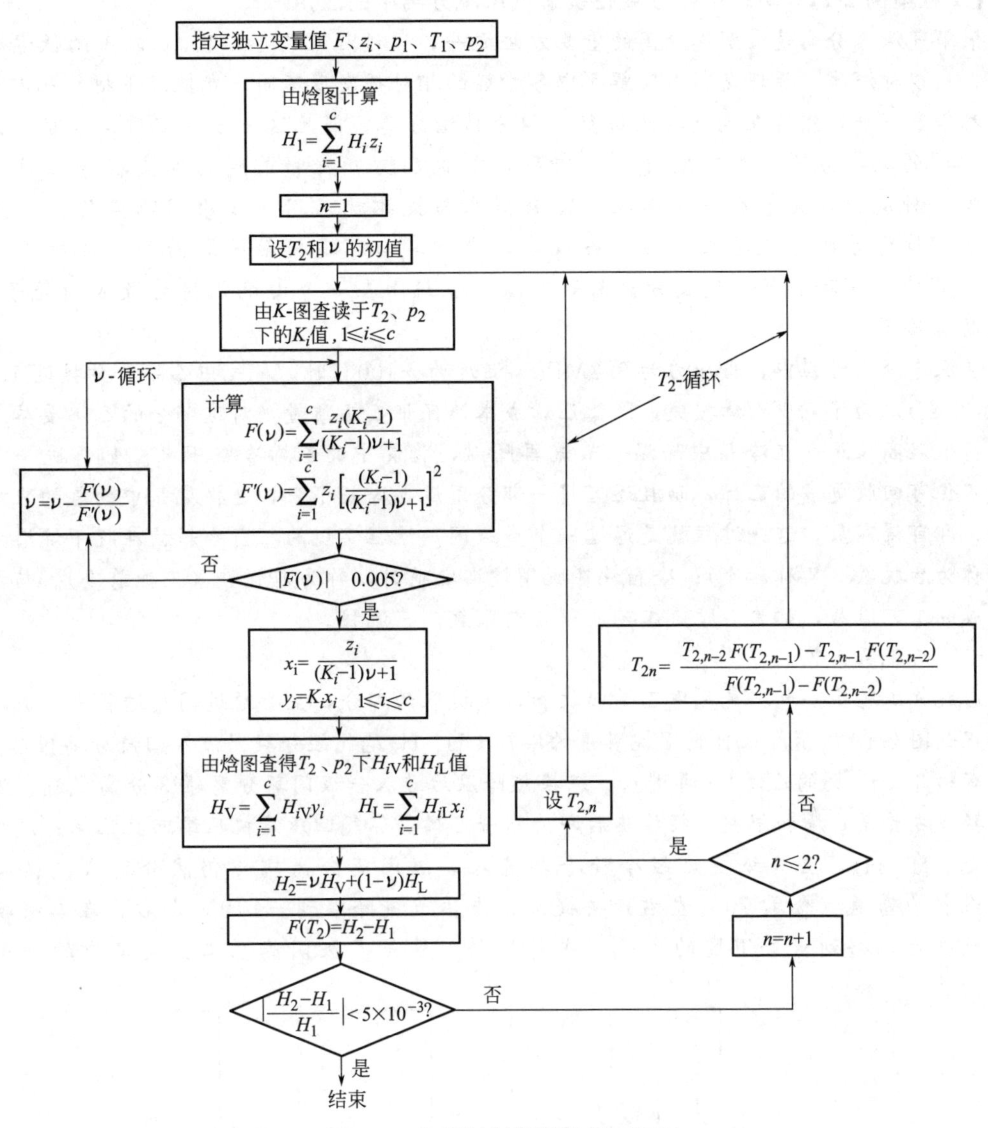

图 2-17 正割法计算绝热闪蒸框图

该法适合于宽沸程混合物的闪蒸计算，所谓宽沸程混合物，是指构成混合物的各组分的相对挥发度相差悬殊，在很宽的温度范围内，易挥发组分主要在蒸汽相中，而难挥发组分主要留在液相中。进料热焓的增加将使平衡温度升高，但对汽液流率 V 和 L 几乎无影响。因此宽沸程的热量衡算更主要地取决于温度，而不是 ν。根据序贯算法迭代变量的排列原则，最好是使内层循环中迭代变量的收敛值将是下次内层循环运算的最佳初值，因此宽沸程闪蒸，由于 ν 对 T 的取值不敏感，所以 ν 作为内层迭代变量较为合理。

此外，估计新的闪蒸温度，除用正割法外，仍可用前述的牛顿法。

对于窄沸程闪蒸，由于各组分的沸点相近，因而热量衡算主要受汽化潜热的影响，反映在受汽相分数的影响，改变进料热焓会使汽液相流率发生变化，而平衡温度没有太明显的变化。显然，应该通过热量衡算计算ν（即V和L），解闪蒸方程式确定闪蒸温度。并且，由于收敛T值对ν值不敏感，故应在内层循环迭代T，外层循环迭代ν。

【工程案例 2-2】 单级平衡分离在裂解气深冷分离中的应用[41]

裂解气深冷分离是裂解气分离的重要方法之一，因过程采用了－100℃以下的低温冷冻系统，所以称深冷。原理是利用裂解气中各种烃的相对挥发度不同，在低温下把氢气以外的烃类都冷凝下来，然后在精馏塔内进行多组分精馏分离，因此这一方法实质是冷凝精馏过程。典型的深冷分离流程有顺序分离流程，前脱乙烷流程和前脱丙烷流程等三种，不论是哪一种流程，其中乙烯的回收、富氢提取与提纯就采用了多次闪蒸操作。在生产中，脱甲烷塔系统为了防止低温设备散冷，减少其与环境接触的表面积，常把节流膨胀阀、高效板式换热器、气液分离器等低温设备封闭在一个由绝热材料做成的箱子中，此箱称为冷箱。

在深冷分离过程中，当压力为3.3MPa、温度为－100℃时，尾气中乙烯含量接近1.5%（摩尔分数），为了减少乙烯损失，降低乙烯成本，保证乙烯质量，对这部分的乙烯要尽量回收。将低温高压尾气在冷箱中降温，节流再降温，将其中的乙烯冷凝下来。如再进一步降温，不但可回收更多的乙烯，而且还可将一部分甲烷也冷凝下来，这样尾气中的氢的浓度提高了，即可得富氢，这一过程就是通过一个多级闪蒸流程实现的。当冷箱放在脱甲烷塔之后时，称为后脱氢（又称后冷）；冷箱放在脱甲烷塔之前时，称为前脱氢（又称前冷）。与之相应组成的工艺流程，称为后脱氢工艺流程与前脱氢工艺流程。

(1) 后脱氢工艺

后脱氢工艺主要包括尾气中乙烯回收和富氢提取两部分，主要通过闪蒸过程来完成，工艺流程如图2-18所示。来自脱甲烷塔1的塔顶CH_4-H_2尾气经分凝器流入回流分离罐2（其中含有约3%～4%的乙烯），再进入一级换热降温后进入一级闪蒸分离罐3分离成汽、液两相，凝液主要是乙烯和甲烷，经换热后即为富含乙烯循环气回压缩机压缩回收乙烯；汽相中主要是CH_4-H_2，去二级换热经冷凝冷却进入二级闪蒸分离罐4仍然分离成汽、液两相；汽相为富氢（含氢70%左右）去提纯；液体节流降温到－140℃左右，在二级换热器中换热后，得到富含甲烷的残气，去作燃料。这是多级闪蒸在工业生产中的一个具体应用。

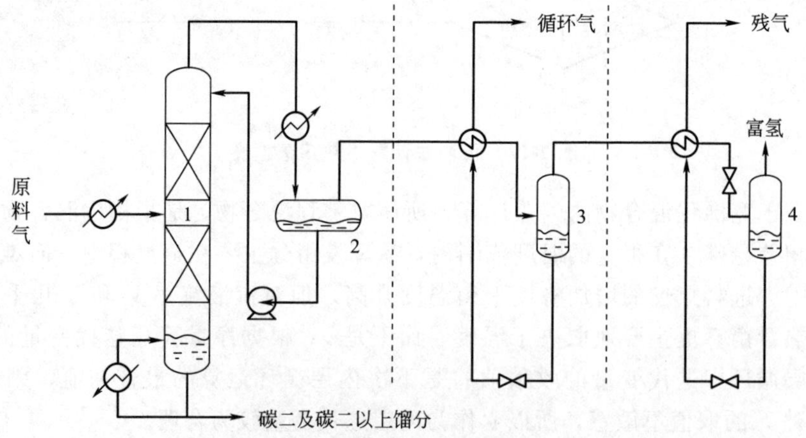

图 2-18 后脱氢工艺流程示意图

1—脱甲烷塔；2—回流分离罐；3—一级闪蒸分离罐；4—二级闪蒸分离罐

(2) 前脱氢工艺

前脱氢工艺流程也是由乙烯回收与富氢提取两部分组成，工艺流程如图2-19所示。进料在冷箱7中经逐级分凝，经过四级串联闪蒸分离罐3～6，每次把冷凝下来的重组分作为脱甲烷塔1的四股进料，其中较先冷凝的必然是重组分，作为脱甲烷塔相对底部进料，较后冷凝的是相对较轻的组分，从脱甲烷塔的上部进料口进料。在第四级闪蒸分离罐大部分氢留在气相中，作为富氢回收。由于脱甲烷塔进料中脱除了大部分氢，促进料中氢含量下降，即提高了CH_4/H_2摩尔比，尾气中乙烯含量下降。这样前脱氢工艺实际上起到了回收乙烯与提取富氢两个作用。

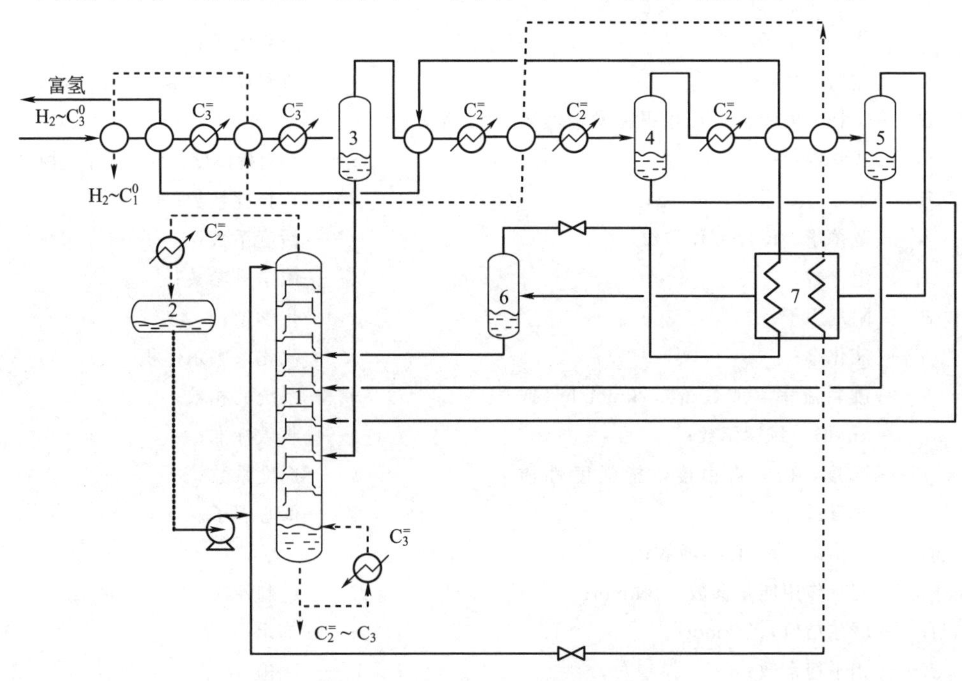

图2-19 前脱氢工艺流程示意图

1—脱甲烷塔；2—回流罐；3～6—闪蒸分离罐；7—冷箱

图2-20 乙烯冷箱工业装置

由于前脱氢进料中的重组分逐级被冷凝，比将气体全部送入脱甲烷塔节省了冷量。多股进料对脱甲烷塔的操作比单股进料好，重组分进塔的下部，轻组分进塔的上部，这等于进料前已作了预分离，减轻了脱甲烷塔的分离负担。此外，由于温度可降至－170℃左右，所以富氢的浓度可高达90％～95％（摩尔分数），这些优点都优于后脱氢工艺流程，不过它的操作控制比较复杂和困难。图2-20所示为乙烯冷箱工业装置。

本章符号说明

英文

A——端值常数；

A，B，C——安托因方程常数；相平衡常数经验式常数；

B——第二维里系数，m^3/h；

a，b——范德华、R-K方程常数；

c——组分数；

d——阻尼因子；

e——液化率；

F——进料流率（或数量），kmol/h（或kmol）；目标函数；

f——逸度，Pa；自由度，指强度性质变量；

G——自由焓，J；目标函数；

g——交互作用能量参数，J/kmol；

H——摩尔焓值，J/kmol；

K——相平衡常数；

L——液相流率，kmol/h；

n——物质的量，mol；

N——理论级数或理论板数；

N_i——设计变量数；

N_v——独立变量数；

N_c——约束关系数或独立方程数；

N_a——可调设计变量；

N_x——固定设计变量；

N_r——重复变量数；

p——压力，Pa；

Q——系统和环境间传递的热量，J/h；

R——气体常数，8.315J/(mol·K)；容量性质变量；

T——温度，K；

V——汽相流率，kmol/h；体积，m^3；

W——系统和环境间传递的轴功，J/h；

x——液相摩尔分数；

y——汽相摩尔分数；

Z——压缩因子；

z——进料摩尔分数。

希文

α——相对挥发度；分离因子；模型参数；

β——选择性系数；

γ——活度系数；

λ——威尔逊参数；

μ——化学位；

ν——汽化率摩尔体积；

π——系统的相数；

ξ——收敛标准；

ϕ——逸度系数；

ω——偏心因子。

上标

E——过剩性质；

e——单元；

L——液相；

u——装置；

V——汽相；

^——表示在混合物中；

0——饱和状态；基准状态；

Ⅰ、Ⅱ——分别表示两液相。

下标

B——泡点；

c——临界状态；

D——露点；

F——进料；

G——基准组分；

i、j、k——组分；

n——迭代次数；

L——液相；

m——混合物；

r——对比性质；

V——汽相；

1，2——组分。

习题

1. 精馏塔是化工过程中常用的分离单元，因此了解精馏塔的设计变量数很有必要，试用郭氏法分析普通双组分精馏塔的设计变量数。若塔顶冷凝器为全凝器，回流液为饱和液体，塔釜为部分蒸发器，加料压力与塔压相同。

2. 在设计分离过程装置中第一步需要知道设计变量。若某工程师需要为工厂设计如图所示的吸收-解吸流程设计，则该装置的设计变量数为多少？

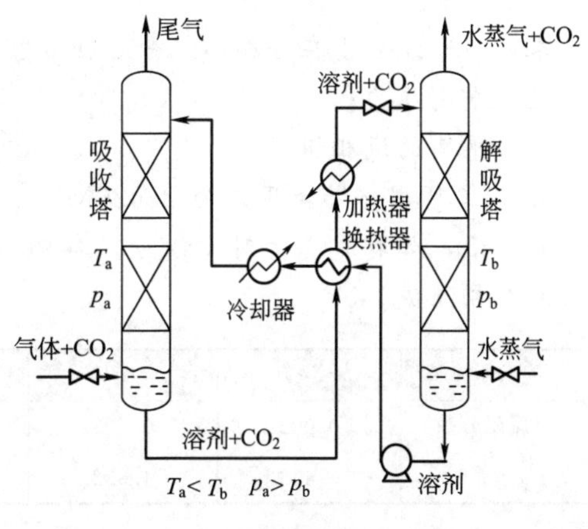

习题 2 附图

3. 实验室中有一吸收塔在 1.06MPa 下操作。用该吸收塔处理原料气的组成为甲烷 70.0%（均为摩尔分数）、乙烷 12.0%、丙烷 8.0%、正丁烷 6.0%、正戊烷 4.0%的混合气体。其中进料温度和吸收剂的进塔温度均为 32℃，进料流率为 100kmol/h，吸收剂为不挥发油，其中含有在循环中未脱除完全的 2.0%正丁烷和 1.0%正戊烷。试列举出几种设计变量的规定方案。

4. 活度系数是指活度与浓度的比例系数。在电解质溶液中由于离子之间的相互作用，使电解质的总浓度不能代表其有效浓度，需要引进一个经验校正系数活度系数，以表示实际溶液与理想溶液的偏差。二元系统乙酸乙酯（1）-水（2）在 70℃时的 NRTL 方程参数 $\tau_{12}=0.03$，$\tau_{21}=4.52$；特性参数 $\alpha_{12}=0.2$，求该温度下 $x_1=0.4$ 时，γ_1 及 γ_2 各为多少？

5. 由于绝大部分体系是非理想溶液，为进行定量的热力学分析与计算，溶液中的各组分浓度必须以活度代替。由正辛烷（1）、乙苯（2）和 2-乙氧基乙醇（3）所组成的溶液，其组成为：$x_1=0.25$（均为摩尔分数），$x_2=0.52$，$x_3=0.23$，试求总压为 0.1MPa 达到平衡时该溶液中各组分的活度系数。已知：0.1MPa 时有关各端值常数如下。$A_{12}=0.085$，$A_{21}=0.085$，$A_{23}=0.385$，$A_{32}=0.455$，$A_{13}=0.700$，$A_{31}=0.715$，$c=-0.03$。

6. 在聚乙烯醇生产中，每生产 1t 聚乙烯醇约产生 1.68t 的醋酸甲酯。由于醋酸甲酯的工业用途有限，目前聚乙烯醇厂均将醋酸甲酯分解为醋酸和甲醇回收使用，已知甲醇与醋酸甲酯在常压下形成醋酸甲酯 0.61（摩尔分数）的均相共沸物，其沸点为 54℃，要将其分离，需计算表中组成的活度系数，试用范拉尔方程进行计算（共沸点 $x_i=y_i$）。

x_1（摩尔分数）	0.0	0.1	0.5	0.65	0.7	0.9	1.0
x_2（摩尔分数）	1.0	0.9	0.8	0.35	0.3	0.1	0.0

7. 若要将上题中甲醇与醋酸甲酯的均相共沸物用水作萃取剂将其分离，需计算醋酸甲酯对甲醇的相对挥发度。系统温度为 60℃，已知醋酸甲酯（1）-甲醇（2）-水（3）三元体系各相应二元体系的端值常数 $A_{12}=0.447$，$A_{21}=0.411$，$A_{23}=0.36$，$A_{32}=0.22$，$A_{13}=1.3$，$A_{31}=0.82$，醋酸甲酯和甲醇的饱和蒸气压 $p_1^0=0.1118$MPa，$p_2^0=0.0829$MPa，试用三元 Margules 方程来推算出在 60℃时 $x_1=0.1$，$x_2=0.1$，$x_3=0.8$（均为摩尔分数）

的三元体系中醋酸甲酯对甲醇的相对挥发度 α_{12}。

8. 在学习本章知识后，老师布置的任务是给出组分 1 和组分 2 所构成的二元系统的基础数据，要求学生对该体系进行热力学数据计算，当处于汽-液-液平衡时，两个平衡的液相（α 相和 β 相）组成如下 $x_2^{\alpha}=0.05$，$x_1^{\beta}=0.05$（摩尔分数），两个纯组分的饱和蒸气压此时分别为 $p_1^0=0.065\text{MPa}$，$p_2^0=0.075\text{MPa}$，此对称系统的范拉尔常数（用 ln 表示）为 $A=3.272$。

求：(1) 组分 1 在 β 相和组分 2 在 α 相中的活度系数 γ_1^{β} 和 γ_2^{α}；

(2) 平衡压力；

(3) 平衡的汽相组成。

9. 某工厂用一塔釜压力为 2.626MPa、温度为 76℃ 的精馏塔分离液相混合物，其组成如下表所示，如取 $i\text{-}C_4^0$ 为对比组分，各组分的相对挥发度如表所示，求与塔釜液体呈平衡状态的汽相组成。

组分 i	$C_2^=$	C_2^0	$C_3^=$	C_3^0	$i\text{-}C_4^0$	C_5^0
$x_{i,w}$（摩尔分数）	0.002	0.002	0.680	0.033	0.196	0.087
$\alpha_{i,j}$	6.435	4.522	2.097	1.913	1	0.322

10. 在工业生产中，苯与甲苯是重要的基本有机化工原料，二者的性质相似，但苯的沸点为 80.1℃，甲苯的沸点为 110.6℃，因此可以根据其相对挥发度的差异，利用精馏技术分离得到高纯度的苯和甲苯。已知苯和甲苯的饱和蒸气压与温度的关系数据如下表所示。试利用拉乌尔定律和平均相对挥发度，分别计算在 101.33kPa 总压下苯-甲苯混合液的汽液平衡数据，并作出 $t\text{-}x\text{-}y$ 图。该溶液可视为理想溶液。

t/℃		80.1	85	90	95	100	105	110.6
p_i^0/kPa	p_A^0	101.33	116.9	135.5	155.7	179.2	204.2	240.0
	p_B^0	40.0	46.0	54.0	63.3	74.3	86.0	101.11

11. 某实验需要用到在 40℃ 时环己烷 (1)-苯 (2) 系统的 $p\text{-}x\text{-}y$ 图，请根据下列条件进行绘制。若蒸汽可考虑看成是理想气体，而液相的活度系数可由下列关系式计算：

$$\ln\gamma_1=0.458x_2^2, \qquad \ln\gamma_2=0.458x_1^2$$

40℃ 时，$p_1^0=0.0243\text{MPa}$，$p_2^0=0.0241\text{MPa}$。

12. 利用化工模拟软件采用 PR 和 SRK 状态方程计算由两个丁烷异构体和四个丁烯异构体组成的混合物的相平衡常数 K，混合物的温度为 104.4℃、压力为 1.9MPa，将计算值与下列实验值进行比较。

组分	异丁烷	异丁烯	正丁烷	1-丁烯	反式-2-丁烯	顺式-2-丁烯
平衡常数 K	1.067	1.024	0.922	1.024	0.952	0.876

13. 欲求脱丁烷塔塔釜温度，工厂技术人员通过釜液取样分析该混合物的组成为 0.05 乙烷，0.30 丙烷，0.65 正丁烷（摩尔分数），操作压力下各组分的平衡常数可按下式进行计算，试求其塔釜温度。

乙烷：$K=0.13333t+4.6667$

丙烷：$K=0.6667t+1.13333$

正丁烷：$K=0.02857t+0.08571$（t 的单位为℃）

14. 某公司乙烯装置采用顺序分离流程，其中脱乙烷塔随装置负荷的逐年提升，个别参数大幅偏离正常值，影响了产品收率、质量及相关系统的平稳运行。为对其优化，需确定塔顶分凝器出口温度。该塔操作压力 2.625MPa，经分凝器后汽相出料，其组成如下表所示：

组分 i	C_1	$C_2^=$	C_2^0	$C_3^=$
$y_{i,D}$	0.0039	0.8651	0.1281	0.0026

15. 某工厂需要对精馏塔操作进行改造，需要确定冷凝器的压力，分析塔顶蒸汽的组成为：乙烷 0.15（摩尔分数），丙烷 0.20，异丁烷 0.60，正丁烷 0.05。要求有 75%的物料在冷凝器中液化，若离开冷凝器的温度为 26.7℃。求冷凝器的压力。

16. 催化装置的稳定塔又叫脱丁烷塔，主要是为了脱除粗汽油中的液化气组分，现有一脱丁烷塔，塔顶压力为 2.3MPa，采用全凝器，分析全凝器出口产品组成为：

组分	甲烷	乙烯	乙烷	丙烷
$x_{i,D}$（摩尔分数）	0.0132	0.8108	0.1721	0.0039

试确定该塔的塔顶温度。

17. 试求下列气体混合物在绝对总压为 101.3kPa 下的露点。列举你所用的文献。

(1) 含有 60%氯化氢和 40%水蒸气（摩尔分数）的气体混合物。

(2) 含有 50%氯化氢、20%氮和 30%水蒸气的气体混合物。

18. 某位学生做实验时将 30mol 甲苯、40mol 乙苯和 30mol 水配成液体混合物，在压力 101.3kPa 下缓慢加热汽化。所产生的蒸汽与留下的液体保持接触并保待相平衡，他根据所学知识估算出了完全汽化时的温度，请你加以计算。

可将甲苯与乙苯的混合物看成理想溶液，饱和蒸气压数据如下。

已知 Antoine 方程：

水：
$$\ln p_1^0=11.6834-\frac{3816.44}{T-46.13}$$

甲苯：
$$\ln p_1^0=9.3635-\frac{3096.52}{T-53.67}$$

乙苯：
$$\ln p_3^0=9.3993-\frac{3279.47}{T-79.47}\ (p/1\times10^5\text{Pa};\ T/\text{K})$$

19. 进料热状态使从进料级上升的蒸汽量及下降液体量发生变化，从而影响到理论级数以及整个精馏塔的热负荷，直接影响设备费用和操作费用。某精馏塔的操作压力为 0.1MPa，其进料组成为

组分 i	正丁烷	正戊烷	正己烷	正庚烷	正辛烷
组成(摩尔分数)	0.05	0.17	0.65	0.10	0.03

试求：(1) 露点进料的进料温度；

(2) 泡点进料的进料温度。

20. 化工生产中可以根据设备的出料数据判断生产是否正常，某工厂的检测员检测到某设备的汽相混合物的组成及平衡常数如下：

组分	A	B	C
组成(摩尔分数)	0.35	0.2	0.45
K_i(T,℃;p,MPa)	$0.15T/p$	$0.02T/p$	$0.01T/p$

(1) 求 p=2MPa 时，混合物的露点温度，误差判据可取 0.001。

(2) 上述混合物若温度为 50℃，试分析是否有液相存在。

21. 多组分精馏的计算方法与二元体系的算法类似。现有一个分离 A、B、C 三组分的普通精馏塔，塔顶设置分凝器，已知其汽相产品组成为：$y_A=0.45$（摩尔分数），$y_B=0.52$，$y_C=0.03$，为保证分凝器能用水冷（取汽相产品的露点为 40℃），试分别按完全理想体系和非理想体系计算分凝器的操作压力最小是多少？并计算平衡的回流液组成。

已知 A、B、C 三组分的饱和蒸气压可分别按下式计算：

$$\ln p_A^0=20.7662-\frac{2911.32}{T-56.51};\ \ln p_B^0=20.9062-\frac{3096.52}{T-53.67};\ \ln p_C^0=20.9118-\frac{3328.57}{T-63.72}$$

式中，p_{i_0} 的单位为 Pa；T 的单位为 K。

22. 在精馏过程中，物系只有处于两相平衡区才能完成气体与液体的传质，实现一定程度的分离，判断下列混合物是否处于两相平衡区：

(1) 1013kPa，298K，乙烷、乙烯、丙烯含量分别为 0.25、0.70 和 0.05（摩尔分数）;

(2) 689.5kPa，356.5K，丙烷、正丁烷、正戊烷和正己烷含量分别为 0.0719，0.1833，0.3098 和 0.4350。

23. 化学工程与工艺专业的学生到炼油厂实习，看见一个储存炼厂气的球罐，产生了如果到冬天该球罐是否产生液化的现象，于是测定了该球罐的压力为 2.33MPa，温度为 −18℃，并取样进行组成分析见下表，请通过计算加以说明。

组分	甲烷	乙烯	乙烷	丙烯	合计
(摩尔分数) /%	7.84	76.85	9.16	6.15	100.00

24. 丙烷的沸点为 −42.09℃，正丁烷的沸点为 −0.5℃，正戊烷的沸点为 36.1℃，正己烷的沸点为 69℃，这四种物质的沸点差异较大，试用闪蒸计算初步分离的程度。已知该混合物含丙烷 (1) 10kmol/h、正丁烷 (2) 20kmol/h、正戊烷 (3) 30kmol/h、正己烷 (4)40kmol/h，在 T=366.5K 和 p=689.5kPa 下进行闪蒸，试估算平衡时混合物的汽化分离及汽相和液相组成。

25. 一种混合液含正丁烷 0.4、正戊烷 0.3 和正己烷 0.3（均为摩尔分数），总压力为 1.013×10^3kPa，试求：

(1) 混合液的泡点及平衡的汽相组成；

(2) 122℃下部分汽化的汽化率及汽、液相组成（压力仍为 1.013×10^3kPa）。

26. 某乙烯装置采用的是顺序低压脱甲烷塔 C_2 后加氢流程，由于脱乙烷塔再沸器的生产能力的限制，导致生产负荷达不到设计能力，需确定该塔釜液在 22℃ 时和汽化率，以进行再沸器的改造。该塔的进料组成和 22℃ 时平衡常数如下：

组分 i	$C_2^=$	C_2^0	$C_3^=$	C_3^0	i-C_4^0	C_5^0
z_i（摩尔分数）	0.002	0.002	0.680	0.033	0.196	0.087
K_i	6.2	4.0	1.45	1.25	0.5	0.11

已知其汽化率 ν 和进料组成、平衡常数关系为 $\sum\frac{z_i}{1+(K_i-1)\nu}=1$，试确定其汽化率。

27. 用精馏分离某一气体混合物，其组成为甲烷 0.8%，乙烯 81%，乙烷 18%，丙烯 0.2%（摩尔分数），该混合物在压力 2.33MPa 和温度 −18℃下，用盐水进行冷凝。为满足冷凝条件，请计算冷凝后的液化率 e 和汽液相组成。

28. 苯、甲苯、二甲苯均是化工生产过程中的重要原料，现有一组成为 60%（摩尔分数）苯，25%甲苯和 15%对二甲苯的 100kmol 液体混合物，在 101.3kPa 和 100℃下闪蒸。试计算液体和气体产物的量和组成。假设该物系为理想溶液。用安托因方程计算蒸气压。

已知：苯，$\ln p_1^0=20.7936-2788.51/(T-52.36)$；

甲苯，$\ln p_2^0=20.9065-3096.52/(T-53.67)$；

对二甲苯，$\ln p_3^0=20.981-3346.65/(T-57.84)$

29. 某厂将流量为 100kmol/h 烃类溶液在 70℃、4052kPa 压力下等温部分汽化。已知该溶液组成如下表所示。

组　分	甲烷	正戊烷	正己烷	合　计
z_i(摩尔分数)	0.2	0.5	0.3	1.0

计算汽化率和平衡两相组成。为了维持等温，每小时需要提供多少热量？

30. 推导出确定 ν 的直接迭代方程

$$\nu=1-\sum_{i=1}^{c}\frac{z_i}{1+\frac{K_i\nu}{1-\nu}}$$

(1) 从 $\sum_{i=1}^{c}x_i=1$ 开始，推导这个方程；

(2) 从 $\sum_{i=1}^{c}y_i=1$ 开始，推导类似的方程；

(3) 从 $\sum_{i=1}^{c}x_i=1$ 和 $\sum_{i=1}^{c}y_i=1$ 推导一个方程；

(4) 哪个方程收敛性能最好？

31. 实验课上老师将组成为乙烯 0.25，乙烷 0.35，丙烯 0.40（摩尔分数）的液体混合物进行闪蒸。以 10℃、1519.5kPa 的液体进入绝热闪蒸罐，在 1013kPa 压力下闪蒸。计算闪蒸罐温度，汽化率和蒸气、残液的组成。

32. 已知混合物组成为

组　分	乙烷	丙烷	正丁烷	正戊烷
x_i(摩尔分数)	0.08	0.22	0.53	0.17

原料压力为 2.0MPa，泡点进料。绝热瞬时降压到 1.3MPa，试求等焓节流的汽化率与温度的关系。

33. 应用等焓节流可以达到节约能耗、降低成本的效益。某厂将原处于 2.2MPa 泡点温度下的混合物经节流阀进行等焓节流，阀后的压力为 1.36MPa。已知某混合物组成为：

组　分	C_2^0	C_3^0	n-C_4^0	n-C_5^0	合计
组成(摩尔分数)	0.08	0.22	0.53	0.17	1.00

试求阀后的温度、汽化率及汽、液相组成。

参　考　文　献

[1] 陈洪坊，刘家祺. 化工分离过程 [M]. 第2版. 北京：化学工业出版社，2014：55-59，37-47.

[2] 勒海波等编著. 化工分离过程 [M]. 北京：中国石化出版社，2008：8-18.

[3] 刘红，张彰. 化工分离工程 [M]. 北京：中国石化出版社，2013：5-14.

[4] Ravi R，Rao D P. Phase rule and the degree of freedom analysis of processes [J]. Industrial Engineering Chemistry Research，2005，44 (26)：10016-10020.

[5] 徐东彦，叶庆国，陶旭梅. 分离工程（英文版）[M]. 北京：化学工业出版社，2011：16-23，38-39.

[6] Kwauk M. A system for counting variables in separation processes [J]. AIChE Journal，1956，2 (2)：240-248.

[7] Seader J D. Separation Process Principles [M]. John Wiley & Sons，2010：31-41，51-82，176-183.

[8] (美) 约翰 M. 普劳斯尼茨，(德) 吕迪格 N. 利希滕特勒，(葡) 埃德蒙多·戈梅斯·德阿泽维多著. 流体相平衡的分子热力学 [M]. 陆小华，刘洪来译. 北京：化学工业出版社，2006：11-12，76-102，151-153.

[9] 陈钟秀，顾飞燕，胡望明. 化工热力学 [M]. 北京：化学工业出版社，2012：106-121.

[10] Wilson G M. Vapor-liquid equilibrium. XI. A new expression for the excess free energy of mixing [J]. Journal of the American Chemical Society，1972，86 (2)：127-130.

[11] Renon H，Prausnitz J M. Local compositions in thermodynamic excess functions for liquid mixtures [J]. AIChE Journal，1968，14 (1)：135-144.

[12] Vatani M，Asghair M，Vakili-Nezhaad G. Application of Genetic Algorithm to the calculation of parameters for NRTL and Two-Suffix Margules models in ternary extraction ionic liquid systems [J]. Journal of Industrial & Engineering Chemistry，2012，18 (5)：1715-1720.

[13] Fredenslund A. Vapor-Liquid Equilibris Using UNIFAC [M]. Amsterdam：Elsevier，1977：14-30.

[14] 安维中，郭丹，李佳等. UNIFAC法预测环氧乙烷-聚乙二醇体系的汽液相平衡 [J]. 化学工程，2013，41 (12)：39-42.

[15] Paduszyński K，Domańska U. Extension of modified UNIFAC (Dortmund) matrix to piperidinium ionic liquids [J]. Fluid Phase Equilibria，2013，353 (37)：115-120.

[16] Soave G. Equilibrium constants from a modified Redliclr Kwong equation of state [J]. Chemical Engineering Science，1972，27 (6)：1197-1203.

[17] 郭天民. 多元气-液平衡和精馏 [M]. 北京：石油工业出版社，2004：126-136，161-169，173-184.

[18] 于志家，丛阳，张镭等. 气液相平衡计算与教学 [J]. 化工高等教育，2014：(2)：72-75.

[19] 曾健，胡文励. 一种新的泡点计算方法 [J]. 天然气化工，1995，20 (01)：52-57.

[20] Oprisiu I，Varlamova E，Muratov E，et al. QSPR approach to predict nonadditive properties of mixtures. Application to bubble point temperatures of binary mixtures of liquids [J]. Molecular Informatics，2012，31 (31)：491-502.

[21] 王军，李振民. 极性物系多组分分离泡点计算 [J]. 齐鲁石油化工，1991，(03)：208-211.

[22] Asoodeh M，Kazemi K. Estimation of bubble point pressure：using a genetic integration of empirical formulas [J]. Energy Sources Part A Recovery Utilization & Environmental Effects，2013，35 (12)：1102-1109.

[23] Asoodeh M，Bagheripour P. Estimation of bubble point pressure from PVT data using a power-law committee with intelligent systems [J]. Journal of Petroleum Science and Engineering，2012，90-91：1-11.

[24] Outcalt S L，Lemmon E W. Bubble-point measurements of eight binary mixtures for organic rankine cycle applications [J]. Journal of Chemical & Engineering Data，2013，58 (6)：1853-1860.

[25] Bandyopadhyay P，Sharma A. Development of a new semi analytical model for prediction of bubble point pressure of crude oils [J]. Journal of Petroleum Science and Engineering，2011，78 (3-4)：719-731.

[26] 汪萍，项曙光. 一种改进的泡露点计算方法 [J]. 化工时刊，2004，18 (05)：42-44.

[27] 班玉凤，常圣泉，朱海峰等. EXCEL在非理想系泡露点计算中的应用 [J]. 计算机应用与软件，2011，28 (10)：

275-277.
[28] 于志家，陈传祺，李香琴等．应用Excel进行泡点和露点计算 [J]．化工高等教育，2012，4：73-76.
[29] 李克微，毛先萍．用VisualBasic实现多组分理想体系的泡露点计算 [J]．计算机与应用化学，2008，25 (8)：989-992.
[30] 赵德明．分离工程 [M]．杭州：浙江大学出版社，2011：27-38.
[31] McCabeWL，SmithJ C，Harriott P. Unit Operations of Chemical Engineering 7th Ed [M]．McGraw-Hill Education (ISE Editions)，2008：348-349.
[32] 邓修，吴俊生．化工分离工程 [M]．北京：科学出版社，2013：35-37.
[33] Okuno R，Johns R T，Sepehrnoori K. A new algorithm for Rachford-Rice for multiphase compositional simulation [J]．SPE Journal，2010，15 (2)：313-325.
[34] Li Y，Johns R T，Ahmadi K. A rapid and robust alternative to Rachford-Rice in flash calculations [J]．Fluid Phase Equilibria，2012，316：85-97.
[35] Al-Jawad M S，Hassan O. Comprehensive model for flash calculations of heavy oils using the Soave-Redlich-Kwong equation of state [C]．Egypt：North Africa Technical Conference and Exhibition，2012.
[36] 刘云．等温闪蒸模型改进算法 [J]．中国科技信息，2010，(16)：55-56.
[37] Rasmussen C P，Krejbjerg K，Michelsen M L，et al. Increasing the computational speed of flash calculations with applications for compositional，transient simulations [J]．Spe Reservoir Evaluation & Engineering，2013，9 (1)：32-38.
[38] Belkadi A，Wei Y，MichelsenM，et al. Comparison of two methods for speeding up flash calculations in compositional simulations [C]．USA：Spe Reservoir Simulation Symposium，2013.
[39] 赵晋曾．三组元平衡闪蒸中 *Z-K-ν* 的关联式 [J]．石油化工，1993，22 (03)：170-173.
[40] Lucia A，Bonk B M，Wateman R R，et al. A multi-scale framework for multi-phase equilibrium flash [J]. Computers & Chemical Engineering，2012，36 (1)：79-98.
[41] 魏刚．化工分离过程与案例 [M]．北京：中国石化出版社，2009：35-42.

3

精　馏

精馏（distillation）是化学工业中应用最广泛的关键共性技术，广泛应用于石油、化工、化肥、制药、环境保护等行业。从技术和应用的成熟程度考虑，目前仍然是工厂的首选分离方法，有90%～95%的产品提纯和回收是由精馏实现的。因此精馏市场的经济效益至今仍令人刮目相看，全世界精馏塔在炼油的一次精馏能力每年大于37亿吨，约每天1千万吨，其中部分还要经过再次或多次精馏，炼油装置实际总精馏能力超过50亿吨。而化工及石油化工行业中乙烯、丙烯、丁烯等重要化工原料从催化裂化或热裂化再经精馏分离获得，而苯、甲苯、二甲苯等则可从原油经精馏和萃取分离获得。这些基本化工原料年产量达1亿3千万吨。在我国，精馏是目前应用最广、占总能耗最大的化工分离过程。但由于精馏技术能耗高，大型化节能技术正面临挑战。近年来，随着相关学科的渗透、精馏学科本身的发展以及全球经济化的冲击，我国精馏技术正向新一代转变，以迎接所面临的挑战。

精馏是根据溶液中各组分相对挥发度的差异，通过液体多次部分汽化、蒸汽多次部分冷凝，进行汽液相间传质，借助“回流”技术实现混合液高纯度分离的多级分离操作，即同时进行多次部分汽化和部分冷凝的过程。精馏单元操作的分离要求是：首先形成第二相，使液相和汽相共存于分离塔中并能在每一级互相接触；其次是各组分具有不同的相对挥发度，使它们能以不同程度在两相间分配；最后可借助于重力或者其它机械方法使两相分离。很明显所产生的第二相是利用能量分离剂（蒸发或冷凝）产生的，混合物中不存在与进料所不同的其它组分。有时由于混合物各组分的物理性质的特殊性需加入各种分离剂，必须采用特殊精馏如共沸精馏、萃取精馏、溶盐精馏等方法才可能完成规定的分离要求及提高分离效率。实现精馏操作的主体设备是精馏塔。

3.1　多组分精馏

多组分精馏是化工生产中广泛应用的一种分离方法，例如烃类裂解气的分离，苯乙烯的精制均用多组分精馏。尽管多组分精馏与二元精馏的基本原理是相同的，然而由于组分的增多使计算过程变得复杂。多组分精馏的计算方法有简捷计算法和严格计算法两种。本节讨论多组分精馏的简捷计算法，该法具有快速、方便的优点，对于初步设计，为严格计算提供初始条件，建立优化设计条件的参数研究以及为了确定优化的分离顺序进行的综合研究等，采用简捷法计算已能满足要求。对于要求更高的场合，可采用精确度更高的多组分精馏严格计算法进行计算，这部分内容将在第5章中介绍。

3.1.1 多组分精馏过程分析[1~5]

3.1.1.1 关键组分

（1）轻、重关键组分

对于普通精馏塔，可调设计变量数为5。当指定回流比、回流状态和适宜进料位置后，尚有两个可调设计变量可用来指定馏出液中某一个组分的浓度和釜液中某一组分的浓度。对二元精馏来说，分别指定馏出液和釜液一个组分的浓度，就确定了馏出液和釜液的全部组成。而对于多组分精馏，由于剩余设计变量数仍为2，只能指定两个组分的浓度，其它组分的浓度具体值的确定仍很困难。

由设计者指定浓度或提出分离要求的两个组分称为关键组分（key component），这两个组分在设计中起着重要作用。关键组分的组成确定后，其他组分的组成也相应定下来。两个关键组分中相对挥发度大的（即沸点低的）组分叫轻关键组分LK；相对挥发度小的（沸点高的）组分叫重关键组分HK。

关键组分以外的组分称为非关键组分。比轻关键组分相对挥发度更大或更轻的组分称为轻非关键组分LNK，简称轻组分。比重关键组分相对挥发度更小或更重的组分称为重非关键组分HNK，简称重组分。

在精馏的设计或操作控制中，关键组分对于物系的分离起着控制的作用。轻关键组分指在塔釜液中该组分的浓度有严格限制，并在进料液中比该组分轻的组分及该组分的绝大部分应从塔顶采出。重关键组分指在塔顶馏出液中该组分的浓度有严格限制，并在进料液中比该组分重的组分及该组分的绝大部分应在塔釜液中采出。

有时规定轻重关键组分的回收率（分离度）。回收率指轻（重）关键组分在塔顶（釜）产品中的量占进料量的百分数。

LK在塔顶回收率
$$\varphi_{LK,D}=\frac{Dx_{LK,D}}{Fz_{LK}}\times 100\% \tag{3-1}$$

HK在塔釜回收率
$$\varphi_{HK,W}=\frac{Wx_{HK,W}}{Fz_{HK}}\times 100\% \tag{3-2}$$

如果将精馏中的各个组分按相对挥发度递降顺序排列，一般一对轻重关键组分的相对挥发度是相邻的，也可不相邻，比轻关键组分还轻的组分从塔顶蒸出的分率和比重关键组分还重的组分从塔釜排出分率分别比轻重关键组分要高。若相邻的轻重关键组分之一含量太少，可选与它邻近的某一组分为关键组分。关键组分的选择原则如下：

① 相邻产品，分离要求主要是在相对挥发度相邻的组分之间分割为两个产品，较轻的组分为LK，较重的组分为HK；例如在脱甲烷塔中，进料有H_2、C_1^0、$C_2^=$、C_2^0四个组分，分割点在$C_1^0/C_2^=$之间，因此选择甲烷为轻关键组分、乙烯作为重关键组分；

② 保证目的产品，某几个组分为目的产品，回收率已确定，以此作为关键组分：如脱乙烷塔$C_2^=$、$C_2^0/C_3^=$、C_3^0，取产品乙烷和丙烯为关键组分；

③ 原料分布与含量，紧靠分离点一侧的两个组分之间如果相对挥发度差别不大，贴近分割点的组分含量远小于另一组分，选择含量大的组分为关键组分。

以上原则很难同时满足到，因此具体应用时应根据实际情况遵循相应的原则进行选择。

（2）分配与非分配组分

塔顶、塔釜同时出现的组分为分配组分（distribution component）。只在塔顶或塔釜出现的组分为非分配组分。关键组分必定是分配组分。非关键组分不一定是非分配组分。

一个精馏塔的任务是使轻关键组分尽量多地进入塔顶馏出液，重关键组分尽量多地进入釜液。

(3) 清晰分割与非清晰分割

根据分离要求确定关键组分后，还不能直接确定非关键组分在馏出液和釜液中的含量。为了进行物料衡算，先将问题简化。一般规定轻关键组分在馏出液中的含量和重关键组分在釜液中的含量。若假设轻重关键组分是相邻组分，并且馏出液中不含有比重关键组分还重的组分，釜液中不含有比轻关键组分还轻的组分，则这种情况称为清晰分割（sharp separation）。清晰分割是一种理想情况，当轻重关键组分为相邻组分，且与关键组分相对挥发度接近的非关键组分的量不大时，或者非关键组分的相对挥发度和两关键组分的相对挥发度相差很大时，可以近似按清晰分割处理。或者说轻组分在塔顶产品的收率为1。重组分在塔釜产品的收率为1。即轻组分全部从塔顶馏出液采出，重组分全部从塔釜釜液排出。非关键组分均为非分配组分。

在实际精馏过程中，尤其是对于组分数多、各组分的相对挥发度较接近、关键组分又不一定是相邻组分的情形，不能按清晰分割处理。在轻重关键组分为相邻组分时，馏出液中除了重关键组分以及比它轻的非关键组分外，还含有比它重的组分；釜液中除了轻关键组分以及比它重的组分外，还含有比它轻的组分。当轻重关键组分为非相邻组分时，两关键组分间的各组分会在馏出液和釜液中出现。这两种分配情况称为非清晰分割。

3.1.1.2 多组分精馏过程的复杂性

(1) 求解方法

二元精馏，设计变量值被确定后，就很容易用物料衡算式、汽液平衡式和热量衡算式从塔的任何一端出发逐级计算，无需试差。而多组分精馏，由于不能指定馏出液和釜液的全部组成，相平衡、进料和产品组成以及平衡级数的计算都需要用试差法计算。如要进行逐级计算，必须先假设一端的组成，然后通过反复试差求解。

(2) 摩尔流率

二元精馏除了在进料级处液体组成有突变外（图 3-1），各级的摩尔流率基本为常数。

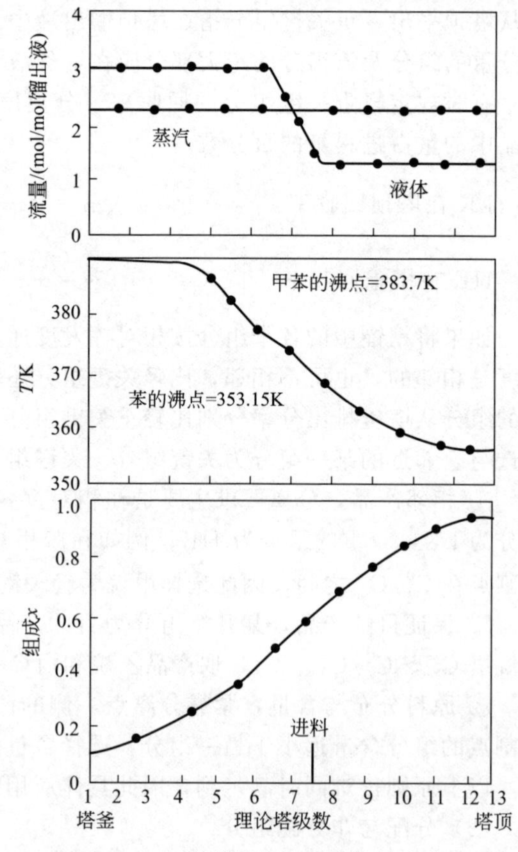

图 3-1 二元精馏流量、温度、浓度分布

对多组分精馏，以苯-甲苯-异丙苯精馏塔为例加以讨论。液、汽流量有一定的变化，但液汽比 L/V 却接近于常数（图 3-2）。原因是各组分的摩尔汽化潜热相差较大。

(3) 温度分布

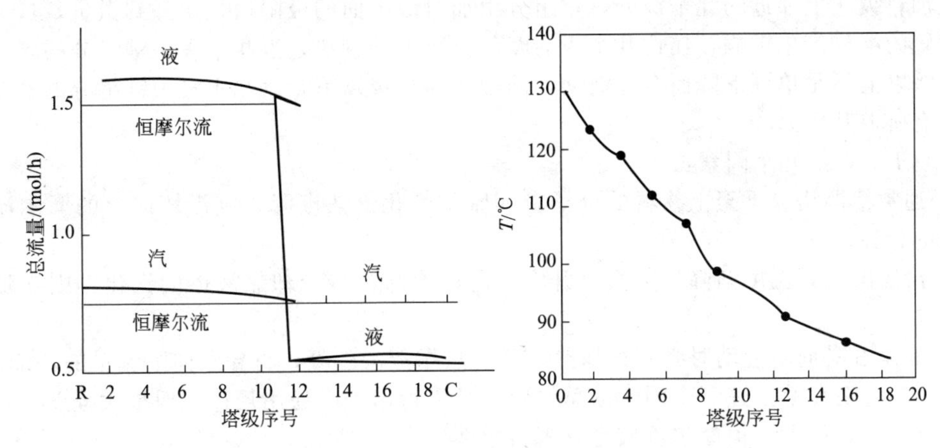

图 3-2 苯-甲苯-异丙苯精馏塔内汽、液流量和温度分布

温度分布无论几元总是从再沸器到冷凝器单调下降。

二元精馏在精馏段和提馏段中段温度变化最明显。对多元精馏，由图 3-2 可知，在接近塔顶和接近塔釜处及进料点附近，温度变化最快，这是因为在这些区域中组成变化最快，而泡点和组成密切相关。

(4) 组成分布

二元精馏的组成分布与温度分布一样，在精馏段和提馏段中段组成变化明显，而多组分精馏，在进料级处各个组分都有显著的数量，而在塔的其余部分由组分性质决定，其分布见表 3-1。

表 3-1　多组分精馏塔内组分的分布情况

组　分	邻近进料级上部几个级	邻近进料级下部几个级	邻近塔釜的几个级	邻近塔顶的几个级	总趋势
轻组分	有恒浓区	→0	≈0	迅速上升	由塔釜往上而上升
轻关键组分	—	汽相有波动	—	汽相出现最大值	
重关键组分	液相有波动	—	出现最大值	—	由塔顶往下而上升
重组分	→0	有恒浓区	迅速增浓	≈0	

重组分在塔釜产品中占有相当大的分率，由塔釜往上，由于分馏的结果，使得汽、液相中重组分的摩尔分数迅速下降，但在到达加料级之前，汽液相中重组分的摩尔分数会降到某一极限值，因为加料中有重组分存在，这一数值在到达加料级前基本保持恒定（恒浓区）。轻组分在塔顶占有很大分率，由于分馏作用，由塔顶往下汽、液相轻组分急剧下降到一个恒定的极限值，直到加料级为止。

关键组分摩尔分数的变化不仅与关键组分本身有关，同时还受非关键组分浓度变化的影响。总的趋势是轻关键组分的摩尔分数沿塔釜往上不断增大，而重关键组分则不断下降（这和双组分精馏的情况类似）。但在邻近塔釜处，由于重组分的摩尔分数迅速上升，结果使两个关键组分的摩尔分数下降，此为重关键组分在加料级以下摩尔分数出现一个最大值的原因。在邻近塔顶处，由于轻组分的迅速增浓，使两个关键组分的摩尔分数下降，这是轻关键组分在汽相中的摩尔分数在加料级以上出现最大值的原因。

在加料级往上邻近的几个级处，重组分由加料级下面的极限值很快降到微量，这一分馏作用对轻的组分产生影响，在这几个级的摩尔分数上升较快，液相中重关键组分的摩尔分数在加料级以上不是单调下降而有一波动，同理在加料级以下，汽相中轻关键组分的摩尔分数在该处有所上升。

影响 L、V 的几个因素：

① 通常精馏塔自下至上物料的分子量和摩尔汽化潜热渐降，则沿塔向上的摩尔流率应有增加的趋势；

② 沿塔向上，温度渐降，蒸汽上升中，需被冷却，若冷却靠液体的汽化，则导致向上流量增加；

③ 液体沿塔向下流动时必须被加热，若加热靠蒸汽冷凝，将导致向下流量的增加。

塔内流量变化是上述三个因素的总效应，难以得出一个通用规律。但很大程度上，这些因素相互抵消。因此，恒摩尔流假定有其实用性。

流量变化是 L 与 V 同方向变化，故 L/V 变化很小，所以，对分离影响很小。

由上得重要结论：精馏塔中，温度分布主要反映物流的组成；而总的级间流量分布则主要反映热量衡算的限制。其反映精馏过程的内在规律，在精馏的操作、设计中有着广泛的应用。

对精馏塔内传质过程进行分析可以知道：①塔内存在温度差、组分浓度差，存在汽液对流；②热力学化学位与温度有关，各层塔级温度不同、化学位不同；③由于存在化学位差、组分浓度差（传质推动力）、温度差和汽液对流流动，在各层塔级发生扩散、传质、动量传递，同时也发生传热和混合，且在有限时段内不能达到平衡。

3.1.1.3 精馏的类型

（1）间歇精馏

间歇精馏又称分批精馏，通常用于产量小而附加值高或所处理物料需要分批进行，或是原料或产品纯度经常改变，或是一塔多用仅改变操作压力的场合。要从多组分混合物中分离出多个纯组分产品，采用连续精馏则需要多个分离塔，而采用分批精馏则在一个塔中进行即可。分批精馏过程是不稳态过程，塔内组成、温度都随时间而变化。其操作可以恒定压力改变回流比或恒定塔釜温度改变操作压力，控制釜温略低于物料热分解或聚合的温度。也可多参数最优化控制，即对回流比、操作压力和汽相负荷进行优化控制。分批精馏采用填料塔，其持液量为板式塔的 1/4～1/3。这一特点可使各主馏分间切割清晰，过渡中间馏分减少，使主馏分有较高的回收率。中间馏分往往还要返回塔内再次分离，较少中间馏分，使得单位产品输入的总能量降低。

（2）连续精馏

连续精馏是化工分离过程中最常见的精馏方法。根据其物系挥发难易程度及对产品回收率要求等因素，又可以有下列各种流程：

① 只有精馏段的精馏塔　如图 3-3(a) 所示，产品为易挥发组分，回收率要求不高。如空气分离中的粗氩塔，在空分主精馏塔的上塔靠下部位，从氩含量约 10%（均为体积分数）处抽出一股汽相物料进入粗氩塔釜部，粗氩塔回流的液相从底部流出，仍返回空分上塔。因此，这是一个只有精馏段的精馏塔。

粗氩塔塔顶汽相是与来自空分主精馏塔塔釜的富氧液换热，从而粗氩塔塔顶温度也即塔顶压力是确定的。这样，粗氩塔的压差也是固定不变的。在此压差下，对于筛板塔只能是 40～70 块理论塔板，塔顶粗氩中含氧量为 2%～5%。大多数使用氩气的场合都要求几乎无

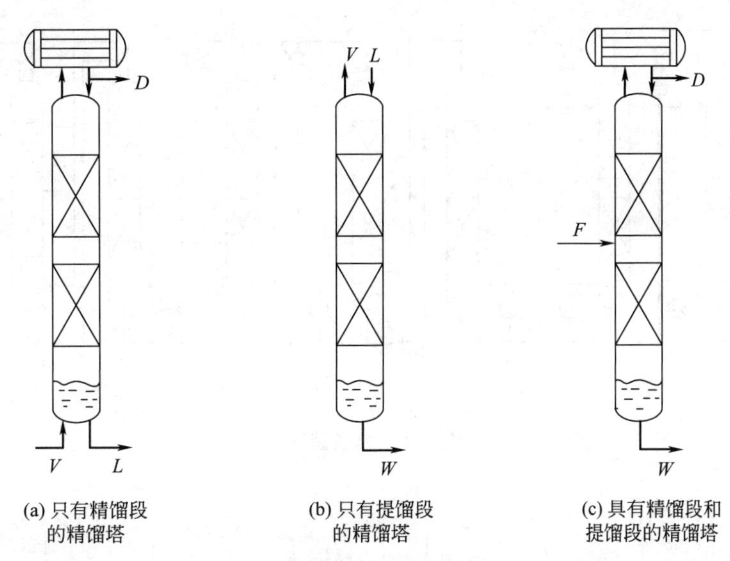

图 3-3 连续精馏流程

氧和氮的高纯度氩。因此，从粗氩塔顶得到的粗氩，还需要进行催化加氢除氧，生成的水再用分子筛吸附干燥，然后再进入精氩塔精馏，以去除其中杂质氮和过量的氧，在精氩塔釜部获得氧含量小于 0.002‰（质量分数）的高纯氩气产品。在粗氩塔的压差下，若采用低压降的高效规整填料，则有可能安装相当于 180 多级理论塔板的填料，粗氩塔顶气体再经精氩塔，即可获得氧含量低于 0.002‰（质量分数）的高纯氩。这就可以取消传统制氩时的下游加氢脱氧工艺，既省投资，又消灭了加氢工艺存在的危险性，从而实现无氢制氩。

② 只有提馏段的精馏塔　如图 3-3(b) 所示，适用于产品为难挥发组分，且回收率要求不高。例如通过水的精馏获得重水的塔。重水在普通水中是难挥发组分，且原料水的价格低廉，无需特别提高回收率以节省原料。

③ 具有精馏段和提馏段的精馏塔　如图 3-3(c) 所示，在塔中某一位置，其液相组分与进料组分大致相同连续进料。塔顶、塔釜同时连续引出合格产品。进料口以上称精馏段，进料口以下称提馏段。精馏段使易挥发组分得以提纯，提馏段使易挥发组分从液相中提馏出来，增加易挥发组分的回收率。对于难挥发组分正好相反，在提馏段中提高其纯度，在精馏段中提高其回收率。

④ 精馏塔级联装置　对于进料浓度低以及相对挥发度接近于 1 的物系，当要获得高纯度产品时，需要相对多理论塔级数。这时采用单塔会相当高且实际上不可能实现，这种情况可以采用一系列的塔系或称为级联装置，如图 3-4 所示。或者采用单塔压降会太大，也可采用级联装置，例如获得重水的水精馏，或其它同位素或同分异构体的精馏。级联装置的特点是各塔的直径可依次缩小，即进料的塔最大，到最后出产品的塔最小。级联装置的总体积要比单塔的体积小，但理论级数要比单塔所需理论级数多。

级联装置各塔间连接方式可以有不同方案，设计时应根据具体情况加以选择。图 3-5 列出了三种方案，即塔釜液体作为下塔进料 [图 3-5(a) 和 (b)]；塔釜蒸汽作为下塔进料 [图 3-5(c) 和 (d)]；塔釜液体作为下塔进料 [图 3-5(e) 和 (f)]。这些不同的级间连接方式，严格说来，在 x-y 图上能显示出区别，但实际上对于相对挥发度接近 1 的物系，其差别极小。

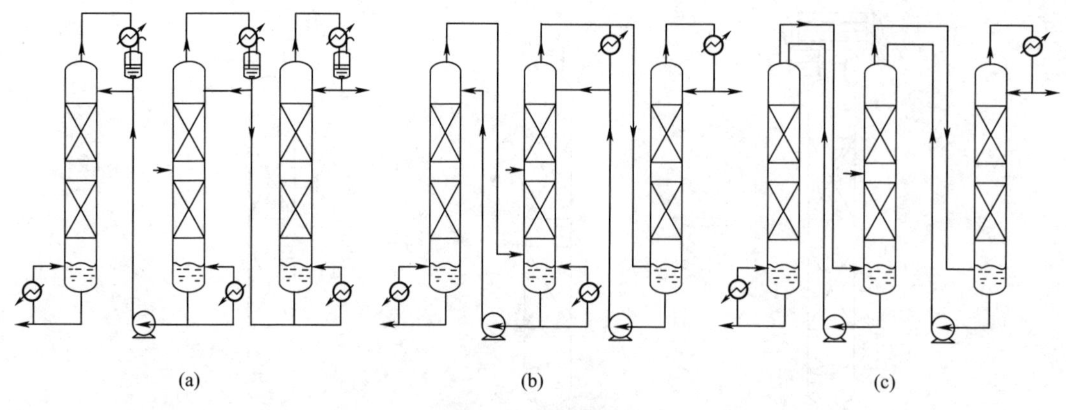

图 3-4　级联装置

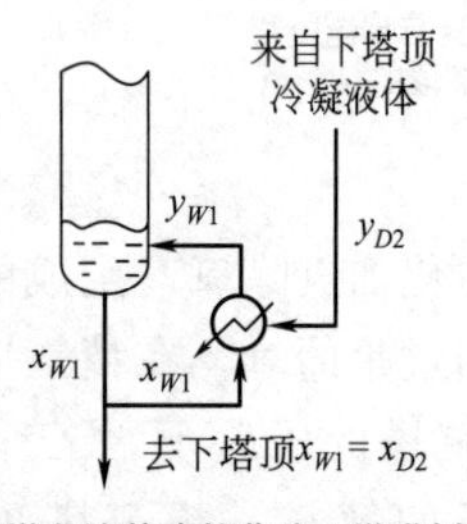

(a) 塔釜液体直接作为下塔进料，
下塔蒸汽冷凝后回前塔塔釜

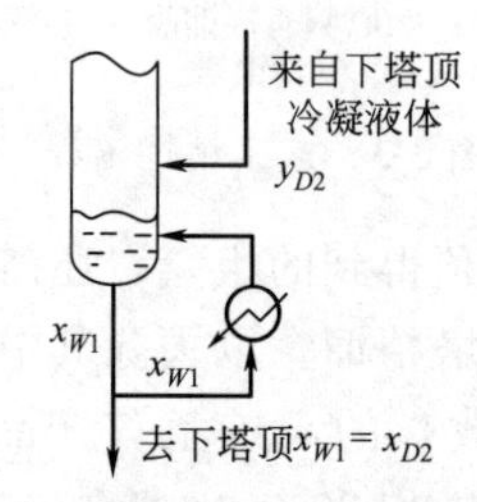

(b) 塔釜液体直接作为下塔进料，
下塔蒸汽直接回前塔塔釜

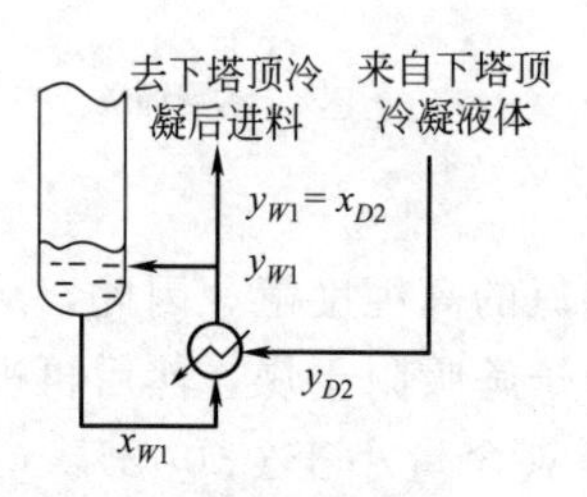

(c) 塔釜蒸汽冷凝后作为下塔进料，
下塔蒸汽冷凝后回前塔塔釜

来自下塔
顶的蒸汽　去下塔顶冷
凝后进料
y_{D2}
x_{W1}
$y_{W1}=x_{W1}=x_{D2}$
x_{W1}

(d) 塔釜蒸汽冷凝后作为下塔进料，
下塔蒸汽直接回前塔塔釜

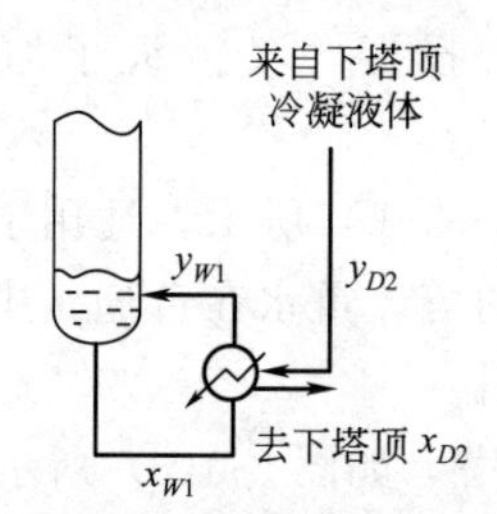

(e) 塔釜液体经换热后作为下塔进料，
下塔蒸汽冷凝后回前塔塔釜

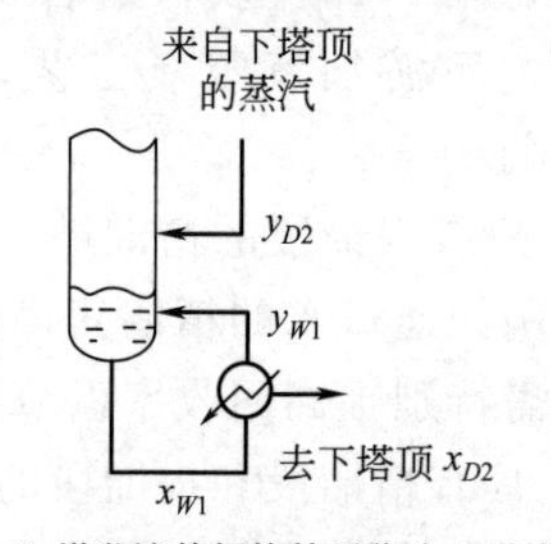

(f) 塔釜液体经换热后作为下塔进料，
下塔蒸汽直接回前塔塔釜

图 3-5　级联装置各塔间的连接方式

【工程案例 3-1】　裂解气深冷分离过程

裂解气的深冷分离流程是比较复杂的，设备较多，水、电、汽的消耗量也比较大。当以轻石脑油为裂解原料时，裂解气的组成见表 3-2，裂解气深冷分离工业装置见图 3-6。典型的深冷分离流程有顺序分离流程、前脱乙烷流程和前脱丙烷流程等三种。

表 3-2　**裂解气的组成**

组分	H_2	C_1^0	$C_2^{\equiv}$	$C_2^{=}$	C_2^0	$C_3^{=}$	C_3^0	$C_4^{=}$	$C_4^{==}$	C_4^0	C_5	合计
组成(体积分数)/%	14.6	27.9	0.6	30.9	5.7	10.5	0.7	2.5	4.3	0.2	2.1	100

(1) 顺序分离流程

顺序分离流程就是将裂解气按各组分相对挥发度大小（碳原子数的多少），由轻到重逐一分离，其分离流程见图 3-7，裂解气经过离心式压缩机Ⅰ～Ⅲ段压缩，压力达到 1.01MPa，送入碱洗塔，脱去 H_2S、CO_2 等酸性气体。碱洗后的裂解气经过压缩机的Ⅳ、Ⅴ

段压缩，压力达到3.74MPa，经冷却至15℃，去干燥器用3A分子筛脱水，使裂解气的露点温度达到－70℃左右。

干燥后的裂解气经过一系列冷却冷凝，在前冷箱中分出富氢和四股馏分，富氢经过换热提供冷量后经过甲烷化作为加氢脱炔用氢气；四股馏分进入脱甲烷塔的不同塔板，轻馏分温度低进入上层塔板，重馏分温度高进入下层塔板，在脱甲烷塔塔顶脱去甲烷馏分。塔釜液是C_2以上馏分，进入脱乙烷塔，塔顶分出C_2馏分，塔釜液为C_2以上馏分。

图3-6 裂解气深冷分离工业装置

由脱乙烷塔塔顶来的C_2馏分经过换热升温，进行气相加氯脱乙炔，在绿油塔用乙烯塔来的侧线馏分洗去绿油（低级烯烃聚合物），再经过3A分子筛干燥，然后送去乙烯塔。

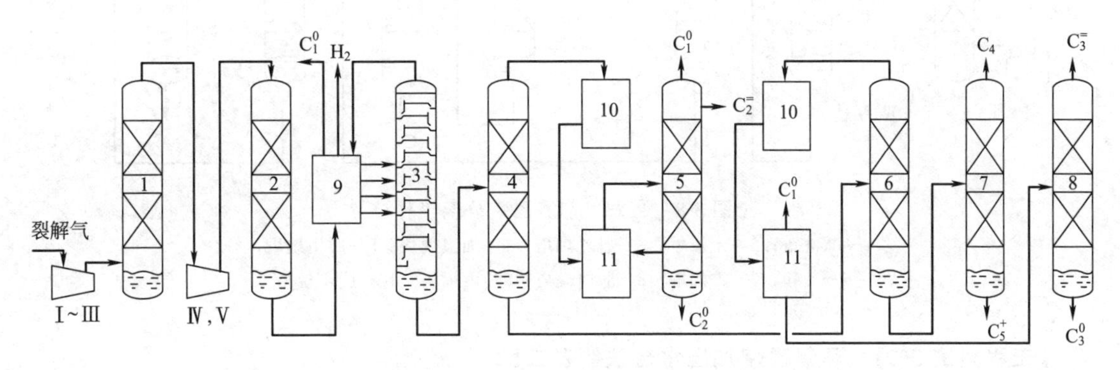

图3-7 裂解气深冷分离顺序分离流程

1—碱洗塔；2—干燥塔；3—脱甲烷塔；4—脱乙烷塔；5—乙烯塔；6—脱丙烷塔；
7—脱丁烷塔；8—丙烯塔；9—冷箱；10—脱炔反应器；11—绿油塔

在乙烯塔的上部第八块塔板侧线引出纯度为99.9%（均为摩尔分数）的乙烯产品。塔釜液为乙烷馏分，送回裂解炉作裂解原料，塔顶脱出甲烷、氢（在加氢脱乙炔时带入，也可在乙烯塔前设置第二脱甲烷塔；脱去甲烷、氢后再进乙烯塔分离）。

脱乙烷塔釜液进入脱丙烷塔，塔顶分出C_2馏分，塔釜液为C_4以上馏分含有二烯烃，易聚合结焦，故塔釜温度不宜超过100℃，并须加入阻聚剂。为了防止结焦堵塞，此塔一般有两个再沸器，以供轮换检修使用。

由脱丙烷塔蒸出的C_3馏分经过加氢脱丙炔和丙二烯，然后在绿油塔脱去绿油和加氢时带入的甲烷、氢，再入丙烯塔进行精馏，塔顶蒸出纯度为99.9%丙烯产品，塔釜液为丙烷馏分。

脱丙烷塔的釜液在脱丁烷塔分成C_4馏分和C_5及C_5以上的馏分，C_4和C_5及C_5以上馏分分别送往下步工序，以便进一步分离与利用。

（2）前脱乙烷分离流程

前脱乙烷分离流程的分离顺序是首先以乙烷和丙烯作为分离界限，将裂解气分成两部分。一部分是氢气、甲烷、乙烯、乙烷组成的轻馏分；另一部分是丙烯、丙烷、丁烯、丁烷和C_5及C_5以上烃组成的重馏分。然后再将这两部分各自分离。

裂解气经压缩、脱酸性气体、干燥后于3.43MPa、20℃进入脱乙烷塔，从塔顶脱出C_2及C_2以下馏分，塔釜采出C_3及C_3以上馏分。塔顶馏分经干燥、换热、冷却到－65℃后进入脱甲烷塔。脱甲烷塔操作压力为3.2MPa，塔顶（含有4%的乙烯）尾气进入冷箱回收乙烯，提取富氢。脱甲烷塔釜液为C_2馏分，经加氢脱炔后进入乙烯塔。流程如图3-8所示。

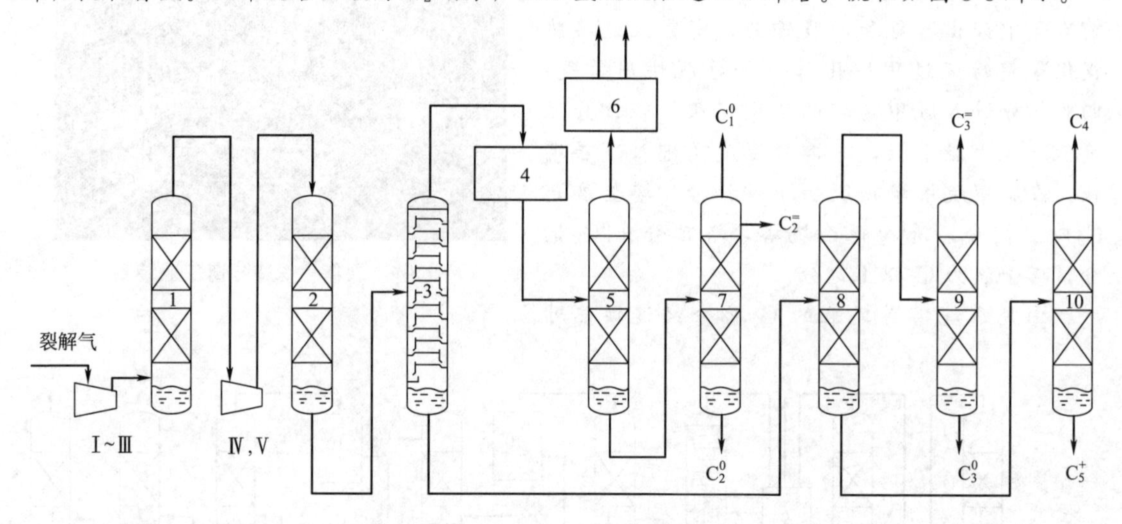

图3-8 裂解气前脱乙烷分离流程

1—碱洗塔；2—干燥塔；3—脱乙烷塔；4—加氢脱炔；5—脱甲烷塔；
6—冷箱；7—乙烯塔；8—脱丙烷塔；9—丙烯塔；10—脱丁烷塔

【工程案例3-2】 环氧乙烷加压水合法制乙二醇

乙二醇是最简单和最重要的二元醇，可进行酯化反应、脱水反应、氧化反应、醚化反应及共聚反应等，主要用作生产聚酯纤维、塑料、薄膜、防冻剂和冷却剂的原料，还大量用于生产增塑剂、松香酯、干燥剂、柔软剂等多种化工产品。环氧乙烷水合法是国内外乙二醇工业化生产主要采用的工艺路线。

$$\underset{\diagdown\ \mathrm{O}\ \diagup}{CH_2-CH_2}+H_2O \longrightarrow \underset{OH}{CH_2}-\underset{OH}{CH_2}$$

在工业生产中，环氧乙烷与约10倍（摩尔）的过量水反应，使用酸催化剂时，反应在常压、50～70℃液相中进行；也可不用催化剂，在190～230℃、2～3MPa条件下进行。目前国内乙二醇工业化生产采用环氧乙烷直接水合即加压水合法的工艺路线，扬子石化年产20万吨乙二醇装置和吉林化工园区乙二醇装置分别如图3-9、图3-10所示，环氧乙烷加压水合制取乙二醇的工艺流程如图3-11所示。

图3-9 扬子石化年产20万吨乙二醇装置

图3-10 吉林化工园区乙二醇装置

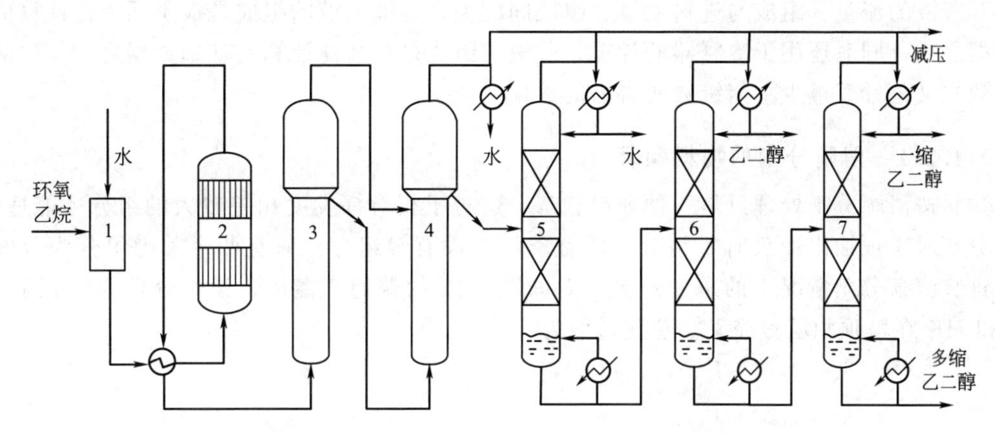

图 3-11 环氧乙烷加压水合制取乙二醇工艺流程

1—混合器；2—水合反应器；3——效反应器；4—二效反应器；
5—脱水塔；6—乙二醇精馏塔；7—一缩二乙醇精馏塔

原料环氧乙烷和水混合后与水合反应产物换热后连续送入水合反应器 2、一、二效反应器 3、4 进行水解反应，此时环氧乙烷全部转化为混合醇，生成的乙二醇水溶液含量约为 10%（质量分数）左右。水解后的产物首先送入脱水塔 5，塔顶蒸出水，经冷凝器冷凝后，一部分回流，其余送入混合器 1 重复使用，脱水塔釜液进入乙二醇精馏塔 6，塔顶得到乙二醇经冷凝后部分回流，其余作为乙二醇产品。乙二醇精馏塔釜液再送入一缩二乙醇精馏塔 7，其塔顶可得到一缩二乙醇，塔釜为多缩乙二醇。在分离流程中，为减少乙二醇的缩合，脱水塔、乙二醇精馏塔和一缩二乙醇精馏塔的塔顶冷凝器连接真空泵，采用减压精馏分离操作，产品总收率可达 88%。

3.1.2 多组分精馏的简捷（群法）计算法[1,2,6,7]

简捷法（short-cut method）计算只解决分离过程中平衡级数、进料与产品组成间的关系，而不涉及级间的温度与组成的分布。该计算将多组分溶液简化为一对关键组分的分离，物料衡算按清晰分割计算，求得塔顶和塔釜的流量和组成，用芬斯克（Fenske）公式计算最少平衡级数 N_{m}，用恩特伍德（Underwood）公式计算最小回流比 R_{m}，再按实际情况确定回流比 R，用吉利兰（Gilliland）关联图求得平衡级数 N。因此，简捷法一般简称为 FUG 法。

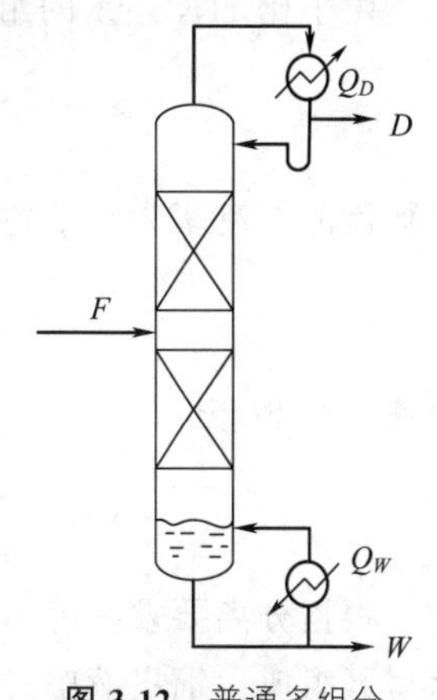

图 3-12 普通多组分精馏塔

普通多组分精馏塔（图 3-12）和普通双组分精馏塔一样，具有一股进料，没有侧线采出、中间冷凝器和中间再沸器。但是，多组分精馏和二元精馏不同，通常工艺条件并不规定（也不能规定）所有组分的分离要求，只能规定馏出液中某一组分的含量和塔釜液中另一组分的含量不能高于其规定值，而并不规定其它组分在馏出液和釜液中的含量。因此，多组分精馏计算应首先确定关键组分，估算非关键组分在馏出液和釜液中的分配，从而进行回流比的计算和平衡级数的计算。

精馏塔的物料衡算是精馏计算的基础，精馏塔设计中第一个步骤就是物料衡算。多组分精馏塔的物料衡算包括全塔总物料衡算和各个组分的物料衡算，通过物料衡算，可以求出馏出液和釜液的流量、组成与进料流量、组成间的关系，馏出液的组成是最小回流比计算的基础数据之一，同时还用于冷凝器的计算，釜液的组成是再沸器计算的基础数据之一。这两个组成数据又是计算最少平衡级数所必需的数据。

3.1.2.1 清晰分割的物料衡算

物料按清晰分割处理只是一种理想状态，这对于相对挥发度相差较大的组分才能适用。清晰分割时塔顶馏出液没有重组分，塔釜釜液中没有轻组分，只有两个关键组分为分配组分。计算清晰分割情况下的总变量数。对如图 3-12 的普通精馏塔，设组分数为 c，因只有 LK 和 HK 在塔顶和塔釜交叉，总变量数为

F、z_i、D、W $\qquad\qquad$ $c+3$

$x_{i,D}$、$x_{i,W}$ $\qquad\qquad$ $c+2$

$N_{\nu}=2c+5$

可列出的方程式的数目为

物料平衡式 $\quad Fz_i=Dx_{i,D}+Wx_{i,W}$ $\qquad\qquad$ c

归一方程 $\quad \sum z_i=1$，$\sum x_{i,D}=1$，$\sum x_{i,W}=1$ $\qquad\qquad$ 3

$N_c=c+3$

设计变量 $\qquad N_i=N_{\nu}-N_c=2c+5-(c+3)=c+2$

现在已知 F、z_i 和塔顶、塔釜的一个组分的浓度，即已知 $c+2$ 个变量。因此对于清晰分割可用一般的物料平衡式求解。

根据进料量和组成，按工艺要求选好一对关键组分，建立全塔物料衡算式，然后分别得精馏段和提馏段操作线方程。

在清晰分割条件下，轻组分在塔釜不出现，即对比 LK 还轻的组分应有

$$\begin{aligned} w_i&=0 \\ d_i&=f_i \qquad (1\leqslant i\leqslant \mathrm{LK}-1) \end{aligned} \tag{3-3}$$

式中，f_i、d_i、w_i 分别为进料、馏出液、釜液中组分 i 的摩尔流率。

由于比 HK 还重的组分（重组分）在馏出物中不出现，则

$$\begin{aligned} d_i&=0 \\ w_i&=f_i \qquad (\mathrm{HK}+1\leqslant i\leqslant c) \end{aligned} \tag{3-4}$$

各物流的总流率为其中各组分的流率之和。馏出液流率 D 为

$$D=\sum_{i=1}^{\mathrm{LK}-1} d_i+d_{\mathrm{LK}}+d_{\mathrm{HK}}=\sum_{i=1}^{\mathrm{LK}-1} f_i+d_{\mathrm{LK}}+d_{\mathrm{HK}} \tag{3-5}$$

釜液流率 W 为

$$W=\sum_{i=\mathrm{HK}+1}^{c} w_i+w_{\mathrm{LK}}+w_{\mathrm{HK}}=\sum_{i=\mathrm{HK}+1}^{c} f_i+w_{\mathrm{LK}}+w_{\mathrm{HK}} \tag{3-6}$$

根据分离要求，可由式(3-5) 和式(3-6) 求得清晰分割时馏出液和釜液的流率，进而可求得其组成。馏出液中轻重关键组分和轻组分的摩尔分数为

$$x_{\mathrm{LK},D}=\frac{Fz_{\mathrm{LK}}-Wx_{\mathrm{LK},W}}{D}=\frac{f_{\mathrm{LK}}-w_{\mathrm{LK}}}{D} \tag{3-7}$$

$$x_{\mathrm{HK},D}=\frac{Fz_{\mathrm{HK}}-Wx_{\mathrm{HK},W}}{D}=\frac{f_{\mathrm{HK}}-w_{\mathrm{HK}}}{D} \tag{3-8}$$

$$x_{\text{LNK},D}=\frac{Fz_{\text{LNK}}}{D}=\frac{f_{\text{LNK}}}{D} \tag{3-9}$$

釜液中轻重关键组分和重组分的摩尔分数为

$$x_{\text{HK},W}=\frac{Fz_{\text{HK}}-Dx_{\text{HK},D}}{W}=\frac{f_{\text{HK}}-d_{\text{HK}}}{W} \tag{3-10}$$

$$x_{\text{LK},W}=\frac{Fz_{\text{LK}}-Dx_{\text{LK},D}}{W}=\frac{f_{\text{LK}}-d_{\text{LK}}}{W} \tag{3-11}$$

$$x_{\text{HNK},W}=\frac{Fz_{\text{HNK}}}{W}=\frac{f_{\text{HNK}}}{W} \tag{3-12}$$

假定为恒摩尔流，则精馏段操作线方程为

$$y_{i,n+1}=\frac{L_n}{V_{n+1}}x_{i,n}+\frac{D}{V_{n+1}}x_{i,D}=\frac{R}{R+1}x_{i,n}+\frac{1}{R+1}x_{i,D} \tag{3-13}$$

提馏段操作线方程为

$$y_{i,m+1}=\frac{\overline{L}_m}{\overline{V}_{m+1}}x_{i,m}+\frac{W}{\overline{V}_{m+1}}x_{i,W}=\frac{L+qF}{L+qF-W}x_{i,m}+\frac{V}{L+qF-W}x_{i,W} \tag{3-14}$$

q 定义为每千摩尔进料汽化成饱和蒸汽时需要的热量与进料的千摩尔汽化潜热之比。

$$q=\frac{\text{饱和蒸汽的焓}-\text{进料的焓}}{\text{饱和蒸汽的焓}-\text{饱和液体的焓}}=\frac{H-h_F}{H-h} \tag{3-15}$$

多组分精馏物料衡算的分离指标有 20 种，每种的计算方法均不同。谷里鹏等[8]推导给出了 20 种指标下清晰分割假设物料衡算中采出流量的计算通式。分离指标间接地给出了精馏原料的分离因素。常见清晰分割的物料衡算按所给定条件不同分为以下四种情况。

① 给定馏出液中轻关键组分 LK 的摩尔分数 $x_{\text{LK},D}$ 和釜液中重关键组分 HK 的摩尔分数 $x_{\text{HK},W}$。轻、重关键组分的物料衡算为

$$d_{\text{LK}}=Dx_{\text{LK},D}$$
$$d_{\text{HK}}=f_{\text{HK}}-Wx_{\text{HK},W} \tag{3-16}$$
$$w_{\text{LK}}=f_{\text{LK}}-Dx_{\text{LK},D}$$
$$w_{\text{HK}}=Wx_{\text{HK},W} \tag{3-17}$$

全塔物料衡算为

$$F=D+W \tag{3-18}$$

将式(3-16) 和式(3-17) 分别代入式(3-5) 和式(3-6)，然后和式(3-18) 联立求解，可得

$$D=\frac{\sum_{i=1}^{\text{LK}-1}f_i+f_{\text{HK}}-Fx_{\text{HK},W}}{1-x_{\text{LK},D}-x_{\text{HK},W}} \tag{3-19}$$

$$W=\frac{\sum_{i=\text{HK}+1}^{c}f_i+f_{\text{LK}}-Fx_{\text{LK},D}}{1-x_{\text{LK},D}-x_{\text{HK},W}} \tag{3-20}$$

设进料中组分 i 的摩尔分数为 z_i，则

$$f_i=Fz_i$$

于是

$$D=F\frac{\sum_{i=1}^{\text{LK}-1}z_i+z_{\text{HK}}-x_{\text{HK},W}}{1-x_{\text{LK},D}-x_{\text{HK},W}} \tag{3-21}$$

$$W=F\frac{\sum_{i=\mathrm{HK}+1}^{c} z_i+z_{\mathrm{LK}}-x_{\mathrm{LK},D}}{1-x_{\mathrm{LK},D}-x_{\mathrm{HK},W}} \tag{3-22}$$

② 给定馏出液中重关键组分的摩尔分数 $x_{\mathrm{HK},D}$ 和釜液中轻关键组分的摩尔分数 $x_{\mathrm{LK},W}$。馏出液和釜液的流率为

$$D=F\frac{\sum_{i=1}^{\mathrm{LK}} z_i-x_{\mathrm{LK},W}}{1-x_{\mathrm{HK},D}-x_{\mathrm{LK},W}} \tag{3-23}$$

$$W=F\frac{\sum_{i=\mathrm{HK}}^{c} z_i-x_{\mathrm{HK},D}}{1-x_{\mathrm{HK},D}-x_{\mathrm{LK},W}} \tag{3-24}$$

③ 给定馏出液和釜液中轻关键组分的摩尔分数 $x_{\mathrm{LK},D}$ 和 $x_{\mathrm{LK},W}$，馏出液和釜液的流率为

$$D=F\frac{z_{\mathrm{LK}}-x_{\mathrm{LK},W}}{x_{\mathrm{LK},D}-x_{\mathrm{LK},W}} \tag{3-25}$$

$$W=F\frac{x_{\mathrm{LK},D}-z_{\mathrm{LK}}}{x_{\mathrm{LK},D}-x_{\mathrm{LK},W}} \tag{3-26}$$

④ 给定馏出液中轻关键组分的摩尔分数 $x_{\mathrm{LK},D}$ 和轻关键组分的回收率 φ_{LK}。根据回收率的定义

$$\varphi_{\mathrm{LK}}=\frac{Dx_{\mathrm{LK},D}}{Fz_{\mathrm{LK}}}\times 100\%=\frac{d_{\mathrm{LK}}}{f_{\mathrm{LK}}}\times 100\% \tag{3-27}$$

可推导得馏出液和釜液的流率为

$$D=F\frac{z_{\mathrm{LK}}}{x_{\mathrm{LK},D}}\varphi_{\mathrm{LK}} \tag{3-28}$$

$$W=F-D$$

【例 3-1】 某精馏塔进料中含（1）$n\text{-}C_6^0$ 0.33、（2）$n\text{-}C_7^0$ 0.33、（3）$n\text{-}C_8^0$ 0.34。要求馏出液中 $n\text{-}C_7^0$ 的含量不大于 0.015，釜液中 $n\text{-}C_6^0$ 的含量不大于 0.011（以上均为摩尔分数）。若进料流率为 100kmol/h，试按清晰分割求馏出液和釜液的流率及组成。

解 根据分离要求，设 $n\text{-}C_6^0$ 为轻关键组分，$n\text{-}C_7^0$ 为重关键组分。

$$x_{\mathrm{HK},D}=x_{2,D}=0.015,\qquad x_{\mathrm{LK},W}=x_{1,W}=0.011。$$

总物料衡算，由式(3-23)

$$D=F\frac{\sum_{i=1}^{\mathrm{LK}} z_i-x_{\mathrm{LK},W}}{1-x_{\mathrm{HK},D}-x_{\mathrm{LK},W}}=100\times\frac{0.33-0.011}{1-0.015-0.011}=32.75\mathrm{kmol/h}$$

$$W=F\frac{\sum_{i=\mathrm{HK}}^{c} z_i-x_{\mathrm{HK},D}}{1-x_{\mathrm{HK},D}-x_{\mathrm{LK},W}}=100\times\frac{0.33+0.34-0.015}{1-0.015-0.011}=67.25\mathrm{kmol/h}$$

或 $W=F-D=100-32.75=67.25\mathrm{kmol/h}$

组分物料衡算，由清晰分割可知

$$d_3=0$$

$$d_2=Dx_{2,D}=32.75\times0.015=0.49\text{kmol/h}$$

$$d_1=D-d_2-d_3=32.75-0.49-0=32.26\text{kmol/h}$$

$$w_1=Wx_{1,W}=67.25\times0.011=0.74\text{kmol/h}$$

$$w_2=f_2-d_2=100\times0.33-0.49=32.51\text{kmol/h}$$

$$w_3=W-w_1-w_2=67.25-0.74-32.51=34.00\text{kmol/h}$$

馏出液和塔釜液中各组分流率及组成列于表 3-3。

表 3-3 [例 3-1] 物料衡算表

编号	组分	f_i /(kmol/h)	z_i(摩尔分数) /%	d_i /(kmol/h)	$x_{i,D}$(摩尔分数) /%	w_i /(kmol/h)	$x_{i,W}$(摩尔分数) /%
1	正己烷	33	33	32.26	98.5	0.74	1.1
2	正庚烷	33	33	0.49	1.5	32.51	48.3
3	正辛烷	34	34	0	0	34.00	50.6
	合计	100	100	32.75	100.0	67.25	100.0

【例 3-2】 某乙烯精馏塔的进料组成如表 3-4 所示。已知原料流率为 190.58kmol/h，要求馏出液中乙烯摩尔分数不小于 0.9990，釜液中乙烯摩尔分数不大于 0.0298。试用清晰分割计算馏出液和塔釜液流率及组成。

表 3-4 [例 3-2] 原料组成及其流率表

编　号	1	2	3	4	5	合计
组分	甲烷	乙烯	乙烷	丙烯	丙烷	
流率/(kmol/h)	0.038	167.730	22.107	0.686	0.019	190.58
z_i(摩尔分数)/%	0.02	88.01	11.60	0.36	0.01	100.00

解 设乙烯为轻关键组分，乙烷为重关键组分。作物料衡算，已知

$$x_{\text{LK},D}=x_{2,D}=0.9990,\quad x_{\text{LK},W}=x_{2,W}=0.0298$$

由式(3-25) 得

$$D=F\frac{z_{\text{LK}}-x_{\text{LK},W}}{x_{\text{LK},D}-x_{\text{LK},W}}=190.58\times\frac{0.8801-0.0298}{0.9990-0.0298}=167.20\text{kmol/h}$$

$$W=F-D=190.58-167.20=23.38\text{kmol/h}$$

或

$$W=F\frac{x_{\text{LK},D}-z_{\text{LK}}}{x_{\text{LK},D}-x_{\text{LK},W}}=190.58\times\frac{0.9990-0.8801}{0.9990-0.0298}=23.38\text{kmol/h}$$

组分物料衡算，因可视为清晰分割，所以

$$w_1=d_4=d_5=0$$

$$d_1=f_1=0.038\text{kmol/h}$$

$$w_4=f_4=0.686\text{kmol/h}$$

$$w_5=f_5=0.019\text{kmol/h}$$

$$d_2=Dx_{2,D}=167.20\times0.9990=167.033\text{kmol/h}$$

$$w_2=Wx_{2,W}=23.38\times0.0298=0.697\text{kmol/h}$$

$$d_3=D-d_1-d_2-d_4-d_5$$

$$=167.20-0.038-167.033-0-0=0.129\text{kmol/h}$$

$$w_3=f_3-d_3=22.107-0.129=21.978\text{kmol/h}$$

物料衡算结果列于表 3-5。

表 3-5 ［例 3-2］物料衡算表

编号	组分	d_i/(kmol/h)	$x_{i,D}$(摩尔分数)/%	w_i/(kmol/h)	$x_{i,W}$(摩尔分数)/%
1	甲烷	0.038	0.02	0	0
2	乙烯	167.033	99.90	0.697	2.98
3	乙烷	0.129	0.08	21.978	94.01
4	丙烯	0	0	0.686	2.93
5	丙烷	0	0	0.019	0.08
合计		167.200	100.00	23.380	100.00

【例 3-3】 已知脱丙烷塔的原料组成如下表所示。要求馏出液中正丁烷的浓度≤0.005（均为摩尔分数），釜液中丙烷的浓度≤0.010，求馏出液及釜液的组成。

序　号	1	2	3	4	5	6	合计
组分	C_1	C_2	C_3	C_4	C_5	C_6	100
摩尔分数/%	26	9	25	17	11	12	

解 取 100kmol/h 进料为基准，根据题意 C_3 和 C_4 分别为轻、重关键组分。

总物料衡算，由式(3-23) 和式(3-24) 得

$$D=F\frac{\sum_{i=1}^{\text{LK}}z_i-x_{\text{LK},W}}{1-x_{\text{HK},D}-x_{\text{LK},W}}=100\times\frac{0.26+0.09+0.25-0.01}{1-0.005-0.010}=59.898\text{kmol/h}$$

$$W=F\frac{\sum_{i=\text{HK}}^{c}z_i-x_{\text{HK},D}}{1-x_{\text{HK},D}-x_{\text{LK},W}}=100\times\frac{0.17+0.11+0.12-0.005}{1-0.005-0.010}=40.102\text{kmol/h}$$

或 $W=F-D=100-59.898=40.102\text{kmol/h}$

组分物料衡算，由清晰分割可知

$$x_{3,D}=\frac{Fz_{\text{LK}}-Wx_{\text{LK},W}}{D}=\frac{100\times0.25-40.102\times0.01}{59.898}=41.06\%$$

$$x_{1,D}=\frac{Fz_1}{D}=\frac{100\times0.26}{59.898}=43.41\%$$

$$x_{2,D}=\frac{Fz_2}{D}=\frac{100\times0.09}{59.898}=15.03\%$$

$$x_{4,W}=\frac{Fz_{\text{HK}}-Dx_{\text{HK},D}}{W}=\frac{100\times0.17-59.898\times0.005}{40.102}=41.65\%$$

$$x_{5,W}=\frac{Fz_5}{W}=\frac{100\times0.11}{40.102}=27.43\%$$

$$x_{6,W}=\frac{Fz_6}{W}=\frac{100\times0.12}{40.102}=29.92\%$$

馏出液和塔釜液中各组分流率及组成列于表 3-6。

表 3-6 ［例 3-3］D 和 W 中各组分流率及组成表

组　分	z_i(摩尔分数)	$x_{i,D}$(摩尔分数)	$x_{i,W}$(摩尔分数)	d_i/(kmol/h)	w_i/(kmol/h)
C_1	0.26	0.4341	0	26	0
C_2	0.09	0.1503	0	9	0
C_3	0.25	0.4106	0.010	24.593	0.41
C_4	0.17	0.005	0.4165	0.2995	16.702
C_5	0.11	0	0.2743	0	11
C_6	0.12	0	0.2992	0	12
合计	1.00	1.0000	1.0000	59.90	40.10

3.1.2.2 芬斯克（Fenske）法计算最少平衡级数 N_m

芬斯克公式[9]是基于全回流时所需平衡级数最少的概念，交替使用操作线方程和相平衡方程而推导出来的。如图 3-13 所示，全回流操作是精馏操作的一种极限情况。此情况下，不采出馏出液和塔釜液，在稳定操作的情况下，也没有进料。回流比为无穷大，此时精馏塔需要的平衡级数最少。全回流可调设计变量数等于 3，回流状态一定，可由两个关键组分的分离要求确定此时完成分离所需平衡级数。

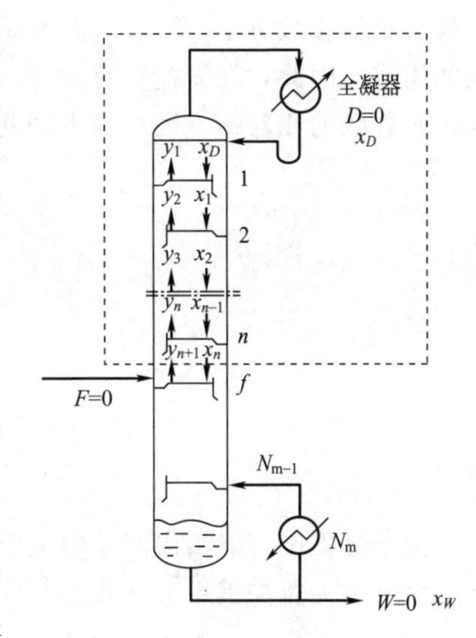

图 3-13 全回流操作

在全回流时，平衡级的序号从上往下计数，应有 $L_n=V_{n+1}$。作 n 级至塔顶范围的组分 i 的物料衡算

$$L_n x_{i,n}=V_{n+1}y_{i,n+1}$$

联立前面两式得精馏塔任意一个平衡级全回流时的操作线方程为

$$x_{i,n}=y_{i,n+1}$$

即无论是精馏段或提馏段，对任一级，来自下面塔级的上升蒸汽与该级溢流下去的液体的组成相同。相平衡关系为

$$y_{i,n}=K_{i,n}x_{i,n}$$

式中，$y_{i,n}$为离开第 n 个平衡级的汽相中组分 i 的摩尔分数；$x_{i,n}$为离开第 n 个平衡级的液相中组分 i 的摩尔分数；$K_{i,n}$为第 n 个平衡级的组分 i 的汽液相平衡常数。

对于任一组分 i，塔顶为全凝器 $x_{i,D}=y_{i,1}$。从塔顶起第一个平衡级：

平衡关系 $$y_{i,1}=K_{i,1}x_{i,1} \tag{a}$$

操作关系 $$x_{i,1}=y_{i,2} \tag{b}$$

联立（a）、（b）两式得

$$y_{i,1}=K_{i,1}y_{i,2} \tag{c}$$

同样，对于第二个平衡级可得

$$y_{i,2}=K_{i,2}x_{i,2} \tag{d}$$

将式(d) 代入式(c) 得

$$y_{i,1}=K_{i,1}K_{i,2}x_{i,2} \tag{e}$$

以此类推，对第 N 个平衡级则有

$$y_{i,1}=K_{i,1}K_{i,2}\cdots K_{i,N-1}K_{i,N}x_{i,N} \tag{f}$$

同理，对另一组分 j 应有

$$y_{j,1}=K_{j,1}K_{j,2}\cdots K_{j,N-1}K_{j,N}x_{j,N} \tag{g}$$

式(f) 除以式(g) 得

$$\frac{y_{i,1}}{y_{j,1}}=\frac{K_{i,N}}{K_{j,N}}\frac{K_{i,N-1}}{K_{j,N-1}}\cdots\frac{K_{i,2}}{K_{j,2}}\frac{K_{i,1}}{K_{j,1}}\frac{x_{i,N}}{x_{j,N}} \tag{h}$$

根据相对挥发度的定义 $\alpha_{ij}=\frac{K_i}{K_j}$，为简便起见，$\alpha$ 下角中略去 i 对 j 的符号，只注明平衡级的序号以表明其条件。对于全凝器，$x_{i,D}=y_{i,1}$，$x_{i,N}=x_{i,W}$。因此式(h) 可写为

$$\frac{x_{i,D}}{x_{j,D}}=\alpha_N\alpha_{N-1}\cdots\alpha_2\alpha_1\frac{x_{i,W}}{x_{j,W}} \tag{3-29}$$

$$\left(\frac{x_{i,D}}{x_{i,W}}\right)\left(\frac{x_{j,W}}{x_{j,D}}\right)=\prod_{k=1}^{N}\alpha_{i,j,k} \tag{3-30}$$

当已知各个平衡级的相对挥发度时，由式(3-30) 可以根据组分 i 和组分 j 的分离要求，求最少平衡级数 N_{m}。但是，为了计算各级的相对挥发度，必须知道各级的温度和各级间物流的组成。因此，在简捷计算中采用近似方法处理。若在全塔范围内的相对挥发度变化不大，则各级的相对挥发度可用下列几何平均值表示

$$\alpha_{i,j}=\left(\prod_{k=1}^{N}\alpha_{i,j,k}\right)^{\frac{1}{N}} \tag{3-31}$$

于是，式(3-30) 成为

$$\left(\frac{x_{i,D}}{x_{i,W}}\right)\left(\frac{x_{j,W}}{x_{j,D}}\right)=\alpha_{i,j}^{N_{\mathrm{m}}} \tag{3-32}$$

所以

$$N_{\mathrm{m}}=\frac{\lg\left[\left(\frac{x_{i,D}}{x_{i,W}}\right)\left(\frac{x_{j,W}}{x_{j,D}}\right)\right]}{\lg\alpha_{i,j}}=\frac{\lg\left[\left(\frac{x_i}{x_j}\right)_D\Big/\left(\frac{x_i}{x_j}\right)_W\right]}{\lg\alpha_{i,j}} \tag{3-33}$$

由于过程中一般给出产品中关键组分的浓度或分离要求，所以通常设组分 i 为轻关键组分，组分 j 为重关键组分。式(3-33) 变为

$$N_{\mathrm{m}}=\frac{\lg\left[\left(\frac{x_{\mathrm{LK},D}}{x_{\mathrm{LK},W}}\right)\left(\frac{x_{\mathrm{HK},W}}{x_{\mathrm{HK},D}}\right)\right]}{\lg\alpha_{\mathrm{LK,HK}}}=\frac{\lg\left[\left(\frac{x_{\mathrm{LK}}}{x_{\mathrm{HK}}}\right)_D\Big/\left(\frac{x_{\mathrm{LK}}}{x_{\mathrm{HK}}}\right)_W\right]}{\lg\alpha_{\mathrm{LK,HK}}} \tag{3-34}$$

由芬斯克方程可知，最少平衡级数取决于两关键组分的分离要求及其相对挥发度，而非关键组分只是通过对关键组分间的相对挥发度的影响而对最少平衡级数的多少起作用。

式(3-34) 中的平均相对挥发度，在实际计算中经常采用简化求法，取塔顶、进料和塔釜，或塔顶和塔釜条件下相对挥发度的几何平均值。

$$\alpha_{平均}=\sqrt[3]{\alpha_D\alpha_F\alpha_W} \tag{3-35}$$

$$\alpha_{平均}=\sqrt{\alpha_D\alpha_W} \tag{3-36}$$

当塔顶与塔釜相对挥发度的比值小于 2 时，可取其算术平均值。

芬斯克公式还可表示为

$$N_{\mathrm{m}}=\frac{\lg\left[\left(\frac{d}{w}\right)_{\mathrm{LK}}\Big/\left(\frac{d}{w}\right)_{\mathrm{HK}}\right]}{\lg\alpha_{\mathrm{LK,HK}}} \tag{3-37}$$

当轻重关键组分的分离要求以回收率的形式规定时，用芬斯克方程进行最少平衡级数和关键组分在塔顶、塔釜的分配的计算是最简单的，无需试差计算。若 $\varphi_{\mathrm{LK},D}$ 表示轻关键组分

在馏出液中的回收率；$\varphi_{HK,W}$表示重关键组分在釜液中的回收率，则有

$$d_{LK}=\varphi_{LK,D}f_{LK},\qquad w_{LK}=(1-\varphi_{LK,D})f_{LK} \tag{3-38}$$

$$d_{HK}=(1-\varphi_{HK,W})f_{HK},\qquad w_{HK}=\varphi_{HK,W}f_{HK} \tag{3-39}$$

$$N_m=\frac{\lg\left[\dfrac{\varphi_{LK,D}\varphi_{HK,W}}{(1-\varphi_{LK,D})(1-\varphi_{HK,W})}\right]}{\lg\alpha_{LK,HK}} \tag{3-40}$$

式(3-33)、式(3-34)、式(3-37) 和式(3-40) 即著名的芬斯克公式。

【讨论】

在使用芬斯克公式时应注意以下几点：

① 上两式是对组分 LK、HK 推导的结果，既能用于双组分，也能用于多组分精馏。对多组分精馏，用一对关键组分来求，其它组分对它们分离的影响反映在α_{LH}上。所以关键组分选取不同，N_m不同，只有按一对关键组分所计算的N_m值，才能符合产品的分离要求。

② N_m与进料组成和状态无关，也与组成的表示方法无关。芬斯克公式计算最少平衡级数，既能用于全塔，也能单独用于某一塔段。

③ 随分离要求的提高，轻关键组分的分配比加大，重关键组分的分配比减小；α_{LH}下降，N_m增加。

④ 全回流时所需N最小，所以全回流通常作为精馏塔开工操作和调节的主要手段，也常用于塔级和填料传质效率的研究和测定。

⑤ 全回流下的物料分布（即非清晰分割法，也称为 Hangsteback 法）。

在实际生产中，比轻关键组分还轻的组分，在釜内仍有微量存在，重组分在塔顶馏出液中也有微量存在。非清晰分割物料分布假定在一定回流比操作时，各组分在塔内的分布与在全回流操作时的分布相同，这样就可以采用 Fenske 公式去反算非关键组分在塔顶、塔釜的浓度。全回流时可调设计变量数为 3，故当回流状态、N_m及某一组分在塔顶、塔釜的分配情况确定，其余组分的分配情况便确定，且其余组分的分离度只取决于此N_m下各自的相对挥发度。所以，可利用此N_m来计算其它非关键组分在全回流时在塔顶、塔釜的分配情况。

由式(3-32) 可推出

$$\left(\frac{d_i}{w_i}\right)=(\alpha_{i,r})^{N_m}\left(\frac{d_r}{w_r}\right) \tag{3-41}$$

式中，i为非关键组分；r为关键组分或参考组分；$\alpha_{i,r}$为i相对于r的相对挥发度。

根据给出的关键组分的分离要求由简捷法可求得N_m，然后由式(3-41) 求出任意组分i的$\dfrac{d_i}{w_i}$值，将其与$f_i=d_i+w_i$联立即能求出各个组分在塔顶、塔釜的分配情况。d_i和w_i还可直接由下面两式求得

$$w_i=\frac{f_i}{1+\left(\dfrac{d_{HK}}{w_{HK}}\right)(\alpha_{i,HK})^{N_m}} \tag{3-42}$$

$$d_i=\frac{f_i\left(\dfrac{d_{HK}}{w_{HK}}\right)(\alpha_{i,HK})^{N_m}}{1+\left(\dfrac{d_{HK}}{w_{HK}}\right)(\alpha_{i,HK})^{N_m}} \tag{3-43}$$

计算组分分布，必须先计算平均相对挥发度。为此，必须知道塔顶与塔釜的温度，但是确定这些温度，又必须有组成数据，因此只能用试差法反复试算，直到结果合理为止。方法是先按清晰分割得到的组成分布来试算塔顶与塔釜的温度，即泡点、露点温度，再计算其相对挥发度，平均相对挥发度，计算 N_m 以及计算新的组成分布，以新组成重复上述过程，直至组成不变为止。

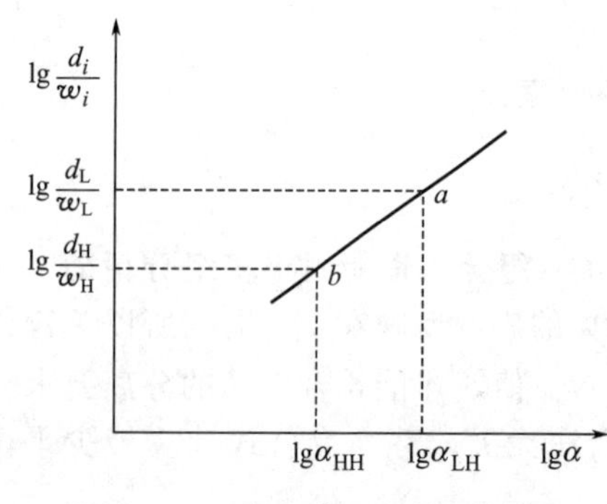

图 3-14 组分在塔顶和塔釜的分布

另还可采用图解法求非关键组分的分配情况，如图 3-14 所示。由式(3-41) 得

$$\lg\frac{d_i}{w_i}=N_m\lg\alpha_{i,HK}+\lg\frac{d_{HK}}{w_{HK}} \tag{3-44}$$

可见，$\lg\frac{d_i}{w_i}$-$\lg\alpha_{i,HK}$ 是以 $\lg\alpha_{i,HK}$ 为横坐标，$\lg\frac{d_i}{w_i}$ 为纵坐标，截距为 $\lg\frac{d_{HK}}{w_{HK}}$，斜率为 N_m 的一条直线。直线上 $\frac{d_i}{w_i}$ 和 $\alpha_{i,HK}$ 成一一对应关系。

只要做出此直线，即可由此确定各组分的分配情况。图解法的步骤为：

① 根据工艺选择关键组分并计算它们在塔顶、塔釜的分配比 $\frac{d_{LK}}{w_{LK}}$ 和 $\frac{d_{HK}}{w_{HK}}$；

② 根据进料温度及塔的压力，计算出图中各组分相对于重关键组分的相对挥发度 $\alpha_{i,HK}$；

③ 在双对数坐标上，以 $\alpha_{i,HK}$ 为横坐标，以 $\frac{d_i}{w_i}$ 为纵坐标，并以轻重关键组分的相对挥发度 $\alpha_{LK,HK}$ 和 $\alpha_{HK,HK}$ 和在塔顶、塔釜的分配比 $\frac{d_{LK}}{w_{LK}}$ 和 $\frac{d_{HK}}{w_{HK}}$ 定出 a、b 两点，连接 ab 得一直线，则其它组分的分配比的值与其相对挥发度的交点均落在直线上；

④ 由任一组分的 $\alpha_{i,HK}$ 值做垂线与直线 ab 相交，从纵坐标上可读得 $\frac{d_i}{w_i}$ 的值，然后由式 $f_i=d_i+w_i$ 可算出其在塔顶和塔釜的分布量。

宁英男[10]提出了多组分精馏中塔顶、塔釜产品预分配的计算机计算方法，计算采用了 Chaoseader 汽液平衡模型。认为该计算方法可快速、准确地求得给定原料及分离要求，能方便地应用于精馏塔的工艺设计计算中。Cao R 等[11]提出指数函数简捷计算法（EFSC）计算精馏塔的最少平衡级数，计算精度较高，与逐级计算接近。Gadzama S W 等[12]采用 Visual Basic 6++语言编程，提出了计算机辅助多组分精馏简捷计算，为精馏简捷计算提供了一种快速精确的方法。

【例 3-4】 对由［例 3-2］给出的精馏塔的进料流量和组成以及分离要求，按非清晰分割进行物料衡算。已知进料为泡点进料，塔顶冷凝器为全凝器。塔的操作压力为 0.577MPa，塔顶温度为 207.6K，塔釜温度为 225.0K，进料泡点温度为 208.8K。根据进料、塔顶和塔釜的温度、压力计算所得各组分相应的 K 因子和相对挥发度列于表 3-7。

解 根据表 3-7 给出的数据可以计算出各组分全塔的平均相对挥发度分别为：

$\alpha_{1,HK}=17.122$，$\alpha_{2,HK}=1.8075$，$\alpha_{3,HK}=1$，$\alpha_{4,HK}=0.1383$，$\alpha_{5,HK}=0.1004$

表 3-7　[例 3-2] 进料、塔顶和塔釜的各组分相应的 K、相对挥发度

编号	组分	进料 208.8K		塔顶 207.6K		塔釜 225.0K		平均
		K_i	$\alpha_{i,HK}$	K_i	$\alpha_{i,HK}$	K_i	$\alpha_{i,HK}$	$\alpha_{i,HK}$
1	甲烷	11.074	19.166	10.912	19.685	13.415	13.305	17.122
2	乙烯	1.0584	1.8318	1.000	1.8046	1.8012	1.7864	1.8075
3	乙烷	0.5778	1	0.5543	1	1.0083	1	1
4	丙烯	0.0714	0.1236	0.0668	0.1205	0.1793	0.1778	0.1383
5	丙烷	0.0503	0.0871	0.0465	0.0839	0.1396	0.1386	0.1004

根据 [例 3-2] 清晰分割结果，计算最少平衡级数。

$$N_m=\frac{\lg\left[\left(\frac{x_{LK,D}}{x_{LK,W}}\right)\left(\frac{x_{HK,W}}{x_{HK,D}}\right)\right]}{\lg\alpha_{LK,HK}}=\frac{\lg\left[\frac{0.9990}{0.0298}\times\frac{0.9401}{0.0008}\right]}{\lg 1.8074}=17.88$$

由 [例 3-2] 得
$$\frac{d_{HK}}{w_{HK}}=\frac{0.129}{21.978}=0.00587$$

由式
$$w_i=\frac{f_i}{1+\left(\frac{d_{HK}}{w_{HK}}\right)(\alpha_{i,HK})^{N_m}}$$

或
$$d_i=\frac{f_i\left(\frac{d_{HK}}{w_{HK}}\right)(\alpha_{i,HK})^{N_m}}{1+\left(\frac{d_{HK}}{w_{HK}}\right)(\alpha_{i,HK})^{N_m}}$$

求出各组分的 d_i 和 w_i。

以甲烷计算为例计算

$$w_1=\frac{0.038}{1+0.00587\times 17.122^{17.68}}=5.691\times 10^{-22}\text{kmol/h}$$

$$d_1=0.038-5.691\times 10^{-22}=0.038\text{kmol/h}$$

其余各组分的物料平衡结果列于表 3-8。

表 3-8　[例 3-4] 非清晰分割的物料平衡

编号	组分	进料		馏出液		釜液	
		f_i/(kmol/h)	z_i(摩尔分数)	d_i/(kmol/h)	$x_{i,D}$(摩尔分数)	w_i/(kmol/h)	$x_{i,W}$(摩尔分数)
1	甲烷	0.038	0.0002	0.038	0.0002	5.7×10^{-22}	0.24×10^{-22}
2	乙烯	167.73	0.8801	167.010	0.9990	0.720	0.0308
3	乙烷	22.107	0.1160	0.129	0.0008	21.978	0.9391
4	丙烯	0.686	0.0036	1.77×10^{-18}	1.059×10^{-20}	0.686	0.0293
5	丙烷	0.019	0.0001	1.58×10^{-22}	0.945×10^{-24}	0.019	0.0008
合计		190.58	1.0000	167.177	1.0000	23.403	1.0000

3.1.2.3　最小回流比 R_m 和回流比

(1) 恩特伍德法计算最小回流比 R_m

轻、重关键组分的分离度一经确定，在指定的进料状态下，用无穷多的级数来达到规定的分离要求时，所需的回流比（reflux ratio）称为最小回流比 R_m。实际的精馏塔，其平衡

级数都是有限的，因此，实际回流比必须大于最小回流比，精馏塔才能达到分离要求。在一定的分离要求下，回流比和平衡级数之间存在着一定的关系。选择合适的回流比的步骤是，首先计算最小回流比，然后根据由经济衡算所得的实际回流比和最小回流比的经验比例系数，确定实际回流比。

多组分精馏塔在最小回流比下操作时，和双组分精馏一样，会出现恒浓区（又称夹点）。但是，多组分精馏较二元精馏复杂。对二元精馏，将在进料级上下出现恒浓区，即加料级处两根操作线与平衡线相交，由精馏段操作线的斜率可求 R_m。对于多组分精馏，若进料中的所有组分均为分配组分，那么只在进料级上下出现一个恒浓区，窄沸程混合物的精馏或两关键组分的分离不明显的精馏属于这类分离。另一类是，一个或多个组分只存在于馏出液或釜液中，即在馏出液或釜液中，没有一个含有进料中所有的组分。此时，在精馏段和提馏段各存在一个恒浓区。在进料级和精馏段恒浓区之间的各级除去重组分，使之在馏出液中不出现。在进料级和提馏段恒浓区之间的各级除去轻组分，使之在釜液中不出现。若所有进料组分在釜液中出现，则提馏段的恒浓区移至进料级上下。同样，若所有进料组分在馏出液中出现，精馏段恒浓区移至进料级上下。上述两类分离的最小回流比计算方法不同。只有一个恒浓区的情况，在多组分精馏中是比较少的。

对于最小回流比下有上下两个恒浓区的多组分精馏，Underwood[13] 根据物料平衡和相平衡关系，利用两个恒浓区的概念，并且假定：①在两个恒浓区之间区域各组分的相对挥发度为常数；②在进料级到精馏段恒浓区和进料级到提馏段恒浓区的两区域均为恒摩尔流。推导出了求取 R_m 的公式，其形式为

$$\sum\frac{\alpha_i x_{i,F}}{\alpha_i-\theta}=1-q \tag{3-45}$$

$$\sum\frac{\alpha_i (x_{i,D})_m}{\alpha_i-\theta}=R_m+1 \tag{3-46}$$

式中，α_i 为组分 i 对参考组分的相对挥发度；q 为进料的液相分率；R_m 为最小回流比；$x_{i,F}$ 为进料混合物中组分 i 的摩尔分数；$(x_{i,D})_m$ 为最小回流比下馏出液中组分 i 的摩尔分数；θ 为方程式的根。

【讨论】

使用 Underwood 公式应注意几点：

① 计算 i 组分的 α_i 理论上可以任选一参考组分，但为减少误差建议选 HK 或最重的组分为参考组分。按前述方法计算平均值，也可按下式计算平均温度下的相对挥发度替代。

$$\bar{t}=\frac{Dt_D+Wt_W}{F} \tag{3-47}$$

② θ 是方程的根，对于有 c 个组分的系统有 c 个根，只取 $\alpha_{LK}\geqslant\theta\geqslant\alpha_{HK}$ 的那个根。若 LK 和 HK 不是相对挥发度相邻的两个组分时，可得两个或两个以上的 R_m。此时，取其平均值作为 R_m。

③ 式中 $(x_{i,D})_m$ 的确切值难以求得，其估算比较麻烦，计算中常按全回流时塔顶组成进行计算。

④ 用上式进行计算时，需注意其两个假定条件是否成立，若在两恒浓区之间的区域内恒摩尔流和相对挥发度为常数的假定不成立，则求得的 R_m 会有相当大的误差。计算时一般要求上述区域内各组分的相对挥发度变化小于10%。

【例 3-5】 某乙烯精馏塔，进料、塔顶和塔釜产品组成（摩尔分数）如表 3-9 所示。操作压力为 2.13MPa，塔顶和塔釜温度分别为－23℃和－3℃，塔顶冷凝器为全凝器，泡点进料。计算该塔的最小回流比。

表 3-9 ［例 3-5］进料塔顶和塔釜产品组成

编号	组分	z_i（摩尔分数）	$x_{i,D}$（摩尔分数）	$x_{i,W}$（摩尔分数）	$\alpha_{i,HK}$
1	甲烷	0.0049	0.0055	0	7.3188
2	乙烯	0.8938	0.9900	0.1000	1.4783
3	乙烷	0.0960	0.0045	0.8510	1
4	丙烯	0.0053	0	0.049	0.2551
合计		1.0000	1.0000	1.0000	

解 泡点进料，$q=1$，所以

$$\sum\frac{\alpha_i x_{i,F}}{\alpha_i-\theta}=1-q=0$$

$$\sum\frac{\alpha_i x_{i,F}}{\alpha_i-\theta}=\frac{7.3188\times0.0049}{7.3188-\theta}+\frac{1.4783\times0.8938}{1.4783-\theta}+\frac{1\times0.0960}{1-\theta}+\frac{0.2551\times0.0053}{0.2551-\theta}=0$$

试差法求得 $\theta=1.0324$，则最小回流比为

$$R_m=\sum\frac{\alpha_i(x_{i,D})_m}{\alpha_i-\theta}-1=\frac{7.3188\times0.0055}{7.3188-1.0324}+\frac{1.4783\times0.9900}{1.4783-1.0324}+\frac{1\times0.0045}{1-1.0324}-1=2.15$$

（2）操作回流比

在一定条件下，为达到两个关键组分的指定分离要求，操作回流比必须大于最小回流比。操作回流比的确定的依据是经济衡算，要求使操作费用和设备投资费用总和最小。

精馏总成本最低的回流比为最优回流比。回流比变化对精馏总成本同时存在正、反两方面的影响，因此，回流比选择存在一优化的问题。

在最小回流比时操作费用最小，而设备费用为无穷大。当回流比由最小回流比逐渐增大时，平衡级数急剧减少，设备费用很快减少；随着回流比的增大，这一变化逐渐变缓。当回流比增至一定值后，由于塔径增大的影响大于塔高减小的影响，设备费用回升。生产的总费用为设备费用与操作费用之和，而操作费用总是随着回流比的增加而增大的。Fair 等[14]研究了相对总操作费用和 R/R_m 之间的关系，如图 3-15 所示。R/R_m 的最佳值为 1.05。但是在相当大的 R/R_m 范围，仍然处于接近最佳的条件。在实际的设计中，经常取 R/R_m 为 1.10。而对于需要平衡级数少的分离，R/R_m 约为 1.50。通常应用的经验范围为 $R/R_m=1.2\sim2.0$。具体 R 确定要视实际情况而定，对难分离体系，α 小，N_T 大（可达 100 多），塔高，R 大些可使 N 下降明显，R/R_m 可取较大值；若塔顶需冷冻措施，α 较大，选择较小 R，避免能耗过大，如裂解气分离 $T<-100$℃，$R=1.05R_m$。

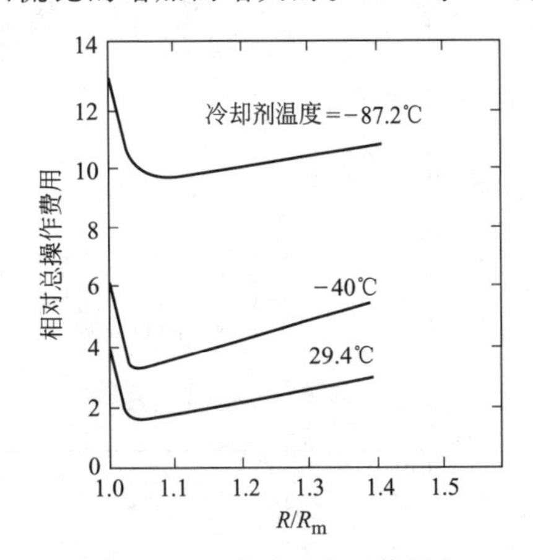

图 3-15 回流比对费用的影响

近年来，国内许多学者对最小回流比的计算和实际回流比的确定进行了研究，取得了相应成果，如利

用 Excel 附带的 Visual Basic for Applications（VBA）编制最优回流比求解程序，程序调用 PRO/Ⅱ分别进行不同塔板数下的工艺模拟和水力学计算，计算数据读入 Excel 内进行设备和运行费用的计算对比，最终得到最优回流比[15,16]。有的学者对多组分高温精馏数学模型及回流比的特性进行了研究[17]。以总费用最低和增量投资回收期最短作为判据，得到分馏塔的回流比优化方案，达到节能目的[18]。应用操作费用和设备投资费用的数学模型，并采用黄金分割法的优化手段，对精馏塔的回流比进行优化[19]。Levy 等[20]和 Bausa 等[21]分别提出边界值法和 RBM 矫正法确定最小回流比，两种方法均结合热集成模型对恩特伍德法进行了改进。而 Monroy-Loperena 等[22,23]和 Dan V N 等[24]分别提出多项式法、矩阵特征值法和凸函数转换法求解恩特伍德方程。

3.1.2.4 平衡级数 N 的确定

由芬斯克方程求出最少平衡级数 N_m，由恩特伍德方程计算出最小回流比 R_m 后，再由经验关联式求出操作回流比下的平衡级数（equilibrium stage number）N。

(1) 由吉利兰（Gilliand）图求平衡级数

吉利兰对 8 个不同体系的 50 多个精馏塔进行逐级计算，根据 R、R_m、N_m 和 N 间关系进行归纳得吉利兰图（图 3-16），体系组分 2～11 个，操作压力真空至 4MPa，α_{LK-HK} 1.26～4.05，R_m 在 0.53～7.0，N 为 2.4～43.1，进料状态变化较宽，对理想溶液，最大误差 7%，对非正常 α 体系吉利兰图不适用。图中 N_m 及 N 均包括再沸器在内。

1940 年吉利兰关联提出后，不少研究者提出了各种关联，希望提高估算精度，但效果不明显，吉利兰关联至今仍得到广泛应用。

为避免吉利兰图由于反复转载及查图误差，莫洛克诺夫（Molokanov）等[25]提出了图 3-16 曲线的方程式，可由下式计算 N 值

$$Y=1-\exp\left[\frac{(1+54.4X)(X-1)}{(11+117.2X)\sqrt{X}}\right] \tag{3-48}$$

$$X=\frac{R-R_m}{R+1}, \qquad Y=\frac{N-N_m}{N+1}$$

为了便于计算，埃特及（Eduljec）将上述曲线回归成更为简单的式(3-49)。

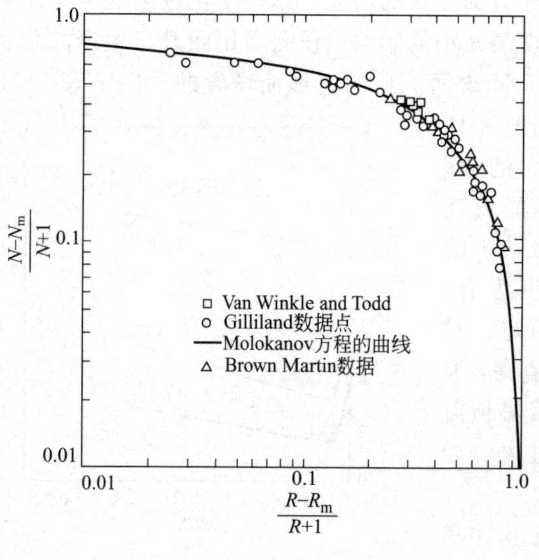

图 3-16 吉利兰图

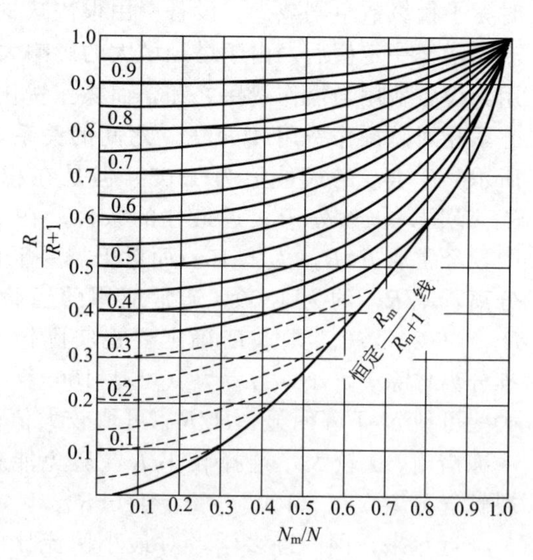

图 3-17 耳波和马多克斯图

$$Y=0.75-0.75X^{0.5668} \tag{3-49}$$

(2) 由耳波和马多克斯（Erbar and Maddox）[26]关联图求 N

此法是对吉利兰关联法较为成功地改进。其关联数据更多，精度较吉利兰关联法佳，平均误差 4.4%，故耳波（Erbar）和马多克斯（Maddox）法用得较多。如图 3-17，适用于非理想溶液，但须有 $q=1$（泡点进料）。

【例 3-6】 已知 $R_m=1.378$，$N_m=6.79$，$R=1.25R_m=1.722$，求理论级数。

解 (1) 由吉利兰关联法求 N

由$\frac{R-R_m}{R+1}$计算横坐标

$$\frac{R-R_m}{R+1}=\frac{1.722-1.378}{1.722+1}=0.1264$$

由横坐标 0.1264 作垂线与图中曲线相交，再由交点作水平线与纵坐标相交读得

$$\frac{N-N_m}{N+1}=0.5$$

将 $N_m=6.79$ 代入上式解得 $N=14.58$

(2) 由耳波和马多克斯关联图求 N

$$\frac{R}{R+1}=\frac{1.722}{1.722+1}=0.6326$$

$$\frac{R_m}{R_m+1}=\frac{1.378}{1.378+1}=0.5795$$

查耳波和马多克斯关联图得$\frac{N_m}{N}=0.50$，所以 $N=\frac{6.79}{0.50}=13.58$。

3.1.2.5 进料级位置

(1) 由芬斯克公式求进料位置

根据芬斯克公式计算最少平衡级数，既能用于全塔，也能单独用于精馏段或提馏段，从而可求得适宜的进料位置。

精馏段最少平衡级数 $$(N_R)_m=\frac{\lg\left[\left(\frac{x_L}{x_H}\right)_D\left(\frac{x_H}{x_L}\right)_F\right]}{\lg\alpha_{LH}}$$

提馏段最少平衡级数 $$(N_S)_m=\frac{\lg\left[\left(\frac{x_L}{x_H}\right)_F\left(\frac{x_H}{x_L}\right)_W\right]}{\lg\alpha_{LH}}$$

$$\frac{(N_R)_m}{(N_S)_m}=\frac{\lg\left[\left(\frac{x_L}{x_H}\right)_D\left(\frac{x_H}{x_L}\right)_F\right]}{\lg\left[\left(\frac{x_L}{x_H}\right)_F\left(\frac{x_H}{x_L}\right)_W\right]} \tag{3-50}$$

$$(N_R)_m+(N_S)_m=N_m$$

注意：不能由（N_R）$_m$ 和（N_S）$_m$ 直接查吉利兰图得 N_R 和 N_S，因为该图是由全塔数据关联而得，不能用于半塔（但当全塔 α 可看为常数时可用）。

（2）由 Kirkbride[27]提出的经验式求适宜进料位置

$$\frac{N_R}{N_S}=\left[\left(\frac{Z_{HK,F}}{Z_{LK,F}}\right)\left(\frac{x_{LK,W}}{x_{HK,W}}\right)^2\left(\frac{W}{D}\right)\right]^{0.206} \tag{3-51}$$

上式适用于泡点进料。国内也有学者提出了五种进料热状态下的进料级最佳位置的确定和精馏操作段、提馏操作段内理论级数的确定方法[28]。

3.1.2.6 简捷法计算平衡级数步骤

简捷法（FUG 法）求取平衡级数按下述步骤进行：

① 根据工艺条件及工艺要求，找出一对关键组分。

② 由清晰分割估算塔顶、塔釜产物的量及组成。

③ 根据塔顶、塔釜组成计算相应的温度，求出平均相对挥发度。

④ 用 Fenske 公式计算 N_m。

⑤ 用 Underwood 法计算 R_m，并选适宜的操作回流比 R。

⑥ 利用芬斯克方程计算非关键组分分配比，然后按非清晰分割作物料衡算。

⑦ 确定适宜的进料位置。

⑧ 根据 R_m、R、N_m，用吉利兰（Gilliland）图求平衡级数 N。

关于多组分精馏的相关计算，国内也对此做了大量的研究工作，有论文认为上述简捷法计算过程往往比较复杂，推出一种将 FUG 法的各步骤组合在一起可方便求平衡级数的算图法。据称与 FUG 法的误差小于 10%[29]。有学者依据图解法原理，采用最小二乘法拟合、Newton 迭代法和三次样条插值算法，用 Matlab 实现了精馏塔理论级数的计算。也有用 Maple 和 MathCAD 计算精馏过程所需理论塔板数的方法[30,31]，用 Excel 电子表格作为输入输出界面，用 VBA 程序迭代循环和条件函数求解精馏塔理论塔板数[32,33]。国外学者在总理论级数最少的原则下对简单塔和复杂塔提出了计算简单且精度较高的简捷算法[34]。

【例 3-7】 设计一个脱乙烷塔，从含有 6 个轻烃的混合物中回收乙烷，进料为泡点进料，进料组成、各组分的相对挥发度见表 3-10，要求馏出液中丙烯的含量≤2.5%，釜液中乙烷的含量≤5.0%（均为摩尔分数）。试求此过程所需最少平衡级数及全回流下的馏出液和釜液的组成。若回流比取最小回流比的 1.25 倍，试计算平衡级数及其进料位置。

表 3-10 ［例 3-7］进料和各组分条件

编号	1	2	3	4	5	6	合计
进料组分	甲烷	乙烷	丙烯	丙烷	异丁烷	正丁烷	
摩尔分数/%	5.0	35.0	15.0	20.0	10.0	15.0	100
α	7.536	2.091	1.000	0.901	0.507	0.408	

解 （1）求最少平衡级数和 D、W 的组成

根据题意，组分 2 是轻关键组分，组分 3 是重关键组分，先按清晰分割做物料衡算，取 100kmol/h 进料为计算基准，假定为清晰分割，即馏出液中不含组分 4、5、6，釜液中不含组分 1。

$$D=F\frac{\sum\limits_{i=1}^{LK}z_i-x_{\mathrm{LK},W}}{1-x_{\mathrm{HK},D}-x_{\mathrm{LK},W}}=100\times\frac{0.05+0.35-0.05}{1-0.025-0.05}=37.8378\mathrm{kmol/h}$$

$$W=F-D=100-37.8378=62.1622\mathrm{kmol/h}$$

$$w_2=Wx_{2,W}=62.1622\times0.05=3.1081\mathrm{kmol/h}$$

$$d_2=f_2-w_2=35-3.1081=31.8919\mathrm{kmol/h}$$

$$d_3=Dx_{3,D}=37.8378\times0.025=0.9459\mathrm{kmol/h}$$

$$w_3=f_3-d_3=15.0-0.9459=14.0541\mathrm{kmol/h}$$

其余组分计算不再一一列出，D 和 W 衡算结果如表 3-11。

表 3-11　[例 3-7] 按清晰分割求得馏出液、釜液流率表

编号	组分	进料 f_i/(kmol/h)	馏出液 d_i/(kmol/h)	釜液 w_i/(kmol/h)
1	甲烷	5.0	5.0000	0
2	乙烷	35.0	31.8919	3.1081
3	丙烯	15.0	0.9459	14.0541
4	丙烷	20.0	0	20.0000
5	异丁烷	10.0	0	10.0000
6	正丁烷	15.0	0	15.0000
合计		100.0	37.8378	62.1622

$$N_{\mathrm{m}}=\frac{\lg\left[\left(\frac{d}{w}\right)_{\mathrm{LK}}\Big/\left(\frac{d}{w}\right)_{\mathrm{HK}}\right]}{\lg\alpha_{\mathrm{LK,HK}}}=\frac{\lg\left[\frac{31.8919}{3.1081}\Big/\frac{0.9459}{14.0541}\right]}{\lg 2.091}=6.81$$

为核实清晰分割假设做物料衡算是否合理，计算甲烷在釜液中的量和浓度

$$w_1=\frac{5}{1+\frac{0.9459}{14.0541}\times7.356^{6.81}}=0.000093\mathrm{kmol/h}$$

$$x_{1,W}=\frac{w_1}{W}=\frac{0.000093}{62.1622}=1.5\times10^{-6}$$

同样可求出组分 4、5、6 在馏出液中的量和浓度为

$$d_4=0.6406,\quad d_5=0.0066,\quad d_6=0.0023$$

$$x_{4,D}=0.017,\quad x_{5,D}=0.000174,\quad x_{6,D}=0.000061$$

由计算结果可以看到，甲烷、异丁烷和正丁烷按清晰分割做物料衡算是合理的，丙烷按清晰分割有误差需再进行试差计算。将 d_4 的第一次计算值作为初值重新做物料衡算，结果列于表 3-12。

表 3-12　[例 3-7] 按非清晰分割求得馏出液、釜液流率表

编号	组分	进料 f_i/(kmol/h)	馏出液 d_i/(kmol/h)	釜液 w_i/(kmol/h)
1	甲烷	5.0	5.0000	0
2	乙烷	35.0	31.9265	3.0735
3	丙烯	15.0	0.9633	14.0367
4	丙烷	20.0	0.6406	19.3594
5	异丁烷	10.0	0	10.0000
6	正丁烷	15.0	0	15.0000
合计		100.0	38.5304	61.4696

用上表中数据求最少平衡级数

$$N_{\mathrm{m}}=\frac{\lg\left[\left(\frac{d}{w}\right)_{\mathrm{LK}}\Big/\left(\frac{d}{w}\right)_{\mathrm{HK}}\right]}{\lg\alpha_{\mathrm{LK,HK}}}=\frac{\lg\left[\frac{31.9265}{3.0735}\Big/\frac{0.9633}{14.0367}\right]}{\lg 2.091}=6.805$$

由式(3-43) 校核 d_4

$$d_i=\frac{f_i\left(\frac{d_{\mathrm{HK}}}{w_{\mathrm{HK}}}\right)(\alpha_{i,\mathrm{HK}})^{N_{\mathrm{m}}}}{1+\left(\frac{d_{\mathrm{HK}}}{w_{\mathrm{HK}}}\right)(\alpha_{i,\mathrm{HK}})^{N_{\mathrm{m}}}}=\frac{20\times\frac{0.9633}{14.0367}\times 0.901^{6.805}}{1+20\times\frac{0.9633}{14.0367}\times 0.901^{6.805}}=0.653$$

因为 d_4 的初值和校核值基本相同，故物料分配计算合理。计算馏出液和釜液的组成列于表 3-13。

表 3-13 [例 3-7] 馏出液、釜液流率、组成表

编号	组分	馏出液 d_i	$x_{i,D}$	釜液 w_i	$x_{i,W}$
1	甲烷	5.0000	0.1298	0	0
2	乙烷	31.9265	0.8286	3.0735	0.050
3	丙烯	0.9633	0.025	14.0367	0.2284
4	丙烷	0.6406	0.0166	19.3594	0.3149
5	异丁烷	0	0	10.0000	0.1627
6	正丁烷	0	0	15.0000	0.2440
合计		38.5304	1.0000	61.4696	1.0000

(2) 计算最小回流比 R_{m}

$$\sum\frac{\alpha_i x_{i,F}}{\alpha_i-\theta}=1-q=0$$

$$\sum\frac{\alpha_i x_{i,F}}{\alpha_i-\theta}=\frac{7.536\times 0.05}{7.536-\theta}+\frac{2.091\times 0.35}{2.091-\theta}+\frac{1.00\times 0.15}{1.00-\theta}+\frac{0.901\times 0.20}{0.901-\theta}+\frac{0.507\times 0.10}{0.507-\theta}+\frac{0.408\times 0.15}{0.408-\theta}=0$$

试差法求得 $\theta=1.325$，则最小回流比为

$$R_{\mathrm{m}}=\sum\frac{\alpha_i(x_{i,D})_{\mathrm{m}}}{\alpha_i-\theta}-1$$

$$=\frac{7.536\times 0.1298}{7.536-1.325}+\frac{2.091\times 0.8286}{2.091-1.325}+\frac{1.00\times 0.025}{1.00-1.325}+\frac{0.901\times 0.0166}{0.901-1.325}-1=1.307$$

(3) 求平衡级数 N

$$R=1.25R_{\mathrm{m}}=1.25\times 1.307=1.634$$

由耳波和马多克斯 (Erbar and Maddox) 关联图求 N

$$\frac{R}{R+1}=\frac{1.634}{1.634+1}=0.62$$

$$\frac{R_{\mathrm{m}}}{R_{\mathrm{m}}+1}=\frac{1.306}{1.306+1}=0.567$$

查耳波和马多克斯关联图得

$$\frac{N_m}{N}=0.47,\qquad N=\frac{6.805}{0.47}=14.5$$

该精馏过程不包括再沸器需要13.5个平衡级。

(4) 进料位置的确定

$$(N_R)_m=\frac{\lg\left[\left(\frac{d}{f}\right)_{LK}\Big/\left(\frac{d}{f}\right)_{HK}\right]}{\lg\alpha_{LK,HK}}=\frac{\lg\left[\frac{31.9625}{35}\Big/\frac{0.9633}{15}\right]}{\lg 2.091}=3.6$$

$$(N_S)_m=\frac{\lg\left[\left(\frac{f}{w}\right)_{LK}\Big/\left(\frac{f}{w}\right)_{HK}\right]}{\lg\alpha_{LK,HK}}=\frac{\lg\left[\frac{35}{3.0735}\Big/\frac{15}{14.0367}\right]}{\lg 2.091}=3.2$$

因为 $N_S+N_R=N=14.5,\qquad \frac{(N_R)_m}{(N_S)_m}=\frac{N_R}{N_S}$

$$N_R=\frac{\frac{(N_R)_m}{(N_S)_m}}{1+\frac{(N_R)_m}{(N_S)_m}}\times N=\frac{\frac{3.6}{3.2}\times 14.5}{1+\frac{3.6}{3.2}}=7.68$$

$$N_S=14.5-7.68=6.82$$

3.2 共沸精馏

多组分精馏过程是利用组分间相对挥发度的差异而实现组分分离提纯的，然而，在化工生产中常遇到需要分离的混合物中组分的相对挥发度相差极小或接近于1，或等于1，或有价值的组分在混合液中浓度很低且难挥发，还有些待分离的物质是热敏性物质等。这时采用普通精馏方法完成其分离提纯，或者不可能，或者不经济和不实际。如果采用特殊的方法改变它们的相对挥发度，就能用普通精馏方法经济合理地分离提纯。这种方法就是特殊精馏。在原溶液中加入另一溶剂，由于该溶剂对原溶液中各个组分的作用的差异，形成非理想溶液，改变了各组分的活度系数，加大了关键组分之间的相对挥发度，达到有效分离的目的。如乙酸丁酯和正丁醇是两种重要的有机化工原料，广泛应用在化工和制药行业中。在青霉素提取过程中产生大量的含乙酸丁酯、正丁醇、水的混合物，乙酸丁酯、正丁醇和水形成三相共沸，如何将其分离，有实际的意义。杨洪先等[35]研究了采用共沸精馏分离方法将醇酯回收。张永晖等[36]利用1，4-丁二醇与乙酸甲酯-甲醇二元共沸物形成三元共沸物，研究了乙酸甲酯与甲醇共沸物的分离工艺。

共沸精馏（azetropic distillation）是在原溶液中添加共沸剂S使其与溶液中至少一个组分形成最低（最高）共沸物，以增大原组分间相对挥发度的非理想溶液的多元精馏。一般共沸物比料液中任一组分的沸点或原有共沸物的沸点低（高）得多，且组成也有显著的差异，形成的共沸物从塔顶（塔釜）采出，塔釜（塔顶）引出较纯产品，最后将共沸剂与组分分离。有关物质的共沸组成和共沸温度可参阅有关文献。

3.2.1 共沸物和共沸组成的计算[2~4,6]

3.2.1.1 共沸现象与共沸物

如果溶液与理想溶液偏差较大，有可能产生共沸现象。共沸物是指在一定压力下，汽液相组成与沸腾温度始终不变的这一类溶液，如在常压下将 66.8%（摩尔分数）的醋酸甲酯和 33.2%的甲醇混合时所形成的共沸物，其共沸点为 54℃。共沸物的形成是由于组成溶液的各组分间分子结构不相似，在混合时引起与理想溶液偏差的结果。

共沸物是指具有共沸现象的液体混合物在一定条件下所生成的产物，如乙醇（1）和水（2）二元溶液，在压力 0.1013MPa 时，当溶液组成 $x_1=0.90$，$x_2=0.10$（摩尔分数）时产生共沸混合物，共沸温度为 78.1℃。产生共沸物的原因是由于溶液中不同组分分子引力不同，且主要是氢键的作用。若溶液与理想溶液产生最大正偏差，即活度系数大于 1，则形成最低共沸物；反之，活度系数小于 1，则形成最高共沸物。二元均相共沸体系的相关相图见图 3-18。

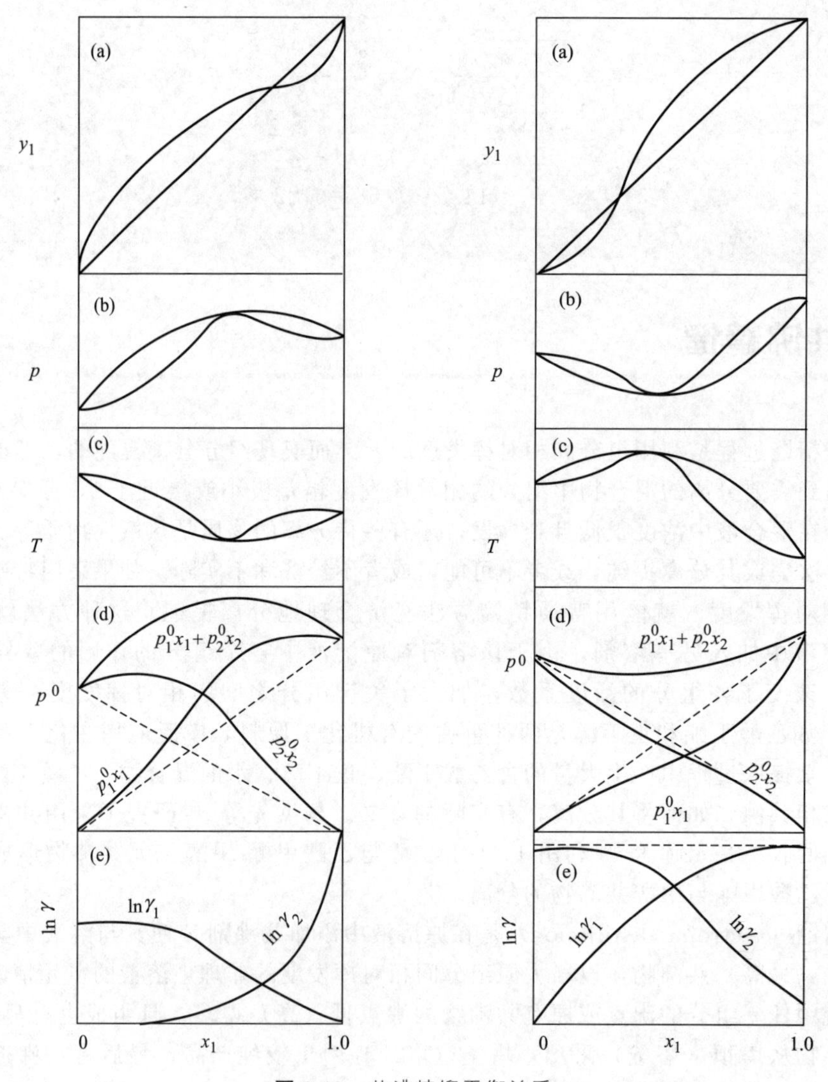

图 3-18 共沸精馏平衡关系

目前已知的共沸物中，最高共沸物较少，不到 300 种，最低共沸物则要多得多。有时由于溶液与理想溶液的正偏差很大，互溶性降低，形成最低共沸物的组分在液相中彼此不能完全互溶，液相出现两相区，为非均相共沸物。所有非均相共沸物都具有最低共沸点，苯-水、丁醇-水、乙醇-苯-水、糠醛-水等均为非均相共沸物系。在共沸温度下液相完全互溶不分层的体系，称为均相共沸物，均相共沸物有最高共沸点和最低共沸点两种，如乙醇-水、丙酮-氯仿、乙酸-乙酸丁酯-水等是典型的均相共沸物。共沸精馏中往往形成非均相共沸物更有利于共沸剂的回收，此时只采用冷凝和冷却分层即可实现组分与共沸剂的分离。值得注意的是随着温度的变化，其液液平衡的两相组成会发生改变。

3.2.1.2 共沸物的特征和共沸组成的计算

(1) 二元系

① 二元均相共沸物　当体系压力不大时，汽相可视为理想气体。即为理想气体、非理想溶液体系。二元体系的相对挥发度可用下式表示

$$\alpha_{12}=\frac{\gamma_1 p_1^0}{\gamma_2 p_2^0} \tag{3-52}$$

共沸物 $\alpha_{12}=1$，则

$$\alpha_{12}=\frac{\gamma_1 p_1^0}{\gamma_2 p_2^0}=1 \tag{3-53}$$

或

$$\frac{\gamma_1}{\gamma_2}=\frac{p_2^0}{p_1^0} \tag{3-54}$$

形成最低温度共沸物的条件

$$\gamma_1^{\infty}>\frac{p_2^0}{p_1^0}>\frac{1}{\gamma_2^{\infty}} \tag{3-55}$$

形成最高温度共沸物的条件

$$\gamma_1^{\infty}<\frac{p_2^0}{p_1^0}<\frac{1}{\gamma_2^{\infty}} \tag{3-56}$$

纯组分蒸气压相差越小，越易在较小正（负）偏差时形成共沸物，共沸组成越接近等摩尔分数，通常认为共沸物形成的条件，一是组分化学结构不相似，要有偏差（$\gamma_i \neq 1$）；二是组分的沸点差较小，沸点相差 30K 以上时一般不形成共沸物。

不同组分形成共沸物，随着纯组分间蒸气压差增大，最低共沸物的共沸组成向含低沸点组分多的浓度区移动，最高共沸物的共沸组成向含高沸点组分多的浓度区移动。

共沸物组成与压力有关，随着压力的改变，共沸物的组成发生变化，甚至可能由于压力的改变在整个浓度范围内不再出现共沸点。压力影响的一般规律：压力升高，二元正偏差共沸物的组成向摩尔汽化潜热大的组分移动；二元负偏差共沸物的组成向摩尔汽化潜热小的组分移动。

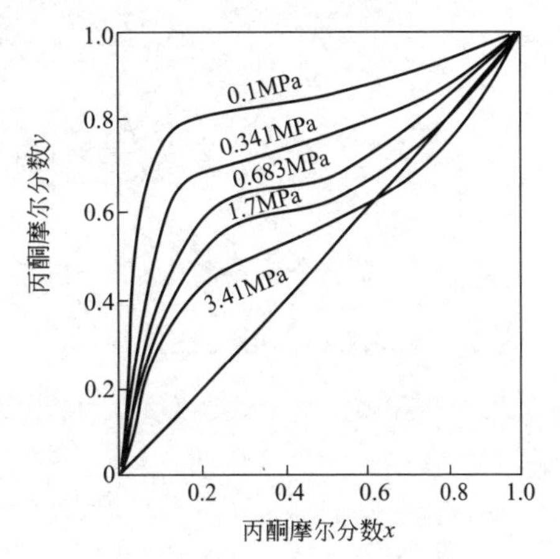

图 3-19　丙酮-水体系的汽液平衡图

图 3-19 为丙酮-水体系在各种压力下的汽液平衡关系；从图中可以看出，在 0.1MPa 下，丙酮与水的汽液平衡曲线与理想溶液偏差不大，无共沸点。随着压力增加，平衡线下降，当压力为 0.341MPa 时，平衡线正好在丙酮含量为 100％处与对角线相切，此处压力略有增加就会使平衡线与

对角线相交，出现共沸点，图上压力为0.683MPa、1.7MPa、3.41MPa时各平衡线均与对角线相交，形成共沸物。只是随着压力的不断增加，平衡线与对角线的交点不断降低，共沸物中丙酮的含量则不断减少。

共沸物的特点：

a. 当压力不变时，共沸组成（共沸点）一定，$T_B=T_D$，此时汽化过程中温度 T 不变；

b. 在泡点线和露点线交点，汽化中组成不变，$\alpha=1$；

c. 共沸物体系特殊在共沸点，其它点都是非理想溶液的相平衡，用普通精馏的方法不能通过共沸点，但在共沸点两侧仍有分离作用；

d. 对最低共沸物，在共沸点左侧，$y>x$，$\alpha>1.0$，在共沸点右侧，$y<x$，$\alpha<1.0$；

e. 同一物系的共沸温度与组成随压力的不同而异，对某些系统可采用变压精馏的方法分离之。

共沸组成的求取，在共沸点

$$\frac{\gamma_1}{\gamma_2}=\frac{p_2^0}{p_1^0} \tag{3-54}$$

$$p=p_1+p_2=p_1^0\gamma_1x_1+p_2^0\gamma_2x_2 \tag{3-57}$$

若已知组分的饱和蒸气压和活度系数与组成和温度的关系，因为 $p_i^0=f(T)$，$\gamma_i=f(T,x_i)$，联立式(3-54) 和式(3-57)，可进行二元共沸组成的计算。通常有两种情况。

a. 求一定 T、p 下的共沸组成。已知 T，求出 p_i^0，代入活度系数的关联式，求解 x_i，x_i 有物理意义，则有共沸物产生。

b. 求一定压力下的共沸温度与组成（或求一定温度下的共沸压力与组成）。用试差法求解。设 T，求出相应的 p_i^0，代入关联式求解 x_i，由已知的 p 是否等于 $\sum\gamma_ix_ip_i^0$ 判断所设温度是否为所求，不相等，则调整 T。

【例 3-8】 试求总压力86.70kPa时，氯仿(1)-乙醇(2) 共沸组成与共沸温度。已知：

$$\ln\gamma_1=x_2^2(0.59+1.66x_1),\qquad \ln\gamma_2=x_1^2(1.42-1.66x_2) \tag{a}$$

$$\lg p_1^0=6.02818-\frac{1163.0}{227+t},\qquad \lg p_2^0=7.33827-\frac{1652.05}{231.48+t} \tag{b}$$

解 由式(3-54) 得

$$\ln\frac{p_1^0}{p_2^0}=\ln\frac{\gamma_2}{\gamma_1}$$

由式(a) 得

$$\ln\frac{\gamma_2}{\gamma_1}=1.42x_1^2-0.59x_2^2-1.66x_1x_2$$

所以

$$\ln\frac{p_1^0}{p_2^0}=1.42x_1^2-0.59x_2^2-1.66x_1x_2$$

将 $x_2=1-x_1$ 代入上式得

$$\ln\frac{p_1^0}{p_2^0}=2.49x_1^2-0.48x_1-0.59$$

设 $t=55.8$℃，由式(b) 得

$$p_1^0=82.363\text{kPa},\qquad p_2^0=38.691\text{kPa}$$

则

$$\ln\frac{82.363}{38.691}=2.49x_1^2-0.48x_1-0.59$$

解上式得

$$x_1=0.8378,\qquad x_2=0.1622$$

代入式(a) 得 $\gamma_1=1.0535$，　$\gamma_2=2.2428$

由式(3-57) 得

$$p=p_1+p_2=p_1^0\gamma_1 x_1+p_2^0\gamma_2 x_2$$
$$=82.363\times1.0535\times0.8378+38.691\times2.2428\times0.1622$$
$$=86.771\text{kPa}$$

所得压力与所给压力基本一致，所以共沸温度为55.8℃，共沸组成为 $x_1=0.8378$，$x_2=0.1622$。

② 二元非均相共沸物　系统与拉乌尔定律有很大正偏差时，液相可能有两相存在，二元体系在三相共存时，由相律知体系自由度为1。当温度（或压力）一定时，自由度为0。这种物系又分为三类：第一类是在恒温下，两液相共存区的溶液蒸气压大于任一纯组分的蒸气压，且蒸气组成介于两液相组成之间，这种系统形成非均相共沸物；第二类是在恒温下，两液相共存区的溶液蒸气压大于纯组分的蒸气压，但蒸气组成不介于两液相组成之间，这种系统不形成非均相共沸物而形成均相共沸物；第三类是在恒温下两液相共存区的溶液蒸气压介于两纯组分的蒸气压之间，而蒸气组成不介于两液相组成之间，这种系统不形成共沸物。这三类体系的相图见图3-20。

共沸精馏操作中，为便于共沸剂的分离回收，在选择共沸剂时，希望共沸剂与原溶液组分形成第一类或第二类系统。在两液相共存区，对于第一、二类情形，体系总有

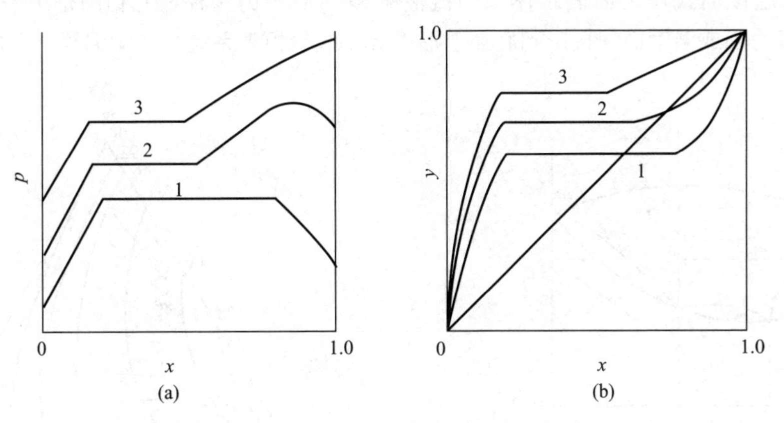

图3-20　液相部分互溶的二元体系相图

$$p=p_1+p_2>p_1^0>p_2^0 \tag{3-58}$$

在两液相共存区　$p_1=p_1^0\gamma^{\text{I}}x_1^{\text{I}}$，　$p_2=p_2^0\gamma^{\text{II}}x_2^{\text{II}}$　(3-59)

式中，p 为两液相共存区溶液的蒸气压；Ⅰ为表示组分1为主的液相；Ⅱ为表示组分2为主的液相。

由式(3-59) 知，对第一、二类总有

$$p_1^0-p_1<p_2 \tag{3-60}$$

联立式(3-59) 和式(3-60) 得

$$\frac{p_1^0(1-x_1^{\text{I}}\gamma_1^{\text{I}})}{p_2^0 x_2^{\text{II}}\gamma_2^{\text{II}}}<1 \tag{3-61}$$

根据二元体系组分活度系数与组成的关系，若相互溶解度很小，$x_1^{\text{I}}\approx1$，$\gamma_1^{\text{I}}\approx1$，$x_2^{\text{II}}\approx1$，$\gamma_2^{\text{II}}\approx1$。

对第一、二类

$$E=\frac{p_1^0(1-\gamma_1^{\mathrm{I}}x_1^{\mathrm{I}})}{p_2^0\gamma_2^{\mathrm{II}}x_2^{\mathrm{II}}}=\frac{p_1^0(1-x_1^{\mathrm{I}})}{p_2^0\gamma_2^{\mathrm{II}}x_2^{\mathrm{II}}}=\frac{p_1^0x_2^{\mathrm{I}}}{p_2^0x_2^{\mathrm{II}}}<1 \tag{3-62}$$

对第三类

$$E=\frac{p_1^0(1-\gamma_1^{\mathrm{I}}x_1^{\mathrm{I}})}{p_2^0\gamma_2^{\mathrm{II}}x_2^{\mathrm{II}}}=\frac{p_1^0(1-x_1^{\mathrm{I}})}{p_2^0\gamma_2^{\mathrm{II}}x_2^{\mathrm{II}}}=\frac{p_1^0x_2^{\mathrm{I}}}{p_2^0x_2^{\mathrm{II}}}>1 \tag{3-63}$$

E 可作为定性估算能否形成最低沸点共沸物的指标。且 p_1^0、p_2^0 相差越小，p_1^0/p_2^0 越接近于1，相互溶解度越小，$x_2^{\mathrm{I}}/x_2^{\mathrm{II}}$ 越小，E 越可能小于1，形成非均相共沸物的可能性越大。

在二元非均相共沸点，三个相成平衡，求共沸组成时需同时考虑汽液和液液平衡。

$$\gamma_1^{\mathrm{I}}x_1^{\mathrm{I}}=\gamma_1^{\mathrm{II}}x_1^{\mathrm{II}} \tag{3-64}$$

$$\gamma_2^{\mathrm{I}}(1-x_1^{\mathrm{I}})=\gamma_2^{\mathrm{II}}(1-x_1^{\mathrm{II}}) \tag{3-65}$$

$$p=p_1^0\gamma_1^{\mathrm{I}}x_1^{\mathrm{I}}+p_2^0\gamma_2^{\mathrm{I}}(1-x_1^{\mathrm{I}}) \tag{3-66}$$

给定 p，联立式(3-64)、式(3-65) 和式(3-66) 求解得 T、x_1^{I} 和 x_1^{II}。

(2) 三元系

三元体系的汽液平衡关系常用正三棱柱表示，底为正三角形表示组成，三角形的三个顶点分别表示纯组分。立轴表示温度（如图 3-21，恒压系统）或压力（如图 3-23，恒温系统），分别用温度面或压力面表示体系的汽液平衡性质。另一种三元相图是用平行于底面的平面切割上述压力面或温度面并投影到底面上形成等压线（恒温系统）或等温线（恒压系统）。

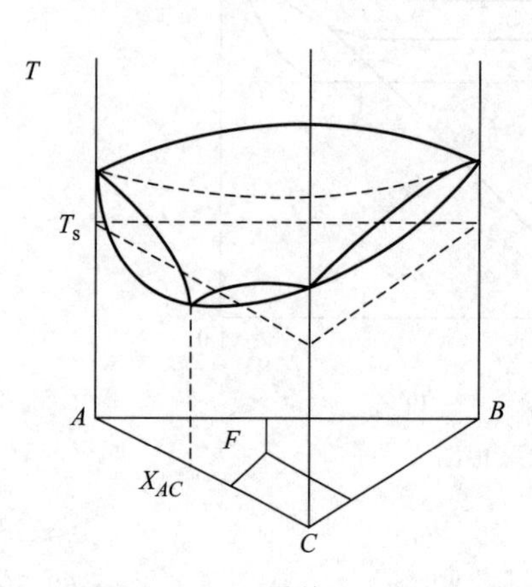

图 3-21 三元系的 T-x 相图

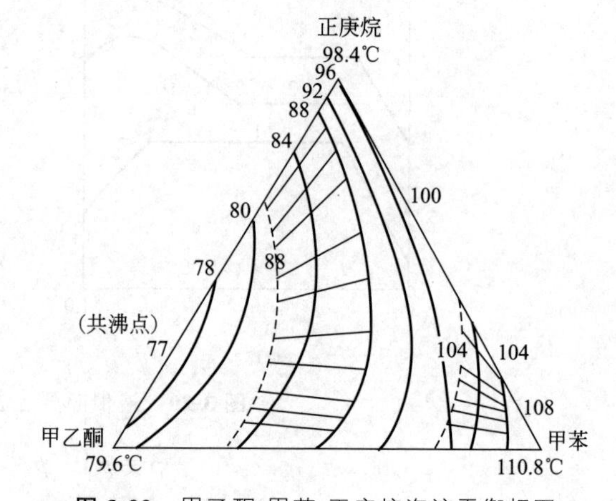

图 3-22 甲乙酮-甲苯-正庚烷汽液平衡相图

图 3-22 是甲乙酮-甲苯-正庚烷在 0.1013MPa 下的汽液平衡相图。正庚烷和甲乙酮形成最低共沸物，共沸点 77℃。图中实线表示等温泡点线，虚线表示等温露点线。同温度泡点线与露点线上两平衡线的连线称为平衡连接线，图中仅画出了 88℃和 104℃下的两组汽液平衡连接线。由于构成三元系的各对二元系的正负偏差及形成共沸物情况不同，三元系的汽液平衡性质有多种类型，当具有三个性质相同的二元共沸物时，大多数情况是会有三元共沸物形成（见图 3-23）。

共沸精馏中形成非均相共沸物对共沸剂的回收特别有利，仅借助冷凝和冷却分层的方法就可以实现组分和共沸剂的分离。如醋酸作为一种优良的溶剂，在实验室和工业上都有广泛

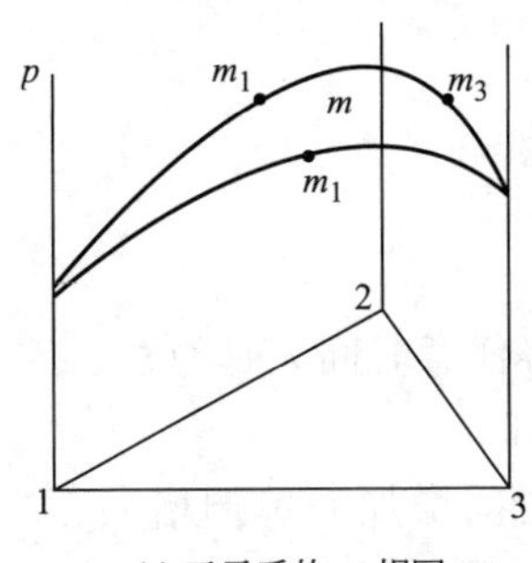

(a) 三元系的p-x相图

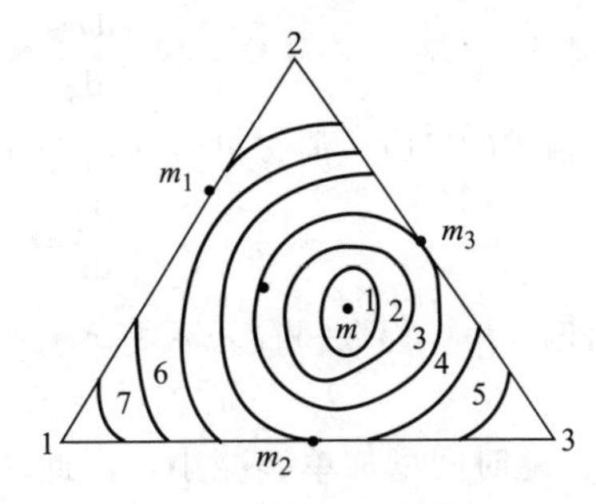

(b) 恒温下的等压三角相图

图 3-23 三个二元最低共沸物（m_1，m_2，m_3）及一个三元最低共沸物（m）的相图
（$p_m > p_{m_3} > p_{m_2} > p_{m_1}$）

的用途。目前，醋酸与水的分离最具工业意义的是非均相共沸精馏脱水法。在工业精对苯二甲酸装置中就是以醋酸正丙酯为共沸剂的非均相共沸精馏醋酸脱水过程，以回收分离醋酸[37]。

三元共沸物的组成计算与二元共沸计算类似[38]。由于三元共沸物 $x_i = y_i$，所以 $\alpha_{12} = \alpha_{13} = \alpha_{23} = 1$，则有

$$\frac{\gamma_1 p_1^0}{\gamma_2 p_2^0} = \frac{\gamma_1 p_1^0}{\gamma_3 p_3^0} = \frac{\gamma_2 p_2^0}{\gamma_3 p_3^0} = 1$$

可得

$$\frac{\gamma_3}{\gamma_1} = \frac{p_1^0}{p_3^0} \tag{3-67}$$

$$\frac{\gamma_3}{\gamma_2} = \frac{p_2^0}{p_3^0} \tag{3-68}$$

$$p = p_1 + p_2 + p_3 = p_1^0 \gamma_1 x_1 + p_2^0 \gamma_2 x_2 + p_3^0 \gamma_3 x_3 \tag{3-69}$$

联立上述三式，可求三元体系在一定温度下的共沸压力和共沸组成或一定压力下的共沸温度和共沸组成。

3.2.2 精馏曲线和共沸剂的选择[1,2,4]

3.2.2.1 精馏曲线和精馏边界

（1）剩余曲线

对如图 3-24 的简单间歇蒸馏装置。若液体混合物在蒸馏釜中慢慢沸腾，气体在逸出的瞬间马上被移出，且每一微分量的生成气体与釜中剩余液体成平衡，因通常汽液两相的组成不同，所以液相组成连续变化。对于三元混合物的蒸馏，设釜中液体完全混合并处于泡点温度，对任一组分 i 作物料衡算

$$\frac{\mathrm{d}x_i}{\mathrm{d}t} = (y_i - x_i)\frac{\mathrm{d}W}{W\mathrm{d}t} \tag{3-70}$$

式中，x_i 为釜中剩余液体 W 中组分 i 的摩尔分数；y_i 为与 x_i 成平衡的瞬时馏出蒸汽中组分 i 摩尔分数。

图 3-24 简单间歇蒸馏装置

因为 W 随时间 t 改变，故可将 W 和 t 结合成一个变量，设该变量为 ξ，则有

$$\frac{dx_i}{d\xi}=x_i-y_i \tag{3-71}$$

联立式(3-70) 和式(3-71)，消去 $dx_i/(x_i-y_i)$得

$$\frac{d\xi}{dt}=-\frac{1}{W}\frac{dW}{dt} \tag{3-72}$$

蒸馏的初始条件：$t=0$，$W=W_0$，$x_i=x_{i0}$。解上式得任意时间 t 时的 ξ

$$\xi\{t\}=\ln[W_0/W\{t\}] \tag{3-73}$$

由于 $W\{t\}$ 随时间增加单调减小，因此 $\xi\{t\}$ 随时间增加而单调增大。ξ 被称为无量纲时间。对于三元体系，若无第二液相形成，简单蒸馏过程可用下列方程组描述

$$\frac{dx_i}{d\xi}=x_i-y_i \qquad (i=1,2,3) \tag{3-74}$$

$$\sum_{i=1}^{3} x_i=1 \tag{3-75}$$

$$y_i=K_i x_i \tag{3-76}$$

$$\sum_{i=1}^{3} K_i x_i=1 \tag{3-77}$$

系统有 7 个方程，9 个变量：$p,T,x_1,x_2,x_3,y_1,y_2,y_3$ 和 ξ。若压力一定，则 $T,x_1,x_2,x_3,y_1,y_2,y_3$ 7 个变量为无量纲变量 ξ 的函数。在规定蒸馏初始条件的情况下，沿 ξ 增加或减小的方向可计算出液相组成的连续变化。在三角相图上所绘制的液相组成随时间变化的曲线称为剩余曲线（residue curve）。同一条剩余曲线上不同点对应着不同的蒸馏时间，箭头指向时间增加的方向，即温度升高的方向。对于复杂的三元相图，剩余曲线按簇分布，不同簇的剩余曲线具有不同的起点和终点，构成不同的蒸馏区域。

图 3-25 为正丙醇-异丙醇-苯三元体系的剩余曲线。图中剩余曲线标注的箭头均从较低沸点的组分或共沸物指向较高沸点的组分或共沸物。图中所有剩余曲线均起始于异丙苯-苯的共沸物 D 点（71.7℃）。其中特殊的一条剩余曲线 DE 止于正丙醇-苯的共沸点 E（77.1℃）。DE 将三角相图分为 $ADEC$ 和 BDE 两个蒸馏区域，故称其为蒸馏边界。$ADEC$ 区域所有剩余曲线均终于正丙醇顶点 C，它是该区域内的最高沸点（97.3℃）。BDE 区域所有剩余曲线均终于纯苯顶点 B，它是此区域内的最高沸点（80.1℃）。若原料组成落在 $ADEC$ 区域内，蒸馏过程液相组成逐渐趋于 C 点，蒸馏釜中最后一滴液体是纯正丙醇。同理，原料组成落于 BDE 区域时蒸馏结果是纯苯。剩余曲线图中纯组分顶点和共沸点称为特殊点，按其附近剩余曲线的形状和特征不同分为三类：凡剩余曲线汇集于某特殊点，则该点称为稳定节点，如图中 B 和 C 点；凡剩余曲线发散于某特殊点，则该点称为不稳定节点，如图中 D 点；凡某特殊点附近剩余曲线是双曲线，则该点称为鞍形点，如图中 A 和 E 点。同一蒸馏区域中，剩余曲线簇仅有一个稳定节点和一个不稳定节点。

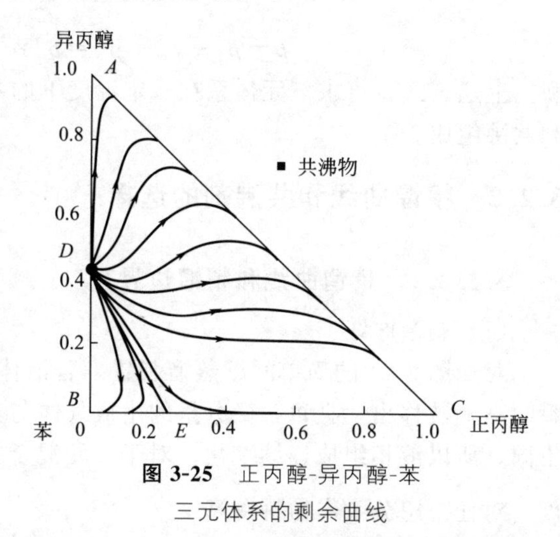

图 3-25 正丙醇-异丙醇-苯三元体系的剩余曲线

(2) 精馏曲线

与剩余曲线相对应，在三角相图上表示连续精馏塔内在全回流条件下的液体含量分布。此分布曲线称为精馏曲线（distillation curve）。计算可自任何组成开始，既可沿塔自上向下进行，也可自下而上进行。若选择自下而上进行计算，塔内任意相邻的两个平衡级间全回流下操作关系为

$$x_{i,j+1}=y_{i,j} \tag{3-78}$$

离开同一平衡级的组分的汽、液平衡关系

$$y_{i,j}=K_{i,j}x_{i,j} \tag{3-79}$$

固定压力下的精馏曲线计算，首先假设液相组成 $x_{i,1}$，由式(3-79) 进行泡点温度计算求得 $y_{i,1}$，由操作关系式(3-78) 得到 $x_{i,2}$。重复上面计算，求出各级的液相组成。将得到的液相组成依次绘于三角相图上便得到一条精馏曲线。将一系列的精馏曲线绘于三角相图上即构成精馏曲线图。

图 3-26 为 101.3kPa 丙酮-氯仿-甲醇三元体系的剩余曲线和精馏曲线。图中虚线表示精馏曲线，实线表示剩余曲线，二者相当接近。该体系有两个二元最低共沸物，一个二元最高共沸物，一个三元鞍形共沸物。该精馏曲线图有 A、B、C 和 D 四条精馏边界。

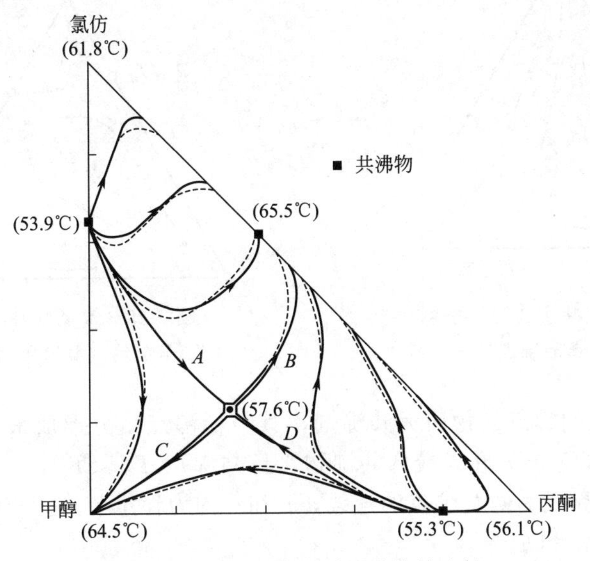

图 3-26 剩余曲线和精馏曲线的比较

剩余曲线图可近似描述连续精馏塔内在全回流条件下的液体含量分布，由于剩余曲线不能穿过精馏边界，而精馏边界与精馏曲线通常十分接近，所以全回流条件下液体含量分布也不能穿过精馏边界。有学者认为绝大多数情况下，一定回流比下操作的精馏塔的组成分布也不能穿过精馏边界。即操作线被限制在同一精馏区域内，连接馏出液、进料和釜液组成之间的总物料平衡线不能穿越精馏边界。共沸精馏的产物组成除了与工艺条件有关外，主要依赖于进料组成所处的精馏区域和它相对于精馏边界的位置。

精馏曲线图可用于开发可行的精馏流程，评比各种分离方案和确定最适宜的分离流程，为共沸精馏流程设计以及萃取精馏、共沸精馏和多组分精馏的集成提供理论依据。Hadler 等[39]提出改进的精馏曲线研究共沸物，为共沸相平衡的研究提供了一种快速经济的方法。

3.2.2.2 共沸剂的选择

共沸精馏中共沸剂的选择是否适宜，对整个过程的分离效果、经济性都有密切的影响。共沸剂最少应与一个组分形成共沸物，使汽液平衡向有利于原组分分离的方向转化，此为进行共沸精馏的基础。而且该共沸物的沸点应该与被分离组分的沸点或原溶液的共沸点有足够大的差别，一般应大于 10K 才适于工业应用。

加入共沸剂（azetropic reagent）的目的或是分离沸点相近的组分，或是分离出共沸物中的某一个组分。若组分 a 和 b 形成二元共沸物，加入共沸剂的目的是自塔顶或塔釜得到较纯的产品 a 和 b。这就要求在三角相图上剩余曲线必须开始或终止于 a 和 b 才有可能。下面结合剩余曲线讨论几种情况下共沸剂的选择。

（1）a 和 b 形成最低共沸物

① 可以选择沸点较原共沸温度更低的物质为共沸剂。如图 3-27 所示，$T_e<T_a<T_b$，e 与 a 和 b 均不形成共沸物，加入 e 将三角相图分为两个精馏区域，a 和 b 分别位于不同的精馏区域，均为稳定节点。有可能分别从不同精馏塔的塔釜得到较纯的 a 和 b。

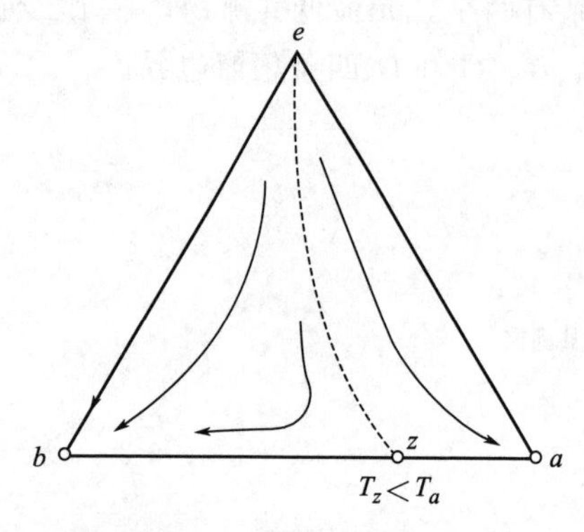

图 3-27 最低共沸物三元系剩余曲线（共沸剂沸点最低）

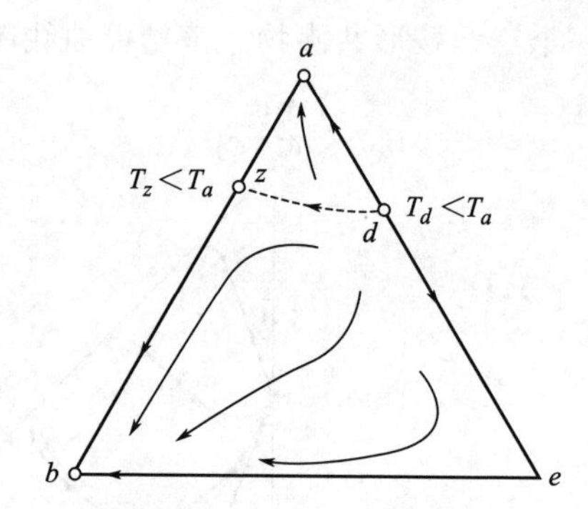

图 3-28 最低共沸物三元系剩余曲线（共沸剂沸点居中）

② 也可以选择中间沸点的物质为共沸剂，其与低沸点组分形成最低共沸物。如图 3-28 所示，$T_a<T_e<T_b$，e 与 a 形成最低共沸物，且共沸点 $T_d<T_a$，e 的加入使三角相图形成两个精馏区域，边界线为两共沸点的连线，a 和 b 均为稳定节点。有可能分别从不同精馏塔的塔釜得到较纯的 a 和 b。

③ 如图 3-29 所示，选择高沸点物质为共沸剂，其分别与 a 和 b 形成二元最低共沸物 c 和 d。$T_a<T_b<T_e$，三角相图上有三个精馏区域，精馏边界线为 cz 和 dz，a 和 b 均为稳定节点。有可能从不同精馏塔的塔釜得到较纯的 a 或 b。

（2）a 和 b 形成最高共沸物

① 可以选择沸点较原共沸温度更高的物质为共沸剂。如图 3-30 所示，$T_e>T_z$，e 与 a 和 b 均不形成共沸物，e 和原共沸点的连线将三角相图分为两个精馏区域，a 和 b 分别位于不同的精馏区域，均为不稳定节点。有可能分别从不同精馏塔的塔顶得到较纯的 a 和 b。

② 选择中间沸点的物质为共沸剂，其与高沸点组分形成最高共沸物。如图 3-31 所示，$T_b>T_e>T_a$，e 与 b 形成最高共沸物，且共沸点 $T_c>T_b$，e 的加入使三角相图形成两个精馏区域，边界线为两共沸点的连线，a 和 b 均为不稳定节点。有可能分别从不同精馏塔的塔顶得到较纯的 a 和 b。

③ 如图 3-32 所示，选择低沸点物质为共沸剂，其分别与 a 和 b 形成二元最高共沸物 c

和 d。$T_e < T_a < T_b$，三角相图上有三个精馏区域，精馏边界线为 cz 和 dz，a 和 b 均为不稳定节点。有可能从不同精馏塔的塔顶获得纯度较高的 a 或 b。

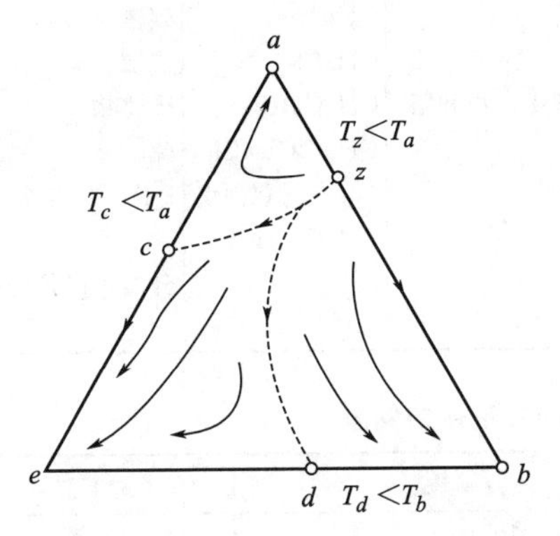

图 3-29 最低共沸物三元系剩余曲线（共沸剂沸点最高）

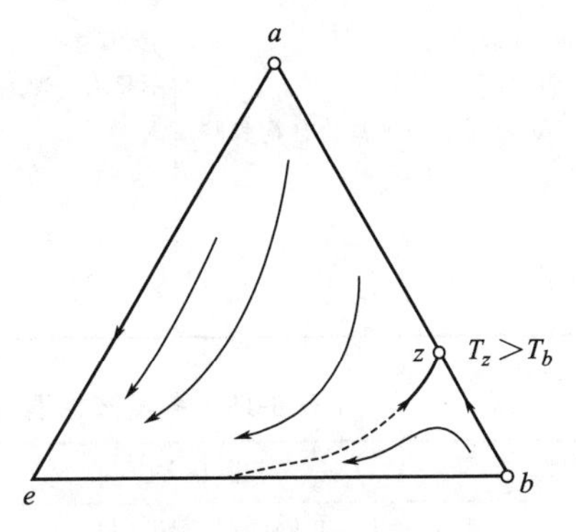

图 3-30 最高共沸物三元系剩余曲线（共沸剂沸点最高）

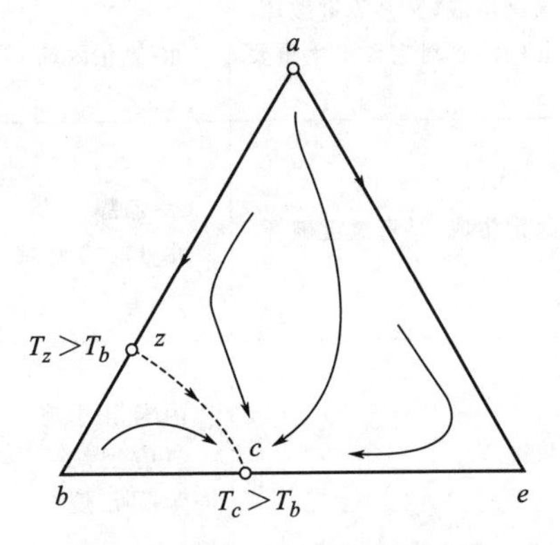

图 3-31 最高共沸物三元系剩余曲线（共沸剂沸点居中）

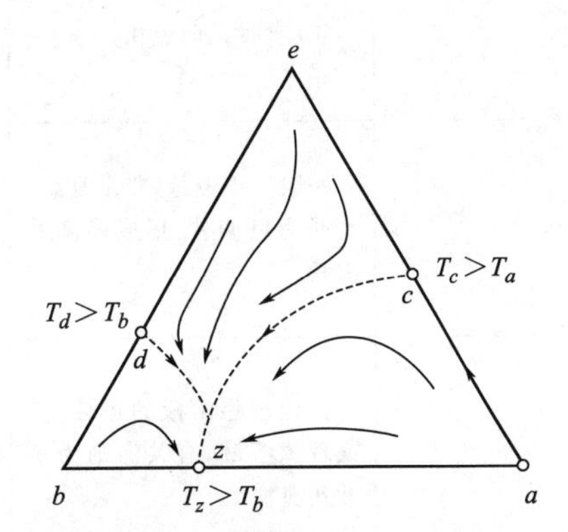

图 3-32 最高共沸物三元系剩余曲线（共沸剂沸点最低）

前述共沸剂选择原则可概括为：只有当某一剩余曲线连接所要得到的产品时，一个均相共沸物才能被分离成接近纯组分。这就要求：对于二元最低共沸物，共沸剂应是一个低沸点组分或能形成新的二元或三元最低的共沸物的组分；对于二元最高共沸物，共沸剂应是一个高沸点组分或能形成新的二元或三元最高共沸物的组分。此为选择共沸剂的必要条件。

如果没有积累很多相关的共沸数据，选择共沸剂是很困难的，可以借助于已出版的专著和手册选择共沸剂。在没有查得适当资料的情况下，可以用 Ewell 等的方法作为定性考虑的法则，可指导初步筛选溶剂。

Ewell 等人根据形成氢键的电势强弱，把溶液分为五类，此分类对共沸精馏和萃取精馏的溶剂选择非常有用。类型Ⅰ，液体能形成三维氢键网络，均属于非正常或缔合液体，具有高的介电常数，且为水溶性的；类型Ⅱ，由含有活性氢原子和其它供电子原子的分子构成的除类型Ⅰ以外的液体，能溶于水；类型Ⅲ，由仅含有供电子原子，而不含有活性氢原子的分子构成的液体；类型Ⅳ，仅含活性氢原子，不含有供电子原子的分子组成的液体，微溶于水；类型Ⅴ，其它一切液体，即不能形成氢键的物质，基本不溶于水。

有代表性的液体列于表 3-14。各类液体混合时的偏差情况见表 3-15。

表 3-14　Ewell 分类法举例

分类Ⅰ	分类Ⅱ	分类Ⅲ	分类Ⅳ	分类Ⅴ
水 乙二醇 甘油 氨基醇 羟胺 含氧酸 多酚 酰胺	醇、胺、酚 伯胺、仲胺 肟、肼、HF 具有 α 氢原子的硝基化合物和腈	醚、酮、全醛 酯、叔胺 不具有 α 氢原子的硝基化合物和腈	$CHCl_3$ CH_2Cl_2 CH_3CHCl_2 CH_2ClCH_2Cl 1,2,3-三氯丙烷 $CH_2ClCHCl_2$	碳氢化合物 二硫化碳 硫化物 硫醇 I、P、S 等非金属元素 分类Ⅳ以外的卤代烃

表 3-15　各类液体混合时对 Raoult 定律的偏差

分类	偏差	氢键	举例
Ⅰ+Ⅴ Ⅱ+Ⅴ	正(有时是两液相) 正	只是氢键破坏 只是氢键破坏	乙二醇-萘 乙醇-苯
Ⅲ+Ⅳ	负	只是氢键生成	丙酮-氯仿
Ⅰ+Ⅳ Ⅱ	正(有时是两液相) 正	既有氢键生成，又有氢键破坏。液Ⅰ或Ⅱ的溶解对它要产生重要影响	水-氯化丙烯
Ⅰ+Ⅰ Ⅰ+Ⅱ Ⅰ+Ⅲ Ⅱ+Ⅱ Ⅱ+Ⅲ	一般为正偏差，非常复杂；有时为负偏差，形成最高共沸物	既有氢键生成，又有氢键破坏	水-乙醇 水-1,4-二噁烷
Ⅲ+Ⅲ Ⅲ+Ⅴ Ⅳ+Ⅳ Ⅳ+Ⅴ Ⅴ+Ⅴ	接近理想溶液的正偏差，或理想溶液，有共沸则为最低共沸物	没有氢键	丙酮-正丁烷 氯仿-己烷 苯-环己烷

混合时若生成新的氢键，则呈现负偏差；若混合时氢键断裂或单位体积中氢键减少，则呈现正偏差。强烈的负偏差可能出现最高共沸物，强烈的正偏差则可能出现最低共沸物。

选择共沸剂除了需满足形成共沸物的条件外，还应考虑以下几个因素：

① 新共沸物所含共沸剂的量愈少愈好，以便减少共沸剂用量及汽化、回收时所需的能量，这对节约能量和降低设备投资都很有利；

② 共沸剂用量要少，汽化潜热小；

③ 新共沸物最好为非均相混合物，便于用分层方法分离，使共沸剂易于回收，应具有较好的物理、化学性能；

④ 无毒、无腐蚀，价格低廉，容易得到，经济性好。

【例 3-9】 试对分离环己烷 (1)-苯 (2) 体系进行共沸剂的选取，已知沸点 $t_1=80.8℃$，$t_2=80.2℃$；共沸点 $t=77.4℃$，$x_1=0.46$，即为正偏差或最低沸点共沸物。

解： 选取方法：

(1) 首先找出与 (1)、(2) 形成共沸物的物质。

(2) 筛选：在所有能形成共沸物的物质中选出共沸点低于77.4℃的物质，如丙酮和甲醇。

(3) 相图分析确定共沸剂：丙酮和甲醇分离环己烷和苯的相图如图3-33和图3-34所示。

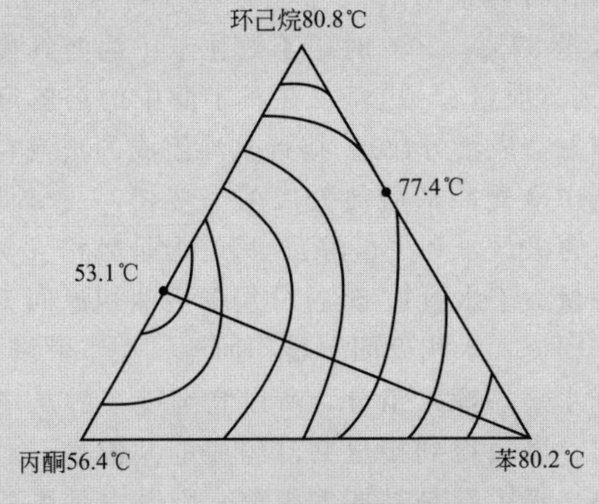

图3-33 环己烷-苯-丙酮汽液平衡相图

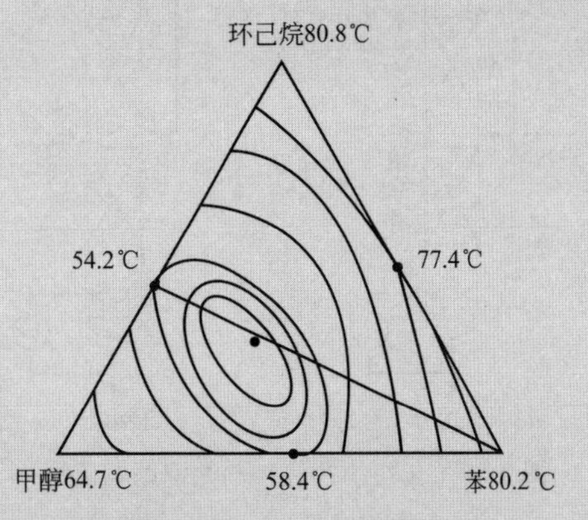

图3-34 环己烷-苯-甲醇汽液平衡相图

从图可以看出如果以丙酮作共沸剂，塔顶分出环己烷与丙酮；而以甲醇作共沸剂，塔顶分出三元共沸物，很明显应选丙酮为共沸剂。

3.2.2.3 共沸剂的回收

共沸剂的回收难易关系到共沸精馏的经济性，回收共沸剂可用冷却分离、萃取、不同压力下精馏、二次共沸精馏以及化学方法等。冷却分离是最简单和最经济的方法，但要求共沸剂与被分离组分所形成的共沸物是非均相的，在塔顶馏出，经冷凝冷却后，分成两平衡的液相，共沸剂富相回流到塔内。萃取法是常用回收共沸剂的方法。还有借改变压力来破坏或改变共沸组成，即通过变压精馏来回收共沸剂。至于二次共沸精馏及化学方法在工业上应用很少。国内外研究者近年来使用隔板塔进行共沸精馏分离，以减少共沸剂回收塔的使用[40~43]。

3.2.3 共沸精馏过程及计算[1,2,4,6]

3.2.3.1 共沸精馏的流程

共沸精馏的流程包括共沸精馏塔和共沸剂回收系统两部分，根据塔顶共沸物性质的不同可有下列几种流程。

(1) 馏出液为非均相共沸物

馏出液为非均相共沸物的共沸精馏流程，如图3-35所示。共沸物蒸汽由共沸精馏塔塔顶蒸出，在全凝器中冷凝后在分层器中分为两层。富含共沸剂层溶液作为共沸精馏塔回流，富含轻组分层溶液进入共沸剂回收塔。共沸精馏塔的塔釜液富含重组分。共沸剂回收塔塔顶蒸出蒸汽与共沸精馏塔蒸出蒸汽一起进入全凝器。共沸剂回收塔塔釜液为轻组分产品。为了保证共沸精馏塔内共沸剂浓度恒定，可在进料和回流处补充共沸剂，醋酸水溶液用异丙醚作为共沸剂的共沸精馏采用此种流程。

馏出液为非均相共沸物的共沸精馏的另一种情况是被分离组分形成共沸物在塔顶蒸出冷

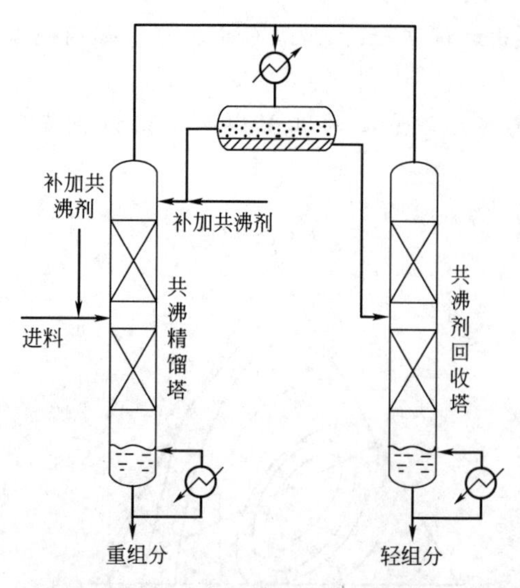

图 3-35　非均相共沸物的共沸精馏流程

凝后分层。这种情况可不必另加共沸剂，利用如图 3-36(a) 流程便可实现分离。正丁醇-水溶液的分离属于这种情况。正丁醇沸点 117.2℃，相对密度 0.8098（20℃/4℃）；微溶于水（8∶100）；可与水形成共沸混合物，其沸点 92℃，含水量 37%。20℃时正丁醇在水中的溶解度为 7.7%（质量分数），水在正丁醇中的溶解度为 20.1%（质量分数）。接近共沸组成的蒸汽在冷凝器中冷凝冷却后便分成两个液相，一个是水相（含大量水和少量醇），另一个是醇相（含正丁醇量大于水量）。经过分层器后油相返回丁醇塔作回流，水相返回水塔作回流。在丁醇塔中，由于水是易挥发组分，所以高纯度丁醇从塔釜引出；塔顶得到接近共沸组成的共沸物。在水塔中，正丁醇是易挥发组分，所以水是塔釜产品，塔顶得到接近共沸组成的共沸物。水塔可以直接用蒸汽加热。必须注意的是，当进料中正丁醇含量 $z>x_a$ 时，则从丁醇塔进料；当 $z<x_b$ 时，则从水塔进料；当 $x_b<z<x_a$ 时，原料直接加入分层器，这样才更经济。图 3-36(b) 为正丁醇-水共沸过程操作线。

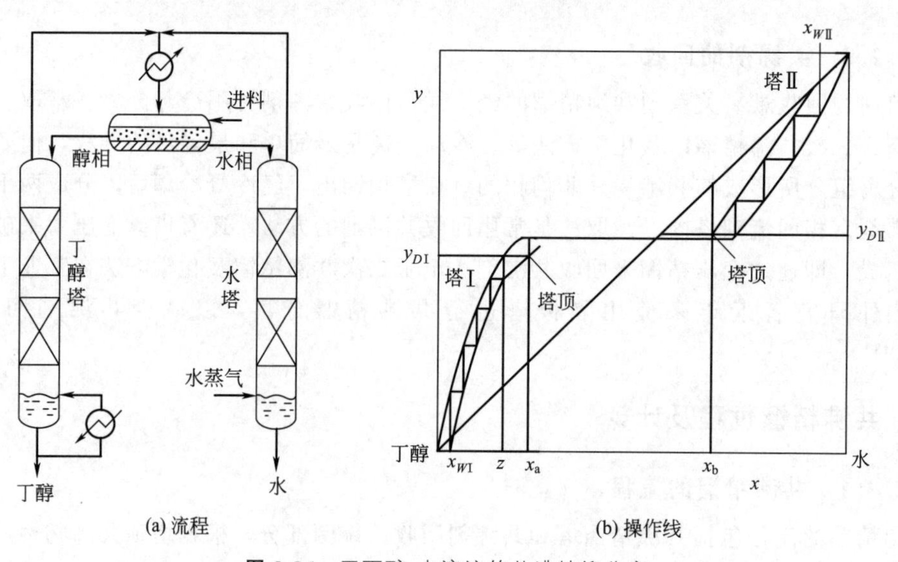

图 3-36　正丁醇-水溶液的共沸精馏分离

前述两种流程中，形成一个二组分共沸物。此外，还有系统有两个二元共沸物，一个三元共沸物的情况。安排流程的原理是一样的，只是更为复杂些。

(2) 馏出液为均相共沸物

馏出液为均相共沸物时共沸精馏的流程如图 3-37 所示。进料与一定量补充共沸剂一起进入共沸精馏塔（Ⅰ），塔顶蒸出共沸物，塔釜排出含有少量共沸剂的重组分。这里的重组分是指加入共沸剂后相对挥发度较小的组分，而非一定是原溶液中的重组分。出塔顶蒸出的共沸物蒸汽在冷凝器中冷凝，部分凝液作为回流返回塔（Ⅰ）；其余部分进入萃取塔（Ⅱ）分离共沸剂和轻组分。塔（Ⅱ）塔顶出料为轻组分产品。由萃取塔出来的萃取液，含有萃取

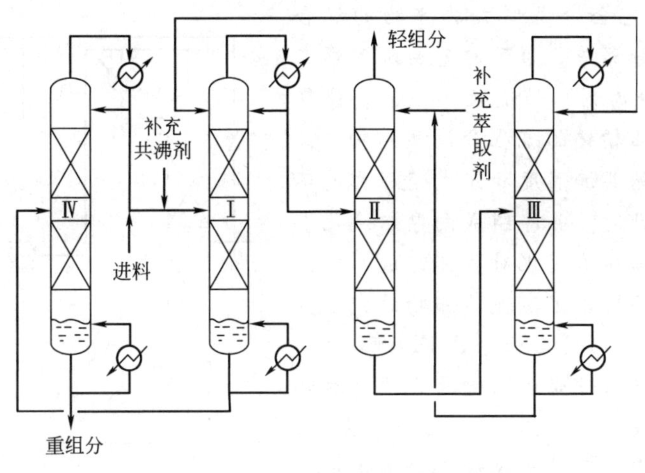

图 3-37 馏出液为均相共沸物时共沸精馏流程

剂和共沸剂，到萃取剂分离塔（Ⅲ）中精馏，分离萃取剂和共沸剂，萃取剂返回塔（Ⅱ），共沸剂返回塔（Ⅰ），循环使用。塔（Ⅰ）排出的塔釜液，进入溶剂分离塔（Ⅳ），塔（Ⅳ）塔釜液为重组分产品；塔顶蒸出的少量共沸剂，与进料混合后进入共沸精馏塔（Ⅰ）。共沸剂和萃取剂在系统内循环，只有少量损失需要补充。苯-环己烷的分离就是采用此种流程。其中以丙酮作为共沸剂，水作为萃取剂。

【工程案例 3-3】 以硝基甲烷为共沸剂分离甲苯-烷烃的流程

如图 3-38 所示[2]。共沸精馏塔顶引出的硝基甲烷-烷烃共沸物经冷凝后在分层器中分为两个液相。富含烷烃的上层液相一部分作为回流，其余部分则引入烷烃回收塔。烷烃回收塔釜得到纯的烷烃产品，塔顶则引出共沸物。分层器中富含硝基甲烷的下层液相与上层液相的部分回流液合并，再与烷烃回收塔出来的共沸物一起作为共沸精馏塔回流回入塔中。共沸精馏塔的塔釜排出的是含有过量共沸剂的甲苯，进入脱硝基甲烷塔，由塔釜得到纯甲苯产品，塔顶的共沸物则返回共沸塔的进料中。其工业生产装置见图 3-39。

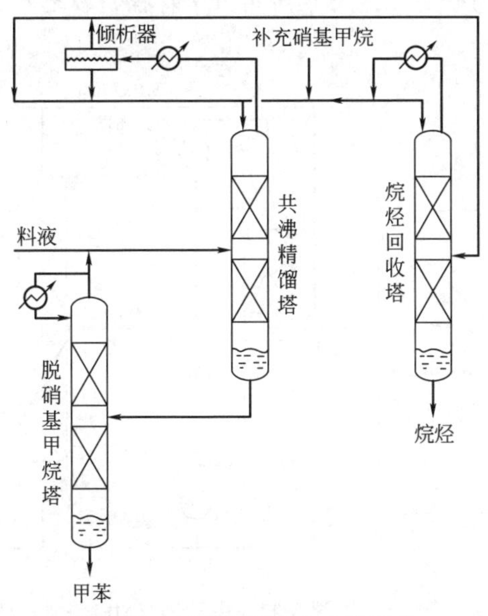

图 3-38 以硝基甲烷为共沸剂分离甲苯-烷烃的流程

图 3-39 以硝基甲烷为共沸剂分离甲苯-烷烃生产装置

普通精馏难以完全分离形成共沸物的混合物，均相共沸物的分离中，为了避免由加入第三组分MSA（物质分离剂）而使效率下降、能耗上升，还常采用变压精馏的流程分离共沸物。此法是利用同一物系的共沸温度和组成随压力的不同而不同，压力上升时，共沸组成向摩尔汽化潜热大的组分移动。若压力变化对共沸组成影响显著，可采用两个精馏塔，可实现共沸物的完全分离。如图3-40所示。乙酸乙酯分离正丙醇-水的共沸精馏工艺，即是通过变压精馏的方法对共沸剂乙酸乙酯进行回收[44]。

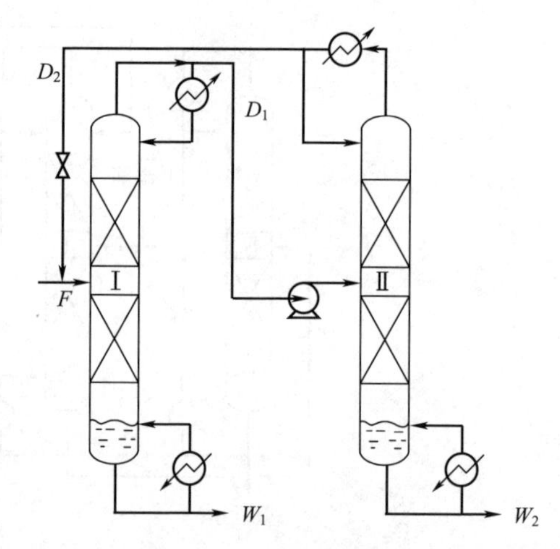

图3-40 双压精馏流程

双组分汽液平衡相图对于双组分精馏设计十分重要，可以从中快捷筛选可行方案，提高设计效率。例如，甲乙酮（MEK）-水（H_2O）体系在常压下形成二元正偏差共沸物，其共沸组成为甲乙酮65%（摩尔分数，下同），如欲分离此二元体系，单个精馏塔不能完成分离任务。通过Aspen Plus，利用UNIQUAC热力学方法可绘制此二元系统在不同压力下的x-y相图。如图3-41所示，在0.7MPa压力下，体系共沸组成变化为甲乙酮50%。由于共沸组成随压力的变化十分显著，可以充分利用此二元共沸系统的热力学特性，不必加入第三组分，采用双压精馏即可将其分离，由此产生的概念流程如图3-42所示，如果原料中含甲乙酮小于65%，则在常压塔Ⅰ进料，塔Ⅰ塔釜出料为纯水，塔Ⅰ塔顶馏出液为含甲乙酮65%的共沸物，将其作为高压塔Ⅱ（如0.7MPa）进料，塔Ⅱ塔釜可得到纯甲乙酮，塔Ⅱ塔顶则得到含甲乙酮50%的馏出液，可将其循环到塔Ⅰ作为进料。注意，此时水在塔Ⅰ中是难挥发组分，在塔Ⅱ中甲乙酮则是难挥发组分。相类似，若原料液中甲乙酮含量大于65%时则先进高压塔再进低压塔。如果没有通过相图充分了解此二元物系的热力学特性，而采用加入第三组分分离的方案，将不得不筛选第三组分，进而研究三元物系的热力学特性，较之双压精馏方案，将极为烦琐。

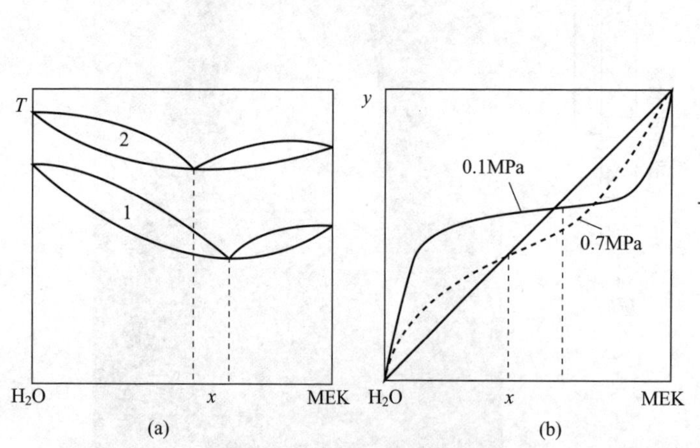

图3-41 具有最低共沸物的二元系统的T-x-y和x-y相图

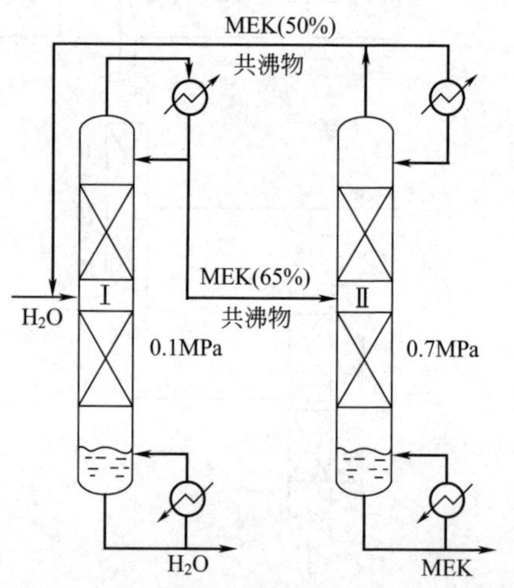

图3-42 甲乙酮（MEK）-水（H_2O）体系精馏分离概念流程

（3）馏出液为三元共沸物

乙醇-水共沸物应用苯作为共沸剂，进行共沸精馏制取无水乙醇的过程属于此列。

乙醇-水-苯三元共沸物的共沸温度：$t_{共}=64.86℃$，$x_{苯}=0.539$，$x_{乙醇}=0.228$，$x_{水}=0.233$（摩尔分数）。乙醇-水两元共沸物中$x_{水}=0.1057$，沸点为78.15℃。两者在水和乙醇间的相对含量和沸点间有较大差异，故可用共沸精馏方法分离。

图3-43为分离乙醇-水混合液的共沸精馏流程示意图。在原料液中加入适量的共沸剂苯送入共沸精馏塔，在塔内苯与原料液形成新的三元非均相共沸物。苯的加入量要使原料液中的水全部转入到三组分共沸物中。由于常压下此三组分共沸物的共沸点为64.85℃，故其由共沸塔的塔顶蒸出，塔釜产品为近于纯态的乙醇。塔顶蒸汽进入冷凝器中冷凝后，部分液相回流到共沸精馏塔，其余的进入分层器，在分层器内分为轻重两层液体。轻相返回共沸精馏塔作为补充回流。重相送入苯回收塔，以回收其中的苯。苯回收塔的蒸汽由塔顶引出也进入冷凝器中，塔釜的产品为稀乙醇，被送到乙醇回收塔中。乙醇回收塔的塔顶产品为乙醇-水共沸液，送回共沸精馏塔作为原料，塔釜产品几乎为纯水。在操作中苯循环使用，但因有损耗，故隔一段时间后需补充一定量的苯。

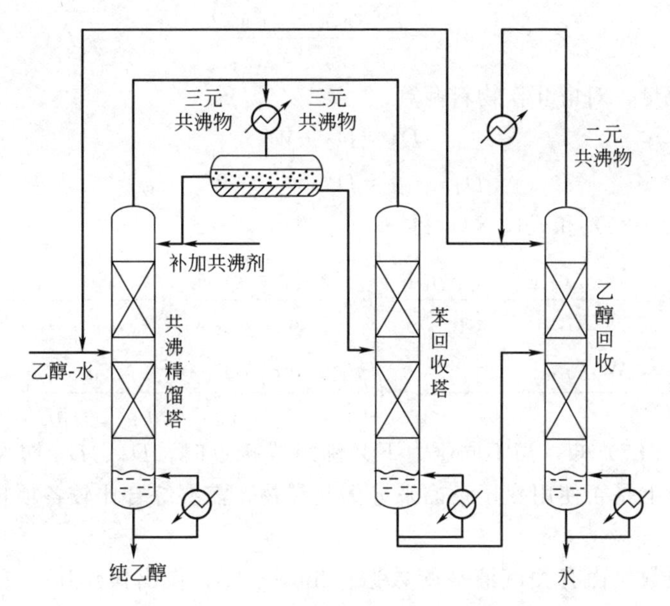

图3-43 用苯分离乙醇-水共沸物的流程

由上述介绍的流程可见：

① 若塔顶引出的是非均相共沸物，分离比较简单，只要用一个简单的分层器，而均相共沸物则需用萃取等方法加以分离；

② 为得到高纯度的共沸精馏塔的塔釜产品，采用稍微过量共沸剂，增加一座脱溶剂塔，是行之有效的办法。

3.2.3.2 共沸精馏的计算

（1）分离二元共沸物变压精馏过程

对图3-40所示塔Ⅰ上半部分作组分i的物料衡算

$$L_n x_{i,n}+D_1 x_{i,D}=V_{n+1} y_{i,n+1}$$

整理得塔Ⅰ精馏段操作线方程

$$y_{i,n+1}=\frac{L_n}{V_{n+1}}x_{i,n}+\frac{D_1}{V_{n+1}}x_{i,D} \tag{3-80}$$

同理对塔Ⅱ衡算得其操作线方程

$$y'_{i,n+1}=\frac{L'_n}{V'_{n+1}}x_{i,n}+\frac{D_2}{V'_{n+1}}x'_{i,D} \tag{3-81}$$

对全系统做总物料衡算

$$F=W_1+W_2$$

对组分1（甲乙酮）作物料衡算

$$Fx_{1,F}=W_1x_{1,W_1}+W_2x_{1,W_2}$$

联立前面两式得

$$W_1=\frac{F(x_{1,F}-x_{1,W_2})}{x_{1,W_1}-x_{1,W_2}} \tag{3-82}$$

$$W_2=\frac{F(x_{1,F}-x_{1,W_1})}{x_{1,W_2}-x_{1,W_1}} \tag{3-83}$$

求两塔间物流量，对塔Ⅱ作物料衡算

总物料 $$D_1=D_2+W_2 \tag{3-84}$$

组分1 $$D_1x_{1,D_1}=D_2x_{1,D_2}+W_2x_{1,W_2} \tag{3-85}$$

联立式(3-84)、式(3-85) 和式(3-83) 得

$$D_2=\frac{W_2(x_{1,W_2}-x_{1,D_1})}{x_{1,D_1}-x_{1,D_2}}=F\left(\frac{x_{1,F}-x_{1,W_1}}{x_{1,W_2}-x_{1,W_1}}\right)\left(\frac{x_{1,W_2}-x_{1,D_1}}{x_{1,D_1}-x_{1,D_2}}\right) \tag{3-86}$$

$$D_1=\frac{W_2(x_{W_2}-x_{D_2})}{x_{D_1}-x_{D_2}}=F\left(\frac{x_{1,F}-x_{1,W_1}}{x_{1,W_2}-x_{1,W_1}}\right)\left(\frac{x_{1,W_2}-x_{1,D_2}}{x_{1,D_1}-x_{1,D_2}}\right) \tag{3-87}$$

由式(3-86) 和式(3-87) 知，当不同压力下共沸组成接近时，D_1、D_2 增大，设备费用和操作费用增加。工业上是否使用变压精馏来分离共沸物，需要综合比较各项技术经济指标后再予以确定。

图解法求塔级数，由有关汽液平衡数据作出 x-y 图，作出操作压力下精馏段操作线方程，塔Ⅰ精馏段操作线方程

$$y_{i,n+1}=\frac{L_n}{V_{n+1}}x_{i,n}+\frac{D_1}{V_{n+1}}x_{i,D} \tag{3-80}$$

塔Ⅱ精馏段操作线方程

$$y'_{i,n+1}=\frac{L'_n}{V'_{n+1}}x_{i,n}+\frac{D_2}{V'_{n+1}}x'_{i,D} \tag{3-81}$$

分别在塔Ⅰ和塔Ⅱ的平衡线和操作线间用阶梯法求出 N 值。

也可由简捷法（FUG 法）计算塔级数，求出两塔的 α 值，由芬斯克方程分别求出两塔的最少平衡级数

$$N_{m1}=\frac{\lg\left[\left(\frac{x_{D_1}}{1-x_{D_1}}\right)\left(\frac{1-x_{W_1}}{x_{W_1}}\right)\right]}{\lg\alpha_1}$$

$$N_{m2}=\frac{\lg\left[\left(\frac{x_{D_2}}{1-x_{D_2}}\right)\left(\frac{1-x_{W_2}}{x_{W_2}}\right)\right]}{\lg\alpha_2}$$

然后求出 R，查吉利兰图得 N 值。此法因 α 随组成变化大，故误差大。

(2) 二元非均相共沸精馏过程

① 物料衡算　如图 3-44，取全过程（最外圈范围）为物料衡算对象

$$F=W_1+W_2 \tag{3-88}$$

$$Fx_F=W_1x_{W_1}+W_2x_{W_2} \tag{3-89}$$

联立式(3-88) 和式(3-89) 两式得

$$W_1=\frac{F(x_F-x_{W_2})}{x_{W_1}-x_{W_2}} \tag{3-90}$$

$$W_2=\frac{F(x_F-x_{W_1})}{x_{W_2}-x_{W_1}} \tag{3-91}$$

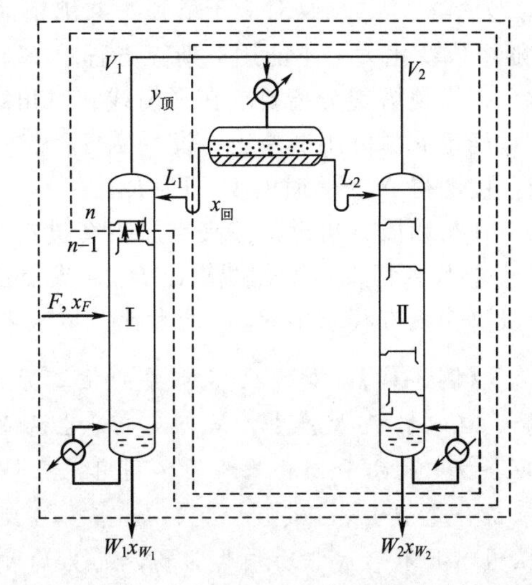

图 3-44　二元非均相共沸精馏过程物料衡算

② 平衡级数 N 的计算　图解法。首先作出 x-y 图；其次是由适宜范围的物料衡算求出两塔的操作线方程，并绘于 x-y 图上；最后是阶梯法求 N。

对塔Ⅰ虚线部分作物料衡算，总物料

$$V_1=L_1+W_2$$

对易挥发组分

$$V_1y_{n+1}=L_1x_n+W_2x_{W_2}$$

整理得塔Ⅰ精馏段操作线方程

$$y_{n+1}=\frac{L_1}{V_1}x_n+\frac{W_2}{V_1}x_{W_2} \tag{3-92}$$

对最内圈范围作物料衡算

$$V_1y_{顶}=L_1x_{回}+W_2x_{W_2}$$

$$y_{顶}=\frac{L_1}{V_1}x_{回}+\frac{W_2}{V_1}x_{W_2} \tag{3-93}$$

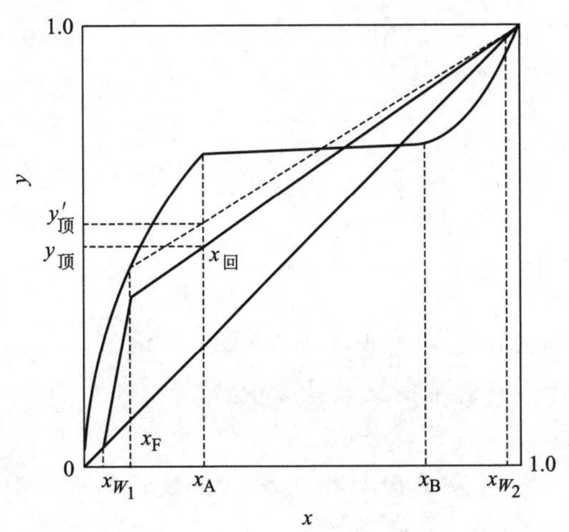

图 3-45　二元非均相共沸精馏过程操作线

类似方法的塔Ⅰ提馏段操作线方程

$$y_{m+1}=\frac{\overline{L}_1}{\overline{V}_1}x_m-\frac{W_1}{\overline{V}_1}x_{W_1} \tag{3-94}$$

由式(3-93) 和式(3-94) 可以看出，精馏段操作线最上一点的坐标为 ($x_{回}$, $y_{回}$)，即应从此点开始画阶梯计塔级数。$x_{回}$ 的值，若为单相回流（这是一般的情况），在一定压力和温度下是恒定值，与Ⅰ塔顶级蒸汽的组成无关。故只要 $y_{回}$ 的值确定后，操作线（图 3-45）就可确定。由图 3-45 可以看出，y 的数值一定要小于共沸组成，否则操作线就与平衡线相交。

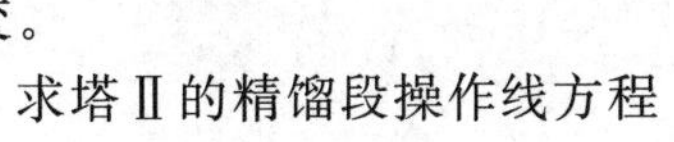

求塔Ⅱ的精馏段操作线方程

$$V_2 y_{n+1} + W_2 x_{W_2} = L_2 x_n$$

$$y_{n+1} = \frac{L_2}{V_2} x_n - \frac{W_2}{V_2} x_{W_2} \tag{3-95}$$

在 x-y 图作出操作线，阶梯法作图求出 N 值。注意塔顶、塔釜在 x-y 图上对应位置。x_{W_2} 为塔釜，共沸物对应于塔顶。共沸精馏的 R_m 和 N_m 很难用通用数学表达式表达，因为 α 随组成变化大，不能用芬斯克方程求 N_m，最好由 $x=y$ 为操作线逐级计算求出。图解法时，据塔顶塔釜分离要求在平衡线和对角线画阶梯求出 N_m。

确定 R_m 可用试差法，设一 R 逐级法求出 N，同理求出一系列 R-N 关系，绘制 R-N 图，由图得 $N \to \infty$ 时的 R 即为 R_m。

在精馏段，可近似按夹点产生在进料级处求 R_m。此时 $x_n = x_F$，由 x_F 求出与之平衡的 y_e，代入精馏段操作线求出 R_m。夹点还有可能出现在塔顶（$y_{顶}$ 和 $x_{回}$）将此之代入精馏段操作线方程求出 R_m，两者比较取大者作为 R_m。

【例 3-10】 双酚 A 是重要的化工原料，主要用于生产聚碳酸酯、树脂、农药、涂料等。在双酚 A 生产中，缩合反应产生的水和过量的苯酚形成大量苯酚-水混合物。欲脱除混合物中的水和回收苯酚循环利用，原料含苯酚 1.0%（摩尔分数），水 99%，釜液要求苯酚含量小于 0.001%。流程如图 3-46 所示。苯酚与水为部分互溶体系，但在 101.3kPa 压力下并不形成非均相共沸物，而为均相共沸。因此，Ⅰ塔和Ⅱ塔出来的蒸汽在冷凝-冷却器中冷凝并过冷至 20℃，然后在分层器中分层。水层返回塔Ⅰ作为回流。苯酚层送到Ⅱ塔。要求苯酚产品纯度为 99.99%。假定塔内为恒摩尔流，饱和液体进料，并设回流液过冷对塔内汽液流率影响可忽略。试计算：

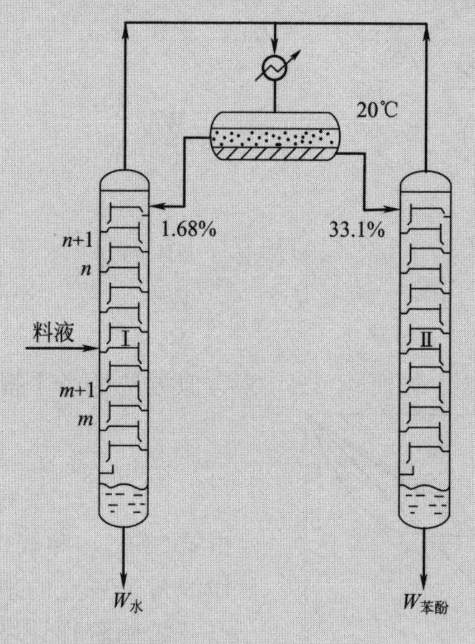

图 3-46 ［例 3-10］附图

（1）以 100kmol 进料为基准，Ⅰ塔和Ⅱ塔的最小上升汽量是多少？

（2）当各塔上升汽量为最小汽量的 4/3 倍时，所需平衡级数是多少？

（3）求Ⅰ塔和Ⅱ塔的最少平衡级数。

解 由文献查得苯酚-水系统在 101.3kPa 下的汽液平衡数据（摩尔分数）如表 3-16 所示。

表 3-16 苯酚-水系统在 101.3kPa 下的汽液平衡数据

$x_{酚}$	$y_{酚}$	$x_{酚}$	$y_{酚}$	$x_{酚}$	$y_{酚}$	$x_{酚}$	$y_{酚}$
0	0	0.010	0.0138	0.10	0.029	0.70	0.150
0.001	0.002	0.015	0.0172	0.20	0.032	0.80	0.270
0.002	0.004	0.017	0.0182	0.30	0.038	0.85	0.370
0.004	0.0072	0.018	0.0186	0.40	0.048	0.90	0.55
0.006	0.0098	0.019	0.0191	0.50	0.065	0.95	0.77
0.008	0.012	0.020	0.0195	0.60	0.090	1.00	1.00

查得 20℃ 时苯酚-水的互溶数据为：水层含苯酚 1.68%（摩尔分数）；苯酚层含 66.9%（摩尔分数）。

（1）以 100kmol 进料为计算基准对全系统作苯酚的物料衡算

$$0.00001W_1+0.9999W_2=1.00$$

总物料衡算式 $$W_1+W_2=100$$

解得 $$W_1=99.0,\qquad W_2=1.0$$

确定塔Ⅰ的操作线，精馏段的操作线可由第 n 级与第 $n+1$ 级之间至塔Ⅱ塔釜作物料衡算求得

$$Vy_n=Lx_{n+1}-0.9999W_2 \tag{a}$$

同理，提馏段的操作线为

$$V'y_m=\overline{L}x_{m+1}-0.00001W_1 \tag{b}$$

最小上升汽量为最小回流比时的汽量。若夹点在进料级，则其值可由式（a）求得

$$0.0138V_{最少}=0.01L_{最少}+0.9999W_2=0.01(V_{最少}-W_2)+0.9999W_2$$

$$=0.01V_{最少}+0.9899W_2$$

所以 $$V_{最少}=\frac{0.9899W_2}{0.0038}=260W_2=260.5\text{kmol}$$

注：0.0138 为与进料组成 0.01 成平衡的汽相组成。最小回流比时，精馏段操作线与平衡线交于此点。

若夹点在塔顶，因回流液组成为 0.0168，则夹点对应汽相组成应为与回流液成平衡的汽相组成，故 $y=0.0181$（由平衡数据内插而得）。由式(a) 得

$$0.0181V_{最少}=0.0168L_{最少}+0.9999W_2=0.0168(V_{最少}-W_2)+0.9999W_2$$

$$=0.0168V_{最少}+0.9831W_2$$

故 $$V_{最少}=\frac{0.9831W_2}{0.0013}=756.2W_2=756.2\text{kmol}$$

此值大于按夹点在进料级处所得的最小上升汽量值，所以对塔Ⅰ，$V_{最少}=756.2\text{kmol}$。

Ⅱ塔的夹点必在塔顶，则夹点处坐标为（$x=0.331,y=0.0403$）。将此值代入Ⅱ塔的操作线方程

$$V'y_m = L'x_{m+1} - W_2 x_{W_2} \tag{c}$$

$$0.0403V'_{最少} = 0.331L'_{最少} + 0.9999W_2 = 0.331(V'_{最少} + W_2) - 0.9999W_2$$
$$= 0.331V'_{最少} - 0.6689W_2$$

故
$$V'_{最少} = \frac{0.6689W_2}{0.2907} = 2.3W_2 = 2.3\text{kmol}$$

(2) 求Ⅰ塔的平衡级数

精馏段
$$V = \frac{4}{3}V_{最少} = \frac{4}{3} \times 756.2 = 1008\text{kmol}$$
$$L = V - W_2 = 1008 - 1 = 1007\text{kmol}$$

提馏段
$$\overline{V} = V = 1008\text{kmol}$$
$$\overline{L} = L + F = 1007 + 100 = 1107\text{kmol}$$

将上述各值代入式(a)和式(b)式得：

塔Ⅰ精馏段操作线方程

$$1008y_n = 1007x_{n+1} + 0.9999$$

塔Ⅰ提馏段操作线方程

$$1008y_m = 1107x_{m+1} - 0.00099$$

由操作线方程和已知平衡线，在 x-y 图上由 $x=0.0168$ 至 $x_{W_1}=0.00001$ 之间绘阶梯得所需平衡级数为 16 级（x-y 图略）。

(3) 求Ⅱ塔的平衡级数

$$V' = \frac{4}{3}V'_{最少} = \frac{4}{3} \times 2.3 = 3.07\text{kmol}$$
$$L' = V' + W_2 = 3.07 + 1 = 4.07\text{kmol}$$

将各值代入式(c) 得塔Ⅱ操作线方程为

$$3.07y_m = 4.07x_{m+1} - 0.9999$$

与塔Ⅰ相似，在 x-y 图上由 $x_{W_2}=0.9999$ 至 $x_{回,2_1}=0.331$ 之间绘阶梯得所需平衡级数为 8 级（x-y 图略）。

(4) Ⅰ塔的最少平衡级数，在 x-y 图上由 $x=0.0168$ 至 $x_{W_1}=0.00001$，在平衡线和对角线之间绘阶梯得最少平衡级数为 13 级。

Ⅱ塔的最少平衡级数，在 x-y 图上由 $x_{W_2}=0.9999$ 至 $x_{回,2_1}=0.331$，在平衡线和对角线之间绘阶梯得最少平衡级数为 6 级。

国内有学者以年度总费用最小为目标，以精馏段级数、提馏段级数和回流比为优化变量，并以效率更高的“轮盘赌”式策略处理整数变量，用于共沸精馏塔的最优设计[45]。Zou X 等[46]对多组分复杂精馏系统的共沸精馏分离建立了混合整数非线性规划（MINLP）模型进行了研究。

(3) 多元共沸精馏过程

共沸精馏计算包括共沸剂用量的确定，物料衡算以及最终求得塔的平衡级数。

① 共沸剂用量的确定　共沸剂用量应保证被分离组分完全形成共沸物，其计算可利用三角形相图按物料平衡式求取。对于原料和共沸剂组成的三组分体系，如图 3-47 所示若原溶液的组成为 F 点，加入共沸剂 S 后，系统将沿 FS 线向 S 点方向移动，若加入一定量 S

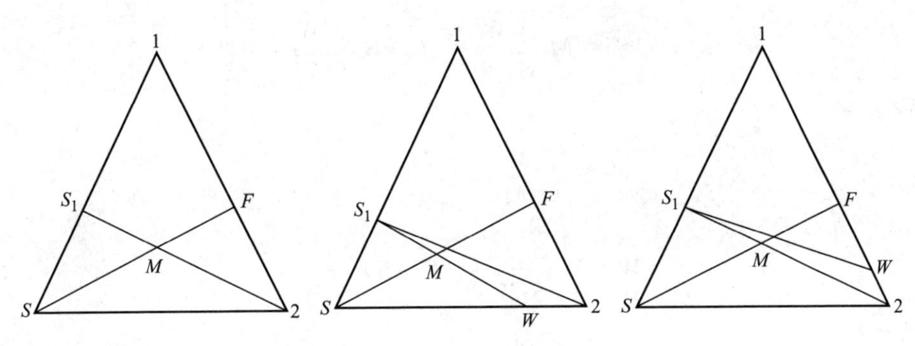

图 3-47 确定共沸剂用量的三角相图

后，使物系移动至某一点 M，则 M 点表示该物系加入共沸剂后组成。物料量可由杠杆定律确定。

共沸剂 S 用量

$$M=F+S$$

对 S 组分作物料衡算

$$S=Mx_{M,S}=(F+S)x_{M,S}$$

$$S=\frac{Fx_{M,S}}{1-x_{M,S}} \tag{3-96}$$

$x_{M,S}$ 为加入共沸剂后物料中共沸剂的浓度，即

$$x_{M,S}=\frac{S}{M}=\frac{S}{S+F} \tag{3-97}$$

对组分 1 和 2 作物料衡算，衡算式分别为

$$Fx_{F_1}=Mx_{M_1}, \qquad x_{M_1}=\frac{Fx_{F_1}}{S+F} \tag{3-98}$$

$$Fx_{F_2}=Mx_{M_2}, \qquad x_{M_2}=\frac{Fx_{F_2}}{S+F} \tag{3-99}$$

式中，x_{M_1}、x_{M_2} 分别表示料液中组分 1 和 2 的浓度。

故共沸剂的加入量不是任意选取的，适宜的共沸剂用量应该是共沸剂不混入塔釜液，同时被分离的共沸组分完全和共沸剂形成共沸物由塔顶蒸出。因此，塔釜液 W 几乎是纯组分 2，馏出液 D 的组成几乎等于或接近于共沸组成。精馏塔的总物料衡算式为

$$M=D+W \tag{3-100}$$

若加入的共沸剂数量不足，不能将组分 1 完全以共沸物的形式从塔顶蒸出，则釜液中有一定量的组分 1；若加的共沸剂过量时，则塔釜产品 W 中含有一定数量的共沸剂 S。很显然，上两种情况都是不合适的。

适宜的共沸剂加入量应该是使塔釜液组成恰好落在三角相图的一个顶点上，即 2 点上。因此适宜的共沸剂用量为 $S_1 2$ 与 FS 的交点 M，物料量可用杠杆定律确定。

共沸剂量

$$\frac{S}{F}=\frac{\overline{FM}}{\overline{SM}}, \qquad S=F\,\frac{\overline{FM}}{\overline{SM}} \tag{3-101}$$

塔顶产品 S_1（共沸物）的量

$$\frac{S_1}{M}=\frac{\overline{MW}}{\overline{S_1W}}$$

$$S_1=M\frac{\overline{MW}}{\overline{S_1W}}=(F+S)\frac{\overline{MW}}{\overline{S_1W}} \tag{3-102}$$

塔釜产品 W 量

$$\frac{W}{M}=\frac{\overline{S_1M}}{\overline{S_1W}}$$

$$W=M\frac{\overline{S_1M}}{\overline{S_1W}}=(F+S)\frac{\overline{S_1M}}{\overline{S_1W}} \tag{3-103}$$

按物料衡算式

$$Mx_M=S_1x_{S_1}+Wx_W \tag{3-104}$$

将式(3-100) 代入式(3-104)，消去 W 后可得

$$S_1=M\frac{x_M-x_W}{x_{S_1}-x_W}=(F+S)\frac{x_M-x_W}{x_{S_1}-x_W} \tag{3-105}$$

消去 S_1 后可得

$$W=M\frac{x_{S_1}-x_M}{x_{S_1}-x_W}=(F+S)\frac{x_{S_1}-x_M}{x_{S_1}-x_W} \tag{3-106}$$

② 共沸剂引入位置　共沸剂确定后，还须根据共沸剂性质决定其引入位置。

a. 共沸剂相对挥发度小，可在靠近塔顶部分引入，从而保证塔内有足够的共沸剂浓度。

b. 共沸剂为最低共沸物，则共沸剂分段引入，一部分随进料另一部分在提馏段。

c. 共沸剂与两个组分都形成共沸物，则在塔任何地方均可引入。

③ 图解法求平衡级数　对于共沸精馏来说，即使原溶液为双组分溶液，由于加入共沸剂成为三组分溶液。因此，共沸精馏计算应按一般多组分精馏来处理。并且，所形成的三组分溶液均属于非理想溶液，故相平衡计算中需考虑活度系数的影响。

共沸精馏的简捷计算是把共沸物看成为单一组分 S_1，因此，在共沸塔内当作共沸物 S_1 与组分 2 的二元精馏过程，按双组分图解法求解，但必须注意各物料量均以 S_1 为基准，即 $x_{S_1}=x_1+x_S$。而关键是如何作共沸物 S_1 与组分 2 的相图，相平衡关系按相对挥发度计算求得。

【工程案例 3-4】 采用共沸精馏从中性染料母液中回收正丁醇[47]

某些双组分共沸物（如苯-水、丁醇-水）在温度降低时可分为两个具有一定互溶度的液层。此类共沸物的分离不必加入第三组分，采用两个塔联合操作便可获得两个高纯度产品。如某厂中性染料生产过程中以正丁醇为溶剂，反应结束后，物料与母液分离，母液中含正丁醇 75%（均为质量分数）左右，正丁醛等有机物 4%左右，水为 20%左右，还有 1%左右的邻乙酰氨基对甲苯酚，该母液需通过分离使正丁醇含量达到 95%以上可返回反应系统循环使用，同时废水达标排放。正丁醇与水在低温下部分互溶，20℃时水中能溶解 7.7%的正丁醇，正丁醇中能溶解 20.1%的水，精馏时形成共沸物（共沸点 93.0℃，正丁醇含量为 55.5%），因此给正丁醇-水体系的分离带来困难。

(1) 原正丁醇回收工艺

原设计正丁醇回收工艺流程见图 3-48。母液与回收的含正丁醇的水直接进入粗馏塔，塔釜通入直接蒸汽与母液中的丁醇形成共沸物从塔顶采出，由母液带入的邻乙酰氨基对甲苯酚等有机溶剂从塔釜排放，使得废水排放不达标，同时由于直接蒸汽的进入也增加了废水的排放量。正丁醇回收率为 95%左右，冷却水用量 124.65t（以 1t 母液为基准，下同），蒸汽

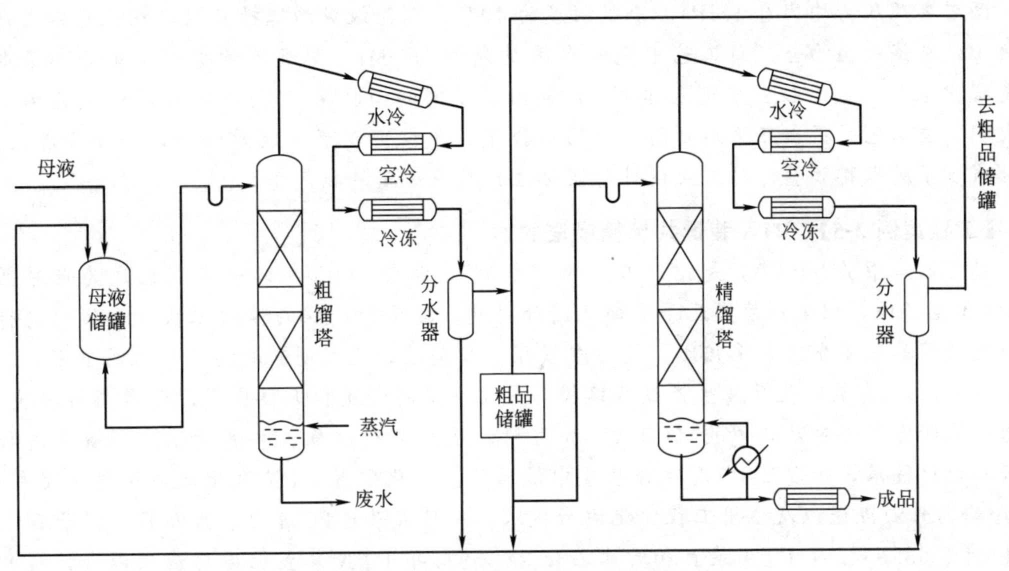

图 3-48 原正丁醇回收工艺流程

用量 2.375t，产生的废水量 1.818t，回收的丁醇量为 0.775t。

(2) 工艺改进

实验研究证明邻乙酰氨基对甲苯酚等有机溶剂可随回收的丁醇返回反应系统套用。提出了以原料水为夹带剂的自夹带非均相共沸精馏法改进的工艺流程见图 3-49。该工艺主要由 2 个塔组成，即丁醇塔和回收塔。母液进入油相中间罐，与分相后的油相混合，由塔顶进入丁醇塔，在该塔母液中的水与丁醇形成共沸物从塔顶采出，含邻乙酰氨基对甲苯酚等有机溶剂的正丁醇由塔釜采出返回反应系统套用，提高了回收利用的经济价值。塔顶馏分经冷凝器冷凝后进入醇水分离器，油相与母液混合返回丁醇塔；水相进入水相中间罐，经塔顶进入回收塔，塔顶馏分经冷凝器冷凝后再进入醇水分离器，塔釜可得到达标排放的废水。

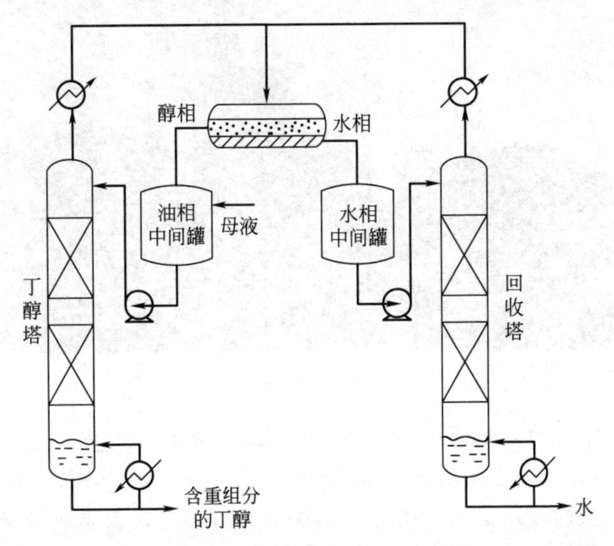

图 3-49 正丁醇回收工艺流程

采用 PRO/Ⅱ化工模拟软件，选用 NRTL 模型对提出的新回收工艺流程进行优化模拟，考察了塔顶压力、冷凝温度和塔板数对冷却水和蒸汽用量的影响，确定了适宜的操作参数，即：两塔塔顶压力均为0.1MPa，冷凝温度为40℃，理论级数均选择6级，在此基础上得到的模拟值与试验值吻合。新工艺中冷却水用量减少79.64t，蒸汽用量减少1.437t，废水排放量减少1.647t，而且废水能达标排放，同时正丁醇的回收率由95%提高到98%左右。结果表明，该工艺的提出在达到分离要求的前提下，不仅可以节约能源消耗，提高经济效益，而且减少了废水排放量，对工业设计与实际生产具有一定的指导意义。

【工程案例3-5】 PTA装置共沸精馏塔脱水[5]

精对苯二甲酸（PTA）是化纤工业的“龙头”，尽管2005年以来我国已成为世界第一大PTA生产国，但生产装置几乎全部从国外引进，其生产过程的精细化操作和优化运行水平与国外同类装置先进水平相比，还存在差距。我国通过集成创新和消化吸收再创新，在对二甲苯（PX）富氧氧化反应生产过程建模与优化技术的研发和工程应用方面取得重要突破，创造性地研发了粗对苯二甲酸（CTA）加氢精制反应生产过程、共沸精馏溶剂脱水过程的建模与优化技术，研发了PTA联合装置中低压蒸汽优化配置、PX氧化反应尾气优化利用、CTA料与母液互送以及公用工程优化运行技术。项目成果自2004年1月开始在扬子石化36万吨/年、65万吨/年PTA装置和天津石化34万吨/年PTA装置上成功应用以来，提升了PTA装置的运行水平，主要技术经济指标达到或超过了同类装置国际先进水平，装置综合能耗平均降低20%，取得了显著的经济效益和社会效益。

PTA生产工艺过程中可分氧化单元和加氢精制单元两部分。原料PX以醋酸（AcOH）为溶剂，在催化剂作用下经空气氧化成CTA，为保证反应的顺利进行，必须及时从系统中移走氧化反应产生的水，常压吸收塔以及高压吸收塔处理工艺气体时加入的水，将水移出的同时尽可能从水中回收AcOH，降低AcOH消耗，因此AcOH脱水是PTA生产中的一道重要工序。再依次经结晶、过滤、干燥为粗品；CTA经加氢脱除杂质。再经结晶、离心分离、干燥为PTA成品。图3-50所示为PTA工业生产装置。

图3-50 精对苯二甲酸工业生产装置

溶剂回收系统的作用为：从尾气中回收AcOH；除去溶剂中的副产品和杂质；将水由AcOH溶液中分离出来。溶剂脱水系统的介质为AcOH、水、PX、醋酸甲酯（AcOMe）、丙醇等的多元体系。AcOH沸点为118℃，水沸点为100℃，虽然两者沸点差别较大，但由于AcOH与水的相对挥发度接近于1，在靠近水端的位置上有很窄的夹点，如果用普通精馏，要求精馏塔有很多塔板，塔顶出料AcOH含量才能达到环保要求，因此工业上一般采用以醋酸正丁酯（NBA）为共沸剂的共沸精馏。在塔中加共沸剂，降低了溶剂脱水塔的高度，减少脱水所需的热量消耗，工艺指标要求塔顶馏出物中的AcOH小于0.1%（均为质量分数），塔釜馏出物中水约为5%。其工艺流程如下：

(1) 常压吸收

常压吸收流程如图3-51所示。反应尾气在高压洗涤塔中洗涤，洗涤液送入溶剂脱水塔。来自第一结晶器尾气冷凝器的尾气和其它所有低压尾气（包括容器吸收损失、溶剂脱水塔的尾气和干燥机的排气）一起进入常压吸收塔，先用冷却的AcOH洗涤，再用脱盐水洗涤。常压吸收塔釜泵将一部分AcOH通过换热器送回常压吸收塔洗涤气体，其余AcOH在液位控制下送母液罐，返回反应器或溶剂脱水塔。常压吸收塔上部的富水出料由泵通过液位控制送至汽提塔，回收AcOH去除杂质。

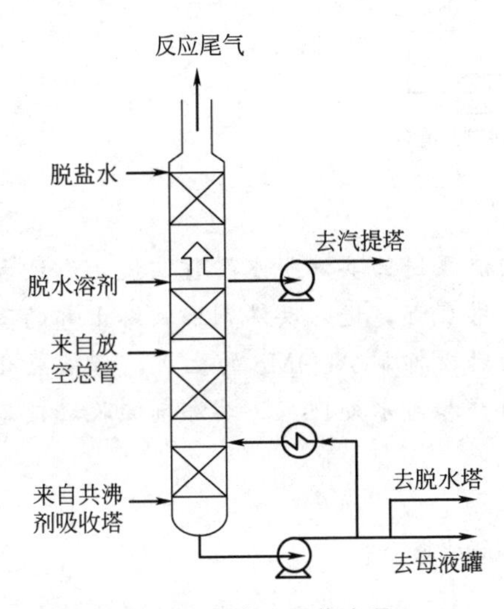

图3-51 常压吸收流程

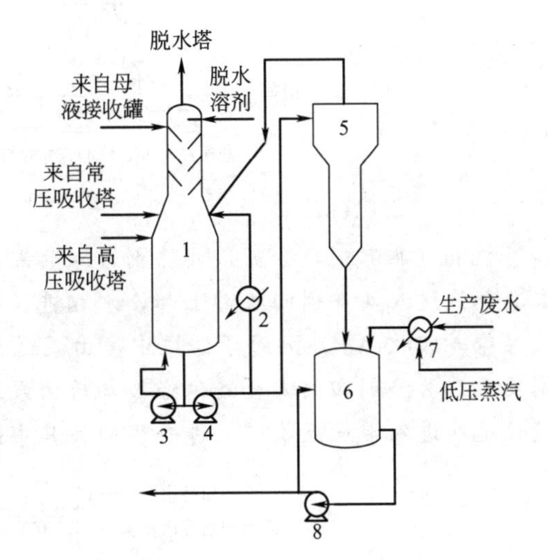

图3-52 母液处理流程

1—汽提塔；2—再沸器；3—混合泵；4—循环泵；
5—残渣蒸发器；6—残渣收集罐；7—加热器；8—残渣泵

(2) 母液处理

抽出母液处理流程如图3-52所示，汽提塔将大部分AcOH和水与非挥发性组分分开。蒸发所需热量由汽提塔再沸器供给，浆料通过循环泵在汽提塔和换热器间循环。一股来自汽提塔的残渣通过流量控制进入残渣蒸发器，用高压蒸汽加热，大部分残余溶剂被蒸发出来，剩余溶液的残渣进入残渣收集罐与共沸剂回收塔来的废水混合，由残渣泵送至界外污水处理厂。在汽提塔的顶部，回收的AcOH蒸汽用逆流的溶剂洗涤，清洁的蒸汽进入共沸精馏塔的下部。

(3) 溶剂回收

溶剂回收流程如图3-53所示。氧化反应生成的水和装置加入的水在脱水塔中将共沸剂与AcOH进行分离，使塔顶几乎得不到AcOH，塔釜AcOH约为95%。在脱水塔的中部抽出一股液体，送入PX回收塔去除共沸精馏塔中积存的PX，引入水打破PX-共沸剂、共沸液，氧化第二结晶器部分蒸汽提供PX回收塔清除PX所需热量，顶部汽相中共沸剂返回共沸脱水塔，底部出料PX在液位控制下送母液罐返回反应器。

(4) 共沸剂回收

共沸剂回收流程如图3-54所示。共沸脱水塔釜蒸发所需热量由脱水塔再沸器提供，顶部出来的蒸汽在脱水塔顶部冷凝器中冷凝，温度由旁通控制，凝液进入脱水塔倾析器，水相

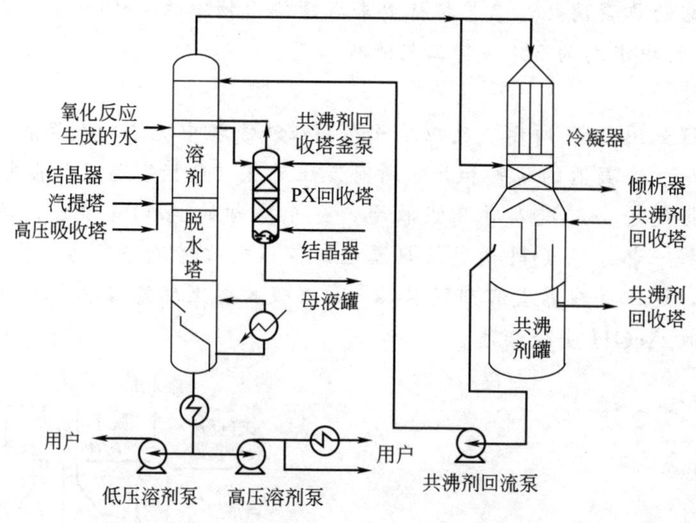

图 3-53 溶剂回收流程

和有机相（共沸剂）分离，共沸剂进入共沸剂储罐由回流泵送回共沸脱水塔作回流，汽相和未凝蒸汽送入共沸剂回收塔上部，水相进入共沸剂回收塔底部，进入共沸剂回收塔上部的蒸汽经冷却回收 AcOMe 存于储罐中，由泵送至氧化反应器，抑制 AcOMe 的生成，降低氧化副反应。共沸剂回收塔釜液体经冷却后由泵送至废水用户和污水处理厂，共沸剂回收塔顶不凝性尾气进入常压吸收塔，进一步回收其中的 AcOMe。

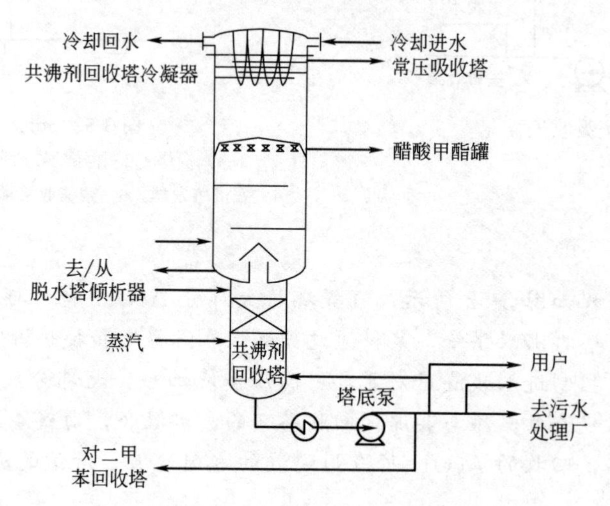

图 3-54 共沸剂回收流程

溶剂脱水塔采用共沸精馏法从水-AcOH 体系中脱水。加入共沸剂后，在共沸脱水塔中形成了有 9 个沸点组分的多元体系，按沸点由高到低排列为：AcOMe、共沸剂-水、PX-H_2O、丙醇、H_2O、共沸剂、PX-AcOH、AcOH 和 PX，它们的沸点分别是 57℃、82.4℃、92.5℃、96℃、100℃、112℃、115℃、118℃、138℃。溶剂脱水塔中存在三种共沸物，分别是共沸剂-H_2O、PX-H_2O 和 PX-AcOH，它们的沸点分别是 82.4℃、92.5℃、115℃。共沸剂-H_2O 是非均相共沸液，处于塔顶部。在冷凝器中生成两种液相，易于通过倾析器分离。

从脱水塔抽出的水中含有很小浓度的 PX，PX-H_2O 的共沸沸点为 92.5℃，高于共沸剂-H_2O的共沸沸点 82.4℃。PX-AcOH 共沸液的沸点 115℃，低于 AcOH 的沸点 118℃。这样，PX 会聚集在顶部床层，故当塔内含 PX 时，塔顶蒸汽内的 AcOH 浓度会上升。脱水塔顶部床层的下部抽出一股液流，目的就是为从脱水塔中清除掉 PX，这是为了减少对塔的操作的影响。由于 PX-H_2O 共沸沸点 92.5℃，PX-AcOH 共沸的沸点 115℃，因此，抽出位置应在 92.5～115℃，以确保抽出 PX 液体。PX 抽出时夹带了大量的共沸剂，为了防止共沸剂随 PX 返回氧化反应器燃烧掉造成损失，抽出液被加入到 PX 回收塔。在 PX 回收塔中，共沸剂-H_2O 以汽相形式回收并返回到共沸脱水塔顶部床层的下面，而 PX 以液相形式从塔釜流出，从塔釜流出的液相由泵送至母液罐中，再循环到氧化反应器。

由于 AcOMe 的沸点 59℃，共沸剂-H_2O 共沸物的沸点 82.4℃，脱水塔顶部的蒸汽中富含 AcOMe，AcOMe 必须被提取出来，从溶剂回收系统循环返回氧化反应器。简单地用水冷却器冷却塔顶蒸汽会导致过冷，AcOMe 进入共沸回收塔的废水中，从而引起 AcOMe 的损失。为减少这种损失，采用了让一定比例的顶部蒸汽不经过脱水塔顶冷凝器，而走旁通，这部分走旁通的蒸汽与那些经过冷凝器的部分再混合后一起通过脱水塔倾析器再平衡，保证汽、液混合物的温度高于 AcOMe 的露点 59℃，但低于共沸剂的沸点 112℃，将共沸剂分离出来。随温度的升高，使 AcOMe 进入 H_2O 中量增加，汽、液混合物再进入共沸剂回收塔将 AcOMe 分离出来，AcOMe 由泵送回氧化反应器回收利用。

控制要点：随液面高度的降低及共沸剂的浓度降低，塔内的温度随之升高。在共沸剂的浓度快速上升的地方，塔的温度迅速下降，为了控制脱水塔塔顶、塔釜的产品组分，必须维持塔的温度梯度，因而对温度迅速变化的位置进行控制。在共沸脱水塔的中部均匀分布有 6 个温度测量点，由温度控制器接受温度测量值并计算出共沸剂的“温度骤变点”，共沸脱水塔的控制实质就是控制共沸剂的“温度骤变点”的位置，是通过控制共沸剂的回流量来实现的。目前经验是控制在由 6 只均匀分布的温度计所构成的温度梯度 30%左右的位置。界面温度太高，则共沸脱水塔塔层温度过高，汽相中酸含量过大，增加产品的 AcOH 消耗；界面位置太低，则共沸脱水塔塔层温度过低，共沸剂和水的共沸物会进入底部 AcOH 中，最后大部分共沸剂在氧化反应器中被氧化分解掉，同时会造成不必要的经济损失，而 AcOH 溶剂中含水过多还会抑制氧化反应，产生副产物。

3.3 萃取精馏[1,2,5,7]

3.3.1 萃取精馏过程

若加入的新组分 MSA 不与原溶液中的任一组分形成共沸物，而其沸点又较原溶液任一组分高，从釜液中离开精馏塔，这种特殊精馏叫萃取精馏（extractive distillation），所加入的新组分称为萃取剂。

萃取精馏是向原料液中加入萃取剂，以改变原有组分间的相对挥发度而达到分离要求的特殊精馏方法。其要求萃取剂的沸点较原料液中各组分的沸点高得多，且不与组分形成共沸物，容易回收。萃取精馏常用于分离各组分相对挥发度差别很小的溶液。例如，在常压下苯的沸点为 80.1℃，环己烷的沸点为 80.73℃，若在苯-环己烷溶液中加入萃取剂糠醛，则溶液的相对挥发度发生显著的变化，且相对挥发度随萃取剂量加大而增高，如表 3-17 所示[48]。

表 3-17 苯-环己烷溶液加入糠醛后相对挥发度的变化

溶液中糠醛的含量(摩尔分数)	0	0.2	0.4	0.5	0.6	0.7
相对挥发度 α	0.98	1.38	1.86	2.07	2.36	2.7

在萃取精馏中，萃取剂改变原有组分的相对挥发度。因此，要求萃取剂组分在各级液相中保持适当的浓度。为此，至少有部分溶剂需要从原料进口以外的位置加入塔内，因此萃取精馏塔是一个多股进料的复杂塔。同时，萃取精馏应考虑溶剂回收，循环使用，所以萃取精馏系统是一个双塔系统。它由萃取精馏塔和溶剂回收塔所构成，萃取精馏塔除了原料进口外，在塔上部有溶剂加入，见图 3-55(a)。如 C_4馏分制取丁二烯的流程如图 3-55(b) 所示：经预处理的原料 C_4馏分预热 60℃呈汽相状态从塔中部入萃取精馏塔，萃取剂乙腈于塔的回收段与精馏段之间入塔，由于萃取剂的作用，加大了丁烯、丁烷与丁二烯的相对挥发度，精馏段之上不含丁二烯。为了减少溶剂损失，尽可能地降低馏出液中溶剂含量。通常在塔顶和溶剂进口之间装有几个塔级，作为溶剂回收段，其主要用于分离乙腈与丁烷、丁烯，因此该塔顶部得到丁烷和丁烯；与溶剂乙腈结合力大的丁二烯和萃取剂一起通过精馏段和提馏段后从塔釜出塔进入溶剂回收塔，精馏段主要是利用乙腈作为溶剂改变丁二烯与丁烯、丁烷的相对挥发度，使丁二烯尽量少被丁烯、丁烷带走；提馏段主要是从乙腈和烃类的混合物中将丁烷、丁烯提馏出来。溶剂回收塔是一普通精馏塔，由中部进入溶剂回收塔的丁二烯、乙腈混合液经过精馏，塔顶得到轻组分丁二烯，塔釜得到高沸点的溶剂乙腈，返回萃取精馏塔循环使用。

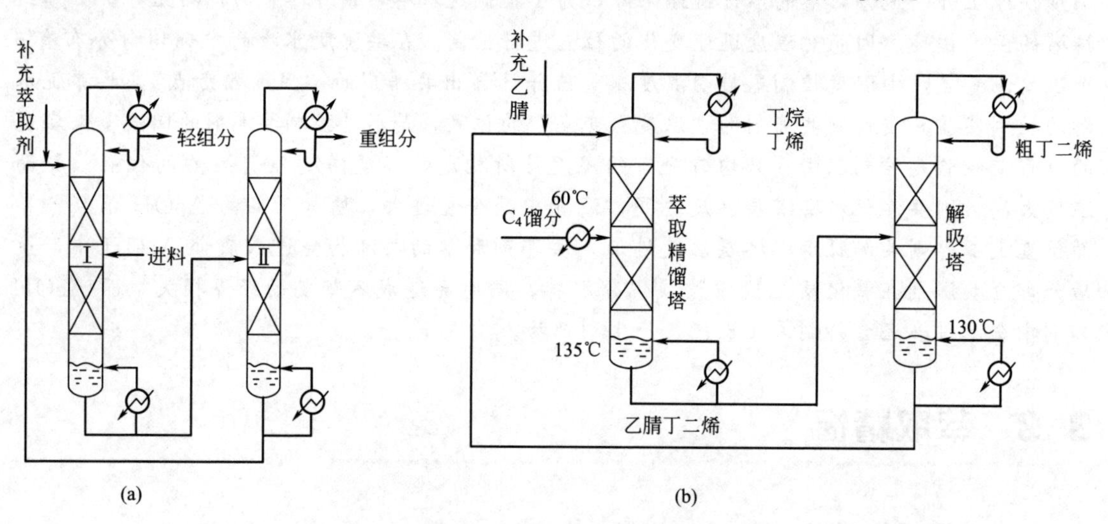

图 3-55 萃取精馏的流程

与常规精馏塔比较，萃取精馏塔增加了溶剂回收段，其作用为除去被上升蒸汽夹带的溶剂，以降低溶剂在萃取精馏塔塔顶产品中的含量，既保证了塔顶产品质量，又降低了溶剂的损失。回收段所需的理论级数取决于溶剂与塔顶组分的蒸气压差，差值越大，所需理论级数越少。其次是萃取精馏所用的萃取剂的沸点较进料中的各组分的沸点高得多，难以挥发，故在塔内精馏过程中近似于恒摩尔流，在精馏段和提馏段中各级上的浓度几乎为恒定。因此，如果进料为汽相进料，则精馏段及提馏段回流液中溶剂浓度保持不变，利于精馏；若为液相进料，或含有液相，则精馏段和提馏段液相中溶剂的浓度发生突变，提馏段下流的液体总量增大、溶剂浓度降低，对于分离不利。为了使溶剂浓度恒定，需要在进料中加入适量的溶剂。由于萃取剂损失量很少，通常只需添加少量补充萃取剂。

3.3.2 萃取精馏的原理

萃取精馏的基本原理是基于加入萃取剂后，改变了原溶液中关键组分间的相对挥发度，即改变了原溶液组分分子间的相互作用力，构成一个新的非理想溶液。一般工业生产中，萃取精馏塔多在常压或压力不高的条件下操作，汽相可以近似看作理想气体。设组分 1 和组分 2 的混合物加入 S 进行分离，其相对挥发度表示为

$$\alpha_{1,2}=\frac{K_1}{K_2}=\frac{\gamma_1 p_1^0}{\gamma_2 p_2^0} \tag{3-107}$$

用三组分 Margules 方程求液相的活度系数，溶剂存在下组分 1 和 2 的活度系数之比为

$$\ln\left(\frac{\gamma_1}{\gamma_2}\right)_S=A_{21}(x_2-x_1)+x_2(x_2-2x_1)(A_{12}-A_{21}) \\ +x_S[A_{1S}-A_{S2}+2x_1(A_{S1}-A_{1S})-x_S(A_{2S}-A_{S2})-c(x_2-x_1)] \tag{3-108}$$

若三个双组分溶液均属非对称性不大的系统，各组分之间的相互作用可以忽略，$c=0$，并以端值常数的平均值 $A'_{12}=\frac{1}{2}(A_{12}+A_{21})$，$A'_{1S}=\frac{1}{2}(A_{1S}+A_{S1})$，$A'_{2S}=\frac{1}{2}(A_{2S}+A_{S2})$代入并整理得柯干公式

$$\ln\left(\frac{\gamma_1}{\gamma_2}\right)_S=A'_{12}(1-x_S)(1-2x'_1)+x_S(A'_{1S}-A'_{2S}) \tag{3-109}$$

式中，$x'_1=\frac{x_1}{x_1+x_2}$为组分 1 的脱溶剂浓度；组分 2 的脱溶剂浓度为 $x'_2=\frac{x_2}{x_1+x_2}$。将式（3-109）代入式（3-107）得

$$\ln\alpha_S=\ln\left(\frac{p_1^0}{p_2^0}\right)_{T_3}+A'_{12}(1-x_S)(1-2x'_1)+x_S(A'_{1S}-A'_{2S}) \tag{3-110}$$

式中，α_S 为有 S 存在时组分 1 对组分 2 的相对挥发度；T_3 为三元物系的泡点温度。

如果 $x_S=0$，即对无溶剂的双组分系统，$x'_1=x_1$，可得

$$\ln\left(\frac{\gamma_1}{\gamma_2}\right)=A'_{12}(1-2x_1) \tag{3-111}$$

则

$$\ln\alpha=\ln\left(\frac{p_1^0}{p_2^0}\right)_{T_2}+A'_{12}(1-2x'_1) \tag{3-112}$$

式中，α 为二元溶液中组分 1 对组分 2 的相对挥发度；T_2 为二元物系的泡点温度。

原体系组分间 α 接近，$\left(\frac{p_1^0}{p_2^0}\right)$相近且随 T 变化不明显，所以可以认为$\left(\frac{p_1^0}{p_2^0}\right)_{T2}\approx\left(\frac{p_1^0}{p_2^0}\right)_{T3}$，$x'_1=x_1$，由式（3-110）和式（3-112）得

$$\ln S_{12}=\ln\left(\frac{\alpha_S}{\alpha}\right)=x_S[A'_{1S}-A'_{2S}-A'_{12}(1-2x'_1)] \tag{3-113}$$

式中，S_{12} 定义为溶剂的选择性，是衡量溶剂效果的一个重要指标。

【讨论】

（1）萃取剂本身性质的影响

由式（3-113）知，溶剂的选择性不仅与溶剂的性质（A'_{1S}和 A'_{2S}）和溶液的浓度有关，还与原溶液的性质（A'_{12}）和浓度（x'_1）有关，要使溶剂在任何 x'_1 值时都能有较大的选择

性以增加原溶液的选择性（$S_{12}>1$），必须满足

$$A'_{1S}-A'_{2S}-|A'_{12}|>0 \tag{3-114}$$

最好 S 与 1 形成具有正偏差的非理想溶液，S 与 2 形成具有负偏差的非理想溶液或理想溶液。

（2）萃取剂浓度的影响

当 x'_1一定时，x_S 越大，S_{12}改变越大。但萃取剂量的增加会降低级效率，一般萃取剂摩尔分数控制在 0.5～0.9。萃取精馏的回流比不宜过大，增加回流比，虽然可以提高分离动力，但也使得液相的萃取剂浓度降低，减小了被分离组分间相对挥发度，故萃取精馏存在一最佳回流比。

（3）物系本身性质的影响

由式（3-113）知，$A'_{1S}-A'_{2S}>0$ 是式（3-113）成立的必要条件而非充分条件。

① $A'_{12}>0$（正偏差体系）

a. 当 $x'_1>0.5$ 时，$(1-2x'_1)<0$，而 $[-A'_{12}(1-2x'_1)]>0$，加入 S 后，选择性上升，α_S 增加；

b. 当 $x'_1<0.5$ 时，$(1-2x'_1)>0$，而 $[-A'_{12}(1-2x'_1)]<0$ 加入 S 后，有可能使分离变得更困难（当 $[-A'_{12}(1-2x'_1)]$ 对 α_S 的影响大于 S 加入使 $A'_{1S}-A'_{2S}$ 上升对 α_S 的影响时加入 S，分离更难）。

② $A'_{12}<0$（负偏差体系）

a. 当 $x'_1>0.5$ 时，$(1-2x'_1)<0$，而 $[-A'_{12}(1-2x'_1)]<0$ 加入 S 后，有可能使分离变得更困难；

b. 当 $x'_1<0.5$ 时，$(1-2x'_1)>0$，而 $[-A'_{12}(1-2x'_1)]>0$ 加入 S 后，选择性上升，α_S 增加。

（4）萃取精馏的实质

① 对原溶液关键组分产生不同的作用　原分离物系中两组分沸点相近，非理想性不大的物系，加入萃取剂的作用是萃取剂与其中一个组分或两个组分形成非理想溶液，从而改变了原组分间的相对挥发度。

② 稀释原溶液　当原溶液为非理想物系，以至形成共沸物而难以分离，则萃取剂起稀释作用，从而减弱了原分子间的相互作用，使相对挥发度改变。

3.3.3 萃取剂的选择[49～52]

一般来说萃取精馏流程和塔板结构的改进是有限的。因此，选择好的萃取剂或对萃取剂进行改进和优化是提高萃取精馏塔生产能力和降低能耗的最有效途径。萃取精馏是能量分离剂与质量分离剂并重的分离过程。只有采用高选择性的溶剂才能使萃取精馏的操作成本和设备投资达到最小，通常萃取剂的选择方法有下述几种。

3.3.3.1 性质约束方法

性质约束方法是指根据某些原则划定分离混合物系所需溶剂的大致范围，这种方法一般应用于溶剂的初步筛选过程。

（1）经验筛选方法

该法一般用于粗略地筛选溶剂，其主要依据是溶剂分别与待分离关键组分形成的二元溶液对拉乌尔定律会产生不同的偏差。可从重关键组分的极性或同系物中选择。

① 根据有机物的极性选择　考虑被分离组分的极性有助于萃取剂的选择，选择在极性上更类似于重关键组分的化合物作萃取剂，能有效地减小重关键组分的相对挥发度。极性大小为：烃→醚→醛→酮→酯→醇→二醇→水。

② 从同系物中选择　希望所选的萃取剂应是与塔釜产品形成理想溶液或具有负偏差的非理想溶液，与塔釜产品形成理想溶液的萃取剂容易选择，一般可由同系物或极性类似的物料中选取，最好选择沸点较高的组分的同系物，以免克服原溶液中沸点差异。

例如甲醇-丙酮（甲醇沸点 64.7℃，丙酮沸点 56.4℃）溶液具有最低共沸点，$t_{共}=55.7$℃，$x_{CH_3OH}=0.2$（摩尔分数）的非理想溶液，如用萃取精馏分离时，萃取剂可有两种类型，可以选择甲醇的同系物乙二醇（197.2℃），也可选择丙酮的同系物甲基异丁基酮（115.9℃）。两种方案比较知，选择甲醇同系物有利。因为如用丙酮的同系物作萃取剂时，该萃取剂要克服原溶液中沸点差异，使低沸点物质与萃取剂一起由塔釜排出。

(2) 活度系数方法

这种方法通过计算精馏物系的关键组分在溶剂中的活度系数，进而推断出各被选溶剂的选择性及溶解性等参数，然后经过比较选择最佳溶剂。

① 无限稀释活度系数　因为

$$S_{12}=\frac{(\gamma_1/\gamma_2)_s}{\gamma_1/\gamma_2}\propto\left(\frac{\gamma_1}{\gamma_2}\right)_s，\alpha_{1,2}\approx1$$

当 $x_s\to1$ 时，代表一种萃取剂的最大选择度。

$$(S_{12}^{\infty})_{x_s\to1}\propto\left(\frac{\gamma_1^{\infty}}{\gamma_2^{\infty}}\right)_{x_s\to1}$$

例：环己烷-苯体系以苯胺或糠醛为萃取剂的选择性。

苯胺　　$\gamma_1^{\infty}=4.769$，$\gamma_2^{\infty}=1.747$，$(S_{12}^{\infty})_{x_s\to1}=2.73$

糠醛　　$\gamma_1^{\infty}=5.631$，$\gamma_2^{\infty}=2.007$，$(S_{12}^{\infty})_{x_s\to1}=2.806$

所以糠醛的选择性稍优于苯胺。

② 用活度系数方程式计算　计算 $\lg\left(\frac{\gamma_1}{\gamma_2}\right)_s$ 并计算 $(\alpha_{1,2})_s$，$(\alpha_{1,2})_s$ 值越大，则说明选择性就强。

(3) 实验方法

经过计算筛选出来的有限的有机溶剂，以及不能经过计算筛选的盐类、高分子聚合物一般必须通过实验方法进行验证。通过测定汽液平衡数据或无限稀释溶液的活度系数，对溶剂进行初步筛选，这种方法比较准确，但是耗费较大，周期较长。

$$(\alpha_{1,2})_s=\frac{y_1x_2}{y_2x_1}$$

以等摩尔的被分离组分混合液中加入等重量的萃取剂相混后，通过实验方法测定汽液两相的平衡组成，并计算其相对挥发度，$(\alpha_{1,2})_s$ 值越大，则说明选择性越强。在最后确定溶剂以及进行设计计算时，还必须进行全浓度下的汽液平衡实验和萃取精馏工艺实验，以验证和比较所选的溶剂并为后续的工业推广提供依据。

3.3.3.2 计算机优化方法

计算机优化方法是指通过计算机利用各种选择指标，设计或具体选择最佳溶剂。可分为计算机辅助分子设计方法和人工神经网络方法，有时二者也结合使用。

(1) 计算机辅助分子设计方法 (CAMD)[53]

CAMD 方法首先预选一定结构的基团，然后按照某种规律组合成分子，并依据所设定的分子目标性质进行筛选，在众多的有机物中逐渐缩小搜索范围，最终找到所需的优化物质。另外，CAMD 方法还可以组合生成新的溶剂分子，取代现有溶剂以获得更大的经济效益。UNIFAC 基团贡献法是分子设计的重要工具，分子设计的主要过程是由若干基团自动组合成分子，然后按照预定分子的目标性质对所生成的分子群进行筛选，从而找出目标性质最优的分子作为溶剂。

(2) 人工神经网络方法 (ANN 方法)

ANN 方法是一种新型信息处理和计算系统。它在现代神经科学研究成果的基础上，通过对生物神经的结构和功能进行数学抽象、简化和模拟而逐步发展起来的，具有自适应能力和自学习功能，在模式识别和非线性函数关系等领域获得了显著的成功，而且在预测多组分非线性性质关系方面也展现出诱人的前景。将 ANN 技术与定量分子结构-性质关系式、定量结构-活性系数关系式相结合建立的模型用于预测各种物质的理化性质，取得了显著的进展。

还有的学者提出建立采用基于多目标决策理论的综合评判法，应用计算机优化方法寻求最佳溶剂[54]。

3.3.3.3 混合溶剂[55]

萃取精馏一般采用单一溶剂作为萃取剂，近年来一些学者开始采用混合溶剂作为萃取剂取得了良好的效果。在相同的条件下混合溶剂比单一溶剂具有更高的选择性。混合溶剂的选择性大小不仅和溶剂与进料质量比有关而且与混合溶剂的配比有关。混合溶剂的选择性随溶剂与进料质量比的增大而增大，这一点与单一溶剂具有相同的规律。混合溶剂的选择性还与所含组分的类型有关，而且当混合溶剂中所含的组分类型相同，但各组分比例不同时，其选择性也会有较大的差异。关于萃取剂的选择当今研究得还不甚深入，仍需做进一步的工作。

3.3.4 萃取精馏过程分析

3.3.4.1 塔内流量分布

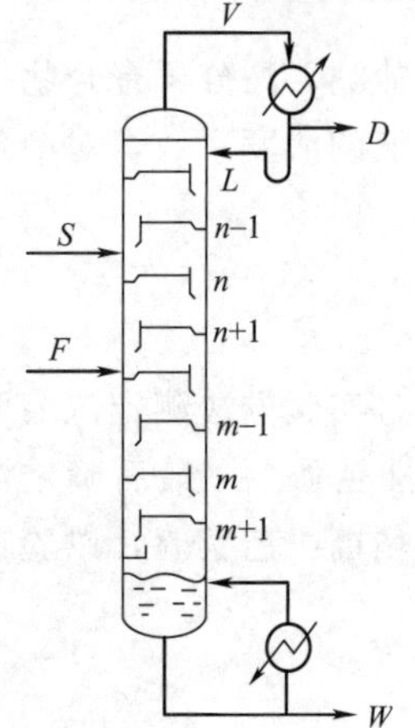

图 3-56 萃取精馏塔

如图 3-56，萃取精馏与一般精馏不一样，进入塔内的物料除料液和回流外，尚有萃取剂，且溶剂的流率又往往大大超过其它物料的流率。在萃取剂加入级和进料级，物料的汽相（或液相）流率有突变，由于萃取剂总是以液态加入的，故在萃取剂加入级，液体流率必然有突然变化，进料可以是汽相、液相或混相，按进料状态不同，进料级上汽相、液相或二者的流率相应的有突变。

精馏段作物料衡算

$$V_{n+1}+S=L_n+D \tag{3-115}$$

若溶剂中不含有原溶液的组分，则对溶剂以外的任一组分 i

$$V_{n+1}y_{n+1}=L_nx_n+Dx_D \tag{3-116}$$

或

$$y_{n+1}=\frac{L_n}{V_{n+1}}x_n+\frac{D}{V_{n+1}}x_D \tag{3-117}$$

以脱溶剂的相对浓度 $y'_{n+1}=\frac{y_{n+1}}{1-(y_s)_{n+1}}$，$x'_n=\frac{x_n}{1-(x_s)_n}$，$x'_D=\frac{x_D}{1-(x_s)_D}$代替上式中的浓度，则

$$y'_{n+1}=\frac{L_n}{V_{n+1}}x'_n[1-(x_S)_n]+\frac{D}{V_{n+1}}x'_D[1-(x_S)_D] \tag{3-118}$$

若以 v 和 l 分别代表汽相和液相中原溶液组分的流率，即

$$l_n=L_n[1-(x_S)_n] \qquad v_{n+1}=V_{n+1}[1-(y_S)_{n+1}] \tag{3-119}$$

则

$$y'_{n+1}=\frac{l_n}{v_{n+1}}x'_n+\frac{D}{v_{n+1}}[1-(x_S)_D]x'_D \tag{3-120}$$

一般 D 中不含 S，所以

$$y'_{n+1}=\frac{l_n}{v_{n+1}}x'_n+\frac{D}{v_{n+1}}x'_D \tag{3-121}$$

整理得

$$\frac{L_n}{V_{n+1}}:\frac{l_n}{v_{n+1}}=\frac{1-(y_S)_{n+1}}{1-(x_S)_n} \tag{3-122}$$

因为 S 的 α 远小于原溶液的 α，所以 $(y_S)_n<(x_S)_n$，$(x_S)_n\approx(x_S)_{n+1}$（液相中 x_S 基本不变，恒摩尔流），故 $(y_S)_{n+1}<(x_S)_n$。所以

$$\frac{L_n}{V_{n+1}}:\frac{l_n}{v_{n+1}}>1$$

即 S 存在下塔内液汽比大于脱溶剂情况下的液汽比。

对溶剂 S 作物料衡算求 S 的量

$$V_{n+1}(y_S)_{n+1}+S=L_n(x_S)_n+D(x_S)_D \tag{3-123}$$

一般 $(x_S)_D\approx0$，设 $L_n(x_S)_n=S_n$，则

$$S_n=S+V_{n+1}(y_S)_{n+1} \tag{3-124}$$

萃取精馏中，S 沸点高且量大，S 在下流中温度升高会冷凝一定量上升蒸汽，从上至下汽液流量渐增。考虑冷凝量，精馏段第 n 级液相流率为

$$L_n=l_n+S+\frac{C_{pS}(T_n-T_S)}{\Delta H_v} \tag{3-125}$$

相应汽相流率（若汽相中 S 忽略之）

$$V_{n+1}=L_n+D-S \tag{3-126}$$

对提馏段

$$\overline{L}_m=\overline{l}_m+S+\frac{C_{pS}(T_m-T_S)}{\Delta H_v} \tag{3-127}$$

$$\overline{V}_{m+1}=\overline{L}_m-(W'+S) \tag{3-128}$$

式中，C_{pS} 为溶剂 S 的热容；T_S、T_n 和 T_m 分别为 S 加入级和第 n 级及第 m 级的温度；ΔH_v 为被分离组分在溶剂中的溶解热，忽略混合热时等于汽化热；W' 为不包括 S 在内的釜液量。

3.3.4.2 塔内 S 浓度分布

在萃取精馏塔内，由于所用萃取剂的相对挥发度比所处理物料的相对挥发度低得多，用量较大，故在塔级上基本维持一固定的浓度值，它决定了原溶液中关键组分的相对挥发度和

塔的经济合理操作，根据“恒定浓度”即 $x_{S,n}=x_{S,n+1}$ 的概念，可简化萃取精馏过程的计算。

假定：①恒摩尔流；② $x_{S,D}=0$。

对精馏段作物料衡算，总物料平衡

$$V+S=L+D \tag{3-129}$$

对萃取剂 S 作物料衡算得

$$Vy_S+S=Lx_S \tag{3-130}$$

设萃取剂 S 对分离组分的相对挥发度为 β，则

$$\beta=\frac{\dfrac{y_S}{1-y_S}}{\dfrac{x_S}{1-x_S}} \tag{3-131}$$

对原溶液为二元溶液，已知组分对萃取剂的 $\alpha_{1,S}$、$\alpha_{2,S}$ 及溶液的浓度 x_i，则

$$\beta=\frac{\dfrac{y_S}{y_1+y_2}}{\dfrac{x_S}{x_1+x_2}}=\frac{x_1+x_2}{x_S}\frac{1}{\dfrac{y_1}{y_S}+\dfrac{y_2}{y_S}}=\frac{x_1+x_2}{x_S}\frac{1}{\alpha_{1,S}\dfrac{x_1}{x_S}+\alpha_{2,S}\dfrac{x_2}{x_S}}=\frac{x_1+x_2}{\alpha_{1,S}x_1+\alpha_{2,S}x_2}$$

可以得到原溶液为多元混合物的相对挥发度

$$\beta=\frac{\Sigma x_i}{\Sigma\alpha_{i,S}x_i}$$

溶剂与原溶液间汽液平衡关系可表示为

$$y_S=\frac{\beta x_S}{(\beta-1)x_S+1} \tag{3-132}$$

联立式（3-129）、式（3-130）和式（3-132）得

$$x_S=\frac{S}{(1-\beta)L-\left(\dfrac{\beta D}{1-x_S}\right)} \tag{3-133}$$

一般 β 很小，式（3-133）可简化为 $x_S=\dfrac{S}{(1-\beta)\ L}$，或 $x_S\approx\dfrac{S}{L}$。

与精馏段类似，对于提馏段可得

$$\bar{x}_S=\frac{S}{\bar{L}(1-\beta)+\dfrac{W'\beta}{1-\bar{x}_S}} \tag{3-134}$$

注意：式中 W' 不包括 S。当 β 很小时，

$$\bar{x}_S\approx\frac{S}{\bar{L}(1-\beta)}\quad 或 \quad \bar{x}_S\approx\frac{S}{\bar{L}}$$

$$(x_S)_W=\frac{S}{W}=\frac{S}{S+W'}$$

而 $W<\bar{L}$，所以 $(x_S)_W>\bar{x}_S$，即萃取剂浓度在再沸器中发生跃升。

【讨论】

由式(3-133) 和式(3-134) 知：

① $x_S=f\ (S,\ L,\ \beta)$，所以提高级上 S 的浓度主要手段是增加萃取剂的进料流率。当 S、L 一定时，β 增大，x_S 提高，有利于原溶液组分的分离，但增加了萃取剂回收的难度。

当 S、β 一定时，回流比 R 提高，L 上升，x_S 减小，所以加大回流比对分离不利，通常有一最佳的回流比，它是权衡回流比和溶剂浓度对分离度综合影响的结果。

② 对原溶液为二元溶液 $\beta=\dfrac{x_1+x_2}{\alpha_{1,S}x_1+\alpha_{2,S}x_2}$；塔顶 $x_1\approx1$，$x_2\approx0$，$\beta=\dfrac{1}{\alpha_{1,S}}=\alpha_{S,1}$；塔釜 $x_1\approx0$，$x_2\approx1$，$\beta=\dfrac{1}{\alpha_{2,S}}=\alpha_{S,2}$，所以

$$\overline{\beta}=\sqrt{\alpha_{S,1}\alpha_{S,2}}$$

在一般工程估算中，β 变化$<10\%\sim20\%$，则可认为是定值。

③ 最少萃取剂用量。β 越小越好，一般$\dfrac{\beta D}{1-x_S}$很小，所以

$$x_S=\frac{S}{(1-\beta)L}=\frac{S}{(1-\beta)(S+RD)}\approx\frac{S}{L}$$

当 $\beta>0.05$，则必须试差求 x_S。

④ 饱和蒸汽进料，$q=0$，$L=\overline{L}$，所以 $x_S=\overline{x}_S$。饱和液体进料，$\overline{L}=L+qF$，所以 $\overline{x}_S<x_S$。

$(\overline{\alpha}_{1,2})_S<(\alpha_{1,2})_S$，如果需保持恒定萃取剂浓度，可在加料级处补加萃取剂。$S_1=qF\left(\dfrac{x_S}{1-x_S}\right)$。

⑤ 由于塔内温度越往下越高，因此，必然会有少量蒸汽冷凝，以供萃取剂升温所需的热量，其结果是萃取剂浓度 x_S 有所降低。

3.3.5 萃取精馏过程平衡级数的简捷计算

计算的依据是选择的萃取剂的特点为沸点高，相对挥发度小，由塔顶引入后几乎全部流入塔釜，因而萃取剂在塔内各级上的浓度恒定不变，萃取剂的存在仅改变了原组分间的相对挥发度，采用适当的相对挥发度数据后，计算萃取精馏过程时就可以不考虑萃取剂的存在，因而应以脱溶剂为基准进行物料衡算。

3.3.5.1 图解法

当原溶液为二元时，由于加入恒浓度萃取剂，只改变相对挥发度故可按二元精馏来处理，即得到恒浓度萃取剂下的汽液平衡相图，作 x'-y'相图，图解求 N。

① 物料衡算。根据工艺要求，与多组分精馏一样，按加料及塔顶、塔釜的分离度作物料衡算，求得 D、$x_{i,D}$、W、$x_{i,W}$。

② 绘汽液平衡曲线，即 x'-y'曲线。因为$(\alpha_{1,2})_S=\dfrac{y_1/y_2}{x_1/x_2}=\dfrac{y_1'/y_2'}{x_1'/x_2'}=\dfrac{\gamma_1p_1^0}{\gamma_2p_2^0}$，所以$y_1'=\dfrac{(\alpha_{1,2})_Sx_1'}{1+[(\alpha_{1,2})_S-1]x_1'}$。设不同的 x_1'，计算 $(\alpha_{1,2})_S$，再计算 y_1'。

为了方便，可将计算结果绘制成 $(\alpha_{1,2})_S$ 与 x'-x_S 图，在特定的 x_S 下，查出 x'与 $(\alpha_{1,2})_S$ 的关系。

③ 在图上求 R_m 并选 R。

$$R_m=\frac{x_D'-y_q'}{y_q'-x_q'}$$

④ 作操作线方程。

⑤ 作阶梯求 N 及进料级位置。

3.3.5.2 简捷法计算步骤

① 选定关键组分，$x_i'=\dfrac{x_i}{\sum x_i}$，$y_i'=\dfrac{y_i}{\sum y_i}$。

② 由分离要求，进行物料衡算，求得塔顶、塔釜的组成。

③ 计算萃取剂用量，并决定加料级，塔顶、塔釜的泡点温度。

④ 求各组分的相对挥发度。因为 $(\alpha_{1,2})_S=\dfrac{\gamma_1 p_1^0}{\gamma_2 p_2^0}$，由活度系数模型求 γ_i。

简化计算 $\lg(\alpha_{1,2})_S=\lg\left(\dfrac{p_1^0}{p_2^0}\right)+A_{12}'(1-x_S)(1-2x_1')+x_S(A_{1S}'-A_{2S}')$

塔顶 $x_1'\approx 1,\lg(\alpha_{1,2})_S=\lg\left(\dfrac{p_1^0}{p_2^0}\right)-A_{12}'(1-x_S)+x_S(A_{1S}'-A_{2S}')$

塔釜 $x_1'\approx 0,\lg(\alpha_{1,2})_S=\lg\left(\dfrac{p_1^0}{p_2^0}\right)+A_{12}'(1-x_S)+x_S(A_{1S}'-A_{2S}')$

$$(\alpha_{1,2})_S=\frac{(\alpha_{1,2})_{S顶}+(\alpha_{1,2})_{S釜}}{2}$$

⑤ 由 Fenske 公式计算 N_m。

$$N_m=\frac{\lg\left[\left(\dfrac{x_{1,D}'}{x_{2,D}'}\right)\left(\dfrac{x_{2,W}'}{x_{1,W}'}\right)\right]}{\lg(\alpha_{1,2})_S}$$

必须是汽相进料，即 $x_S=\overline{x}_S$，如果 $x_S\neq\overline{x}_S$，则 $(\alpha_{1,2})_S\neq(\overline{\alpha}_{1,2})_S$，应该用上式分别计算精馏段与提馏段的 N_m。

⑥ 计算最小回流比。

a. 用 Underwood 公式计算。

b. 用半经验式。

加料为饱和液体 $R_m=\dfrac{1}{(\alpha_{1,2})_S-1}\left[\dfrac{x_{1,D}'}{x_{1,F}'}-(\alpha_{1,2})_S\dfrac{1-x_{1,D}'}{x_{1,F}'}\right]$

加料为饱和气体 $R_m=\dfrac{1}{(\alpha_{1,2})_S-1}\left[\dfrac{(\alpha_{1,2})_S x_{1,D}'}{x_{1,F}'}-\dfrac{1-x_{1,D}'}{1-x_{1,F}'}\right]-1$

$$R=(1.2\sim 2)R_m$$

在萃取精馏过程中，一般不希望回流比过大，当回流比过大时，要降低级上萃取剂的浓度 x_S，从而会降低组分间相对挥发度 $(\alpha_{1,2})_S$，增加所需之平衡级数，这与普通精馏操作正好相反，当然在增加回流比同时，也可增加萃取剂的用量以保持塔内萃取剂浓度，但这又会使汽相与液相流量相差更大，不仅增加了塔设计的困难，也会降低塔级效率。当然回流比太小时，所需平衡级数也要增加。适宜回流比常按实验测定。

⑦ 由 R_m，R，N_m 用 Gilliland 图求 N。

⑧ 萃取剂回收段平衡级数的确定。对于萃取精馏塔，为了防止萃取剂由塔顶带出，均设有萃取剂回收段，可用经验式。

$$n=\frac{-\lg\left\{\frac{x_{S,D}}{\beta}\left[\frac{1}{x_{S,n}}-\frac{1-\beta}{1-(R+1)\frac{\beta}{R}}\right]\right\}}{\lg\frac{R}{(R+1)\beta}}+1$$

式中，$x_{S,n}$ 回收段的最下面级上的液相中萃取剂的组成，在简化计算中可近似取 $x_{S,n}=y_S$，y_S 为精馏段顶级上的组成。

$$y_S=\frac{y_S}{\alpha_{S,2}}\bigg/\sum\frac{y_i}{\alpha_{iS}}$$

由塔顶级组成计算。

因为 β 很小，则 n 也不多，一般在 0.5 到 1 个平衡级左右，所以在设计中可按上式计算，也可按经验取一个平衡级。

⑨ 塔顶带出萃取剂之损耗量 ΔS。在实际生产中，$x_{S,D}$ 不可能是零，按分离要求允许有一定的浓度，因此，塔顶产品中要带有少量萃取剂，因此存在萃取剂的损失。

$$\Delta S=Dx_{S,D}=D'\frac{x_{S,D}}{1-x_{S,D}}$$

从而可以修正物料平衡，加入塔内的萃取剂量应该是 $S+\Delta S$。

3.3.6 萃取精馏操作设计的特点

① 萃取精馏过程，因塔内液体流率往往远远大于气体流率，造成汽液接触不佳，使得萃取精馏的全塔效率小于普通精馏塔，一般为普通精馏的50%左右。

② 要严格控制回流比，不能盲目用调节回流比的办法调节萃取精馏塔的操作，因为回流比增大，液相流率增加，将使液相中溶剂浓度 x_S 下降，而使被分离组分间的相对挥发度 $(\alpha_{1,2})_S$ 减小，分离效果变差。常用调节方法：

a. 调节溶剂用量，增加溶剂 S 入塔量，液相中溶剂浓度 x_S 提高，$(\alpha_{1,2})_S$ 增大，分离所需 N 下降；

b. 减少进料量，进料量 F 减少，馏出液 D 下降，相当于在维持原来 x_S 条件下增加了 R，分离效果变好；

c. 溶剂 S 的进料温度应维持恒定，因为液相多为 S，S 温度变化将使塔内 L 和 V 发生很大波动，S 很小的 ΔT 对全塔影响很大，所以应严格控制 S 的进料温度。

国内在萃取精馏技术的改进和应用方面也做了不少工作。根据分离过程“流”和“场”的观点，将影响萃取精馏分离过程的因素归结为“流”的影响即萃取精馏流程安排和萃取精馏塔的塔板结构，以及“场”的影响即萃取剂或溶剂的选择。并认为在普通精馏不能完成的分离场合，应该优先考虑萃取精馏，然后是其它的特殊精馏方式和分离方法[56]。间歇萃取精馏的应用和改进方面也有一定进展[57]。相信随着其技术的进一步发展和完善，其在制药、溶剂提纯、精细化工等方面将具有更为广泛的应用前景。

3.3.7 共沸精馏与萃取精馏的比较

(1) 共同点

加入 MSA 改变液体混合物中的关键组分间的相对挥发度，促使精馏容易实现。

(2) 不同点

① 共沸精馏中所用S至少与待分离物料中一个组分形成共沸物，萃取精馏无此限制；

② 共沸精馏（形成最低共沸物的共沸精馏）中S从塔顶蒸出，消耗热能较大，仅当共沸物中S甚少，与S形成共沸物的组分在原料液中量也少时，才有可能与萃取精馏的能耗相匹敌；

③ 共沸精馏既可连续操作，也可用于间歇操作，而萃取精馏一般用于连续操作，但对精细化工生产目前研究动向是萃取精馏也可用于间歇操作；

④ 在同样操作压力下，共沸精馏温度较低，故与萃取精馏相比更适合于分离热敏性物料。

【工程案例 3-6】 乙腈法C_4馏分萃取丁二烯[5]

近年来，随着国内乙烯装置的不断改扩建，对C_4馏分的综合利用产生了很大的压力。石脑油蒸汽裂解制乙烯装置的副产C_4馏分，若按典型收率约占裂解馏分的8%左右。C_4馏分中主要含有1-丁烯、2-丁烯、异丁烯、丁二烯与正、异丁烷等组分，而其中丁烯、异丁烯、丁二烯含量可达C_4馏分的90%（均为摩尔分数）以上，其余为丁烷与少量的二烯烃和炔烃。表3-18为当原料烃裂解深度为中度时，从脱丁烷塔顶馏出的C_4馏分所含组分的种类和它们的相对挥发度。从表3-18可以看出在不加萃取剂时，C_4馏分中异丁烯、1-丁烯和丁二烯的相对挥发度相差很小，加入萃取剂后，各组分间的相对挥发度显著增大，有利于将其它组分与丁二烯分离。在萃取剂浓度相同的情况下，显然乙腈的萃取效果优于糠醛。

表3-18 C_4馏分的部分组成及在不同萃取剂中的相对挥发度

组分	正丁烷	异丁烷	异丁烯	1-丁烯	反-2-丁烯	顺-2-丁烯	丁二烯	丙炔	丁炔	乙烯基乙炔
组成(摩尔分数)/%	5.013	1.253	27.156	15.974	6.489	5.291	38.308	0.098	0.311	0.108
无萃取剂时的相对挥发度(51.7℃、0.69MPa)	0.886	1.18	1.03	1.02	0.845	0.805	1.00	—	—	—
以含水4%的糠醛水溶液为萃取剂(x_s=0.8)	2.00	2.80	1.55	1.50	1.21	1.13	1.00	—	—	—
以含水10%的乙腈水溶液为萃取剂(x_s=0.8)	3.11	4.35	1.89	1.89	1.58	1.37	1.00	1.05	0.462	0.379

乙腈法C_4萃取丁二烯工艺流程见图3-57，扬子石油化工股份有限公司10万吨/年丁二烯生产装置见图3-58。由裂解气分离工序送来的C_4馏分首先送进脱C_3塔1、脱C_5塔2，将C_3、C_5脱除，减少高聚物的生成，以保证丁二烯萃取精馏塔3平稳操作。丁二烯萃取精馏塔分为两段，共120个塔级数，塔顶压力为0.45MPa，塔顶温度为46℃，塔釜温度为114℃。C_4馏分由塔中部进入，乙腈由塔顶加入。经萃取精馏分离后，塔顶蒸出的丁烷、丁烯馏分进入丁烷、丁烯水洗塔7水洗，塔釜排出的含丁二烯及少量炔烃的乙腈溶液，进入丁二烯蒸出塔4；在该塔中丁二烯、炔烃从乙腈中蒸出，并送进炔烃萃取精馏塔5。其塔釜排出的乙腈经冷却后供丁二烯萃取精馏塔循环使用，塔顶为乙烯基乙炔（含量在300μg/g以下）。

炔烃萃取精馏塔5的腈炔比为3～4，回流比为2～4，由于丁二烯、炔烃、丁烯在液相时几乎全溶于乙腈，且相对挥发度大，所以塔级数较少。经萃取精馏后，塔顶丁二烯送丁二烯水洗塔8，脱除丁二烯中微量的乙腈，塔釜排出的乙腈与炔烃一起送入炔烃蒸出塔6。为了防止乙烯基乙炔爆炸，炔烃蒸出塔顶的炔烃馏分必须间断地或连续地用丁烷、丁烯馏分进

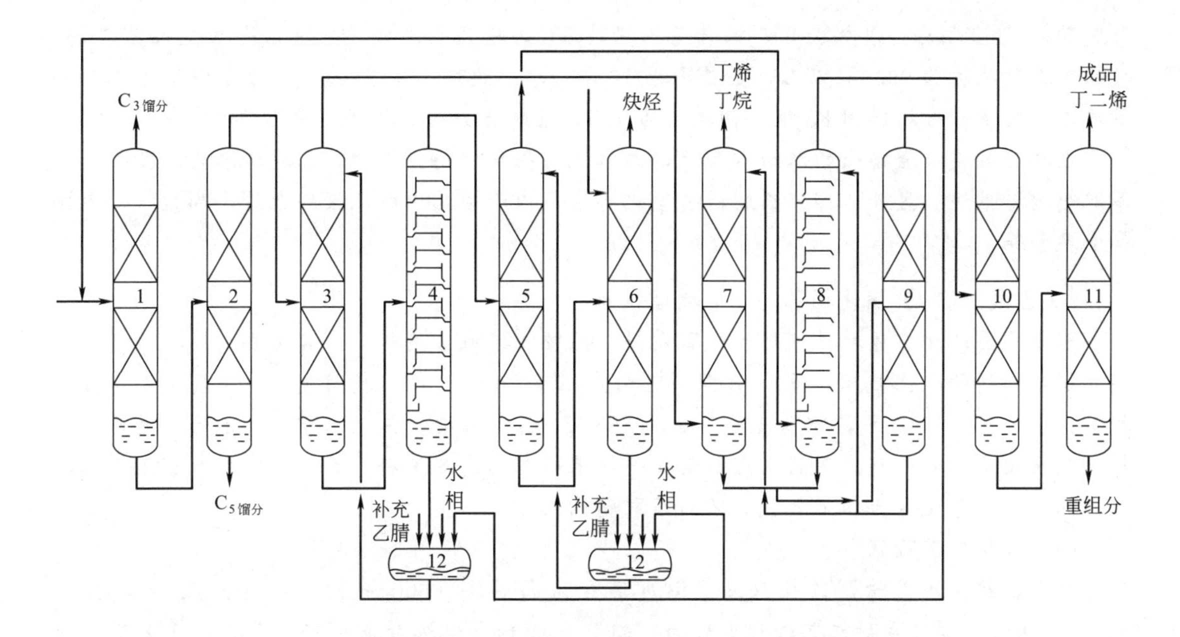

图 3-57 乙腈法 C_4 萃取丁二烯工艺流程

1—脱 C_3 塔；2—脱 C_5 塔；3—丁二烯萃取精馏塔；4—丁二烯蒸出塔；5—炔烃萃取精馏塔；6—炔烃蒸出塔；7—丁烷、丁烯水洗塔；8—丁二烯水洗塔；9—乙腈回收塔；10—脱轻组分塔；11—脱重组分塔；12—乙腈中间储槽

图 3-58 扬子石油化工股份有限公司 10 万吨/年丁二烯生产装置

行稀释，使乙烯基乙炔的含量低于 30%。炔烃蒸出塔釜排出的乙腈返回炔烃蒸出塔 6 循环使用，塔顶排放的炔烃送出用作燃料。

经水洗塔 8 后的丁二烯送脱轻组分塔 10，脱除丙炔和少量水分，塔釜丁二烯中丙炔小于 5μg/g，水分小于 10μg/g。为保证丙炔含量不超标，塔顶产品丙炔允许伴随 60%左右的丁二烯。丙炔挥发性大，不易冷凝。当塔顶气体冷却冷凝至一定温度后，含丙炔的未凝气体以汽相排出。对脱轻组分塔来说，当釜压为 0.45MPa、温度为 50℃左右时，回流量为进料量的 1.5 倍，塔级数为 60 级左右，即可保证塔釜产品质量。

脱除轻组分的丁二烯送脱重组分塔 11，脱除顺-2-丁烯、1,2-丁二烯、2-丁炔、二聚物

乙腈及 C_5 等重组分。其塔釜丁二烯含量不超过 5%，塔顶蒸汽经过冷凝后即为成品丁二烯。成品丁二烯纯度为 99.6%以上，乙腈小于 10μg/g，总炔烃小于 50μg/g。为了保证丁二烯质量要求，脱重组分塔采用 85 级，回流比为 4.5，塔顶压力为 0.4MPa 左右。

乙腈回收塔 9 釜排出的水经冷却后，送水洗塔循环使用；塔顶的乙腈与水共沸物，返回萃取精馏塔系统。另外，部分乙腈送去净化再生，以除去其中所积累的杂质，如盐、二聚物和多聚物等。

【工程案例 3-7】焦化粗苯的萃取精馏精制[58]

苯是重要的化工原料，可用于制取塑料、橡胶、纤维、染料等。其主要来源之一是煤高温裂解后得到的焦化粗苯。每 100t 焦炭可附产粗苯 1.0～1.5t。我国是一个煤炭大国，焦化粗苯产量丰富，2010 年，粗苯全年产量约 388 万～582 万吨。焦化苯相较于石油苯的价格优势使焦化粗苯生产具有广泛的应用前景，是粗苯精制的充足原料。目前，国内对粗苯进行深加工的生产工艺主要为粗苯加氢工艺的萃取精馏法。

(1) 加氢工艺流程

目前，粗苯加氢精制过程以反应温度区分为高温法（600～630℃）与低温法（320～380℃）两种。高温法的工艺过程大致为：粗苯先经预分馏塔分离出轻、重苯，重苯送去生产古马隆（2，3-苯并呋喃，一种杂环芳香有机化合物），轻苯则经预反应器和主反应器加氢后得到加氢油，再经苯塔分离出高纯苯。该工艺的特点是能够将苯环上的烷基脱除，获得产率高达 114%的高纯苯产品。但是该法有氢腐蚀存在，且要在高温、高压下操作，设备结构复杂、制造难度大、硬件费用高，对设备、管道材质的要求也很苛刻，故工艺设备和所需仪表及配件只能从国外成套引进。

低温法加氢精制的工艺过程为：粗苯先经预分馏塔分离出轻、重苯，重苯送去生产古马隆，轻苯经预反应器和主反应器加氢，生成的加氢油经液液萃取和萃取精馏将芳烃与非芳烃馏分分开。芳烃馏分经精馏系统分离出高纯苯、甲苯和混合二甲苯。该工艺反应条件比较温和，操作温度和压力均较低，设备和管道的材料容易选择，大部分材料、仪表、阀门及其它备件在国内均可购到。因此，该法的建厂投资较高温加氢法低。

(2) 焦化粗苯萃取精馏新工艺

针对焦化粗苯的组成特点，该工艺采用普通精馏、精密精馏、萃取精馏、汽提蒸馏等技术对粗苯进行分离提纯，即先分去轻、重组分，再从所得轻苯馏分中逐步分离出苯、甲苯、二甲苯、噻吩等产品。它在得到三苯产品的同时，还回收了高附加值产品噻吩，不仅可从根本上解决处理过程中污染物的排放问题，而且可大幅度地提高粗苯的利用价值。整个工艺由以下几部分组成：预处理系统；苯精制与噻吩回收系统；甲苯、二甲苯精制系统；废水处理系统，焦化苯萃取精馏工艺流程如图 3-59 所示，焦化粗苯萃取精馏精制工业装置如图 3-60 所示。

(3) 两种工艺的比较　粗苯催化加氢属于化学精制方法，加氢产品分离多采用溶剂萃取。加氢法工艺技术成熟，苯类产品质量高、含硫量低，但其流程较长；即使是低温加氢，也须在较高温度（320～380℃）和压力（2.8～3.5MPa）下完成，故对设备制造和操作控制的要求均较高，投资较大。加氢法在发达国家已被广泛采用，我国也已引进多套装置。同时，中温加氢装置的国产化正在进行中。焦化粗苯萃取精馏工艺属物理精制方法，它是由我国自主开发的全新工艺技术。该工艺虽有需改进和完善之处，但可在比较低的温度（<150℃）和常压/减压下操作，流程比较短，设备制造和操作都较容易，投资费用很低。并且，该方法在得到较高质量

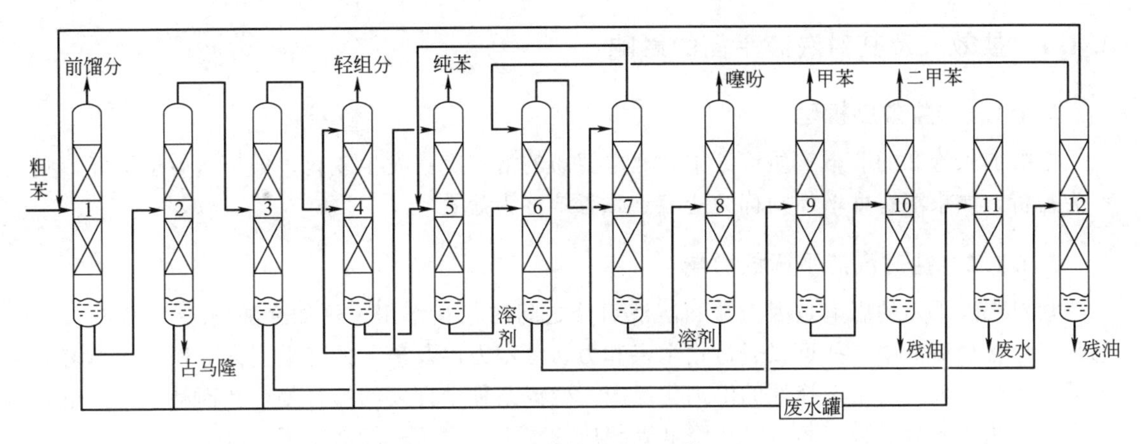

图 3-59 焦化苯萃取精馏工艺流程

1—预分馏塔；2—吹苯塔；3—两苯塔；4—苯萃取塔；5—苯精制塔；6—溶剂回收塔；7—噻吩萃取塔；8—噻吩精制塔；9—甲苯塔；10—二甲苯塔；11—废水处理塔；12—溶剂再生塔

图 3-60 焦化粗苯萃取精馏精制工业装置

产品苯的同时，还可回收高附加值产品噻吩，更适合在焦化粗苯加工行业中推广。比较粗苯加氢与萃取精馏工艺，萃取精馏工艺更受国内中小企业青睐，具有投资小、工艺流程简单、操作安全可靠的优势，其最大的亮点是不仅可以产出高品质精苯、甲苯、二甲苯等三苯产品，而且可提取高附加值医药基础原料噻吩，值得在国内推广应用。

3.4 加盐萃取精馏[2,6,7]

采用固体盐（溶盐）作为分离剂的精馏过程称为溶盐精馏。在互呈平衡的两相体系中，加入非挥发的盐，使平衡点发生迁移，称为盐效应。对二元汽液平衡。它表现为提高某组分的相对挥发度的盐析效应和降低另一组分的相对挥发度的盐溶效应。近年来出现了利用盐效应的精馏工艺，包括溶盐精馏（dissolved-salt distillation）和加盐萃取精馏（salt-extractive distillation）。

3.4.1 盐效应及其对汽液平衡的影响

3.4.1.1 盐效应机理

把盐加入饱和的非电解质溶液中，非电解质的溶解度就发生变化。如果溶解度下降，则称为盐析，如果溶解度增加则称为盐溶。二者统称为盐效应。

3.4.1.2 盐对汽液平衡的影响

盐对汽液平衡的影响是因为盐和溶液组分之间的相互作用。例如在醇-水这种含有氢键的强极性含盐溶液中，盐可以通过化学亲和力、氢键力以及离子的静电引力等作用，与溶液中某种组分的分子发生选择性的溶剂化反应，生成某种难挥发的缔合物，从而减少了该组分在平衡汽相中的分子数使其蒸气压降低到相应的水平，对于一般盐来说，水分子的极性远大于醇，盐-水分子间的相互作用也远远超过盐-醇分子，所以可以认为溶剂化反应主要在盐水之间进行。考虑到溶剂化反应降低了水的蒸气压，因此醇对水的相对挥发度提高了。从微观角度分析，由于盐是强电解质，在水中解离为离子，产生电场，而溶液中水分子和醇分子的极性和介电常数不同，在盐离子的电场作用下，极性强，介电常数大的水分子就会较多地聚集在盐离子周围，使水的活度系数减少，而提高了醇对水的相对挥发度，使其汽液平衡性质进一步改观。总之由于盐的加入降低了水的挥发性，从而使醇的汽相分压升高，出现了盐析现象。

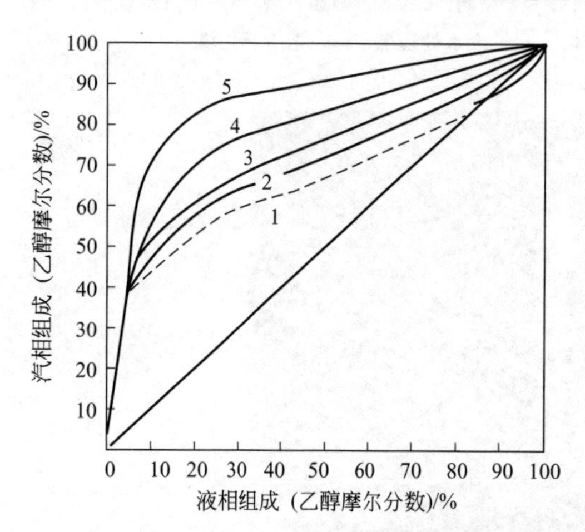

图 3-61 不同醋酸钾浓度下乙醇-水体系汽液平衡关系

图中各线对应醋酸钾的浓度（摩尔分数）：1—0；2—5%；3—10%；4—20%；5—饱和

盐溶解在两组分的液相混合物时，可以发生一系列的盐效应，如沸点、两组分的互溶度以及汽液平衡组成等均发生变化[59]。对精馏分离来说，汽液平衡组成的变化是最重要的。而这种变化可用相对挥发度来衡量。各种醋酸钾浓度下，乙醇-水体系的汽液平衡关系见图 3-61。

3.4.2 溶盐精馏

3.4.2.1 基本原理

溶盐精馏是在原料液中加入第三种组分盐，使原来的两种组分的相对挥发度显著提高，从而可用普通精馏的方法使原来相对挥发度很小或者形成共沸物的体系分离。例如对乙醇-水体系，由于乙醇-水形成共沸物，故不能用一般的精馏制取无水乙醇，但加入氯化钙或醋酸钾，就会使乙醇对水的相对挥发度提高，共沸点消失，容易实现分离而得到无水乙醇。

目前溶盐精馏过程采用的几种方法。

① 将固体盐加到回流液中，溶解后由塔顶可以得到纯的产品，塔釜得到盐的溶液，其中的盐回收再用。这种方法的缺点是回收盐十分困难，要消耗大量热能。

② 将盐溶液和回流混合，此方法应用较为方便，但盐溶液含有塔釜组分，在塔顶得不到纯产品。

③ 把盐加到再沸器中，盐仅起破坏共沸物的作用，然后再用普通精馏进行分离。这种方法只适用于盐效应很大或纯度要求不高的情况。

3.4.2.2 流程

如图 3-62 所示，与普通的萃取精馏基本相同。将固体盐从塔顶加入（或将盐溶于回流液中），塔内每层塔级的液相都是含盐的三组分体系，因而都能起到盐效应精馏的效果。由于盐的不挥发性，塔顶可以得到高纯度的产品。塔釜则为盐溶液。盐的回收大多采用蒸发或干燥方法除去液体组分来完成。

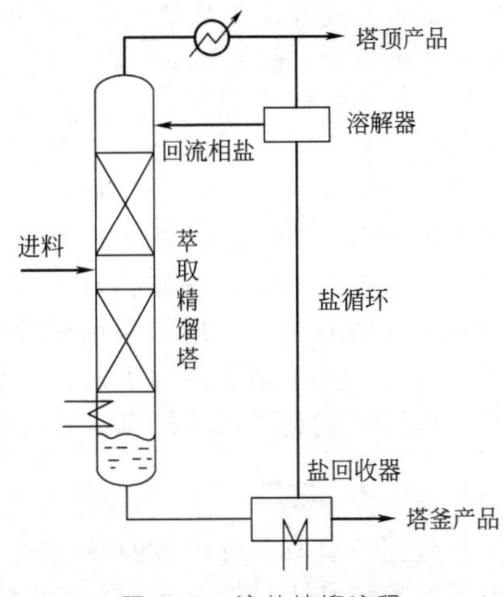

图 3-62 溶盐精馏流程

若将塔釜盐溶液部分除去液体组分后和回流液混合加入塔顶，虽然可减少溶液的蒸发量，节约能耗，且使盐的输送方便。但由于盐溶液系塔釜产品，致使塔顶产品纯度降低。在对塔顶产品要求不高，或以此作为跨越共沸点的初步精馏时，可采用该流程。

3.4.2.3 特点

① 第三组分——固体盐。

② 盐对相对挥发度影响大，盐的浓度一般为混合液的百分之几。

③ 盐不挥发，不需萃取剂回收手段。

④ 盐的选择范围广。

3.4.2.4 应用

由于盐的回收十分困难，且循环使用中固体盐的输送加料及盐结晶引起堵塞、腐蚀等问题。限制了它在工业中的应用，目前主要用于制取无水乙醇。

3.4.3 加盐萃取精馏

3.4.3.1 基本原理

溶盐精馏效果显著，但由于盐的溶解回收、固体物料的输送和加料，以及盐结晶引起堵塞、腐蚀等问题，使它在工业上的应用受到一定限制。

普通的萃取精馏的主要缺点是溶剂用量大，通常溶剂料液比均在 5～10 以上。如以料液为 88%（摩尔分数）共沸组成的工业乙醇为汽相进料。用乙二醇加 50%醋酸钾作为分离剂，当溶剂与进料液之比为 1∶1 时，塔顶可得到大于 99.5%的无水乙醇，而采用无盐乙二醇为分离剂进行试验，则溶剂料液比必须在 4～5 才能得到 99.5%的乙醇产品。溶剂用量大还会使能量消耗大，溶剂损耗也大，从而增加了操作成本；溶剂用量大还会使萃取精馏塔内液体负荷高，液相停留时间短，级效率低（一般为 20%～40%）。这就增加了所需的实际塔级数，往往抵消了由于加入溶剂提高相对挥发度而使平衡级数减少的效果。加盐萃取精馏是综合普通萃取精馏和溶盐精馏的优点，把盐加入溶剂而形成的新的萃取精馏方法。此种方法的特点是用含有溶解盐的溶剂作为分离剂。它一方面具有利用溶盐提高欲分离组分之间的相对挥发度的突出性能，可克服纯溶剂效能差、用量大的缺点，另一方面又能保持液体分离剂容易循环回收，便于在工业生产上实现的优点。

3.4.3.2 流程

如图 3-63 所示，与普通的萃取精馏完全相同。含盐的液体溶剂从萃取精馏塔的中上部加入，进料 A+B 自塔中部加入，轻组分 A 从萃取精馏塔的顶部采出，含盐溶剂与重组分 B 一起自塔釜出料，然后进入溶剂回收塔从塔顶分离出重组分 B，含盐溶剂自此塔的塔釜出来返回萃取精馏塔。

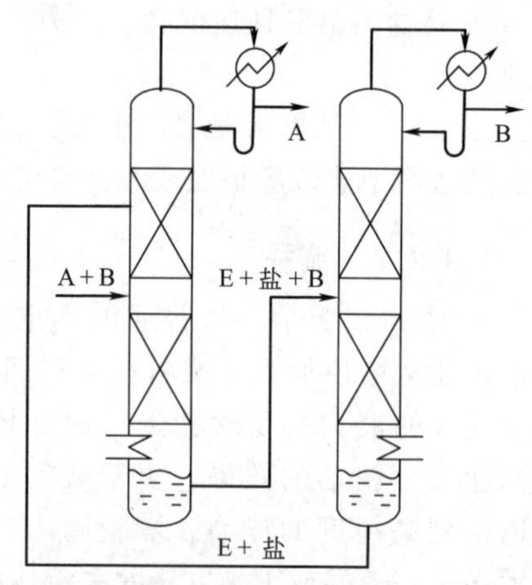

图 3-63 加盐萃取精馏流程示意图

3.4.3.3 特点

利用溶盐精馏萃取剂分离效果好的优点，改进萃取剂效果差的效果。利用萃取精馏溶剂是液体、回收循环方便、工业上易实现的优点，克服了溶盐精馏因盐是固体回收输送困难等缺点。既改进了溶剂效果，减少了溶剂比，使用又十分方便。

3.4.3.4 应用

一是用于具有共沸组成的醇-水体系分离，工业上应用加盐萃取精馏分离乙醇-水混合物制取无水乙醇装置已达每年 5000t 规模。由叔丁醇-水混合物制取叔丁醇也有 3500t 的中试装置。二是用于能形成共沸物的酯-水体系的分离。据资料[60～62]介绍，近年来在利用加盐萃取精馏分离其它物系的研究已经取得进展，例如以乙二醇-氯化锂为复合萃取剂从甲醇-四氢呋喃-水溶液加盐萃取精馏回收四氢呋喃。以含 NaSCN 的 *N*-甲基吡咯烷酮（NMP）为萃取剂，对加盐 NMP 法萃取精馏分离裂解碳五馏分等。

3.5 反应精馏[1,2,63～65]

反应精馏（reactive distillation）是精馏技术中的一个特殊领域。它是化学反应与蒸馏相耦合的化工过程。目前，反应精馏已经成为提高分离效率而将反应与精馏相结合的一种分离操作，和为了提高反应转化率而借助于精馏分离手段的一种反应过程。

反应与精馏结合的过程可分为两种类型，一种是利用精馏促进反应，如酯化反应过程中利用精馏不断移去反应产物来促进醇和酸生成酯，以提高酯化反应的转化率；另一种是通过化学反应来促进精馏分离，如利用活性金属与芳香烃异构体之间发生选择性反应这一特性，来实现间位二甲苯和对位二甲苯的分离等[34,35]。

3.5.1 反应精馏过程分析

3.5.1.1 反应类型

（1）可逆反应

对于可逆反应，当某一产物的相对挥发度大于反应物时，如果该产物从液相中蒸出，则可破坏原有的平衡，使反应继续向生成物的方向进行，因而可提高单程转化率，在一定程度上变可逆反应为不可逆。

醇与酸进行酯化反应就是一个典型的例子，例如乙醇和醋酸的酯化反应

$$CH_3COOH + C_2H_5OH \xrightleftharpoons{H_2SO_4} CH_3COOC_2H_5 + H_2O$$

此反应是可逆的。由于酯、水和醇三元共沸物的沸点低于乙醇与醋酸的沸点，在反应过程中将产物乙酸乙酯不断蒸出，使反应不断向右进行，增大了反应的转化率。

可逆反应还见于利用反应促进分离的反应精馏过程。例如异丙苯钠（IPNa）和二甲苯（Mx）发生反应

$$IPNa + Mx \rightleftharpoons IP + MxNa$$

从而可以使间位二甲苯和对位二甲苯混合物得到分离。

（2）连串反应

反应精馏用于连串反应具有独特的优越性。连串反应可表示为

$$A \xrightarrow[T_1]{k_1} R \xrightarrow[T_2]{k_2} S$$

按目的产物是 R 还是 S，又分两种类型。

① S 为目的产物　在化工生产中，有很多反应是经过一中间产物而得到目的产物的，一般这两步反应的温度和反应速率均不同。以香豆素生产工艺为例，首先由水杨醛与醋酐反应生成水杨醛单乙酯，然后水杨醛单乙酯重排生成香豆素，其反应为

$$C_6H_4(OH)(CHO) + (CH_3CO)_2O \xrightarrow{160℃} C_6H_4(OCOCH_3)(CHO) + CH_3COOH$$

$$C_6H_4(OCOCH_3)(CHO) \xrightarrow[200\sim220℃]{催化剂} \text{香豆素}(C{=}O) + H_2O$$

按传统生产工艺，这两个反应分别在两个反应器中进行，收率仅为 65%～75%，反应时间长，一般需 6h。采用反应精馏技术，通过操作压力和反应介质的选择，提供了既满足反应又满足精馏的适宜的温度分布。反应精馏塔被分成三段：上段为精馏段，其作用是使塔顶馏出合格醋酸而不让醋酐蒸出；中段为反应Ⅰ段，该段高度要保证反应Ⅰ进行完全，并不断蒸出生成的醋酸；下段起两个作用，对醋酐起提馏作用，使其不进入塔釜，对反应Ⅱ起反应段作用，重排反应在此段进行。因此，反应精馏应用于此类连串反应的特点是具有两个反应区。由于反应产物的不断移出和合理的温度、浓度分布，既改变了反应平衡又加快了反应速度，反应时间缩短到几十分钟，收率提高到 85%～95%。

② R 为目的产物　对这类反应，利用反应精馏的分离作用，把产物 R 尽快移出反应区，避免进一步反应就是非常有效的。以氯丙醇皂化工艺为例，其反应为

$$CH_3-CH(OH)-CH_2Cl + Ca(OH)_2 \xrightarrow{k_1} CH_2-CH-CH_3\ (\text{环氧},\ -O-) + CaCl_2 + H_2O$$

生成的环氧丙烷在碱性介质中水解为丙二醇

$$CH_2-CH-CH_3\ (\text{环氧},\ -O-) + H_2O \xrightarrow{k_2} CH_2(OH)-CH(OH)-CH_3$$

主反应是一级反应；在一定碱性介质浓度下，副反应也是一级反应。当 OH^- 浓度为 0.2mol/L 和反应温度为 90℃时，反应速率常数为 $k_1=0.852s^{-1}$，$k_2=8.97\times10^{-3}s^{-1}$。尽管 $k_1/k_2\approx100$，反应若在皂化釜中进行，水解仍较严重，使环氧丙烷收率仅为 90%。采用反应精馏技术能降低反应温度，抑制水解反应。同时，由于生成的环氧丙烷迅速被蒸出，缩短了它在液相中的停留时间，大大减少了水解反应。环氧丙烷收率可提高到 98%。

3.5.1.2　流程

根据系统的反应和汽液平衡性质不同，有不同的反应精馏流程。

图 3-64(a) 适用于：①反应 A$\rightleftharpoons$C 若产物比反应物易挥发，则进料位置应在塔下部，甚至在塔釜。产物 C 为馏出液，塔釜出料很少；若反应物比产物更易挥发，则应在塔上部甚至在塔顶进料，并在接近全回流条件下操作，塔釜出产品；②反应 A$\rightleftharpoons$C+D 产物 C 是易挥发组分，产物 D 是难挥发组分。精馏的目的是不但实现产物与反应物的分离，而且实现产物之间的分离；③反应 A→R→S，R 为目的产物，且 R 比 A 易挥发，S 为难挥发组分。由于 R 很快从塔顶馏出，减少了连串反应中 R 的消耗。

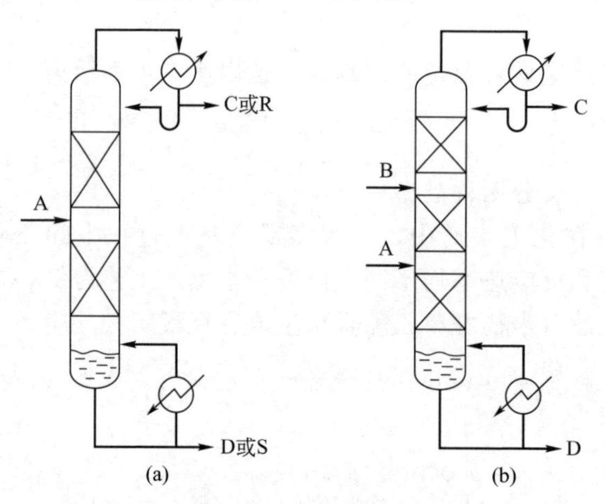

图 3-64 反应精馏流程

流程图 3-64(b) 适于反应 A+B$\rightleftharpoons$C+D，各组分相对挥发度的排列顺序为 $\alpha_C>\alpha_A>\alpha_B>\alpha_D$。由于反应物分别在接近塔的两端加入，反应区域比较大，反应停留时间较长，因此反应收率高。酯化反应多采用这种流程。

对塔内装填催化剂的催化精馏，催化剂填充段应放在反应物浓度最大的区域，构成反应段，其位置确定的原理可用图 3-65 说明。

在异戊烯脱醚的催化精馏塔中［见图 3-65(a)］，希望异戊烯尽快离开反应区，使之在反应区维持较低的浓度，以不断破坏反应平衡，而异戊烯的沸点最低，且难以和醚及醇分开，需要较长的精馏段，反之沸点很高的醇则很容易和其它物质分开，需要较短甚至可以取消提馏段，所以催化剂装填于塔的下部。

制异丙苯的反应精馏塔正与上述情况相反，催化剂装于塔的上部［见图 3-65(b)］。在生产甲基叔丁基醚（MTBE）的反应精馏塔中，希望沸点最高的 MTBE 迅速离开反应区，又要求移走多于化学计量的甲醇，以防止生成二甲醚，所以，催化剂装在塔的中部，以保证有足够的精馏段和提馏段来分离过量的甲醇和产物 MTBE［图 3-65(c)］。

3.5.1.3 反应精馏的工艺条件

(1) 加料位置

图 3-64 和图 3-65 也表明，加料位置决定了精馏段、反应段和提馏段的关系，对塔内浓度分布有强烈的影响。为保证各反应物与催化剂充分接触和有足够的反应停留时间，通常，相对挥发度大的反应物及催化剂在靠近塔的下部进料，反之在塔的上部进料。

进料位置的确定除考虑对精馏段和提馏段的需要外，要保证有足够长度的反应段，达到充分反应和分离产物的双重目的。一般说来，增长反应段有利于提高转化率和收率。

(2) 回流比

以醋酸和乙醇酯化反应精馏为例，随着回流比的增加，提高了塔的分离程度。与此同

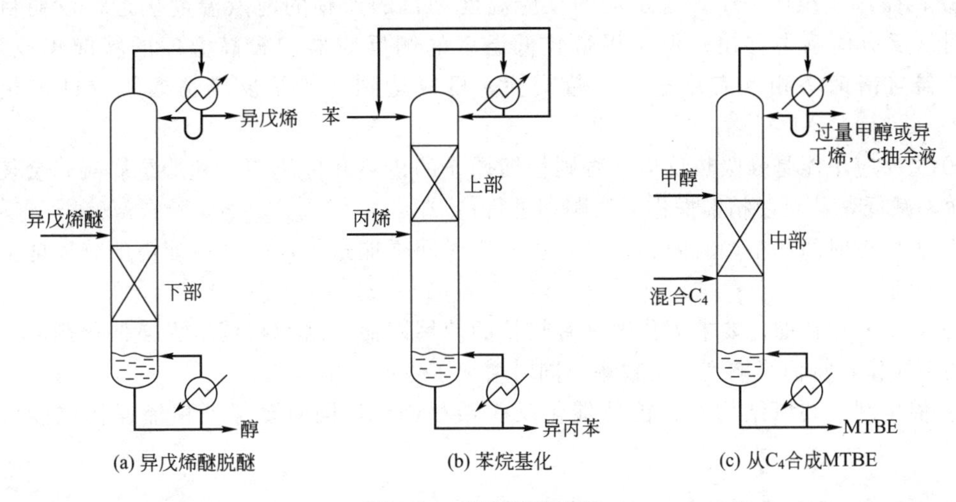

图 3-65 催化精馏流程

时，各级上醋酸浓度相应下降，而乙醇浓度则相应上升，此二者都对酯化反应有相反的影响，必然会导致有一个转化率的最高点，它对应着适宜的回流比。

（3）停留时间

由于反应精馏内有化学反应，故停留时间对反应精馏收率有很大影响，而影响停留时间的因素有塔级数、进料位置、回流比和板式塔的塔板结构等。

塔级数和进料位置直接影响反应段长度，从而影响反应停留时间，回流比变化不但从板上液相组成变化上影响反应，同时也改变了液体在反应段的停留时间。增加回流比会减小反应停留时间，影响板式塔停留时间的塔结构因素是反应段塔板上的液层高度，为了保证有足够长的停留时间，一般，反应段塔板的堰高大于普通塔板的堰高。

（4）催化剂

为了提高反应速率，很多反应精馏中的反应是在催化剂存在下进行的，用得较多的是均相催化剂。催化剂可以与反应物一起或根据反应物的相对挥发度，反应停留时间的要求，在进料以上或以下加入塔。另一类是非均相催化反应精馏，将固定床反应器和精馏塔合二而一，装在塔内的固体催化剂既起催化作用，又起精馏填料的作用。

3.5.2 反应精馏过程的特点

3.5.2.1 反应精馏的分类

根据使用催化剂形态的不同，反应精馏可以分为均相反应精馏和催化精馏；根据投料操作方式，反应精馏可以分为连续反应精馏和间歇反应精馏；根据化学反应速率的快慢，反应精馏分为瞬时、快速和慢速反应精馏。

3.5.2.2 反应精馏的基本要求

由于反应精馏是化学反应和精馏分离耦合的操作过程，所以化学反应和精馏操作既相互促进，又相互限制。一个化学工艺如要使用反应精馏操作得到所需要的目的产物，必须满足以下基本要求：

① 化学反应必须在液相中进行；

② 在操作系统压力下，主反应的反应温度和目的产物的泡点温度接近，以使目的产物及时从反应体系中移出；但可用带较低温度的侧反应器和较高温度的精馏集成过程，侧反应器与精馏塔相互有质量和能量交换，可以达到与传统反应精馏集成过程相同的效果[66]；

③ 主反应不能是强吸热反应，否则精馏操作的传热和传质会受到严重影响，会使塔级分离效率减低，甚至使精馏操作无法顺利进行；

④ 主反应时间和精馏时间相比较，主反应时间不能过长，否则精馏塔的分离能力不能得到充分利用；

⑤ 对于催化精馏，要求催化剂具有较长的使用寿命，因为频繁地更换催化剂需要停止反应精馏操作，从而影响到生产效率，同时增加了生产成本；

⑥ 催化剂的装填结构不仅能使催化反应顺利进行，同时要保证精馏操作也能较好地进行。

3.5.2.3 反应精馏过程的主要优点

反应精馏的主要优点是：

① 由于反应产物一旦生成即从反应区移出，因此对若干可逆和复杂反应来说，可以增加反应的转化率和选择性；

② 因为产物随时可以从反应区移出，故反应区内反应物的浓度较高，从而增加了反应速率，提高了生产能力；

③ 由于利用了反应热，节省能量；

④ 由于将反应器和精馏塔合成一个设备，节省设备投资；

⑤ 对于某些难分离的物系，可以利用反应精馏来获得较纯的产品；

⑥ 应用隔板式反应精馏技术，即将隔板塔和常规的反应精馏塔的集合体，在 1 个塔内完成反应和分离的过程，如图 3-66 所示[67]。

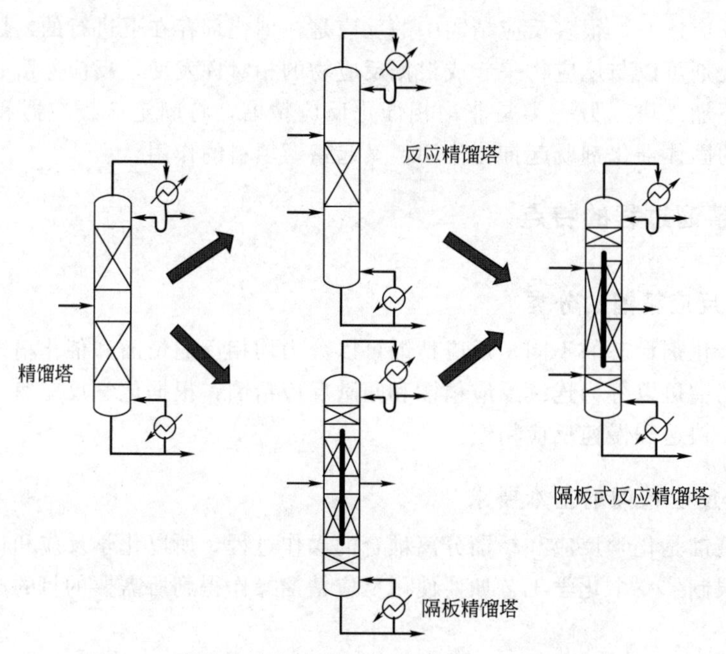

图 3-66 传统（反应）精馏塔与隔板式反应精馏塔示意

【工程案例 3-8】 反应精馏法制二甲醚工艺[68]

我国早期的二甲醚工业生产采用甲醇经硫酸脱水制成。由于该方法腐蚀严重，环境污染大而被逐渐淘汰。现在国内制取二甲醚主要采用甲醇气相催化脱水工艺，又被称作两步法。该生产工艺虽腐蚀小、无污染，但必须先获得甲醇，而后才能制得二甲醚，所以此法生产二甲醚投资大、能耗高、成本高，产品价格直接受甲醇市场影响，抗风险能力差。高效的反应和分离设备是实现二甲醚规模化生产的重要支撑，要达到规模化、大型化目标，必须从工艺和设备两方面同时着手。

由山东科技大学开发的反应精馏法制二甲醚工艺及其配套设备技术在山东青州市龙宇化工科技有限公司 5 万吨/年示范装置上成功实现工业化生产，其工业生产装置见图 3-67。运行结果表明：甲醇单程转化率超过 90%、二甲醚选择性高于 99%，装置操作弹性大，生产规模可随压力调整。该工艺是一项二甲醚液相法制备技术。采用“液-液-气”混相循环反应精馏工艺路线，在 120～180℃下液相和汽相甲醇分子与催化剂分子充分接触反应，反应热合理利用，因而转化率高、能耗低；反应闪蒸段由于洗涤段脱重相的作用，消除了废水污染和上部设备的腐蚀问题；生成的二甲醚气体极易脱离液相，投资仅相当于同类技术的40%～50%；工艺简便易行，无需增加再生工序和装备。示范装置的运行结果表明，甲醇单程转化率>90%、二甲醚选择性≥99%，装置在 0.1～1.0MPa 内可灵活调节，生产 1t 二甲醚需消耗甲醇 1.4t，反应精馏塔出口二甲醚含量超过 95%（摩尔分数），已具备单套装置达到百万吨级生产能力。

图 3-67 龙宇化工科技有限公司反应精馏法制二甲醚工业生产装置

另外，借鉴最新动态传质理论的基础研究成果，吸取新型垂直筛板和其改型以及填料的优点，开发高效率、低雾沫夹带和压降、超大处理能力的并流喷射式的液体分散型塔板——倾斜立体长条复合塔板，见图 3-68。针对二甲醚精馏过程所需的理论级数的不足，结合穿流板、升举板和填料的优点，开发了新型高点效率塔板，该分离元件是将升举式穿流塔板改为固定式穿流筛板，在筛板下悬挂一层高为 100mm 左右的规整填料复合而成，结构如图

3-69所示。冷模实验结果表明：点效率大于93%，空塔最大气速大于3m/s，最大喷淋密度$80m^3/(m^2 \cdot h)$，为反应精馏法工艺降低分离能耗和投资提供了支撑。反应精馏工艺通过调整进料甲醇的汽液相比例，实现恒温快速反应，不仅为大型化生产提供了技术保障，而且可以根据市场需求，在0.1～1.0MPa压力范围内灵活调节生产规模。能保证规模化、大型化装置实现安全、高效运行。

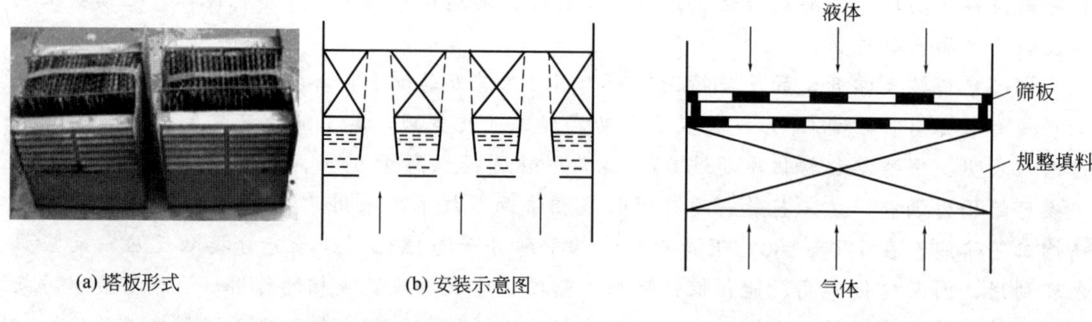

(a) 塔板形式　(b) 安装示意图

图3-68　倾斜立体长条复合塔板

图3-69　新型高点效率塔板

【工程案例3-9】　反应精馏生产甲缩醛工艺[69,70]

甲缩醛作为甲醇和甲醛新一代衍生产品，用途非常广泛。由于甲缩醛的含氧值和十六烷值比较高，能够使柴油在发动机中的燃烧状况得到改善，提高热效率，降低VOCs的排放，是一种非常有前景的柴油添加剂。另外，由于甲缩醛的毒性小、溶解性较好、挥发快、沸点低等特点，使其能广泛应用于缩醛树脂、空气清新剂、化妆品、药品、汽车工业用品中，且在空调制冷中还可以替代氟利昂，故也是一种理想的环保产品。因此，近十几年来对于其合成工艺技术的研究一直在不断地深入开展。

合成甲缩醛的众多工艺中，甲醛和甲醇反应生成甲缩醛的工艺较为常用，因为该方法原料易得，操作方便，反应快，条件温和易控制，虽为放热反应，但是放出的热量比较小，放出的热量对反应的平衡转化率影响不大。若采用反应精馏技术制备甲缩醛，将反应和分离两个工段耦合在一起，大大节省了设备投资。甲醇和甲醛在阳离子交换树脂等催化剂作用下，经分离提纯可获得70%（质量分数）的甲醛水溶液。而反应精馏则是通过不断分离移出缩合产物，破坏其反应平衡，提高缩合产物的收率。为了使甲醛反应完全，原料中的甲醇应过量。甲缩醛的合成反应式为

$$2CH_3OH + HCHO \longrightarrow CH_3OCH_2OCH_3 + H_2O$$

图3-70和图3-71所示分别为反应精馏生产甲缩醛工艺流程和工业生产装置，甲醛水溶液从反应段上部加入，甲醇从反应段下部加入，甲缩醛从塔顶蒸出，水和未反应的甲醇、甲醛从塔釜流出。甲醛水溶液进料处的上方为精馏段，精馏段主要对甲缩醛进行提纯；甲醛水溶液和甲醇2个进料口之间是装填催化剂的反应段，甲醇和甲醛在催化剂的作用下反应生成甲缩醛和水；甲醇进料口的下方为提馏段，提馏段主要进行重组分水的增浓及控制塔釜甲醇含量。

采用Aspen Plus的RadFrac模块、NRTL热力学方程模拟反应精馏合成甲缩醛工艺过程，通过模拟计算及参数优化确定反应精馏塔的优化操作条件为：精馏段理论级数为11，反应段为26，提馏段为5，回流比为3，甲醛水溶液和甲醇的最佳进料位置为反应段的顶部和底部，醇醛进料摩尔比为2.1时，甲缩醛可达到99.54%（质量分数）。

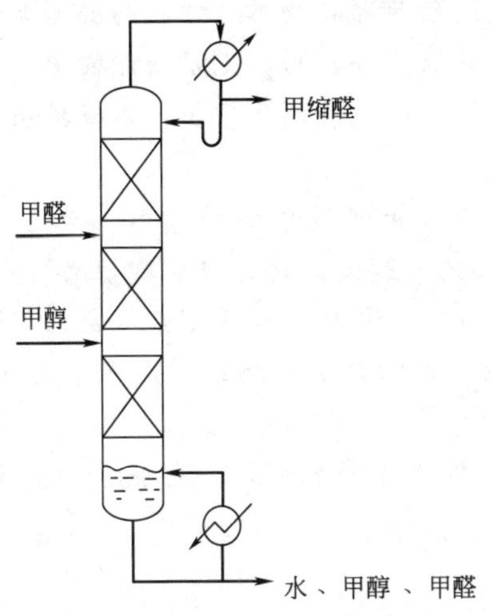

图 3-70 反应精馏生产甲缩醛工艺流程

图 3-71 反应精馏生产甲缩醛工业生产装置

【工程案例 3-10】 反应精馏技术在醋酸甲酯水解工艺中的应用[71,72]

醋酸甲酯（methyl acetate，MA）作为一种成熟的产品，在工业上主要用作树脂、涂料、油漆、皮革生产过程所需的溶剂，聚氨酯泡沫发泡剂等。在聚乙烯醇（PVA）和精对苯二甲酸（PTA）的生产中，MA 均以副产物的形式大量存在，例如每生产 1t PVA 就产生 1.5～1.7t 的 MA。由于 MA 工业用量有限，目前国内外 PVA 厂家和 PTA 厂家大多将 MA 水解成甲醇和醋酸循环使用，经分离提纯后甲醇用于醋酸乙烯酯聚合工段，醋酸用于醋酸乙烯酯合成。

（1）原固定床水解工艺

PVA 生产厂家大多采用阳离子交换树脂为催化剂的固定床水解工艺，如图 3-72 所示。

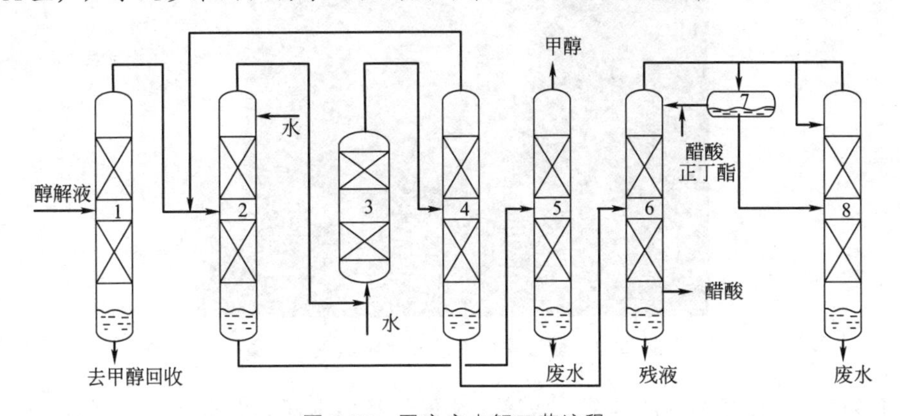

图 3-72 固定床水解工艺流程

1—第一甲醇塔；2—萃取精馏塔；3—水解反应器；4—精馏塔；
5—甲醇精馏塔；6—共沸精馏塔；7—分层器；8—脱水塔

来自醇解工段的醇解液经第一精馏塔分离后，含甲醇、醋酸和水的釜液送往甲醇回收系统，塔顶为醋酸甲酯和甲醇共沸物，进入萃取精馏塔 2。萃取精馏塔塔顶加水作为萃取剂进行萃取精馏，塔顶馏出物约为 92%（均为摩尔分数）的醋酸甲酯，作为固定床水解反应器 3 的加料，釜液送甲醇精馏塔 5 回收甲醇。醋酸甲酯在水解反应器的转化率约为 23%～27%。从水解反应器出来的物料进入精馏塔 4，分离醋酸与未水解的醋酸甲酯，塔顶馏出的醋酸甲酯和甲醇送回萃取精馏塔 2 分离，塔釜排出的稀醋酸送往共沸精馏塔 6 回收醋酸。共沸精馏塔用醋酸正丁酯作为共沸剂夹带水，塔顶共沸物经分层器 7 分离后，上层油相回流，下层水相进入脱水塔 8 回收醋酸正丁酯。醋酸由共沸精馏塔提馏段汽相侧线采出，塔釜排出残液。

该工艺最主要的缺点是：

① MA 的水解是可逆反应，且其平衡常数小。在水和醋酸甲酯的摩尔比为 1∶1 时，MA 的平衡转化率不到 28%，实际水解率只能达到 23%～27%，此时酸水质量比约为 1.3。

② MA 的水解产物为甲醇（MeOH）和醋酸（HAc）。但由于水解反应不完全，还含有未水解的 MA 和过量的水，使得水解液为四元混合物。该四元混合物能形成多个共沸体系，造成后续分离过程复杂。

③ 由于大量未水解的 MA 需回收循环，加上复杂的分离流程，设备投资大，分离能耗高。

(2) 催化精馏水解 MA 工艺

针对原固定床水解工艺的缺点，开发出催化精馏四塔水解新工艺，可使 MA 单程水解率由老工艺的 30%提高到 70%以上。近年来，在四塔工艺基础上经过进一步研究和改进，从原来的四塔工艺改为两塔连续催化精馏工艺，最后简化为隔壁连续催化精馏（单塔）工艺，工艺流程得以进一步简化，生产成本进一步降低，并先后在逸盛大化石化、中国石化仪征化纤等多家公司实现工业化应用。图 3-73 所示为醋酸甲酯水解催化精馏生产装置。MA 催化精馏水解新技术的推广应用，直接产生经济效益约 3.5 亿元，并具有良好的环保效益和社会效益。

图 3-73 醋酸甲酯水解催化精馏生产装置

① 四塔连续催化精馏水解工艺　四塔连续催化精馏水解工艺如图 3-74 所示。四塔工艺仅用催化精馏塔代替固定床反应器，其它流程不变，可使醋酸甲酯的单程水解率从固定床的 30%提高到 70%，而且塔釜醋酸浓度保持不变。

② 两塔连续催化精馏水解工艺　两塔连续催化精馏水解工艺如图 3-75 所示。来自界区外的脱盐水和醋酸甲酯原料液（含量 96.45%，质量分数）分别从催化精馏塔催化反应段的顶部和底部（或顶部）进入，在填充有催化剂捆扎包的反应区内逆流接触进行水解反应，反应产物经过精馏段和提馏段的分离作用后，塔顶以醋酸甲酯和甲醇为主，塔釜产物主要有醋酸、水和少量的甲醇。塔顶未水解的反应物经冷凝后全回流入反应区内，塔釜水解液从催化精馏塔的底部排出，由泵送至甲醇分离塔进行进一步的分离，塔顶分出含微量 MA 和水的

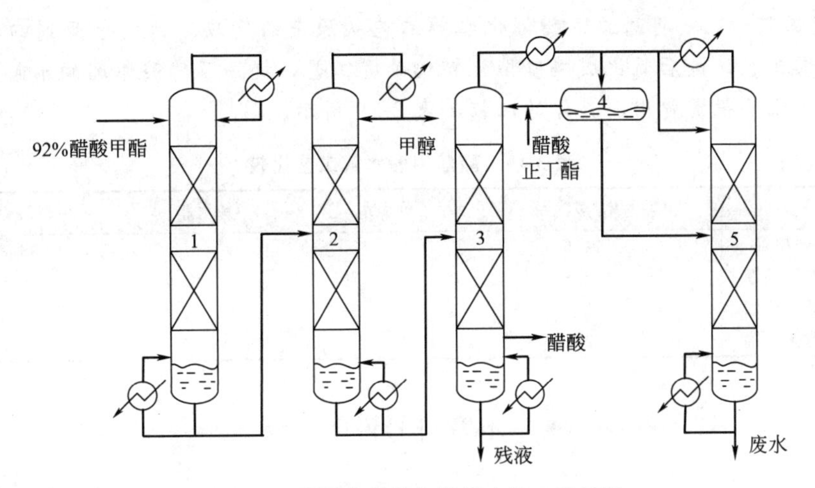

图 3-74 四塔连续催化精馏水解工艺流程

1—催化精馏塔；2—精馏塔；3—共沸精馏塔；4—分层器；5—脱水塔

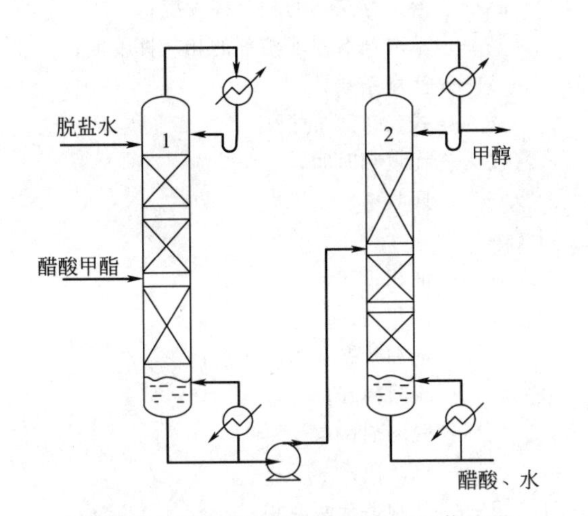

图 3-75 两塔连续催化精馏水解工艺流程

1—催化精馏塔；2—水解液分离精馏塔

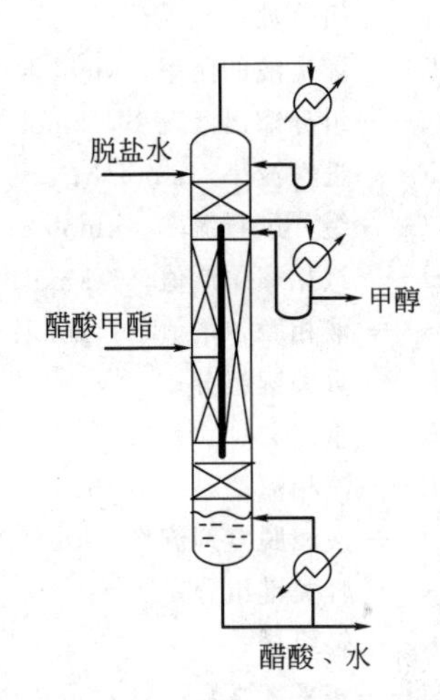

图 3-76 隔壁连续催化精馏工艺流程

甲醇产品（MeOH≥95%，质量分数），釜液为 HAc 和 H_2O。两塔工艺使醋酸甲酯的单程水解率提高到了 98%以上，水酯比为 7∶1 下甲醇分离塔塔顶甲醇浓度≥98%。

③ 隔壁连续催化精馏（单塔）工艺　在两塔工艺的基础上，利用隔壁塔技术，将 MA 催化精馏塔和 MA 水解液分离塔耦合在一起，同时完成 MA 的水解和水解液的分离过程，并将 MA 的单程水解率提高至 99%以上。具体的隔壁连续催化精馏工艺流程如图 3-76 所示。

MA 水解隔壁连续催化精馏塔包含四个部分：主塔反应段（左上部）、主塔提馏段（左中部）、副塔精馏段（右边）、公共提馏段（下部）。来自界区外的脱盐水从主塔反应段顶部进入，MA 原料液从主塔反应段的底部进入。在填充有催化剂捆扎包的反应段内进行水解反应，主塔采用全回流操作。未水解的 MA 经主塔提馏段进行分离后，返回反应段继续进行反应，通过对上升汽相量的控制，使主塔保持一定的汽液负荷，确保未水解的 MA 不进入副塔。水解产物经过公共提馏段和副塔精馏段的提纯，从副塔塔顶得到 99%以上的甲醇，从塔釜得到几乎不含甲醇的醋酸水溶液。

④ 不同工艺对比　将醋酸甲酯催化水解工艺从原来的反应、精馏分开到四塔连续催化精馏再到两塔工艺，最后简化成隔壁催化精馏单塔工艺，提高了醋酸甲酯的水解率，降低了能耗，节省了设备投资费用，具体的比较如表3-19所示。

表3-19　醋酸甲酯水解工艺比较

工艺	单耗/(kg蒸汽/kgMA)	单程水解率/%	水脂比	甲醇纯度/%
反应＋精馏	4.6	30	3.5	99.9
四塔催化精馏	2.8	70	3.5	99.9
两塔催化精馏	1.7	98	7	98.0
隔壁催化精馏	2.4	100	6	99.5

本章符号说明

英文

A——端值常数；

c——组分数；

D——馏出液的流率，kmol/h；

d——组分馏出液流率，kmol/h；

F——进料流率，kmol/h；

f——组分进料流率，kmol/h；

H——汽相摩尔焓值，J/kmol；

h——液相摩尔焓值，J/kmol；

HK——重关键组分；

HNK——重组分；

L——液相流率，kmol/h；

l——液相脱溶剂流率，kmol/h；

LK——轻关键组分；

LNK——轻组分；

K——相平衡常数；

N——理论级数或理论板数；

N_{m}——最少理论级数或理论板数；

p——压力，Pa；

q——进料的液相分率；

Q——系统和环境间传递的热量，J/h；

R——气体常数，8.315J/(mol·K)；回流比；

R_{m}——最小回流比；

S——溶剂；溶剂的选择性；

T——温度，K；

V——汽相流率，kmol/h；体积m^3；

v——汽相脱溶剂流率，kmol/h；

V_r——对比体积；

W——釜液流率，kmol/h；

w——组分釜液流率，kmol/h；

x——液相摩尔分数；

y——汽相摩尔分数；

z——进料摩尔分数。

希文

α——相对挥发度；

α_S——溶剂存在下的相对挥发度；

β——萃取剂S对非溶剂的相对挥发度；

γ——活度系数；

θ——式(3-45)的根；

ξ——无量纲时间；

φ——回收率。

上标

L——液相；

V——汽相；

0——饱和状态；基准状态；

∞——无限稀释；

$'$——脱溶剂；

$-$——提馏段；

Ⅰ、Ⅱ——分别表示两液相。

下标

A、B——组分；

a、b、c——组分；

D——馏出液；

F——进料；

i、j、k——组分；

H——重关键组分；

HK——重关键组分；

L——液相；轻关键组分；

LK——轻关键组分；

m——最小状态；

m——提馏段平衡级序号；

n——精馏段平衡级序号；

R——精馏段；

S——提馏段；溶剂；

V——汽相；

W——釜液；

1，2——组分。

习题

1. 某炼化公司进行了炼厂干气预精制脱甲烷波动研究。该脱甲烷塔的进料组成及操作条件下各组分的相平衡常数如下表所示，若要求甲烷的回收率为98%，乙烯的回收率为96%，试按清晰分割计算馏出液和釜液的组成。

组分	H_2	CH_4	C_2H_4	C_2H_6	C_3H_6	C_3H_8	C_4
$z_{i,F}$(摩尔分数)/%	33.8	5.8	33.2	25.7	0.50	0.30	0.70
K_i	—	1.7	0.28	0.18	0.033	0.022	0.004

2. 天然气处理的轻烃装置的脱乙烷塔进料量为100kmol/h，进料组成为甲烷0.4；乙烷0.2；丙烷0.3；丁烷0.1（摩尔分数）。分离要求乙烷在塔顶的回收率为90%，丙烷在塔釜的回收率为95%。求塔顶、塔釜产品的数量和组成？

3. 烃类化合物由于成分复杂，常用普通精馏进行分离。主要包括脱轻过程、脱重及精馏过程两步工艺流程，利用脱轻塔和脱重塔两塔工艺，按照从轻到重的分离顺序，实现对液态烃类混合物的分离。若某厂使用这一方法分离下列烃类混合物，其组成如下表所示：

组　分	甲烷	乙烯	乙烷	丙烯	丙烷	丁烷	合计
摩尔分数/%	0.52	24.9	8.83	8.7	3.05	54.0	100.0

工艺规定塔顶馏出液中丁烷浓度不大于0.002（摩尔分数），塔釜残液中丙烷浓度不大于0.0015（摩尔分数），试应用清晰分割法估算塔顶塔釜产品的量和组成。

4. 裂解气深冷分离中的脱乙烷塔，目的是将乙烷和丙烯进行分离，其进料流量如下：

组　分	乙烷	丙烯	丙烷	异丁烷	正丁烷
流量/(kmol/h)	25	25	20	15	15

若要使塔顶馏出液中丙烯含量低于2.5%（摩尔分数），塔釜中乙烷含量低于5.0%（分子分数），试用清晰分割法来计算塔顶、塔釜产物的组成和流量。

5. 中国石油独山子石化公司乙烯厂脱乙烷塔在220kt/a乙烯装置中是一个重要的石油裂解气中间分离单元，其承担着将来自2号预切割塔顶部的含有C_2～C_4组分的进料经过精馏后，清晰分割为混合C_2、C_3及以上组分的功能。分离中的脱乙烷塔用来分离C_3、C_4与C_2，其进料组成如下：

组分	乙烯	乙烷	丙烯	C_4	合计
沸点/℃	−103.9	−88.3	−47.0	−10.7	
$z_{i,F}$(摩尔分数)/%	34.14	2.82	50.17	12.87	100.00

要求乙烷在釜液中的含量不超过0.1%（均为摩尔分数），丙烯在馏出液中的含量不超过0.1%，试按清晰分割进行物料衡算并估算塔顶和塔釜的组成。

6. 一氯乙烷是一种无色可燃气体，在工业上常用作烟雾剂、冷冻剂、局部麻醉剂、杀虫剂等，是一种重要的化工原料。由乙烯与氯化氢加成法生产一氯乙烷的组成和各组分K值如下表所示，要求采用精馏分离获得一氯乙烷产品。

组分	C_2H_4	HCl	C_2H_6	C_2H_5Cl	合计
摩尔分数	0.05	0.05	0.10	0.80	1.00
K	5.1	3.8	3.4	0.15	

该精馏塔塔压为1.65MPa，泡点进料。分离要求为C_2H_5Cl在馏出液和塔釜液中的摩尔分数比$x_D/x_W=0.01$；C_2H_6为$x_D/x_W=0.75$。试计算：

(1) 产品在塔顶、塔釜的分配；

(2) 最少平衡级数；

(3) 最小回流比；

(4) 在回流比为1.5倍最小回流比时的平衡级数；

(5) 进料位置（精馏塔塔顶冷凝器为部分冷凝器）。

7. 脱丁烷塔主要作用是利用精馏原理将低压脱丙烷塔塔釜来的碳四及以下组分分离成碳四产品和裂解汽油，分别供丁二烯抽提和裂解汽油加氢装置。进料组成如下：

组分	丙烷	异丁烷	丁烷	异戊烷	戊烷	已烷
$z_{i,F}$	0.0110	0.1690	0.4460	0.1135	0.1205	0.1400
$x_{i,D}$	0.0176	0.2698	0.6995	0.0104	0.0027	0.35×10^{-5}
$a_{i,4}$平均值	3.615	2.084	1.735	1.000	0.864	0.435

工艺规定丁烷为轻关键组分，异戊烷为重关键组分。分离所得的塔顶产物组成已列于上表，各组分相对于重关键组分的相对挥发度也列于表中。料液为饱和液体。试求最小回流比R_m。并应用清晰分割法进行塔顶和塔釜产品的量和组成的估算。已知轻关键组分丁烷在塔顶产品中的回收率为98.1%，重关键组分异戊烷在塔釜产品中的回收率为94.2%。进料量$F=983$kmol/h。

8. 回流比的大小对精馏过程的分离效果和经济性有着重要的影响。因此，在精馏设计时，回流比是一个需认真选定的参数。试根据下列数据列表计算下述条件下精馏塔的最小回流比，进料状态为泡点进料（组成为摩尔分数）。

编号	组分	a_i	$z_{i,F}$	$x_{i,D}$	编号	组分	a_i	$z_{i,F}$	$x_{i,D}$
1	CH_4	7.356	0.05	0.1298	4	C_3H_8	0.901	0.20	0.0167
2	C_2H_6	2.091	0.35	0.8285	5	i-C_4H_{10}	0.507	0.10	—
3	C_3H_6	1.000	0.15	0.025	6	n-C_4H_{10}	0.408	0.15	—

9. 异丙苯可由乙烯与苯反应制得，其副产物有苯、甲苯和二甲苯，在一精馏塔中分离苯（B）、甲苯（T）、二甲苯（X）和异丙苯（C）四元混合物。进料量200mol/h，进料组成$z_B=0.2$，$z_T=0.3$，$z_X=0.1$，$z_C=0.4$（摩尔分数）。塔顶采用全凝器，饱和液体回流。相对挥发度数据为：$\alpha_{B,T}=2.25$，$\alpha_{T,T}=1.0$，$\alpha_{X,T}=0.33$，$\alpha_{C,T}=0.21$。规定异丙苯在釜液中的回收率为99.8%，甲苯在馏出液中的回收率为99.5%。求最少理论级数和全回流操作下的组分分配。

10. 气体分馏装置是以催化裂化装置所产液化气经脱硫、脱硫醇后作为原料，主要生产精丙烯，再作为聚丙烯装置的原料。丙烷馏分可作为工业丙烷或与碳四混合后作为民用液化气。已知脱丙烷塔露点进料，进料量100kmol/h，进料组成如下表所示，操作压力为0.7MPa，塔顶产品液相出料，分离要求塔顶含异丁烷不大于0.15%（均为摩尔分数），塔釜丙烯含量不大于0.3%。已知脱丙烷塔的操作压力为0.7 MPa，塔顶温度为6℃，塔釜温度为62℃。

组分 i	$C_2^=$	C_2^0	$C_3^=$	C_3^0	$i\text{-}C_4^0$	C_5^0
z_i(摩尔分数)	0.002	0.002	0.680	0.033	0.196	0.087

（1）试求该塔顶、塔釜产品数量、组成？

（2）试求该脱丙烷塔的最小回流比；

（3）当 $R=1.3R_m$ 时有多少理论级；

（4）当 $R=0.949$ 时，$N_m=26.7$，求该塔实际塔级数及进料位置。

11. 回流比不仅能影响塔顶产品纯度还会影响整个精馏塔的能耗，现有某料液含丙烯（1）0.7811（均为摩尔分数），丙烷（2）0.2105，异丁烷（3）0.0084。于泡点加入普通精馏塔进行分离。要求塔顶产品中丙烯≥99.5%，塔釜产品中丙烯≤5%。试通过计算考察回流比对精馏塔能耗的影响：

（1）分离所需最小回流比 R_m，并取 $R=2R_m$，计算所需平衡数 N；

（2）如果塔顶精丙烯产品中丙烯摩尔分数达99.7%，塔釜组成保持不变，试计算此时能耗比生产99.5%的产品增加多少？

已知，$\alpha_{1,2}=1.12184$，$\alpha_{2,2}=1.0$，$\alpha_{3,2}=0.54176$。

12. 某分离乙烷和丙烯连续精馏，其进料组成如下（均为摩尔分数）：

组分	甲烷	乙烷	丙烯	丙烷	异丁烷	正丁烷	合计
$z_{i,F}$(摩尔分数)	0.05	0.35	0.15	0.20	0.10	0.15	1.00
$\alpha_{平均}$	10.95	2.59	1.000	0.884	0.422	0.296	

要求馏出液中丙烯摩尔分数≤2.5%，残液中乙烷摩尔分数≤5.0%，并假定残液中不出现甲烷，在馏出液中不出现丙烷及其更重的组分。试求：

（1）进料量为100kmol/h，馏出液和釜液的组成及流量；

（2）若按饱和液体进料，进料温度为26℃，平均操作压力为2.74MPa，试用简捷法计算理论级数（塔顶采用全凝器）；

（3）确定进料位置。

13. 乙烯是重要的化工原料，能发生聚合反应合成高分子材料，但对作为单体的乙烯要求达到一定的纯度。某乙烯精馏塔，进料、塔顶和塔釜产品组成如下表所列。操作压力为2.13MPa。塔顶和塔釜温度分别为−23℃和−3.5℃。塔顶冷凝器为全凝器。泡点进料。计算该塔的最小回流比、平衡级数和进料位置。

进料、塔顶和塔釜产品组成

组分	C_1^0	$C_2^=$	C_2^0	C_3^0	合计
$z_{i,F}$	0.0049	0.8938	0.0960	0.0053	1.0000
$x_{i,D}$	0.0055	0.9900	0.0045	0	1.0000
$x_{i,W}$	0	0.1000	0.8510	0.0490	1.0000

14. 石油裂解气的组成复杂，一般有甲烷、乙烷、丙烷、丁烷等，脱丙烷塔就是从含轻烃的混合物中回收乙烷，进、出物料组成见下表，已知塔顶和塔釜温度分别为67℃和132℃，操作压力为3MPa。计算：（1）使用Underwood法确定最小回流比；（2）使用

Erbar-Maddox 图求 $R=1.5R_m$ 的理论级数；(3) 使用 Kirkbride 法确定进料位置。

编号	组分	$z_{i,F}$	$x_{i,D}$	$x_{i,W}$
1	CH_4	0.40	0.6197	0.002
2	C_2H_6(L)	0.25	0.3489	0.071
3	C_3H_8(H)	0.20	0.0310	0.506
4	C_4H_{10}	0.15	0.0004	0.421
合计		1.00	1.0000	1.0000

15. 苯的沸点为 80℃，甲苯的沸点是 110.6℃，可直接用精馏塔进行分离，含 45%（均为摩尔分数）苯的苯-甲苯混合液用连续精馏进行分离，每小时处理料液量 5000kg。要求塔顶馏出液中含苯 98%，塔釜产物中含甲苯 95%。料液在饱和液体下加入塔中，操作回流比 $R=2.5$。试应用简捷算法进行估算分离所需的理论级数和加料级位置。苯与甲苯的平均相对挥发度 $\alpha=2.41$。

16. 利用化工模拟软件 Aspen Plus，对丙烷（C_3）-异丁烷（i-C_4）双组分分离精馏塔进行稳态模拟计算，对于待分离的 C_3-i-C_4 物系，流量为 1kmol/s，温度为 322K，组成为 C_3 40%，i-C_4 60%（均为摩尔分数），分离要求为塔釜产品中 C_3 含量小于 1%，塔顶产品中 i-C_4 含量小于 2%。

17. 已腈主要用于有机合成，它是由正已酰胺与氯化亚砜反应而得。已知已腈（1）-水（2）在 101.33kPa 时的共沸温度为 76℃。该系统端值常数及饱和蒸气压值如下，求该系统的共沸组成。

$A_{12}=0.665$，$A_{21}=0.855$，$p_1^0=86.13\text{kPa}$，$p_2^0=41.47\text{kPa}$

18. 某 1、2 两组分构成二元系，活度系数方程为 $\ln\gamma_1=Ax_2^2$，$\ln\gamma_2=Ax_1^2$，端值常数与温度的关系为 $A=1.7884-4.25\times10^{-3}T$（$T$：K）。蒸气压方程为

$$\ln p_1^0=16.0826-\frac{4050}{T},\quad \ln p_2^0=16.3526-\frac{4050}{T}\quad (p:\text{kPa};\ T:\text{K})$$

假设汽相是理想气体，试问 99.75kPa 时（1）系统是否形成共沸物？（2）共沸温度是多少？

19. 在 101.3kPa 压力下氯仿（1）-甲醇（2）的 NRTL 参数为：$\tau_{12}=2.1416$，$\tau_{21}=-0.1988$，$\alpha^{12}=0.3$，试确定共沸温度和共沸组成。

安托因公式：[p^0(Pa)；T(K)]

氯仿　$\ln p_1^0=20.8660-2696.79/(T-46.16)$

甲醇　$\ln p_2^0=23.4803-3626.55/(T-34.29)$

（实验值，共沸温度 53.5℃，$x_1=y_1=0.65$）

20. 甲苯是优良的有机溶剂，以煤炭为原料制取纯甲苯，即将煤炭进行化学加工生产出石油产品，从中取得主要成分为正庚烷的 C_7 馏分，将其作为原料在高温下催化脱氢环化，可以得到甲苯。但所得到的产物中含有大部分未反应的正庚烷，拟采用新鲜甲乙酮作共沸剂分离得到纯甲苯。已知含有正庚烷 55% 和甲苯 45%（均为摩尔分数）的溶液 100kmol/h，甲乙酮与正庚烷形成最低沸点共沸物，共沸组成为甲乙酮 0.7643，求塔顶和塔釜产品中甲苯含量分别为 0.005 和 0.99 时所需的共沸剂的用量。

21. 苯是一种石油化工基本原料，其产量和生产的技术水平是一个国家石油化工发展水平的标志之一。苯环虽然很稳定，但是在一定条件下能够发生双键的加成反应。通常经过催化加氢，镍化催化剂，苯可以生成环已烷。现要求在常压下分离环已烷（1）（沸点 80.8℃）

和苯（2）（沸点80.2℃），它们的共沸组成为苯0.502（摩尔分数），共沸点77.4℃，现以丙酮为共沸剂进行共沸精馏，丙酮与环己烷形成共沸物，共沸组成为0.60（环己烷摩尔分数），若希望得到几乎纯净的苯，试计算：

（1）所需共沸剂量。

（2）塔顶、塔釜馏出物各为多少（以100kmol/h进行计算）。

22. 无水乙醇在实验过程中经常用到，通常以苯为共沸剂加入到含乙醇95%的乙醇-水原料中进行共沸精馏，若想得到2500L无水乙醇，需加入多少苯？已知各组分的密度分别为：95%乙醇为0.799kg/L，100%乙醇为0.785kg/L，苯为0.872kg/L。三元非均相共沸物的组成为：乙醇18.5%，水7.4%，苯74.1%（均为质量分数）。

23. 用双塔精馏系统实现正丁醇脱水，进料5000kmol/h，原料含水28%（均为摩尔分数），汽液进料，汽相分率30%。要求丁醇相含水0.04，水相含水0.995。操作压力101.3kPa，丁醇塔中 $L/V=1.23(L/V)_m$，水塔中 $(\overline{V}W)_2=0.132$。

求：（1）产品流率；（2）求适宜进料位置和两个塔的平衡级数。

汽液平衡数据：

T/℃	y_i（摩尔分数）/%	x_i（摩尔分数）/%	T/℃	y_i（摩尔分数）/%	x_i（摩尔分数）/%	T/℃	y_i（摩尔分数）/%	x_i（摩尔分数）/%
115	26.7	3.9	93.5	73.6	49.6	93.4	77.5	98.5
110.6	29.9	4.7	93.4	74.0	50.6	93.4	78.4	98.6
109.6	32.3	5.5	92.9	75.0	55.2	93.7	80.8	98.8
108.8	35.2	7.0	92.9	74.8	57.1	95.4	84.3	99.2
97.9	62.9	25.7	92.8	75	57.3	96.8	88.4	99.4
97.2	64.1	27.5	92.7	75.2	97.5	98.3	92.9	99.7
96.2	65.5	29.2	93.0	75.6	98.0	99.4	98.1	99.9
96.3	66.2	30.5	92.8	75.8	98.2	100	100	100

x，y 为水的液相和汽相摩尔分数。

24. 萃取与其它分离溶液组分的方法相比，常温操作，节省能源，操作方便，但由于一般萃取剂的用量大，所以塔釜的热负荷相对较大，因此选择优良的萃取剂是节约能源的关键步骤，已知甲醇（1)-丙酮（2）在55.7℃时形成共沸物其共沸组成为 $x_1=0.198$（摩尔分数）。水和苯均可作为萃取剂进行萃取精馏以分离甲醇和丙酮，试通过计算当萃取剂浓度为0.8（摩尔分数）时，确定水（3）与苯（4）的选择性，并据理说明哪种萃取剂更佳及塔顶馏出液各为何种物质？

$A_{12}=0.2798$，$A_{21}=0.2634$，$A_{13}=0.3794$，$A_{31}=0.2211$，$A_{23}=0.9709$

$A_{32}=0.5576$，$A_{14}=0.8923$，$A_{41}=0.7494$，$A_{24}=0.2012$，$A_{42}=0.1533$

25. 乙酸甲酯（1）和甲醇（2）混合物在45℃时为共沸物，由于甲醇是一种良好的质子供体，和电子供体的萃取剂形成氢键缔合，从而改变甲醇在乙酸甲酯的活度系数，增大乙酸甲酯对甲醇的相对挥发度。今以水为溶剂进行萃取精馏，已知其组成为 $x_1=0.1$（均为摩尔分数），$x_S=0.8$；$A_{12}=0.447$；$A_{21}=0.411$；$A_{13}=1.3$；$A_{31}=0.82$；$A_{23}=0.36$；$A_{32}=0.22$，试求其萃取剂选择性，并说明塔顶馏出何物。

26. 萃取剂的加入不仅要考虑该萃取剂的选择性，还要考虑萃取剂的用量大小，萃取剂的用量会影响分离效果，现拟以水为溶剂对醋酸甲酯（1)-甲醇（2）溶液进行萃取精馏分离，已知料液的 $x_{1,F}=0.65$（均为摩尔分数），此三元系中各组分的端值常数为：

$A_{12}=1.0293$，$A_{21}=0.9464$，$A_{2S}=0.8289$，$A_{S2}=0.5066$，$A_{1S}=2.9934$，$A_{S1}=1.8881$

试问当全塔萃取剂浓度为 $x_S=0.6$ 时，水能作为该体系的萃取剂吗？若当全塔萃取剂浓度为 $x_S=0.8$ 时，其萃取效果可提高多少？

27. 已知2,4-二甲基戊烷和苯能形成共沸物。它们的蒸气压非常接近，例如60℃时，纯2,4-二甲基戊烷的蒸气压为52.395kPa，而苯是52.262kPa。为了改变它们的相对挥发度，考虑加入己二醇为萃取精馏的溶剂，纯己二醇在60℃的蒸气压仅为0.133kPa，试确定在60℃时己二醇的浓度为多大，才能使2,4-二甲基戊烷与苯的相对挥发度在任何浓度下都小于1。

已知：2,4-二甲基戊烷（1)-苯（2）系统 $\gamma_1^{\infty}=1.96$，$\gamma_2^{\infty}=1.48$。2,4-二甲基戊烷（1)-己二醇（3）系统 $\gamma_1^{\infty}=3.55$，$\gamma_3^{\infty}=15.1$。苯（2）-己二醇（3）系统 $\gamma_2^{\infty}=2.04$，$\gamma_3^{\infty}=3.89$。

γ^{∞} 回归成Wilson常数，则

$g_{12}=0.4109$，$g_{13}=0.7003$，$g_{23}=1.0412$，$g_{21}=1.2165$，$g_{31}=0.08936$，$g_{32}=0.2467$

28. 在维尼纶生产中，聚醋酸乙烯酯醇解产生的废液中含有大量的甲醇、醋酸甲酯和醋酸钠。其中醋酸甲酯和甲醇可形成共沸物，可以经过萃取精馏加以回收。以水为溶剂对醋酸甲酯（1)-甲醇（2）溶液进行萃取精馏分离，料液的 $x_{1F}=0.349$（均为摩尔分数），呈露点状态进塔。要求塔顶馏出液中醋酸甲酯的浓度 $x_{1D}=0.95$，其回收率为98%，要求塔级上溶剂的浓度 $x_S=0.8$，操作回流比为最小回流比的1.5倍。试计算溶液与料液之比和所需的理论级数。

由文献中查得本系统有关二元端值常数为

$A_{12}=0.447$，$A_{21}=0.411$，$A_{2S}=0.36$，$A_{S2}=0.22$，$A_{1S}=0.130$，$A_{S1}=0.82$

29. 某合成橡胶厂欲用萃取精馏分离1-丁烯（1）和丁二烯（2），以乙腈为萃取剂，料液量为100kmol/h，含1-丁烯为0.7，丁二烯为0.3（摩尔分数），于露点加入塔中，塔内萃取剂浓度基本保持为 $x_S=0.8$。工艺要求塔釜液脱腈后丁二烯纯度达99.5%；塔顶丁二烯含量小于0.05%，乙腈含量小于0.1%（均为摩尔分数），试计算所需平衡级数和溶剂量。

已知：$x_S=0.8$，$\alpha_{12,S}=1.67$，$\alpha_{1,S}=19.2$，$\alpha_{2,S}=11.5$，取 $R=1.5R_m$。

30. 乙基环己烷和乙苯是非常重要的精细有机化工原料和有机溶剂，其混合物作为反应原料和溶剂普遍存在于有机合成、印刷和医药等行业，开发经济的分离乙苯、乙基环己烷技术具有十分重要的意义。用苯酚作萃取剂分离乙苯、乙基环己烷，要求塔釜乙苯的纯度达99%（均为摩尔分数），乙基环己烷浓度为1%，该塔的操作压力为0.1013MPa。萃取剂与进料流量比为3∶1，按清晰分割全塔物料平衡见下表。当回流比 $R=6$ 时，试计算该萃取精馏塔所需的理论级数。

组分	进料		萃取剂		塔顶		塔釜	
	F /(kmol/h)	$x_{i,F}$ (摩尔分数)	S /(kmol/h)	x_S (摩尔分数)	D /(kmol/h)	$x_{i,D}$ (摩尔分数)	W /(kmol/h)	$x_{i,W}$ (摩尔分数)
正辛烷	20	0.2			20	0.333	0	0
乙基环己烷	40	0.4			39.6	0.66	0.4	0.0012
乙苯	40	0.4			0.4	0.007	39.6	0.1165
苯酚			300	1.0			300	0.8822
合计	100	1.0	300	1.0	60	1.0	340	1.00

31. 反应精馏中，若反应为 A ⟶ C+D，且产物 C 易挥发，产物 D 难挥发，进料位置应如何设计？为什么？

32. 乙酸乙酯是一种用途广泛的精细化工产品，具有优异的溶解性、快干性，用途广泛，是一种非常重要的有机化工原料和极好的工业溶剂，被广泛用于醋酸纤维、乙基纤维、氯化橡胶、乙烯树脂、乙酸纤维树脂、合成橡胶、涂料及油漆等的生产过程中。乙醇与乙酸反应生成乙酸乙酯，现拟采用连续反应精馏的方法，应如何设计其生产流程。

参 考 文 献

[1] 陈洪钫，刘家祺. 化工分离过程 [M]. 第 2 版. 北京：化学工业出版社，2014：61-65，66-77，50-51，84-94，76-83，95-102.

[2] 赵德明. 分离工程 [M]. 杭州：浙江大学出版社，2011：41-43，46-60，84-106，107-122，122-125，126-139.

[3] (英) 理查森，(英) 哈克著. 化学工程 · 第 2 卷 B 分离过程 [M]. 大连：大连理工大学出版社 2008：561-563，619-621.

[4] 李军，卢英华. 化工分离前沿 [M]. 厦门：厦门大学出版社，2011：8-12，292-296.

[5] 魏刚. 化工分离过程与案例 [M]. 北京：中国石化出版社，2009：122-132，108-118.

[6] 勒海波等编著. 化工分离过程 [M]. 北京：中国石化出版社，2008：51-64，84-91，65-80，92-95.

[7] 徐东彦，叶庆国，陶旭梅. 分离工程（英文版）[M]. 北京：化学工业出版社，2011：58-70，79-83.

[8] 谷里鹏，郭亦良. 多组分精馏物料衡算分离指标的探讨 [J]. 现代化工，2010，30 (1)：92-97.

[9] Fenske M R. Fractionation of straight-run pennsylvania gasoline [J]. Industrial &Engineering Chemistry Research，1932，24 (5)：482-485.

[10] 宁英男. 多元精馏中组分在塔顶塔底预分配关系的计算机计算 [J]. 化工设计通讯，1995，21 (1)：53-56.

[11] Cao R，Fu G，Guo H，et al. Exponential function shortcut method for the calculation of the number of theoretical plates in a distillation column [J]. Industrial &Engineering Chemistry Research，2014，53 (38)：14830-14840.

[12] Gadzama S W，Ufomba E C，Okeugo C A，et al. Computer aided design of a multi-component distillation column-using the Fenske-Underwood-Gilliland short-cut method [J]. Science Innovation，2016，4 (3-1)：24-33.

[13] Underwood A J V. Fractional distillation of multicomponent mixtures [J]. Chemical Engineering Progress，2002，41 (12)：51-56.

[14] Bolles W L，Fair J R. Distillation [J]. Industrial & Engineering Chemistry，2002，58 (11)：689-698.

[15] 贺宗昌. 用 Microsoft Excel 计算二元理想物系复杂精馏塔的回流比和理论板数 [J]. 山东化工，2007，36 (4)：37-40.

[16] 刘保柱. 利用 PRO/Ⅱ和 Excel 求解精馏塔最优回流比 [J]. 计算机与应用化学，2006，23 (11)：1150-1152.

[17] 谢锴，严兵，尹代冬. 多组分高温精馏数学模型及回流比特性研究 [J]. 中南大学学报：自然科学版，2015，46 (7)：2721-2726.

[18] 张高博，樊栓狮，华赍等. 适用于分馏塔改造的回流比优化方法 [J]. 化工进展，2011，30 (S1)：787-792.

[19] 迪丽努尔 · 塔力甫，罗永强. 精馏塔最小回流比的优化 [J]. 化学工业与工程，2005，2 (21)：70-72.

[20] Levy S G，Dongen D BV，Doherty M F. Design and synthesis of homogeneous azeotropic distillations. 2. Minimum reflux calculations for nonideal and azeotropic columns [J]. Industrial & Engineering Chemistry Fundamentals，1985，24 (4)：463-474.

[21] Bausa J，Watzdorf R V，Marquardt W. Shortcut methods for nonideal multicomponent distillation：Ⅰ. Simple columns [J]. AIChE Journal，1998，44 (10)：2181-2198.

[22] Monroy-Loperena R，Vargasvillamil F D. Determination of the polynomial defining Underwood's Equations in short-cut distillation design [J]. Industrial & Engineering Chemistry Research，2001，40 (24)：5810-5814.

[23] Monroy-Loperena R，Vacahern M. Roots of the Underwood's equations in short-cut distillation from a companion matrix eigenvalues [J]. Chemical Engineering Science，2012，76：9-13.

[24] Dan V N，Leibovici C F. Rapid and robust resolution of Underwood equations using convex transformations [J]. Computers &Chemical Engineering，2014，71：574-590.

[25] Molokanov Y K，Koroblina T P，Mazurina N I，et al. An approximate method for calculating the basic parameters

of a multicomponent fractionation [J]. Chemistry & Technology of Fuels & Oils, 1971, 7 (2): 129-133.
[26] Erbar J H, Maddox R N. Latest score: Reflux vs. trays [J]. Petroleum Refiner, 1961, (40): 183-188.
[27] Kirkbride C G. Process design procedure for multi component fractionated [J]. Petroleum Refiner, 1944, 23 (9): 87-102.
[28] 王中麟．板式精馏塔进料口最佳位置的确定及理论塔板数的求解 [J]. 东北林业大学学报, 2004, 32 (2): 91-93.
[29] 李永成．简捷法求算多组分精馏过程的理论级 [J]. 化工设计, 1993, (6): 27-28.
[30] 曹晓娟．样条插值函数在精馏塔理论板数计算中的应用 [J]. 投资与合作：学术版, 2014, (5): 211-212.
[31] 王国军, 高俊, 武小军等．精馏塔理论板数的计算方法 [J]. 内蒙古石油化工, 2011, 37 (1): 54-55.
[32] 赵蕾, 周爱东, 王庆．用迭代循环和条件函数求解精馏塔理论塔板数 [J]. 化工高等教育, 2009, 26 (6): 77-81.
[33] 许可, 刘军坛, 彭伟功等．基于 Excel 的精馏塔理论塔板数的图解法 [J]. 化学工程师, 2010, 177 (16): 16-19.
[34] Adiche C, Vogelpohl A. Short-cut methods for the optimal design of simple and complex distillation columns [J]. Chemical Engineering Research & Design, 2011, 89 (8): 1321-1332.
[35] 杨洪先, 屈一新, 王玉红等．恒沸精馏乙酸丁酯和正丁醇过程的优化 [J]. 计算机与应用化学, 2009, 26 (4): 470-473.
[36] 张永晖, 杨玉芬, 陈殷虎等．1, 4-丁二醇分离乙酸甲酯-甲醇二元恒沸物的研究 [J]. 山东化工, 2011, 1 (40): 29-33.
[37] 邢建良, 黄秀辉, 袁渭康．工业醋酸脱水过程五元体系非均相共沸精馏的流程模拟 [J]. 化工学报, 2012, 63 (9): 2681-2687.
[38] 郭天民．多元气-液平衡和精馏 [M]. 北京：石油工业出版社, 2004: 622-631.
[39] Hadler A B, Ott L S, Bruno T J. Study of azeotropic mixtures with the advanced distillation curve approach [J]. Fluid Phase Equilibria, 2009, 281 (1): 49-59.
[40] 方静, 王宝东, 李春利等．隔板塔共沸精馏分离二氯甲烷-乙腈-水-硅醚体系 [J]. 化工学报, 2013, 64 (3): 963-969.
[41] Kiss A A, Suszwalak P C. Enhanced bioethanol dehydration by extractive and azeotropic distillation in divided wall columns [J]. Separation&Purification Technology, 2011, 86: 70-78.
[42] Sun L Y, Chang X W, Qi C X, et al. Implementation of ethanol dehydration using dividing-wall heterogeneous azeotropic distillation column [J]. Separation Science & Technology, 2011, 46 (8): 1365-1375.
[43] 李志卓, 姜占坤, 张善鹤．共沸精馏技术研究及应用进展 [J]. 山东化工, 2015, 44 (3): 37-39.
[44] 孙加伟, 许松林．采用变压精馏回收共沸剂的正丙醇-水共沸精馏模拟研究 [J]. 计算机与应用化学, 2014, 31 (8): 972-976.
[45] 李红海, 姜奕, 陶少辉．混合粒子群算法用于共沸精馏塔的最优设计 [J]. 化学工业与工程, 2015, 32 (5): 113-117.
[46] Zou X, Cui Y H, Dong H G, et al. Optimal design of complex distillation system for multicomponent zeotropic separations [J]. Chemical Engineering Science, 2012, 75 (25): 133-143.
[47] 叶庆国, 席玉蕾, 胡鸿宾．非均相恒沸精馏分离回收正丁醇的模拟与优化 [J]. 化学工业与工程, 2012, 29 (2): 46-50.
[48] 翟建, 刘育良, 李鲁闽等．萃取精馏分离苯/环己烷共沸体系模拟与优化 [J]. 化工学报, 2015, 66 (9): 3570-3579.
[49] 唐晓东, 袁娇阳, 李晶晶等．萃取精馏溶剂的研究应用进展 [J]. 现代化工, 2013, 33 (12): 31-35.
[50] 宋海华, 张学岗, 宋高鹏．萃取精馏溶剂的选择（Ⅰ）溶剂分子 QSPR 的人工神经网络模型 [J]. 化工学报, 2007, 58 (8): 2010-2015.
[51] And B V D, Nieuwoudt I. Design of solvents for extractive distillation [J]. Industrial &Engineering Chemistry Research, 2000, 39 (5): 1423-1429.
[52] Lek-utaiwan P, Suphanit B, Douglas P L, et al. Design of extractive distillation for the separation of close-boiling mixtures: Solvent selection and column optimization [J]. Computers & Chemical Engineering, 2011, 35 (6): 1088-1100.
[53] 吴莉莉, 管国锋, 陈学梅．乙酸乙酯-水共沸体系萃取精馏萃取剂的分子设计 [J]. 计算机与应用化学, 2011, 28 (5): 647-650.
[54] 叶庆国, 韩平, 阎淑芸．综合评判法筛选萃取精馏分离邻二甲苯-苯乙烯的萃取剂 [J]. 青岛科技大学学报：自然

科学版，2009，30（5）：391-394.
[55] 叶庆国，梁广荣，程世超．混合溶剂萃取精馏分离邻二甲苯-苯乙烯的流程模拟与参数分析［J］．石油与天然气化工，2010，30（5）：80-82.
[56] 雷志刚，王洪有，许峥．萃取精馏的研究进展［J］．化工进展，2001，20（09）：6-9.
[57] 孙畅，白鹏，梁金华等．间歇萃取精馏分离环己烷-正丙醇的研究［J］．现代化工，2013，33（6）：108-111.
[58] 赵明，马希博．粗苯加氢精制技术比较［J］．燃料与化工，2008，39（1）：29-34.
[59] Yamamoto H，Sumoge I. Distillation separation of hydrofluoric acid and nitric acid from acid waste using the salt effect on vapor - liquid equilibrium［J］. International Journal of Thermophysics，2011，32（3）：706 - 719.
[60] 王小光，杨月云，姚新健．加盐萃取精馏回收制药废液中四氢呋喃的模拟研究［J］．现代化工，2012，32（12）：108-112.
[61] 廖丽华，张祝蒙，程建民等．加盐 NMP 法萃取精馏分离裂解碳五馏分［J］．石油化工，2010，39（2）：167-172.
[62] 叶庆国，梁广荣，程世超等．加盐萃取精馏分离邻二甲苯-苯乙烯的研究［J］．化学工业与工程技术，2011，32（2）：20-23.
[63] 张永，钟宏，谭鑫．反应精馏应用进展［J］．石油化工应用，2010，（9）：1-5.
[64] William L L，Yu C C. Reactive distillation design and control［M］. Hoboken：Wiley-AIChE，2008.
[65] Harmsen G J. Reactive distillation：The front-runner of industrial process intensification：A full review of commercial applications，research，scale-up，design and operation［J］. Chemical Engineering & Processing Process Intensification，2007，46（9）：774-780.
[66] 黄玉鑫，汤吉海，陈献等．不同温度反应与精馏集成生产醋酸叔丁酯的过程模拟［J］．化工学报，2015，（10）：4039-4046.
[67] 朱怀工，张荣樸，马和旭等．隔板式反应精馏技术的研究进展［J］．化学工业与工程，2013，30（6）：37-42.
[68] 高松文．二甲醚生产技术进展［J］．精细化工原料及中间体，2010，（2）：38-41.
[69] 李柏春，许沉娜，徐敬瑞等．反应精馏生产甲缩醛工艺的研究［J］．现代化工，2012，32（4）：90-93.
[70] 杨丰科，李金芝，曹伟丽．甲缩醛的研究进展［J］．应用化工，2011，40（10）：1833-1836.
[71] Zhao S，Huang J，Wang L，et al. Coupled reaction/distillation process for hydrolysis of methyl acetate［J］. Chinese Journal of Chemical Engineering，2010，18（5）：755-760.
[72] 唐伟．隔板式反应精馏塔水解乙酸甲酯工艺研究［D］．天津：天津大学，2010.

4

气体吸收和解吸

吸收（absorption）分离过程是化工生产中重要的传质单元操作，广泛用于分离气体混合物。其基本原理是利用气体混合物中的各组分在某一液体吸收剂中的溶解度不同，使容易溶解的组分和较难溶解的组分分离，从而达到气体混合物分离的目的。而吸收的逆过程，即溶质从液相中分离出来转移到气相的过程称为解吸（stripping）。根据气体中各组分和溶剂相互作用的不同，可将吸收过程分为物理吸收和化学吸收，化学吸收按反应类型又分为可逆反应和不可逆反应的吸收过程。

4.1 吸收和解吸过程

4.1.1 多组分吸收和解吸的工业应用[1,2]

在化工生产中，气体吸收操作广泛应用于直接生产化工产品、分离气体混合物、原料气的精制以及从废气中回收有用组分或除去有害物质等过程。就其目的来说，可以分为以下几方面：

（1）制取产品和中间体

利用气体进行吸收制取的产品很多，如用水吸收二氧化氮生产50%～60%的硝酸，氨水吸收二氧化碳制取碳酸氢铵，水吸收甲醛蒸气制甲醛溶液，用水吸收异丙醇催化脱氢产物生产丙酮以及用水吸收丙烯氨氧化反应气体中的丙烯腈作为中间产品等。

【工程案例 4-1】 氯化氢吸收制盐酸[2,3]

盐酸生产主要采用电解法，即将饱和食盐水（或熔融 NaCl）进行电解，除得氢氧化钠外，在阴极有氢气产生，阳极有氯气产生

$$2NaCl+2H_2O \longrightarrow 2NaOH+Cl_2\uparrow+H_2\uparrow$$

在反应器中将氢气和氯气通至石英制的烧嘴点火燃烧，生成氯化氢气体，并发出大量热

$$H_2+Cl_2 \xrightarrow{点燃} 2HCl$$

氯化氢极易溶入水而形成盐酸，在20℃和0.1MPa下，氯化氢在水中的溶解度高达42%，氯化氢的这一性质被广泛用于氯化氢尾气的处理和盐酸的生产。盐酸生产工序是将液氯生产过程中产生的废氯气（氯气在65%以上，均为体积分数）和从氢处理工序送来的氢气在铁合成炉内以1∶(1.05～1.10)的摩尔比在石英或铁制的套筒式燃烧器中混合燃烧生

成氯化氢。石英的传热较慢，套筒口积蓄的热量不易散失，能经常保持引发温度以使合成反应持续进行。合成后的氯化氢气体中心温度在1000℃以上。炉壁温度也可达400～500℃，经空气导管冷却至156℃以下进入圆块式石墨冷却器，用工业水冷却，把出冷却器的气相温度降至常温，然后一部分进降膜式吸收塔。采用稀酸液吸收氯化氢气体（组成：HCl 90%～95%，O_2<0.5%，其余为H_2，它们在水中的溶解度见表4-1）。由表4-1可见，HCl在水中的溶解度远大于O_2、H_2在水中的溶解度，如此大的溶解度差异使得可以用水作为溶剂吸收氯化氢、氢气、氧气混合气体中的HCl。其工艺流程和工业生产装置分别如图4-1、图4-2所示。含有氢气、氧气的氯化氢气体由第一级膜式吸收塔的顶部进入，与来自于二级膜式吸收塔的稀酸并流接触，氯化氢溶于水中生成盐酸（31%～33%），进入盐酸储槽。未被吸收的氯化氢从一级膜式吸收塔底部出来，进入二级膜式吸收塔的顶部，与尾气吸收塔下来的稀酸接触，稀酸浓度进一步增浓。未被溶解的氯化氢和其它气体从二级膜式吸收塔底部出来，进入尾气吸收塔，被从稀酸循环槽来的稀酸水进一步溶解。尾气吸收塔的作用在于将膜式吸收塔未吸收的氯化氢气体再次吸收，使气相成为合格尾气。剩余尾气从尾气吸收塔顶部被水流泵抽吸走处理后放空。一、二级膜式吸收塔中，氯化氢溶解于水中放出的热量由吸收管外冷却水带走。

表4-1 O_2、H_2、HCl在水中的溶解度（p=101.325kPa）

温度/℃	气体在水中的溶解度/(m^3气体/m^3水)		
	O_2	H_2	HCl
0	0.0489	0.0215	507
20	0.0310	0.0182	442
30	0.0261	0.0170	413

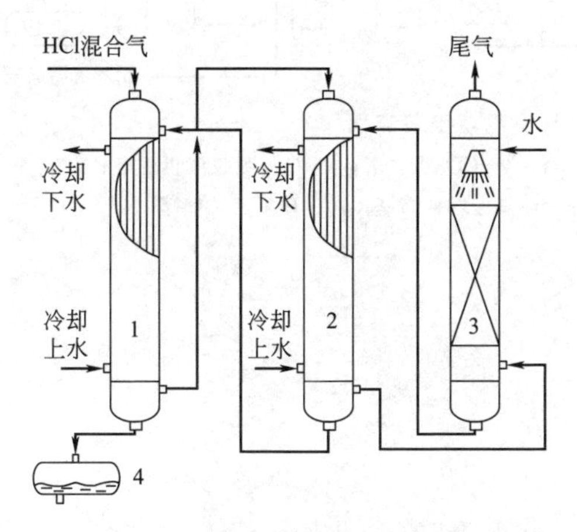

图4-1 氯化氢吸收制盐酸工艺流程

1—一级膜式吸收塔；2—二级膜式吸收塔；3—尾气吸收塔；4—盐酸储槽

图4-2 氯化氢吸收制盐酸工业生产装置

（2）分离气体混合物

气体吸收常用于混合气的分离，以得到目的产物或回收其中的一些组分。例如石油裂解气分离中的油吸收；将C_2以上的组分与氢、甲烷分开；用水吸收乙醇氧化脱氢产物制取乙醛；用N-甲基吡咯烷酮作溶剂，将由天然气部分氧化制得的裂化气中的乙炔分离出来；乙烯直接氧化法生产中，用吸收法分离反应气体中的环氧乙烷等。

【工程案例 4-2】 乙烯直接氧化法生产环氧乙烷[4]

乙烯直接氧化法，分为空气直接氧化法和氧气直接氧化法。空气直接氧化法用空气作氧化剂，因此生产中必须有空气净化装置，以防止空气中有害杂质带入反应器而影响催化剂的活性。空气法的特点是由两台或多台反应器串联，即主反应器和副反应器。为使主反应器催化剂的活性保持在较高水平（63%～75%），通常以低转化率操作（20%～50%）。

氧气直接氧化法是采用制备纯氧或其它氧源作氧化剂，由于用纯氧作氧化剂，连续引入系统的惰性气体大为减少。未反应的乙烯基本上可完全循环使用，从吸收塔顶出来的循环气必须经过脱碳以除去二氧化碳，然后循环返回反应器，否则二氧化碳超过 15%（质量分数），将严重影响催化剂的活性。以氧气作为氧化剂，甲烷为致稳剂，乙烯在 2.2MPa、250℃下通过装有银催化剂的固定床反应器，直接氧化为环氧乙烷，反应气体中主要是环氧乙烷、甲烷、二氧化碳、水和少量醛，该反应气体的分离主要是通过吸收来完成的，工艺流程和镇海炼化 100 万吨/年乙烯裂解，65 万吨/年环氧乙烷/乙二醇工业生产装置分别见图4-3、图 4-4。

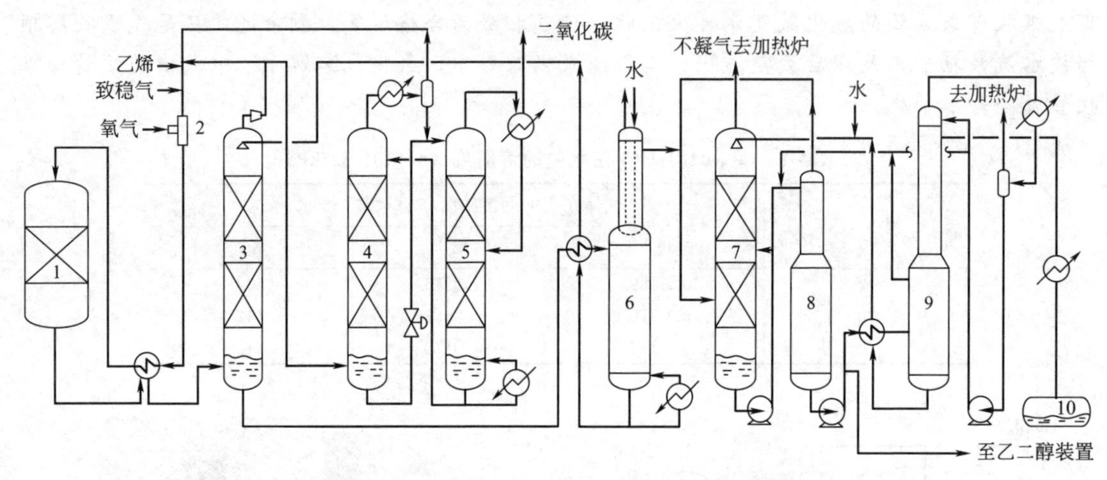

图 4-3 乙烯直接氧化法生产环氧乙烷工艺流程

1—环氧乙烷反应器；2—气体混合器；3—环氧乙烷吸收塔；4—CO_2吸收塔；5—CO_2吸收液再生塔；6—环氧乙烷解吸塔；7—再吸收塔；8—脱气塔；9—环氧乙烷精馏塔；10—环氧乙烷储罐

图 4-4 镇海炼化 100 万吨/年乙烯裂解，65 万吨/年环氧乙烷/乙二醇工业生产装置

乙烯、氧气和甲烷进入混合器，与环氧乙烷吸收塔顶部循环气进行混合，从气体混合器出来的含有乙烯和氧气的循环气，在换热器的管程进行加热后进入环氧乙烷反应器。在反应器的壳程用锅炉给水汽化来移走反应热，以控制反应温度。反应器出口气体流经循环气换热器的壳程，与反应器入口气体换热，被进一步冷却下来，进入到环氧乙烷吸收塔底部，使用从环氧乙烷解吸塔底部过来的乙二醇水溶液以及从泵过来的工艺水进行吸收，保证吸收液的浓度恒定在7.5%（质量分数），从环氧乙烷吸收塔顶部出来的尾气进入 CO_2 吸收塔的底部，与从塔顶向下流动的吸收剂在填料上充分接触完成吸收后脱除二氧化碳，并通过填料层和除雾器，除掉气流中夹带的微量的钾和矾的化合物微粒，以防止这些物质带入反应器造成催化剂中毒，这股气流冷却后送往乙烯混合器中循环使用。从 CO_2 吸收塔顶部流下的 CO_2 吸收剂，在与循环气接触完成 CO_2 的吸收之后，进入 CO_2 吸收液再生塔，被吸收的 CO_2 释放排入大气中，塔底吸收剂返回到 CO_2 吸收塔顶部。

从环氧乙烷吸收塔底部被吸收下来的环氧乙烷经换热器进入环氧乙烷解吸塔，使环氧乙烷和水进行分离。环氧乙烷蒸汽从塔顶出来经再吸收塔和脱气塔分离不凝气后，经换热进入环氧乙烷精馏塔，塔顶环氧乙烷产品经冷却器冷却后送到环氧乙烷贮罐，一部分进行冷凝后收集在回流罐中，用泵打出一部分返回到塔顶部作回流用，另一部分送往脱气塔中脱除不凝气，塔釜液与进料换热后作为再吸收塔的吸收剂。

(3) 从气体中回收有用的组分

为从混合气中获得某种有用的组分，如用硫酸从煤气中回收氨生成硫铵，用洗油从煤气中回收粗苯，从烟道气中回收高纯度的二氧化碳以及易挥发性的溶剂（醇、酮、醛）等。

【工程案例 4-3】 从焦炉煤气中回收芳烃[2]

粗苯是炼焦化学产品回收中最重要的两类产品之一。在石油工业中曾被称为基础化工原料的八种烃类有四类（苯、甲苯、二甲苯和萘）是从粗苯和煤焦油产品中制取的，目前，中国年产焦炭达到两亿多吨，可回收的粗苯资源达200多万吨。虽然从石油化工中可生产这些产品，但焦化工业仍然是苯类产品的重要来源，因此，从焦炉煤气中回收苯族烃具有重要的意义。某化工厂焦炉煤气组成如表4-2所示。由于芳烃（苯、甲苯、二甲苯等）溶解于溶剂油，用溶剂油吸收焦炉气中的芳烃，达到芳烃与煤气的分离，然后吸收液解吸又可得到芳烃和溶剂油，如此连续操作，达到分离焦炉煤气的目的。采用如图4-5所示的工艺流程。焦炉煤气在吸收塔内与洗油（焦化工厂生产中的副产品，数十种碳氢化合物的混合物）逆流接触，气相中芳烃蒸气溶于洗油中，脱芳烃煤气从塔顶排出。溶解了芳烃的洗油称为富油，从塔釜排出。富油经换热器升温后从塔顶进入解吸塔，过热水蒸气从解吸塔底部进塔，从焦炉煤气中回收芳烃工业生产装置见图4-6。

在解吸塔顶部排出的气相为过热水蒸气和芳烃蒸气的混合物。该混合物冷凝后因两种冷凝液不互溶，并因密度不同而分层，芳烃在上，水在下。分别引出则可得芳烃产品。从解吸塔底部出来的洗油称为贫油，贫油经换热器降温后再进入吸收塔循环使用。富油进解吸塔的加热器与贫油进吸收塔的冷却器可改为换热器，可节约能量。

表 4-2 焦炉煤气组成

名称	可燃成分					不可燃成分			
	H_2	CO	CH_4	C_mH_n	芳烃类	水蒸气	CO_2	N_2	O_2
组成(体积分数)/%	55～60	5～8	23～28	2～4	0.5～1	4～5	1.5～3	3～5	0.4～0.8

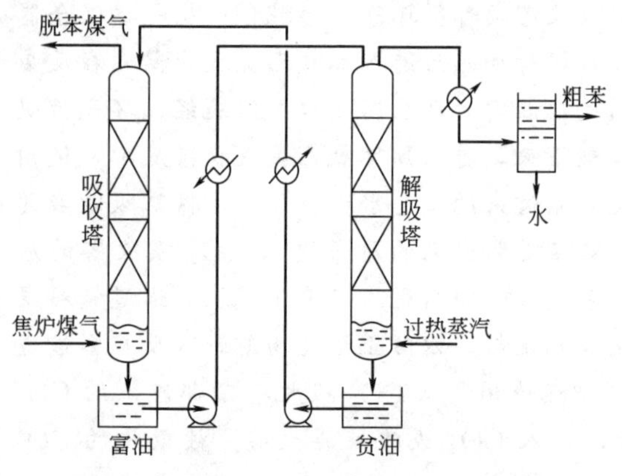

图 4-5 从焦炉煤气中回收芳烃工艺流程

图 4-6 从焦炉煤气中回收芳烃工业生产装置

（4）气体净化

气体净化大致分为原料气的净化和尾气、废气的净化两类。原料气的净化，其主要目的是清除后续工序所不允许的杂质。如用乙醇胺液脱除石油裂解气或天然气中的硫化氢，乙烯直接氧化制环氧乙烷生产中原料气的脱硫、脱卤化物，合成甲醇中的脱硫、脱二氧化碳，二氯乙烷生产过程中用水去除氯化氢，从甲苯尾气回收芳烃等[5,6]。净化尾气、废气主要是保护环境。很多工业废气中含 SO_2、NO_x（主要是 NO 及 NO_2）、汞蒸气等挥发性有机化合物，虽然浓度一般很低，但对人体和环境的危害甚大，因而必须进行治理，这类环境保护问题已愈来愈受重视。选择适当的工艺和溶剂进行吸收，是废气处理和回收中应用较广的方法[7,8]。

【工程案例 4-4】 醇胺法处理含硫化氢废气[9]

甲醇生产过程产生含硫化氢、甲醇和氢氰酸等酸性废气，该气体不能直接采用克劳斯工艺回收硫，若通过火炬燃烧放空，不仅造成硫资源的浪费，而且严重污染了环境。采用处理天然气的 *N*-甲基二乙醇胺（MDEA）脱硫装置处理该气体，工艺流程和工业生产装置分别见图 4-7、图 4-8。酸性废气经水洗除去其中的甲醇和氢氰酸后进入吸收塔底部与从顶部加入的贫胺液逆流接触，脱硫后的净化气从顶部逸出，吸收了 H_2S 的 MDEA 溶液称为富液，

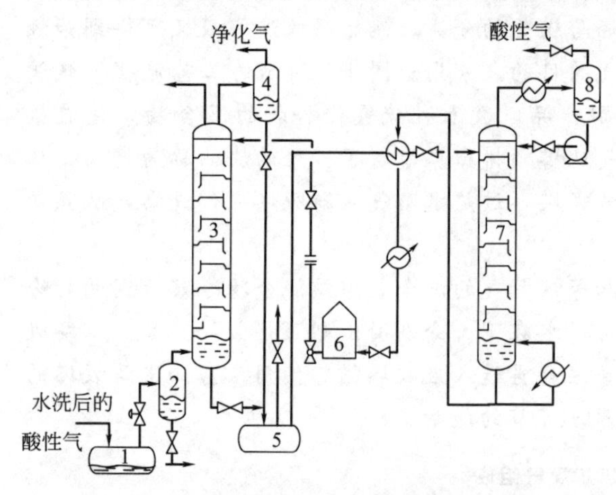

图 4-7 醇胺法处理含硫化氢废气工艺流程

1—分离器；2—分液器；3—吸收塔；
4—分离器；5—中间闪蒸罐；6—乙醇胺储罐；
7—解吸塔；8—回流罐

图 4-8 醇胺法处理含硫化氢废气工业生产装置

离开吸收塔富胺溶液通过换热器与贫胺液换热得到加热，然后在解吸塔中再生，进塔后的富液在塔底再沸器的加热下，其中的 H_2S 被汽提出来，脱除的再生酸气作为克劳斯装置进料回收硫，贫胺液经冷却后送至吸收塔。

4.1.2 解吸的方法

和精馏单元操作有所不同，工业上的吸收操作由两个互为可逆的过程，即吸收过程和解吸过程组成。其原因是工业上的吸收操作为连续过程，吸收剂在吸收塔完成吸收后，溶质含量较高，无法再继续使用，必须将溶质和吸收剂进行分离。此外，当气体有好几个溶质组分同时吸收时，还需要把溶解度较大的溶质和溶解度较小的溶质进行分离。例如，用丙酮吸收法脱乙炔时，需将吸收液中的乙炔和乙烯、乙烷分离；用中冷油吸收法分离裂解气中的甲烷和氢时，需将吸收液中的甲烷和乙烯分离开。

解吸过程得以顺利进行的必要条件是溶液中的溶质 i 组分的平衡蒸气压 p_i^* 或平衡气相组成 y_i^* 必须大于与该溶液相接触的气相中 i 组分的分压 p_i 或组成 y_i，只有满足这种条件，溶质才能由液相转入气相，进行解吸过程。为了使溶液中溶质的平衡蒸气压 p_i^* 大于气相中 i 组分的分压，解吸过程一般可采用的方法有以下四种：

① 加热升温。将吸收液加热升温以提高溶质的平衡分压 p_i^*，减少溶质的溶解度。

② 减压闪蒸。将原来处于较高压力的吸收液进行减压，显然，总压 p 降低后，气相中溶质 i 组分的分压 p_i 也必然相应地降低。因此，即使吸收液不加热升温，吸收液中的溶质 i 组分的平衡分压 p_i^* 在减压下将高于气相中 i 组分的分压 p_i，使解吸过程得以进行。但如果是常压吸收，则解吸时，就需将压力减至负压。

③ 精馏解吸。采用精馏的方法（用全塔或仅用提馏段）将溶质和吸收剂进行分离。

④ 用解吸剂进行解吸。有时利用降压解吸，达不到要求的解吸率，特别是溶解度较大的组分，更不容易解吸出来。利用解吸剂可降低气相组分的分压，从而提高组分的解吸率。常用的解吸介质有惰性气体、水蒸气、溶剂蒸气等。将吸收液送入解吸塔顶，在解吸塔底部通入解吸剂，由于解吸剂中不含易溶组分，当解吸剂与吸收液接触后由于吸收液中溶质 i 组分的平衡蒸气压远大于以解吸剂为主的混合气体中 i 组分的分压，使溶质 i 组分得以解吸出来。

4.1.3 吸收和解吸过程流程[1,2,10,11]

吸收装置的工艺流程可以分为两大类。一类是吸收剂不需要再生的流程；另一类为吸收剂需解吸再生且吸收剂均循环使用的流程。

4.1.3.1 吸收剂不需解吸再生的流程

当吸收剂与被吸收组分一起作为产品或者废液送出且吸收剂用后不需要再生时，采用单纯吸收流程。过程只有吸收塔而无解吸塔，分为带吸收剂循环和不带吸收剂再循环的两种方式，例如氯化氢用水吸收成为盐酸，盐酸就成为产品，故不需要对溶剂进行汽提（图 4-9）。当吸收剂的喷淋密度较小，填料表面不能被吸收剂全部润湿，因而气、液两相接触面积减少，使吸收操作不能正常进行；或者在吸收塔中需要排除的热量很大，必须将吸收液从塔中抽出至塔外冷却器进行冷却时，就需要采用部分吸收剂再循环的操作，如图 4-10 所示。这类工艺在制取 37%（质量分数）甲醛水溶液等过程中采用。当惰性气体中允许含易溶组分极少，或易溶组分溶解度很低、溶解速度很慢时可采用多塔串联流程，如 98%（质量分数）

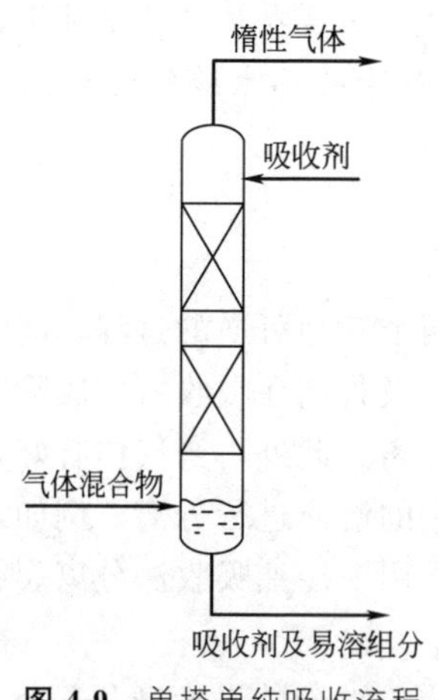

图 4-9 单塔单纯吸收流程

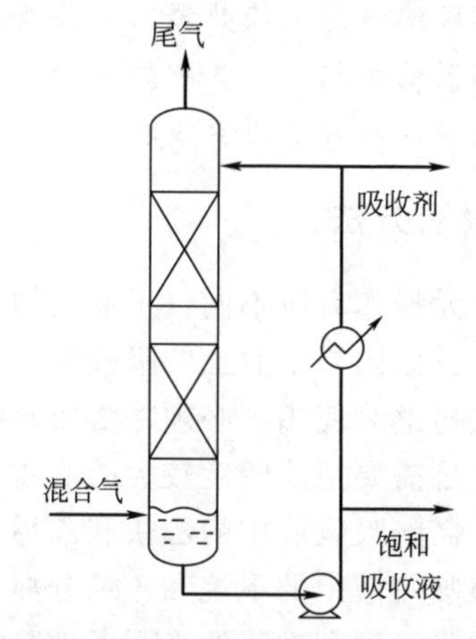

图 4-10 吸收剂再循环的吸收流程

浓硫酸制取，见图 4-11。

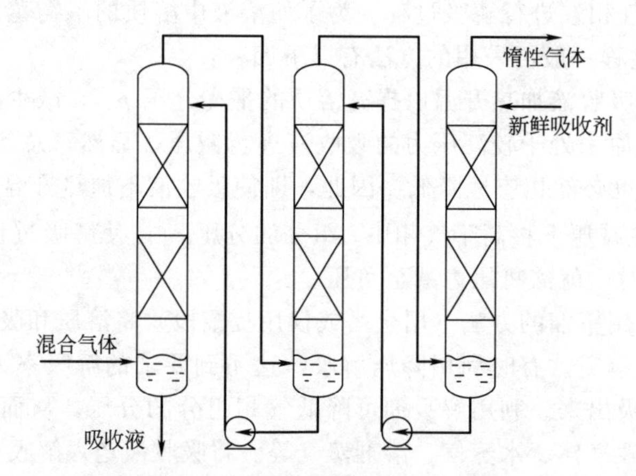

图 4-11 多塔串联单纯吸收流程

【工程案例 4-5】 接触法制硫酸中的 SO_3 的吸收

工业上接触法生产硫酸的干吸工段流程如图 4-12 所示。经冷却和净化后含 7%（体积分数）左右的 SO_2 炉气进入干燥塔 3 中，与塔内喷淋而下的 95%～96% H_2SO_4 相接触，除去水分后进入接触反应器，气体中的绝大部分 SO_2 反应氧化成 SO_3，经降温后依次通过发烟硫酸吸收塔 1 和浓硫酸吸收塔 2，尾气可由塔顶排空。由于每一个吸收塔需保持其吸收剂（酸）的浓度和温度恒定，因此都配有储罐、酸泵和冷却器。发烟硫酸和浓硫酸吸收塔的酸浓度分别为含 20%游离 SO_3 发烟硫酸和 98%浓硫酸。为了保持这三个塔的酸浓度不变，可将干燥塔较稀的 95%～96%的硫酸和发烟硫酸各自与 98%浓硫酸掺和（串酸），以达到分离的目的。工业生产装置如图 4-13 所示。

4.1.3.2 吸收剂进行解吸的流程

(1) 伴有吸收剂再生循环的吸收-解吸流程

解吸和吸收在应用上密切相关。为了使吸收过程中的吸收剂能够循环使用，就需要通过解吸过程把被吸收的物质从溶液中分出而使吸收剂再生。此外，当以回收利用被吸收气体组分为目的时，也必须解吸。对于分离多组分气体混合物成几个馏分或几个单一组分的情况，合理地组织吸收-解吸流程更为重要。伴有吸收剂回收的流程按解吸方法不同有三种。图

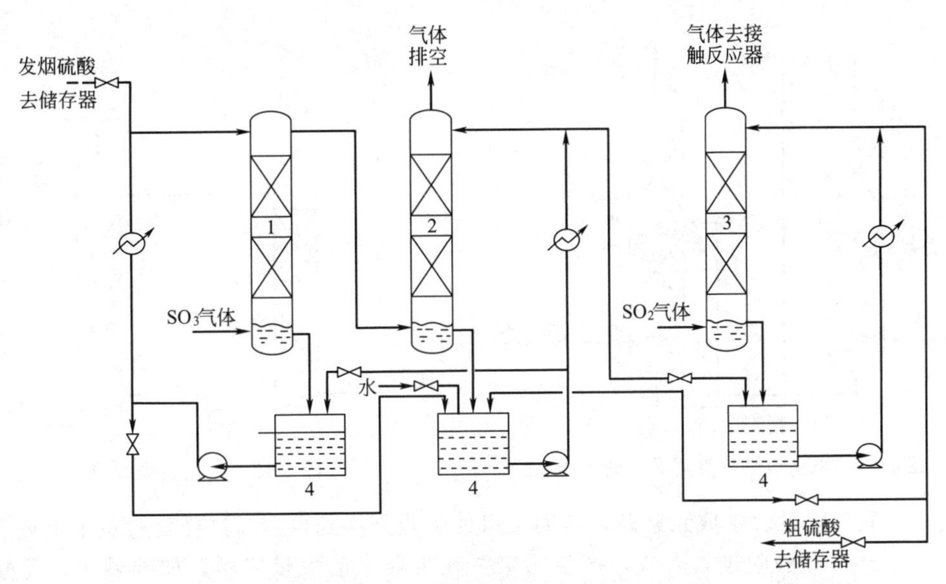

图 4-12 接触法制硫酸中的 SO_2 的吸收工艺流程

1—发烟硫酸吸收塔；2—硫酸吸收塔；3—干燥塔；4—储罐

图 4-13 接触法制硫酸中的 SO_2 的吸收工业生产装置

4-14 所示为采用惰性气体的吸收-解吸过程的流程，惰性气体例如水蒸气或其它惰性气体为解吸剂，在解吸塔中，气、液相浓度的变化的规律与吸收相反，由于组分不断地从液相转入气相，液相浓度由上而下逐渐降低，而惰性气体中溶质的量不断增加，故气相浓度由下而上逐渐增大。如从气体中除去 H_2S（图 4-15），由吸收塔流出的吸收剂（称富液）进入再生塔在此利用惰性气体（如空气）从塔底向上吹以脱吸 H_2S。脱吸后的吸收剂（称贫液）再回到吸收塔循环使用。这类流程对操作压力无特殊要求，通常吸收和解吸在同一压力下进行，主要的理论依据是利用大量的惰性气体降低液面上溶质的分压，以使吸收剂中溶质的平衡分压大于此而达到解吸的目的。因此解吸时所消耗的惰性气体量极大，这样会导致解吸气中溶质的含量极低而无法回收再利用。另外，若该溶质有毒，而解吸气未达允许排放标准时，还必须进一步净化。这也是该流程的不尽合理之处，正由于此，它仅适用于气体净化以除去价值不高或含量很低的组分。对于脱硫过程，催化氧化法可以使吸收剂中存在的含硫化合物在

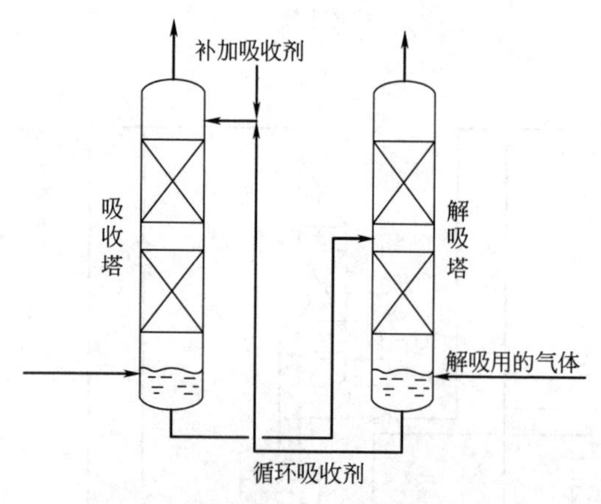

图 4-14 采用惰性气为解吸剂的流程

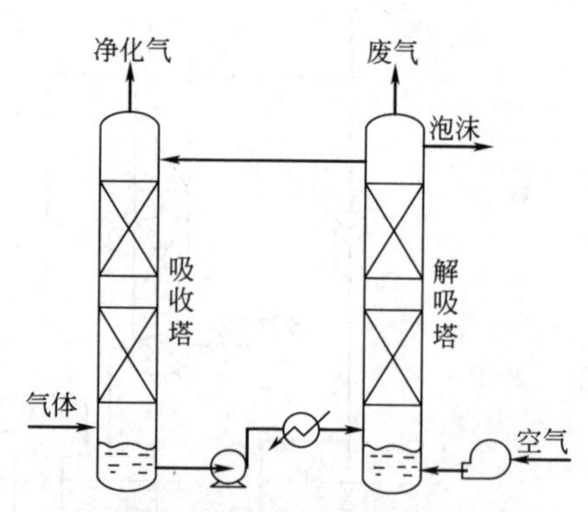

图 4-15 氧化法吸收 H_2S 流程

和空气中的氧气接触时生成元素硫，从而又可使吸收剂得到再生。这样就避免了上述有毒气体如 SO_2、H_2S 等脱吸进入大气，产生污染。在工业上已大量应用，如砷碱法、蒽醌二磺酸钠法以及萘醌法等。

用再沸器的解吸塔实际上是一个只有提馏段的精馏塔，见图 4-16。此时用于解吸过程的解吸剂是被解吸液体本身汽化所产生的蒸汽，而不是从外部引入的。

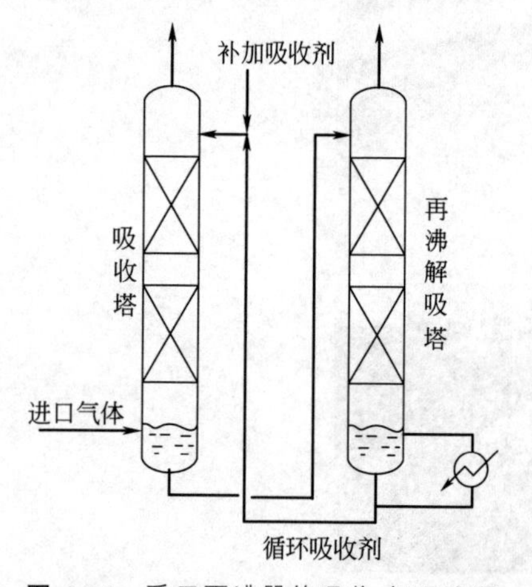

图 4-16 采用再沸器的吸收-解吸流程

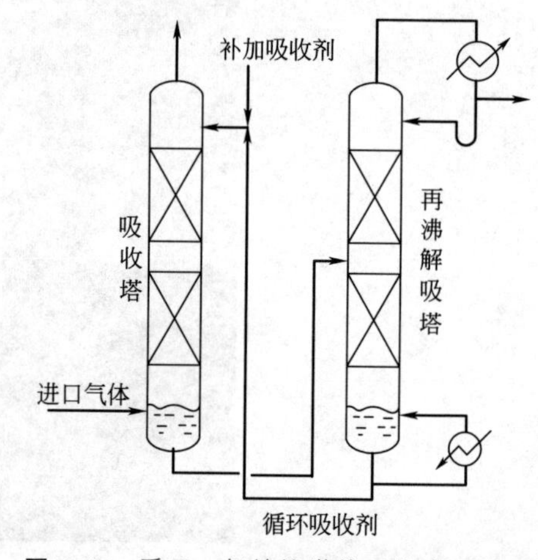

图 4-17 采用一般精馏塔的吸收-解吸流程

用一般精馏塔作为解吸塔与前者的区别就在于增加了精馏段，起到了提高蒸出溶质的纯度和回收剂的作用。该法用于气体混合物通过吸收方法将其分离为惰性气体和易溶气体两部分的情况，其流程见图 4-17。如从酒精尾气中回收酒精的吸收-解吸工艺[12]。工业上常在低温或常温下选用合适的溶剂，在吸收塔内除去气体中的绝大部分的 SO_2（图 4-18），气体在塔顶放空，富液出塔后经贫富液热交换器加热到一定温度后，送入再生塔顶与从塔底逆流而上的再生气相接触脱吸掉溶剂中大部分溶质后，贫液从再生塔底流出，经贫富液换热器回收多余的热量，再经水冷器冷却至吸收塔温度后，送入吸收塔循环使用。再生气经塔顶冷凝器除去大部分水后，或送硫酸系统制硫酸，或经干燥后进压缩机、储罐以获得纯液态 SO_2 产品。显然，在该过程中，如果热源是本厂的废热源如烟气、废蒸汽等将更为合适，否则，消耗热能将是该过程的主要考核指标。

（2）减压再生流程

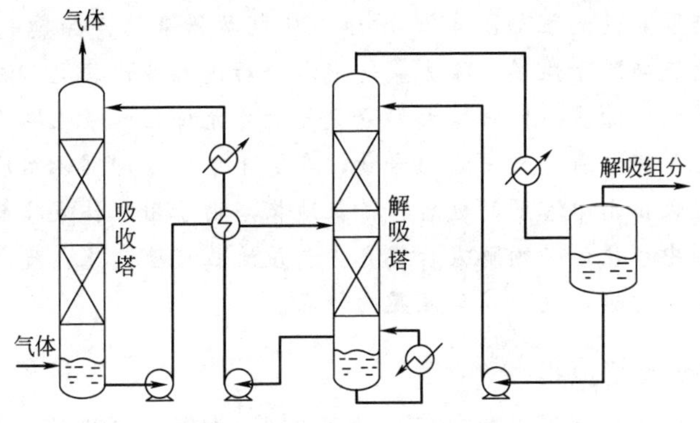

图 4-18 闭合过程的双流流程

减压再生流程属较简单的吸收装置，比较适合于物理吸收过程。一般情况下，物理吸收为增加溶质的溶解度多采用加压吸收塔。此时，就可考虑解吸过程采用逐级减压、选择性解吸的办法来进行，既节约能量又可回收有用气体。例如，在合成氨厂中，脱除原料气中CO_2的吸收操作一般在加压中进行，典型的流程如图 4-19 所示，以碳酸丙烯酯为吸收剂，在 2.9MPa 下进行吸收操作。解吸时，通常第一级降压至 1.0MPa，以回收合成原料气中的氢、氮气。然后再经 0.5MPa 和 0.1MPa 两级减压，释放出大部分CO_2后，吸收剂再经泵加压后循环使用。这类流程的经济性取决于工艺对气体净化度的要求。如果要求某溶质净制后含量极低，而常压解吸尚不能达到净化度的要求，那么再生必须在真空下进行。但总压在 0.03MPa 以下进行该过程是不经济的。

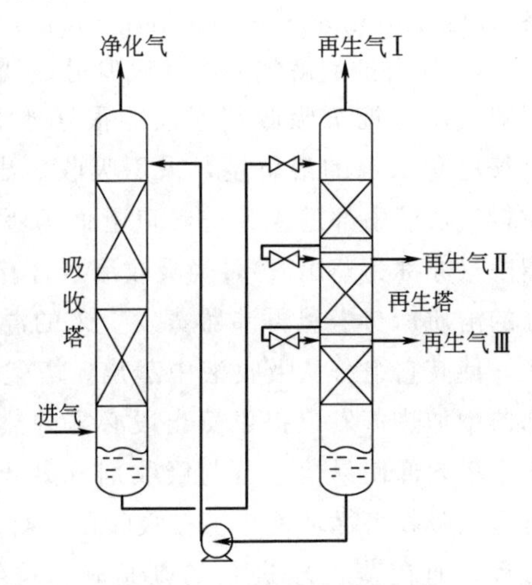

图 4-19 CO_2吸收-再生流程

【工程案例 4-6】 氯气液化后从废气中回收氯[1]

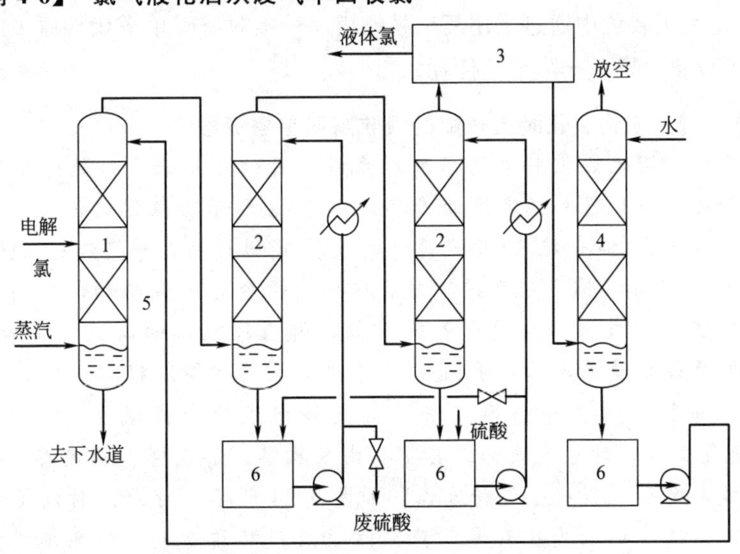

图 4-20 从液化废气中提取氯的流程

1—氯冷却塔；2—干燥塔；3—氯气液化装置；4—吸收塔；5—解吸塔；6—储槽

从液化废气中提取氯的流程如图 4-20 所示，从电解槽来的产品氯气进入氯冷却塔 1 中进行冷却，在经过两级硫酸干燥塔 2 除去氯气中水分后进入液化装置。液氯中的不凝性含氯驰放气必须经过水吸收塔除去（回收）大部分氯气后才允许在水吸收塔 4 顶部排空。含有氯的水不能直接排入地下槽，首先利用它的冷量，在塔 1 中作冷却剂，然后在该塔的下部与蒸汽直接接触，加热脱吸出水中溶解的氯后再排入地槽。由于用水作吸收剂价廉，故不必循环使用，但由于吸收剂中含氯，必须解吸后再弃去。该流程可使废气、废水中所含氯气的绝大部分予以回收，避免了污染，这是该类装置的特点。

4.1.3.3 吸收蒸出塔流程

当吸收尾气中某些组分在吸收剂中有一定溶解度，为保证关键组分的纯度采用吸收蒸出塔（absorption and evaporation tower），即将吸收塔与精馏塔的提馏段组合在一起（见图 4-21）。如石油裂解气分离过程中用 C_3 馏分作为吸收剂分离裂解气，C_3 馏分吸收剂不仅能很好地溶解乙烯，对甲烷、氢气也有一定的溶解度，采用吸收蒸出塔分离效果较好。原料气从塔中部进入，进料口上面为吸收段，下部则为提馏段（亦称为蒸出段），当吸收液（含有关键组分和其它组分的溶质）与塔釜再沸器蒸发上来的温度较高的蒸汽相接触，使其它组分从吸收液中蒸出。塔釜的吸收液部分从再沸器中加热蒸发以提供蒸出段必需的热量，大部分则进入蒸出塔内部使易溶组分与吸收剂分离开，吸收剂经冷却后再送入吸收塔循环使用。在吸收段进行的是单向传质-溶解过程，而在蒸出段进行的则是轻、重组分双向传质的过程——由汽化和冷凝组成的精馏过程。

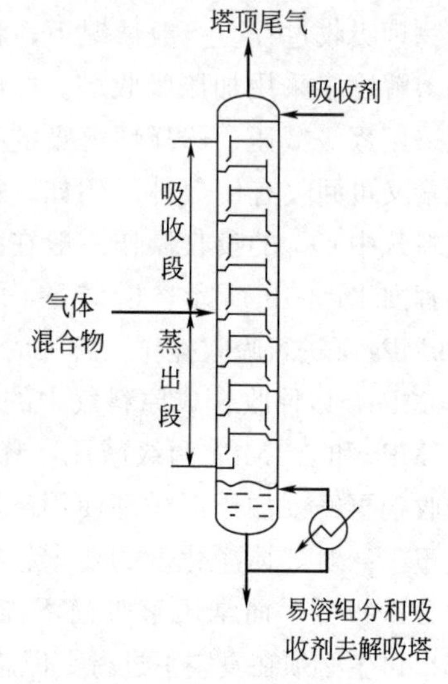

图 4-21 吸收蒸出塔

此法一般只适用关键组分为重组分的场合。吸收装置的工艺流程设置对于过程的经济性有着重要影响，有报道[13]在石油催化裂化装置中通过采用复杂精馏塔——吸收解吸单塔代替原来吸收塔-解吸塔双塔，既减少了设备投资，又降低了能耗。

【工程案例 4-7】 催化裂化装置省能的吸收解吸单塔流程[14]

吸收稳定系统是催化裂化装置的后处理系统，目的是将来自催化分馏塔顶的粗汽油和富气分离成干气、液化气和稳定汽油产品，图 4-22 所示为催化裂化装置吸收稳定系统工业生产装置。我国在 20 世纪 60 年代设计的吸收-解吸过程是单塔流程，为国外 50 年代的技术。如图 4-23 所示，富气经压缩冷却后在平衡罐分为气液两相，分别进入吸收段和解吸段。吸收段底部富吸收油直接进入解吸段，解吸段顶部的解吸气直接进入吸收段。这种单塔流程吸收效果最差，国外于 50 年代末开始采用双塔流程，我国在 70 年代也开始设计双塔流程。即利用吸收和精馏方法将富气和粗汽油分离成干气（$\leqslant C_2$）、液化气（C_3、C_4）和蒸气压合格的稳定汽油。其主要由吸收塔、解吸塔、稳定塔、再吸收塔及相应辅助设备构成，典型流程（冷进料流程）如图 4-24 所示。可以同时满足高吸收率和高的解吸率。也可以减少塔的内循环量，产品收益及产品质量也均较原单塔流程好。但是与原单塔流程比需增加一台凝缩油泵。同时由于大量返回的吸收塔底油和解吸塔顶气造成相关的设备如塔、换热器、泵和容器等将处理多达系统进料 1.4 倍的物料，这不仅引

图 4-22　催化裂化装置吸收稳定系统工业生产装置

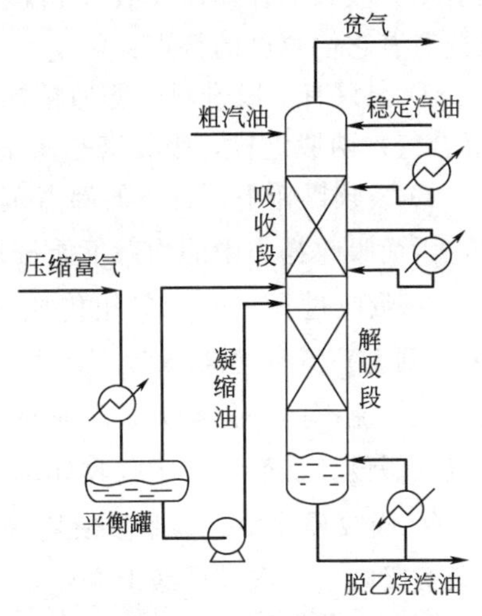

图 4-23　吸收稳定系统单塔流程

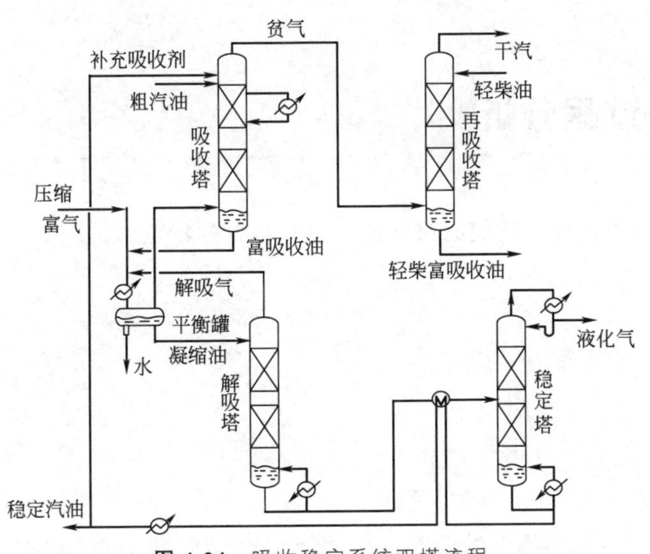

图 4-24　吸收稳定系统双塔流程

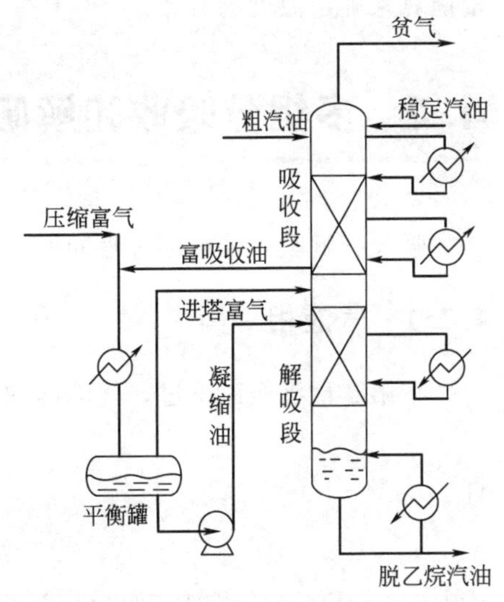

图 4-25　省能的吸收-解吸单塔流程

起设备投资的增加，而且能耗也比较高。

综合两种流程各自的优点提出的新的省能的吸收-解吸单塔流程如图 4-25 所示。该流程将富吸收油抽出塔外与富气混合经冷却、平衡分离后分别进入吸收段和解吸段。为了利用稳定汽油余热降低塔底再沸器负荷，在解吸段增加一个中间换热。新的吸收解吸单塔流程取消了双塔流程中两股返回量相当大的吸收塔底油和解吸塔顶气，降低了操作费用，设备数量较“双塔流程”有一定的减少，塔从四座改为三座，并且取消了解吸塔、解吸塔的进料预热器，优化了热量匹配，在降低塔顶冷回流的情况下，产品收益增高，能耗下降。

4.1.4　吸收过程的特点[10,15]

化工生产中最为常见的吸收是多组分吸收。多组分吸收的基本原理和单组分吸收相同，但多组分吸收的计算以及吸收和解吸的组合方案既不同于单组分吸收，又不同于多组分精馏。有着它们自己的特点：

① 与只有一股进料的普通精馏塔不同，即使最简单的吸收塔也有塔顶（吸收剂）、塔底（混合气）两股进料，吸收塔是一个复杂塔。

② 吸收操作中，物系的沸点范围宽。在操作条件下，有的组分已接近、甚至超过临界点，因而吸收操作中的物系不能按理想物系处理。

③ 吸收过程一般为单相传质过程，只有一个关键组分。因此，由进塔到出塔的气相（由下到上）流率逐渐减小，而液相（由上到下）流率不断增大。尤其是多组分吸收中，吸收量大，流率的变化也大，除非是贫气吸收，气液相流量在塔内不能视为常数，不能用恒摩尔流的假设，从而增加了吸收计算的复杂性。

④ 吸收操作中，吸收量沿塔高分布不均，轻组分（即难溶组分）一般只在靠近塔顶的几级被吸收，而在其余级上变化很小。重组分（易溶组分）主要在塔底附近的若干级上被吸收，而关键组分才在全塔范围内被吸收。因而溶解热分布不匀，致使吸收塔温度分布比较复杂。所以不能用精馏中常用的泡露点方程来确定吸收塔中温度沿塔高的分布，通常要采用热量衡算来确定温度的分布。

4.2 多组分吸收和解吸过程分析[1,10,16,17]

吸收（解吸）和精馏过程同属于传质过程，它们既有共性，也有各自的特点。

4.2.1 气液相平衡

在第 2 章已经讨论过，气液两相达到平衡时，应有

$$\hat{f}_i^{V}=\hat{f}_i^{L} \tag{4-1}$$

且

$$\hat{f}_i^{V}=p\hat{\phi}_i y_i,\qquad \hat{f}_i^{L}=f_i^{0L}\gamma_i x_i \tag{4-2}$$

式中，$\hat{f}_i^{V}$ 和 $\hat{f}_i^{L}$ 分别为 i 组分在气相和液相溶液中的逸度；$\hat{\phi}_i$ 和 γ_i 分别为 i 组分在气相的逸度系数和液相的活度系数，对于理想气体混合物 $\hat{\phi}_i=\phi_i$；ϕ_i 和 f_i^{0L} 分别为纯态 i 组分在系统温度和压力下气相的逸度系数和液相的逸度。

对于气液相平衡的定量表示方法，常借助于平衡常数 K_i，即气相中溶质的浓度和液相中该溶质的浓度之比。所以

$$K_i=\frac{y_i}{x_i}=\frac{f_i^{0L}\gamma_i}{p\hat{\phi}_i} \tag{4-3}$$

前已述及，大多数气液吸收过程中，系统温度高于气体临界温度，此时气体不再被冷凝而只是溶解于液相。对于二元系统，组分溶解的气液相平衡关系服从下方程

$$\ln\frac{\hat{f}_2^{V}}{x_2}=\ln H_2+\frac{\overline{V}_{m,2}^{L}(p-p_1^0)}{RT} \tag{4-4}$$

式中，$\overline{V}_{m,2}^{L}$ 为溶质 2 在溶液中的偏摩尔体积；H_2 为溶质在溶液中的亨利系数，kPa；p、

p_1^0 分别为系统总压和纯溶剂的饱和蒸气压。

对于理想溶液，$\overline{V}_{m,2}^{L}=0$，则式(4-4) 简化为

$$\hat{f}_2^V = H_2 x_2 \tag{4-5}$$

在低压下，可用平衡分压 p_2 代替 $\hat{f}_2^V$，变成亨利定律的表达形式

$$p_2 = H_2 x_2 \tag{4-6}$$

若以浓度 c_2 代替 x_2，则有

$$p_2 = H_2 c_2 \tag{4-7}$$

亨利定律仅适用于理想溶液。通常所有的稀溶液都近似于理想溶液，都可应用亨利定律获得相应的平衡数据，借以判断传质过程的方向、极限以及计算传质推动力的大小。常用气体在某些溶剂中的 H 值可从有关手册查得。

显然，对于难溶气体，亨利定律有足够的正确性，对于易溶气体，该定律仅适用于较低的浓度范围；在较高浓度时，其溶解度的值将比亨利定律计算值低些。朱君悦等[18]采用 PR 状态方程结合 Horon-Vidal（HV）混合规则对 7 种 HFC/HFC 和 7 种 HFC/HC 二元混合物的气液相平衡性质进行了计算，HV 混合规则可以显著提升非理想性较强的体系 HFC/HC 相平衡的计算精度。

4.2.2 吸收和解吸过程的设计变量数与关键组分

按第 2 章介绍的确定设计变量的原则，很容易定出平衡级数为 N 的吸收塔和解吸塔的设计变量数：

吸收塔		解吸塔	
(1) 压力等级数	N	(1) 压力等级数	N
(2) 原料气	$c+2$	(2) 解吸剂	$c'+2$
(3) 吸收剂	$c'+2$	(3) 吸收液	$c+2$
N_x	$c+c'+4+N$	N_x	$c+c'+4+N$
N_a(为串级数)	1	N_a(为串级数)	1

多组分吸收和解吸与多组分精馏一样，不能对所有组分规定分离要求，只能对吸收和解吸操作起关键作用的组分即关键组分规定分离要求。由吸收和解吸过程的可调设计变量 $Na=1$ 知，多组分吸收和解吸中只能有一个关键组分。一旦规定了关键组分的分离要求，由于各个组分在同一塔内进行吸收或解吸，塔平衡级数和液气比均相同，它们被吸收量的多少由各自的相平衡关系决定，相互之间存在一定关系。与多组分精馏一样，多组分吸收塔的工艺计算也分为设计型和操作型。如已知入塔原料气的组成、温度、压力、流率，吸收剂的组成、温度、压力、流率，吸收塔的操作压力和对关键组分的分离要求，计算完成该吸收操作所需的平衡级数，塔顶尾气的量和组成，属于设计型计算。已知入塔原料气的组成、温度、压力、流率，吸收剂的组成、压力和温度，吸收塔操作压力，对关键组分的分离要求和平衡级数，计算塔顶加入的吸收剂量，塔顶尾气量和组成，塔底吸收液量和组成，则属于操作型计算。解吸塔计算与之相似。

4.2.3 单向传质过程

在精馏操作中，汽液两相接触，汽相中的较重组分向液相中传质（冷凝），液相中的较

轻组分向汽相中传质（汽化），所以传质过程是在两个方向上进行。若被分离体系中各组分的摩尔汽化潜热相近，可假定塔内汽相和液相都是恒摩尔流，计算过程要简单得多。

而对于吸收系统，一般吸收剂为不易挥发的液体，气相中的某些组分不断溶解到吸收剂中，属于单向传质（one-way mass transfer）。吸收剂由于吸收了气体中的溶质而使液相流量不断增加，气相的流量则相应地减小，解吸过程气液两相的传质方向和流率变化趋势与吸收相反。因此，吸收和解吸过程气液相流率在塔内均不能看作恒摩尔流。这就增加了计算的复杂性。

Horton 和 Franklin 提出了用重贫油吸收 $C_1 \sim C_5$ 正构烷烃混合气的多组分吸收计算结果，图 4-26 表示了过程的流量、温度、浓度与平衡级数的关系曲线。由图可见，塔中气相和液相的总流量都是自上而下增大的，这是单向传质的结果，各组分由气相传入液相，而通常由液相传至气相的物质数量却很少。

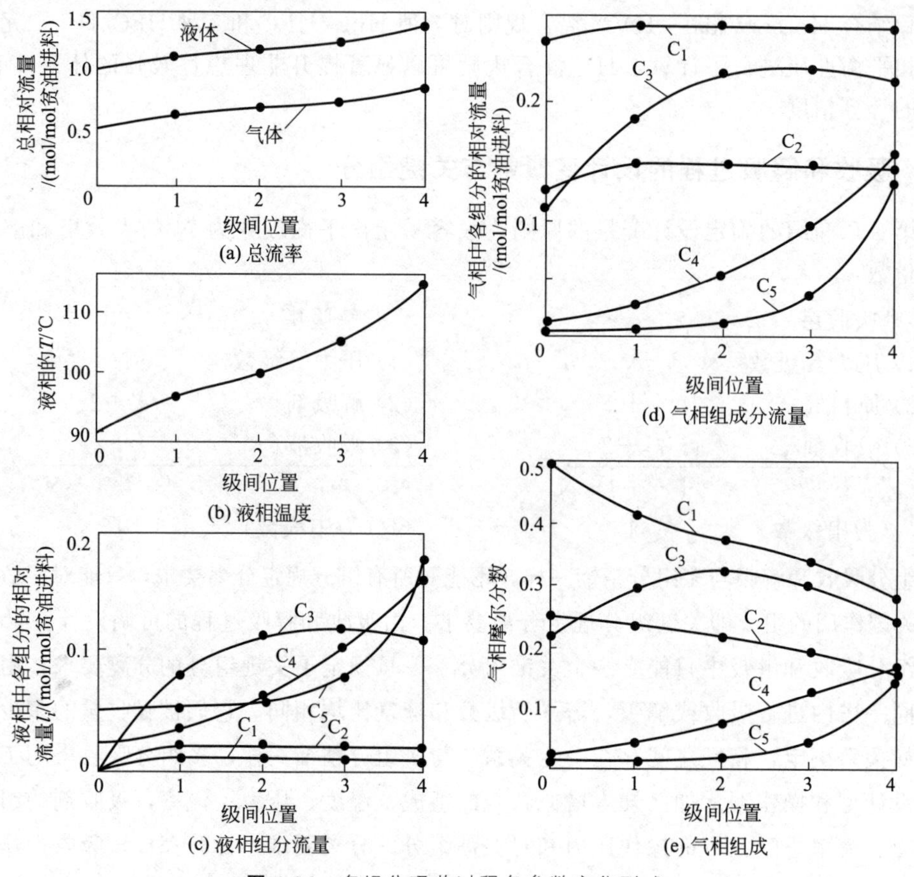

图 4-26　多组分吸收过程各参数变化形式

解吸过程也是单向传质过程，只是与吸收相反，溶质不是从气相传入液相，而是由液相传至气相，塔中气相和液相流量是自下而上增大的。

4.2.4　吸收塔内组分分布

从图 4-26(c)、图 4-26(d) 可见，甲烷和乙烷的相对挥发度很高，溶解度很小，几乎不被溶剂吸收，因而气相中甲烷和乙烷的流量基本上不变，但在塔上部稍有降低。这说明需要一个平衡级，这些组分在液体中就几乎完全达到平衡。戊烷在气相各组分中相对挥发度最小，故在原料气体进塔后，立刻在塔下部的几个平衡级中被吸收，达到上部几级时，气体中仅剩下微量戊烷。因而在上部几级中传入液相的戊烷不多，戊烷在液相中的流量保持不变，在下部几级液相中戊烷流量迅速增加。丁烷是相对挥发度仅大于戊烷的一个组分，其在下部几级中也很快被吸收，只是较戊烷要慢些。

如图 4-26(e) 所示，由于在塔下部几级戊烷和丁烷被大量吸收，因而气体中戊烷和丁烷浓度显著下降。甲烷和乙烷相对不被吸收，总气体流量向上减小，甲烷和乙烷在气体中的摩尔分数不断上升。

由图 4-26(c) 知，尽管甲烷和乙烷的吸收量很小，但液相中在某级将出现甲烷和乙烷摩尔分数的极大值。这是因为在上部几级中，甲烷和乙烷气相中摩尔分数是较高的，而温度较低，使 K 值变小。因此在最上一级甲烷和乙烷的 x 值达到最大，并且随着级数向下而逐步趋于平直。对于丁烷和戊烷，不出现最高点，因为它们在塔下部已被大量吸收，上部几级的气体中摩尔分数很小。

由图 4-26(d) 可知，丙烷是相对挥发度适中的组分，原料气中的丙烷约有一半被吸收下来，而甲烷和乙烷仅微量被吸收，丁烷和戊烷则绝大部分被吸收。当气体到达塔上部时，丙烷的情况将和甲烷、乙烷一样，气相中丙烷的高摩尔分数和低温二者结合起来，使得在上部几级中丙烷吸收最快，在液相中出现丙烷浓度的极大值。丁烷和戊烷的相对挥发度低，尽管塔下部温度高，但低相对挥发度的影响仍然为主导因素，故在塔下部几级很容易被吸收。

由上面讨论可以得出，对于多组分吸收过程，不同组分和不同塔段的吸收程度是不同的。

① 难溶组分（即轻组分）通常只在靠近塔顶的几级被吸收而在其余级上变化很小；

② 易溶组分（即重组分）主要在塔底附近若干级上被吸收；

③ 关键组分在全塔范围内被吸收。

上面规律在吸收计算中问题处理及方法选择中都很有用。

4.2.5 吸收和解吸过程的热效应

通常情况下，在吸收塔中溶质自气相传入液相因发生相变而释放出吸收热，一般热量用于增加液体的显热，从而导致液相温度沿塔向下增高［图 4-26(b)］。与之相反，解吸过程，溶质自液相传入气相因发生相变而吸收热量，液体向下流动时有被冷却的趋势。

吸收过程释放的热量在液体和气体的最终分配与液体物流的热容量 $L_M c_{p,L}$ 和气体物流的热容量 $G_M c_{p,V}$ 的相对大小有很大关系。一般有以下三种情况。

① 若塔顶 $L_M c_{p,L}$ 远大于 $G_M c_{p,V}$，则上升气体的热量传给液相，塔顶尾气温度与进塔吸收剂温度相近；吸收释放的热量用于提高液相的温度，从塔底移出。在接近塔底的几级上，高温吸收液加热进塔气体，使部分热量返回塔内，温度分布出现极大值。图 4-27 为脱除天然气中 CO_2 和 H_2S 的吸收塔中的温度和组成分布情况。吸收剂为乙醇胺和乙二醇的水溶液。$L_M c_{p,L}/G_M c_{p,V}=2.5$，塔顶出口气体温度和吸收剂进口温度基本相同（41.7℃）。塔底吸收液温度为 79.4℃，原料气温度为 32.2℃。

② 若 $L_M c_{p,L}$ 与 $G_M c_{p,V}$ 接近，且有明显的热效应，则出塔尾气和吸收液的温度分别大于其进口温度。此情况下，热量在液相和气相的分配取决于塔中不同位置因吸收而放热的情况。

③ 若 $L_M c_{p,L}$ 远小于 $G_M c_{p,V}$，则吸收放出的热量大部分被气体带走，吸收液出口温度接近于原料气进料温度。图 4-28 为脱除低浓度酸性气体的天然气吸收塔内的温度和组成分布图。$L_M c_{p,L}/G_M c_{p,V}=0.2$，吸收剂沿塔下流时被气体冷却，在接近原料气温度的条件下出塔。

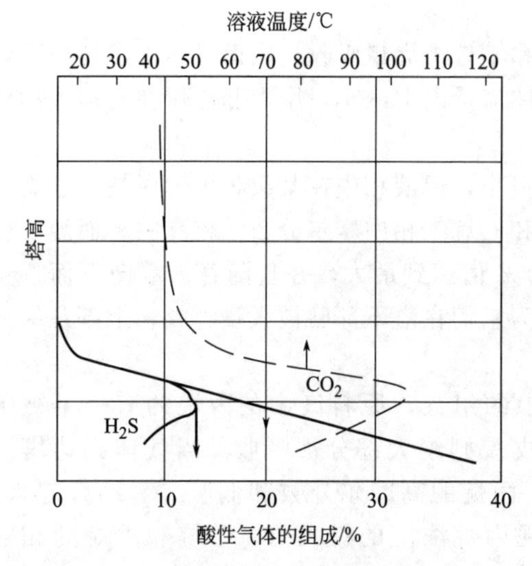

图 4-27　高含量 H_2S、CO_2 气体吸收的温度和含量分布

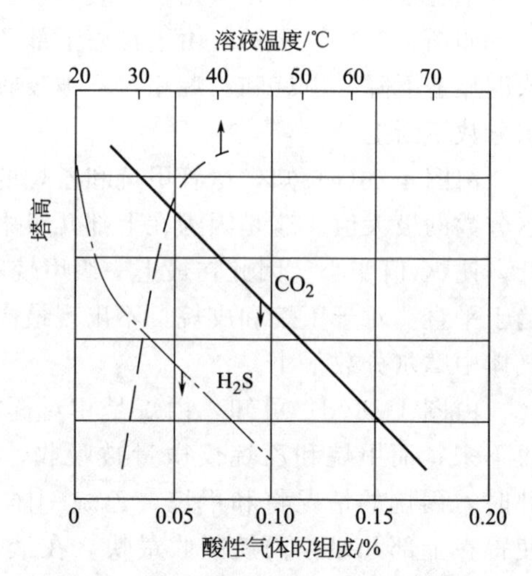

图 4-28　低含量 H_2S、CO_2 气体吸收的温度和含量分布

如果液体吸收剂有明显的挥发性，它可能在塔下部的几级中部分汽化，使该汽化的吸收剂在进气中的含量趋于平衡组成。因吸收而加热液体和因吸收剂汽化而冷却液体的相反作用，会在塔的中部某位置上出现温度的极大值。

吸收过程中，溶解热使气体和液体的温度发生变化，温度的变化又会对吸收过程产生影响。一方面，因为平衡常数不仅是液相浓度的函数，而且是液相温度的函数，一般而言，吸收放热使液体温度升高，故相平衡常数增大，过程的推动力减小，另一方面，由于吸收放热使气液相间产生温差，导致相间传质的同时发生相间传热。

4.3　多组分吸收和解吸过程简捷计算

4.3.1　吸收过程工艺计算的基本概念[2,17]

4.3.1.1　吸收、解吸作用发生的条件

根据相平衡概念，可以判断当气液相接触时，溶质究竟是由气相溶于液相（吸收），还是溶质由液相转入气相（解吸）。若分别以 p_i^* 和 y_i^* 表示与液相组成 x_i 成平衡的气相中 i 组分的分压和摩尔分数，当气液相处于平衡状态时必须满足

$$p_i=p_i^*=E_i x_i \tag{4-8}$$

$$y_i=y_i^*=K_i x_i \tag{4-9}$$

式中，p_i 和 y_i 分别表示气相中 i 组分的实际分压和摩尔分数。

当 $p_i>p_i^*$，$y_i>y_i^*$ 时，溶质将由气相转入液相从而被吸收，当 $p_i<p_i^*$，$y_i<y_i^*$ 时，溶质将由液相转入气相而发生解吸。

4.3.1.2 吸收过程的限度

了解了吸收及解吸发生的条件以后，可以分析吸收过程进行的限度。

如图 4-29 所示，进料气体混合物中组分 i 的组成为 $y_{i,N+1}$，出塔吸收液中 i 组分含量为 $x_{i,N}$，显然应有

$$\frac{y_{i,N+1}}{K_i} \geqslant x_{i,N}$$

从塔顶加入的吸收剂中 i 组分含量为 $x_{i,0}$，离开塔顶气相中 i 组分的含量为 $y_{i,1}$，显然：$y_{i,1} \geqslant K_i x_{i,0}$，这样就为进行设计时明确地规定了设计吸收塔的限度，从而避免了在设计时提出一些不合理的、实际上是无法实现的要求，即规定了设计吸收塔的限度。$x_{i,0}$ 是解吸过程分离后吸收剂中 i 组分的含量，它与 $y_{i,1}$ 有密切的关系。因此在吸收塔设计时不能孤立地只考虑吸收过程，还要将它与解吸过程联系在一起进行考虑，当吸收过程的分离要求很高时，对解吸后吸收剂中溶质的含量 $x_{i,0}$ 要求会很苛刻。在实际设计时往往是按照规定的分离要求先确定吸收塔气体的组成 $y_{i,1}$，根据已经选定的出塔气体组成再考虑气液相平衡数据来确定吸收剂在解吸后易溶组分的含量。

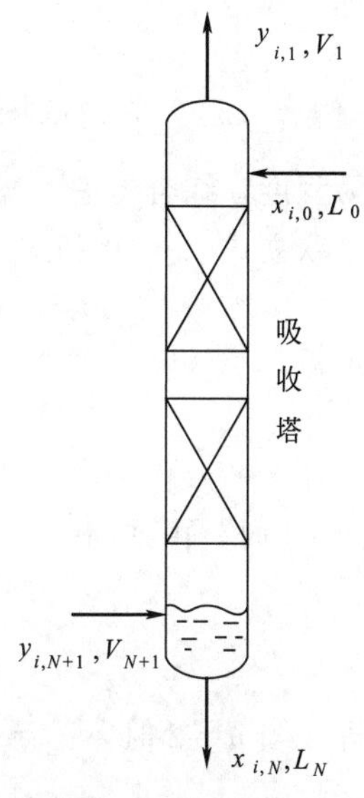

图 4-29 吸收塔示意图

4.3.1.3 吸收过程的平衡级

吸收过程吸收液沿塔逐级下流时，易溶组分的含量不断升高，气体混合物在沿塔上升过程中易溶组分的含量不断降低。在吸收过程中为了计算方便起见，像精馏过程一样，引入了平衡级的概念。如图 4-30 所示，由第 $n-1$ 级下流的易溶组分 i 含量为 $x_{i,n-1}$ 的吸收液与从第 $n+1$ 级上升的 i 组分含量为 $y_{i,n+1}$ 的气体在第 n 级上接触。若离开第 n 级的气体混合物及吸收液达到相互平衡状态，即 $y_{i,n}=K_{i,n}x_{i,n}$，这样一个吸收塔级称为一个平衡级。

4.3.1.4 吸收过程的计算内容

已知：V_{N+1}、$y_{i,N+1}$、T_{N+1}、$x_{i,0}$、T_0、p 和关键组分的分离要求。

求：V_1、$y_{i,1}$、L_N、$x_{i,N}$、L_0、N。

详细计算还应包括 T_n、L_n、V_n 的求取。

与精馏过程一样，吸收塔级数的计算也是先求出完成规定分离要求所需的平衡级数，然后再由级效率或等板高度确定实际的吸收塔级数或填料高度。

4.3.2 吸收因子法[2,10,16]

4.3.2.1 哈顿-富兰格林（Horton-Franklin）方程的推导

吸收因子法主要是应用物料平衡和相平衡的概念来确定吸收塔的平衡级数。如图 4-30 所示，在计算时气、液相流量 L、V 的单位是（kmol/h），如果用 l 表示任一组分 i 的液相流率，即 $l=Lx_i$，用 v 表示组分 i 的气相流率，即 $v=Vy_i$，在吸收塔任意一级（如第 n 级）的物料关系可以用以下物料衡算式来表达

$$l_n - l_{n-1} = v_{n+1} - v_n \tag{4-10}$$

为简化起见，略去下标 i。吸收过程相平衡方程式 $y_i=Kx_i$ 可表示为

$$\frac{v}{V}=K\frac{l}{L}$$

整理上式得
$$l=v\frac{L}{KV}=vA \tag{4-11}$$

令 $A=\dfrac{L}{VK}$，A 为吸收因子（absorption factor），反映吸收进行的难易程度，综合考虑了操作条件，K 和物性对吸收的影响。

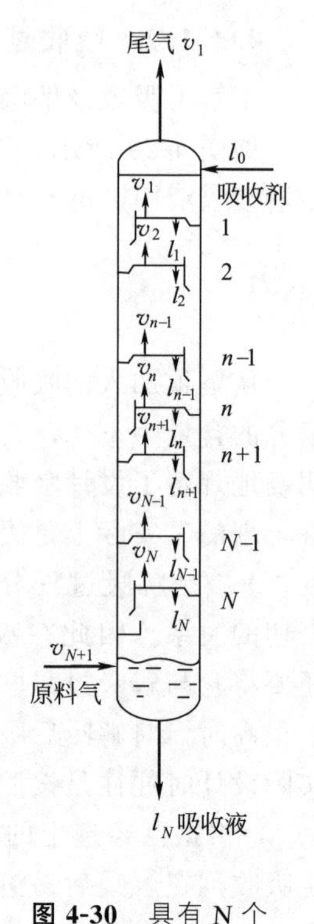

图 4-30 具有 N 个平衡级的吸收塔

联立式(4-10) 和式(4-11) 得
$$v_n+A_nv_n=v_{n+1}+A_{n-1}v_{n-1}$$

整理得
$$v_n=\frac{v_{n+1}+A_{n-1}v_{n-1}}{A_n+1} \tag{4-12}$$

当 $n=1$ 时，由式(4-12) 得
$$v_1=\frac{v_2+A_0v_0}{A_1+1}=\frac{v_2+l_0}{A_1+1} \tag{4-13}$$

同理，当 $n=2$ 时，$v_2=\dfrac{v_3+A_1v_1}{A_2+1}$，将式(4-13) 代入整理得
$$v_2=\frac{(A_1+1)v_3+A_1l_0}{A_1A_2+A_2+1} \tag{4-14}$$

类似地，$n=3$ 时可推得
$$v_3=\frac{(A_1A_2+A_2+1)v_4+A_1A_2l_0}{A_1A_2A_3+A_2A_3+A_3+1} \tag{4-15}$$

逐级向下直至第 N 级
$$v_N=\frac{(A_1A_2\cdots A_{N-1}+A_2\cdots A_{N-1}+\cdots+A_{N-1}+1)v_{N+1}+A_1A_2\cdots A_{N-1}l_0}{A_1\cdots A_N+A_2\cdots A_N+\cdots+A_N+1} \tag{4-16}$$

对 i 组分作全塔物料平衡
$$V_{N+1}y_{N+1}+L_0x_0=V_1y_1+L_Nx_N \tag{4-17}$$

或
$$v_{N+1}+l_0=v_1+l_N \tag{4-18}$$

由式(4-11) 得 $l_N=A_Nv_N$，代入式(4-18) 得
$$v_N=\frac{v_{N+1}-v_1+l_0}{A_N} \tag{4-19}$$

联立式(4-16) 和式(4-19) 得
$$\frac{v_{N+1}-v_1}{v_{N+1}}=\frac{A_1A_2A_3\cdots A_N+A_2A_3\cdots A_N+\cdots+A_N}{A_1A_2A_3\cdots A_N+A_2A_3\cdots A_N+\cdots+A_N+1}-\frac{l_0}{v_{N+1}}\left(\frac{A_2A_3\cdots A_N+A_3A_4\cdots A_N+\cdots+A_N+1}{A_1A_2A_3\cdots A_N+A_2A_3\cdots A_N+\cdots+A_N+1}\right) \tag{4-20}$$

式(4-20) 是吸收因子法的基本方程，称为哈顿-富兰格林（Horton-Franklin）方程[19]。

【讨论】

① 式的左端，$\dfrac{v_{N+1}-v_1}{v_{N+1}}=\dfrac{i\text{ 组分被吸收掉的量}}{i\text{ 组分加入量}}=$吸收率$=\alpha_i$。

② 式的右端，包括了各塔级数的相平衡常数、液气比和塔级数，也就是说 Horton-Franklin 方程关联了吸收率、吸收因子和平衡级数，$\varphi_i=f(A_{i,n},N)$。

③ 在推导上式时，没作任何简化，该式是普遍使用的。但要求出通过吸收塔后任一组分被吸收量较困难，因为每个级上的 A 值视该级的 L/V 比值以及相平衡常数 K 而定，然而 L/V 比值和 K 又是温度、压力、组成及其吸收量的函数，而吸收量求取又要用到 A，这几个因素相互联系，又相互牵制，显然必须用试差法求解，步骤如下。

a. 设　各级的温度 $(T_1, T_2, \cdots, T_N) \xrightarrow{\text{相平衡}}$ 计算各级上各组分 K_i

各级上的气相流率 $(V_1, \cdots, V_N) \xrightarrow{\text{物料衡算}}$ 计算各级上的液相流率 L_n

由 K_i、V_n、L_n 计算 $A_{i,n}$；

b. 由 $A_{i,n}$ 求 $v_{i,n}$；

c. 校核 $\sum v_{i,n}$ 是否等于 V_n。

由热量衡算计算各级温度 T'_n，判断 $|T_n - T'_n| \leqslant \varepsilon$。如果不符，则要重新设值再进行计算，显然这样的计算是非常繁杂的，特别是第一次假设，数值很难确定，然而对试差法来说初值是非常重要的，假设合理。试差次数可减少，因此在作精确计算之前，需近似估计一下。这时计算速度是重要的，而精度则在其次，在这种思想指导下，出现了一些简捷计算法，各种方法的主要区别在于对吸收因子的简化不同。

4.3.2.2 平均吸收因子法（克雷姆塞尔-布朗）

(1) 克雷姆塞尔方程的导出

平均吸收因子法假设各级的吸收因子是相同的，即采用全塔平均的吸收因子来代替各级的吸收因子，有的采用塔顶和塔底条件下液气比的平均值，也有的采用塔顶吸收剂流率和进料气流率来求液气比，并根据塔的平均温度作为计算相平衡常数的温度来计算吸收因子。因为该法只有在塔内液气比变化不大，也就是溶解量甚小，而气液相流率可视为定值的情况下才不至于带来大的误差，所以该法用于贫气吸收计算有相当的准确性。

假设全塔各级的 A 值均相等的前提下，Horton-Franklin 方程式(4-20) 变为

$$\frac{v_{N+1} - v_1}{v_{N+1}} = \frac{A^N + A^{N-1} + \cdots + A}{A^N + A^{N-1} + \cdots + A + 1} - \frac{l_0}{A v_{N+1}} \left(\frac{A^N + A^{N-1} + \cdots + A}{A^N + A^{N-1} + \cdots + A + 1} \right) \tag{4-21}$$

由式(4-21) 进一步导得

$$\varphi_i = \frac{v_{N+1} - v_1}{v_{N+1} - v_0} = \frac{A^{N+1} - A}{A^{N+1} - 1} \tag{4-22}$$

式中，v_{N+1} 为富气（原料气）中组分的流量；v_0 为与吸收剂平衡的塔顶气相中组分的流量，$v_0 = \frac{l_0}{A}$；l_0 为吸收剂中组分流量；v_1 为离开吸收塔的贫气中组分的流量；A 为组分的平均吸收因子；N 为全塔平衡级数；φ_i 为组分 i 相对吸收率。式(4-22) 称为克雷姆塞尔方程。

对某一组分，在吸收塔中被吸收的量为 $v_{N+1} - v_1$，可能被吸收的最大量为，$v_{N+1} - v_0$。将某组分的相对吸收率定义为该组分在吸收塔中被吸收的量和可能被吸收的最大量之比，即

$$\varphi_i = \frac{v_{N+1} - v_1}{v_{N+1} - v_0} \tag{4-23}$$

式(4-22) 关联了相对吸收率、吸收因子和平衡级数三个参数。克雷姆塞尔等为方便计算，将式(4-22) 绘制成曲线，称为吸收因子图或克雷姆塞尔图，如图 4-31 所示。只要给定其中的两个参数，由图 4-31 即可方便地确定第三个参数。

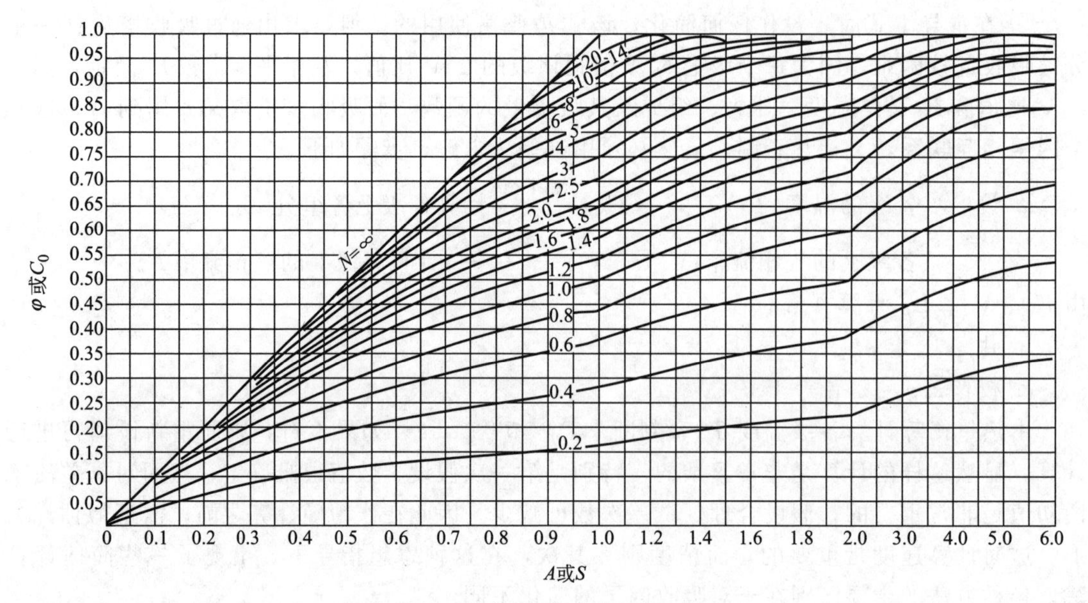

图 4-31 吸收因子(解吸因子)图

A—吸收因子；S—解吸因子；N—平衡级数；φ—相对吸收率；C_0—相对解吸率

$$N=\frac{\lg\left(\frac{A-\varphi}{1-\varphi}\right)}{\lg A}-1 \tag{4-24}$$

【讨论】

① 在应用平均吸收因子法进行计算时，要注意推导公式中引进了以下几点假设：

a. 溶液是理想溶液或接近理想溶液，在这种情况下吸收液中溶质的浓度不受任何限制；如果是非理想溶液则要求吸收液是稀溶液符合或接近亨利定律的应用范围；

b. 全塔温度变化不大可以近似取一平均的 K 值视为常数；

c. 气相、液相的流量变化不大均可取平均值当作常数。

在与以上三点假设距离太大的情况下，应用吸收因子法进行计算会造成较大的误差。最好用逐级计算的方法进行设计计算。

② v_0 是与吸收剂成平衡的气相中 i 组分的量，当出口气体中 i 组分与入口吸收剂成平衡时，则 i 组分达到最大吸收量。

当吸收剂本身不挥发，且不含溶质时，$l_0=0$，$v_0=\frac{l_0}{A}=0$，则

$$\varphi_i=\frac{v_{N+1}-v_1}{v_{N+1}-v_0}=\frac{v_{N+1}-v_1}{v_{N+1}}=\alpha_i \qquad (0\leqslant\alpha_i\leqslant1)$$

即当溶剂为新鲜吸收液时，$\varphi_i=\alpha_i$。

③ 以上各式对各组分均成立，但由于吸收过程一般是给出关键组分的吸收率，所以计算中可由式(4-24)或图 4-31 根据 $\varphi_{关}$、$A_{关}$ 求 N，再求 $\varphi_{非关}$。关键组分的吸收率一般由分离任务给出，计算求得关键组分的吸收因子。$A_{关}=L/(VK_{关})$，$K_{关}$ 常取全塔平均温度和平均压力下的数值，因而求取 $A_{关}$ 的关键是确定液气比。为此，首先要确定最小液气比，最小液气比定义为在无穷多塔级的条件下，达到规定分离要求时，1kmol 气体进料所需吸收剂的物质的量（kmol）。

当 $N=\infty$时，由图 4-31 可知：$0 \leqslant A_i \leqslant 1$ 时，$\varphi_i = A_i$（对角线上 $N=\infty$）；$A_i > 1$ 时，$\varphi_i = 1$。由克雷姆塞尔方程式(4-24) 也可以求得

$$0 \leqslant A \leqslant 1, \qquad \lim_{N\to\infty} \varphi_i = \lim_{N\to\infty} \frac{A^{N+1}-A}{A^{N+1}-1} = \frac{-A}{-1} = A$$

$$A > 1 \qquad \lim_{N\to\infty} \varphi_i = \lim_{N\to\infty} \frac{A^{N+1}-A}{A^{N+1}-1} = 1$$

关键组分的吸收率（相对吸收率）$\varphi_{关} \leqslant 1$，所以 $(L/V)_m = K_{关} A_{关} = K_{关} \varphi_{关}$。

当 $N=\infty$时，L/V 为最小液气比 $(L/V)_m$，而吸收因子与 L/V 有关，则当 $N=\infty$时得吸收因子 $A_m = \varphi$。

④ 当 N 一定时，则 A 增大，即 $A=\dfrac{L}{VK}$中 L/V 增大，吸收率增加，则吸收效果越好，但 A_i 超过 2 时，吸收率增加缓慢，再考虑经济因素（如吸收剂的回收）。一般吸收操作中，操作液气比常常选取最小液气比的 1.2～2.0 倍。

⑤ 当 A 一定时，即 L/V 一定时，则增加塔级数，吸收率增加，但随塔级数增加吸收率增加得越来越慢，特别是 N 超过 10 级以后，吸收率基本不变。也就是说在实际生产中，仅靠提高 N 来提高 α 是不科学的，还要考虑其它因素。

(2) 平均吸收因子法在计算中的应用

已知条件：进料流量 V_{N+1}，组成 $y_{i,N+1}$，吸收剂种类和组成 $x_{i,0}$，分离要求 $\varphi_{关}$，吸收操作的温度、压力。计算任务：理论塔级数 N，吸收剂用量 L_0，尾气的量 V_1，组成 $y_{i,1}$，吸收液量 L_N，组成 $x_{i,N}$，各组分的吸收率 φ_i。平均吸收因子法的计算步骤如下。

① 确定关键组分的吸收率　多组分吸收过程中，设计吸收塔时，只能确定一个对分离起关键作用的组分，由关键组分的分离要求得吸收分率 $\varphi_{关}$，其它组分的吸收分率就随之被确定。

② 由 $\varphi_{关}$ 求 N

a. 由 $\varphi_{关}$ 确定 $(L/V)_m$。因为 $N=\infty$，$A_{关m} = \left(\dfrac{L}{V}\right)_m \left(\dfrac{1}{K_{关}}\right) = \varphi_{关}$，所以$\left(L/V\right)_m = \varphi_{关} K_{关}$，$K_{关}$ 由全塔的平均温度、压力确定。

b. 实际 $L/V=(1.2\sim2)(L/V)_m$，$A_{关}=\dfrac{L}{VK_{关}}$。

c. 由 $A_{关}$、$\varphi_{关}$ 查图或用公式求出 N。

③ 其它组分吸收率的确定　因为各组分在同一塔内吸收，所以非关键组分具有相同的平衡级数和液气比。

$$\frac{A_i}{A_{关}} = \frac{\dfrac{L}{V} \times \dfrac{1}{K_i}}{\dfrac{L}{V} \times \dfrac{1}{K_{关}}} = \frac{K_{关}}{K_i} \quad 或 \quad A_i = \frac{A_{关} K_{关}}{K_i} = \frac{L}{VK_i}$$

式中，A_i、K_i 为其它任意组分的吸收因子及相平衡常数，在图上由某一组分的 A_i 引垂线与级数 N 相交，交点的纵坐标便是 φ_i，也可由 $\varphi_i = \dfrac{A_i^{N+1}-A_i}{A_i^{N+1}-1}$求出。

④ 求尾气的组成及量　当 $l_{i,0}=0$ 时，$\varphi_i = \alpha_i = \dfrac{v_{i,N+1} - v_{i,1}}{v_{i,N+1}}$，所以 $v_{i,1} = v_{i,N+1} - \alpha_i v_{i,N+1} = (1-\alpha_i) v_{i,N+1}$，$V_1 = \sum v_{i,1}$，$y_{i,1} = v_{i,1}/V_1$。

⑤ 吸收液的量及组成以及应加入的吸收剂量　因为 $L_N=L_0+(V_{N+1}-V_1)$，所以 $x_N=\dfrac{v_{N+1}-v_1+l_0}{L_N}$，气体的平均流率 $V_{均}=\dfrac{1}{2}(V_{N+1}+V_1)$，$L_{均}=\dfrac{1}{2}(L_0+L_N)=(L/V)_{均}V_{均}$。也可由下式求出平均液气比

$$\left(\frac{L}{V}\right)_{均}=\frac{(L/V)_N-(L/V)_1}{\ln\dfrac{(L/V)_N}{(L/V)_1}}$$

【例 4-1】 某厂裂解气分离车间采用中压油吸收分离工艺，脱甲烷塔进料 100kmol/h，进料组成如下（摩尔分数/%）：H_2 15.0，C_1^0 30.0，$C_2^=$ 28.0，C_2^0 5.0，$C_3^=$ 19.0，C_3^0 1.0，C_4 2.0。

该塔操作压力 3.6MPa（绝），吸收剂入塔温度−36℃，原料气入塔温度−10℃，乙烯回收率 98%。试求：

(1) 完成分离要求所需的操作液气比（取操作液气比为最小液气比的 1.5 倍）；

(2) 该塔所需平衡级数；

(3) 各组分的吸收率及出塔尾气的组成；

(4) 采用 C_8 馏分为吸收剂，计算吸收剂的用量。

解　吸收塔平均温度取进料温度和吸收剂温度的平均值

$$T=\frac{1}{2}(-10-36)=-23℃$$

由 p-T-K 列线图查得 3.6MPa（绝）、−23℃时各组分的 K 值如下表：

组分	$H_2$①	C_1^0	$C_2^=$	C_2^0	$C_3^=$	C_3^0	$C_4^0$②
K_i		2.85	0.54	0.40	0.10	0.88	0.043

① H_2 视作惰性气体，不考虑其在吸收剂中的溶解。

② 以异丁烷代替碳四混合烃。

在计算中按题意选择乙烯作为关键组分。

(1) 操作液气比$\left(\dfrac{L}{V}\right)$

最小液气比　$\left(\dfrac{L}{V}\right)_m=A_{关m}K_{关}=\varphi_{关}K_{关}=0.98\times0.54=0.5292$

操作液气比　$\dfrac{L}{V}=1.5\left(\dfrac{L}{V}\right)_m=1.5\times0.5292=0.7938$

(2) 平衡级数 N

关键组分乙烯的吸收因子

$$A_{C_2^=}=\frac{L}{VK_{C_2^=}}=\frac{0.7938}{0.54}=1.47$$

由 $A_{C_2^=}=1.47$，$\varphi_{C_2^=}=0.98$ 查图 4-31 得 $N=8$ [N 也可由式(4-24) 求得]。

(3) 各组分的吸收率、尾气量及其组成

① 求各组分的吸收率　由式 $A_i=\frac{L}{VK_i}$，根据各组分的 K_i 和 $\frac{L}{V}=0.7938$ 求出 A_i，再由 A_i 值和 $N=8$ 及式(4-22) 求得各组分的相对吸收率 φ_i。结果列于表 4-3。

② 求尾气数量及组成　尾气中各组分流率 $v_{i,1}=v_{i,N+1}(1-\varphi)$，尾气量 $V_1=\Sigma v_{i,1}$，尾气中各组分的组成 $y_{i,1}=v_{i,1}/V_1$，结果见表 4-3。

表 4-3　【例 4-1】中各组分的吸收因子和相对吸收率

组分	A_i	φ_i	$v_{i,N+1}\varphi$/(kmol/h)	$v_{i,1}$/(kmol/h)	$y_{i,1}$(摩尔分数)
H_2	0	0	0	15.0	0.401
C_1^0	0.279	0.279	8.37	21.63	0.579
$C_2^=$	1.47	0.98	27.44	0.56	0.015
C_2^0	1.985	0.998	4.99	0.01	268×10^{-6}
$C_3^=$	7.938	1.00	19.0	0.0	0.0
C_3^0	0.902	0.838	0.838	0.162	0.004
C_4^0	18.46	1.00	2.0	0.0	0.0
合计		—	62.638	37.362	1.000

(4) 求吸收剂加入量 L_0

平均液气比　$\frac{L}{V}=0.7938$

入塔气量　$V_{N+1}=100\text{kmol/h}$

塔顶尾气量　$V_1=37.362\text{kmol/h}$

平均气量　$V=\frac{1}{2}(V_{N+1}+V_1)=\frac{1}{2}(100+37.362)=68.681\text{kmol/h}$

塔底吸收液量　$L=\frac{1}{2}(L_N+L_0)$

$$L_N=L_0+(V_{N+1}-V_1)=L_0+(100-37.362)=L_0+62.638$$

即

$$\frac{1}{2}(L_0+62.638+L_0)=0.7938V$$

$$L_0=0.7938\times68.681-\frac{1}{2}\times62.638=23.20\text{kmol/h}$$

塔底吸收液的量　$L_N=23.20+62.638=85.838\text{kmol/h}$

4.3.2.3　平均有效吸收因子法

所谓有效吸收因子法（effective absorption factor method），就是以某一不变的 A_e 值代替式(4-20) 中所有的 $A_1,A_2,\cdots,A_N$，使最终计算出来的吸收率比用平均吸收因子计算结果更接近实际，称 A_e 为平均有效吸收因子。

埃特密斯特（Edmister）[20] 提出，采用有效吸收因子 A_e 和 A'_e 代替各级上的吸收因子 $A_1,A_2,\cdots,A_N$，使式(4-20) 左端吸收率保持不变，所得结果颇为令人满意。故而该法已得到较为广泛的应用。有效吸收因子定义如下：假设在吸收塔中，吸收过程主要是塔顶和塔底各一个平衡级完成，因此计算有效吸收因子时主要根据这两级，这种方法所得结果颇为满意，已得到较为广泛的应用。

$$\frac{A_e^{N+1}-A_e}{A_e^{N+1}-1}=\frac{A_1A_2\cdots A_N+A_2A_3\cdots A_N+A_N}{A_1A_2\cdots A_N+A_2A_3\cdots A_N+A_N+1} \tag{4-25}$$

$$\frac{1}{A_e'}\left(\frac{A_e^{N+1}-A_e}{A_e^{N+1}-1}\right)=\frac{A_2\cdots A_N+A_3A_4A_N+\cdots+A_N+1}{A_1A_2\cdots A_N+A_2A_3\cdots A_N+A_N+1} \tag{4-26}$$

由式(4-20)、式(4-25) 和式(4-26) 可得

$$\frac{v_{N+1}-v_1}{v_{N+1}}=\left(1-\frac{l_0}{A_e'v_{N+1}}\right)\left(\frac{A_e^{N+1}-A_e}{A_e^{N+1}-1}\right) \tag{4-27}$$

对只有两个平衡级的吸收塔，即 $N=2$，则式(4-25) 和式(4-26) 变为

$$\frac{A_e^3-A_e}{A_e^3-1}=\frac{A_2(A_1+1)}{A_2(A_1+1)+1} \tag{4-28}$$

$$\frac{A_e^3-A_e}{A_e'(A_e^3-1)}=\frac{A_2+1}{A_2(A_1+1)+1} \tag{4-29}$$

两式相除得

$$A_e'=\frac{A_2(A_1+1)}{A_2+1} \tag{4-30}$$

由式(4-28) 分解因式，整理得 A_e 的二次方程

$$A_e^2+A_e-A_2(A_1+1)=0$$

解上述方程得

$$A_e=\sqrt{A_2(A_1+1)+0.25}-0.5 \tag{4-31}$$

由于对于具有 N 个平衡级的吸收塔，吸收过程主要是由塔顶和塔底两级来完成的。所以，只要用塔底的 A_N 代替上式中的 A_2，不需再作其它校正。即可用上两式来计算多级吸收过程的有效吸收因子，所得结果与逐级法比较接近。这样，有效吸收因子即可按塔顶级的吸收因子 A_1 和塔底级的吸收因子 A_N 来确定。

$$A_e'=\frac{A_N(A_1+1)}{A_{N+1}+1} \tag{4-32}$$

$$A_e=\sqrt{A_N(A_1+1)+0.25}-0.5 \tag{4-33}$$

若吸收剂中不含被吸收组分，即 $l_0=0$，则式(4-27) 变为

$$\frac{v_{N+1}-v_1}{v_{N+1}}=\frac{A_e^{N+1}-A_e}{A_e^{N+1}-1} \tag{4-34}$$

由式(4-33) 可看出 Edmister 的假设，即吸收过程主要是由塔顶和塔底各一个平衡级完成，因此计算有效吸收因子时也只着眼于塔顶和塔底这两级，这一设想与马多克斯(Mod-dox) 通过一些多组分轻烃吸收过程逐级计算结果的研究得出吸收过程主要是吸收塔的顶、底两个平衡级完成的结果一致，显然对于一个只有两个级的吸收塔而言，总吸收量的 100%将在顶、底这两级完成，而对具有三个级的吸收塔，则顶、底两个级约完成吸收量的 88%，当具有四个以上平衡级时，顶、底两个级约完成总吸收量的 80%，正由于这一原因，通常吸收塔的平衡级数不需要很多。因为增加塔级数并不能显著改善吸收效果，相反却使设备费用和操作费用大幅度上升，要提高吸收率，比较有效的方法是增加压力和降低吸收温度。

为了计算有效吸收因子，就必须知道离开塔顶和塔底的气、液相流量（即 V_1、L_1、V_N、L_N、N）及其温度。预先估计整个吸收过程的总吸收量，并且采用以下两个假定来估计各级的流率和温度。①各级的吸收率相同；②塔内的温度变化与吸收量成正比。

由此，可导出

$$\frac{V_n}{V_{n+1}}=\left(\frac{V_1}{V_{N+1}}\right)^{1/N} \tag{4-35}$$

$$\frac{V_{n+1}}{V_{N+1}}=\left(\frac{V_1}{V_{N+1}}\right)^{\frac{N-n}{N}} \tag{4-36}$$

式(4-35) 与式(4-36) 相乘得

$$V_n=V_{N+1}\left(\frac{V_1}{V_{N+1}}\right)^{\frac{N+1-n}{N}} \tag{4-37}$$

由塔顶至第 n 级间作总物料和组分的物料衡算，分别得

$$L_n=L_0+V_{n+1}-V_1 \tag{4-38}$$

$$l_n=l_0+v_{n+1}-v_1 \tag{4-39}$$

$$\frac{T_N-T_n}{T_N-T_0}=\frac{V_{N+1}-V_{n+1}}{V_{N+1}-V_1} \tag{4-40}$$

在给定富气流量 V_{N+1} 和吸收剂流量 L_0 的情况下，有效吸收因子法确定尾气流量 V_1 吸收液的流量 L_N 与组成 $x_{i,N}$ 的计算步骤如下。

① 用平均吸收因子法粗算。首先估计总吸收量和平均温度。并由此计算塔顶和塔底的 L 和 V，取其平均值计算平均吸收因子。

根据关键组分的吸收率和平均吸收因子确定所需要的平衡级数按式(4-22) 及式(4-23) 计算各组分的 v_1 值。然后计算总吸收量并与估计的总吸收量比较是否满足精度要求。如不满足，则重新取定总吸收量进行计算，直至满足。

由全塔范围内的组分物料平衡确定各组分离开塔底的各组分的液相流量 l_N。

② 由焓平衡确定塔底吸收液的温度 T_N。初估塔顶的温度为 T，由全塔焓平衡式(4-39) 及焓和温度关系式确定塔底温度 T_N。

$$L_0h_0+V_{N+1}H_{N+1}=L_Nh_N+V_1H_1+Q \tag{4-41}$$

③ 由平均有效吸收因子法核算经验式(4-35)、式(4-36) 和式(4-37) 估算 v_1、l_N 和 T_N。

④ 计算每一组分的 A_1，A_N。

⑤ 用式(4-32) 和式(4-33) 计算有效吸收因子。

⑥ 由图 4-31 确定各组分的吸收率。

⑦ 作物料衡算，再计算 V_1 和 L_N，并用热量衡算核算 T_N，若结果相差较大，需重新设 T_1，直到相符为止。

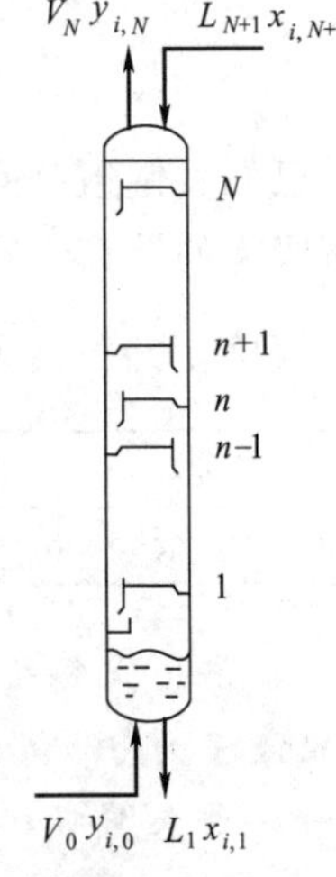

图 4-32 具有 N 个平衡级的解吸塔

4.3.3 解吸因子法[10,21]

吸收率表示组分从气体中回收的程度，在解吸过程中则用解吸率表示组分从液相中解吸的程度。吸收过程中气相组分被吸收的难易和操作条件的关系是通过吸收因子来表示；在解吸过程中则液相组分被解吸的难易程度是用解吸因子（stripping factor）来表示。

对于连续逆流接触解吸塔如图 4-32 所示，可用类似于式(4-20) 的推导方法导出（塔序由下而上计数）

$$\frac{l_{N+1}-l_1}{l_{N+1}}=\frac{S_N S_{N-1}\cdots S_1+S_N S_{N-1}\cdots S_2+\cdots+S_N}{S_N S_{N-1}\cdots S_1+S_N S_{N-1}\cdots S_2+\cdots+S_N+1}-\frac{v_0}{l_{N+1}}\left(\frac{S_N S_{N-1}\cdots S_2+S_N S_{N-1}\cdots S_3+\cdots+S_N+1}{S_N S_{N-1}\cdots S_1+S_N S_{N-1}\cdots S_1+\cdots+S_N+1}\right) \tag{4-42}$$

式中，S_N 为第 N 板上组分 i 的解吸因子，$S_N=\frac{K_N V_N}{L_N}$。

在解吸剂用量较大，塔内气液比变化不大的情况下，或不考虑过程温度变化，相平衡常数可视为定值，则各级解吸因子可取全塔的平均值。平均值取法与吸收因子的平均值取法相同。此时，式(4-42) 可简化为

$$\frac{l_{N+1}-l_1}{l_{N+1}}=\left(1-\frac{v_0}{Sl_{N+1}}\right)\left(\frac{S^{N+1}-S}{S^{N+1}-1}\right) \tag{4-43}$$

或

$$\frac{l_{N+1}-l_1}{l_{N+1}-l_0}=\frac{S^{N+1}-S}{S^{N+1}-1}=C_0 \tag{4-44}$$

$$N=\frac{\lg\left(\frac{S-C_0}{1-C_0}\right)}{\lg S}-1 \tag{4-45}$$

式中，C_0 为相对解吸率，是组分解吸量与在气体入口端达到相平衡条件下可解吸的该组分最大量之比。

当用惰性气体解吸时，因为入塔气体中不含被解吸组分，所以 $l_0=0$，则上述相对解吸率即为解吸率。

表示 C_0-S-N 关系的曲线图叫解吸因子图。它同吸收因子图完全一样，使用方法也相同，见图 4-31。但应注意的是，两者的塔级编号顺序是相反的。

为了提高计算的准确度，式(4-42) 中的解吸因子 S 可用有效解吸因子 S_e 来代替。

$$\frac{l_{N+1}-l_1}{l_{N+1}}=\left(1-\frac{v_0}{S'_e l_{N+1}}\right)\left(\frac{S_e^{N+1}-S_e}{S_e^{N+1}-1}\right) \tag{4-46}$$

式中

$$S'_e=\frac{S_N(S_1+1)}{S_{N+1}} \tag{4-47}$$

$$S_e=\sqrt{S_N(S_1+1)+0.25}-0.5 \tag{4-48}$$

已知关键组分的解吸率和各组分的解吸因子，计算解吸过程所需平衡级数和非关键组分的解吸率的计算步骤与吸收类似，这里不再赘述。

【例 4-2】 某吸收液组成如下：

组分	C_1^0	$C_2^=$	C_2^0	C_3^0	$C_3^=$	C_4^0	合计
摩尔分数	0.0923	0.2830	0.0517	0.0516	0.4905	0.3090	1.0000

拟采用空气气提吸收液中的甲烷，解吸塔操作压力为 3.6MPa，操作温度为 25℃，吸收液量为 96.90kmol/h，要求甲烷解吸率为 0.99。当操作气液比为最小气液比的 1.5 倍时，试求解吸塔所需的理论级数、吸收液中各组分的解吸分率以及解吸后液体的组成。

解 由 p-T-K 图查得在操作条件下各组分的相平衡常数见表 4-4。

表 4-4 ［例 4-2］附表 1

组分	C_1^0	$C_2^=$	C_2^0	C_3^0	$C_3^=$	C_4^0
K_i	4.7	1.52	1.09	0.41	0.35	0.175

由题意，选择甲烷为关键组分。

因为最小气液比时 $$S_{关m}=C_{0关}=0.99$$

所以，最小气液比 $$\left(\frac{V}{L}\right)_m=\frac{S_{关m}}{K_关}=\frac{0.99}{4.7}=0.211$$

实际气液比 $$\left(\frac{V}{L}\right)=1.5\left(\frac{V}{L}\right)_m=1.5\times 0.211=0.3165$$

$$S_关=K_关\left(\frac{V}{L}\right)=4.7\times 0.3165=1.488$$

由式（4-45）或查图 4-31 得解吸塔的理论级数为

$$N=9(级)$$

由各组分的 K_i 和 V/L，分别计算各组分的 $S_i\left(S_i=\frac{V}{L}K_i\right)$，再由 S_i 和 N 求出各组分的回收率 $C_{0,i}$，计算结果见表 4-6。

利用下列算式计算解吸后液体的量 L_1 和组成 x_1

$$L_{N+1}=96.90\text{kmol/h},\quad l_{i,N+1}=L_{N+1}x_{i,N+1},\quad C_{0,i}=\frac{l_{i,N+1}-l_{i,1}}{l_{i,N+1}},\quad L_i=\sum l_{i,1},x_{i,1}=\frac{l_{i,1}}{L_1}$$

计算结果见表 4-5。

表 4-5 ［例 4-2］附表 2

组分	C_1^0	$C_2^=$	C_2^0	C_3^0	$C_3^=$	C_4^0	合计
S_i	1.488	0.481	0.345	0.1298	0.111	0.0554	
$C_{0,i}$	0.99	0.481	0.345	0.1298	0.111	0.0554	
$l_{i,1}$/(kmol/h)	0.09	14.23	3.28	4.35	42.25	2.83	67.03
$x_{i,1}$(摩尔分数)	0.0013	0.2123	0.0489	0.0649	0.6303	0.0422	1.00

【工程案例 4-8】 丙酮脱乙炔的解吸工艺确定

丙酮生产中的粗丙酮含有乙炔可以采用吸收的方法除去，但具体采用哪种解吸方法需要根据吸收液的特点以及整个工艺流程的安排而定。图 4-33 表示丙酮脱乙炔的工艺流程，该吸收过程采用了减压闪蒸解吸、加热升温解吸和精馏三种方法。

以丙酮吸收塔釜排出的吸收液中除了含有乙炔以外，还含有数量相当大（远大于乙炔的含量）的乙烯和乙烷。为了回收这部分乙烯和乙烷，先将吸收液加热到 20～30℃，在不降压的情况下使被溶解的乙烯和乙烷初步蒸脱出来。蒸出来的 C_2 馏分可以与脱乙烷塔来的气体合并为丙酮吸收塔的进料气体。

从蒸脱解吸罐出来的丙酮吸收液中仍含有相当多的乙烯和乙烷，将此吸收液送入闪蒸罐进行减压闪蒸，压力由 2.0MPa，降至 0.2～0.3MPa，使大部分的乙烯和乙烷解吸出来，这部分气体与裂解气混合后经压缩被重新送回中压油吸收塔进行分离。

从闪蒸罐出来的丙酮吸收液中含有各组分中溶解度最大的乙炔和残存的少量乙烯和乙烷，将这部分吸收液送入丙酮解吸塔，该塔实际上是个精馏塔，在塔中通过精馏使丙酮与乙

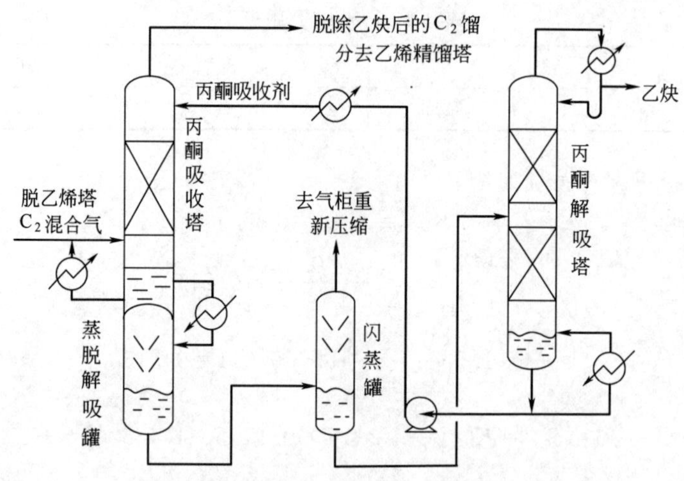

图 4-33 丙酮脱乙炔流程

炔、乙烯、乙烷进行分离。塔顶乙炔气体经回收其中夹带的丙酮后送去进一步加工成为燃料；塔釜丙酮经分析乙炔含量少于 5×10^{-6}（质量分数）后送回丙酮吸收塔循环使用。塔釜用水蒸气加热产生解吸所需的蒸汽。丙酮吸收和解吸系统各设备操作条件列于表 4-6。

表 4-6 丙酮吸收和解吸系统操作条件

设备名称	压力/MPa	温度/℃	控制指标
丙酮解吸塔	2.0±0.1	进料−20℃、塔顶−20℃	塔顶乙炔<5×10^{-6}%（质量分数）
蒸脱解析罐	2.0±0.1	塔釜 20～30℃	
闪蒸罐	0.2～0.3	塔釜 20～30℃	
丙酮吸收塔	常压	塔顶−10℃、塔釜 62±2℃	塔釜乙炔<5×10^{-6}%（质量分数）

本章符号说明

英文

A——吸收因子；

A_e、A'_e——平均有效吸收因子；

c——浓度，$kmol/m^3$；

c_p——定压比热容，kJ/(kmol·K)；

C_0——相对解吸率；

$\hat{f}_2$——溶质组分的逸度；

G_M——气体物流的流量，$kmol/(m^2 \cdot s)$；

h——液体物料的摩尔焓，kJ/kmol；

H——气体物料的摩尔焓，kJ/kmol；

K——相平衡常数；化学反应的平衡常数；总传质分系数；

l——组分的液相流率，kmol/h；

L——液相流量，kmol/h；

L_M——液体物流的流量，$kmol/(m^2 \cdot s)$；

N——吸收塔的平衡级数；吸收速率，$kmol/(m^2 \cdot s)$；

p——系统总压，Pa；

Q——系统和环境间传递的热量，J/h；

S——填料塔截面积，m^2；解吸因子；

T——温度，K；

V——气相流量，kmol/h；

v——组分的气相流率，kmol/h；

$\overline{V}^{L}_{m,2}$——溶质在溶液中的偏摩尔体积，cm^3/mol；

x——液相摩尔分数；

y——气相的摩尔分数；

z——进料的摩尔分数；

Z——填料高度，m；距离，m。

希文

α——吸收率；

γ——活度系数；

ε——收敛允许误差；

$\hat{\phi}$——组分在气相混合物中的逸度系数；

φ——相对吸收率。

上标

L——液相；

V——气相；

^——表示在混合物中；

0——饱和状态；基准状态；

*——平衡状态。

下标

i——组分；界面；

L——液相；液相主体；

m、N、n、0——平衡级序号；

V——气相；

1——溶剂；

2——溶质。

习题

1. 裂解气油吸收分离是利用溶剂油对裂解气中各组分的不同吸收能力，将裂解气中除氢气和甲烷以外的其它烃全部吸收，然后用精馏法将各种烃逐个分离。某厂拟在1MPa和308K下吸收的裂解气，裂解气的组成及操作条件下的相平衡常数如下表：

组分	甲烷	乙烷	丙烷	异丁烷
$y_{i,N+1}$(摩尔分数)	0.365	0.265	0.245	0.125
K_i	19	3.6	1.2	0.53

(1) 计算操作液气比为最小液气比的1.2倍时异丁烷组分被吸收94%时所需的平衡级数；

(2) 丙烷的吸收率。

2. 炼油厂中催化裂化生产过程的主要产品是气体、汽油和柴油，其中气体产品包括干气和液化石油气，干气作为装置燃料气烧掉，液化石油气是宝贵的石油化工原料和民用燃料。催化裂化装置产生的富气用稳定汽油进行吸收，目的在于将来自分馏部分的催化富气中C_2以下组分与C_3以上组分分离以便分别利用，同时将混入汽油中的少量气体烃分出，以降低汽油的蒸气压，保证符合商品规格。已知富气组成如下：

组分	N_2+CO_2	H_2	C_1^0	$C_2^=$	C_2^0	$C_3^=$	C_3^0	i-$C_4^=$	n-C_4^0	n-C_5^0
摩尔分数	0.09	0.35	0.05	0.03	0.08	0.11	0.07	0.10	0.07	0.05

要求处理富气量为400kmol/h。塔的操作压力为1.0MPa（绝），平均温度为50℃。作为吸收剂的稳定汽油含有10%（摩尔分数）n-C_5^0，其余均为碳六以上组分，它们向气相挥发的量可以忽略不计。丙烯为关键组分，要求其吸收率达90%。选取$L/V=1.5(L/V)_{min}$，试求：(1) 所需平衡级数；(2) 出塔气体量和组成；(3) 入塔吸收剂量。

因为N_2、CO_2、H_2极易挥发，它们的吸收量可忽略不计。已查得其余部分的平衡常数为：

组分	C_1^0	$C_2^=$	C_2^0	$C_3^=$	C_3^0	i-$C_4^=$	n-C_4^0	n-C_5^0
K_i	23	7.1	5.15	2.01	1.75	0.69	0.60	0.20

3. 拟进行吸收的某厂裂解气的组成及在吸收塔内操作压力为1MPa，操作温度为308K下的相平衡常数如下：

组分	甲烷	乙烷	丙烷	异丁烷
$y_{i,N+1}$(摩尔分数)/%	53	13	9	25
K_i	19	3.6	1.2	0.53

(1) 计算操作液气比为最小液气比的 1.15 倍时异丁烷组分被吸收 90%时所需的平衡级数；

(2) 各组分的吸收率；

(3) 设计上述吸收操作流程。

4. 吸收是利用物质的溶解度性质的不同实现分离的过程，某原料气组成如下：

组分	C_1^0	C_2^0	C_3^0	i-C_4^0	n-C_4^0	i-C_5^0	n-C_5^0	n-C_6^0	合计
$y_{i,N+1}$	0.765	0.045	0.035	0.025	0.045	0.015	0.025	0.045	1.00

随着碳链的增长，物质在水中的溶解度变差，但烷烃普遍易溶于有机溶剂，现拟用不挥发烃类液体为吸收剂在板式塔内进行吸收，平均吸收温度为 38℃，压力为 1.013MPa，如果要将 i-C_4^0 回收 90%，试求：

(1) 为完成此吸收任务所需最小液气比；

(2) 操作液气比为最小液气比的 1.1 倍时，为完成吸收任务所需平衡级数；

(3) 各组分吸收分率和离塔气体组成；

(4) 塔底吸收液量；

(5) 若将吸收温度改为 30℃进行上述各项计算，并由计算结果分析温度对吸收的影响。

5. 某厂脱乙烷塔顶气体组成如下：

组分	乙烷	乙烯	乙炔	合计
摩尔分数/%	12.6	87.0	0.4	100.0
K_i	3.25	2.25	0.3	

拟用丙酮作吸收剂除去其中乙炔，操作压力为 1.8MPa，操作温度为 20℃，此条件下各组分的平衡常数 K 见上表。乙炔的回收率为 0.9995。求：

(1) 完成此任务所需的最小液气比；

(2) 取操作液气比为最小液气比的 1.83 倍所需平衡级数；

(3) 各组分的回收率和出塔尾气组成；

(4) 进料为 100kmol/h，塔顶应加入吸收剂丙酮的量。

6. 某厂裂解气采用中压油（C_6^0馏分）吸收分离工艺脱 C_4，塔进料 100kmol/h，进料组成见下表，塔操作压力 3.6MPa（绝），吸收剂入塔温度−36℃，原料气入塔温度−10℃，丁烷回收率 98%。

组分	H_2	C_1^0	$C_2^=$	C_2^0	i-C_4^0	i-C_5^0	合计
$y_{i,N+1}$(摩尔分数)/%	45.8	35.0	15.0	3.0	1.0	0.2	100

试确定：

(1) 完成分离要求操作液气比（取操作液气比为最小液气比的 2.25 倍）；

(2) 吸收塔所需理论级数；

(3) 各组分的吸收分率及出塔尾气组成；

(4) 若已知其吸收因子为 $A=2.24$，试确定理论级数。

7. 油田气、湿天然气和裂化气中都含有正丁烷，用作溶剂、制冷剂和有机合成原料，有一气体混合物含甲烷 95%，正丁烷 5%。现采用不挥发的烃油进行吸收，油气比为1∶1。

进塔温度均为37℃。吸收塔在0.3MPa（绝压）下操作。今要从气体中回收80%的丁烷，求所需的平衡级数。

如果将上述的操作条件分别按下列情况予以改变：(1) 吸收温度改为0℃；(2) 油气比改为2∶1；(3) 压力改为0.1MPa（绝压）；求各自所需的平衡级数，并分别与改变条件前进行比较。

8. 用烃油吸收含85%乙烷，10%丙烷和5%正丁烷（摩尔分数）的气体，采用的油气比为1，该塔处理的气体量为100kmol/h，操作压力为0.3MPa，实际级数为20级，级效率为25%。计算：

(1) 平均温度为多少，才能回收90%的丁烷；

(2) 各组分的平衡常数；

(3) 吸收因子、吸收率；

(4) 尾气的组成。

操作条件下各组分的平衡常数如下：乙烷 $K=0.13333t+5.46667$，丙烷 $K=0.06667t+1.3333$，正丁烷 $K=0.02857t+0.08571$（t 的单位为℃）。

9. 吸收过程主要是由塔顶和塔底各一个平衡级完成，因此吸收塔所需的平衡级数不多即可达到较好的分离效果，现有一具有3个平衡级的吸收塔，用来处理下表所列组成的富气（V_{N+1}），吸收剂和富气入口温度按塔的平均操作温度32℃计算；塔在2.13MPa压力下操作；富气流量为100kmol/h；吸收剂流量为20kmol/h，试确定贫气 V_1 中各组分的流量。

富气组成和 *K* 值

编号	组分	$V_{i,N+1}$/(kmol/h)	$L_{i,0}$/(kmol/h)	K_i
1	CH_4	70	0	12.99100
2	C_2H_6	15	0	2.18080
3	C_3H_8	10	0	0.03598
4	$n\text{-}C_4H_{10}$	4	0	0.18562
5	$n\text{-}C_5H_{12}$	1	0	0.05369
6	$n\text{-}C_6H_{14}$	0	20	0.0242
合计		100	20	

10. 在24块板的塔中用油吸收炼厂气（组成见表），采用油气比为1，操作压力为0.263MPa。若全塔效率为25%，问平均操作温度为多少才能回收96%的丁烷？同时计算尾气的组成。

组分	CH_4	C_2H_6	C_3H_8	$n\text{-}C_4H_{10}$	$n\text{-}C_5H_{12}$	$n\text{-}C_6H_{14}$	合计
$y_{i,N+1}$(摩尔分数)/%	80.0	8.0	5.0	4.0	2.0	1.0	100.0

11. 具有3个平衡级的吸收塔，用来处理下表所列组成的原料气，塔的平均操作温度为32℃，吸收剂和原料气的入塔温度均为32℃，塔压力为2.13MPa，原料气处理量为100kmol/h，以正丁烷为吸收剂，用量为20kmol/h，试以有效吸收因子法确定尾气中各组分的流量。

组成	CH_4	C_2H_6	C_3H_8	$n\text{-}C_4H_{10}$	$n\text{-}C_5H_{12}$	合计
$y_{i,N+1}$(摩尔分数)/%	70	15	10	4	1	100

12. 裂解气油吸收分离是利用溶剂油对裂解气中各组分的不同吸收能力，将裂解气中除氢气和甲烷以外的其它烃全部吸收，然后用精馏法将各种烃逐个分离。其实质是吸收精馏过程，裂解气采用中压油吸收分离工艺脱丙烷，脱丙烷塔进料100kmol/h，进料组成如下表，塔操作压力3.6MPa（绝压），吸收剂入塔温度−36℃，原料气入塔温度−10℃，丙烷回收率98%，吸收剂为C_8^0馏分，取1.8倍最小液气比。试用有效吸收因子法确定吸收塔的理论级和组成及温度。

组分	C^0	$C_2^=$	C_2^0	C_3^0	C_4^0	合计
$y_{i,N+1}$(摩尔分数)/%	84.0	10.0	3.0	2.5	0.5	100

13. 低温高压有利于吸收过程，有些物质在溶解时放出或吸收热量，吸收塔若不安装冷却器，在绝热条件下操作，则吸收塔的温度将从塔顶至塔底发生变化，而溶解度又与温度有关，温度变化太大可能影响吸收效果。某吸收塔操作压力0.414MPa，原料气和吸收剂入塔温度均为32.2℃，塔顶温度37℃，裂解气进料量为100kmol/h，吸收物料衡算结果如下：

项目	组分	原料 V_{N+1}	尾气 V_1	吸收剂 L_0	吸收液 L_N
流量/(kmol/h)		100	56.14	110.4	154.26
组成	CH_4	0.285	0.487	0	0.008
	C_2H_6	0.158	0.228	0	0.020
	C_3H_8	0.240	0.202	0	0.80
	n-C_4H_{10}	0.169	0.043	0.02	0.108
	n-C_5H_{12}	0.148	0.019	0.05	0.125
	n-C_6H_{14}		0.021	0.093	0.659
合计		1.000	1.000	1.000	1.000

如果不设冷却器，塔底吸收液的温度将达多少摄氏度？

14. 某一个采用吸收蒸出塔进行分离裂解气的脱甲烷塔，操作压力为3.5MPa，吸收剂入塔温度为−30℃，离开吸收段的温度为−6℃。原料气经冷却到−20℃入塔，原料气的流量、组成以及经气液相平衡计算求得各组分在气液相数量见下表：

组分	f_i/(kmol/h)	z_i(摩尔分数)/%	气相中含量 v_i/(kmol/h)	液相中含量 l_i(摩尔分数)/%
H_2	20.0542	14.2707	20.0542	0
C_1	36.0597	25.6603	31.1265	4.9932
$C_2^=$	51.6183	36.7318	29.5183	22.1000
C_2^0	14.3507	10.2121	6.9759	7.37489
$C_3^=$	17.2867	12.3014	3.4958	13.7909
C_3^0	0.8049	00.5728	0.1410	0.6639
C_4	0.3526	0.2509	0.0309	0.3217
合计	140.5271	100.00	91.3426	49.24459

吸收剂的组成见下表：

组分	$C_2^=$	C_2^0	$C_3^=$	C_3^0	C_4	合计
$x_{i,0}$(摩尔分数)/%	0.2929	1.5104	91.528	4.6372	2.0314	100.00

分离要求：塔顶乙烯损失占乙烯总量2%，塔底甲烷为塔底乙烯量的0.4%。吸收剂损失量占塔顶尾气量的2%，试进行该塔的工艺计算。

15. 解吸是构成吸收操作的重要环节，高温低压有利于解吸的进行，某老师为让学生学会解吸塔计算，出题如下：一解吸塔操作压力为 345kPa，有三个平衡级，用来解吸分离具有下列组成的液体：

组分	CH_4	C_2H_6	C_3H_8	n-C_4H_{10}	n-C_5H_{12}	n-C_6H_{14}	合计
x_i(摩尔分数)/%	0.03	0.22	1.82	4.47	8.59	84.87	100.00

进料为 1000kmol/h，温度为 121℃。解吸剂为 149℃和 345kPa 的过热水蒸气，其量为 100kmol/h。用平均解吸因子法计算液体和富气的组成及流率。

16. 在工厂生产实习时，同学们参观裂解气的吸收塔，技术人员告诉同学该吸收塔是以 C_4 作吸收剂裂解气中乙烯等组分所得吸收液的量和组成如下表所示

组分	H_2	CH_4	C_2H_4	C_2H_6	C_3H_6	i-C_4H_{10}	合计
组成(摩尔分数)	0.0113	0.1210	0.2860	0.0922	0.0961	0.3934	1.0000

拟在解吸塔中以 4.052MPa 压力和平均温度 25℃进行解吸，以除去氢、甲烷，现要求甲烷的解吸率为 0.995，操作液气比取 0.38（平均），试计算：

（1）解吸塔的理论级数；

（2）吸收液中各组分的解吸率；

（3）经解吸后液体量和组成，该条件下氢的解吸率取 1。

17. 某炼厂 H_2S 吸收塔的吸收液组成如下：

组分	C_2H_4	C_2H_6	C_3H_8	C_3H_6	C_4H_{10}	合计
组成(摩尔分数)	0.1681	0.2339	0.0825	0.3091	0.2064	1.0000

拟提取出吸收液中的乙烯和乙烷，以补充乙烯裂解装置原料不足的问题。解吸塔操作压力为 3.4MPa，操作温度为 30℃，吸收液量为 100kmol/h，要求乙烯解吸率为 0.99。当操作气液比为最小气液比的 1.5 倍时，试求解吸塔所需的理论级数、吸收液中各组分的解吸分率以及解吸后液体的组成。

18. 乙炔提浓过程中的乙炔解吸塔是使预吸收塔送来的被乙炔饱和了的吸收液解吸，以便循环使用吸收剂。已知数据如下：$L_{N+1}=111.5$kmol/h，其中 $l_{C_2H_2, N+1}=7.0174$kmol/h，在塔的平均操作压力 100kPa，平均操作温度 35℃下，乙炔的相平衡常数为 18.37，塔底吹出气量 $V_0=40$kmol/h，其中 C_2H_2 0.04%（摩尔分数）。若要求解吸后，吸收剂中乙炔含量低于 0.13%，试用解吸因子法计算所需的理论级数。增加吹出气量对过程有何影响？有没有必要增加吹出气量？

参 考 文 献

[1] 邓修，吴俊生．化工分离工程［M］．北京：科学出版社，2013：105-111，102-103，99-101，103-105，126-144.

[2] 魏刚．化工分离过程与案例［M］．北京：中国石化出版社，2009：152-153，141-142，147-148，153-159，160-164.

[3] 井发启，吕学海．氯化氢气体吸收工业性试验研究［J］．化学工程与技术，2013，03（05）：175-177.

[4] 陈向华，孙凯．环氧乙烷的生产方法及应用［J］．化工科技市场，2008，31（10）：33-36.

[5] 何飞．甲苯尾气回收吸收-解吸新工艺研究［D］．天津：天津大学，2010.

[6] Pineda I T，Chang K C，Yong T K. CO_2 gas absorption by CH_3OH based nanofluids in an annular contactor at low

rotational speeds [J]. International Journal of Greenhouse Gas Control，2014，23 (4)：105-112.
[7] 于晓蕾，温高，王熙伟．二氧化硫的水溶液吸收与解吸特性研究 [J]. 中国科技信息，2010，(8)：52-55.
[8] Mok K S，Lee H S，Wi S B，et al. Vent Gas Absorption Sytem and Method for Recovery VOCs [P]. US 2014/0366727，2014.
[9] 曹长青，叶庆国，李宁等．MDEA 脱硫过程的模拟分析与优化 [J]. 石油化工，1999，28 (3)：179-181.
[10] 赵德明．分离工程 [M]. 杭州：浙江大学出版社，2011：145-146，147，169，148-158，172-174.
[11] Chattopadhyay P. Absorption and Stripping [M]. Mahavir Lane：Kamal Jagasia for Asian Books Pvt Ltd，2007.
[12] 粘立军，韩月芝，王震等．酒精尾气回收工艺模拟与优化 [J]. 化学工业与工程，2013，30 (5)：61-64.
[13] 王丛瑄．新的吸收解吸系统工艺流程探讨 [J]. 石油和化工设备，2005，(04)：16-19.
[14] 杜翔，吴少敏，李长庚等．吸收稳定系统吸收解吸塔的单塔改造 [J]. 化学工程，2002，30 (3)：16-22.
[15] Whitman W G，Davis G H B. A comparison of gas absorption and rectification [J]. Industrial & Engineering Chemistry，1926，18 (3)：264-266.
[16] 张顺泽，刘丽华．分离工程 [M]. 中国矿业大学出版社，2011：141-145，146-154，173-189.
[17] 徐东彦，叶庆国，陶旭梅．分离工程（英文版）[M]. 北京：化学工业出版社，2011：93-94，100-111.
[18] 朱君悦，段远源，许心皓等．PR 方程结合 HV 混合规则计算 HFC/HFC 和 HFC/HC 二元混合物气液相平衡 [J]. 热科学与技术，2012，11 (3)：241-245.
[19] Horton G，Franklin W B. Calculation of absorber performance and design improved methods [J]. Industrial & Engineering Chemistry，1940，32 (8)：1384-1388.
[20] Edmister W C. Design for hydrocarbon absorption and stripping [J]. Industrial & Engineering Chemistry，1943，35：837-839.
[21] 刘红，张彰．化工分离工程 [M]. 中国石化出版社，2013：102-107.

5

多组分多级分离的严格计算

分离过程的简捷计算法具有算法简单、计算速度快的优点，但它的精度差，且无法求得塔内每一级上的流率、温度和组成。因此除了像二组分精馏那样的简单情况外，只适用于初步设计。对于完成多组分多级分离设备的最终设计，必须使用严格计算法，以便确定各级上的温度、压力、流率、汽液相组成和传热速率，这对生产现场的生产控制往往是很重要的。严格计算法的核心是联立求解物料衡算、相平衡和热量衡算式。尽管对过程作了若干假设，使问题简化，但由于所涉及的过程是多组元、多级和两相流体的非理想性等原因，描述过程的数学模型仍是一组数量很大、高度非线性的方程，必须借助计算机求解。

5.1 平衡级的理论模型[1～3]

在建立精馏等分离过程的数学模型时需先给出明确的模型塔，以建立描述精馏等分离过程的物理模型和数学模型。

5.1.1 复杂精馏塔物理模型

简单塔或普通精馏塔只有一股进料，塔顶塔釜各有一股出料。复杂塔（complex distillation column）有多股进料或有侧线出料或有能量引入引出的精馏塔。复杂精馏包括多股进料、多股出料、中间换热和隔壁塔四种典型流程以及它们的各种结合形式。采用复杂精馏进行分离是为了节省能量和减少设备的数量。

5.1.1.1 复杂精馏塔类型

（1）多股进料

将不同组成的物料加在相应浓度的塔级上，从能耗看，单股进料更耗能，因为混合物的分离不是自发过程，必须外界供给能量。如图 5-1(a) 所示，采用四股进料，表明它们进塔前已有一定程度的分离，比它们混合成一股在塔内进行分离节省能量。如氯碱厂脱 HCl 塔，有三股不同组成的物料分别进入塔的相应浓度的级上。再如烃类裂解分离前流程中的脱甲烷塔，四股不同组成的进料分别在自上而下数第十三、十九、二十五和三十三塔级处进入塔内。

（2）侧线采出

若精馏塔除了塔顶和塔釜采出馏出液和釜液外，在塔的中部还有一股或一股以上物料采

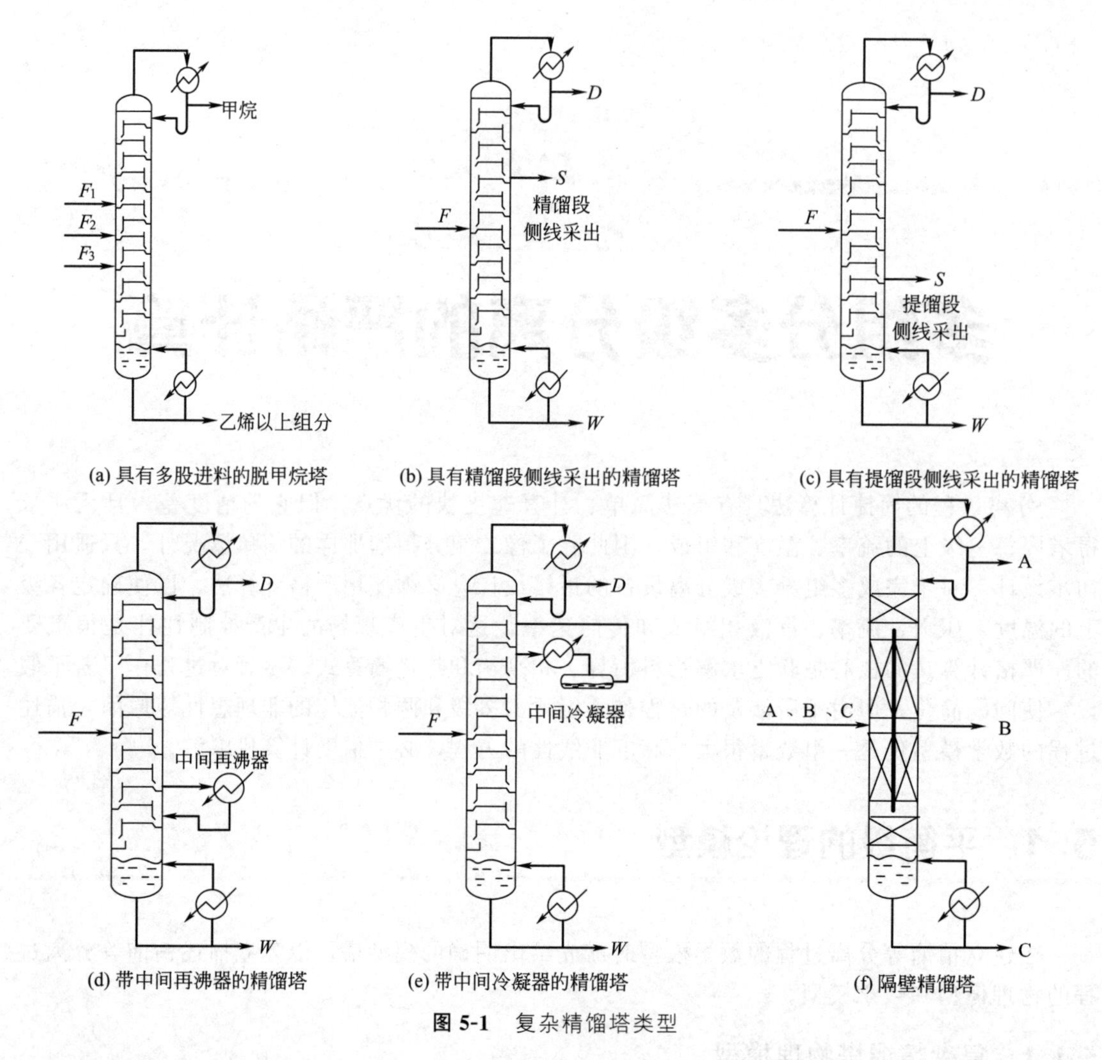

图 5-1 复杂精馏塔类型

出，则称该塔具有侧线采出。精馏塔可以在提馏段设侧线采出，也可在精馏段设侧线采出[见图 5-1(b) 和图 5-1(c)]，按工艺要求采出的物料可为液体或气体。采用侧线采出相对于普通精馏塔可减少所用精馏塔的数目。但具有侧线采出的精馏塔的操作，要比普通精馏塔复杂，如裂解气分离中的乙烯塔，炼油中的常压、减压塔等。

(3) 中间换热

中间换热指设中间冷凝器或中间再沸器。设有中间再沸器的精馏塔在提馏段某处抽出一股或多股料液，进入中间再沸器加热汽化后返回塔内，通过中间再沸器加入部分热量，以代替塔釜再沸器加入的部分热量，流程如图 5-1(d) 所示。采用中间再沸器可改善分离过程的不可逆性，由于中间再沸器的温度比塔釜再沸器的温度低，因而可以利用比用于塔釜再沸器的加热介质品位低的热源，甚至可用回收热，以节省能耗费用。以一常压下分离苯和甲苯的塔为例，原料处理量为 52.6 万吨/年，进料组成分别为 0.5、0.5（均为摩尔分数），塔顶产品要求苯的含量为 0.98。优化后的塔比简单塔增加了 2 个中间换热器，每年可节省费用 4.6%，节省的费用为 98389.1 元/年。其年投资费用分别为 4090 元和 4018 元，按换热器 20 年的使用年限，增加的投资在 1.7 年内可收回[4]。

中间冷凝在精馏段抽出一股料液（汽相），进入中间冷凝器被取走热量冷凝成液相，然后返回精馏塔。通过中间冷凝加入部分冷量，以代替塔顶冷凝器的部分冷量，如图 5-1(e)。和中间再沸器一样，用中间冷凝器可以改善分离的不可逆性，提高热力学效率。由于中间冷凝温度更高，可采用较高温度的冷剂，降低了冷量的消耗，减少冷却剂的费用。使用中间再沸器或中间冷凝器的精馏，相当于多了一股侧线出料和一股进料及中间有热量引入的或取出的复杂塔。

(4) 隔壁精馏塔[5]

对于三元混合物分离，采用简单塔分离序列，需要两个精馏塔才能得到所有组分。而如图 5-1(f) 的隔壁精馏塔（divided wall column，DWC），利用隔壁将塔从中间分隔为两部分，实现了两塔的功能，实现了三元混合物的分离。其进料侧相当于预分离器，另一端相当于主塔。在进料侧，混合物 ABC 初步分离成 AB 和 BC 两组混合物。AB 和 BC 两股物流进入主塔后，塔上部将 AB 分离，塔下部将 BC 分离，在塔顶得到产物 A，塔底得到产物 C，中间组分 B 在塔中部浓度达到最大。同时由于主塔中又引出液体物流和汽相物流分别返回进料侧顶部和底部，为进料侧提供回流液和加热气流。这样可省去塔底再沸器和塔顶冷凝器。即在 1 个精馏塔得到 3 个纯组分基础上，同时节省了 1 个精馏塔及其附属设备，如再沸器、冷凝器、塔顶回流泵及管道。与传统的两塔流程相比，能耗降低 30%左右，总设备投资降低 30%左右。

【工程案例 5-1】 二股进料二甲醚精馏节能工艺[6]

二甲醚（DME）是一种重要的化工产品，在燃料、合成石化产品、制药、农药等领域有许多独特的用途。同时，二甲醚也是一种理想的清洁燃料，被誉为 21 世纪最有发展前途的新型清洁能源。目前工业上应用最为成熟的二甲醚生产工艺是甲醇气相脱水生产二甲醚，该工艺具有流程短、投资少、消耗低等优点，同时甲醇的转化率高，二甲醚的选择性高。二甲醚精馏过程是一个多组分分离过程，如图 5-2 所示，反应后的物料为二甲醚、水和甲醇的混合物，经预热甲醇后，压力为 0.95MPa，温度为 137℃，经粗二甲醚预热器冷却到 67℃，经水冷器冷凝为 40℃的粗二甲醚进入粗二甲醚储槽，粗二甲醚经泵送入粗二甲醚预热器加热到 80℃，送入精馏塔中部，在二甲醚精馏塔塔顶采出合格的二甲醚产品≥99.5%（均为质量分数），塔釜采出含有甲醇和水的混合物进入甲醇回收塔，混合物中 DME≤1.0%，精馏塔的热量由塔釜再沸器提供。

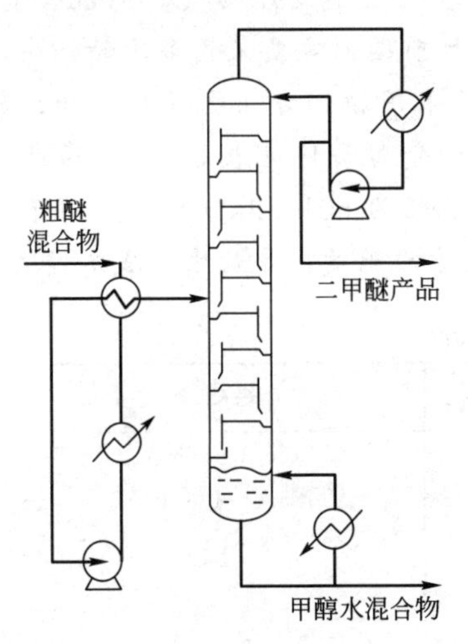

图 5-2 原二甲醚精馏工艺流程

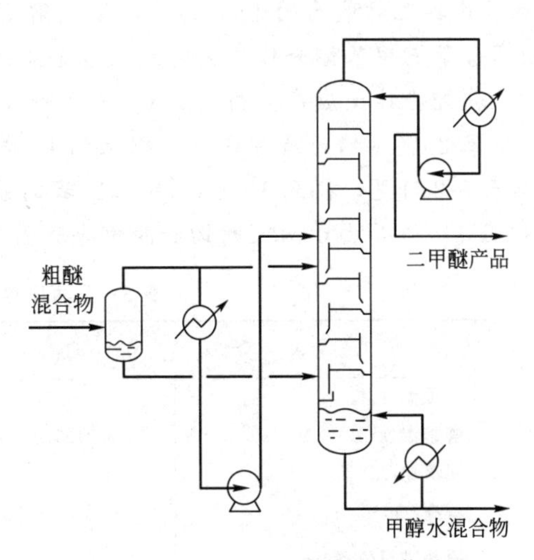

图 5-3 改造后二甲醚精馏工艺流程

从二甲醚工艺流程和物性热力学可知，汽相粗二甲醚携带有大量的热能，一方面需要用大量的冷却水将汽相粗二甲醚冷凝成液体，另一方面，再沸器需要提供大量的热量，在精馏塔中对二甲醚进行汽化。为降低二甲醚精馏的蒸汽消耗，降低二甲醚生产成本，实现节能减排，改为精馏塔采用汽液两相多股进料的新工艺，如图5-3所示。图5-4所示为二甲醚精馏工业生产装置。出反应器的含甲醇、二甲醚和水等组分的粗二甲醚混合物，经预热后，压力为0.95MPa，温度为137℃，通过汽液分离器将二甲醚、甲醇、水汽液混合物分成汽液两股物料，液相进入精馏塔底部；汽相再次分成两股，一股直接进入到精馏塔的下部，作为精馏塔的热源，与自上而下的液体换热，汽提液相中的二甲醚；一股经冷却器冷凝为40℃的粗二甲醚进入粗二甲醚储槽，粗二甲醚经泵送入精馏塔中部。在二甲醚精馏塔塔顶采出合格的二甲醚产品≥99.5%，塔釜采出含有甲醇和水的组分进入甲醇回收塔，塔釜再沸器通入适量的饱和蒸汽以保证在塔顶二甲醚产品合格的同时，塔底甲醇和水的混合物中DME≤1.0%。优化的工艺较传统工艺具有更高的分离效率，过程能耗较低，系统运行十分稳定。某企业15万吨/年二甲醚精馏装置，按每年正常工作7200h计算，本优化工艺每年可以节约4.3万吨蒸汽，合700多万元（蒸汽价格180元/吨），带来了可观的经济效益。

图5-4 二甲醚精馏工业生产装置

【工程案例5-2】 连续两股侧线出料精馏法提取C_9芳烃中三甲苯馏分[7]

乙烯装置副产的C_9芳烃馏分，是由裂解石脑油或轻质柴油抽提分离出C_5馏分、C_6～C_8馏分后的剩余馏分，约占乙烯总产量的10%～20%。随着中国石油化工行业的迅速发展，乙烯的生产能力逐年提高，裂解C_9芳烃的产量也在不断增加，如何利用这部分资源开发下游产品越来越引起人们的重视。

2015年中国乙烯生产能力为2700万吨，绝大部分乙烯厂用轻柴和石脑油为原料。若裂解C_9的收率按乙烯能力的11%计算，则裂解C_9芳烃产量可达到297万吨。从混合C_9馏分中提出高含量三甲苯馏分作原料受到很多企业的重视。目前国内主要采用多次精馏法，首先采用初次精馏去掉反应产生的裂解C_9中的轻组分，然后采用精馏方法去掉重组分，最后得到含三甲苯25%（均为质量分数）以上的C_9成分。采用分离条件见表5-1，分离结果见表5-2。从表5-2可见，得到19.08%的三甲苯馏分，能量消耗为5011.9kJ/kg，三甲苯馏分收率为80.6%。这是由于两次精馏和两次冷凝需要消耗大量的能量，导致生产成本过高。

表5-1 两次精馏工艺条件

工艺参数	初馏塔(T-1)	精馏塔(T-2)
塔顶温度/℃	≤147.5	165.1～168
塔釜温度/℃	161.1～166.5	185.6～186.4
回流比(R)	7～8	8～10
塔高/cm	120	180
原料进料位置/cm	60	50

表 5-2 两次精馏分离结果

名称	流量/(kg/h)	三甲苯含量(质量分数)/%	能耗/(kJ/kg)
原料液(F_1)	0.2880	8.2800	—
塔 T-1 顶出料	0.1296	3.5340	2434.3
塔 T-1 釜出料	0.1584	12.1631	
塔 T-2 顶出料	0.1008	19.0787	2577.6
塔 T-2 釜出料	0.0576	0.0608	
合计			5011.9

针对现有技术的上述问题，提出采用侧线出料精馏法分离裂解 C_9 芳烃，在同一精馏塔上实现分离轻馏分、三甲苯馏分及重馏分，这样不仅将两次精馏和两次冷凝改进为一次精馏和一次冷凝，减少了能量消耗，降低了成本，同时减少了设备的投资和占用场地。可以得到25%的三甲苯馏分，为加氢和歧化生产 C_6 芳烃等提供原料。连续两股侧线出料精馏法提取裂解 C_9 芳烃中三甲苯馏分的原料处理量为 3.0kg/h，控制塔顶回流比为（7～8）：1，顶温≤146.3℃，侧线出料温度为 160.8～165.9℃，底温 185.6～196.7℃。在塔高为 1.8m 时，精馏塔第一和第二精馏段的高度分别为 1.2m 和 0.1m；精馏塔提馏段的高度为 0.3m。侧线出料中三甲苯含量可达到 25.6%，收率达到 94%，与两次精馏工艺相比，不仅节省了45.7%的能耗，同时简化了生产工艺。

5.1.1.2 模型塔

图 5-5 为通用模型塔（model column），该模型塔有 N 个理论级，包括一个塔顶冷凝器和一个再沸器。理论级的顺序是从塔顶向塔釜数，冷凝器为第一级，再沸器为第 N 级，除冷凝器与再沸器外每一级都有一个进料 F_j；气相侧线出料 G_j；液相侧线出料 U_j 和热量输入或输出 Q_j，并假定每一级为理论级。根据具体条件可将该塔简化成任何一个实际塔，不需要的量可定为零，它可以简化成简单精馏塔、图 5-1 中的塔型或其它类型的塔，如吸收塔。

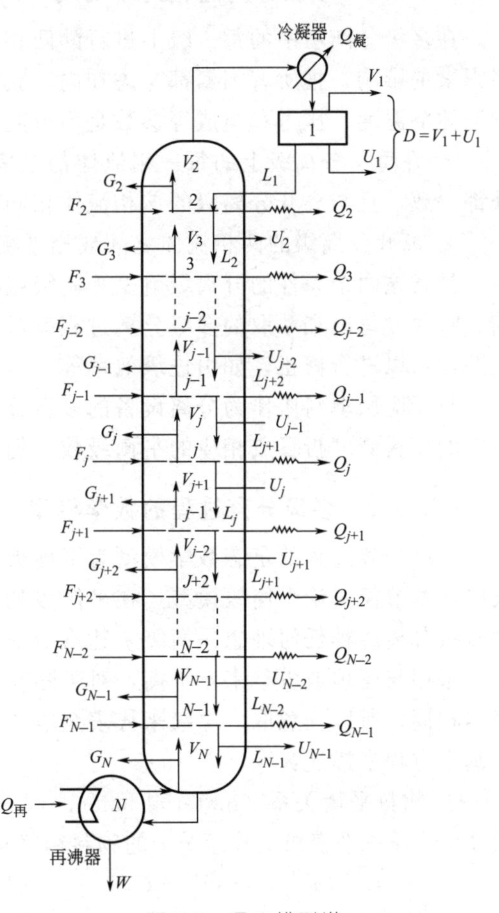

图 5-5 通用模型塔

任一平衡级 j 如图 5-6 所示，进入 j 级的进料可以是单相物流，也可以是双相物流。用 F_j 表示进料流量，$z_{i,j}$ 表示 i 组分的摩尔分数，H_{Fj} 表示进料焓。

来自上一级（$j-1$ 级）进入 j 级的液相流量为L_{j-1}，组成为 $x_{i,j-1}$，温度、压力分别为 T_{j-1} 和 p_{j-1}，相应的焓用 h_{j-1} 表示。同样，来自下一级（$j+1$ 级）进入 j 级的汽相流量为V_{j+1}，组成为 $y_{i,j+1}$，温度、压力分别为 T_{j+1} 和 p_{j+1}，相应的焓用 H_{j+1} 表示。

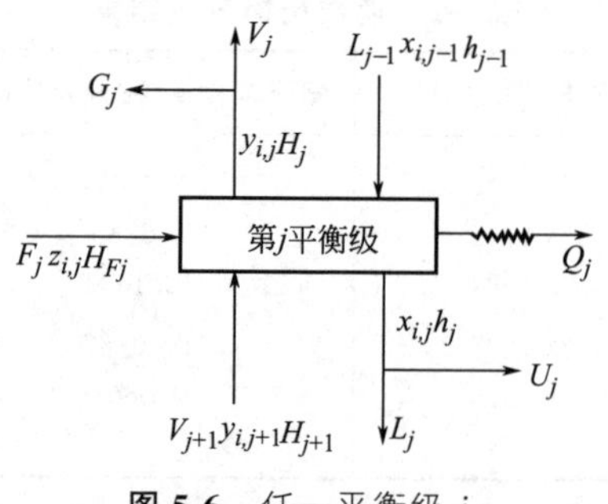

图 5-6 任一平衡级 j

离开 j 平衡级的汽相用 $y_{i,j}$ 表示组成，温度、压力分别为 T_j 和 p_j，相应的焓用 H_j 表示。该物流可以分为两股：一股进入上一平衡级 $j-1$，其流量用 V_j 表示；另一股为该级的汽相侧线采出，其流量用 G_j 表示。离开 j 平衡级的液相组成用 $x_{i,j}$ 表示，温度、压力分别为 T_j 和 p_j，相应的焓用 h_j 表示。该物流也可以分为两股：一股进入下一平衡级 $j+1$，其流量用 L_j 表示；另一股为该级的液相侧线采出，其流量用 U_j 表示。

由 j 平衡级通过换热器交换的热量为 Q_j。规定 Q_j 取热为正，供热为负。

5.1.2 平衡级的理论模型[1,2,8~11]

5.1.2.1 多级分离过程的平衡级

在多级分离塔中的每一级上进行的两相流体间的传质和传热现象是十分复杂的，受到很多因素的影响，把所有因素都考虑在内，获得的两相间传质和传热的关系式，进而求得这两相流体的温度、压力和组成等参数是不可能的，因此常对每一分离级做如下假设：

① 在每一分离级上的每一相流体都是完全混合的，其温度、压力和组成在分离级上各处都一致，且与离开分离级的该相流体相同；

② 离开分离级的两相流体之间成相平衡。

具备这两个条件的分离级就是平衡级（equilibrium stage），在做了上面两个假设后，精馏、吸收、蒸出和萃取的多级分离过程就可以被认为是多级平衡过程。由平衡级假设引起的误差，可以进行修正，如引进级效率等。

对于应用填料塔作为分离设备的多级分离过程，可以用等板高度（HETP）的概念，把一定的填料高度折算成相应的平衡级数，仍按多级平衡过程进行计算。

5.1.2.2 多级分离过程的数学模型——MESH 方程组

多级分离过程的定态数学模型有平衡级（理论板）和非平衡级两类，前者应用广，比较成熟，本节仅讨论平衡级模型。在平衡级的严格计算中，必须同时满足 MESH 方程，它描述多级分离过程任何理想平衡级 j 达汽液平衡时的数学模型。由于塔内每个级均有进出料，故不采用与塔顶或塔釜来作平衡，对于图 5-5 所示的通用模型塔，因为每一级物料进出情况基本相同，所以任意取一 j 级来代表全塔的情况，若组分数为 c，在稳态操作时可用以下一组基本方程来描述：

① 物料平衡关系（material balance），简称 M 方程。每一级有 c 个，共 Nc 个方程。对图 5-6 的任一平衡级 j 作组分 i 的物料衡算可得

$$L_{j-1}x_{i,j-1}-(V_j+G_j)y_{i,j}-(L_j+U_j)x_{i,j}+V_{j+1}y_{i,j+1}=-F_j z_{i,j} \tag{5-1}$$

② 相平衡关系（phase equilibrium relation），简称 E 方程，每一级有 c 个，共 Nc 个方

程。对任一组分为：

$$y_{i,j}=K_{i,j}x_{i,j} \tag{5-2}$$

③ 摩尔分数加和式（mole fraction summations），简称 S 方程。每一级有 2 个，共有 $2N$ 个方程。对任一级汽相或液相的摩尔分数总和应等于 1，即

$$\sum_{i=1}^{c}x_{i,j}=1 \quad 或 \quad \sum_{i=1}^{c}y_{i,j}=1 \tag{5-3}$$

④ 热量平衡方程（heat balance equation），简称 H 方程，每一级有一个，共有 N 个。对任一理论级作热量衡算可得

$$L_{j-1}h_{j-1}-(V_j+G_j)H_j-(L_j+U_j)h_j+V_{j+1}H_{j+1}=-F_jH_{Fj}+Q_j \tag{5-4}$$

除 MESH 模型方程组外，必须知道 $K_{i,j}$、H_j、h_j 的关联式。

$$K_{i,j}=K_{i,j}(T_j,p_j,x_{i,j},y_{i,j}),Nc\text{ 个} \tag{5-5}$$

$$h_j=h_j(T_j,p_j,x_{i,j}),N\text{ 个} \tag{5-6}$$

$$H_j=H_j(T_j,p_j,y_{i,j}),N\text{ 个} \tag{5-7}$$

5.1.2.3 分离过程的变量分析

对于有多股进料、侧线出料及有能量引入或取出的复杂塔来说，设计变量数可由总变量数减去能建立的方程数来求得。将图 5-6 的 N 个平衡级按逆流方式串联起来，并且去掉分别处于串级两端的 L_0 和 V_{N+1} 两股物流，则组合为适合于精馏、吸收和萃取的通用逆流装置。

式(5-1)～式(5-4) 共有 $N_c^u=N(2c+3)$ 个方程。装置变量总数为 $N_v^u=[N(3c+9)-1]$ 个变量。其中每级物流和 G_j、U_j 和 Q_j 共为 $5(c+2)+3=5c+13$ 个变量，但串级后级间各有两股物流相连，去掉 $2(N-1)(c+2)$ 个变量；串级两端再去掉 L_0 和 V_{N+1} 两股物流后变量数少了 $2(c+2)$ 个；并去掉 G_1 和 U_N；增加了一个串级。

则变量总数 $N_v^u=N(5c+13)-2(N-1)(c+2)-2(c+2)-2+1=N(3c+9)-1$

设计变量总数为 $N_i^u=N(c+6)-1$ 个，其中固定设计变量为 $N(c+3)$，其中压力等级数为 N，进料变量数为 $N(c+2)$；可调设计变量为 $3N-1$，其中串级单元数为 1，侧线采出单元数为 $2(N-1)$，传热单元数为 N。

对于多组分多级分离计算问题，固定设计变量（进料变量和压力变量）的数值一般是必须规定的，其它设计变量（可调设计变量）规定方法有两种。

对设计型问题，是以设计一个新分离装置使之达到一定分离要求的计算，因此规定关键组分的回收率（或浓度）及有关参数（如精馏中的 R、回流状态等）。计算平衡级数、进料位置等。

对操作型问题，是以在一定操作条件下分析已有分离装置性能的计算。因此规定平衡级数、进料位置及有关参数（如回流状态、R、D 等），计算可以达到的分离要求（回收率或浓度）等。

当为操作型问题时，指定下列设计变量：

① 各级 F_j，$z_{i,j}$，T_{Fj}，p_{Fj}，$N(c+2)$ 个；

② 各级 p_j，N 个；

③ 各级 $G_j(j=2,\cdots,N)$ 和 $U_j(j=1,\cdots,N-1)$，$2(N-1)$ 个；

④ 各级 Q_j，N 个；

⑤ 级数 N，1个。

上述规定的设计变量总数为 $N(c+6)-1$ 个，前两项为固定设计变量，后三项为可调设计变量。若要规定其它变量，则可对以上的变量作相应替换，对不同类型分离，有不同典型的规定方法。在 $N(2c+3)$ 个 MESH 方程中，未知数为 $x_{i,j}$、$y_{i,j}$、L_j、V_j、T_j，其总数也是 $N(2c+3)$ 个，故联立方程组的解是唯一的。

5.1.3 模拟计算方法

5.1.3.1 模拟计算方法开发前的准备[12]

精馏的模型方程以及 $K_{i,j}$、h_j、H_j 的关联都是非线性的，是 T_j 和组成的隐含数，故不能直接求解，必须用迭代法。对于模型方程的解法已开发了多种，广泛应用于精馏的设计和核算中，但比较通用和成熟的算法均是操作型的。MESH 方程的各种操作型模拟计算的算法，在收敛特性和适用场合方面存在着明显的差别。这主要是各种算法在下述三方面作了不同的选择。

(1) 迭代变量的选择

即选择那些变量在迭代过程中逐步修正而趋近解的。其余变量则由这些迭代变量算得。

(2) 迭代变量的组织

首先需要决定的是对整个方程组进行联列解，还是进行分块解。如果选定联列解，那么方程和迭代变量如何排列和对应必须选定；如果选定分块解，则需确定如何分块，哪些(个) 变量与哪一块方程组相匹配，哪一块在内层解算，哪一块在外层解算等。方程分块的基本原则是各块之间应该弱交联，当然最好是互不影响。如此才能确保计算方法收敛，并具有较快的收敛速度。决定变量与方程（块）对应的原则是，在方程（块）中起主要作用的变量应该与此方程（块）相匹配。方程和变量的排列次序将影响矩阵的特性，从而影响计算速度和对计算机内存量的要求。

(3) 一些变量的圆整和归一的方法以及迭代的加速方法

由于对这三种方法不同的选择和安排，产生了许多模拟计算方法，这些算法在收敛的稳定性，收敛的速度和所需的计算机内存的大小等方面存在显著的差异。所以需要选择比较合适的算法。

5.1.3.2 严格计算法的种类

严格计算法大体可分为以下三类。

(1) 方程解离法

方程解离法也称为方程撕裂法。该算法是将描述精馏过程的 MESH 方程组按类别组合，近似认为其中一部分方程式只与一部分变量相关，而另一部分方程式只与另一部分变量关系密切，而从方程和与之匹配的变量分别进行求解。根据方程分组原则的不同，方程解离法又可分为：按照理论级将 MESH 方程组分组的逐级计算方法和按照方程式的类型将 MESH 方程组分组的逐次替代法。

经典的 Lewis-Matheson 和 Thiele-Gesses 法均属于逐级计算法，它们将 MESH 方程按平衡级分组，从塔的两端起逐级求解。该法由 Lewis-Matheson 于 1933 年首先导出数学模型，并于 20 世纪 50 年代计算机应用后，提出了逐级求解的方法，这类方法适合于清晰分割场合。对非清晰、非关键组分在塔顶、釜的组成较难估计，致使每轮计算产生较大的误差，计算不容易收敛。在计算机被广泛应用前，曾是主要的较严格的多级平衡过程的计算方法，但其受截断误差传递影响较大，对复杂塔稳定性较差。目前在计算机计算中很少采用，但在吸收上仍有采用。

逐次替代法是将 MESH 方程组按类型分组的方法，每个组分的 ME 方程组的系数矩阵具有规则的三对角线矩阵形式，可用追赶（Thomas）法求解，该法由 Amundson 于 1953 年提出，有王-亨克（Wang Henkc）的三角矩阵法、矩阵求逆法、CMB 矩阵法、$2N$ 牛顿法等[13]。由于这些方程都是高度非线性的，因此必须用迭代的方法，逐次逼近方程组的解。所选用的迭代方法主要有直接迭代法、校正迭代法和牛顿-拉夫森迭代法。这些迭代法都是设法将非线性方程组简化为线性方程组，然后对此线性方程组求解。并将该解作为原方程的近似解，逐次逼近原方程组的解。

（2）同时校正法

校正法是将 MESH 方程组联立求解，首先将 MESH 方程组线性化，然后通过某种同时校正（SC）法模拟各类多组元精馏分离过程，同时迭代方法（如 Newton 法）对其同时求解。多元牛顿法（或 $2N$ 牛顿法）属同时校正法。它是先用 ME 方程求出 $x_{i,j}$ 后，同时由 S 方程和 H 方程解出 T_j 和 $V_j(L_j)$。一般来说，方程解离法对计算理想和非理想性不大的体系效果好，而同时校正法则主要用于非理想体系。

以上方法主要适用于稳定工况的精馏计算。

（3）非稳态方程计算方法

非稳态方程计算方法则是先假设一个初始的精馏塔内的温度、汽液相流率和组成分布，然后利用不稳态或动态的物料衡算 M 方程计算，精馏过程的各个操作参数随时间而变化，逐渐趋近于稳态操作状况，最后求得达到稳定状态下的精馏塔中的温度、流率和组成分布。

该法优点是算法简单，只要选取了合适的松弛因子，一般都能收敛，且不受初值影响，且迭代的中间结果具有物理意义。如以进料组成为各级液相组成的初值时，中间结果可以被看成是由于开工不稳定状态趋向稳定状态的过程。

分离计算中使用哪一类汽-液平衡和焓模型——简化的或严谨的热力学模型，对计算结果的准确性和耗时有密切关系，但迄今文献中有关精馏算法的报道大多采用简化 K 和 H，很少涉及严谨热力学模型的应用。

5.1.3.3 计算类型

多级平衡过程的计算，从其计算的目的和要解决的问题来划分，又可分为设计型计算和操作型计算。

① 设计型计算　其目的在于解决完成一预定的分离任务的新过程设计问题。即在给定的进料条件（F，z_i，T，p），塔的操作压力和回流比外，还需知道轻、重关键组分的回收率，或规定关键组分的分离要求，要求确定达到分离要求所需的理论级数，和最佳进料位置和侧线采出位置。

② 操作型计算　是已知操作条件下，分析和考察已有的分离设备的性能。通常已知平衡级数，要求确定该设备所能达到的分离程度。如精馏计算是在给定操作压力、进料情况、进料位置、塔中具有的级数和回流比下，计算塔顶、塔釜产品的量和组成，以及侧线抽出的组成和塔中的温度分布等。

前面提到的算法除了逐级计算法中的 Lewis-Matheson 法适用于设计型计算外，其它方法只适用于操作型计算，若用其进行设计型计算，需先设平衡级数（板数），进料位置和出料速度与位置，然后进行试算。根据每次试算的结果对所设变量进行修正，直至计算结果满足设计要求。

为解决新装置的设计问题，需用操作型算法进行多方案计算，从中选择既满足规定分离要求又经济的结果。

5.1.3.4 典型精馏计算法优缺点比较

典型精馏计算法优缺点比较见表5-3。

表5-3 典型精馏计算法优缺点比较

算法类别	优点	缺点	适用范围
逐级法	可用于设计型计算	需估计塔顶、塔釜组成；截断误差和累计误差大；难于在复杂塔中应用	无轻(或重)非关键组分
三对角矩阵法	用于操作型计算，没有逐级法的缺点	算法包含泡(露)点计算，因它也是迭代过程，费机时。对高度非理想系难收敛	非理想性不强的普通精馏系统
BP法	算法简单，对初值要求不高，占用内存单元少	当临近解时出现收敛速度慢，迭代次数多，当趋于解时，收敛缓慢	精馏
SR法	算法中不包含泡(露)点计算，收敛速度快	级数多时不稳定，不适用于窄沸程精馏系统	适用吸收塔及宽沸程精馏系统
BP-SR法	同BP法	只能用于吸收精馏	吸收精馏
$2N$牛顿-拉夫森法	收敛速度快，稳定性好不包含泡露点计算	计算工作量大，占用内存单元多，对初值要求高	弱非理想体系的各种场合
多元牛顿-拉夫森法	收敛速度快，稳定性好	计算雅可比矩阵耗时长，计算工作量大，占用内存单元多，对初值要求高	各种场合
松弛法	对初值要求不高，稳定性好，适用范围宽	收敛速度极慢，不宜用作常规算法	各种场合

5.2 三对角矩阵法[1,8～10]

5.2.1 计算方法和原理

此法为方程解离法中的逐次替代法，将MESH模型方程作适当分组，每小组方程与一定迭代变量相匹配，那些不是与此组方程相匹配的迭代变量当作常量。解这小组方程得到相应的迭代变量值，它们在解另一组方程时也作为常量。当一组方程求解后再解另一组方程。当全部方程求解后，全部迭代变量值均得到了修正，如此反复迭代计算，直至各迭代变量的新值和旧值几乎相等，也即修正值很小时，才得到了收敛解。一般采用顺序收敛法求解。

(1) 泡点法（bubble point method，BP法）

BP法的计算原理是在初步假定的沿塔高温度T，汽、液流量V、L的情况下，逐级地用物料平衡（M）和汽液平衡（E）方程联立求得一组方程，并用矩阵求解各级上组成$x_{i,j}$。用S方程求各级上新的温度T。用H方程求各级上新的汽液流量V、L。如此循环计算直到稳定为止。主要应用于窄沸程混合物的精馏过程。

(2) 露点法（dew point method，DP 法）

DP 法的计算原理与 BP 法不同的是解 ME 方程求出新的 $y_{i,j}$，代入 S 方程求出新的 T_j，最后解 H 方程求出 V_j。由于已知 $y_{i,j}$，S 方程为露点方程，故称露点法。此法在分离含氢较多的混合物时常用。

(3) 流量加和法（sum rates method，SR 法）

SR 法先由 ME 方程求出组分流率 $v_{i,j}$（或 $l_{i,j}$），后求出总流率 V_j，再由 H 方程求 T_j；应用于吸收塔、解吸塔和萃取塔。

(4) 矩阵求逆法（matrix inversion method）

矩阵求逆法采用矩阵求逆的方法解 ME 方程求出新的液相组成 $x_{i,j}$ 或气相组成 $y_{i,j}$，其它计算原理同 BP 法和 DP 法。

(5) 同时校正法（simultaneously correction method，SC 法）

SC 法是通过某种迭代技术（例如 Newton-Raphson 法）求解全部或大部分 MESH 方程或与之等价的方程式。SC 法适用于非理想性很强的液体混合物的精馏过程，如萃取精馏和共沸精馏。SC 法还适用于带有化学反应的分离过程的计算，如反应精馏等。

5.2.2 泡点法（BP 法）

5.2.2.1 解三对角矩阵方程（ME 方程）求组分分布

(1) ME 方程

三对角矩阵法是用物料衡算方程和相平衡方程联立求解组成分布。

将式(5-2) E 方程代入式(5-1) M 方程消去 $y_{i,j}$。

$$L_{j-1}x_{i,j-1}+V_{j+1}K_{i,j+1}x_{i,j+1}+Fz_{i,j}-(V_j+G_j)K_{i,j}x_{i,j}-(L_j+U_j)x_{i,j}=0 \tag{5-8}$$

$$L_{j-1}x_{i,j-1}-[(V_j+G_j)K_{i,j}+(L_j+U_j)]x_{i,j}+V_{j+1}K_{i,j+1}x_{i,j+1}=-F_jz_{i,j} \tag{5-9}$$

令

$$A_j=L_{j-1};B_j=-[(V_j+G_j)K_{i,j}+(L_j+U_j)];$$

$$C_j=V_{j+1}K_{i,j+1};D_j=-F_jz_{i,j} \tag{5-10}$$

式(5-9) 变为

$$A_jx_{i,j-1}+B_jx_{i,j}+C_jx_{i,j+1}=D_j \tag{5-11}$$

式(5-11) 虽是一通式，但塔的两端形式略有不同。

当 $j=1$ 时，即塔顶冷凝器，由于没有上一级来的液体，$A_1=L_0=0$，式(5-11) 变为

$$B_1x_{i,1}+C_1x_{i,2}=D_1 \tag{5-12}$$

其中 $B_1=-(V_1K_{i,1}+L_1+U_1)$，$C_1=V_2K_{i,2}$，$D_1=0$

当 $j=N$ 时，即塔釜，由于没有下一级上来的蒸汽，$C_N=V_{N+1}=0$，式(5-11) 变为

$$A_Nx_{i,N-1}+B_Nx_{i,N}=D_N \tag{5-13}$$

其中 $A_N=L_{N-1}$，$B_N=-(V_NK_{i,N}+W)$，$D_N=0$

即可得 ME 线性方程组

$$\begin{cases}B_1x_{i,1}+C_1x_{i,2}=D_1 & (j=1)\\ A_jx_{i,j-1}+B_jx_{i,j}+C_jx_{i,j+1}=D_j & (2\leqslant j\leqslant N-1)\\ A_Nx_{i,N-1}+B_Nx_{i,N}=D_N & (j=N)\end{cases} \tag{5-14}$$

将上式方程组写成如下矩阵

$$
\begin{bmatrix}
B_1 & C_1 & & & & & \\
A_2 & B_2 & C_2 & & & & \\
 & \cdots & \cdots & & & & \\
 & & A_j & B_j & C_j & & \\
 & & & \cdots & \cdots & & \\
 & & & & A_{N-1} & B_{N-1} & C_{N-1} \\
 & & & & & A_N & B_N
\end{bmatrix}
\begin{bmatrix}
x_{i,1} \\ x_{i,2} \\ \vdots \\ x_{i,j} \\ \vdots \\ x_{i,N-1} \\ x_{i,N}
\end{bmatrix}
=
\begin{bmatrix}
D_1 \\ D_2 \\ \vdots \\ D_j \\ \vdots \\ D_{N-1} \\ D_N
\end{bmatrix}
\tag{5-15}
$$

或简写为

$$[A,B,C]\{x_{i,j}\}=\{D_j\} \tag{5-16}$$

式中，$\{x_{i,j}\}$ 为未知量的列向量；$\{D_j\}$ 为常数项的列向量；$[A,B,C]$ 为三对角矩阵；A,B,C 为矩阵元素。式(5-15) 的系数矩阵为三对角矩阵，故称三对角矩阵方程组，即 ME 方程组可简化为三对角矩阵方程组。解此矩阵方程即可求得组成断面 $x_{i,j}$。

若 V_j、L_j、$T_j(F_j,G_j,U_j)$ 等值先固定，则 A_j、B_j、C_j、D_j 为常数。所以其中只有 N 个未知量 $x_{i,j}$ 故能求解。经整理后，三对角矩阵法的模型方程变为式(5-14)、式(5-3) 和式(5-4)，它们各自成一块，单独求解。需要指出的是，式(5-14) 实质上需按组分再分成 c 块而依次求解。式(5-14) 和式(5-3) 同置于内层迭代求解，而式(5-4) 则置于外层迭代解。

(2) 初值的确定

要求解式(5-14)，需假定 V_j、L_j、T_j 等的初值，从而求出 A_j、B_j、C_j、D_j。

① T_j 初值的假定　首先确定塔顶和塔釜的温度。塔顶温度的初值可按下列方法之一确定：a. 当塔顶为汽相采出时，可取汽相产品的露点温度；b. 当塔顶为液相采出时，可取馏出液的泡点温度；c. 当塔顶为汽、液两相采出时，取露点和泡点之间的某一值。塔釜温度的初值常取釜液的泡点温度。当塔顶和塔釜温度均假定以后，用线性内插得到中间各级的温度初值。

$$T_{j初}=T_D+\left(\frac{T_B-T_D}{N-1}\right)(j-1) \tag{5-17}$$

式中，T_D 和 T_B 分别为塔顶和塔釜的温度。

② V_j 的流率分布初值设为恒摩尔流率　对任一平衡级 j 作总物料衡算可得

$$F_j+V_{j+1}+L_{j-1}=V_j+G_j+L_j+U_j$$

$$V_{j+1}=V_j+G_j+L_j+U_j-L_{j-1}-F_j \tag{5-18}$$

对任一平衡级 j 作液相平衡可得

$$L_{j-1}+qF_j=L_j+U_j \tag{5-19}$$

式中，q 为进料的液相分率。

将式(5-19) 代入式(5-18)，消去 (L_j+U_j) 可得

$$V_{j+1}=V_j+G_j-F_j(1-q) \qquad (2\leqslant j\leqslant N-1) \tag{5-20}$$

其中　$V_2=(R+1)D=D+L_1$

③ L_j　由 V_j 汽相流率求解。如图 5-7 所示，由精馏段第 j 级与塔顶作物料平衡

$$V_{j+1}+\sum_{k=2}^{j}F_k=L_j+\sum_{k=2}^{j}U_k+\sum_{k=2}^{j}G_k+D$$

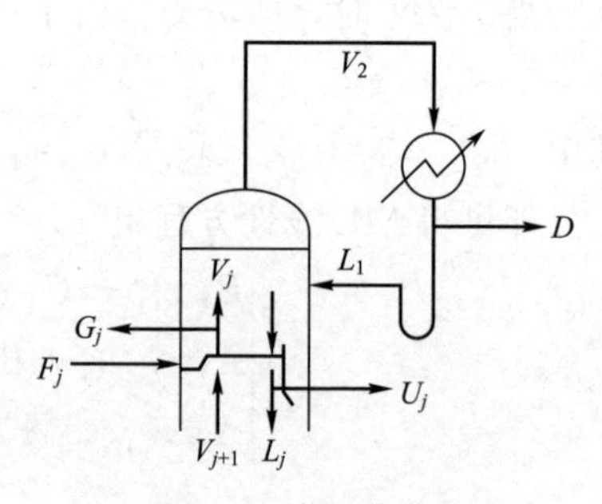

图 5-7　精馏塔塔顶

$$L_j = V_{j+1} + \sum_{k=2}^{j}(F_k - G_k - U_k) - D \qquad (5\text{-}21)$$

进料流量 F_j 和组成 $z_{i,j}$，侧线采出流量 G_j 和 U_j，作为设计变量通常在计算前已经给定，当各级的汽相流量 V_j 一经给定，由式(5-21) 可求出液相流量 L_j 的值，当 $K_{i,j}$ 仅与 T 和 p 有关时，由各级温度的初值（在以后迭代中用前一次迭代得到的各级温度）和级压力确定；当 $K_{i,j}$ 是 T、p 和组成的函数时，除非在第一次迭代中用假定为理想溶液的 $K_{i,j}$ 值，还需要对所有的 $x_{i,j}$（有时尚需 $y_{i,j}$）提供初值，以便计算 $K_{i,j}$ 值。而在以后的迭代中，使用前一次迭代得到的 $x_{i,j}$ 和 $y_{i,j}$ 计算值。可通过运算得到方程组(5-14) 中各组分的系数 A_j、B_j、C_j、D_j，则式(5-14) 就是一个线性方程组。也可用简捷法（FUG 法）的计算结果作为初值，使迭代计算很快收敛[14]。

(3) 三对角矩阵中求解 $\{x_{i,j}\}$ 的方法

三对角线矩阵方程组的求解可用著名的托马斯（Thomas）的追赶法，该法实质上就是高斯（Gauss）消去法，即利用矩阵的初等变换将式(5-15) 矩阵中的一对角线元素 A_j 变为零，另一对角线元素 B_j 变为 1，然后将 C_j 与 D_j 引用两个辅助参量 P_j 和 Q_j。具体步骤为：

将矩阵式(5-15) 中第一行乘以 $1/B_1$ 得

$$P_1 = C_1/B_1, \qquad Q_1 = D_1/B_1$$

将矩阵(5-15) 中的第一行乘以 $-A_2/B_1$，然后与第二行相加，则

A_2 变为 $\qquad A_2 + B_1(-A_2/B_1) = 0$

B_2 变为 $\qquad B_2 + C_1(-A_2/B_1) = B_2 - A_2P_1$

C_2 变为 $\qquad C_2 + 0 = C_2$

D_2 变为 $\qquad D_2 + D_1(-A_2/B_1) = D_2 - A_2Q_1$

再将第二行除以 $B_2 - A_2P_1$，并令

$$P_2 = \frac{C_2}{B_2 - A_2P_1}, \qquad Q_2 = \frac{D_2 - A_2Q_1}{B_2 - A_2P_1}$$

逐行依次进行类似的整理，对第 j 行可化成

$$P_j = \frac{C_j}{B_j - A_jP_{j-1}}, \qquad Q_j = \frac{D_j - A_jQ_{j-1}}{B_j - A_jP_{j-1}} \qquad (2 \leqslant j \leqslant N-1) \qquad (5\text{-}22)$$

因此，经过上述变化后，矩阵变为下列简单的形式

$$\begin{bmatrix} 1 & P_1 & & & & & \\ 0 & 1 & P_2 & & & & \\ & \cdots & \cdots & & & & \\ & & 0 & 1 & P_j & & \\ & & & \cdots & \cdots & & \\ & & & & 0 & 1 & P_{N-1} \\ & & & & & 0 & 1 \end{bmatrix} \begin{bmatrix} x_{i,1} \\ x_{i,2} \\ \vdots \\ x_{i,j} \\ \vdots \\ x_{i,N-1} \\ x_{i,N} \end{bmatrix} = \begin{bmatrix} Q_1 \\ Q_2 \\ \vdots \\ Q_j \\ \vdots \\ Q_{N-1} \\ Q_N \end{bmatrix} \qquad (5\text{-}23)$$

由式(5-22) 求出各 P_j 和 Q_j，便可以式(5-23) 求出某一组分在各个级上的液相组成。即由式(5-24) 求出 $x_{i,N}$ 后，按上式逐级回代，直至算得 $x_{i,1}$ 并求得各个 $x_{i,j}$ 值。

$$x_{i,N} = Q_N \qquad (5\text{-}24)$$

$$x_{i,N-1} + P_{N-1}x_{i,N} = Q_{N-1}$$

$$\vdots$$

$$x_{i,j}+P_j x_{i,j+1}=Q_j \qquad (1\leqslant j\leqslant N-1) \tag{5-25}$$

$$\vdots$$

$$x_{i,1}+P_1 x_{i,2}=Q_1$$

若对 c 个组分的矩阵进行求解后，即得各个级上所有组分的液相组成。追赶法的求解速度很快，一般解也正确。在个别场合，由于运算中的减法步骤会造成误差放大，得不到正确解。Boston 等[15]于 1972 年对追赶法作了改进，确保了解的正确性。

5.2.2.2 用 S 方程计算新的温度分布

由上面已求得各个级的液相组成在未收敛前并不满足 S 方程，在 0.3～15 的范围内。若用这样的组成分布计算温度分布，求得的温度将失去物理意义，且不易收敛。因此，在用泡点法求温度分布之前需做归一处理，以满足 S 方程。

① 利用硬性归 1 的办法得 $x_{i,j}$，即圆整

$$x'_{i,j}=\frac{x_{i,j}}{\sum x_{i,j}} \tag{5-26}$$

式中，等号左侧的 $x'_{i,j}$ 为将右侧的 $x_{i,j}$ 归一化后的值。

② 用泡点法求 T_j，并同时得 $y_{i,j}$。即由各级液相组成 $x_{i,j}$，利用泡点方程可求出各级新的温度 T_j。若新的 T_j 与原设值一致，则温度计算结束。否则，以新 T_j 作为假设值，再重复计算，直至 T_j 与原假设值 T_j 一致为止。

Wang 和 Henke[16] 建议用如下较简单的准则作为迭代计算的收敛判据

$$\varepsilon_T=\sum_{j=1}^{N}[(T_j)_k-(T_j)_{k-1}]^2\leqslant 0.01N \tag{5-27}$$

5.2.2.3 用 H 方程计算各级的 V_j 和 L_j

将式(5-18) 任一级的总物料衡算代入 H 方程，即式(5-4) 并整理得

$$V_{j+1}=\frac{(H_j-h_j)(V_j+G_j)+(h_j-h_{j-1})L_{j-1}-(H_{Fj}-h_j)F_j+Q_j}{H_{j+1}-h_j} \qquad (2\leqslant j\leqslant N-1) \tag{5-28}$$

其中 $V_1=D-U_1$，$L_1=RD$，$V_2=D+L_1=(R+1)D$

收敛判据 $$\varepsilon_H=\sum\left[\frac{(V_j)_k-(V_j)_{k-1}}{(V_j)_k}\right]\leqslant 0.01 \tag{5-29}$$

由假定的初始值 V_1 即可求得 V_{j+1}，计算顺序从冷凝器开始，然后随着 j 的递增而求得 V_N 为止。

由式(5-28) 可以求得 V_3 到 V_N 值，然后由式(5-21) 可以求得 L_j 值。若计算的 V_j 值与假设值相等则计算结束；若不相等，则以计算所得的 V_j 值作为新的假设值重复进行计算。

也可将各级的 H 方程写出，并把它们集合在一起，得到一个二对角线矩阵方程。即分别对 L_{j-1} 和 L_j 写出式(5-21) 并代入 H 方程(5-4)，得到修正的 H 方程。

$$A'_j V_j+B'_j V_{j+1}=C'_j \tag{5-30}$$

式中 $$A'_j=h_{j-1}-H_j \tag{5-31}$$

$$B'_j=H_{j+1}-h_j \tag{5-32}$$

$$C'_j=\left[\sum_{k=1}^{j-1}(F_k-G_k-U_k)-D\right](h_j-h_{j-1})+F_j(h_j-H_{Fj})+G_j(H_j-h_j)+Q_j \tag{5-33}$$

对第 2 级到 $N-1$ 级写出式(5-30)，并把它们集合在一起，得到如下对角线矩阵方程

$$\begin{bmatrix} B'_2 & & & & & & \\ A'_3 & B'_3 & & & & & \\ & \cdots & \cdots & & & & \\ & & A'_j & B'_j & & & \\ & & & \cdots & \cdots & & \\ & & & & A'_{N-2} & B'_{N-2} & \\ & & & & & A'_{N-1} & B'_{N-1} \end{bmatrix}\begin{bmatrix} V_3 \\ V_4 \\ \vdots \\ V_{j+1} \\ \vdots \\ V_{N-1} \\ V_N \end{bmatrix}=\begin{bmatrix} C'_2-A'_2V_2 \\ C'_3 \\ \vdots \\ C'_j \\ \vdots \\ C'_{N-2} \\ C'_{N-1} \end{bmatrix} \tag{5-34}$$

若 A'_j、B'_j 和 C'_j 为已知，由已知的 V_2 从式(5-35) 逐级计算 V_j 值

$$V_j=\frac{C'_{j-1}-A'_{j-1}V_{j-1}}{B'_{j-1}} \tag{5-35}$$

再用式(5-21) 计算相应的 L_j 值。

从上述讨论可见，三对角线矩阵法的内层迭代变量是 T_j（和 $K_{i,j}$），外层为 L_j（或 V_j）。液相组成用硬性归 1 办法得到。用直接迭代将新值代替老值。但经验表明，为保证收敛，在下次迭代开始之前对当前迭代结果进行调整是必要的。例如应对级温度给出上、下限，当级间流率为负值时，应将其变成接近于零的正值。此外，为防止迭代过程发生振荡，应采用阻尼因子来限制，使两次迭代之间的 T_j 和 V_j 值的变化小于 10%。

5.2.2.4 热负荷计算

冷凝器 $$Q_c=V_2H_2-G_1H_1-U_1h_1-L_1h_1 \tag{5-36}$$

再沸器 $$Q_r=(V_N+G_N)H_N+L_Nh_N-L_{N-1}h_{N-1} \tag{5-37}$$

5.2.2.5 计算步骤

① 确定必要条件和基础数据。

② 塔顶、塔釜的温度假定在塔内温度为线性分布的温度初始值 T_j，按恒摩尔流，恒摩尔汽化假定一组初始的汽、液相负荷初值 V_j、L_j。

③ 假设的 T_j 计算 $K_{i,j}$，然后计算 ME 矩阵方程中的 A_j、B_j、C_j、D_j、P_j、Q_j。

④ 高斯消去法解矩阵得 $x_{i,j}$，若 $\sum x_{i,j}\neq 1$，则圆整。

⑤ 计算出的 $x_{i,j}$，用 S 方程试差迭代出新的温度 T'_j，同时计算 $y_{i,j}$。

⑥ 由 $x_{i,j}$、$y_{i,j}$、T'_j 计算 H_j、h_j。

⑦ 用 H 方程从冷凝器开始向下计算出各级的新的汽液相流量 V'_j、L'_j。

⑧ 用式(5-27) 和式(5-29) 判断是否满足收敛条件。若计算结果不能满足收敛条件，得到的 T'_j、V'_j、L'_j 值作为初值，重复③以下的步骤。计算框图见图 5-9。

【例 5-1】 某精馏塔进料流量为 100kmol/h，进料中有三个组分，其摩尔分数分别为 0.3、0.4 和 0.3，进料位置如图 5-8 所示。塔顶馏出液流量为 50kmol/h，回流比为 1，泡点进料。若按恒摩尔流假定取 V_j 初值，且假定各级各组分的 K 值如表 5-4 所示。试用托马斯法求初次迭代所得的组成断面 $x_{i,j}$。

解 因进料为泡点，按恒摩尔流假定有

$$V_4=V_3=V_2=(R+1)D=2\times50=100\ (\text{kmol/h})$$

将 V_j 代入式(5-21) 有

$$L_1=V_2-V_1-U_1=100-0-50=50\ (\text{kmol/h})$$

同样，可得各级的液相流率 L_j 如表 5-4 所示。

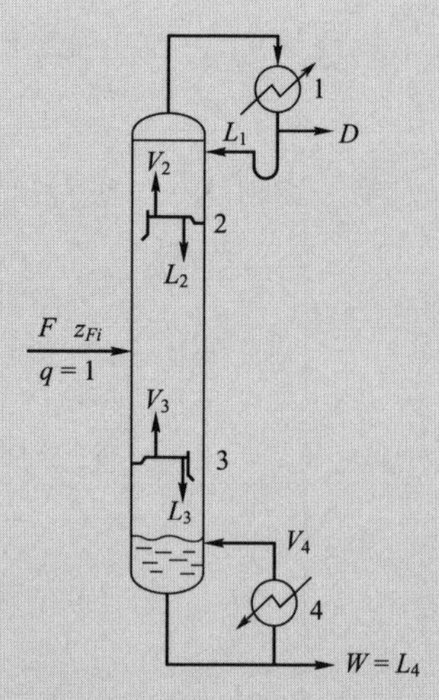

图 5-8 ［例 5-1］的精馏塔

表 5-4 ［例 5-1］各级的采出量，汽、液相流量初值

单位：kmol/h

级序	G_j	U_j	V_j	L_j	$K_{1,j}$	$K_{2,j}$	$K_{3,j}$
1	0	50	0	50	2	1	0.5
2	0	0	100	50	2	1	0.5
3	0	0	100	150	2	1	0.5
4	0	0	100	50	2	1	0.5

由进料流量及组成，求得各级各组分的 $D_{i,j}=-F_jz_{i,j}$，计算结果见表 5-5。

表 5-5 ［例 5-1］各级各组分的 $D_{i,j}$ 单位：kmol/h

级 序	组 分		
	1	2	3
1	0	0	0
2	0	0	0
3	−30	−40	−30
4	0	0	0

对托马斯法，按步骤计算如下：

对组分 1 ($j=1$)

$$B_1=-V_1K_{1,1}-L_1-U_1=-50-50=-100\text{kmol/h}$$

$$P_1=V_2K_{1,2}/B_1=100\times2/(-100)=-2$$

$$Q_1=D_{1,1}/B_1=0$$

$j=2$

$$B_2=-(V_2+G_2)K_{1,2}-L_2-U_2=-100\times2-50=-250\text{kmol/h}$$

$$P_2=\frac{C_2}{B_2-A_2P_1}=\frac{V_3K_{1,3}}{B_2-L_1P_1}=\frac{100\times2}{-250-50\times(-2)}=-1.3333$$

$$Q_2=\frac{D_{1,2}-L_1Q_1}{B_2-A_2P_1}=0$$

$j=3$

$$B_3=-(V_3+G_3)K_{1,3}-L_3-U_3=-100\times2-150=-350\text{kmol/h}$$

$$P_3=\frac{C_3}{B_3-A_3P_2}=\frac{V_4K_{1,4}}{B_3-L_2P_2}=\frac{100\times2}{-350-50\times(-1.3333)}=-0.7059$$

$$Q_3=\frac{D_{1,3}-L_2Q_2}{B_3-A_3P_2}=\frac{-30}{-350-50\times(-1.3333)}=0.10588$$

$j=4$

$$B_4=-(V_4+G_4)K_{1,4}-L_4-U_4=-100\times2-50=-250\text{kmol/h}$$

$$x_{1,4}=Q_4=\frac{D_{1,4}-L_3Q_3}{B_4-A_4P_3}=\frac{0-150\times0.10588}{-250-150\times(-0.7059)}=0.1102$$

$j=3 \qquad x_{1,3}=Q_3-P_3x_{1,4}=0.10588-(-0.7059)\times 0.1102=0.1837$

$j=2 \qquad x_{1,2}=Q_2-P_2x_{1,3}=0-(-1.3333)\times 0.1837=0.2449$

$j=1 \qquad x_{1,1}=Q_1-P_1x_{1,2}=0-(-2)\times 0.2449=0.4898$

按同样步骤对第二组分和第三组分进行计算，计算结果见表5-6。

表5-6 ［例5-1］计算结果（$x_{i,j}$，摩尔分数）

级序	组分			合计
	1	2	3	
1	0.4898	0.4	0.1091	0.9989
2	0.2449	0.4	0.2182	0.8631
3	0.1837	0.4	0.3273	0.9110
4	0.1102	0.4	0.4909	1.0011

【例5-2】 C_4精馏塔，进料流量为93kmol/h，组成如下表所示，进料温度为70℃（液态）。全塔平衡级数为15（包括塔顶冷凝器和再沸器），从上往下数第8级进料，进料压力同进料级压力。塔顶全凝器，馏出液流量为70.5kmol/h，回流比$R=2.5$，塔压：冷凝器压力$p_1=607.8$kPa；塔顶压力$p_2=638.2$kPa；每一个平衡级压差$\Delta p=933.0$Pa。试用BP法求解温度断面T_j、流率断面V_j，L_j及组成断面$x_{i,j}$。

编号	1	2	3	4	5	6	合计
组分	i-C_4^0	1-C_4^0	n-C_4^0	反2-$C_4^=$	顺2-$C_4^=$	C_5	
摩尔分数	0.0023	0.0012	0.1437	0.3465	0.2763	0.2300	1.0000

解 采用赵-席德（Chao-Seader）模型计算汽、液相焓及K值。

初值的确定：按恒摩尔流假定设流量断面初值即

$$V_2=V_3=\cdots=V_{14}=V_{15}=(R+1)D=3.5\times 70.5\ \text{kmol/h},\quad V_1=0(\text{全凝器})$$

第一级温度初值取$T_1=330$K，最后一级$T_{15}=365$K，$T_2\sim T_{14}$按线性分布的假定设温度初值。

计算K值初值时，各级的组成均按进料级的组成取初值收敛判据

$$\varepsilon_x=\frac{\sum_{j=1}^{N}\left|\sum_{i=1}^{c}x_{i,j}-1\right|}{N}<0.0001$$

$$\varepsilon_T=\frac{\sum_{j=1}^{N}[(T_j)_{k+1}-(T_j)_k]^2}{N}<0.001$$

本例经41次迭代而收敛。收敛后冷凝器热负荷$Q_c=1395$kW，重沸器热负荷$Q_r=1426$kW。温度分布T_j，流量分布V_j、L_j及物料平衡情况见表5-7。

［例5-2］计算过程表明，直接BP法在迭代初期收敛较快。随着迭代次数的增多，收敛减慢，在接近于解时，收敛缓慢。因而在收敛精度较高时，迭代次数较多，消耗机时较长。后面介绍θ法收敛能加速精馏计算的方法。

表 5-7a ［例 5-2］精馏塔的温度断面和流量断面

级序	温度 T_j/K	气相流量 L_j/(kmol/h)	液相流量 L_j/(kmol/h)	备注
1	344.51	0	176.25	全凝器
2	354.49	246.75	171.42	
3	362.01	241.92	170.64	
4	366.42	241.14	171.21	
5	368.66	241.70	171.79	
6	369.71	242.26	172.17	
7	370.20	242.60	172.43	
8	370.43	242.76	271.68	进料级
9	375.40	249.20	274.97	
10	378.29	252.48	277.41	
11	379.85	254.91	278.87	
12	380.66	256.36	279.67	
13	381.11	257.16	280.10	
14	381.37	257.59	280.35	
15	381.54	257.83	22.5	塔釜

表 5-7b ［例 5-2］精馏塔的物料平衡

组分 i	进料流量 F_i/(kmol/h)	馏出液流量 D_i/(kmol/h)	釜液流量 W_i/(kmol/h)
1	0.2139	0.2138	0
2	0.1116	0.0924	0.0191
3	13.3641	13.3566	0.0074
4	32.2245	32.2103	0.0141
5	25.6959	11.1888	14.5072
6	21.3900	13.4381	7.9519
Σ	93.0000	70.5000	22.5000

【讨论】

① 由子程序求解 ME 方程对角矩阵的 $x_{i,j}$，若为负值均置为零。

② 对接近理想溶液的物系，采用大循环，计算速度快，对非理想溶液物系，采用 T 循环有利收敛。计算框图见图 5-9。

③ 对接近理想溶液体系，对 T_j、V_j 初值要求不苛刻，T_j 按线性内插，V_j 按恒摩尔流能够达到收敛解。对非理想物系，T_j、V_j 初值会影响到是否收敛和收敛速度。但丁惠华等[17]认为 BP 法对初值的要求不高。

④ 收敛判据不唯一。

⑤ BP 法在应用上的局限性。BP 法用于当分离程度要求高时，其收敛速度明显下降，后期收敛速度变慢；对非理想性强的系统不适用，计算振荡或发散。除对初值有要求外，最主要是由 M 方程得到的液相组成 $x_{i,j}$ 在没有收敛前，不满足 $\sum x_{i,j}=1$ 的关系式，$\sum x_{i,j}$ 可高达 15 低至 0.3，如果将这些组成直接返回第二步运算，显然是缺乏物理意义的，结果会发散。如果将得到的这些 $x_{i,j}$ 值硬性归 1 计算（自物料平衡矩阵解出 $x_{i,j}$ 后予以圆整），则 $x_{i,j}$ 已不再满足 M 方程，将这些不满足物料衡算的 $x_{i,j}$ 值作为下次迭代的初值，对非理想物系必然不收敛。从方程组分块求解的角度分析，对于非理想性强的系统，按各组分分块是不合适的，因为这些系统的 $K_{i,j}$ 强烈依赖于组成，各块之间通过 $K_{i,j}$ 而强交联，于是分块

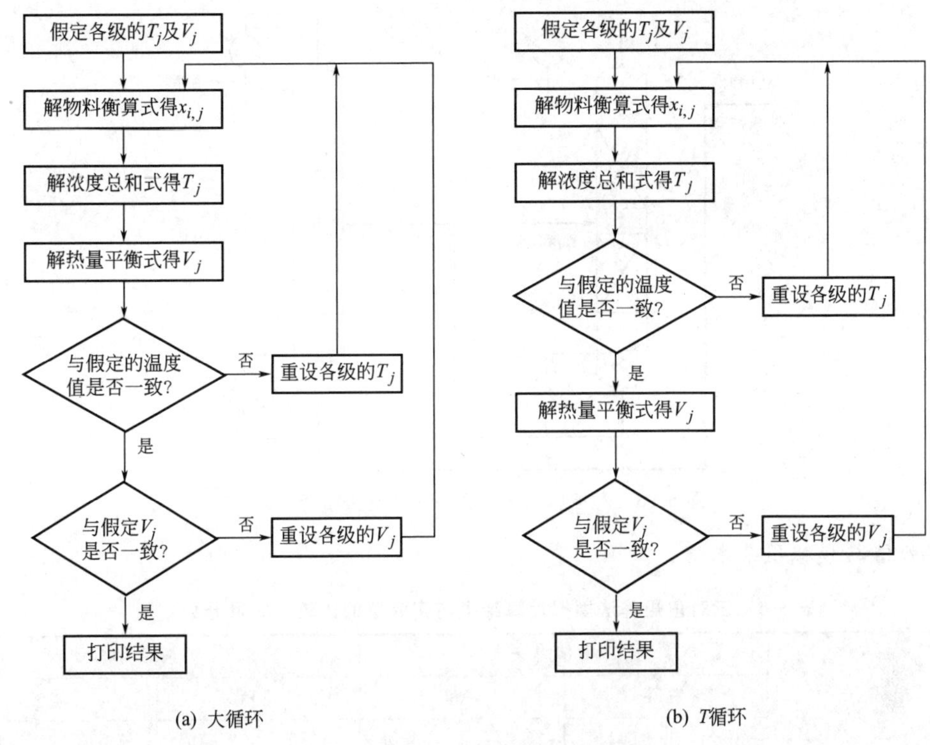

图 5-9 泡点法计算框图

解不能收敛。此外，泡点法适合于窄沸程物系，由此不能用于吸收的计算，有研究者通过改变泡点温度的迭代方式对王-亨克的三角矩阵法进行了改进，使收敛更稳定，可用于精馏和吸收的计算[18,19]。也有学者给出了缺少相平衡和焓数据时的近似算法[20]。

【工程案例 5-3】 用三对角矩阵法进行萃取精馏分离醋酸-水体系的模拟计算[21]

醋酸是一种重要的化工原料。在工业生产中，凡是涉及醋酸的过程，如醋酸纤维素、醋酸烷基酯类等生产过程都会产生含醋酸的废水。萃取精馏分离醋酸水溶液的工艺流程如图5-10所示。首先，原料液从萃取精馏塔（Ⅰ）的中下部进入塔内，萃取剂从塔的中上部加入。在萃取精馏塔顶采出含浓度很低的醋酸水溶液，塔釜采出醋酸和萃取剂的混合物，送入溶剂回收塔（Ⅱ）。在溶剂回收塔顶部得到高纯度的醋酸，塔釜得到萃取剂，并与新鲜的萃取剂混合后再次送入萃取精馏塔内循环使用。

醋酸-水是一种高度非理想性体系，醋酸不但在液相中存在较强的缔合作用，而且在汽相中即使低压情况下缔合作用也非常明显，由此在精馏计算中汽相考虑醋酸分子之间的二聚缔合，液相采用 NRTL 方程修正其非理性，选择 N-甲基吡咯烷酮作为萃取剂，采用三对角矩阵法对萃取精馏分离醋酸-水体系进行了模拟计算并与实验数据进行验证。

采用平衡级理论模型对萃取精馏塔进行计算，全塔共设 N 个平衡级，塔顶冷凝器为第一级，塔釜再沸器为第 N 级。推导萃取精馏数学模型时假设：①萃取精馏为稳态操作；②忽略组成与温度变化对饱和液体焓和汽化潜热的影响；③塔内汽液两相为恒摩尔流；④各级汽液相主体不存在温度梯度和浓度梯度；⑤离开各级的汽液两相达到平衡状态；⑥忽略混合热，塔身绝热。采用三对角矩阵法模拟计算得出萃取精馏塔及溶剂回收塔的最佳工艺条件：萃取精馏塔为35级，溶剂比为1.5，回流比为1.5；溶剂回收塔为5级，回流比为2。在上述条件下一次可使得醋酸达到99.63%（质量分数）。模拟计算结果与实验值比较见表

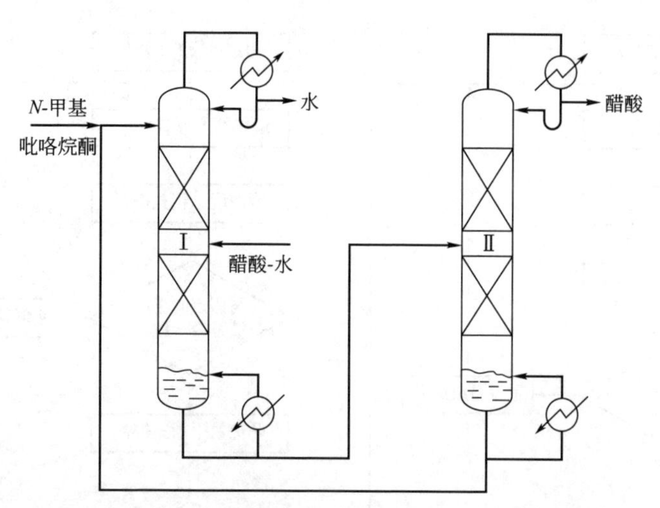

图 5-10 萃取精馏分离醋酸水溶液的工艺流程

5-8，实验值与模拟值基本吻合。

表 5-8 三对角矩阵法模拟计算结果与实验值的比较（质量分数）/%

组分	萃取精馏塔				溶剂回收塔			
	塔顶		塔釜		塔顶		塔釜	
	模拟值	实验值	模拟值	实验值	模拟值	实验值	模拟值	实验值
水	99.93	99.78	0.39	0.17	0.37	0.84	—	—
醋酸	0.07	0.22	30.17	29.43	99.63	99.16	0.09	0.43
N-甲基吡咯烷酮			69.44	70.40			99.91	99.57

【工程案例 5-4】 用改进三对角矩阵法进行粗甲醇体系精馏过程计算[22]

甲醇精馏是用精馏的方法除去粗甲醇中的各类杂质，以达到一定的质量标准，获得工业级精甲醇的过程。粗甲醇中含有多种组分，即甲醇、水、正辛烷、二甲醚和1-丁醇。其中1-丁醇是多元醇的代表组分，正辛烷是高级烃的代表组分。因为它们的沸点各异，工业上多采用二塔或三塔流程。二塔常压流程为最早，也是目前使用最多的技术，基于节能考虑，加压的三塔流程得到了迅速发展。甲醇精馏塔向多塔式的发展，使其计算复杂化，对精馏塔的计算机模拟有必要从简化计算发展到精确模拟。由于甲醇精馏体系是多元组分的汽液平衡，采用 UNIFAC 法计算粗甲醇体系的活度系数，维里方程计算气体的逸度系数，精馏塔的计算采用改进三对角矩阵法。

改进三对角矩阵法首先利用 Newton-Raphson 技术和一阶 Taylor 展开对 MES 方程进行处理，对精馏塔的各级温度和液相组成同时迭代计算，然后再利用 H 方程计算各级的汽液相流率。该法既保持了传统三对角矩阵法计算简捷的特点，又避免了传统三对角矩阵法中级组成收敛之前泡点温度的反复迭代过程，计算收敛速度明显加快。同时，改进三对角矩阵法引入一个约束因子 $\alpha(0<\alpha\leqslant1)$，使该法不但适用于理想体系的计算，而且适用于非理想性非常强的体系的计算。

板式甲醇预精馏塔条件如下：塔板数为 19 块理论板（包括塔顶冷凝器和塔釜再沸器），进料在第 14 块塔板，进料流量 1.6t/h，粗甲醇组成（均为质量分数）为：甲醇 93.4%，二甲醚 0.18%，1-丁醇 0.013%，正辛烷 0.012%，水 6.395%。塔顶采出量约为投料量的3%，回流比为 2。计算结果与实际比较吻合。模拟计算还表明，改进三对角矩阵法是求解甲醇等非理想体系精馏过程的有效方法之一。

5.2.3 θ 法收敛和 C. M. B. 矩阵法

为克服三对角矩阵法的缺点，不少研究者在归一办法上作了改进。

5.2.3.1 θ 法收敛[23]

如前所述，直接 BP 法求温度断面时，由三对角矩阵法求得的 $x_{i,j}$ 在收敛之前并不满足归一方程。因此在求温度之前先用式(5-27) 对 $x_{i,j}$ 进行简单归一（或称圆整）。可是经过简单归一后的 $x_{i,j}$ 并不满足物料衡算方程。这样，就造成三对角矩阵-直接 BP 法计算精馏问题时收敛缓慢，尤其是收敛精度较高时，迭代次数过多，消耗机时较长。为提高精馏计算的稳定性和收敛速度，霍兰（Holland）用 θ 法归一，使之 $x_{i,j}$ 既满足归一方程，又满足物料衡算方程，大大提高了精馏计算的稳定性和收敛速度。目前 θ 法收敛是求解精馏问题的最快速方法之一，它几乎对所有的精馏问题都是收敛的。下面介绍普通精馏塔的 θ 法收敛。

由三对角矩阵求得的组成计算值 $(x_{i,j})_{ca}$ 并不满足归一方程，在计算温度断面之前必须进行校正。经校正后的组成 $(x_{i,j})_{co}$ 既应该满足归一方程，也应该满足物料衡算方程，即

$$\sum_{i=1}^{c}(x_{i,D})_{co}=1 \tag{5-38}$$

和
$$D(x_{i,D})_{co}+W(x_{i,W})_{co}=Fz_i \tag{5-39}$$

选用适当的系数 θ，可使式(5-38) 和式(5-39) 同时满足。令

$$\left(\frac{x_{i,W}}{x_{i,D}}\right)_{co}=\theta\left(\frac{x_{i,W}}{x_{i,D}}\right)_{ca} \tag{5-40}$$

则由式(5-39) 可导得
$$(x_{i,D})_{co}=\frac{Fz_i}{D+W\theta\left(\frac{x_{i,W}}{x_{i,D}}\right)_{ca}} \tag{5-41}$$

将 $(x_{i,D})_{co}$ 代入式(5-38)，移项后可得泡点方程

$$f(\theta)=\sum_{i=1}^{c}\frac{Fz_i}{D+\theta W\left(\frac{x_{i,W}}{x_{i,D}}\right)_{ca}}-1=0 \tag{5-42}$$

可用牛顿迭代法求解 θ 值。

$$f'(\theta)=-\sum_{i=1}^{c}\frac{Fz_iW\left(\frac{x_{i,W}}{x_{i,D}}\right)_{ca}}{\left[D+\theta W\left(\frac{x_{i,W}}{x_{i,D}}\right)_{ca}\right]^2} \tag{5-43}$$

解出 θ 值后，可用式(5-41) 求得同时满足式(5-38) 和式(5-39) 的 $(x_{i,D})_{co}$。各级校正后的组成，用以下推导出的式(5-48) 和式(5-49) 计算。令

$$\left(\frac{x_{i,j}}{x_{i,D}}\right)_{co}=\eta\left(\frac{x_{i,j}}{x_{i,D}}\right)_{ca} \tag{5-44}$$

将式(5-44) 改写为

$$(x_{i,j})_{co}=\eta\left(\frac{x_{i,j}}{x_{i,D}}\right)_{ca}(x_{i,D})_{co} \tag{5-45}$$

将 $\sum_{i=1}^{c}(x_{i,j})_{co}=1$ 与式(5-45) 结合，可得

$$(x_{i,j})_{co}=\frac{\eta\left(\frac{x_{i,j}}{x_{i,D}}\right)_{ca}(x_{i,D})_{co}}{\sum_{i=1}^{c}\eta\left(\frac{x_{i,j}}{x_{i,D}}\right)_{ca}(x_{i,D})_{co}}=\frac{(x_{i,j})_{ca}\frac{(x_{i,D})_{co}}{(x_{i,D})_{ca}}}{\sum_{i=1}^{c}(x_{i,j})_{ca}\frac{(x_{i,D})_{co}}{(x_{i,D})_{ca}}} \tag{5-46}$$

令

$$p_i=(x_{i,D})_{co}/(x_{i,D})_{ca} \tag{5-47}$$

则有

$$(x_{i,j})_{co}=\frac{(x_{i,j})_{ca}p_i}{\sum_{i=1}^{c}(x_{i,j})_{ca}p_i} \tag{5-48}$$

同样，可导出

$$(y_{i,j})_{co}=\frac{(y_{i,j})_{ca}p_i}{\sum_{i=1}^{c}(x_{i,j})_{ca}p_i} \tag{5-49}$$

用三对角矩阵法求得 $x_{i,j}$ 后，θ 法对 $x_{i,j}$ 归一的步骤如下：

① 求各组分的 $(x_{i,W}/x_{i,D})_{ca}$；

② 由式(5-42) 用牛顿迭代法求得 θ 值，用式(5-41) 求得 $(x_{i,D})_{co}$；

③ 求得各组分的 $p_i=(x_{i,D})_{co}/(x_{i,D})_{ca}$；

④ 由 $j=1$ 开始到 $j=N$，由式(5-48) 或式(5-49) 求得各级的 $(x_{i,j})_{co}$ 或 $(y_{i,j})_{co}$。

将 θ 法归一取代简单归一而进行的计算称为精馏塔的 θ 法收敛。故这里的 θ 法收敛包括三对角矩阵法求 $x_{i,j}$，对 $x_{i,j}$ 的 θ 法归一，加和方程求各级温度 T_j 及焓方程求各级流率。三对角矩阵方程、加和方程和焓方程的解法与前述相同。

用 θ 法求解例 5-2 精馏塔，迭代次数由直接 BP 法的 41 次缩减到 6 次，所用机时只是直接 BP 法的 1/15。由此可见，θ 法收敛大大优于直接 BP 法。

5.2.3.2 C.M.B. 矩阵法[24]

仲一高松指出用物料衡算来校正圆整后的液相组成，将顶、釜产品和各级的圆整组成予以校正，使之不仅满足 S 方程，也尽量符合 M 方程，然后再进行泡点计算将能提高矩阵法的稳定性和收敛速度。该法称为 C.M.B. 矩阵法（component material balance matrix method)。

(1) 塔顶、塔釜产品组成的校正

对简单塔，在用三对角矩阵法的任一次迭代中所算出的塔顶、塔釜产品组成 $x_{i,D}$ 和 $x_{i,W}$ 应满足全塔物料平衡式

$$Fz_i=Dx_{i,D}+Wx_{i,W} \tag{5-50}$$

但由于收敛前 $\sum x_{i,D}$ 和 $\sum x_{i,W}$ 不等于 1，因此圆整后的 $x_{i,D}$ 和 $x_{i,W}$ 虽然满足 $\sum x_i=1$，却不满足式(5-50)。为使两者同时得到满足可采用以下两种校正方法。

固定圆整后的 $x_{i,W}$ 值校正 $x_{i,D}$

$$x'_{i,D}=(Fz_i-Wx_{i,W})/D \tag{5-51}$$

或固定圆整后的 $x_{i,D}$ 值校正 $x_{i,W}$

$$x'_{i,W}=(Fz_i-Dx_{i,D})/W \tag{5-52}$$

由此校正得到的塔顶、塔釜产品组成（$x'_{i,D}$，$x_{i,W}$）或（$x_{i,D}$，$x'_{i,W}$）虽然能同时满足式(5-50) 和 $\sum x_i=1$，但 $x'_{i,D}$ 或 $x'_{i,W}$ 中某个组分的组成可能出现负值，失去物理意义。这时应设该组分的组成等于零，为保证 $\sum x_i=1$，$x'_{i,D}$ 或 $x'_{i,W}$ 需进行再校正。

(2) 塔内组成分布的校正

对简单塔，在用三对角矩阵法的任一次迭代中由物料平衡矩阵所算出的 $x_{i,j}$ 必须满足精馏段或提馏段的物料平衡式

$$V_{j+1}y_{i,j+1}=L_jx_{i,j}+Dx_{i,D} \qquad (2\leqslant j\leqslant n-1) \tag{5-53a}$$

$$L_jx_{i,j}=V_{j+1}y_{i,j+1}+Wx_{i,W} \qquad (n\leqslant j\leqslant N-1) \tag{5-53b}$$

但由于收敛前各级 $\sum x_i$ 不等于 1，因此圆整后的 $x_{i,j}$ 并不满足以上二式。在进行下次迭代前需加以校正使之同时满足式(5-53) 和 $\sum x_i=1$。

对精馏塔以 $x'_{i,D}$ 和圆整后的 $x_{i,j}$ 为基准，按下式先校正 $y_{i,j+1}$

$$y^*_{i,j+1}=(L_jx_{i,j}+Dx'_{i,D})/V_{j+1} \tag{5-54}$$

然后由 $y^*_{i,j+1}$ 通过露点求 $x^*_{i,j+1}$。

对提馏塔以 $x'_{i,W}$ 和圆整后的 $y_{i,j+1}$ (与圆整后的 $x_{i,j+1}$ 呈平衡) 为基准，按下式先校正 $x_{i,j}$

$$x^*_{i,j}=(V_{j+1}y_{i,j+1}+Wx'_{i,W})/L_j \tag{5-55}$$

以上对两段各级校正得到的 $x^*_{i,j}$ 值作为下次迭代用的液相组成分布值。

丁惠华[24]对此进行了修正，在三对角矩阵基础上，引进组分的物料衡算，对塔两端产品的组成及塔内各级组成进行校正，使计算适用于非理想物系的精馏计算。他用文献上 8 组三对角矩阵不收敛的物系，用改进 CMB 计算全部收敛。这些改进虽然收到了一些效果，扩大了适用范围，但因为 $x_{i,j}$ 和 T_j 不是同时求解，因此 $K_{i,j}$ 的滞后问题还存在，不能根本上解决问题。

5.2.4 流量加和法(SR 法)和矩阵求逆法[1~3,8]

5.2.4.1 流量加和法(SR 法)

(1) 计算原理

泡点或露点法是按 ME 方程组的求解结果，通过泡点或露点计算校正 T_j，而由 H 方程的计算结果校正 V_j 和 L_j。SR 法是三对角矩阵的另一形式，采用相反校正方案的算法，即由 S 方程组校正 V_j 和 L_j，由 H 方程的计算结果校正 T_j。SR 是通过迭代进行计算，初次迭代时需给定 L_j 及 T_j。在给定 L_j 及 T_j 后可求得 V_j 及 $K_{i,j}$，然后由三对角矩阵求得组成断面 $x_{i,j}$。再由流量加和方程校核流量，热衡算方程校核温度。如新求得的 L_j 及 T_j 与初值的偏差在给定精度之内，则收敛。否则以新求得的 L_j 及 T_j 为初值，进行新一轮的计算，直至收敛。

计算的第一步与 BP 法相似，用托马斯法计算液相组成 $x_{i,j}$，但不对得到的结果归一化，而是用流率加和方程直接计算新的 L_j 值。第 $k+1$ 次迭代的液相流量加和方程为

$$(L_j)_{k+1}=(L_j)_k\sum_{i=1}^{c}x_{i,j} \tag{5-56}$$

相应的汽相流量 V_j 由包括 j 级至 N 级的总物料衡算式得到，即

$$(V_j)_{k+1}=(L_{j-1})_{k+1}-(L_N)_{k+1}+\sum_{m=j}^{N}(F_m-G_m-U_m) \tag{5-57}$$

在求得下一次迭代的汽、液相流量后，$x_{i,j}$ 由式(5-26) 进行归一，相应的 $y_{i,j}$ 用式(5-2) 计算，并与 $x_{i,j}$ 用同样的方法进行归一。

SR 法中用热平衡方程求解温度。若以 E_j 表示 j 级热量平衡的偏差值，由式(5-4) 可得

$$E_1=V_1H_1+(L_1+U_1)h_1-V_2H_2-F_1H_{F1}+Q_1 \tag{5-58a}$$

$$E_j=-L_{j-1}h_{j-1}+(V_j+G_j)H_j+(L_j+U_j)h_j-V_{j+1}H_{j+1}-F_jH_{Fj}+Q_j \quad (2\leqslant j\leqslant N-1) \tag{5-58b}$$

$$E_N=-L_{N-1}h_{N-1}+(V_N+G_N)H_N+L_Nh_N-F_NH_{FN}+Q_N \tag{5-58c}$$

在汽、液相流量 V_j 和 L_j，及其组成 $y_{i,j}$ 和 $x_{i,j}$ 给定之后，方程组式(5-58) 为 T_j 非线性方程组，可用牛顿-拉弗森（Newton-Raphson）法求解。

将 E_j 按泰勒（Taylor）级数展开，并略去所有高级偏导数项可得

$$\left.\begin{aligned}
&(E_1)_{k+1}=(E_1)_k+\left(\frac{\partial E_1}{\partial T_1}\right)_k\Delta T_1+\left(\frac{\partial E_1}{\partial T_2}\right)_k\Delta T_2\\
&(E_j)_{k+1}=(E_j)_k+\left(\frac{\partial E_j}{\partial T_{j-1}}\right)_k\Delta T_{j-1}+\left(\frac{\partial E_j}{\partial T_j}\right)_k\Delta T_j+\left(\frac{\partial E_j}{\partial T_{j+1}}\right)_k\Delta T_{j+1}\quad(2\leqslant j\leqslant N-1)\\
&(E_N)_{k+1}=(E_N)_k+\left(\frac{\partial E_N}{\partial T_{N-1}}\right)_k\Delta T_{N-1}+\left(\frac{\partial E_N}{\partial T_N}\right)_k\Delta T_N
\end{aligned}\right\} \tag{5-59}$$

显然，应调整 T_j 使得 $(E_j)_{k+1}=0$。若令

$$A_j=\left(\frac{\partial E_j}{\partial T_{j-1}}\right)_k=-L_{j-1}\left(\frac{\partial h_{j-1}}{\partial T_{j-1}}\right)_k \quad (2\leqslant j\leqslant N) \tag{5-60a}$$

$$B_j=\left(\frac{\partial E_j}{\partial T_j}\right)_k=(V_j+G_j)\left(\frac{\partial H_j}{T_j}\right)_k+(L_j+U_j)\left(\frac{\partial h_j}{\partial T_j}\right)_k \quad (1\leqslant j\leqslant N) \tag{5-60b}$$

$$C_j=\left(\frac{\partial E_j}{\partial T_{j+1}}\right)_k=-V_{j+1}\left(\frac{\partial H_{j+1}}{\partial T_{j+1}}\right)_k \quad (1\leqslant j\leqslant N-1) \tag{5-60c}$$

$$D_j=-E_j \quad (1\leqslant j\leqslant N) \tag{5-60d}$$

则由式(5-59) 可得

$$\begin{bmatrix}
B_1 & C_1 & & & & & \\
A_2 & B_2 & C_2 & & & & \\
 & \cdots & \cdots & & & & \\
 & & A_j & B_j & C_j & & \\
 & & & \cdots & \cdots & & \\
 & & & & A_{N-1} & B_{N-1} & C_{N-1}\\
 & & & & & A_N & B_N
\end{bmatrix}
\begin{bmatrix}\Delta T_1\\ \Delta T_2\\ \vdots\\ \Delta T_j\\ \vdots\\ \Delta T_{N-1}\\ \Delta T_N\end{bmatrix}
=
\begin{bmatrix}D_1\\ D_2\\ \vdots\\ D_j\\ \vdots\\ D_{N-1}\\ D_N\end{bmatrix} \tag{5-61}$$

式中

$$\Delta T_j=(T_j)_{k+1}-(T_j)_k \tag{5-62}$$

式(5-61) 为线性方程组，其系数矩阵为三对角矩阵，可用与解 ME 方程相同的方法解得各级的 ΔT_j。解得 ΔT_j 后，下一次迭代的温度 T_j 便可由下式确定

$$(T_j)_{k+1}=(T_j)_k+\lambda\Delta T_j \tag{5-63}$$

式中，λ 为阻尼因子，λ 值一般可取 1，但是当每次迭代的函数的平方和 $\sum\limits_{j=1}^{N}[E_{k+1}]^2$ 的值最小时，λ 值最优。

(2) 计算步骤

① 输入基础数据及设计变量并计算进料焓；

② 给 L_j、T_j 初值，并由给定的初值求 V_j、$K_{i,j}$；

③ 用托马斯法求组成断面 $x_{i,j}$；

④ 由式(5-56) 求新的 L_j，由式(5-57) 求 V_j，判断是否收敛，如不满足式(5-29)，则重复③的步骤直至满足；

⑤ 按式(5-26) 圆整 $x_{i,j}$，由式(5-2) 计算 $y_{i,j}$ 并圆整；

⑥ 按式(5-61) 计算 ΔT_j；

⑦ 判断是否收敛，判据为

$$DT=\frac{\sum_{j=1}^{N}(\Delta T_j^2)}{N}\leqslant \varepsilon_T \tag{5-64}$$

如不满足式(5-64)，则重复③至⑦的步骤直至全都满足。

SR 法的程序框图如图 5-11 所示。

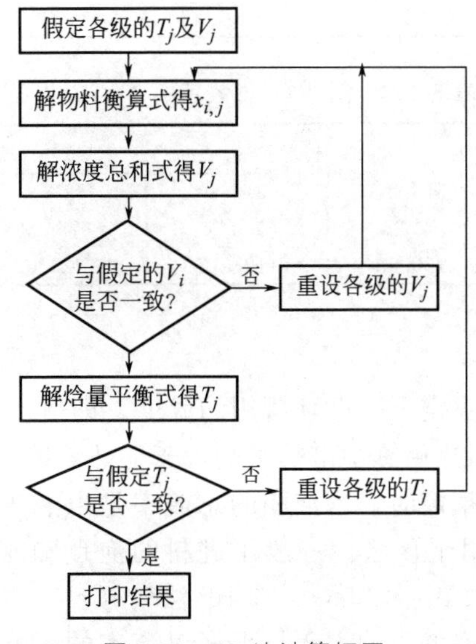

图 5-11 SR 法计算框图

【例 5-3】 图 5-12 所示吸收塔中稳定汽油 $F_1=310\text{kmol/h}$，粗汽油 $F_2=700.93\text{kmol/h}$，压缩富气 $F_6=785.115\text{kmol/h}$。取热量 $Q_3=697.8\text{kW}$，$Q_5=603.6\text{kW}$。塔顶压力 $p=790.1\text{kPa}$。各平衡级压差 $\Delta p=3.33\text{kPa}$。各进料温度均为 40℃，压力与塔压相等，组成见表 5-9。试用 SR 法求各级温度 T_j 与流量 L_j。

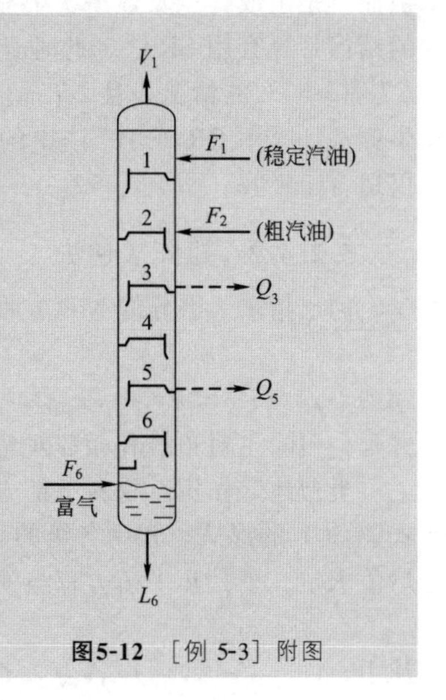

图5-12 ［例 5-3］附图

解 本例题计算中汽液平衡和焓模型选用赵-席德模型计算。由初值 $V_j=500$，$T_j=40$℃开始计算，当收敛判别式(5-29) 和式(5-63) 中 $\varepsilon_x=0.0001$，$\varepsilon_T=0.001$，经 10 次迭代而收敛。收敛后的温度与流率见表 5-10。

表 5-9 ［例 5-3］各级进料的组成（摩尔分数）

编号	组分	$z_{i,1}$	$z_{i,2}$	$z_{i,6}$
1	H_2	0.0000	0.0000	0.0272
2	CH_4	0.0000	0.0000	0.0773
3	N_2	0.0000	0.0000	0.1524
4	CO_2	0.0000	0.0000	0.0931
5	C_2^0	0.0000	0.0019	0.0927
6	$C_2^=$	0.0000	0.0017	0.1108
7	C_3^0	0.0000	0.0107	0.0359
8	$C_3^=$	0.0000	0.089	0.2416
9	C_4^0	0.0127	0.0301	0.0318
10	$C_4^=$	0.0312	0.0445	0.0476
11	C_5^0	0.1749	0.0986	0.0177
12	$C_5^=$	0.2855	0.2374	0.0005
13	$C_7^0 \sim C_9^0$	0.4957	0.5562	0.0023
合计		1.0000	1.0000	1.0000

表 5-10 ［例 5-3］收敛后的 T_j、V_j、L_j

级序 j	1	2	3	4	5	6
T_j/K	320.3	313.7	316.9	317.9	314.2	317.4
V_j/(kmol/h)	423.55	472.28	583.54	625.90	654.24	729.17
L_j/(kmol/h)	243.73	1135.93	1198.27	1226.62	1301.55	1357.53

【讨论】

BP 法是以求得的浓度来决定下一循环所用的温度，即适用于塔级温度主要决定于浓度，而流率主要决定于热平衡，即热衡算中潜热影响大于显热影响的情况。对组分沸点相近的系统（即窄沸程物系），由于其精馏时，汽液相的总流率是由潜热差通过热平衡确定，且塔级温度受组成的影响较大，适用于该法。一般用进料的泡点和露点温度之差 ΔT_{DB} 作为选择 BP 法或 SR 法的判据，如果 $\Delta T_{DB} < 55℃$，选 BP 法较好。

SR 法可以用在组成对流率的影响大于焓平衡对流率的影响，温度主要是决定于热量平衡而不是组成，以及热平衡中显热的影响较为显著的情况，沸点差较大（宽沸程）的混合物的精馏计算宜用 SR 法，此时全塔温差大，在热量平衡中显热的影响较为显著，即适用于 $\Delta T_{DB} > 55℃$ 的情况，且 ΔT_{DB} 值愈大，用 SR 法效果愈好。至于中等 ΔT_{DB} 区域，或用 $2N$-牛顿法，或用 SR 或 BP 法中的一种加 θ 收敛法。但郭天民提出 SR 法用于精馏稳定性差，仅适合于吸收、萃取。

5.2.4.2 矩阵求逆法

前已指出 i 组分的 ME 方程组可表示成（5-16）的矩阵形式，或表示为

$$\boldsymbol{A}\boldsymbol{x} = \boldsymbol{D} \tag{5-65}$$

式中，$\boldsymbol{x}^T = [x_1, x_2, \cdots, x_N]$，$\boldsymbol{D}^T = [-F_1 z_1, -F_2 z_2, \cdots, -F_N z_N]$。系数矩阵 $\boldsymbol{A}$ 是 N 阶方阵，但除主对角线和相邻对角线上的元素不等于零外，其余元素均为零。

类似地，如用总物料平衡方程消去热平衡方程组中的 L_j，则可将各级热平衡方程写成式(5-30）的形式，式中各级的系数 A'_j，B'_j 和 C'_j 均可由指定的独立变量值及各级汽、液相焓值求定。于是热平衡方程组便转换成以 $\boldsymbol{V}$ 为未知数的线性方程组，可用以下矩阵表示

$$\boldsymbol{H}\boldsymbol{V} = \boldsymbol{C} \tag{5-66}$$

其中，$\boldsymbol{V}^T = [V_1, V_2, \cdots, V_N]$，$\boldsymbol{C}^T = [C'_1, C'_2, \cdots, C'_N]$。系数矩阵 $\boldsymbol{H}$ 也是 N 阶方阵，除主对

角线及其上方对角线上各元素不等于零外，其余均为零。

Amundson 和 Pontinen[25]采用矩阵求逆的方法由式(5-65) 和式(5-66) 求解各级液相组成和汽相流量，其具体步骤如下：

① 求式(5-65) 物料平衡系数矩阵 $\boldsymbol{A}$ 的逆矩阵 $\boldsymbol{A}^{-1}$，由下式计算 i 组分在各级液相中的组成

$$\boldsymbol{x}=\boldsymbol{A}^{-1}\boldsymbol{D}$$

重复 c 次便可求得各级液相中各组分的组成 $x_{i,j}$。

② 将 $x_{i,j}$ 圆整后进行泡点计算，求定各级新的温度 T_j 和 $y_{i,j}$ 等。

③ 计算各级汽、液相焓 H_j 和 h_j。

④ 求式(5-66) 热量平衡系数矩阵 $\boldsymbol{H}$ 的逆矩阵 $\boldsymbol{H}^{-1}$，并由下式计算各级新的汽相流量 V_j；

$$\boldsymbol{V}=\boldsymbol{H}^{-1}\boldsymbol{C}$$

⑤ 按新的 T_j、V_j 和 $K_{i,j}$ 返回①进行下一轮迭代计算。如此重复直至达到收敛精度要求为止。

由于系数矩阵 $\boldsymbol{A}$ 和 $\boldsymbol{H}$ 中许多元素均为零，因此求逆并不困难，但存储系数矩阵中各元素需占用的计算机内存单元数却远较三对角矩阵法为多（每个系数矩阵需占用 N^2 个单元，而三对角矩阵法仅需 $4N$ 个单元)，因此当级数和组分数较多时本法需使用计算机。

应用矩阵求逆法的一个优点是便于处理不按常规流程操作的精馏塔，例如液相侧线经冷却后送回至上方某层塔级或由中间再沸器生成的蒸汽并不进入上层塔级而转入下方某层级等。对这类采用特殊操作方案的塔，其 ME 方程组并不能表示成三对角矩阵的形式。

5.2.5 T_j 和 V_j 同时校正法（多元 Newton-Raphson 法）[1,8,9]

在上述各种算法中，T_j 和 V_j 均各自按 ME 或 H 方程组的计算结果进行校正，这种校正是逐级独立进行，并不考虑 T_j 或 V_j 的变化对其它各级物料平衡和热平衡的影响。经 Broyden 改进的多元 Newton-Raphson 法（用于求解非线性方程组）是对各级 T_j 和 V_j 同时进行校正的算法。首先将 MESH 方程用泰勒级数展开，并取其线性项，然后用 Newton-Raphson 法联解。

按所设 T_j 和 V_j 初值由 ME 方程组解出各级组成 $x_{i,j}$（或 $y_{i,j}$）后，可分别由 S 方程组和 H 方程组求得两级偏差值 S_j 和 E_j。这些偏差值可视为 T_j 和 V_j 的函数，表示为

$$S_j(T_1,T_2,\cdots,T_N,V_1,V_2,\cdots,V_N)=0 \qquad (1\leqslant j\leqslant N) \tag{5-67}$$

$$E_j(T_1,T_2,\cdots,T_N,V_1,V_2,\cdots,V_N)=0 \qquad (1\leqslant j\leqslant N) \tag{5-68}$$

T_j 和 V_j 的校正实质上就是对以上 $2N$ 个非线性方程求解 $2N$ 个未知数（T_j,V_j）。

按牛顿近似法将函数 S_j 和 E_j 展开至泰勒级数的一阶导数项可写出

$$S_j^{k+1}=S_j^k+\sum_{j=1}^{N}\left(\frac{\partial S_j^k}{\partial T_j}\right)\Delta T_j+\sum\left(\frac{\partial S_j^k}{\partial V_j}\right)\Delta V_j \qquad (1\leqslant j\leqslant N) \tag{5-69}$$

$$E_j^{k+1}=E_j^k+\sum_{j=1}^{N}\left(\frac{\partial E_j^k}{\partial T_j}\right)\Delta T_j+\sum\left(\frac{\partial E_j^k}{\partial V_j}\right)\Delta V_j \qquad (1\leqslant j\leqslant N) \tag{5-70}$$

式中，上标 k 表示迭代序号。校正后应使 S_j^{k+1} 和 E_j^{k+1} 等于零，于是方程组（5-69）和式（5-70）可表示成以下矩阵形式

$$
\begin{bmatrix}
\frac{\partial S_1^k}{\partial T_1} & \cdots & \frac{\partial S_1^k}{\partial T_N} & \frac{\partial S_1^k}{\partial V_1} & \cdots & \frac{\partial S_1^k}{\partial V_N} \\
\frac{\partial S_2^k}{\partial T_1} & \cdots & \frac{\partial S_2^k}{\partial T_N} & \frac{\partial S_2^k}{\partial V_1} & \cdots & \frac{\partial S_2^k}{\partial V_N} \\
 & & & \cdots & & \\
\frac{\partial S_N^k}{\partial T_1} & \cdots & \frac{\partial S_N^k}{\partial T_N} & \frac{\partial S_N^k}{\partial V_1} & \cdots & \frac{\partial S_N^k}{\partial V_N} \\
\frac{\partial E_1^k}{\partial T_1} & \cdots & \frac{\partial E_1^k}{\partial T_N} & \frac{\partial E_1^k}{\partial V_1} & \cdots & \frac{\partial E_1^k}{\partial V_N} \\
\frac{\partial E_2^k}{\partial T_1} & \cdots & \frac{\partial E_2^k}{\partial T_N} & \frac{\partial E_2^k}{\partial V_1} & \cdots & \frac{\partial E_2^k}{\partial V_N} \\
 & & & \cdots & & \\
\frac{\partial E_N^k}{\partial T_1} & \cdots & \frac{\partial E_N^k}{\partial T_N} & \frac{\partial E_N^k}{\partial V_1} & \cdots & \frac{\partial E_N^k}{\partial V_N}
\end{bmatrix}
\begin{bmatrix}
\Delta T_1 \\ \Delta T_2 \\ \vdots \\ \Delta T_N \\ \Delta V_1 \\ \Delta V_2 \\ \vdots \\ \Delta V_N
\end{bmatrix}
=
\begin{bmatrix}
-S_1^k \\ -S_2^k \\ \vdots \\ -S_N^k \\ -E_1^k \\ -E_2^k \\ \vdots \\ -E_N^k
\end{bmatrix}
\tag{5-71}
$$

或缩写成

$$\boldsymbol{J}_k \Delta \boldsymbol{Z}_k = -\boldsymbol{G}_k \tag{5-72}$$

式中

$$\Delta \boldsymbol{Z}_k^{\mathrm{T}} = [\Delta T_1, \Delta T_2, \cdots, \Delta T_N, \Delta V_1, \Delta V_2, \cdots, \Delta V_N]$$

$$\boldsymbol{G}_k^{\mathrm{T}} = [S_1, S_2, \cdots, S_N, E_1, E_2, \cdots, E_N]$$

$\boldsymbol{J}_k$ 为 Jacobian 矩阵

$$
\boldsymbol{J}_k =
\begin{bmatrix}
\frac{\partial S_1^k}{\partial T_1} & \cdots & \frac{\partial S_1^k}{\partial T_N} & \frac{\partial S_1^k}{\partial V_1} & \cdots & \frac{\partial S_1^k}{\partial V_N} \\
 & & & \vdots & & \\
\frac{\partial S_N^k}{\partial T_1} & \cdots & \frac{\partial S_N^k}{\partial T_N} & \frac{\partial S_N^k}{\partial V_1} & \cdots & \frac{\partial S_N^k}{\partial V_N} \\
\frac{\partial E_1^k}{\partial T_1} & \cdots & \frac{\partial E_1^k}{\partial T_N} & \frac{\partial E_1^k}{\partial V_1} & \cdots & \frac{\partial E_1^k}{\partial V_N} \\
 & & & \vdots & & \\
\frac{\partial E_N^k}{\partial T_1} & \cdots & \frac{\partial E_N^k}{\partial T_N} & \frac{\partial E_N^k}{\partial V_1} & \cdots & \frac{\partial E_N^k}{\partial V_N}
\end{bmatrix}
$$

各级温度和流量的校正值 ΔT_j 和 ΔV_j 可通过对 Jacobian 矩阵求逆解出

$$\Delta \boldsymbol{Z}_k = -\boldsymbol{J}_k^{-1} \boldsymbol{G}_k \tag{5-73}$$

或

$$\boldsymbol{Z}_{k+1} = \boldsymbol{Z}_k - \boldsymbol{J}_k^{-1} \boldsymbol{G}_k \tag{5-74}$$

求得新的 T_j 和 V_j 值后便可由 ME 和 H 方程组重新求定 S_j 和 E_j 值。重复以上计算过程直至各级 S_j 和 E_j 均趋于 0。

应用上述多元 Newton-Raphson 法校正 T_j 和 V_j 的优点在于当初值较接近于解时收敛很快，而且这种校正方法对精馏、吸收和萃取过程均适用。但直接应用 Newton-Raphson 法具有以下困难：

① 计算 Jacobian 矩阵中各元素的工作量颇大，这包含需求定 $(2N)^2$ 个偏导数（由于函数复杂，偏导数一般要用差分法求定）。为计算这些偏导数至少需对 $2N+1$ 组独立变量值求算 S_j 和 E_j。此外，按严格的 Newton-Raphson 法每次迭代均需重新计算 Jacobian 矩阵，因

此即使使用计算机其工作量也嫌过于庞大。

② 对 T_j 和 V_j 的初值有较高要求，当初值偏离解较远时本法常难收敛。

对于绝大部分精馏问题，汽相的非理想性较次要，非理想性主要在液相，即 $K_{i,j}=K_{i,j}(T_j,p_j,l_{i,j})$。所以将 T_j 和 $l_{i,j}$ 一起求解已足够，将 $v_{i,j}$ 作为迭代变量一起求解，实无必要，反而减慢了计算进度和增大所需的计算机存储量。从 20 余年来对精馏定态模拟的广泛研究，开发出了一些通用性强、收敛稳定性好的算法。目前看来，各种操作型定态模拟计算的困难不是在算法，而在于正确相平衡关系的获得。

5.3 逐级计算法[2,8,26]

从上面介绍的矩阵算法可见，级数已知是矩阵算法的首要条件，因此是操作型算法。要开发新的精馏装置，应开发适用于多组分的设计型算法。对于任意精馏装置只要各设计变量的数值一经指定，则其它所有条件（各级的温度、流量、组成等）均已确定。而分离装置计算中一切严格计算法的目的就是要计算出在指定的设计变量值下，分离装置其它各个变量的唯一数值。讨论简单精馏塔的情况。

5.3.1 计算内容与计算起点

5.3.1.1 计算内容

所谓逐级计算法（stage-by-stage calculation）就是以某一已知条件的塔顶或塔釜为计算起点，根据物料衡算、热量衡算和相平衡关系（即 MESH 关系），反复逐级计算出各级的条件和满足关键组分分离要求所需的理论级数，所以是属于设计型的计算方法。

如果假定精馏段和提馏段为恒摩尔流，此时只需物料衡算和相平衡方程就可进行逐级计算，即用 MES 方程联立求解，称之为简化的逐级计算，但只能求出各级的组成和浓度分布和满足关键组分分离要求所需的理论级数。若为变摩尔流，则需加上热量衡算进行逐级计算，即用 MESH 方程联立求解，除求出各级的组成和浓度分布和满足关键组分分离要求所需的理论级数外，还可求出各级的流率分布。

5.3.1.2 计算起点

已知塔顶和塔釜产品的组成是逐级计算法的前提条件。对于两元精馏，给定的分离条件是易挥发组分在塔顶、塔釜产品中的浓度，从摩尔分数加和归一关系可得到难挥发组分的浓度。但是，对于多元精馏，给定的分离条件仍然只能是两个，例如关键组分在塔顶或塔釜产品中的浓度要求，其余组分在塔顶、塔釜产品中的浓度也就确定了，而不能再任意指定。这是因为为完成关键组分的分离要求，已确定了塔的分离能力。但因为塔顶塔釜产品中含有多组分，仅指定一个组分的浓度，根据各组分摩尔分数加和等于 1 的限制，其余组分的浓度就很难作出适宜的估计。两端产品的浓度未确定，逐级计算的起点就有问题。所以多组分精馏计算中的逐级法［通常称路易斯-莫季逊法（Lewis-Matheson）］，首先要估算出关键组分以外其它各个组分在塔顶塔釜产品中的分配比。初步定出其组成，然后才能开始逐级计算。现有两种估算方法：一种假定为清晰分割，这只能对各组分间的相对挥发度相差较大时才能适用；另一种是以芬斯克方程为基础的非清晰分割，它算出的是全回流时各组分的分配比即全回流下馏出液和釜液的组成，而不是在操作回流比下的两产品组成。

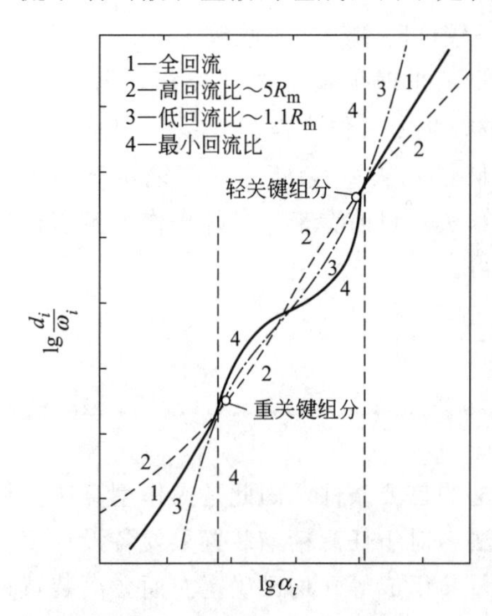

图 5-13 不同回流比下的分配

1968 年司徒宾（Stupin）等人根据若干不同多组分系统的精馏计算所得的结果如图 5-13 所示。图中表示的是不同回流比时组分的相对挥发度与组分的分配比之间的关系。全回流时为一条直线，这是芬斯克方程的计算结果。曲线 4 表示在最小回流比时的情况，此时当相对挥发度稍大于轻关键组分时，该轻组分的分配比就是无限大，即该组分将全部进入馏出液中；与此相类似，重组分将全部进入塔釜液。对介于轻、重关键组分之间的组分，在全回流下的分配比将比最小回流比下分离将更好些。由图 5-13 还可看出，把全回流下的分配比当作实际操作回流比下的分配比是比较接近的，因一般精馏塔的回流比在（1.1～1.5）R_m 下操作。司徒宾等人利用这一操作回流比下的分配比求出塔顶、塔釜产品的组成，然后开始逐级计算。计算结果的假定条件为：各组分的相对挥发度与组成关系不大（即系统的非理想性不大）以及对不同组分来说，其塔级效率相同。所以对非理想性不大的系统，可以根据全回流下各组分的分配比作为操作回流比下的分配比，求出塔顶、塔釜产品的组成，然后开始逐级计算。

因此一般起点选择对塔顶、釜物料预分布采用非清晰分割法的估算，并从组成较精确的一端算起。由于是估算的，就有可能对塔的某一端的组分估计得精确些，而对塔的另一端的组分估计得差些，或者对两端的组分估计都不准确。其定性规律如下。

① 如果分离的混合物中除关键组分外，仅有轻组分存在，当分离时，轻组分只有少量在塔釜，这时只要有少量的误差就会造成相当大的相对误差，而塔顶的情况就不同，轻组分量大相对误差小。所以这种情况下，估算的塔顶组成就较精确。即当两个难挥发组分作关键组分时，以塔顶为起点向下逐级计算，各级的温度由露点温度决定。

② 同理除关键组分外仅有重组分存在时，估算的塔釜组成较为精确。即当两个易挥发组分作关键组分时，以塔釜作起点向上逐级计算，各级的温度由泡点温度决定。

③ 若分离混合物中除关键组分外，轻重组分都存在，两端估算的组成都不会太精确，则无论从哪一端算起都有较大的误差。即当关键组分是中间组分，可以从两端同时算起，在加料级处契合。

5.3.2 恒摩尔流计算方法

当塔内各组分汽化潜热差别不太大时，可采用恒摩尔流（fixed mole flow rate）简化假定下的逐级计算法进行设计计算。

5.3.2.1 从塔顶向下计算，塔序从塔顶向下

（1）MES 方程

① M 方程　由精馏段任一级 n 至塔顶作组分 i 的物料衡算，可得精馏段操作线方程

$$V_{n+1}y_{i,n+1}=L_n x_{i,n}+Dx_{i,D}$$

$$y_{i,n+1}=\frac{L_n}{V_{n+1}}x_{i,n}+\frac{D}{V_{n+1}}x_{i,D} \tag{5-75}$$

对恒摩尔流 $L=RD$，$V=(R+1)D$，R 可由 Underwood 法求得。

由提馏段任一级 m 至塔釜作组分 i 的物料衡算，可得提馏段操作线方程

$$y_{i,m+1}=\frac{\overline{L}_m}{\overline{V}_{m+1}}x_{i,m}-\frac{W}{\overline{V}_{m+1}}x_{i,W} \tag{5-76}$$

许军等[27]通过数学方法的变形，将逐级计算中用到的提馏段操作线方程与精馏段操作线方程加以变形，变成幂指数的形式，从而方便了迭代计算，并通过 Excel 方法来计算每个级上的汽液相组成与理论级数。

精馏段操作线方程 $y_{i,n+1}=\frac{R}{R+1}x_{i,n}+\frac{x_{i,D}}{R+1}$

提馏段操作线方程 $y_{i,m+1}=\frac{RD+qF}{(R+1)D-(1-q)F}x_{i,m}+\frac{W}{(R+1)D-(1-q)F}x_{i,W}$

② E 方程　从塔顶向下逐级计算时，通常是利用已知的汽相组成通过露点方程计算确定平衡的液相组成。故平衡级中汽液两相组成之间的关系满足相平衡方程

$$x_{i,j}=\frac{y_{i,j}}{K_{i,j}} \tag{5-77}$$

当相对挥发度对温度和组成不敏感时，可用相对挥发度关联汽液两相的平衡关系，通常选重关键组分为相对组分。

$$x_{i,j}=\frac{y_{i,j}/\alpha_{i,j}}{\sum(y_{i,j}/\alpha_{i,j})} \tag{5-78}$$

③ S 方程

$$\sum x_{i,j}=1 \tag{5-79}$$

(2) 计算步骤

根据分离要求，由简捷法（FUG 法）确定塔顶和塔釜的物料预分配。塔顶冷凝器为分凝器时，有

$$x_{i,1}=\frac{y_{i,1}}{K_{i,1}}=\frac{x_{i,D}}{K_{i,1}}$$

若为全凝器，则

$$x_{i,1}=x_{i,D}$$

由求出的 $x_{i,1}$ 利用精馏段操作线方程式(5-75) 求下一级的汽相组成 $y_{i,2}$，利用相平衡关系(5-77) 由已知的汽相组成 $y_{i,1}$ 进行露点温度的计算，同时确定级温度和求得与之平衡的液相组成 $x_{i,2}$，交替计算直算到接近加料级组成为止。换成提馏段操作线方程式(5-76) 继续逐级计算到塔釜。

5.3.2.2 从塔釜向上计算，塔序从塔釜向上

(1) MES 方程

M 方程：提馏段

$$x_{i,m+1}=\frac{\overline{V}_m}{\overline{L}_{m+1}}y_{i,m}+\frac{W}{\overline{L}_{m+1}}x_{i,W} \tag{5-80}$$

精馏段

$$x_{i,n+1}=\frac{V_n}{L_{n+1}}y_{i,n}-\frac{D}{L_{n+1}}x_{i,D} \tag{5-81}$$

E 方程：

$$y_{i,j}=k_{i,j}x_{i,j}=\frac{\alpha_{i,j}x_{i,j}}{\sum\alpha_{i,j}x_{i,j}} \tag{5-82}$$

S 方程：

$$\sum y_{i,j}=1 \tag{5-83}$$

(2) 计算步骤

利用相平衡关系（5-82）由已知的塔釜液相组成 $x_{i,W}$ 进行泡点温度的计算，同时确定级温度和求得与之平衡的汽相组成 $y_{i,W}$，由求出的 $y_{i,W}$ 利用提馏段操作线方程式(5-80）求上一级的液相组成 $x_{i,1}$，交替计算直算到接近加料级组成为止。换成精馏段操作线方程式(5-81）继续逐级计算到塔顶。

5.3.2.3 从两头向中间计算

方法同上，但由塔顶向下计算到加料级的组成，与由塔釜向上计算到加料级处的组成一般是不吻合的，因根据物料分布，塔顶产品中往往不含比重关键组分还重的组分，这样由上向下计算时，就应该在适当部位加入这些组分，才能保证在进料级处得到吻合。同时由塔釜向上计算时，也需要在适当部位加入一些轻组分。

该法对产品组成需进行预先估计，通过迭代计算逐步加以修正，那么，即使估计值相当正确，据此开始逐级计算得到的各级组成还会与正确值相差很大。这是因为塔顶重组分的含量在它向下逐级计算的过程中，一级一级地得到放大，该组分越难挥发，放大的倍数越大。同样，塔釜产品中的轻组分含量，在由塔釜向上进行逐级计算的过程中变得越来越大，所以这些组分在两端产品中的浓度误差也将得到放大。当遇到多进料复杂塔，算得的有些浓度还会出现负值或大于1。再加上逐级计算过程中计算截断误差的积累，逐级迭代计算难以收敛，尤其对于强非理想物系。

5.3.3 进料级的确定和计算结束的判断

如何确定适宜的进料位置是逐级计算的关键之一，适宜的进料位置定义为达到规定分离要求所需总级数最少的进料位置。如果只从一端开始起算，那么和双组分精馏计算时一样，若算到某一级后，换操作线方程时能比不改变操作线方程时得到更大的精馏效果，则应改变操作线方程式，即该级就是进料级。可以轻、重关键组分的浓度之比作为精馏效果的准则。

5.3.3.1 从塔釜向上计算

为使分离效果好，要求轻、重关键组分液相浓度比值增加越快越好。如果

$$\left(\frac{x_{\mathrm{L}}}{x_{\mathrm{H}}}\right)_{j,R}<\left(\frac{x_{\mathrm{L}}}{x_{\mathrm{H}}}\right)_{j,S} \tag{5-84}$$

式中，下标 L 和 H 分别表示轻重关键组分；下标 R 和 S 分别表示用精馏段和提馏段操作线计算的结果。则第 $j-1$ 级不是进料级，继续作提馏段的逐级计算。如果

$$\left(\frac{x_{\mathrm{L}}}{x_{\mathrm{H}}}\right)_{j+1,R}>\left(\frac{x_{\mathrm{L}}}{x_{\mathrm{H}}}\right)_{j+1,S} \tag{5-85}$$

则第 j 级为适宜进料位置，$j+1$ 级应转换成用精馏段操作线计算 $x_{i,j}$，再由平衡关系求 $y_{i,j}$。

计算结束判据为

$$\left(\frac{x_{\mathrm{L}}}{x_{\mathrm{H}}}\right)_{N}\geqslant\left(\frac{x_{\mathrm{L}}}{x_{\mathrm{H}}}\right)_{D} \tag{5-86}$$

5.3.3.2 从塔顶向下计算

同理为使分离效果好，要求轻、重关键组分汽相浓度比值降低得越快越好。若

$$\left(\frac{y_{\mathrm{L}}}{y_{\mathrm{H}}}\right)_{j,R}<\left(\frac{y_{\mathrm{L}}}{y_{\mathrm{H}}}\right)_{j,S} \text{且} \left(\frac{y_{\mathrm{L}}}{y_{\mathrm{H}}}\right)_{j+1,R}>\left(\frac{y_{\mathrm{L}}}{y_{\mathrm{H}}}\right)_{j+1,S} \tag{5-87}$$

则第 j 级是适宜进料级，$j+1$ 级应转换成由提馏段操作线计算。

计算结束判据为

$$\left(\frac{x_L}{x_H}\right)_N \leqslant \left(\frac{x_L}{x_H}\right)_W \tag{5-88}$$

5.3.3.3 从两头向中间计算

如果从两端分别开始起算，原则上仍可用上述方法来确定进料位置，但此时由塔顶往下算所得进料级的组成与由塔釜往上算所得进料级的组成不可能一样，此时应将原估算的馏出液和釜液的组成作适当修改，重新计算，直至达到较好的吻合时为止。也可采用下面的近似法进行计算。

从塔顶向下计算的进料位置

$$\left(\frac{x_L}{x_H}\right)_n > \left(\frac{x_L}{x_H}\right)_F > \left(\frac{x_L}{x_H}\right)_{n+1} \tag{5-89}$$

取（$n+1$）为进料级。

从塔釜向上计算的进料位置

$$\left(\frac{x_L}{x_H}\right)_m < \left(\frac{x_L}{x_H}\right)_F < \left(\frac{x_L}{x_H}\right)_{m+1} \tag{5-90}$$

取（$m+1$）为进料级。

全塔理论级数

$$N=n+m+1 \tag{5-91}$$

若 $n+1$ 级与 $m+1$ 级的组成相差很大，则需重新估计塔顶釜组成。

若进料为饱和液体成汽液混合物时，应计算到级上的液相组成接近加料中的液相组成为止。若进料为汽相时，应计算到级上的汽相组成接近进料中的汽相组成为止。前已述及，若分离混合物中除关键组分外，轻重组分都存在，两端估算的组成都不会太精确，此时无论从哪一端开始算都不理想，虽然可分别从两端开始往进料级处算，但收敛是很困难的。因此，在该情况下，逐级计算不是一个好方法，应采用其它方法。

5.3.4 变摩尔流的逐级法

若为变摩尔流率，则各级的流率不相等，即 $V_{n+1} \neq V_n$，$L_{n+1} \neq L_n$，则需再引入热量平衡式。由物料平衡式、相平衡式和热量平衡式来逐级推算求得理论级数。即由 $x_{i,n}$ 计算 $y_{i,n+1}$ 时，应用 M 和 H 方程联立求解，从而求得理论级数。

精馏段热量平衡式为

$$V_{n+1}H_{n+1}=L_nh_n+Dh_D+q_c \tag{5-92}$$

$$V_{n+1}=\frac{D(h_D-h_n)+q_c}{H_{n+1}-h_n} \tag{5-93}$$

式中，h_D、h_n 和 H_{n+1} 分别为塔顶馏出液、第 n 级的液相和第 $n+1$ 级汽相摩尔热焓；q_c 为塔顶冷凝器移走的热量。

如计算从塔顶开始，可先假定第 $n+1$ 级的汽相流率 V_{n+1}，然后由精馏段操作线方程求出该级的汽相组成 $y_{i,n+1}$，从而可计算该级的汽相摩尔热焓，再利用热量衡算式(5-93）求出新的 V_{n+1}，并验证所假设的 V_{n+1} 是否正确。由塔顶向下计算至进料级，从而求得各级上的新流量 V、L。

若由塔釜向上逐级计算，则从塔釜开始，可先假定第 $m+1$ 级的液相流率 $\overline{L}_{m+1}$，然后由提馏段操作线方程求出该级的液相组成 $x_{i,m+1}$，从而可计算该级的液相摩尔热焓，再利用热量衡算式(5-95）求出新的 $\overline{L}_{m+1}$，并验证所假设的 $\overline{L}_{m+1}$ 是否正确。直至加料级为止，即可计算提馏段各级的 $\overline{L}_m$ 及 $\overline{V}_m$ 值。

提馏段热量衡算式为

$$\overline{L}_{m+1}h_{m+1}+q_r=\overline{V}_mH_m+Wh_W \tag{5-94}$$

$$\overline{L}_{m+1}=\frac{W(H_m-h_W)+q_r}{H_m-h_{m+1}} \tag{5-95}$$

式中，h_W、h_{m+1} 和 H_m 分别为塔釜馏出液、第 $m+1$ 级的液相和第 m 级汽相摩尔热焓；q_r 为加入再沸器的热量。

【例 5-4】 有一四个组分的溶液进行精馏，其组成如下表所示，进料状态为饱和液体。塔压为 1.36MPa。丙烷的回收率为 98%，丙烷在馏出液中的浓度为 98%（摩尔分数），回流量与进料量之比为 2。冷凝器为全凝器。假定塔内精馏段和提馏段均为恒摩尔流，且各组分的相对挥发度可看作常数，试求所需的理论级数和适宜的进料位置。

组分	丙烷	丁烷	异戊烷	正戊烷	合计
z_i(摩尔分数)	0.40	0.40	0.10	0.10	1.00

解 假定为清晰分割，则产品组成为

组分	馏出液		釜液	
	$Dx_{i,D}$	$x_{i,D}$(摩尔分数)	$Wx_{i,W}$	$x_{i,W}$(摩尔分数)
C_3	0.392	0.98	0.008	0.013
C_4	0.008	0.02	0.392	0.653
i-C_5			0.100	0.167
n-C_5			0.100	0.167
合计	0.400	1.00	0.600	1.00

因为非关键组分在馏出液中的浓度不如它们在釜液中的浓度更准确，因此逐级计算宜从塔釜开始。

以塔釜温度时的相对挥发度和塔顶温度时的相对挥发度之平均值作为整个精馏塔计算之用。为此，要先计算塔釜温度和塔顶温度。求塔顶的温度，即求馏出液组成的露点温度。设 $t=43.5$℃，由烃类的 p-T-K 图查得 K_i 值，计算如下。

组分	y_{iD}(摩尔分数)	假定 $t=43.5$℃		假定 $t=41$℃	
		K_i	y_i/K_i	K_i	y_i/K_i
C_3	0.98	1.1	0.8909	1.04	0.9423
C_4	0.02	0.361	0.0554	0.34	0.0588
合计	1.00		0.9463		1.0011

$t=41$℃时，$\sum y_i/K_i=1.0011\approx1$，故塔顶温度为 41℃。在此温度下，各组分的 α 值（取 C_4 为参考组分）为

组分	C_3	C_4	i-C_5	n-C_5
K_i	1.04	0.34	0.102	0.124
$\alpha_{i,4}$	3.059	1.00	0.300	0.365

求塔釜温度即求釜液组成的泡点温度，计算如下

组分	$x_{i,W}$	假定 $t=110.5$℃		假定 $t=120$℃		$\alpha_{i,4}$(120℃)
		K_i	$K_i x_{i,W}$	K_i	$K_i x_{i,W}$	
C_3	0.013	3.1	0.0403	3.46	0.0450	3.174
C_4	0.653	0.98	0.6399	1.09	0.7118	1.00
i-C_5	0.167	0.74	0.1236	0.86	0.1436	0.789
n-C_5	0.167	0.62	0.1035	0.75	0.1253	0.688
合计	1.00		0.9073		1.0257	

故塔釜温度为120℃。120℃时各组分之α值见上表。因塔顶、塔釜温度下的$\alpha_{i,4平均}$值相差不大，故可用算术平均值作为$\alpha_{i,4平均}$，其值如下

组分	C_3	C_4	i-C_5	n-C_5
$\alpha_{i,4平均}$	3.1165	1.00	0.5445	0.5265

以$F=1$mol为基准，计算塔内流率：

精馏段液相流率 $L=2F=2$

提馏段液相流率 $\overline{L}=L+F=3$

精馏段汽相流率 $V=L+D=2+0.4=2.4$

提馏段汽相流率 $\overline{V}=V=2.4$

因此，提馏段的操作线方程为

$$\overline{L}x_{i,m+1}=\overline{V}y_{i,m}+Wx_{i,W} \tag{a}$$

上式中塔级序号是从下往上计数的。平衡关系为

$$y_{i,n}=K_{i,n}x_{i,n}$$

因为用的是相对挥发度，故改写为用相对挥发度表达的形式

$$y_{i,n}=\frac{\alpha_{i,4}x_{i,n}}{\sum\alpha_{i,4}x_{i,n}}$$

等式两边各乘$\overline{V}$，等式右边分子分母各乘$\overline{L}$，得出

$$\overline{V}y_{i,n}=\frac{\overline{V}}{\sum\alpha_{i,4}\overline{L}x_{i,n}}\alpha_{i,4}\overline{L}x_{i,n} \tag{b}$$

由已知釜液浓度，根据式(b)可计算出离开塔釜而上升的蒸汽（即进入第一个平衡级的蒸汽）浓度。由此，利用式(a)可求得第一个平衡级上液体浓度。如此反复利用式(b)和(a)，便可求得各级的条件。下面为提馏段计算结果：

组分	$Wx_{i,W}$	$\alpha Wx_{i,W}$	$\overline{V}y_{i,W}$[由式(b)计算]	$\overline{L}x_{i,D}$[由式(a)计算]
C_3	0.008	3.1165×0.008=0.025	2.4×0.025/0.524=0.1145	0.1145+0.008=0.1225
C_4	0.392	1.00×0.392=0.392	2.4×0.392/0.524=1.7954	1.7954+0.392=2.1874
i-C_5	0.100	0.5445×0.100=0.054	2.4×0.054/0.524=0.2473	0.2473+0.100=0.3473
n-C_5	0.100	0.5265×0.100=0.053	2.4×0.053/0.524=0.2427	0.2427+0.100=0.3427
合计	0.600	0.524	2.3999	2.9999

续表

组分	第一级			第二级		
	$\overline{L}x_i$	$\alpha_{i,4}\overline{L}x_i$	$\overline{V}y_i$	$\overline{L}x_i$	$\alpha_{i,4}\overline{L}x_i$	$\overline{V}y_i$
C_3	0.1225	0.3817	0.3117	0.3197	0.9963	0.6944
C_4	2.1874	2.1874	1.7865	2.1785	2.1785	1.5183
i-C_5	0.3473	0.1891	0.1544	0.2544	0.1385	0.0965
n-C_5	0.3427	0.1804	0.1473	0.2473	0.1302	0.0907
合计	2.9999	2.9386	2.3999	2.9999	3.4435	2.3999
组分	第三级			第四级		
	$\overline{L}x_i$	$\alpha_{i,4}\overline{L}x_i$	$\overline{V}y_i$	$\overline{L}x_i$	$\alpha_{i,4}\overline{L}x_i$	$\overline{V}y_i$
C_3	0.7024	2.1890	1.2199	1.2279	3.8268	1.6844
C_4	1.9103	1.9103	1.0646	1.4566	1.4566	0.6411
i-C_5	0.1965	0.1070	0.0596	0.1596	0.0869	0.0383
n-C_5	0.1907	0.1004	0.0560	0.1560	0.0821	0.0361
合计	2.9999	4.3067	2.4001	3.0001	5.4524	2.3999

第四级上 x_{C_3}/x_{C_4} 的比值已接近进料液相中 x_{C_3}/x_{C_4} 的比值（在本题中也就是 z_{C_3}/z_{C_4} 之值），故应考虑第四级是否为最适宜的进料级。可以这样来试算，即①认为第四级是进料级；第五级之组成按精馏段操作线计算，这样可以求得 $(x_{C_3}/x_{C_4})_5$ 之值；②认为第四级还不是进料级，第五级之组成仍按提馏段操作线计算，也可求得 $(x_{C_3}/x_{C_4})_5$。然后看哪一种情况算得的比值较大，便可确定第四级是否为适宜进料级。

若第四级不是进料级，则 $\left(\dfrac{x_{C_3}}{x_{C_4}}\right)_{5,S}=\dfrac{1.6844+0.008}{0.6441+0.392}=1.64$

若第四级已是进料级，因 $V=\overline{V}$，故第五级用精馏段操作线方程计算

$$Lx_{i,5}=Vy_{i,4}-Dx_{i,D}$$

因此
$$\left(\frac{x_{C_3}}{x_{C_4}}\right)_{5,R}=\frac{1.6844-0.392}{0.6411-0.008}=2.04>1.64$$

可见第四级作为进料级是较好的。当然，也可以看第三级是否合适，同样可采用该法来试算。

若第三级不是进料级 $\left(\dfrac{x_{C_3}}{x_{C_4}}\right)_{4,S}=\dfrac{1.2199+0.008}{1.0646+0.392}=0.84$

若第四级已是进料级，因 $V=\overline{V}$，故第四级用精馏段操作线方程计算

$$Lx_{i,4}=\overline{V}y_{i,3}-Dx_{i,D}$$

因此
$$\left(\frac{x_{C_3}}{x_{C_4}}\right)_{4,R}=\frac{1.2199-0.392}{1.0646-0.008}=0.78<0.84$$

所以第三级不是合适的进料级。

应该指出，从实用观点来说，进料级位置与最适宜位置相差不大的话，对理论级总数的影响并不会太大，故稍有偏离，并不是非常重要的事。

下面继续进行计算，但物料衡算改用精馏段操作线方程

$$Lx_{i,n+1}=Vy_{i,n}-Dx_{i,D} \tag{c}$$

组分	$Dx_{i,D}$	第五级			第六级		
		Lx_i	$\alpha_{i,4}Lx_i$	Vy_i	Lx_i	$\alpha_{i,4}Lx_i$	Vy_i
C_3	0.392	1.2924	4.0278	2.0564	1.6644	5.1871	2.2580
C_4	0.008	0.6331	0.6331	0.3232	0.3152	0.3152	0.1372
i-C_5		0.0383	0.0209	0.0107	0.0107	0.0058	0.0025
n-C_5		0.0361	0.0190	0.0097	0.0097	0.0051	0.0022
合计	0.400	1.9999	4.7008	2.40	2.00	5.5132	2.3999

组分	第七级			第八级			
	Lx_i	$\alpha_{i,4}Lx_i$	Vy_i	Lx_i	$\alpha_{i,4}Lx_i$	Vy_i	y_i
C_3	1.8660	5.8154	2.3468	1.9548	6.0921	2.3825	0.993
C_4	0.1292	0.1292	0.0521	0.0441	0.0441	0.0172	0.007
i-C_5	0.0025	0.0014	0.00057	0.00057	0.00031	0.00012	—
n-C_5	0.0022	0.0012	0.00048	0.00048	0.00025	0.00010	—
合计	1.9999	5.9472	2.39995	1.9995	6.13676	2.39992	1.00

故除再沸器外，需要近八个理论级。

如第3章所述，萃取精馏和共沸精馏是加入另一组分，即溶剂或共沸剂，以改善相平衡关系，因而促进进料混合物的分离。若被分离的混合物只含两个组分，则萃取精馏和共沸精馏属于三组分系统。因此它们适于逐级计算。在萃取精馏中因溶剂是重非关键组分，而进料中的组分是关键组分，逐级计算可从塔釜开始。在以苯为共沸剂进行乙醇和水的共沸精馏中，水是轻非关键组分，而另外两个组分可以看成关键组分，因此逐级计算可以从塔顶开始。Javaloyes-Antón 和 Cao 等[28,29]将自由导数优化算法和指数函数严格计算法用于逐级计算中，提高了计算效率及准确性。

5.4 非稳态方程计算方法和模拟计算方法的改进

5.4.1 松弛法

上面讨论的精馏计算法均属描述稳定状态工况下基本方程的求解法，松弛法（relaxation method）是以不稳定状态下的物料平衡为基础进行精馏计算的方法之一。Rose 的松弛法[30]的原则是仿照精馏过程由不稳定态趋向稳态的进程来求解，它用非稳定态的物料衡算方程，计算时各级的起始组成可以采用进料组成，也可选择其它认为便于计算的组成，选好起始组成后，用物料衡算方法对每个级进行计算，每一时间间隔计算一次，每一次计算得到一组塔级上的液相组成，每一次得到的结果与上一次得到的组成稍有不同，重复这种计算将给出一组又一组的塔级上组成，当两次三次接连计算的结果不再变化时，表示级上的组成达到了稳定态，迭代次数代表计算过程时间。

（1）松弛法的基本方程

松弛法所用的物料衡算方程与一般操作线方程不同，它在由开始的非稳定态向稳定态变化的过程中，对某一时间间隔内每个塔级上的物料变化进行衡算。为了简化计算过程，假定

塔内为恒摩尔流率，每个级均为理论级，并假定无侧线采出和热量交换，则在不稳定态时，在每个时间间隔 $\Delta\tau$ 内必有累积现象发生。图 5-14 表示无侧线采出和热量交换，也无进料，即为一简单的第 j 平衡级，当该级处于不稳定状态时，由于物料进出不平衡将导致物料积累

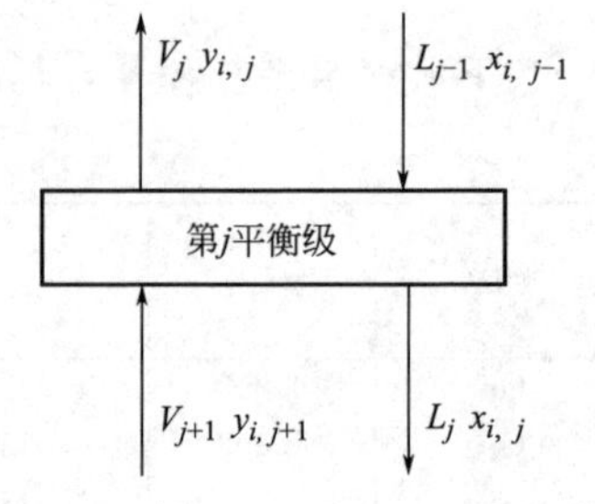

图 5-14 j 级物料示意图

$$\text{累积量}=\text{进入量}-\text{排出量} \tag{5-96}$$

故在 $\Delta\tau$ 一段时间内，对第 j 级上的组分进行物料衡算

$$\text{组分 } i \text{ 进入 } j \text{ 级的量}=\int_{\tau}^{\tau+\Delta\tau}(L_{j-1}x_{i,j-1}+V_{j+1}y_{i,j+1})\mathrm{d}\tau \tag{5-97}$$

$$\text{组分 } i \text{ 离开 } j \text{ 级的量}=\int_{\tau}^{\tau+\Delta\tau}(V_j y_{i,j}+L_j x_{i,j})\mathrm{d}\tau \tag{5-98}$$

$$\text{组分 } i \text{ 在 } j \text{ 级上的累积量}=E_j x_{i,j}\big|_{\tau+\Delta\tau}-E_j x_{i,j}\big|_{\tau} \tag{5-99}$$

式中，$E_j=U_j+W_j$，其中 U_j 为 j 级上的存液量，W_j 为 j 级上的存气量折算成存液量。

根据积分中值定理，式(5-97) 和式(5-98) 可改写为

$$\text{组分 } i \text{ 进入 } j \text{ 级的量}=(L_{j-1}x_{i,j-1}+V_{j+1}y_{i,j+1})_{av}\Delta\tau \tag{5-100}$$

$$\text{组分 } i \text{ 离开 } j \text{ 级的量}=(V_j y_{i,j}+L_j x_{i,j})_{av}\Delta\tau \tag{5-101}$$

根据拉格朗日（Lagrange）中值定理，式(5-99) 可改写为

$$\text{组分 } i \text{ 的累积量}=\Delta\tau\left.\frac{\mathrm{d}(E_j x_{i,j})}{\mathrm{d}\tau}\right|_{\tau+\varepsilon\Delta\tau}=\Delta\tau\left[E_j\left.\frac{\mathrm{d}x_{i,j}}{\mathrm{d}\tau}\right|_{\tau+\varepsilon\Delta\tau}+x_{i,j}\left.\frac{\mathrm{d}E_j}{\mathrm{d}\tau}\right|_{\tau+\varepsilon\Delta\tau}\right] \tag{5-102}$$

将式(5-100)～式(5-102) 代入式(5-96)

$$[L_{j-1}x_{i,j-1}+V_{j+1}y_{i,j+1}-V_j y_{i,j}-L_j x_{i,j}]_{av}=E_j\left.\frac{\mathrm{d}x_{i,j}}{\mathrm{d}\tau}\right|_{\tau+\varepsilon\Delta\tau}+x_{i,j}\left.\frac{\mathrm{d}E_j}{\mathrm{d}\tau}\right|_{\tau+\varepsilon\Delta\tau} \tag{5-103}$$

设 E_j 不随时间变化，且 $\Delta\tau\to 0$ 时，$\frac{\mathrm{d}E_j}{\mathrm{d}\tau}=0$，上式变为瞬时值。

$$L_{j-1}x_{i,j-1}+V_{j+1}y_{i,j+1}-V_j y_{i,j}-L_j x_{i,j}=E_j\frac{\mathrm{d}x_{i,j}}{\mathrm{d}\tau} \tag{5-104}$$

当时间$=\tau$ 时，全塔各级上的 L、V、x、y 均为已知，即可由上式算出 τ 时各级上组分 i 随时间的变化率$\frac{\mathrm{d}x_{i,j}}{\mathrm{d}\tau}$。

然后由拉格朗日中值定理求 j 级上组分在 $\tau+\Delta\tau$ 时的组成

$$(x_{i,j})_{\tau+\Delta\tau}=(x_{i,j})_{\tau}+\Delta\tau\left.\frac{\mathrm{d}x_{i,j}}{\mathrm{d}\tau}\right|_{\tau+\varepsilon\Delta\tau} \tag{5-105}$$

Rose 等假定 $x_{i,j}$ 随时间 τ 的变化率为线性关系即

$$\left.\frac{\mathrm{d}x_{i,j}}{\mathrm{d}\tau}\right|_{\tau+\varepsilon\Delta\tau}=\left.\frac{\mathrm{d}x_{i,j}}{\mathrm{d}\tau}\right|_{\tau} \tag{5-106}$$

若以反复计算次数 k 代表 τ，$k+1$ 次代表 $\tau+\Delta\tau$，则由式(5-104) 及式(5-106) 可得松弛法基本方程：

$$(x_{i,j})_{k+1}=(x_{i,j})_k+\frac{\Delta\tau}{E_j}[L_{j-1}x_{i,j-1}+V_{j+1}y_{i,j+1}-V_j y_{i,j}-L_j x_{i,j}]_k \tag{5-107}$$

式中，$\frac{\Delta\tau}{E_j}=\mu_j$ 称为松弛系数，Rose 指出，为避免迭代过程中各级组成发生不合理的变化，使过程不收敛，松弛系数必须选得较小，取

$$\frac{\Delta\tau}{E_j}=\frac{1}{(5\sim10)F} \tag{5-108}$$

式中，F 为进料量，若各级的存液量相等，各级的松弛系数也可取等值，但对不同组分有时可用不同的松弛系数值。

对冷凝器：$(x_{i,j})_{k+1}=(x_{i,j})_k+\mu_j(V_2y_{i,2}-V_1y_{i,1}-L_1x_{i,1})_k$

再沸器：$(x_{i,N})_{k+1}=(x_{i,N})_k+\mu_N(L_{N-1}x_{i,N-1}-V_Ny_{i,N}-L_Nx_{i,N})_k$

进料级：$(x_F)_{k+1}=(x_F)_k+\mu_F(Fz_i+V_{F+1}y_{i,F+1}+L_{F-1}x_{i,F-1}-V_Fy_{i,F}-L_Fx_{i,F})_k$

同理对图 5-3 所示的复杂塔可推导其松弛法基本方程为

$$(x_{i,j})_{k+1}=(x_{i,j})_k+\frac{\Delta\tau}{E_j}[L_{j-1}x_{i,j-1}+V_{j+1}y_{i,j+1}+F_jz_{i,j}-(V_j+G_j)y_{i,j}-(L_j+U_j)x_{i,j}]_k \tag{5-109}$$

（2）计算步骤

计算由一组初始值开始，用选定的松弛系数由松弛方程反复计算，直至得到的 $(x_{i,j})_{k+1}$ 与 $(x_{i,j})_k$ 值之差符合要求为止，最方便的计算是按照恒摩尔流将进料组成作为各级上液相组成的初始值，这些值也作为时间为零时的组成值，为避免由于各级上存液量的变动造成较大的误差，所取时间间隔应尽量短。

计算步骤：

① 假定一组初值。

选 $\mu_j=\frac{\Delta\tau}{E_j}=\frac{1}{(5\sim10)\ F}$。

设一组各级的 $x_{i,j}$，一般设 $x_{i,j}=x_{i,F}$，泡点试差得 $y_{i,j}$。

设一组各级的 V_j 或 L_j，一般设为恒摩尔流。

② 由松弛法基本方程式(5-107) 从冷凝器开始往下（或由再沸器往上）逐级计算新的 $(x_{i,j})_{k+1}$，检验

$$\frac{|(x_{i,j})_{k+1}-(x_{i,j})_k|}{(x_{i,j})_{k+1}}\leqslant\varepsilon_x;1\leqslant j\leqslant N \tag{5-110}$$

式中，ε_x 为预先给定的计算精度。若满足精度计算结束。

③ 圆整 $(x_{i,j})_{k+1}$ 作泡点计算，即由 S 方程确定新的温度分布 $(T_j)_{k+1}$ 和汽相组成 $(y_{i,j})_{k+1}$。

④ 由 $(x_{i,j})_{k+1}$，$(T_j)_{k+1}$，$(y_{i,j})_{k+1}$ 计算焓值 H_j，h_j。

⑤ 由 H 方程计算新的 $(V_j)_{k+1}$，$(L_j)_{k+1}$。

⑥ 检验

$$\frac{|(V_j)_{k+1}-(V_j)_k|}{(V_j)_{k+1}}\leqslant\varepsilon_v;3\leqslant j\leqslant N \tag{5-111}$$

式中，ε_v 为预先给定的计算精度。不成立则重复②～⑤式。

松弛法的优点是适用于各种复杂的精馏过程，不仅初值选定没有严格要求，而且某一组分的量发生变化时，对计算也没有太大影响，所以收敛很稳定，但必须使用计算机，即便如此，其收敛速度也太慢，因此只有其它方法无法解时，才用松弛法。

由王纯等[31]提出的新松弛法则在 Rose 松弛法的基础上，在解不稳定物料衡算时，采用“稳定积分法”，即将 x_{j-1}^k 改为 x_{j-1}^{k-1}，可以在较高的松弛系数下保持收敛，且收敛速度增加

10 倍，并能用于萃取，克服了收敛速度慢的缺点，可用于非理想物系的精馏计算。

【工程案例 5-5】 同时校正法和松弛法对醋酸乙烯酯精馏过程的模拟[32]

以某 PVC 厂醋酸乙烯酯精馏一塔为模拟对象，该塔的主要目的是分离出轻组分，乙醛、溶解的乙炔等，其实际生产数据见表 5-11（轻组分含量以乙醛计算）。分别用同时校正法和松弛法对其进行数学模拟计算，结果见表 5-12。两种模拟计算结果与生产数据比较见表 5-13。从表 5-13 中可见，同时校正法计算结果的平均误差为 4.61%，松弛法的平均误差为 1.02%，用松弛法对精馏一塔数学模拟计算结果好于同时校正法。其原因是同时校正法计算时是同时计算 MESH 方程组，在进行迭代计算之前省去用 Taylor 级数展开的非线性项，由此产生了误差，而阻尼因子的选取在一定程度上也造成误差。所以在进行迭代计算后其累积误差越来越大。在计算 Jacobian 矩阵各元素时，由于描述精馏过程方程组的高度非线性，通常需用差分法求一阶偏导数，运算工作量和存储量过于庞大，计算准确性差。同时，迭代次数的选择对同时校正法的计算精度也有很大影响。而松弛法从精馏塔开始的非稳定态逐步趋于稳定的计算，减小了迭代带来的计算误差。松弛因子是根据经验选取的，当松弛因子小时收敛是单调的，稳定性很好，且不受所设初值的影响。另外，松弛法计算的迭代次数为 4，同时校正法的迭代次数为 10，所以松弛法还具有计算时间短的优点。故在醋酸乙烯酯精馏过程的模拟计算中可选用松弛法进行计算。

表 5-11 实际生产数据

塔顶温度/℃	塔釜温度/℃	塔顶组成(质量分数)/%			塔釜组成(质量分数)/%		
		醋酸	乙醛	醋酸乙烯酯	醋酸	乙醛	醋酸乙烯酯
61.4	99.5	0.0535	0.7818	0.1647	0.0137	0.2006	0.7849

表 5-12 两种计算方法计算结果

计算方法	塔顶温度/℃	塔釜温度/℃	塔顶组成(质量分数)/%			塔釜组成(质量分数)/%			迭代次数
			醋酸	乙醛	醋酸乙烯酯	醋酸	乙醛	醋酸乙烯酯	
同时校正法	62.3	101.3	0.0492	0.7925	0.1501	0.0149	0.1892	0.7918	10
松弛法	61.8	99.1	0.0516	0.7835	0.1638	0.0140	0.2015	0.7836	4

表 5-13 相对误差与绝对误差

类型		顶温	釜温	塔顶组成			塔釜组成		
				醋酸	乙醛	醋酸乙烯酯	醋酸	乙醛	醋酸乙烯酯
相对误差/%	同时校正法	1.47	1.81	8.04	1.37	8.86	8.76	5.68	0.88
	松弛法	0.65	0.40	3.55	0.22	0.55	2.19	0.45	0.17
平均误差/%	同时校正法	4.61							
	松弛法	1.02							

5.4.2 模拟计算方法的改进

方程解离法、同时校正法和松弛法，这三种类型的算法分别适用于不同类型的精馏模拟问题，很难说哪一种算法绝对优于另一种算法，所以目前它们都在被使用。但是从精馏模拟商用软件的角度来看，算法的通用性强是一个很大的优势。在这三类方法中同时校正法的适用性最广，所以近年来发展很快，并且设法采取各种手段克服同时校正法的缺陷也成为近年来研究的重点之一。

复杂精馏过程的复杂性包括物系和流程两个方面。非理想混合物的热力学性质间相互密切依赖，MESH 方程间的耦联较复杂，非线性强，求解困难。化工生产中常会遇到具有内部循环回流的内联塔系，它们 MESH 方程组的不规则结构的系数矩阵也会造成计算困难。目前人们采用的大多数同时校正算法都是以牛顿法及其变形（如拟牛顿法、Broyden 法等）作为迭代求解技术，这些方法在接近真实解时收敛很快。然而 Newton 法本身是局部收敛的，不具有大范围收敛性，因此对初值要求比较苛刻。数学上的同论算法具有全局收敛性，但收敛速度缓慢。如何将两者有机结合起来，优势互补，开发出既具有全局收敛性，收敛速度又快的新型联合算法是一个很值得研究的方向。将现有的算法进行组合，相互取长补短，使其适合于求解复杂的问题，而且还不需对现有的计算机程序做彻底的更新，无疑是一条便捷有效的途径。现已提出了一些方案多是将两种方法生硬地结合，需要由用户决定何时在两种方法间进行切换，因而缺乏实用性。

5.4.2.1 松弛法与 N-R 法的联合算法

宋海华等[33]将松弛法与 N-R 法有机地结合，开发出有效的通用型算法——联合算法。它先利用稳定性最好的松弛法进行计算，待精馏过程变量落入 N-R 法的收敛域之后，就作为高质量的初值由 N-R 方法快速地进行收敛计算。这里有 3 个问题必须解决：

① 如果松弛法需花费大量时间来产生足够好的初值以满足 N-R 法，则会降低算法的吸引力，因此需要有切实可行的方法加快松弛法的收敛速度。

② 如何由松弛法向 N-R 法转换是一个关键的问题，需要用户不时地中断程序进行判断的算法没有可操作性，因此须设计可靠的决策系统使计算过程能及时自动地由松弛法切换到 N-R 法。

③ 应用 N-R 法求解结构较复杂的 MESH 方程组时，目前常采用矩阵求逆方法，不但破坏了 Jacobian 矩阵的稀疏性，而且还需占用大量内存和消耗大量机时，因此需要寻找更通用而有效的数学求解方法。

联合算法的优点如下。

① 联合算法将松弛因子的选取方式进行了改进，即采取每步迭代自动更换最优 μ 值的方法，使松弛法很快就会得出能进入 N-R 法收敛域的迭代变量值，大大加快了松弛法的收敛速度。同时从松弛法开始进行计算使联合算法的收敛范围扩大，不受所设初值的限制，而且联合算法也具有松弛法的稳定性，实例计算表明几乎不发生任何振荡。

② 联合算法包括一个可靠的转换开关，即利用一个有效的开关不等式及时地将计算过程切换到 N-R 方法，判断改进松弛法所产生的初值是否进入 N-R 法的收敛域，计算结果证明此开关的设置可行。

③ 联合算法在转入 N-R 法进行计算时，引入了求解带外有非零元素的近似三对角（块状）矩阵的修正的 H-S 算法，可成功地应用于求解复杂内联塔系的 H-R 线性方程组。

④ 联合算法是一种较好的模拟算法。具有通用性强、可靠性高、收敛速度快等特点，优于当前广泛使用的方程解耦法、同时校正法等算法。

李天一等[34]提出一个复杂精馏过程的通用数学模型，并采用改进的松弛法与修正的 N-R法相结合的联合算法求解该模型。通过对理想物系、非理想物系和热耦精馏过程的模拟计算，证明该算法通用性强、可靠性高、收敛速度快，模拟结果与文献及工业实验吻合很好。田君等[35]利用新松弛法求解平衡级模型基本方程组，对流化催化反应精馏合成乙酸乙酯过程进行了模拟表明，该模型易收敛，计算速度较快，计算准确，适用于流化催化反应精馏过程的模拟计算。王庆艳[36]则将虚拟二元混合物（pseudo bniary mxituer，PBM）法与新松弛法有机地结合在一起，充分地利用了新松弛法对初值要求不高和稳定性好的优点进行联合算法初值的计算，待精馏过程变量落入到PMB法的收敛域之后，就作为高质量的初值由PBM法快速地进行收敛计算。吴松涛等[37]将新松弛法和泡点法结合，提出了引入θ法进行圆整归一以加速迭代，以及应用塔板水力学方程两处改进来求算收敛因子，以加快收敛。改进后的新松弛-泡点法不仅继承了松弛法算法简易性和通用性等优点，所费计算机时较少，可适用于多股进料、多股侧线采出和多个中间换热器的多组分复杂精馏过程。

5.4.2.2 自由度 N（c+2）同时校正法[38]

牛顿-拉夫森迭代的同时校正法充分考虑了组分间的交互作用，适用于各种类型的复杂精馏过程，且当初值较接近于解时收敛迅速，因此应用日益广泛。但在计算Jacobian矩阵各元素时，由于描述精馏过程方程组的高度非线性，通常需用差分法求定一阶偏导数，运算工作量和存储量非常庞大，计算准确性差，限制了该算法联立求解大规模精馏问题的能力。

对原算法的自由度$N(2c+1)$数学模型进行化简，代之以自由度$N(c+2)$数学模型为核心的压缩型块三对角线方程组联立算法，从根本上降低模型的方程数和变量数。同时对相平衡常数K和焓值H进行多项式回归，有解析法代替差分法求定一阶偏导数，可减少内存单元数和一阶偏导数的运算工作量，改善联立求解的效率和稳定性。对应用实例可节省计算存储量66%；进一步加强了同时校正法在微机上处理大规模精馏问题的能力。胡晖[39]将同伦法和同时校正法相结合的新的联合算法和混合算法成功地用于非理想物系、萃取精馏、非均相精馏等复杂精馏过程的模拟。同伦-同时校正联合算法利用同伦法大范围收敛特性，用同伦参数微分法为同时校正法产生高质量的初值，从而将这两种方法有机地结合起来，开发出既具有大范围收敛性，收敛速度又快的通用型算法。

5.4.2.3 二对角矩阵法[40]

在多组分精馏塔的定态模拟的计算中，三对角矩阵法具有占用计算机内存少、无需计算偏导数矩阵等优点而得到广泛的应用。但该法对强非理想体系和沸点范围宽的体系，有时计算不收敛，有时即使给出很接近解的初值也会发散。三对角矩阵法对这些物系不能收敛的原因是收敛前由物料衡算三对角矩阵解出的组成$x_{i,j}$不能满足$\sum x_{i,j}=1$，而圆整后的组成又不满足物料衡算的要求。据此，仲一高松提出了对塔顶和塔釜进行校正的组分物料衡算矩阵法——CMB矩阵法，但未从计算方法的根本上说明发散的原因。分析了多组分精馏塔定态模拟计算中三对角矩阵法的敛散性可知，三对角矩阵法不能收敛的原因一是其系数矩阵的偏导数及系数矩阵的逆阵的谱半径太大，即矩阵的谱半径越大，则矩阵法发散的可能性就越大，反之矩阵法就愈容易收敛；二是系数矩阵的条件数太大，计算结果的余差也越大。因此，通过改变迭代格式可能改善迭代法的收敛性，即将原三对角矩阵分解为二对角矩阵以此进行迭代，构成了一种修正法——二对角矩阵（two diagonal matrix）。对两种方法的收敛性进行了分析和比较，将这两种方法用于多种非理想体系的计算，结果表明，二对角矩阵法的收敛性和稳定性均比三对角矩阵法好，但二对角矩阵法的收敛速度较慢。

5.4.2.4 集合算法[40～43]

由于精馏塔中的塔级数一般都比较多，对含有多个理论级的精馏塔段计算时，若采用严格模型对每个塔级进行联立计算，则会产生大量的方程和未知数，使得计算的难度变大，联立方程不易收敛。集合算法（group method，GM）是用于多级汽液平衡计算的简化模型，将一段塔级作为整体进行过程模拟。模型不计算塔段内的汽、液组成/流量分布，而是用一个塔段的组分分配特征方程来替代多个理论级相平衡方程的计算。

复杂精馏系统中一般含有多个精馏塔及换热器、闪蒸罐、节流阀、泵、分流器和混合器等。这些设备中有很多形式不同而计算方法相同。GM 将精馏系统按照功能和结构分解成换热器、进料级、精馏塔塔段和分流器等简单功能模块，由于这些模块结构简单、易于描述，可将这些简单的模块用模块间相互的联系关系有序地堆积成设备和系统，就能对整个精馏系统进行模拟。由于减少了模型中涉及的模块数和方程，可加快模型收敛速率。由结果可知：采用结构化建模的方法，建模过程较为简单，模块复用性高；引入集合算法后模型的方程和变量数都明显减少，且对精馏结果的预测较为准确。

国外学者则采用混合整数非线性规划的方法对多组分共沸分离复杂精馏系统进行了优化设计[44,45]。

5.4.2.5 非平衡级模型[1,46]

对多组元精馏过程进行模拟计算的数学模型，目前仍广泛应用的是平衡级精馏计算法，它有两个主要假设，即“全混级”和“平衡级”假设。而实际精馏过程很难达到理想的平衡状态，作为理论级模型基础的两个假设都不合理，为解决此问题，现在一般是凭借经验选取一个全塔效率的数值，将实际精馏过程的非理想性因素归并其中。虽然用级效率和 HETP 评价板式塔和填料塔的性能很方便，但存在两个严重缺陷：①影响因素复杂，预测方法至今仍不成熟，很难与设备的结构相关联；②多组分体系中各组分的级效率或 HETP 差别很大，在塔中变化也很大，在一些极端情况下，其值可能为负值或大于 1，存在着一些难以理解的概念问题。所以尽管平衡级计算十分精确，但实际塔级效率的精度却不高，且不能给出各层实际塔级上汽液两相的组成、温度和流量。

许多不看好平衡级模型的学者转而使用组分传质方程、传热方程来描述塔级上汽液接触后的物料和热量变化，即非平衡级模型。非平衡级模型从根本上抛弃传统的“平衡级-级效率”模式，直接用传质、传热速率方程表征两相间的传递过程，避免引入级效率、HETP 等难以确定的量，可更准确预测塔内的浓度、流量和温度分布，特别是多元物系的分离过程。如李庆会等[47]利用非平衡级模型，采用修正的 PSRK 物性方法对低温甲醇洗流程的吸收塔及 CO_2 解吸塔进行了模拟，模拟结果与设计值吻合很好。

非平衡级模型假定平衡状态仅存在于两相界面处，因此需要描述混合物性质的热力学模型。如多组分状态方程，如 Solve Redlich-Kwo 和 Peng-Robinson 等方程。描述复杂流动类型的方法很多，通常将复杂流动类型分解成简单的理想流动类型的组合。例如，把某一相中性质不同的部分（如直径不同的液滴）看成是进行对流交换的不同的相，把夹带和返混看成是进出各相的附加流动。把分布不均看成是不同流比的平行物流等，并常用 Fick 定律描述界面处的扩散传质过程，同时考虑主体流动引起的传质。平衡级模型只需相平衡和焓两类数据，非平衡级模型对设备进行了更全面的描述，因此需要更多的数据，见表 5-14。

表 5-14　两种模型所需物性数据和设备描述

模型	物性数据	设备描述
平衡级模型	相平衡和焓	级数及各进料和出料的位置
非平衡级模型	相平衡和焓、密度、黏度、摩擦系数、界面张力、表面积、扩散系数、热导率、传热及传质系数	级数及各进料和出料的位置、不同部分塔板的数目、塔径、板间距、溢流管的结构、孔径、传质面积、堰的高度等

理论上，非平衡级模型通过将汽液相分块，计算每块之间的传质方程和传热方程，比较符合实际过程，但是受计算能力的限制，分块不可能很多，因此精度受到一定的限制。Wesselingh[48]针对不同精馏塔类型，分析了相间平衡分布、大规模流、汽液相混合模式、相间传热传质阻力的影响、综合时间效率和精度确定模型形式。Higler 等[49, 50]在非平衡级模型的基础上使用 Zuiderweg 区/板模型研究填料精馏塔中液流分布不均的影响，通过将填料塔分层，每层划分为若干汽液相共存的腔室，腔室内的汽液相以及每层之间相邻的腔室使用非平衡级模型进行传质、传热计算。然后又将该模型拓展至汽-液-液三相精馏中，对每一个可能存在三相混合物的区域都使用了一组平衡方程，传质和传热方程使用 Maxwell-Stefan 方程建模。

许松林等[51,52]提出的三维非平衡混合池模型将整个精馏塔划分成一定数目的、三维分布的混合池。在混合池内进行着非平衡的汽液传质过程，以点效率 E_{OG} 或传质系数 k_{OG} 来关联液体混合池内的汽液相实际浓度。在各个混合池之间可以表示不均匀的流动和涡流扩散。故此模型不仅可以反映传质过程的非理想性，而且还可以描述实际精馏过程存在的各种复杂的流动和混合现象，以及雾沫夹带和漏液等，从而能够逼真地模拟实际的精馏分离过程。因此，这种新的模拟方法具有明显的实际意义和广阔的发展前景。

但该模型所采用的塔级液相流速分布需要根据实验来确定，而且此模型的计算过程比较复杂，进行实际应用时一般要对模型做一些简化。鉴于上述情况，孟艾等[53]提出一种简洁、实用的精馏过程模拟方法——非平衡级双区模型。1972 年 Bell 的实验证明工业规模的塔板边缘区域存在反向流，提出塔板边缘部分为循环流区。宋海华等的实验（塔径均为 1.2m）证明对于工业塔，尤其是直径较大的精馏塔，塔板边缘存在循环流区是一种普遍的现象，塔板中间主流区的流型接近于平推流，各点的流动速度相差较小，而其与塔板边缘的循环流区的流动速度却相差较大。

基于上述研究结果，非平衡级双区模型对精馏塔内液相和汽相的流动与混合情况做以下假设。

① 塔板上的液相可分为主流区和循环流区，液相在主流区做平推流动，在循环流区做循环流动，在 2 个区域之间仅存在涡流扩散。

② 塔板上的汽相是完全混合的。

③ 塔板上液相和汽相间的传质情况可以用点效率来表征。为与点效率的定义相符合但又不使计算过程过于复杂，可将做平推流动的主流区沿流动方向横截分为面积相等的 3 部分，各部分均可视为完全混合，其内部各点的点效率相等，循环流区内各点的点效率相等。

模拟计算的结果与生产现场的实测数据比较接近；同时，此法比较简洁，计算精度较高，可以满足工程计算的需要。

5.4.2.6 精馏过程动态仿真[54]

精馏过程的模型化与仿真在化工操作和工艺设计中具有重要的意义。对精馏塔进行动态数学模型的建立与仿真，不仅可以研究精馏过程在不同工况下的变化情况，而且还可以用于精馏塔的优化控制。

在精馏塔动态机理数学模型的基础上，考虑塔级液相滞液量的变化，建立了基于平衡级和非平衡级假设的精馏过程动态机理数学模型。采用平衡级假设模型进行计算时，汽液相流量分布、温度分布、液相滞液量等变量取前一时刻迭代值，待求解出新的组分分布、温度分布，再求这些变量。由组分物料衡算方程确定 $x_{i,n}$ 的值，然后进行泡点或露点计算确定 T_n 的值。由于实际生产过程汽相流量的响应时间比液相流量快，因此动态模拟计算时先通过热量衡算方程计算汽相流量 V_n，通过液相流量计算公式和总物料衡算方程计算 L_n 和 HL_n。

非平衡级考虑实际传质过程的非理想性，即离开各级的汽相混合物与级上的液体之间并不处于相平衡，假设塔级上的液体和级间的气体完全混合，利用 Murphree 汽相级效率关联各级上的汽液相的组成，根据实际级数来计算每个级的温度、汽液相流量和汽液相组分含量，并对平衡级假设的模型进行了动态模拟，得到各个变量的动态特性变化曲线。模拟精馏过程中各个参数随着时间的变化逐渐趋于稳定状态的动态趋势，最后可以得到稳定状态下精馏塔中的温度、汽相流量、液相流量、汽相组分含量以及液相组分含量。该模拟从机理分析入手，进行合理简化，与稳态模型相比，能使各级的计算更加准确，对全塔的模拟更为逼真，模型的计算时间大大缩短，从而使模型具有比较广泛的实用性。

本章符号说明

英文

$\mathbf{A}$——系数矩阵；

A、B、C、D——式(5-10)～式(5-11) 定义的物料平衡式参数；

A'、B'、C'——式(5-30)～式(5-33) 定义的热量衡算式参数；

c——组分数；

D——馏出液流率，kmol/h；

F——进料流率，kmol/h；

G——气相侧线采出流率，kmol/h；

H_F——进料的摩尔焓，kJ/kmol；

H——气体的摩尔焓，kJ/kmol；

$\mathbf{H}$——系数矩阵；

h——液体摩尔焓，kJ/kmol；

K——相平衡常数；

k——迭代序号；

L——液相流率，kmol/h；

N——理论级数；

R——回流比；

p——压力，Pa；

q——进料的液相分率；

Q——传热速率，kJ/h；

T——温度，K；

U——液相侧线出料流率，kmol/h；

V——汽相的流率，kmol/h；

W——釜液的摩尔流率，kmol/h；

x——液相摩尔分数；

y——汽相摩尔分数；

z——进料摩尔分数。

希文

μ——松弛系数；

α——相对挥发度；约束因子；

ε——迭代计算中允许误差；

λ——阻尼因子。

上标

L——液相；

V——汽相；

$\bar{}$——提馏段。

下标

c——组分；冷凝器；

D——馏出液；

F——进料；

H——重关键组分；

i——组分；

j——平衡级序号；

k——迭代序号；

L——液相；轻关键组分；

m——提馏段平衡级序号；

N——第 N 级；

n——精馏段平衡级序号；

R——精馏段；

r——再沸器；

S——提馏段；

W——釜液。

习题

1. 苯、甲苯、乙苯是化学工业的重要基础原料，在生产芳烃的催化重整工艺中常以苯、甲苯、乙苯等混合物存在。由于它们的物化性质十分相近，用一般的物理和化学分析方法很难加以分离测定。设计一台操作型精馏塔，分离含苯 0.35（摩尔分数）、甲苯 0.35 及乙苯 0.30 的混合液。该塔为一台板式塔，共有理论级三级，以第二级理论级为进料级。

塔的操作条件如下：

以饱和液体进料（$q=1$），操作压力为 0.1MPa，回流比 $R=1$，塔顶出料量为0.5 倍的进料量。

试求馏出液、釜液的浓度，以及沿各理论板的浓度及温度分布。

2. 催化裂化脱丁烷塔是石油化工中催化裂化装置的一台重要设备，设计好该台设备能提高石油产品的质量和数量，对满足国民经济发展的需要具有重要的意义。应用三对角矩阵法的泡点算法对脱丁烷塔进行模拟计算。该塔的进料中含有丙烷（1）、异丁烷（2）、正丁烷（3）、异戊烷（4）、正戊烷（5）和正己烷（6），进料组成为（摩尔分数）：0.0110、0.1690、0.4460、0.1135、0.1205、0.1400，塔的其它有关参数示于附图中。

3. 乙苯脱氢后的产物称为炉油，其组成为苯及甲苯 0.113，乙苯 0.479，苯乙烯 0.408（均为摩尔分数）。欲设计一精馏塔，塔顶产物为苯与甲苯，塔釜产物为苯乙烯，侧线采出液体乙苯。要求苯乙烯的纯度≥0.996，塔顶馏出液中苯乙烯<0.01。试确定回流比及计算各段的理论级数，已知塔顶压力为 5.921×10^{-3} MPa，塔釜压力为 0.03724MPa，进料温度为 46℃。

4. 严格计算法有逐级法、三对角矩阵法、流量和加法等，现已知某精馏塔进料 $F=100\text{kmol/h}$，进料组成为：

组分	1	2	3
Fx_i	75	20	5
K_i	1	0.5	3

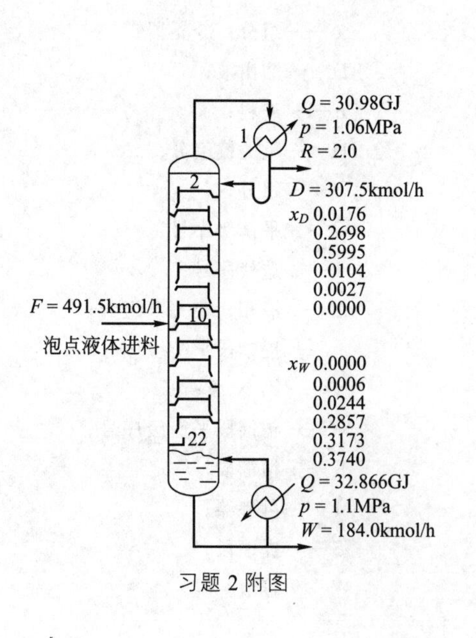

习题 2 附图

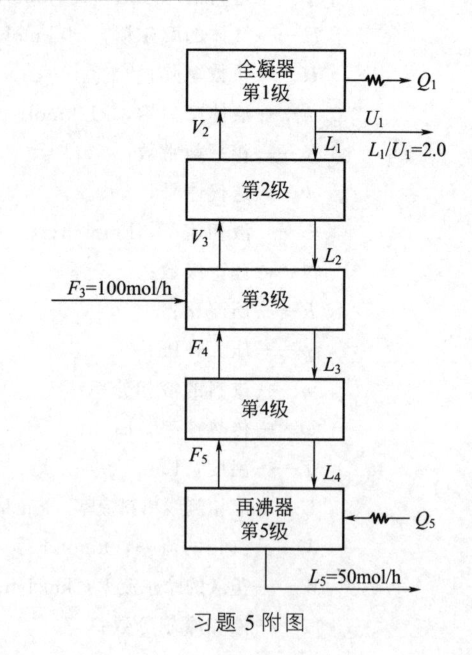

习题 5 附图

进料为泡点进料，$N=3$，在第二级进料，塔顶为全凝器，$L_0=L_1=50\text{kmol/h}$，$L_2=L_3=150\text{kmol/h}$，$V_1=V_2=V_3=V_4=100\text{kmol/h}$。试计算塔顶及塔釜的量及组成。

5. 使用附图所示的精馏塔分离轻烃混合物。全塔共 5 个平衡级（包括全凝器和再沸器）。在从上往下数第 3 级进料，进料量为 100mol/h，原料中丙烷（1）、正丁烷（2）和正戊烷（3）的含量分别为 $z_1=0.3$，$z_2=0.3$，$z_3=0.4$（均为摩尔分数）。塔的各级压力均为 689.4kPa。进料温度为 323.3K（即饱和液体）。塔顶馏出液流率为 50mol/h。饱和液体回流，回流比 $R=2$。规定各级（全凝器和再沸器除外）及分配器在绝热情况下操作。试用泡点法完成一个迭代循环。

假设平衡常数与组分无关，可由 p-T-K 图查得。在塔的操作条件下液相和汽相纯组分的摩尔焓 h_j 和 H_j（单位 J/mol）可分别由下列多项式计算，其相应的系数列于表中。

$$H_{i,j}=A_i+B_iT_j+C_iT_j^2\ ;h_{i,j}=a_i+b_iT_j+c_iT_j^2$$

组分	A_i	B_i	C_i	a_i	b_i	c_i
丙烷	25451.0	−33.356	0.1666	10730.6	−74.31	0.3504
正丁烷	47437.0	−107.76	0.28488	−12868.4	64.20	0.1900
正戊烷	16657.0	95.753	0.05426	−13244.7	65.88	0.2276

6. 用流量加和法模拟吸收塔。此塔有 6 个平衡级。操作压力 517.1kPa，气体进料温度 290K，流率 1980mol/h，气体组成如下表所示。

组分	CH_4	C_2H_6	C_2H_8	n-C_4H_{10}	n-C_5H_{12}	n-$C_{12}H_{26}$
摩尔分数	0.830	0.084	0.048	0.026	0.012	0.0

吸收剂为正十二烷，进料流率为 530mol/h，进料温度 305K。无气相或液相测线采出，也没有级间的热交换器。估计的塔顶、塔釜的温度分别为 300K 和 340K。在塔的操作条件下各组分的相平衡常数 $K_{i,j}$、气相和液相纯组分的摩尔焓 $H_{i,j}$ 和 $h_{i,j}$ 可分别由下列多项式计算

$$K_{i,j}=\alpha_i+\beta_iT_j+\gamma_i\,T_j^2+\delta_i\,T_j^3$$
$$H_{i,j}=A_i+B_iT_j+C_i\,T_j^2$$
$$h_{i,j}=a_i+b_iT_j+c_i\,T_j^2$$

式中，T_j 为第 j 级上的温度；$K_{i,j}$、$H_{i,j}$ 和 $h_{i,j}$ 的单位为 J/mol。相应的系数列于下表。

$K_{i,j}\sim T_j$ 关系中的系数

组分	α_i	β_i	γ_i	δ_i
CH_4	−234.728	1.48426	-0.2025×10^{-2}	0.0
C_2H_6	57.152	−0.44200	0.10536×10^{-2}	-0.495×10^{-6}
C_2H_8	45.69	−0.34860	0.8259×10^{-3}	-0.493×10^{-6}
n-C_4H_{10}	−13.43	0.10073	-0.276×10^{-3}	0.317×10^{-6}
n-C_5H_{12}	−4.9322	0.04090	-0.133×10^{-3}	0.177×10^{-6}
n-$C_{12}H_{26}$	−0.00101	0.36×10^{-5}	0.0	0.0

$H_{i,j} \sim T_j$ 关系中的系数

组分	A_i	B_i	C_i
CH_4	1542.0	37.68	0.0
C_2H_6	8174.0	32.093	0.04537
C_2H_8	25451.0	−33.356	0.1666
n-C_4H_{10}	47437.0	−107.76	0.28488
n-C_5H_{12}	16657.0	95.753	0.05426
n-$C_{12}H_{26}$	39946.0	184.21	0.0

$h_{i,j} \sim T_j$ 关系中的系数

组分	a_i	b_i	c_i
CH_4	−4085.14	46.053	0.0
C_2H_6	−41367.8	220.36	−0.09947
C_2H_8	10730.6	−74.31	0.3504
n-C_4H_{10}	−12868.4	64.2	0.19
n-C_5H_{12}	−13244.7	65.88	0.2276
n-$C_{12}H_{26}$	−48276.2	305.62	0.0

7. 乙苯采用固定床加热管炉（500～600℃）脱氢，得到乙苯、苯乙烯、甲苯等（产物复杂，以其中三种主要成分来举例）。因为苯乙烯含有 C═C 双键，主要是考虑防止苯乙烯聚合，采用减压精馏使得塔釜温度尽可能低。精馏塔进料组分及摩尔分数见下表。

编号	组分	z_i
1	甲苯	0.113
2	乙苯	0.479
3	苯乙烯	0.408

如附图所示，进料量 100kmol/h，塔顶压力 60kPa，进料温度 46℃，要求乙苯侧线采

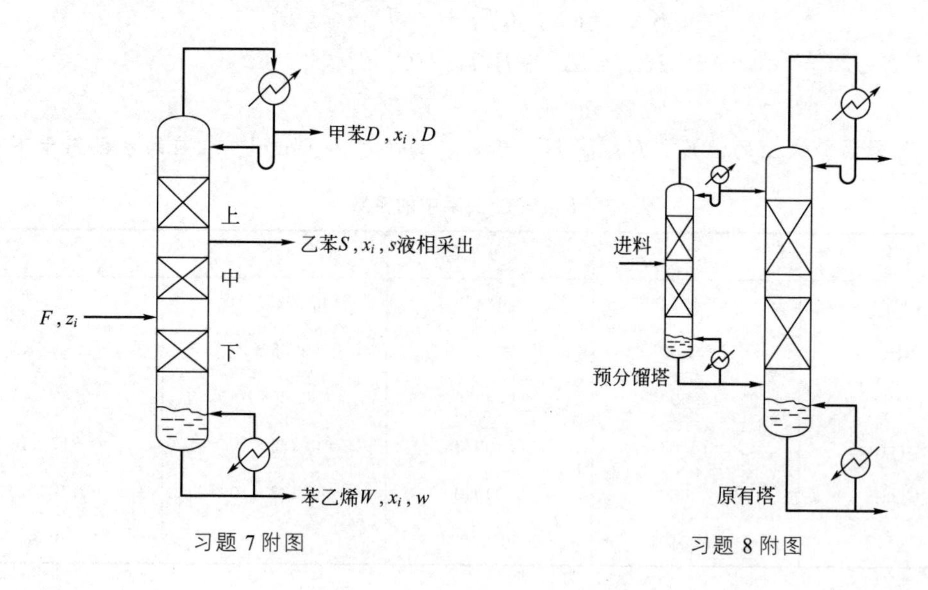

习题 7 附图　　习题 8 附图

出，塔顶甲苯≥99%，塔釜苯乙烯≥0.9960，塔顶苯乙烯≤0.010。求R、N。

8. 一工厂有一大型精馏塔，将几乎等摩尔的邻二甲苯与对二甲苯（$\alpha_{p,o}=1.15$）的混合物分离为较纯的产品。因为相对挥发度接近，所以该塔有约为100个塔级，并且采用高回流比（约为18∶1）。目前，此塔已成为该工厂生产能力的限制，为提高该厂二甲苯分离能力而提出的一个新的流程，在现有的大塔之前设置一个新的预分馏塔，如附图所示。预分馏塔的塔级数约为20级，且塔径为大塔塔径的一半。因此，可以用较低的回流比来操作。此塔将提供邻二甲苯的增浓产品和对二甲苯的增浓产品。这两股流体将分别加到原有塔中适当的新进料级上。这个流程会显著提高该工厂二甲苯分离的生产能力吗？试定性地说明之（不需计算）。

9. 某多组分精馏塔的原料、产品的组成（组分1为轻关键组分）及各组分的相对挥发度如下表所示。已知提馏段第m级上升的汽相组成，提馏段操作线方程为$x_{i,m}=0.8y_{i,m-1}+0.2x_{i,W}$，精馏段操作线方程为$x_{i,n}=0.8y_{i,n-1}-0.2x_{i,D}$，试求离开第$m+2$级的液相组成。（塔序从下往上，第$m+1$级为进料级）

组分	$x_{i,F}$（摩尔分数）	$x_{i,D}$（摩尔分数）	$x_{i,W}$（摩尔分数）	$\alpha_{i,2}$	$y_{i,n}$（摩尔分数）
1	0.40	0.980	0.013	2.45	0.473
2	0.40	0.020	0.653	1.00	0.491
3	0.10	0.000	0.167	0.49	0.021
4	0.10	0.000	0.167	0.41	0.015

10. 在常压操作的连续精馏塔中分离含甲醇0.4与水0.6（均为摩尔分数）的溶液流量为100kmol/h，馏出液中甲醇的组成为0.95，釜液中甲醇的组成为0.04，回流比为2.6。试求：

（1）馏出液的流量；

（2）饱和液体进料时、精馏段的下降液体和提馏段的上升蒸汽流量；

（3）进料温度为40℃时，提馏段下降液体流量和上升的蒸汽流量；

（4）用逐级法计算泡点进料时精馏段所需理论级数。在该范围内甲醇的平衡关系可近似表达为$y=0.46x+0.545$。

温度t/℃	液相中甲醇的摩尔分数	汽相中甲醇的摩尔分数	温度t/℃	液相中甲醇的摩尔分数	汽相中甲醇的摩尔分数
100	0.0	0.0	75.3	0.40	0.729
96.4	0.02	0.134	73.1	0.50	0.779
93.5	0.04	0.234	71.2	0.60	0.825
91.2	0.06	0.304	69.3	0.70	0.870
89.3	0.08	0.365	67.6	0.80	0.915
87.7	0.10	0.418	66.0	0.90	0.958
84.4	0.15	0.517	65.0	0.95	0.979
81.7	0.20	0.579	64.5	0.95	1.0
78.0	0.30	0.665			

11. 丙烷常用作发动机、烧烤食品及家用取暖系统的燃料。现采用逐级计算法设计一脱丙烷塔，工艺对脱丙烷塔操作的基本要求是希望塔内能进行传质过程。塔顶轻关键组分和塔釜重

组分能达到规定的分离纯度。已知进料量 100kmol/h，原料压力 1.0MPa，温度 50℃，组成如下表。塔操作压力 0.817MPa，回流量与进料量之比为 1.5，塔顶设全凝器，塔釜设再沸器。分离要求塔顶异丁烷含量为 0.06，塔釜丙烷含量为 0.06。试求所需的理论塔级数和适宜的进料位置。

组分 i	C_3^0	$i\text{-}C_4^0$	$n\text{-}C_4^0$	$n\text{-}C_5^0$	合计
z_i（摩尔分数）	0.70	0.10	0.15	0.05	1.00

12. 某精馏塔进料中含 $n\text{-}C_6^0$ 0.33，$n\text{-}C_7^0$ 0.33，$n\text{-}C_8^0$ 0.34。进料为饱和液相，流量为 100kmol/h。要求馏出液中以 $n\text{-}C_7^0$ 含量不大于 0.01，塔釜液中 $n\text{-}C_6^0$ 含量不大于 0.01（均为摩尔分数）。回流比 $R=4$。试用简捷计算的结果为初值，用逐级法计算第一次迭代时的组成断面。进料组成及简捷计算结果如表所示。

组分	z_i（摩尔分数）	$x_{D,i}$（摩尔分数）	$x_{W,i}$（摩尔分数）	α_i	备注
$n\text{-}C_6^0$	0.33	0.99	0.0100	5.25	$D=32.65$kmol/h
$n\text{-}C_7^0$	0.33	0.01	0.4852	2.27	$W=67.35$kmol/h
$n\text{-}C_8^0$	0.34	0.00	0.5048	1.00	

13. 正戊烷主要用于分子筛脱附和替代氟利昂作发泡剂，用作溶剂，制造人造冰、麻醉剂，合成戊醇、异戊烷等。正辛烷主要用作溶剂汽油、工业用汽油的成分。有一精馏塔分离 $n\text{-}C_4$、$n\text{-}C_5$ 和 $n\text{-}C_8$ 混合物。已知：进料量 10000kmol/h，饱和液体进料；进料组成 $z_{n\text{-}C_4}=0.15$，$z_{n\text{-}C_5}=0.25$，$z_{n\text{-}C_8}=0.60$（均为摩尔分数）；分离要求 $n\text{-}C_5$ 在馏出液的回收率 99%，$n\text{-}C_8$ 在釜液的回收率 98%；塔顶采用全凝器，饱和液体回流，回流比 $L_0/D=1.0$；塔平均操作压力 200kPa。为实现上述要求，求总平衡级数和适宜进料位置。

14. 苯（B）、甲苯（T）和异丙苯（C）是化学工业的重要基础原料，在生产芳烃的催化重整工艺中常以它们的混合物存在。由于其物化性质十分相近，用一般的物理和化学分析方法很难加以分离测定。采用精馏进行分离，其塔操作压力为 101.3kPa，饱和液体进料，其组成为 25%（均为摩尔分数）苯、35%甲苯和 40%异丙苯。进料量 100kmol/h。塔顶采用全凝器，饱和液体回流，回流比 $L/D=2.0$。假设为恒摩尔流，相对挥发度为常数 $\alpha_{BT}=2.5$、$\alpha_{TT}=1.0$、$\alpha_{CT}=0.21$。规定馏出液中甲苯的回收率为 95%，釜液中异丙烷的回收率为 96%。确定按适宜进料位置进料时的总平衡级数。

15. 苯、甲苯、乙苯的物理性质相差微小，但由于甲苯可用于溶剂和高辛烷值汽油添加剂，乙苯可用于生产乙烯，因此对这三种物质进行分离十分必要。某进料为每小时 100kmol/h，组成为苯 0.35（均为摩尔分数）、甲苯 0.35、乙苯 0.3，进料状态为饱和液体的三元混合物，现采用一如附图所示带有侧线出料的精馏塔在常压下分离，已知此塔具有 4 个理论级，塔顶为全凝器（由于冷凝器的编号为第一级，所以 $N=5$），加料加在编号为 3 的塔级上，在编号为 2 的塔级上有一侧线出料，出料量 $U_2=10$kmol/h，塔顶出料量 $D=40$kmol/h，回流比 $R=1$，操作压力 $p=0.103$MPa，求分离后各级的浓度分布及温度分布（假定为恒摩尔流）。各组分的饱和蒸气压和温度的关系可以按安托因方程表示

$$\lg p_i^0 = A - \frac{B}{t+C}$$

其常数值如下

	A	B	C
苯	6.91210	1214.645	221.205
甲苯	6.95508	1345.087	219.516
乙苯	6.95904	1425.404	213.345

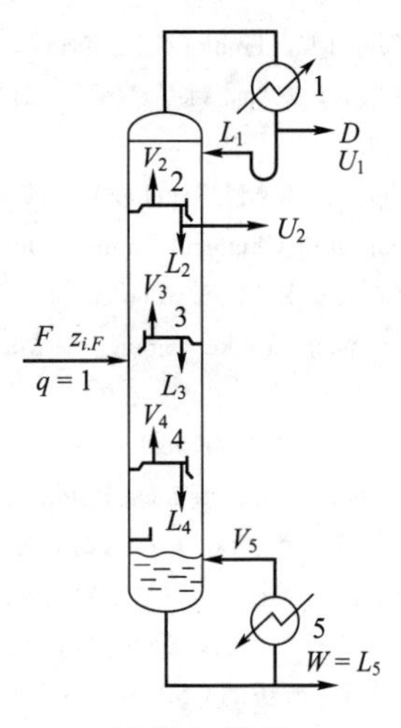

习题 15 附图

16. 现有一分离 A、B、C 三组分的精馏塔，相对挥发度 A>B>C，A、B 为塔顶产品，C 为塔釜产品。按工艺要求 C 在塔顶的含量不大于 5%（均为摩尔分数），B 在塔釜的含量不大于 0.4%。当回流比 $R=20$ 时，如果正常操作该塔可满足要求。现有一操作人员在操作时所得实际数据如下：原料 $F=100$kmol/h，原料组成为 $x_A=0.1$，$x_B=0.04$，$x_C=0.86$，塔顶产品 $D=20$kmol/h，产品分析结果：

$x_{D,A}=0.495$，$x_{D,B}=0.185$，$x_{D,C}=0.32$；$x_{A,W}=0.001$，$x_{B,W}=0.004$，$x_{C,W=0.995}$

试分析塔顶产品不合格的原因，并提出改进措施。

参 考 文 献

[1] 郭天民等编著. 多元气-液平衡和精馏 [M]. 北京：石油工业出版社，2004：195-198，199，200-213，221-224，225-229，238-242.

[2] 徐东彦，叶庆国，陶旭梅. 分离工程（英文版） [M]. 北京：化学工业出版社，2011：117，118-120，127-128，128-139.

[3] 勒海波等编著. 化工分离过程 [M]. 北京：中国石化出版社有限公司，2008：161-165，174-179.

[4] 李岩梅，胡仰栋. 㶲经济方法优化设计一个带有中间换热器的精馏塔 [J]. 计算机与应用化学，2012，29（11）：1402-1404.

[5] 黄国强，靳权. 隔壁精馏塔的设计、模拟与优化 [J]. 天津大学学报：自然科学与工程技术版，2014，（12）：1057-1064.

[6] 闫常群，隋然，华超等. 一种新型的二甲醚精馏节能工艺优化及应用 [J]. 天然气化工：C1 化学与化工，2013，（4）：60-63.

[7] 顾正桂，姚小利，徐骏等. 连续两股侧线出料精馏法提取裂解 C9 芳烃中三甲苯馏分的方法及其设备 [P]. CN 101830771 A，2010.

[8] 陈洪钫，刘家祺. 化工分离过程 [M]. 第 2 版. 北京：化学工业出版社，2014：140-143，149-157，158-164，168-175，144-148.

[9] （美）西德尔，（美）亨利著. 分离过程原理 [M]. 朱开宏，吴俊生译. 上海：华东理工大学出版社，2007：557-560，561-573，584-596.

[10] Seader J D. Separation Process Principles [M]. John Wiley & Sons，2010：526-525，531-554.

[11] Mosorinac T，Savkovic-Stevanovic J. A multistage，multiphase and multicomponent process system modelling [J]. International Journal of Mathematical Models & Methods in Applied Sciences，2011，5（1）：115-124.

[12] 邓修，吴俊生. 化工分离工程 [M]. 北京：科学出版社，2013：38-39.

[13] Friday J R，Smith B D. An analysis of the equilibrium stage separations problem-formulation and convergence [J]. AIChE Journal，1964，10（5）：698-707.

[14] 董红星，王正平，朱修锋. 分离模拟计算中简捷法与严格法的联合应用 [J]. 化学工程师，2001，（4）：26-28.

[15] Boston J F，Jr S L S. An improved algorithm for solving the mass balance equations in multistage separation processes [J]. Canadian Journal of Chemical Engineering，1972，50（5）：663-669.

[16] Wang J C，Henke G E. Tridiagonal natrix for distillation [J]. Hydrocarbon Process，1966，45 (8)：155-163.
[17] 丁惠华，王纯，姚平经等. 三对角矩阵法在计算非理想系统精馏塔时的局限性 [J]. 化学工程，1981， (01)：7-13.
[18] Loperena R M，Sánchez P F. Convergence Promotion in the Wang-Henke Tridiagonal Matrix Method [J]. Canadian Journal of Chemical Engineering，2003，81 (5)：1092-1100.
[19] Loperena R M. Simulation of Multicomponent Multistage Vapor-Liquid Separations. An Improved Algorithm Using the Wang-Henke Tridiagonal Matrix Method [J]. Industrial & Engineering Chemistry Research，2003，42 (1)：175-182.
[20] Loperena R M，Vacahern M. A simple，reliable and fast algorithm for the simulation of multicomponent distillation columns [J]. Chemical Engineering Research and Design，2013，91 (3)：389-395.
[21] 樊冬娌，曹宇锋. 萃取精馏分离醋酸-水体系的模拟计算及实验研究 [J]. 化学世界，2014，(6)：359-362.
[22] 董新法，周枚花. 改进三对角矩阵法在粗甲醇精馏塔计算中的应用 [J]. 炼油技术与工程，2006，36 (4)：38-42.
[23] 郁浩然. 化工分离工程 [M]. 北京：中国石化出版社，1992：262-269.
[24] 丁惠华. 改进的CMB矩阵法 [J]. 石油化工，1984，(02)：121-124.
[25] Amundson N R，Pontinen A J. Multicomponent distillation calculations on a large digital computer [J]. Industrial & Engineering Chemistry，1958，50 (5)：730-736.
[26] 赵德明. 分离工程 [M]. 杭州：浙江大学出版社，2011：72-79.
[27] 许军，齐鸣斋，刘玉兰. 运用Excel对精馏塔进行逐板计算和简捷计算 [J]. 化工高等教育，2013，30 (1)：66-70.
[28] Javaloyes-Antón J，Ruizfemenia R，Caballero J A. Rigorous design of complex distillation columns using process simulators and the particle swarm optimization algorithm [J]. Industrial & Engineering Chemistry Research，2013，52：15621-15634.
[29] Cao R，Fu G，Liu Y，et al. Exponential functional rigorous method for calculation of the number of theoretical plates in distillation column [J]. Chemical Engineering Science，2012，84：628-637.
[30] Rose A，Sweeny R F，Schrodt V N. Continuous distillation calculations by relaxation method [J]. Industrial & Engineering Chemistry，2012，50 (5)：7-9.
[31] 王纯，丁惠华. 新松弛法用于非理想溶液的计算 [J]. 青岛化工学院学报，1984，(02)：151-155.
[32] 黄建平，姚海慧. 醋酸乙烯精馏过程模拟算法研究 [J]. 广州化工，2009，(8)：35-37.
[33] 宋海华，王秀英，秦奎德. 模拟复杂精馏过程的新算法 [J]. 石油化工，1997，26 (12)：817-822.
[34] 李天一，宋海华. 用联合算法模拟复杂精馏过程 [J]. 化学工程，2005，33 (5)：61-65.
[35] 田君，廖安平，童张法. 新松弛法用于流化催化反应精馏过程的计算 [J]. 化工科技，2014，(5)：1-4.
[36] 王庆艳. PBM法与新松弛法结合用于精馏过程的模拟 [D]. 大连：大连理工大学，2004.
[37] 吴松涛，江青茵，曹志凯. 精馏模拟计算的改进新松弛-泡点法 [J]. 计算机与应用化学，2005，22 (8)：655-658.
[38] 王世怀，徐亦方，沈复，用自由度 $N(C+2)$ 同时校正法解多元精馏塔 [J]. 石油炼制与化工，1997，28 (12)：51-55.
[39] 胡晖. 同伦新算法在精馏模拟中的应用 [D]. 天津：天津大学，2004.
[40] 吴燕翔，邱挺，王良恩等. 三对角与二对角矩阵法应用于非理想溶液精馏计算的收敛性 [J]. 化工学报，1999，(01)：70-75.
[41] Kamath R S，Grossmann I E，Biegler L T. Aggregate models based on improved group methods for simulation and optimization of distillation systems [J]. Computers & Chemical Engineering，2010，34 (8)：1312-1319.
[42] 李德新，姜波，任奕丞等. 基于集合算法的高纯度精馏塔分段建模方法 [J]. 化工学报，2012，63 (9)：2710-2715.
[43] 祝铃钰，姜波，任奕丞. 基于集合算法的复杂精馏建模与求解 [J]. 浙江工业大学学报，2014，42 (2)：152-156.
[44] Zou X，Cui Y H，Dong H G，et al. Optimal design of complex distillation system for multicomponent zeotropic separations [J]. Chemical Engineering Science，2012，75 (25)：133-143.
[45] Grossmann I E，Aguirre P A，Barttfeld M. Optimal synthesis of complex distillation columns using rigorous models [J]. Computers Aided Chemical Engineering，2005，18 (6)：53-74.
[46] Krishnamurthy R，Taylor R. A nonequilibrium stage model of multicomponent separation processes. Part Ⅰ：Model description and method of solution [J]. AIChE Journal，1985，31 (3)：449-456.

[47] 李庆会，张述伟，李燕. 基于非平衡级模型的低温甲醇洗流程模拟 [J]. 化工进展，2012，31：474-481.

[48] Wesselingh J A. Non-equilibrium modelling of distillation [J]. Chemical Engineering Research & Design，1997，75 (6)：529-538.

[49] Higler A，Krishna R，Taylor R. Nonequilibrium cell model for packed distillationcolumns the influence of maldistribution [J]. Industrial & Engineering Chemistry Research，1999，38 (10)：3988-3999.

[50] Higler A，Chande R，Taylor R，et al. Nonequilibrium modeling of three-phase distillation [J]. Computers & Chemical Engineering，2004，28 (10)：2021-2036.

[51] 许松林，王树楹，余国琮. 模拟精馏过程的新方法——三维非平衡混合池模型应用 [J]. 化学工程，1996，24 (03)：13-16.

[52] 余国琮，宋海华，黄洁. 精馏过程数字模拟的新方法——三维非平衡混合池模型 [J]. 化工学报，1991，42 (06)：653-659.

[53] 孟艾，谭学富. 一种实用的精馏过程模拟方法——非平衡级双区模型 [J]. 沈阳化工学院学报，2004，18 (03)：190-194.

[54] 于丙芹，张贝克，孙军等. 精馏过程动态仿真建模 [J]. 计算机与应用化学，2011，28 (9)：1219-1223.

6

分离过程及设备的效率与节能

在分离过程中往往伴随着组分的浓集，浓集是稀释的逆过程，而混合和稀释过程都是一个体系熵值增大的自发过程，因此分离过程实质是一个自发过程的逆过程，是一个熵值减小的过程，所以混合物的分离必须消耗外能。能耗是大规模分离过程的关键指标，通常它占操作费用的主要部分。在工业生产中，石油化学工业的能耗所占比例最大，而石油化学工业中能耗最大者为分离操作，其中又以精馏的能耗居首位。因此，对分离过程的节能研究，确定具体混合物分离的最小能耗，寻求接近此极限能耗的实际分离过程具有重大的意义。

节省分离过程的能耗可以从以下几方面着手：首先是选取适宜的分离方法，这是节能的关键步骤；其次是研究复杂混合物的适宜分离流程；再次确定各个具体分离操作的适宜条件和参数，以及设备的结构和尺寸等。本章将针对上述有关方面节能知识、化工分离过程的分离顺序及分离方法进行讨论。

6.1 气液传质设备的效率[1～6]

本书所讨论的是各种平衡分离过程。在各种平衡分离过程中精馏是化工生产中应用最多的操作，也是整个分离系统中能耗最大的分离操作。因此本节内容所涉及的主要是针对传质设备问题，重点讨论气液传质分离设备中各种效率的定义，影响气液或液液传质设备的效率因素。

6.1.1 气液传质设备级效率的各种定义和影响因素

6.1.1.1 实际板和理论板的差异

板式塔是一种塔内浓度为不连续变化的逐板接触型设备，每一塔板就是一个传质交换级，并构成多级平衡过程的一个单元。由于众多因素的限制，传质交换的两流体在一块塔板上接触后并不可能达到理论上的平衡状态，为表示板式塔传质效率的大小，常用板效率。

填料塔是一种塔内浓度为连续变化的微分接触型设备。常用相当于一个传质单元的高度，或一个理论板的填料高度来表示填料塔的传质效率，称为传质单元高度或理论板当量高度。讨论传质分离的级效率，就是讨论影响板式塔的板效率和填料塔的传质单元高度或理论板当量高度的各个因素及其计算方法。以板式塔来说明实际板和理论板的差异。

① 理论板假定离开该板的气、液两相达到平衡，即 $y_i=y_i^*=K_ix_i$，即该板的传质量

为$V(y_j^* - y_{j+1})$，而实际板上的传质以一定速率进行，受到塔板结构、气液两相流动情况、两相的有关物性和平衡关系的影响，离开板上每一点的气相不可能达到与其接触的液相成平衡的浓度。

② 理论板上相互接触的气液两相完全混合，板上液相浓度均一，等于离开该板溢流液的浓度，这与塔径较小的实际板上的混合情况接近，但当塔径较大时，板上液相不会完全混合，从进口堰到出口堰浓度逐渐降低。此外，进入同一板上各点的汽相浓度也不相同。

③ 实际板上汽液两相存在不均匀流动，停留时间有明显差异。

④ 实际板存在雾沫夹带、漏液和液相夹带泡沫现象。

6.1.1.2 级效率的定义

效率有多种不同的表示方法。在此只将广泛使用的几种简述如下。

(1) 全塔效率E_T（E_T tower efficiency）

全塔效率，是指达到指定分离效果所需理论级数与实际级数的比值，对板式塔又称为总板效率。

$$E_T = \frac{N_{理}}{N_{实}} \tag{6-1}$$

式中，$N_{理}$为塔内所需理论级数；$N_{实}$为塔内实际级数。

全塔效率将影响传质过程的动力学因素全部归结到总板效率内。板式塔内各层塔板的传质效率并不相同，总板效率简单地反映了整个塔内的平均传质效果。全塔效率很容易测定和使用，但若将全塔效率与板上基本的传质、传热过程相关联，则相当困难。

(2) 板式塔

① 默弗里板效率$E_{i,M}$（$E_{i,M}$ Murphree efficiency）　默弗里板效率又称单板效率，是指组分i的气相或液相经过一层塔板前后的实际组成变化与经过该层塔板前后的理论组成变化的比值。

假定板间气相完全混合，气相以活塞流形式垂直通过液层，板上液体完全混合，其组成等于离开该板降液管中的液体组成。若以组分i的气相浓度表示如图6-1，则默弗里（Murphree）板效率为

$$E_{i,MV} = \frac{y_{i,j} - y_{i,j+1}}{y_{i,j}^* - y_{i,j+1}} \tag{6-2}$$

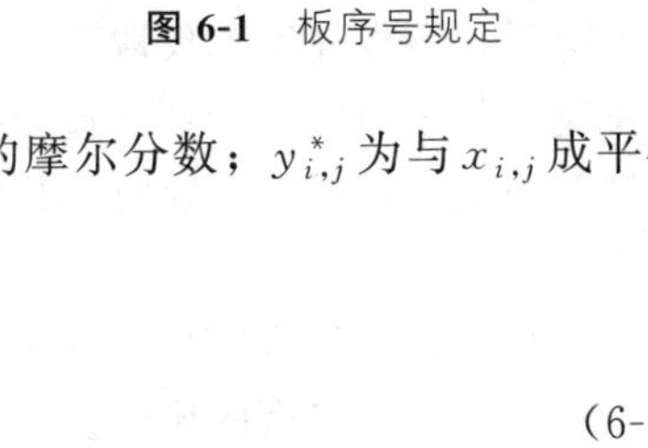

图 6-1　板序号规定

式中，$E_{i,MV}$为以气相浓度表示的组分i的默弗里板效率；$y_{i,j}$、$y_{i,j+1}$为离开第j板及第$j+1$板的气相中组分i的摩尔分数；$y_{i,j}^*$为与$x_{i,j}$成平衡的气相摩尔分数。

默弗里板效率也可用组分i的液相浓度表示

$$E_{i,ML} = \frac{x_{i,j} - x_{i,j-1}}{x_{i,j}^* - x_{i,j-1}} \tag{6-3}$$

式中，$E_{i,ML}$为以液相浓度表示的组分i的默弗里板效率；$x_{i,j-1}$、$x_{i,j}$为离开第$j-1$板及第j板的液相中组分i的摩尔分数；$x_{i,j}^*$为与$y_{i,j}$成平衡的液相摩尔分数。

一般说来，同一层塔板的$E_{i,ML}$与$E_{i,MV}$数值并不相等。对二组分溶液，用易挥发组分和难挥发组分的$E_{i,MV}$（或$E_{i,ML}$）为同一数值，但对多组分溶液，不同组分的板效率是不同的。

② 默弗里（Murphree）点效率　塔板上的气液两相是错流接触的，实际上在液体的流动方向上，各点液体的浓度可能是变化的。因为液体沿塔板流动的途径比板上的液层高度大得多，所以在液流方向上比在气流方向上更难达到完全混合。若假定液体在垂直方向上是完全混合的，则

$$E_{i,\mathrm{OG}}=\frac{y'_{i,j}-y_{i,j+1}}{y^*_{i,j}-y_{i,j+1}} \tag{6-4}$$

式中，$E_{i,\mathrm{OG}}$为组分 i 的默弗里点效率；$y_{i,j+1}$为进入液相的蒸汽浓度；$y'_{i,j}$为离开液面的蒸汽浓度；$y^*_{i,j}$为与$x_{i,j}$成平衡的气相浓度。

（3）填料塔

① 传质单元高度　在用填料塔进行吸收、萃取等过程时，则常采用传质单元高度来计算填料层高度。

$$Z=H_{\mathrm{OG}}N_{\mathrm{OG}} \quad 或 \quad Z=H_{\mathrm{OL}}N_{\mathrm{OL}} \tag{6-5}$$

式中，N_{OG}和N_{OL}分别为气相和液相总传质单元数，把填料塔分割为若干段称为对气相总推动力而言的传质单元；H_{OG}和H_{OL}分别为气相和液相的总传质单元的填料层高度，m。且

$$N_{\mathrm{OG}}=\int_{y_a}^{y_b}\frac{\mathrm{d}y}{y-y^*}, \quad N_{\mathrm{OL}}=\int_{x_a}^{x_b}\frac{\mathrm{d}x}{x-x^*}$$

分离要求高，即组成变化愈大或推动力愈小，所需N_{OG}和N_{OL}就多，而

$$H_{\mathrm{OG}}=\frac{V}{K_{\mathrm{G}}Aa}, \quad H_{\mathrm{OL}}=\frac{L}{K_{\mathrm{L}}Aa} \tag{6-6}$$

式中，K_{G}、K_{L}分别为气相和液相总传质系数，mol/(m²·h)；V、L分别为气相和液相的流率，mol/h；a为填料的有效表面积，m²/m³；A为塔横截面积，m²。

② 等板高度（height equivalent to a theoretical plate，HETP）　尽管填料塔内气液两相连续接触，也常常采用理论板及等板高度的概念进行分析和设计。一块理论板表示由一段填料上升的蒸汽与自该段填料下降的液体互成平衡，等板高度为相当于一块理论板所需的填料高度，即

$$\mathrm{HETP}=\frac{填料高度}{理论级数} \tag{6-7}$$

显然，等板高度愈小，说明填料层的传质效率高，则完成一定分离任务所需的填料层的总高度可降低。等板高度不仅取决于填料的类型与尺寸，而且受系统物性、操作条件及设备尺寸的影响。等板高度的计算，迄今尚无满意的方法，一般通过实验测定，或取生产设备的经验数据。当无实际数据可取时，只能参考有关资料中的经验公式，此时要注意所用公式的适用范围。

对板式塔，传质区高度等于板间距乘以塔板数，因此 HETP 是两类塔共同使用的，可用于板式塔和填料塔的比较。

HETP 和H_{OG}、H_{OL}均可在一定填料高度的填料塔中进行实验得到。

6.1.1.3　影响级效率的因素

级效率反映着流体间的传质（与传热）能否达到理想平衡的程度，影响级效率的因素十分复杂，因不同的操作过程和使用的设备而异，King 将这些因素归纳为三大类。即质量和热量的传递速率、两个相在传质交换后的分离和流体的流动形式及返混。

（1）点效率与传质间的关系

点效率可直接与各点的传质情况建立关系，点效率与气相总传质单元数的关系为

$$E_{OG}=1-e^{-N_{OG}} \tag{6-8}$$

由双膜理论可知

$$\frac{1}{N_{OG}}=\frac{1}{N_G}+\frac{1}{N_L A} \tag{6-9}$$

式中，N_{OG}为气相总传质单元数；$A=L/KV$ 为吸收因子；只要求得鼓泡层的气液传质单元数 N_G、N_L 即可求 N_{OG}，从而求出点效率。

美国化工学会（AIChE）对泡罩塔和筛板塔提出了下列经验式[7]

$$N_G=\left[0.776+4.567h_w-2.2377F+104.84\left(\frac{L_\nu}{l_f}\right)\right]/(SC)^{1/2} \tag{6-10}$$

式中，h_w 为溢流堰高，m；L_ν 为液相体积流率，m^3/s；l_f 为液体流程的平均宽度，m；F $(=u\sqrt{\rho_G})$，F 因子；u 为操作气速，m/s；ρ_G 为气体密度，kg/m^3；SC $\left(=\frac{\mu_G}{\rho_G D_G}\right)$为气相施密特（Schmide）数；$\mu_G$ 为气相黏度；D_G 为气相扩散系数。

$$N_L=(4.127\times10^8 D_L)^{1/2}(0.213F+0.15)t_L \tag{6-11}$$

式中，D_L 为溶质在液相中的扩散系数，m^2/h；t_L 为液体在板上的平均停留时间，s。

$$t_L=Z_C l/\frac{L_\nu}{l_f} \tag{6-12}$$

式中，l 为板上液体流程长度（内外堰之间的距离），m；Z_C 为板上的持液量，m^3/m^2（鼓泡面积），可按下式计算

$$Z_C=0.0419+0.19h_w+2.454\left(\frac{L_\nu}{l_f}\right)-0.0135F \tag{6-13}$$

式中各符号的意义和单位与式(6-10）和式(6-11）中的相同。

（2）液体混合情况对板效率的影响

点效率只反映塔板上局部位置的传质效果，为了通过它来分析板效率的影响因素，还需找出板效率与点效率的关系[8]。

如图 6-2 所示，对工业规模的筛板塔板上停留时间分布和流动形式的测定表明，沿塔板中心的液体流速比靠壁处快，而靠近塔壁处有反向流动和出现环流旋涡趋势，并随流程的增长（即塔径增大）变得更加显著。液相在板上沿流动方向的混合程度影响板效率，按液相混合情况，可将流动分为三种类型。

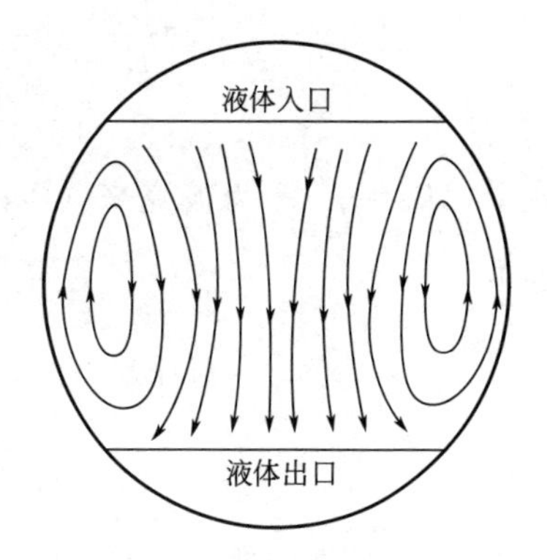

图 6-2 液体经过塔板的不均匀流动

① 板上液体完全混合　板上液相各点浓度相同，并等于出板液相浓度，即各处点效率相等，并等于板效率，即

$$E_{MV}=E_{OG} \tag{6-14}$$

该式表明，塔板的气相板效率等于点效率。

② 液相完全不混合或称活塞流　沿液流方向无任何返混，呈活塞流，此时浓度梯度最大，Lewis 研究了板上液相完全不混合且停留时间相同的情况下，E_{MV}和 E_{OG}之间的关系为

$$E_{MV}=A(e^{E_{OG}/A}-1) \tag{6-15}$$

图 6-3 是按式(6-14) 和式(6-15) 标绘的，它表明液相完全不混合，在停留时间均一的情况下，$E_{MV}>E_{OG}$，但随塔径的增大，液相不均匀流动逐渐严重，给板上传质产生有害影响。液体完全混合与完全不混合是流动和混合的两种极端情况，而实际情况总是处于两者之间，即有部分返混发生。

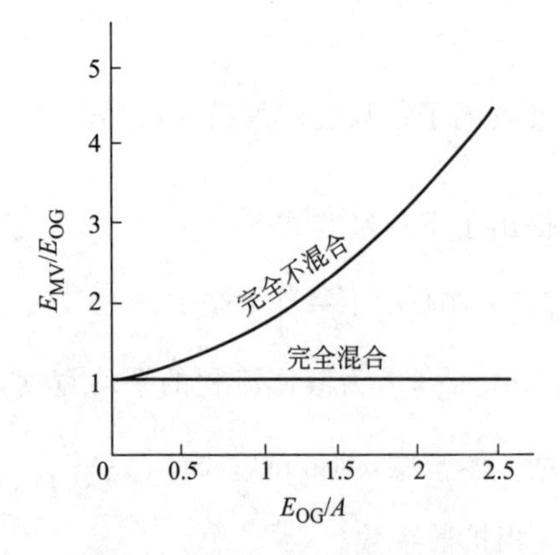

图 6-3 E_{MV}和 E_{OG}之间的关系

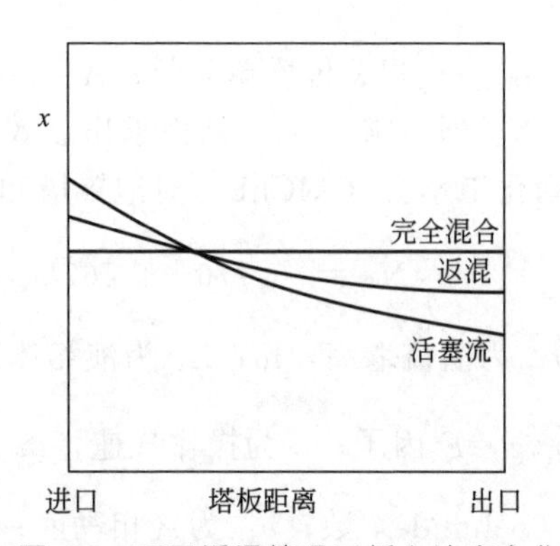

图 6-4 不同返混情况下板上浓度变化

③ 液体部分混合 当 E_{OG}相等时，活塞流的 E_{MV}较完全混合时为大，而部分混合时的板效率则介于二者之间，如图 6-4 表示三种不同混合情况，活塞流液体浓度变化最大，效率也最高。直径较小的塔板如小于 300mm，板上液体可认为处于完全混合。通常均处于部分混合的状态，即存在一定程度的返混，这种流体沿流动方向的返混，造成了过程的不可逆性的增加，降低了平均推动力，直接影响了传质效率。

AIChE 模型仅仅考虑了液相停留时间均一条件下的纵向混合的影响，用扩散方程描述混合造成的易挥发组分由高浓度处向低浓度处的转移，并引入涡流扩散系数 D_E 作为模型参数，使得扩散模型造成的结果与实际混合的结果等效。其推导结果为

$$\frac{E_{MV}}{E_{OG}}=\frac{1-e^{-(\eta+Pe)}}{(\eta+Pe)\left(1+\dfrac{\eta+Pe}{\eta}\right)}+\frac{e^{\eta}-1}{\eta\left(1+\dfrac{\eta}{\eta+Pe}\right)} \tag{6-16}$$

式中，$Pe=\dfrac{l^2}{D_E t_L}$为彼克来 (Peclet) 数；D_E 为涡流扩散系数，m^2/s。D_E 和 η 分别定义如下

$$(D_E)^{0.5}=0.00378+0.0171u_G+3.68\left(\frac{L_\nu}{l_f}\right)+0.18h_w \tag{6-17}$$

$$\eta=\frac{Pe}{2}\left[\left(1+\frac{4E_{OG}}{PeA}\right)^{1/2}-1\right] \tag{6-18}$$

式中，u_G 为气相鼓泡速度，$m^3/(s \cdot m^2)$ (鼓泡面积)，其它参数定义与前几式定义相同。

假设整个塔板的 N_{OG}是常数，以 Pe 为参数将式(6-16) 中的 E_{MV}/E_{OG}对 E_{OG}/A 作图，见图 6-5，很明显，$Pe=0$ 完全混合，$Pe=\infty$完全不混合，相应于图 6-4 所示的两种情况。分别为 E_{MV}/E_{OG}的下限和上限曲线。部分混合介于两曲线之间。

以上的研究均假设进入塔板的气体是完全混合的。这一假设条件，对较小直径的塔是适用的。而气体不混合这一假设条件，可能仅适用于大直径的塔。对于工业上常用的板式塔，气体既不是完全混合，也不是完全不混合，而是介于二者之间即气体部分混合。在液体部分混合的条件下，路秀林等[9] 提出了气体混合对塔板效率的影响即混合模型及数学关系式。

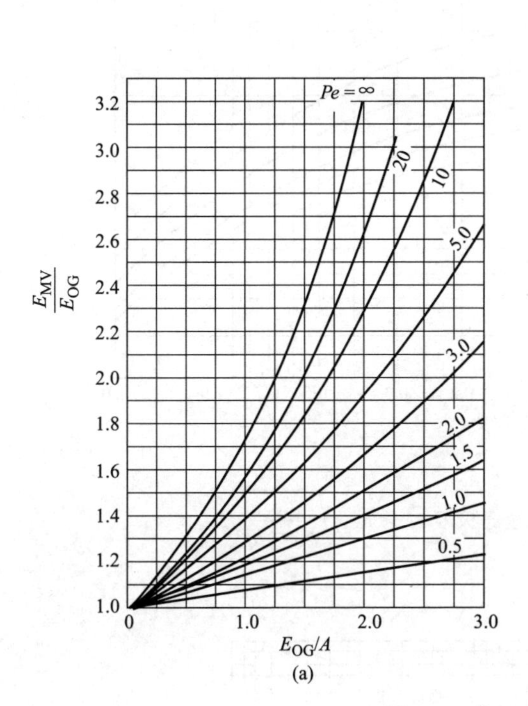

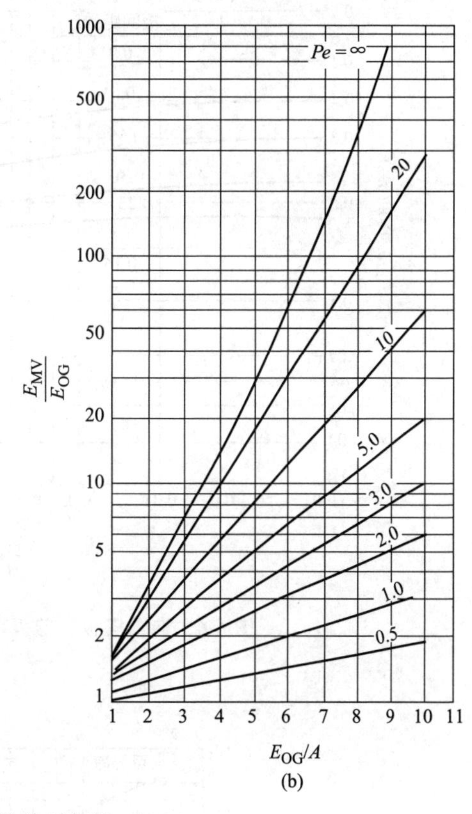

图 6-5 求 E_{MV}/E_{OG} 值的图解线

(3) 雾沫夹带

两个相在传质交换后的分离，对塔设备就是气速较高时造成的雾沫夹带，它使一部分重组分含量较高的液相直接随同气相进入上一层塔板，从而降低了上一层塔板上轻组分的浓度，抵消了部分分离效果，降低了板效率。也可认为是级间液体返混，柯尔本推导其关系得湿板效率为

$$E_a=\frac{E_{MV}}{1+\frac{eE_{MV}}{1-e}} \tag{6-19}$$

式中，e 为单位液体流率的雾沫夹带量（夹带分率），对不同的塔型，可用图 6-6 和图 6-7 估算 e。

由 $\frac{L}{V}\sqrt{\frac{\rho_G}{\rho_L}}$ 和板间距查图 6-6 得 K_v，再通过 $K_v=u_F\sqrt{\frac{\rho_G}{\rho_L-\rho_G}}$ 求得液泛气速 u_F，并由此计算泛点百分率$=u/u_F$，查图 6-7 得雾沫夹带量。

柯尔本在推导时假设板上液体完全混合，塔的操作线与平衡线相平衡，国内学者用液体混合池模型对气（汽）体完全混合及液体部分混合时雾沫夹带对精馏塔板效率影响进行了计算[10]。也有分别给出了塔板上液体为活塞流、板间汽相不混合时具有雾沫夹带和漏液的板效率的计算[11,12]。

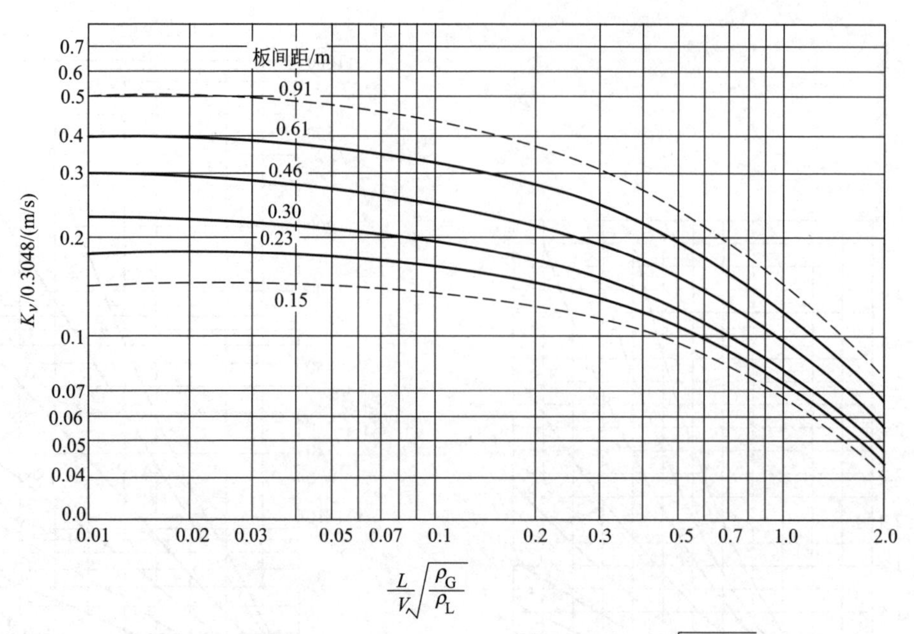

图 6-6 泡罩塔板和筛板塔板的液泛极限 $K_v = u_F\sqrt{\frac{\rho_G}{\rho_L-\rho_G}}$

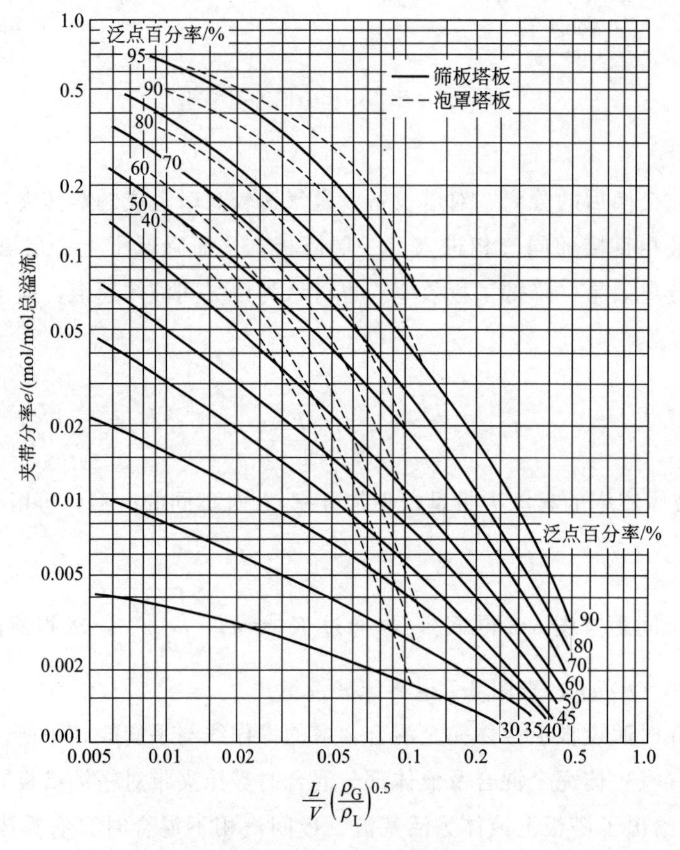

图 6-7 雾沫夹带关联图

6.1.2 级效率的计算方法

效率是设计中最重要的基础数据之一，因其受许多因素影响，虽进行了广泛实验研究和理论分析，至今还难以正确可靠地预测效率。

6.1.2.1 经验关联

（1）奥康奈尔（O'Connell）关系曲线

奥康奈尔[13]整理了大量工业精馏塔，并整理为如下公式和图 6-8 的曲线

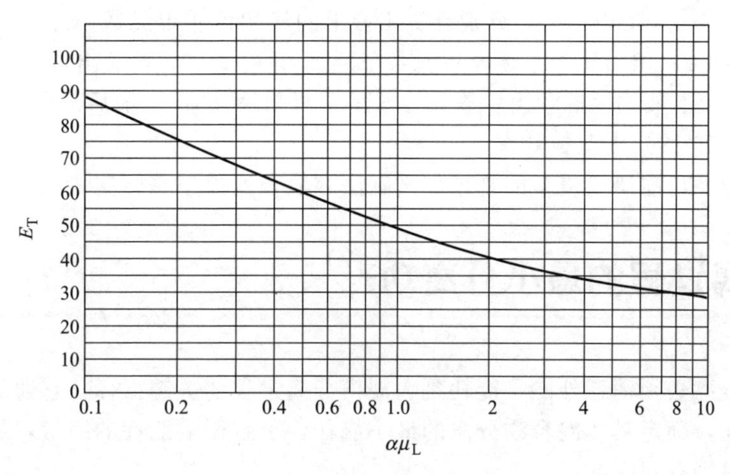

图 6-8 精馏塔的全塔效率

$$E_T = 0.49(\alpha\mu_L)^{-0.245} \tag{6-20}$$

或[14]

$$E_T = -0.164\ln x + 0.468 \quad (x \leqslant 1)$$

$$E_T = -0.0687\ln x + 0.443 \quad (x > 1)$$

$$x = \alpha \sum \mu_{Li} x_i$$

式中，μ_L 为全塔平均温度下进料的黏度，mPa·s；α 为相对挥发度。

（2）Van Winkle 关系式

$$E_{MV} = 0.07 Dg^{0.14} Sc^{0.25} Re^{0.08} \tag{6-21}$$

式中，Dg 为表面张力数，$Dg = \sigma_L/(\mu_L U_\nu)$；$\mu_L$ 为液体黏度，$N \cdot s/m^2$；U_ν 为空塔气速，m/s；σ_L 为液体表面张力，N/m；Sc 为液体 Schmidi 数，$Sc = \mu_L/(\rho_L D_{LK})$；$D_{LK}$ 为液体中轻关键组分的扩散率，m^2/s；ρ_L 为液体密度，kg/m^3；Re 为 Reynolds 数，$Re = h_w U_\nu \rho_V/(\mu_L F_A)$，$h_w$ 为堰高，mm；ρ_V 为气体密度，kg/m^3；F_A 为开孔率。

（3）HETP

常用的一些填料的 HETP 经验值如下[15,16]：乱堆填料 HETP 一般为 0.45～0.6m；鲍尔环 25mm 的 HETP 为 0.3m，38mm 的 HETP 为 0.45m，50mm 的 HETP 为 0.6m；规整填料如金属丝网波纹填料 CY 型的 HETP 为 0.125～0.166m、BX 型的 HETP 为 0.2～0.25m，麦勒派克填料的 HETP 为 0.25～0.33m。

但不同种类的填料都存在固有的，定压下的汽液负荷-效率曲线，各种填料在开发阶段所做的热膜试验，选取的一般是几种标准物系如苯-甲苯、正庚烷-环己烷、氯苯-乙苯等介质，测试其在不同压力下的分离性能[17～19]。冷膜试验一般用空气-水体系，测验其通过能力，即气液负荷-压降关系。由于测试物系无法涵盖到全面，同时实验规模一般都比较小，理想程度较高；

对于热膜塔试验直径现有大于750mm的，冷膜试验也不过1～2m之间，面比较窄。所以在工业应用时，应当充分考虑到各种不同介质影响传质性能发挥的不利因素以及因流体（包括气液两相）不均匀流动过程而产生的放大效应问题，所以HETP值一般达不到试验值那么低。

6.1.2.2 机理模型

AIChE法是机理模型的代表，该法考虑了影响板效率的各主要因素，液相和气相的传质性能，塔板的设计参数，液相和气相的流率，板上液体的混合程度，被公认为是比较反映实际情况的预测板效率的方法。

首先由式(6-10)和式(6-11)分别计算出板上的气相传质单元数 N_G 和液相传质单元数 N_L，从而由式(6-9)求出气相总传质单元数 N_{OG}，并由式(6-8)求出点效率 E_{OG}，再通过式（6-13）计算板上液相返混程度，查图6-5得干板效率 E_{MV}，最后从图6-6、图6-7求雾沫夹带量并按式(6-19)求湿板效率 E_a。

除机理模型外目前研究较多的是局部贡献法和混合池模型等模型[20～22]。

6.2 分离过程的最小分离功[1～3]

混合物的分离必须消耗外能。能耗是大规模分离过程的关键指标，它通常占操作费用的主要部分。因此，确定具体混合物分离的最小能耗，了解影响能耗的因素，寻求接近最小能耗的分离过程是很有意义的。

6.2.1 分离过程的最小功

物质的混合是不可逆过程，可自发进行，体系的熵总是增加的。而混合物的分离是不能自发进行的，为了实现分离，就必须以消耗外功作为补偿。如果组成分离过程的每个过程均是理想可逆过程，则所消耗的功最小，称为最小功（minimum work）。最小功是分离过程所消耗能量的最低界限，它仅取决于欲分离混合物的组成、压力、温度以及分离所得产品的组成、压力、温度。只有当分离过程完全可逆时，分离消耗的功才是分离最小功。完全可逆指：①体系内所有的变化过程是可逆的；②体系只与温度为 T_0（绝对温度）的环境进行可逆的热交换。如窦维敏等[23]根据最小分离功对变压吸附提纯氢装置的能耗进行研究，探讨氢气提纯装置能耗随进料和提纯产品浓度的变化规律，为考虑提纯装置能耗的氢网络集成的研究奠定基础。

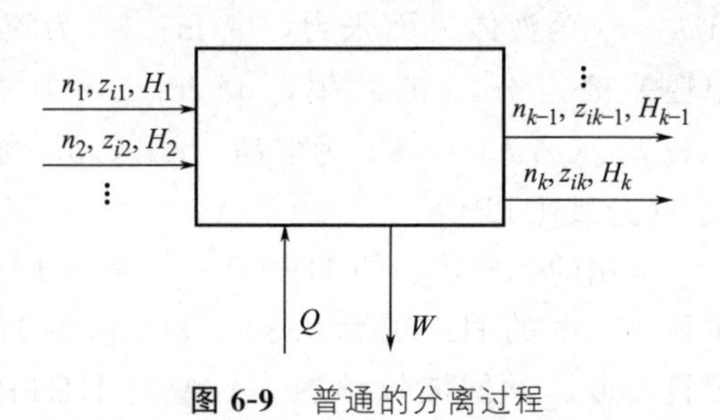

图6-9 普通的分离过程

参考图6-9所示的连续稳定分离系统。在此系统中，将若干流入的单相物流 j 在无化学反应的情况下，分离成多股单相物流 k，这些流出物流的组成与流入物流不同，且彼此也不相同。设物流的摩尔流率为 n，摩尔组成 z_i，摩尔焓为 H，摩尔熵为 S，传入系统的总热量流率为 Q，系统对环境做功 W。若忽略过程引起的动能、位能、表面能和其它能量的变化，则按热力学第一定律

$$\sum_{出} n_k H_k - \sum_{进} n_j H_j = Q - W \tag{6-22}$$

对于等温可逆过程，进出系统的物流与环境的温度均为 T，根据热力学第二定律

$$Q=T\left(\sum_{出}n_kS_k-\sum_{进}n_jS_j\right) \tag{6-23}$$

式中，$\sum_{进}n_jS_j$ 和 $\sum_{出}n_kS_k$ 分别为进入和流出系统的物流的熵总和。将式(6-23) 代入式(6-22)，可得到 $(-W_{\min,T})$，即在等温条件下稳定流动的分离过程所需最小功的表达式

$$-W_{\min,T}=\sum_{出}n_kH_k-\sum_{进}n_jH_j-T\left(\sum_{出}n_kS_k-\sum_{进}n_jS_j\right) \tag{6-24}$$

即

$$-W_{\min,T}=\Delta H-T(\Delta S) \tag{6-25}$$

由自由焓定义 $G=H-TS$，式(6-24) 也等于物流的自由焓增量

$$-W_{\min,T}=\sum_{出}n_kG_k-\sum_{进}n_jG_j \tag{6-26}$$

一个混合物的摩尔自由焓由各组分的偏摩尔自由焓即化学位加和得到

$$G=\sum_i z_i\mu_i \tag{6-27}$$

在温度 T 时，化学位与组分逸度的关系式为

$$\mu_i=\mu_i^0+RT[\ln\hat{f}_i-\ln\hat{f}_i^0] \tag{6-28}$$

若进、出物流中同一组分具有相同的基准态，则将式(6-26)、式(6-27) 和式(6-28) 相结合，得到用逸度表示的最小功为

$$-W_{\min,T}=RT\left[\sum_{出}n_k\left(\sum z_{i,k}\ln\hat{f}_{i,k}\right)-\sum_{进}n_j\left(\sum z_{i,j}\ln\hat{f}_{i,j}\right)\right] \tag{6-29}$$

分离的最小功表示了分离过程耗能的最低限。在大多数情况下，实际分离过程所需能量是最小功的若干倍，最小分离功的大小标志着物质分离的难易程度。为了使实际分离过程更为经济，要设法使能耗尽量接近于最小功。在综合评价不同的设计方案时，最小功具有重要的意义。

(1) 分离理想气体混合物[24]

对于遵循理想气体定律的气体混合物，$z_i=y_i$ 和 $\hat{f}_i=y_ip$，则式(6-29) 简化为

$$-W_{\min,T}=RT\left[\sum_{出}n_k\left(\sum_i y_{i,k}\ln y_{i,k}\right)-\sum_{进}n_j\left(\sum_i y_{i,j}\ln y_{i,j}\right)\right] \tag{6-30}$$

对于由混合物分离成纯组分的情况，上式可进一步简化。例如将组分 A 和 B 构成的二元气体混合物在进料温度和压力下分离成纯 A 和纯 B 气体产品，式(6-30) 简化为如下的无量纲最小功

$$\frac{-W_{\min,T}}{n_FRT}=-(y_{A,F}\ln y_{A,F}+y_{B,F}\ln y_{B,F}) \tag{6-31}$$

式中，下标 F 表示进料。比较式(6-30) 与式(6-31)，可以看出，若双组分混合物的分离产品不是两个纯组分，而只是浓度与原料不同的两个双组分混合物时，则需要的最小功必定小于分离成纯组分产品时所需的最小功。

【例 6-1】 设空气中含氧 21%（体积分数），若在 25℃常压下将空气可逆分离成 95% O_2 的气氧和 99% N_2 的气氮，计算分离 1kmol 空气的最小功。

解 设产品气氧为 1，气氮为 2，氧为 A，氮为 B，

(1) 计算分离产物 1、2 为纯产品需最小功

设产品气氧的量为 x，对分离前后的氧气作物料衡算

$$1\times0.21=0.95x+0.01(1-x)$$

$$x=0.213\text{kmol}$$

所以产品气氮的量为0.787kmol，产品1、2的氧、氮摩尔出料如图6-10。

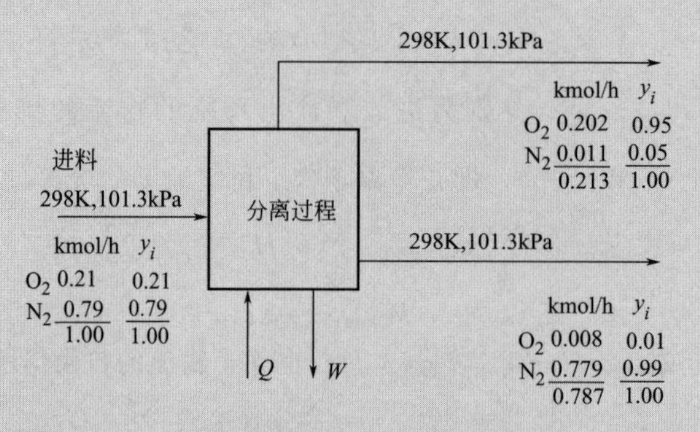

图 6-10 氧-氮分离过程

由式(6-30)

$$-W_{\min,T}=RT\left[\sum_{出}n_k\left(\sum_i y_{i,k}\ln y_{i,k}\right)-\sum_{进}n_j\left(\sum_i y_{i,j}\ln y_{i,j}\right)\right]$$

$$=8.314\times298\times[0.213\times(0.95\times\ln0.95+0.05\times\ln0.05)+0.787\times(0.01\times\ln0.01+0.99\times\ln0.99)-(0.21\times\ln0.21+0.79\times\ln0.79)]$$

$$=1059.4\text{kJ/kmol}$$

(2) 计算分离空气为纯 N_2、纯 O_2 所需最小功。由式(6-31)

$$\frac{-W_{\min,T}}{n_F RT}=-[y_{A,F}\ln y_{A,F}+y_{B,F}\ln y_{B,F}]$$

$$-W_{\min,T}=-n_F RT(y_{A,F}\ln y_{A,F}+y_{B,F}\ln y_{B,F})$$

$$=-8.314\times298\times(0.21\times\ln0.21+0.79\times\ln0.79)$$

$$=1273.4\text{kJ/kmol}$$

可见，分离成非纯产品时所需最小功小于分离成纯组分产品时所需的最小功。

(2) 分离低压下的液体混合物

对于在接近或者低于环境压力下等温分离液体混合物的情况，式(6-29) 中 $z_i=x_i$ 和 $\hat{f}_i=\gamma_i x_i p_i^0$，$\gamma_i$ 是液相活度系数，p_i^0 是饱和蒸气压。于是式(6-29) 简化为

$$-W_{\min,T}=RT\left\{\sum_{出}n_k\left[\sum_i x_{i,k}\ln(\gamma_{i,k}x_{i,k})\right]-\sum_{进}n_j\left[\sum_i x_{i,j}\ln(\gamma_{i,j}x_{i,j})\right]\right\}\tag{6-32}$$

由该式可看出，$-W_{\min}$也不受压力和相对挥发度的影响，但与活度系数有关。

对于二元液体混合物分离成纯组分液体产品，式(6-32) 简化为

$$-W_{\min,T}=-RTn_F[x_{A,F}\ln(\gamma_{A,F}x_{A,F})+x_{B,F}\ln(\gamma_{B,F}x_{B,F})]\tag{6-33}$$

除温度以外，最小功仅决定于进料组成和性质，若溶液为正偏差，γ_i 大于1的混合物所需理论分离最小功比理想溶液的分离最小功小；反之，溶液为负偏差，由于不同组分间作用力大于同组分分子间的作用力，更难分离，所以所需最小功比理想溶液的最小功大。由式(6-33)，当 $\gamma_{A,F}x_{A,F}=1$ 和 $\gamma_{B,F}x_{B,F}=1$ 时，说明体系为完全不互溶，其分离功为零，即 $-W_{\min,T}=0$，此外，等温分离功总是大于零的。

若在等温等压下将进料混合物分离成不纯产物，其所需最小功应由式(6-33) 再减去将这些不纯产物分离成纯产物的最小功。

从上述分析可以看出：分离液体理想溶液与分离理想气体混合物所需的最小功是相同的，最小功与压力以及被分离组分的相对挥发度无关。

6.2.2 非等温分离和有效能

当分离过程的产品温度和进料温度不同时，不能用自由焓的增量来计算最小功，而应根据有效能的概念计算最小功。

有效能 B 的定义为

$$B = H - T_0 S \tag{6-34}$$

式中，T_0 为环境的热力学温度；S 为熵；H 为焓。

对于类似于图 6-9 的连续稳态过程，从热力学第一定律得到类似于式(6-22) 的能量衡算式。

$$\sum_{\text{出}} n_k H_k - \sum_{\text{进}} n_j H_j = Q - W_s \tag{6-35}$$

式中，Q 为从温度为 T 的热源向过程传递的热量；W_s 为过程对环境所做的轴功。

根据热力学第二定律建立上述过程的熵平衡，它可以精确地衡量过程的能量效用。

$$\sum_{\text{进}} n_j S_j - \sum_{\text{出}} n_k S_k + \frac{Q}{T} + \Delta S_{\text{产生}} = 0 \tag{6-36}$$

式中，$\Delta S_{\text{产生}}$是由于不可逆过程而引起的熵变。设 T_0 是环境温度，可以任意从它取出或给它热量。通常规定海洋、河水或大气的环境温度。用 T_0 乘式(6-36) 并与式(6-35) 合并，得

$$\sum_{\text{出}} n_k (H_k - T_0 S_k) - \sum_{\text{进}} n_j (H_j - T_0 S_j) + T_0 \Delta S_{\text{产生}} = \left(1 - \frac{T_0}{T}\right) Q - W_s \tag{6-37}$$

根据流动系统物流有效能的定义，得稳态下的有效能平衡方程

$$\sum_{\text{出}} n_k B_k - \sum_{\text{进}} n_j B_j + T_0 \Delta S_{\text{产生}} = \left(1 - \frac{T_0}{T}\right) Q - W_s \tag{6-38}$$

式中，有效能 B 是温度、压力和组成的函数。由卡诺循环可知，等式右侧第一项是热量 Q 自温度 T 的热源向温度为 T_0 的环境传热所产生的等当功，即

$$W_e = \left(1 - \frac{T_0}{T}\right) Q \tag{6-39}$$

由式(6-38) 可知，系统的净功消耗$-W_{\text{净}}$（总功）为等当功和环境对系统做轴功之和

$$-W_{\text{净}} = W_e - W_s = \sum_{\text{出}} n_k B_k - \sum_{\text{进}} n_j B_j + T_0 \Delta S_{\text{产生}} = \Delta B_{\text{分离}} + T_0 \Delta S_{\text{产生}} \tag{6-40}$$

当过程可逆进行时，$\Delta S_{\text{产生}} = 0$，可得最小分离功

$$-W_{\min, T_0} = \Delta B_{\text{分离}} \tag{6-41}$$

该式表明，稳态过程最小分离功等于物流的有效能增量。由有效能定义，有效能增量可表示为

$$-W_{\min, T_0} = \Delta B_{\text{分离}} = \Delta H - T_0 \Delta S \tag{6-42}$$

按式(6-42) 计算分离过程的最小功时，可先分别计算出 ΔH 及 ΔS。例如把理想气体混合物分离为纯组分时，式(6-42) 中的 ΔH 及 ΔS 可按下列公式计算

$$\Delta H = \sum_i x_{i,F} \int_{T_F}^{T_i} c_{pi} \, \mathrm{d}T \tag{6-43}$$

$$\Delta S = \sum_i x_{i,F} \left(\int_{T_F}^{T_i} \frac{c_{pi}}{T} \mathrm{d}T - R \ln \frac{p_i}{x_{i,F} p_F} \right) \tag{6-44}$$

式中，c_{pi} 为组分 i 的定压比热容；T_F，p_F 为进料混合物的温度和压力；T_i，p_i 为分离后纯组分 i 的温度和压力。

6.2.3 净功消耗

通常，进行分离过程所需的能量多半是以热能的形式，而不是以功的形式提供的。在这种情况下，最好是以过程所消耗的净功来计算消耗的能量。

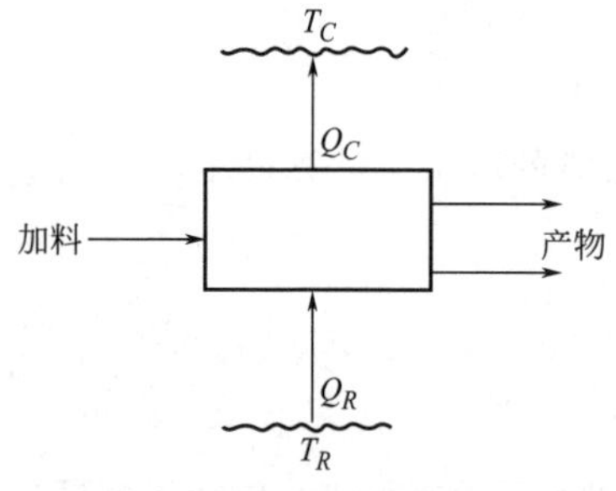

图 6-11 普通精馏塔分离过程示意图

净功耗（net work consumption）是指离开系统的热量送入一个可逆热机所做功与输入系统热量送入可逆热机所做功之差，图 6-11 表示精馏分离的这一过程。输入系统的温度为 T_R，热量为 Q_R，供一台可逆热机，同时在 T_C 温度下热量为 Q_C 移出系统，也供一台可逆热机，它们能得到的功分别为 $Q_R\left(1-\frac{T_0}{T_R}\right)$和 $Q_C\left(1-\frac{T_0}{T_C}\right)$，所以该过程的净功耗为

$$-W_{净}=Q_R\left(1-\frac{T_0}{T_R}\right)-Q_C\left(1-\frac{T_0}{T_C}\right) \tag{6-45}$$

若分离过程不耗机械功，且产物与原料之间热焓差与输入热量相比可忽略，则 $Q_R \approx Q_C=Q$，此时净功

$$-W_{净}=QT_0\left(\frac{1}{T_C}-\frac{1}{T_R}\right) \tag{6-46}$$

由上式可知，精馏过程因 $T_R>T_C$，所以精馏过程净功总是正值。

应当指出，最小分离功是可逆分离过程的极限功耗，实际分离过程净功耗都大于它，且净功耗只是代表输入热量的分离过程的功耗，若分离过程还消耗机械功，必须直接加到式(6-45) 中。

6.2.4 热力学效率

分离过程的热力学效率（thermodynamic efficiency）定义为可逆过程消耗的最小功与实际过程的净功耗之比。

$$\eta=\frac{-W_{\min,T_0}}{-W_{净}}=\frac{\Delta B_{分离}}{-W_{净}} \tag{6-47}$$

因为实际的分离过程是不可逆的，所以热力学效率必定小于 1。不同类型的分离过程，其热力学效率各不相同。一般来说，只靠外加能量的分离过程（如精馏、结晶、部分冷凝），热力学效率可以高些；具有能量分离剂和质量分离剂（如共沸精馏、萃取精馏、萃取和吸附等）热力学效率较低；而速率控制的分离过程（如膜分离过程）则更低。但这都是指理想情况。在实际情况下，因为还有很多别的因素，情况较为复杂，必须具体分析计算才行。

【例 6-2】 某丙烯-丙烷精馏塔。若进料为泡点进料，进料量 $F=272.16$ kmol/h，进料焓 $H_F=1740.38$kJ/kmol，进料熵 $S_F=65.79$kJ/(kmol·K)，塔顶馏出液 $D=159.21$kmol/h，$H_D=12793.9$kJ/kmol，$S_D=74.69$kJ/(kmol·K)，塔底釜液$W=112.95$kmol/h，$H_W=3073.37$kJ/kmol，$S_W=66.10$kJ/(kmol·K)，假设环境温度$T_0=294$K，计算(1) 再沸器负荷（冷凝器负荷 $Q_C=32401526$kJ/h）；(2) 有效能变化；(3) 当再沸器温度$T_R=377.6$K，冷凝器温度 $T_C=305.4$K 时的净功消耗；(4) 热力学效率。

解 (1) 作全塔热量衡算：$FH_F+Q_R=DH_D+WH_W+Q_C$，得

$Q_R=159.21\times12793.9+112.95\times3037.37+32401526-272.16\times1740.38$
$=34307851.94$kJ/h

(2) 已知$T_0=294$K

$B_D=H_D-T_0S_D=12793.9-294\times74.69=-9164.96$kJ/kmol

同理 $B_W=H_W-T_0S_W=3073.37-294\times66.10=-16360.03$kJ/kmol

$B_F=H_F-T_0S_F=1740.38-294\times65.79=-17601.88$kJ/kmol

故　$\Delta B_{分离}=\sum_{出} n_k B_k-\sum_{进} n_j B_j$

$=159.21\times(-9164.96)+112.95\times(-16360.03)-272.16\times(-17601.88)$

$=1483508.99\text{kJ/h}$

(3) 由式(6-46)

$$-W_{净}=34307851.94\times\left(1-\frac{294}{377.6}\right)-32401526\times\left(1-\frac{294}{305.4}\right)=6386213.05\text{kJ/h}$$

(4) 由式(6-47)

$$\eta=\frac{1483508.99}{6386213.05}=23.23\%$$

6.3 分离过程的节能[1～3,25～28]

化工分离过程强化在过程工业可持续发展中有极其重要的意义和作用，过程强化是用更小的，更便宜的和更高效的设备和工艺来代替庞大的，贵的和耗能的设备和工艺，或用较少的（或单个）设备来代替多个设备。分离过程强化就是提高传质分离过程中设备的效率与产量，而设备强化的结果往往就是节能，两者是密切相关的。分离过程的强化与节能可以通过改变生产工艺和根据热力学、传热学原理探索传质分离与节能的新模式，开发新分离过程以达到高效和节能目的，以及加强传质过程中能量优化利用的研究。分离过程的能耗占整个化工过程能耗的比例很大，一般可达到70%，而精馏能耗又占其中的95%。因此本节主要以精馏操作为例讨论分离过程的节能。

根据上一节的分析，分离过程如果沿着可逆过程进行，其消耗的功最小。因此对精馏过程在总体工艺流程中进行热集成，提高分离过程的可逆性，是精馏过程节能的主要方法之一。

6.3.1 分离过程热力学分析

分离过程所需最小功即 $\Delta B_{分离}$ 是由原料和产物的组成、温度和压力所决定的。欲提高分离过程的热力学效率，主要是设法降低过程的净功耗 $W_{净}$。从热力学角度看，就是降低过程的不可逆性；要提高热力学效率只能采取措施降低过程的净功消耗，使过程尽量接近可逆过程。精馏过程热力学不可逆性主要由以下原因引起：

① 过程中存在压力梯度的动量传递；

② 过程中存在温度梯度的热量传递；

③ 存在浓度梯度下的传质传递；

④ 还可能存在不可逆化学反应。

因此，如果降低流体流动过程产生的压力降，减小传热过程的温度差，减小传质过程的两相浓度与平衡浓度的差别，都将使精馏过程的净功消耗降低。

图 6-12 是二元混合物精馏过程常用的 y-x 图，平衡线表示汽液传质可以完全可逆地进行，不可逆性引起损耗功为零。图 6-12(a) 表示一般的精馏过程，操作线上某点离开平衡线的距离表示塔的某一截面处的不可逆程度，图中阴影部分面积反映了实际过程的不可逆程度，即精馏过程由于不可逆性而引起的能量损耗。图 6-12(b) 表示在最小回流比时的不可

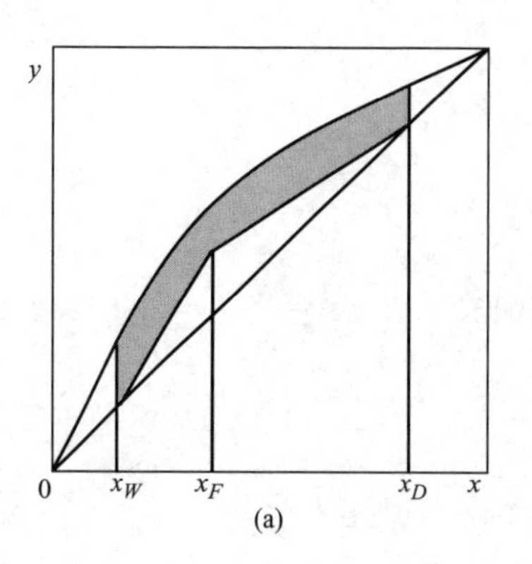

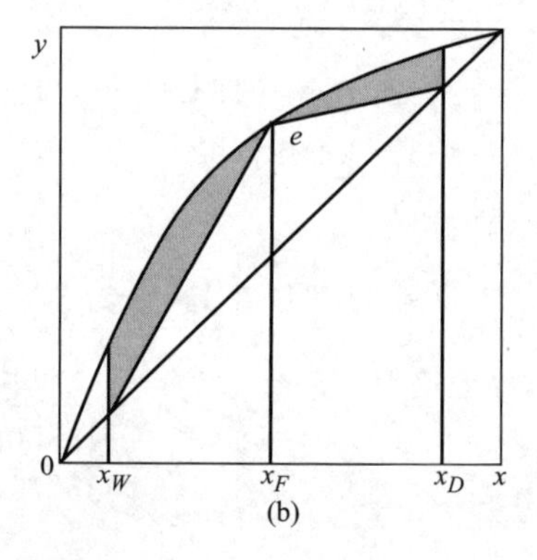

图 6-12 精馏过程不可逆损失

逆损失，此时在进料截面处汽液处于平衡状态，推动力为零，但在塔内其它任意截面处，$y^* > y$ 差值就是传质推动力，不可逆性仍然存在，但在最小回流比时，不可逆性程度较小，即图中阴影部分面积较一般精馏过程的阴影面积要小，所以能耗也较小。

在精馏过程中的设计和操作中，节能措施很多，这里主要从热力学角度分析，提出几个重要的节能途径，如中间换热、多效精馏、热泵等在精馏中的应用。本节重点讨论分析精馏过程的节能。

6.3.2 中间换热节能

普通精馏塔冷凝和加热分别集中在塔顶和塔釜进行，因此是很强的热力学不可逆过程。设置中间换热器可有效降低这种不可逆性，从而提高精馏塔的热力学效率。在精馏塔内，温度自塔顶向塔釜逐渐升高，如能在塔中部设置中间冷凝器（midst condenser）（图 6-13），就可以来用较高温度的冷却剂。在裂解深冷分离塔中，意味着可以应用较价廉的冷源，节省有效能；如果在塔的中部设置中间再沸器，对于高温塔，则可以应用较低温位的加热剂，在深冷分离塔中，则可以回收温度较低的冷量。对塔釜再沸器来说（以塔釜再沸器为基准），中间冷凝器是回收热量，中间再沸器是节省热量；而对于塔顶冷凝器来说（以塔顶冷凝器为基

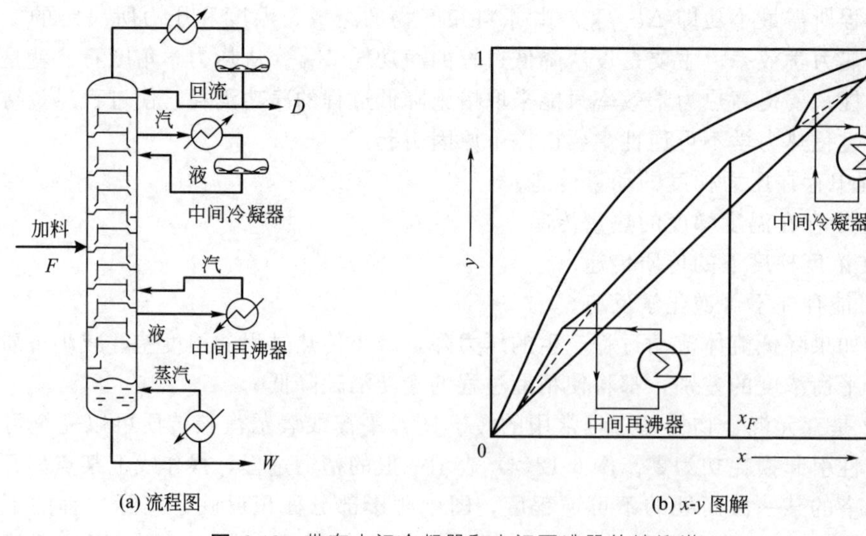

图 6-13 带有中间冷凝器和中间再沸器的精馏塔

准)，中间冷凝器是节省冷量，中间再沸器是回收冷量。将中间换热方式归类于过程技术节能，是因为原来的精馏塔没有变化，只不过增设的中间换热改变了操作线斜率，利用了低品位能源。对于二元精馏，应用 y-x 图上的图解法可以清楚地表明：中间换热器的使用，使操作线向平衡线靠拢，提高了塔内分离过程的可逆程度。因为中间再沸器与塔顶间的温差、中间冷凝器与塔釜间的温差都将小于塔釜间的温差。减少了实际功耗或有效能消耗，达到了节能的目的。

中间换热器的热负荷需适当选择，一般保持塔在最小回流比时的恒浓区仍在进料级处，使全塔保持较高的可逆程度。这样，在进料级处级间的汽液两相流量与无中间冷凝器和中间再沸器时的一样，于是简单精馏塔的塔顶冷凝器的热负荷近乎等于有中间冷凝器时两台冷凝器的热负荷之和；同样，简单精馏塔塔釜再沸器的热负荷也近乎等于有中间再沸器时两台再沸器的热负荷之和。此外中间换热器的添加会引起进出中间换热器的物料之间塔级效率的降低，故欲达同样的分离要求和维持原回流比，必须增加塔级数。值得注意的是，可逆性提高的好处并不表现在总的热负荷有所减小，而在于通过塔的热能有效能降级程度的减小，而且由于所需塔级数的增加和增加换热设备，设备投资还需增加。因此，在生产过程中必须要有适当温位的加热剂或（和）冷却剂与其相配，并需有足够大的热负荷值得利用，再加上塔顶和塔釜的温度差要相当大，才会取得经济效益。李岩梅等[29]提出了以有效能损耗最小为目标，同时又考虑热集成的多组分复杂精馏塔序列优化设计新策略。对于一定的分离要求，首先通过优化得出一定理论级数下的最优回流比、塔内中间再沸器和中间冷凝器的负荷，在此基础上优化理论级数；然后根据情况简约每个塔的换热器；以塔压为决策变量，以精馏过程有效能损耗最小为目标，设计出考虑热集成的复杂精馏流程，用来指导多组分精馏过程的优化设计。

【工程案例 6-1】 脱甲烷塔增设中间换热

在乙烯生产装置中脱甲烷塔的任务就是将裂解气中氢气、甲烷以及其它惰性气体与 C_2 及 C_2 以上组分进行分离，脱甲烷塔的关键组分是甲烷和乙烯。脱甲烷塔系统消耗冷量占分离部分总冷量消耗的 42%。因此脱甲烷塔的操作效果对产品（乙烯、丙烯）回收率、纯度以及经济性的影响最大，所以在分离设计中，工艺的安排、设备和材质的选择都是围绕脱甲烷塔系统考虑的，重点就是脱甲烷塔的节能。

(1) 脱甲烷塔增设中间冷凝器

脱甲烷塔增设中间冷凝器多股进料与中间回流相结合的逐级分凝流程如图 6-14 所示，进料经一级冷凝，－29℃的凝液作脱甲烷塔的第一股进料。气体经二级冷凝，－62℃的凝液作第二股进料。气体经第二个进料冷凝器（－101℃乙烯冷剂）冷凝，－96℃气液混合物作第三股进料。同时从塔中间引出一股气体进入中间冷凝器，与进料气体汇合冷凝后，气液混合物回流入塔。此种情况，中间回流与第三股进料结合起来，而第二个进料冷凝器与中间冷凝器结合为一个设备。

从塔顶气来看，经节流膨胀，自身制冷而降温到－107℃。因为采取了中间回流，减少塔顶回流量，塔顶可省去外来冷剂制冷的冷凝器，只需设自身制冷换热器已能满足负荷要求。由于节流膨胀，自身制冷温度低，所以从塔顶气中还可以回收一部分乙烯，故降低乙烯损失，收到了明显的节能效果。

(2) 脱甲烷塔增设中间再沸器

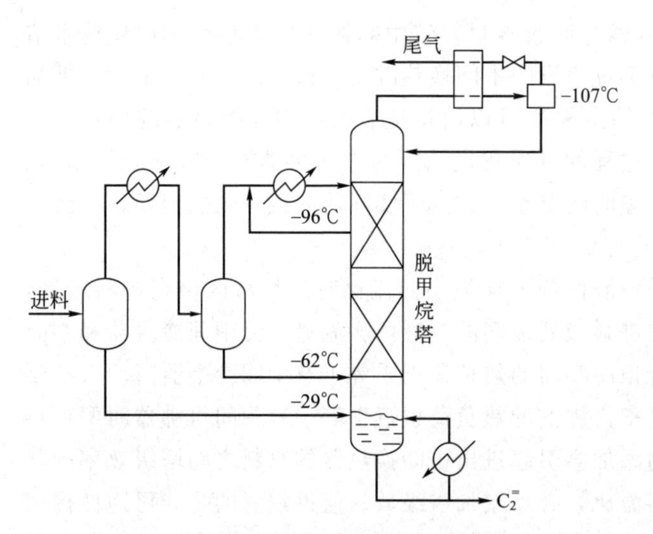

图 6-14 中间冷凝器产生中间回流的脱甲烷流程

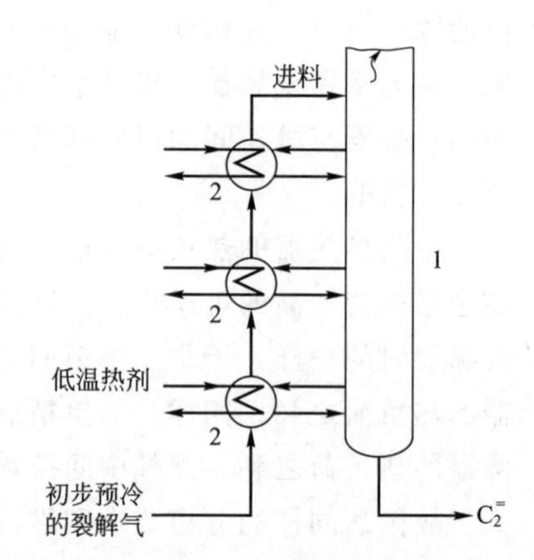

图 6-15 脱甲烷塔中间再沸器流程简图

1—脱甲烷塔提馏段；2—中间再沸器

由于脱甲烷塔提馏段的温度比压缩后经初步预冷的裂解气温度低，所以可用此裂解气作为中间再沸器的热剂，而裂解气回收了脱甲烷塔的冷量，降温到进料所需温度而进入塔内，如图 6-15 所示。这样可一举两得，收到节约能量之效果。

表 6-1 为脱甲烷塔设置中间再沸器的经济比较，从表 6-1 中的数据可以看出，从减少精馏系统的有效能损失的角度来看，带有中间换热器的非绝热精馏更适合于塔的顶、底温差大的精馏塔，由于这时热量的降级较大，因此采用中间再沸器和中间冷凝器就比较有价值。据报道乙烯精馏塔采用中间再沸器和中间冷凝器后，可以降低该塔 17% 的能耗，这相当于节约了制冷总能耗的 6%。

表 6-1　脱甲烷塔设置中间再沸器的经济比较

项目	设中间再沸器	无中间再沸器	项目	设中间再沸器	无中间再沸器
精馏段级数	90	90	塔径(精馏段/提馏段)/m	5.5/4.9	5.5/5.5
提馏段级数	45	28	塔造价/元	5.1×10^6	4.8×10^6
冷凝器负荷/(GJ/h)	142.4	142.4	换热器造价/元	3.8×10^6	3.7×10^6
中间再沸器负荷/(GJ/h)	52.8	0	冷冻系统造价/元	-0.1×10^6	0
塔釜再沸器负荷/(GJ/h)	52.8	105.5	总造价/元	8.8×10^6	8.5×10^6
塔高/m	74.4	66.8	操作费用/元	4.15×10^6	4.77×10^6

6.3.3 多效精馏

为降低能耗，加热剂最高温度略高于塔釜温度，冷却温度略低于塔顶温度。而实际上，最方便廉价的冷却剂是水或空气，最常用的加热剂是水蒸气。但是，这些热剂或冷剂很难符合上述要求，导致精馏塔无为地多消耗不少有效能。为此可以采用多效精馏（multiple effect distillation），只要精馏塔塔釜和塔顶温度之差比实际可用的加热剂和冷却剂间的温差小很多，就可以考虑多效精馏。

多效精馏的原理类似于多效蒸发，是通过扩展工艺流程来节减精馏操作能耗的，它是以多塔代替单塔，多效精馏系统由若干压力不同的精馏塔组成，而且依压力高低的顺序，相邻两个塔中的高压塔塔顶蒸汽作为低压塔再沸器的热源，除压力最低的塔外，其余各塔塔顶蒸汽的冷凝潜热均由精馏系统自身回收利用，在整个流程中只有第一效加入新鲜蒸汽，在最后一效加入冷却介质，中间各塔则不再需要外加蒸汽和冷却介质，因此多效精馏充分利用了冷热介质之间过剩的温差。尽管总能量降级和单塔一样，但它不是一次性降级，而是逐塔降低的。使每个塔的塔顶、塔釜温差减小，降低了有效能损失，从而达到节能目的。但多效精馏的投资费用高于常规精馏，其操作的基本方式如图 6-16 所示。不论采用哪种方式，其精馏操作所需的热量与单塔精馏相比较，都可以减少 30%～40%。

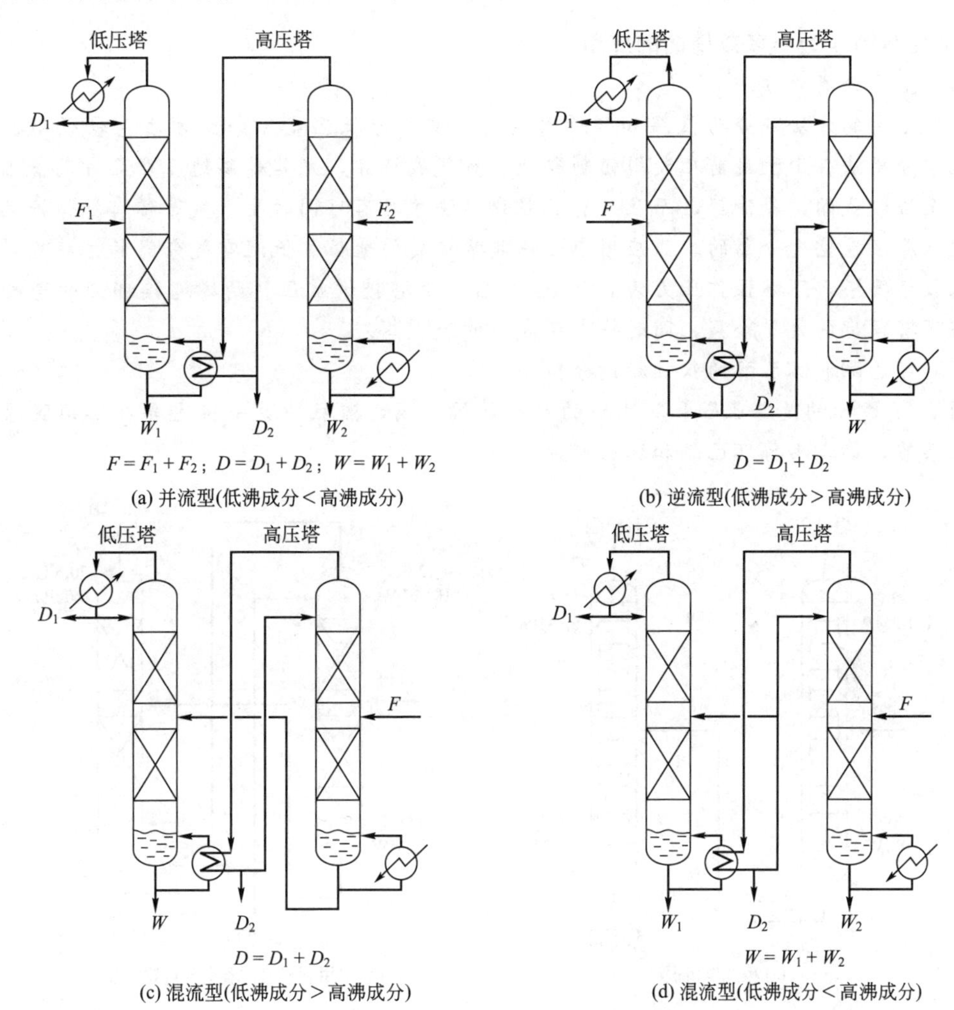

图 6-16 多效精馏操作的基本方式

多效精馏的节能结果受许多因素的影响，其中主要是被分离物系的性质、易挥发组分的含量、效数以及工艺流程等，随着效数增加，能耗降低，但效数过多，设备投资过大而且操作困难，故实际应用中较多采用双效精馏。若被分离物系中易挥发组分含量太低，可回收利用的塔顶蒸汽冷凝潜热太少，就不宜采用多效精馏。

许良华等[30]提出一种带有中间热集成的精馏塔序列的流程，通过中间换热器将高压塔的精馏段与低压塔的提馏段进行局部热集成，它可有效降低两塔所需的压力差，即降低两塔的温度差，使塔釜加热温度下降或使塔顶冷凝温度提高，进而提高系统的热力学效率，即提高有效能利用率。

在应用多效精馏系统的实例分析中，分离以下几种物系节能效果较好。

① 苯及其衍生物，如苯-甲苯、苯-甲苯-二甲苯、混合二甲苯等；

② 烃类混合物，如丙烯-丙烷、正庚烷-甲基戊烷等；

③ 工业废水（含有毒、有害物质，具有一定的相对挥发度），如二甲基甲酰胺废水、表面活性剂废水等。多效精馏分离工业废水，除大幅度降低能耗外，还可以回收一部分化工原料，使分离后的废水能达排放标准或可供进一步生化处理；

④ 醇类水溶液，主要是甲醇-水、乙醇-水物系。

【工程案例 6-2】 多效精馏的应用

(1) 空气分离的方法

空气分离的方法可分为低温和非低温两种，其中非低温空气分离方法包括吸附、膜分离、化学分离法。由于目前在大规模制取氧、氮气液产品，尤其是高纯度产品方面低温分离法具有无法取代的竞争优势，而且只有低温分离法才具有可同时生产氩等稀有气体产品的能力，故低温法在空气分离的工业应用中占据非常重要的地位。低温空气分离的主精馏塔是典型的双效精馏塔，下塔操作压力为 600kPa 左右，上塔接近常压。两塔连接部分的冷凝蒸发器，将下塔顶部的氮气冷凝，同时将上塔底部的液氧蒸发。

(2) 环己酮和环己醇的双效精馏分离

图 6-17 所示的是环己酮和环己醇的双效精馏分离，流程中第一塔主要在塔顶脱除原料中较轻杂质，第二塔将环己酮和环己醇分离。

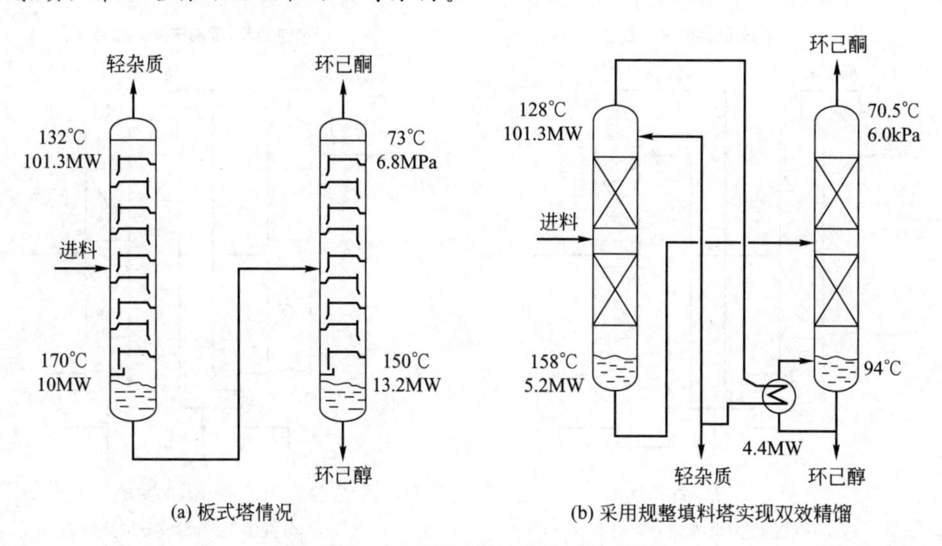

图 6-17 环己酮和环己醇的双效精馏

图 6-17(a) 所示为板式塔情况，两塔总能耗为 23.2MW；图 6-17(b) 所示为采用规整填料后的情况，第一塔分离效率提高，回流比减小，能耗降低，重组分收率提高，塔顶温度降低。第二塔全塔压降降低，塔釜温度减小，分离效率提高，使塔顶温度降低。两塔之间就有可能利用第一塔塔顶物料蒸汽作为第二塔塔釜热源，从而两塔总能耗只需 5.2MW。与板式塔情况相比，节能达 78%。

(3) 甲醇-水体系的分离[31,32]

甲基叔丁基醚是由过量甲醇与异丁烯反应生成的，过量的甲醇通过水洗的方法从未反应的异丁烯中分离出来进行回收。针对传统甲醇回收工艺的高能耗问题，有学者进行了分离甲醇-水体系的双效、三效和四效精馏工艺流程的比较。

多效精馏分离甲醇-水工艺的主要任务是通过优化计算，确定各塔压力分布以及各塔塔顶甲醇的蒸出量，保证相邻两塔塔顶和塔釜的传热温差及热量匹配。做出以下两点规定：①高压塔塔顶蒸汽所释放的潜热应等于相邻低压塔塔釜物料汽化所需的热量，考虑各效热损失为2%，计算出各效塔顶甲醇的蒸出量。②高、低压塔塔顶和塔釜物流的传热温差应大于10℃以上，确定各塔的操作压力。以能耗最低为目标函数、各塔顶甲醇蒸出量为决策变量，确定了各种回收工艺的最佳条件（包括塔压分布）。结果表明随着精馏效数的增加，不仅具有产能高、产品质量好、能耗低的优点，而且塔顶冷却水和塔釜蒸汽消耗量减少，分离能耗降低，节能效果好。对于高浓度的甲醇-水体系的分离，进料中甲醇含量越高，采用多效精馏的节能效果越明显。该工艺与单塔精馏工艺相比，甲醇浓度分别为70%、80%和85%（摩尔分数）时其三效顺流与三效逆流精馏工艺的节能分别为57.8%、57.5%、58.0%和54.5%、54.9%、54.5%，由此确定分离甲醇-水体系的最佳方案为三效顺流精馏工艺。

6.3.4 热泵精馏

将温度较低的塔顶蒸汽经压缩后作为塔釜再沸器的热源，称为热泵精馏（heat pump distillation）。图6-18中给出了三种典型的热泵精馏流程，其中流程（a）利用另外的工作流体进行操作；流程（b）对塔顶蒸汽进行直接压缩，升温后作为塔釜加热剂；流程（c）将塔釜液进行节流闪蒸后作为塔顶冷却介质，自己进一步受热汽化，再经压缩后回入塔釜。对比三种流程可见：流程（a）所选用的工作流体，可以在压缩特性、汽化热（大则循环气量小）等方面有更优良的性质，但需用两台换热器，且为确保一定的传热推动力，要求压缩升温较高。当塔顶蒸汽或釜液蒸汽有较好的压缩特性和较大汽化热时，宜选用后两种流程。考虑到冷凝和再沸热负荷的平衡以及方便控制，在流程中往往设有附加冷却器或加热器。

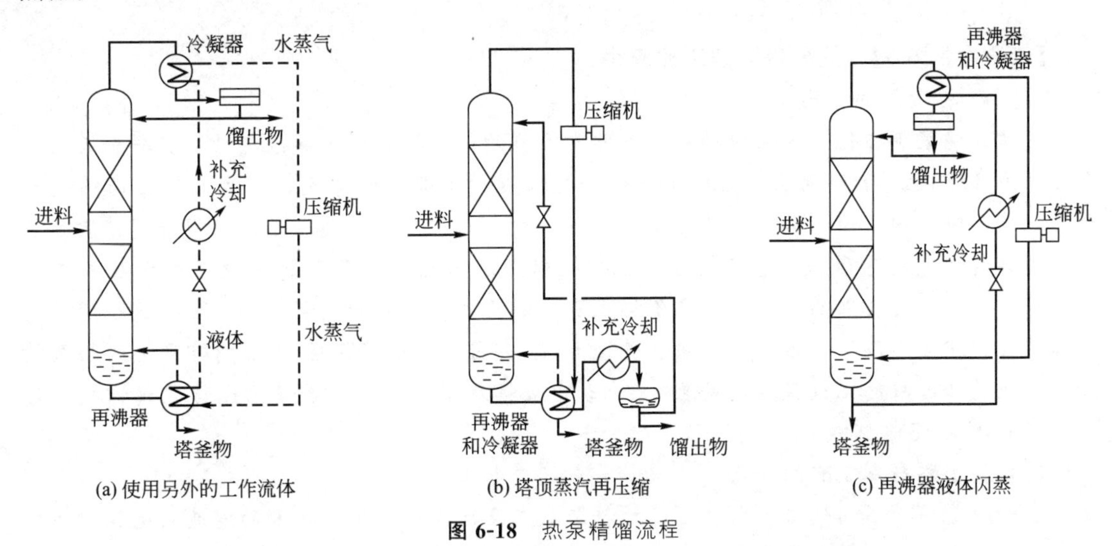

图 6-18 热泵精馏流程

热泵精馏是靠消耗一定机械能来提高低温蒸汽的能位而加以利用的，因此消耗单位机械能回收的热量是一项重要经济指标，称为性能系数，常记为C.O.P.。显然，对于沸点差小的混合物分离应用热泵精馏效果会更好。对于沸点差较大物系的分离，可以采用双塔式热泵精馏流程（图6-19），以取得较显著的经济效益。

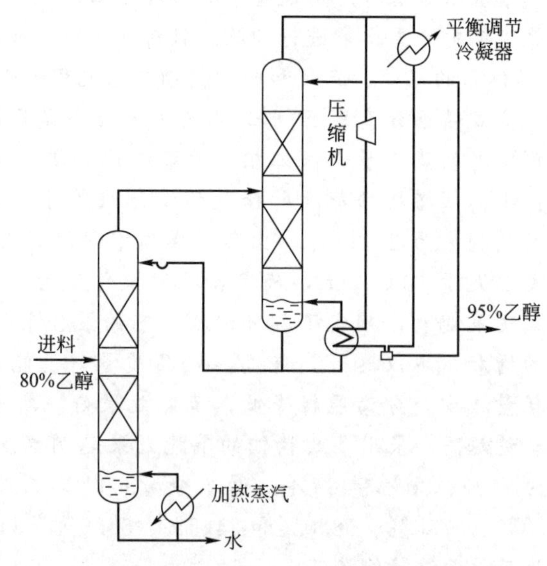

图 6-19 双塔式热泵精馏流程

间接式热泵精馏的优点是：①适用于热敏产品、腐蚀性介质及塔内介质不适合采用直接压缩的塔；②节省操作费用；③采用定型的标准系统。

其缺点是：①由于大多数制冷剂的操作温度范围限制在大约130℃以下，对于较高温度下的操作，载热介质的选择受到限制；②与直接热泵精馏相比较，多一个热交换器（即蒸发器），压缩机需要克服较高的温度差和压力差，因此，其效率较低。

数据不足及一次性投资较大是热泵系统推广的障碍。提高热泵的热效率和使工质输出热量的温度达到200℃或更高，提高热泵的能效比，是热泵技术努力的方向。

多效和热泵精馏工艺在精馏过程中都起到了相当节能的作用，能耗系数越大，节能效果越显著，但适用条件和应用环境因素有区别：①当无废热可利用时，年总费用，热泵精馏低于多效精馏，多效精馏低于常规精馏；②当有足够废热可利用时，a. 大规模生产年总费用，常规精馏低于热泵精馏，热泵精馏低于多效精馏；b. 小规模生产年总费用，常规精馏低于多效精馏，多效精馏低于热泵精馏。当无废热利用时，热泵精馏的年总费用最低，但热泵精馏的电能消耗为多效精馏的十多倍，而且热泵精馏的操作比多效精馏复杂[33,34]。

【工程案例6-3】 热泵精馏的工业应用

（1）丙烯-丙烷的分离[35]

气体分馏装置在化工企业中的地位是非常重要的，其操作水平和经济效益直接影响化工企业的经济效益。丙烯-丙烷分离塔是气体分馏装置的重要生产单元，得到的产品丙烯是重要的化工原料。由于丙烯和丙烷的沸点相接近，组分间相对挥发度较小，采用常规精馏方法时，设计的塔可高达90m，塔级数可在200级以上，回流比大于10，还要进行加压或者制冷等操作，所以能耗很高。由于能源价格上涨和新技术的不断开发利用，人们对这个问题越来越重视，相应出现了一系列新方法。美国UCC公司曾报道了丙烯-丙烷精馏系统的热泵精馏与传统精馏过程的比较数据，见表6-2。表中数据表明，采用热泵精馏比传统精馏技术每年可节约成本15.1万美元。

（2）异丁醛与正丁醛的分离

丁辛醇是随着石油化工、聚氯乙烯材料工业以及羰基合成工业技术的发展而迅速发展起来的。羰基合成法是当今最主要的丁辛醇生产技术。丙烯羰基合成生产丁辛醇工艺过程：丙烯氢甲酰化反应，粗醛精制得到正丁醛和异丁醛，正丁醛和异丁醛加氢得到产品正丁醇和异

表 6-2　丙烯-乙烷热泵精馏与传统精馏节能效果比较

项目	热泵精馏	传统精馏	项目	热泵精馏	传统精馏
塔顶压力/MPa	0.81	1.9	冷却水/(m^3/h)	204	568
塔顶温度/℃	15.6	55.6	公用工程费/(万美元/年)	28.5	43.6
热泵出口温度/℃	57.2	—	蒸汽费/(万美元/年)	—	37.2
塔釜温度/℃	23.9	62.8	电费/(万美元/年)	26.2	—
再沸器负荷/(kJ/h)	2.3×10^7	2.3×10^7	冷却水费/(万美元/年)	2.3	6.4
蒸汽耗量/(kg/h)	—	2.3×10^7	节省费用/(万美元/年)	15.1	—
热泵耗电/kW	2.050	—			

丁醇；正丁醛经缩合、加氢得到产品辛醇。图 6-20 所示为异丁醛（IBAD）与正丁醛（NBAD）的分离，图 6-20(a) 所示为常规精馏，图 6-20(b) 所示为板式塔热泵精馏，图 6-20(c)所示为规整填料塔热泵精馏。由图 6-20 可见，常规精馏能耗 9600kW，板式塔热泵精馏能耗 1560kW，规整填料塔热泵精馏能耗仅 920kW，热泵精馏节能效果明显。

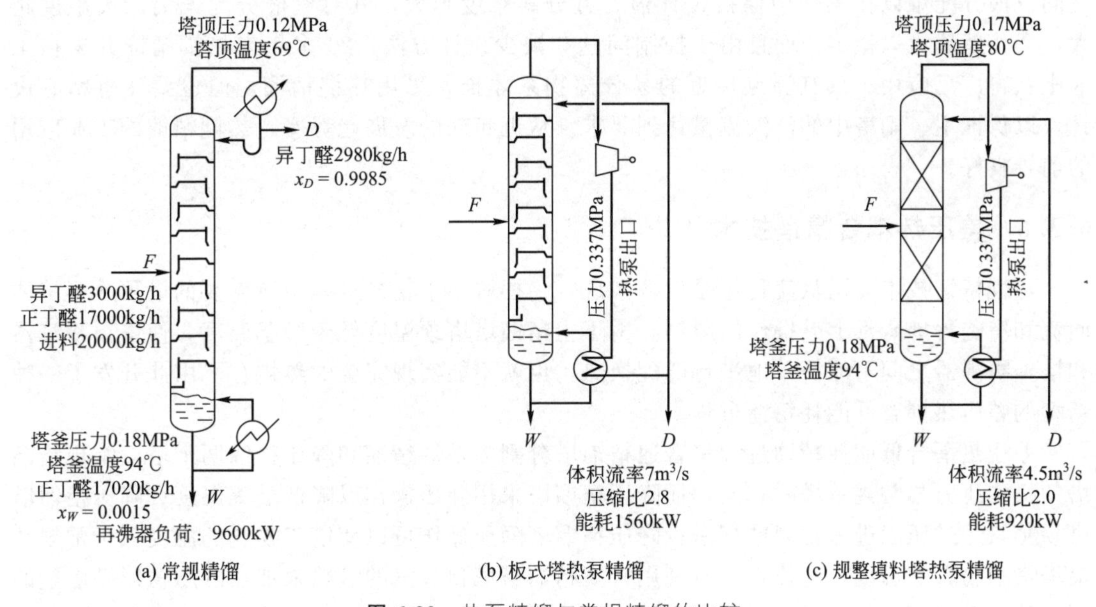

图 6-20　热泵精馏与常规精馏的比较

6.3.5　热耦精馏[36,37]

按照传统设计的常规精馏系统，各塔分别配备再沸器和冷凝器，如图 6-21 所示的三组分的两种常规精馏流程。此流程由于冷、热流体通过换热器管壁的实际传热过程是不可逆的，为保证过程的进行，需要有足够的温差，温差越大，有效能损失越多，则热力学效率就越低。热耦精馏就是基于此而研究出的一种新型的节能精馏。它兼具有热耦合及设备集成的特点，不仅使能耗降低还可以减少设备投资。

如图 6-22 所示，其中 1 为主塔，2 为副塔。从主塔内引出一股液相物流直接作为副塔塔釜的汽相回流，使副塔避免使用冷凝器和再沸器，实现了热量的耦合，故称为热耦精馏。

热耦精馏在热力学上是最理想的系统结构，既可节省能耗，又可节省设备投资。经计算表明，热耦精馏比两个常规塔精馏可节能 20%～40%。所以，在 20 世纪 70 年代能源危机

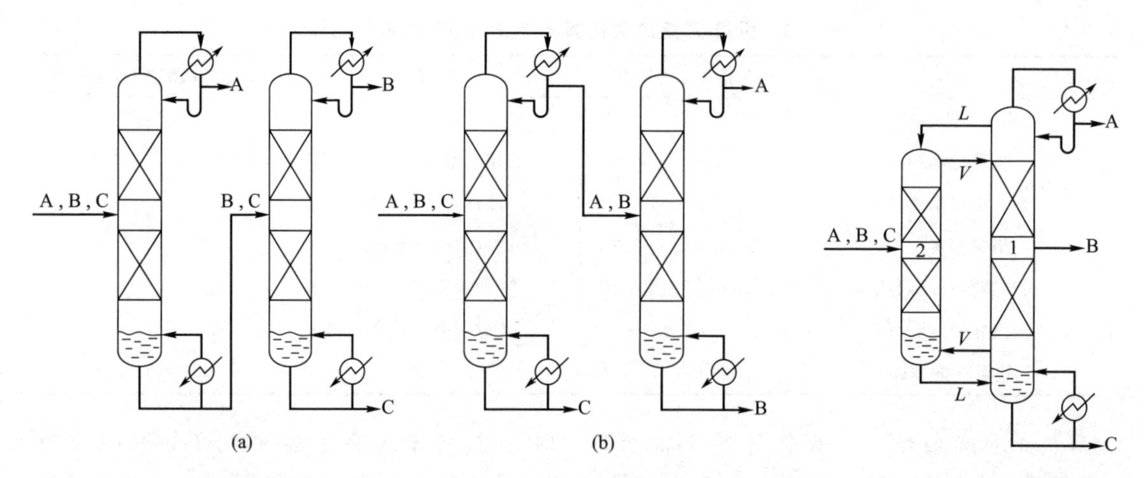

图 6-21 三组分常规精馏流程

图 6-22 热耦精馏流程

时这种新型节能精馏技术受到西方国家的广泛注意，进行了许多研究。但是，由于主、副塔之间汽液分配难以在操作中保持设计值，且分离难度越大，其对汽液分配偏离的灵敏度越大，操作就越难以稳定，而且由于控制问题和缺少设计方法，20 多年来热耦精馏并未在工业中获得广泛应用。只有沸点接近的易分离物系才推荐采用热耦精馏，但也要注意精心设计，以保证主、副塔中的汽液流量达到要求。从近年来的发展趋势看，热耦精馏的工业应用的前景良好。

6.3.6 差压热耦合精馏技术[38,39]

热耦精馏技术无论从流程还是设备来说，仍摆脱不了精馏过程中所需要的塔顶冷凝液体回流和塔釜再沸蒸汽上升操作的限制。由于主精馏塔塔顶温度低于塔釜温度，使塔顶冷凝器和塔釜再沸器之间不能简单地进行匹配换热，也就不能实现完全的热耦合。由此开发了一种新型的差压热耦合低能耗精馏过程。

差压热耦合低能耗精馏过程将普通精馏塔分割为常规精馏和降压精馏两个塔。常规精馏塔的操作压力与常规单塔时相同，而降压精馏塔采用降压操作以降低塔釜温度；降压精馏塔塔顶蒸汽经过压缩进入常规精馏塔；降压精馏塔降压操作可以使塔釜物料的温度低于常规精馏塔塔顶物料的温度，这样就可以利用常规精馏塔塔顶蒸汽的潜热来加热降压精馏塔塔釜的再沸器，进行两塔的完全热耦合，实现精馏过程的大幅度节能。

差压热耦合低能耗精馏流程如图 6-23 所示，图中“2”为常规精馏塔，“3”为降压精馏塔。经过常规精馏塔分离后的塔釜液相物料在压差推动下进入降压精馏塔顶部；降压精馏塔顶部出来的蒸汽通过压缩机加压后进入常规精馏塔釜作为上升蒸汽；降压精馏塔塔釜出来的液相一部分可作为产品采出，另一部分与常规精馏塔塔顶出来的蒸汽在主换热器中进行换热并部分汽化，形成降压精馏塔塔釜所需的再沸蒸汽，若冷凝负荷小于主再沸器负荷时，需要同时开启辅助再沸器；常规精馏塔塔顶蒸汽经过换热后得到部分或全部冷凝液，当冷凝负荷大于主再沸器负荷时，需开启该部分冷凝液流经的辅助冷凝器，从而得到常规精馏塔塔顶所需要的回流和采出的冷凝液进入回流储罐，从回流储罐中流出的冷凝液一部分作为产品采出，另一部分作为常规精馏塔的塔顶回流液体。

在操作过程中若降压精馏塔塔釜物料再沸器所需热量大于常规精馏塔塔顶冷凝所能提供的热量时，则需要同时开启辅助再沸器，使得降压精馏塔釜出来的液相的一部分与

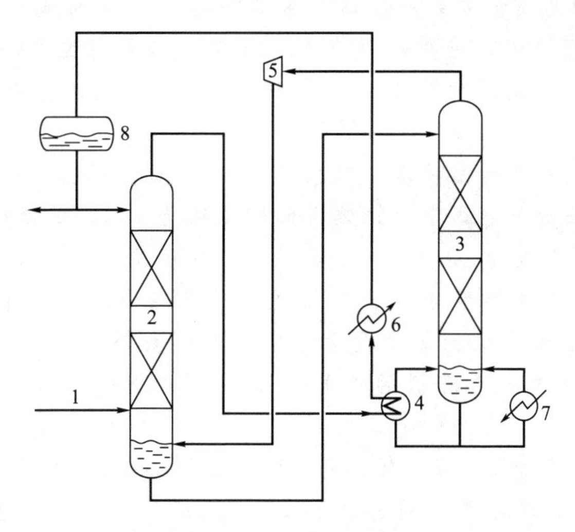

图 6-23 差压热耦合低能耗精馏流程

1—进料；2—常规精馏塔；3—降压精馏塔；4—主换热器；
5—压缩机；6—辅助冷凝器；7—辅助再沸器；8—回流储罐

外部换热来满足降压精馏塔釜上升蒸汽所需要的全部热量；而若在操作过程中降压精馏塔上升蒸汽所需热量小于常规精馏塔塔顶冷凝所能提供的热量，则需要同时开启辅助冷凝器使得常规精馏塔顶蒸汽经过主再沸器冷却后的物料与外部换热来降低该股物料的温度，以降低至常规精馏塔塔顶所需回流液体的温度；因而，在实际操作达到稳定运行后，辅助冷凝器和辅助再沸器一般不会同时开启，根据热量匹配可选择其一作为辅助能源设备，若流程设计中常规精馏塔塔顶冷凝和降压精馏塔塔釜再沸蒸汽可以完全匹配的话，则两个辅助设备均无需开启。差压热耦合低能耗精馏与现有热耦精馏技术相比，具有以下几方面优点。

① 差压热耦合精馏过程的常规精馏塔塔顶冷凝的负荷可以与降压精馏塔塔釜再沸器的负荷相匹配，实现热耦精馏，匹配换热。

② 与常规的单塔精馏过程不同，差压热耦合精馏过程的常规精馏塔塔顶上升蒸汽能够用于加热降压精馏塔塔釜物料，满足塔釜再沸器的要求。

③ 热消耗是精馏操作中的主要能耗所在，用差压降温手段可以实现最小的热消耗，甚至实现冷热负荷完全匹配，热消耗为零。而实现该目的的手段仅仅是在设备中增加一台压缩机，该动力消耗相对于原有的热消耗小很多。

【工程案例 6-4】 丙烯-丙烷分离的差压热耦合节能精馏技术

丙烯-丙烷的分离方法有高压法、低压法和低压热泵法。采用高压法时塔顶温度高于45℃，可以直接用冷却水进行冷凝，但是高压法分离需要的塔级数多，且回流比很大；采用低压法，丙烯和丙烷的相对挥发度增加，可以减少回流比和理论级数，但是塔顶温度太低，不能采用冷凝水直接进行冷凝，需要其它冷剂，这样无疑要增加投资及能耗；如果采用热泵法，节能最高可达88%，但是需要增加20%左右的投资，而且热泵精馏存在流程复杂、操作困难的缺点。

以一个工业规模的丙烯-丙烷气体分离系统为典型进行计算，主要条件如下：进料量为16832kg/h（约15万吨/年），进料温度为40℃，进料组成为丙烷25.8%，丙烯74%，乙烷等组分0.2%（均为质量分数）分离要求实现塔顶产品丙烯大于99%。现有常规流程精馏塔共需要200理论级，进料位置在第146级。若要实现产品质量要求，模拟得到该精馏塔操作条件为：塔顶温度为43.4℃，压力为1800kPa，塔釜温度为58.7℃，压力为2100kPa。

利用差压热耦合低能耗精馏技术，对丙烯-丙烷分离过程进行模拟。将精馏分离分割为常规精馏和降压精馏两个塔，常规精馏塔的理论级为145，塔顶压力为1800kPa，塔釜压力为2000kPa，塔顶温度为43.4℃；降压精馏塔的理论级是55，塔顶压力为1100kPa，塔釜压力为1200kPa，塔釜温度为33.7℃，进料位置在降压精馏塔的适当部位。本模拟条件下常规精馏塔顶冷凝提供的热量要大于降压精馏塔釜上升再沸蒸汽所需要的热量，开启辅助冷凝器使得通过主再沸器的冷凝流股再一次冷凝达到常规分馏塔顶液相回流要求。

常规精馏过程塔顶压力低，塔釜压力高，塔顶富含轻组分、塔釜富集重组分，因此塔顶温度总是低于塔釜温度，塔顶蒸汽的潜热无法被塔釜再沸器利用，也就不能进行能量的匹配。差压热耦合精馏则通过将常规精馏塔分割为常规精馏和降压精馏两个精馏塔，再沸器在降压精馏塔塔釜。由于常规精馏塔塔顶蒸汽的温度要高于降压精馏塔塔釜再沸器的温度，这样降压精馏塔的再沸器就可以用常规精馏塔塔顶的蒸汽来加热，实现了完全的热耦合，降压精馏塔顶的汽相通过压缩机回到常规精馏塔的塔釜。由此可以看出精馏过程主要能耗集中在热量和动力消耗上，而差压热耦合低能耗精馏过程需要的仅是压缩机的动力消耗，因此总能耗可降低92.3%，大幅度削减了丙烯-丙烷精馏分离过程中的能量消耗，真正实现了用精馏塔顶蒸汽的潜热加热塔釜再沸器的目的，实现了能量真正的匹配，大幅度降低了精馏过程的能耗。

6.3.7 多级冷凝工艺[28]

多级冷凝在工程中十分常用，主要是采用二级冷凝。在一些情况下，用于工艺的改进和优化，可以达到很好的节能效果。下面是二级冷凝在催化裂化（FCCU）吸收稳定系统工艺改进中的一个应用实例。

吸收稳定系统中，传统的吸收-解吸有单塔和双塔两种流程。图6-24所示为传统的双塔流程双股进料流程。在该工艺中，同样组成但温度不同的物料分两股进入塔的不同部位，扰乱了塔内气液相组成剖面，冷、热进料之间的部分存在轴向返混，使得推动力下降，塔板效率严重恶化。另一方面，大量气液混合进料会先冷却到40℃左右以后，冷凝汽油的一部分再经稳定汽油加热，然后作为热进料进入解吸塔。这个“先冷却后加热”的过程从本质上讲是一种能量损耗。因此在改进新工艺中加入二级冷凝。另外在解吸塔的中部增设了中间再沸器，不仅可充分利用稳定汽油的余热，而且可以使解吸塔底部再沸器的负荷大幅度降低。新工艺如图6-24所示。

以催化加工量为180万吨/年的某炼油厂为例，并以干气中C_{3+}组分含量为1.5%（摩尔分数）作为比较基准，对两种流程进行了模拟分析，能耗比较如表6-3所示。

由表6-3比较可以看出，通过采用两级冷凝工艺，大幅度降低了平衡罐前的冷却负荷，而且避免了原流程中先冷却后加热的耗能过程，显著减少了不必要的能耗；二级冷凝可以使凝缩油中C_2含量明显减少，从而解吸塔内负荷降低，解吸效果增强。二级冷凝具备了冷热两股进料的优点，但其冷、热两股进料的组成不同，有效地避免了返混。另外，采用解吸塔中部加设再沸器的工艺，不仅可充分利用稳定汽油的余热，而且可以使解吸塔底部再沸器的

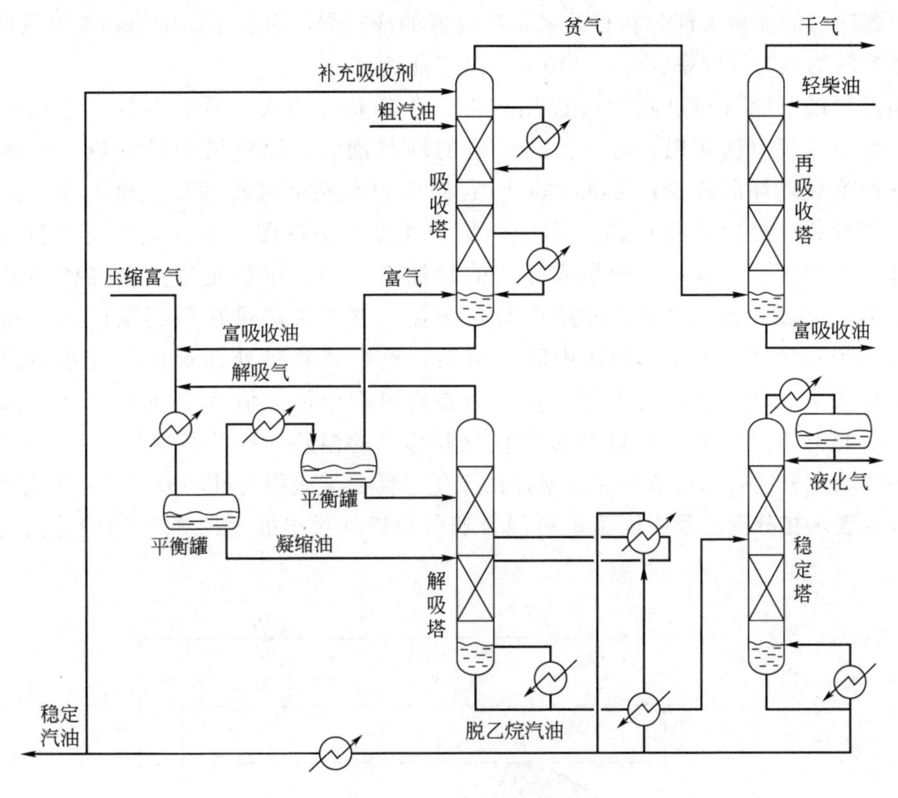

图 6-24　新工艺流程

表 6-3　两种流程的解吸塔冷负荷、热负荷及能耗比较

序号	项目	双塔流程	新流程	节能
1	平衡罐前冷却负荷/(GJ/h)	−20.985	−12.177	41.97%
2	吸收塔一段中间取热量/(GJ/h)	−0.9	−2.52	
3	吸收塔二段中间取热量/(GJ/h)	−0.36	−1.08	
4	冷负荷总计/(GJ/h)	−22.245	−15.777	29.08%
5	解吸塔进料预热器热负荷/(GJ/h)	8.502	0	
6	解吸塔底再沸器热负荷/(GJ/h)	23.61	14.01	40.66%
7	解吸塔底中间再沸器热负荷/(GJ/h)	0	11.409	
8	解吸塔底再沸器蒸汽消耗/(t/h)	11.691	6.936	40.66%

负荷大幅度降低。新流程与传统双塔流程相比，平衡罐前冷却负荷约减少了 41.97%，总冷负荷亦占有很大的优势。热负荷按蒸汽耗量计算，新流程可节约 40.66%。

6.3.8　隔壁塔技术

如图 5-1(f) 所示隔壁精馏塔是在传统精馏塔的内部安置一块竖直隔板，将精馏塔分为了 4 个部分：隔板进料一侧为预精馏区，侧线采出一侧为侧线精馏区，隔板之上为公共精馏区，隔板之下为公共提馏区。其中，公共精馏区、侧线精馏区和公共提馏区构成了主塔区。从本质上，精馏过程是物理有效能转化为扩散有效能的过程，同时伴随物理有效能的降价损失。热力学第二定律分析显示，精馏过程的高耗能主要表现为再沸器输入热量使用效率的低下，再沸器输入的能量大部分转移给塔顶冷凝器的冷凝剂，而真正提供给物流有效能的部分很少。精馏塔的热力学效率在5%～15%，最多能达到30%。

精馏过程的节能可通过减少过程热损失、余热充分回收、减少本身对能量的需求和提高热力学效率等方法实现。通过传热传质的同时耦合，隔壁塔的过程热力学效率得到提高，从而实现能耗的减少。Kaibel等[40]在对多组元精馏过程的集成研究中，进行了详尽的有效能分析，提出如图6-25所示的热焓与温度的关联图，直观地说明了精馏过程的能耗组成。图中区域1表示实现物流分离的扩散有效能，也就是进出精馏体系的物流有效能的差值；区域2表示由于未使用中间再沸器，整个供热量在最高温度水平而导致的有效能的损失；区域3表示未使用中间冷凝器，整个移热量处在最低温度水平而导致的有效能的损失；区域4表示由于实际过程需要高出理论最低值20%的蒸汽所导致的有效能的损失；区域5表示由于压降导致的供热和移热的温差的提升所导致的有效能的损失；区域6和区域7分别表示再沸器和冷凝器由于传热需要温差作为推动力而导致的有效能的损失；区域8表示在分离过程中因为进料混合熵需要额外付出的大约30%的熵造成的有效能的损失。

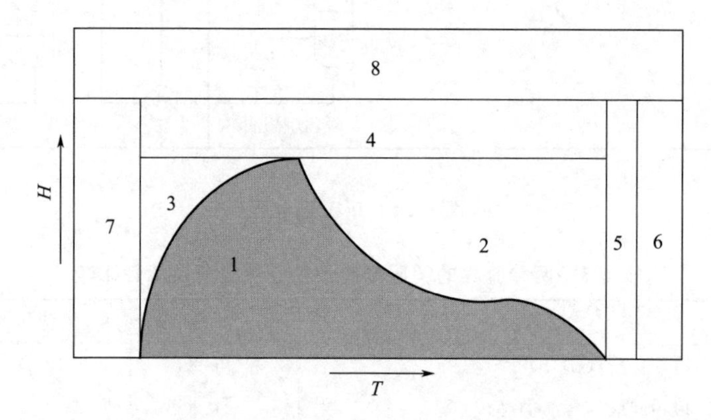

图6-25 精馏塔能耗的近似表示

相比于传统精馏塔，隔壁塔直接从主塔引出部分物流，作为预分馏塔的汽液相回流，实现了完全热耦合，同时由于预分馏塔进入主塔时的浓差极小，从而大大减小了区域2、区域3和区域8所表述的有效能的损失，热力学效率得到了提高。

马晨皓等[41]以粗苯精制流程中甲苯-二甲苯-重苯的分离为例，在三组元精馏流程的分析之上设计了2套精馏流程方案，对其进行了严格计算和优化，相比于传统的顺序分离双塔流程，隔壁塔可节省能耗41.5%，同时减少了设备的数目和投资。朱登磊等[42]则将隔壁精馏塔对乙烯装置的传统顺序分离流程进行了改进，建立基于隔壁精馏塔的顺序分离新工艺。将传统顺序分离流程中的脱甲烷塔和脱乙烷塔集成到1个隔壁精馏塔中实现C_1、C_2和C_3的分离。然后分别经脱丙烷塔、炔烃选择加氢器、乙烯精馏塔、丙烯精馏塔等，得到聚合级的乙烯和丙烯产品。李清元等[43]则采用隔板塔对丙醇/丁醇/3-甲基丁醇/2-乙基丁醇组成的4组分物系进行分离，从简捷法到严格法计算和最后的优化设计，模拟结果表明相比一般的序列塔分离工艺，完全热耦合塔序列即隔板塔节约15.1%的操作费和38%的设备材料，节能效果明显。

6.3.9 有关分离操作的节能经验规则

分离过程常常在进料或其它操作条件变化时，其产品的分离程度会高于所需要的程度。对于精馏塔，这时常可以简单地用降低回流比和蒸发量来得到好处。而当设备在减负荷下操作时，则要多消耗能量。例如，为了保证精馏塔级能在有效范围内操作就需要增加蒸发量。表 6-4 为降低分离过程能耗的一些方法经验法则。

表 6-4 降低分离过程能耗的一些方法经验法则

序号	法则
1	如果进料混合物中有多相存在，则首选采用机械分离
2	避免热量、冷量或机械功的损失；采用合适的绝热措施；避免排出大量热的或冷的产品，质量分离剂等
3	避免做过于安全的设计和(或)没有必要使分离过度的实际操作；对于生产能力变动的装置，则寻求有效调节范围的设计
4	寻求有效的控制方案，以降低不稳定操作时的过量能耗和减少由于能量积累所引起的相互影响对过程的干扰
5	在过程构成中寻求有效能最大者(或成本费用最大者)作为首要对象，通过过程的改进以降低能耗
6	在相际转移时，优先分离掉转移量少的而不是转移量多的组分
7	使用的换热器要适当，换热器如果较贵，就要寻找传热系数较高的
8	尽力减少质量分离剂的流量，只要选择性可以达到要求，优先选择 K_1 大的分离剂
9	只要好用，优先选择分离因子高的方案
10	避免将不相同组成温度的物流混合设计
11	分清不同形式的能量以及不同温度水平的冷量和热量的价值差别；加进和引出热量要使其温度水平接近于所需要的或是所具有的值；尽量有效地利用热源和热阱之间的整个温差，例如多效蒸发
12	对于在较小温差下输入热量来进行分离的过程，可以考虑使用热泵中的机械功的可能性
13	适当采用分级或逆流操作，以降低分离剂用量
14	当分离因子差不多时，优先选用能量分离剂过程，而其次选质量分离剂过程，同时，如有必要分级，则优先考虑平衡过程，其次才考虑速率控制过程
15	在能量分离剂过程中，优先选择那些相变化潜热较低的分离剂
16	如果压力降在能耗方面占重要地位，应设法寻找能够降低压力降的有效的设备内件

有效能是一个状态函数，把过程中所有组分的有效能放在一起，过程物流有效能的改变决定了过程净功耗。改进那些有效能损失最多的工序，在降低能量需求方面将最有收获。一个类似的方法是着眼于改进过程中价格最高的那个组成部分，以降低总费用。

过程控制的方案在过程的能耗方面起到核心作用。通常，在不稳定操作中，包括开车和停车，会使单位通量的能耗增加很多，而改进控制方案可以避免之。很多降低能耗的方法(例如换热器)会增加过程中动态的相互影响。这些方法的应用往往由于担心控制的可靠性会出现麻烦而被舍弃。

6.4 分离过程系统合成[1~3]

化工生产过程中通常包含有多组分混合物的分离操作。用于原料的预处理、产品分离提纯以及废物处理等。对于化工厂，分离过程在全厂的投资费和操作费中占很大比重。单从能耗来看，分离过程（如精馏、干燥、蒸发等操作）在化工工业中约占 30%，而设备投资费用则占总投资的50%～90%，所以改进分离过程的设计与操作是非常重要的，如何选择最合理的分离方法，确定最优的分离序列，以降低其各项费用，是分离序列合成的目的。在工业上，分离过程系统合成（synthesis of separation process system）所取得的实际效益仅次于换热器网络的合成。

分离序列的合成问题可综述如下：给定一进料流股，已知它的状态（流量、温度、压力和组成），系统化地设计能从进料中分离出所要求的产品的过程，并使系统费用最小。设计者面临两个问题，一是找出最优的分离序列和每一个分离器性能，二是对每一个分离器找出其最优的设计变量值，如结构尺寸、操作参数等。

6.4.1 分离顺序数

多组分分离顺序的选择是化工分离过程常遇到的问题。目前广泛采用的是有一个进料和两个产品的分离塔，称为简单分离塔。当用这类塔构成的塔系分离多组分混合物时，就涉及先分离哪个组分，后分离哪个组分的问题，因而除了分离方法的选择外，还必须对分离塔的排列顺序做出决策。此外，在简单分离塔功能的基础上采用多段进料、侧线采出、侧线汽提和热耦合等方式所构成的复杂塔及其塔系也在多种化工工艺中采用。它与简单塔相比，在操作和控制上较复杂，但在节能和热能综合利用上有明显优点。

将简单分离塔进料中各组分按相对挥发度的大小顺序排列，当轻、重关键组分为相邻组分，且二者的回收率均很高时，可认为是清晰分割。为使问题简化，假设分离顺序中各塔均为清晰分离塔，并且进料的某一组分只出现在一个产品流中。对于分离四组分混合物为四个纯的单一组分产品的情况，则需要三个塔和五种不同的分离流程，如图6-26所示。若将含有 c 个组分的混合物分离成 c 个产品，就需要 $c-1$ 个塔。由 $c-1$ 个塔可能构成的顺序数 S_c 的计算公式可以这样导出：对顺序中的第一个分离塔，其进料含有 c 个组分，可以有 $c-1$

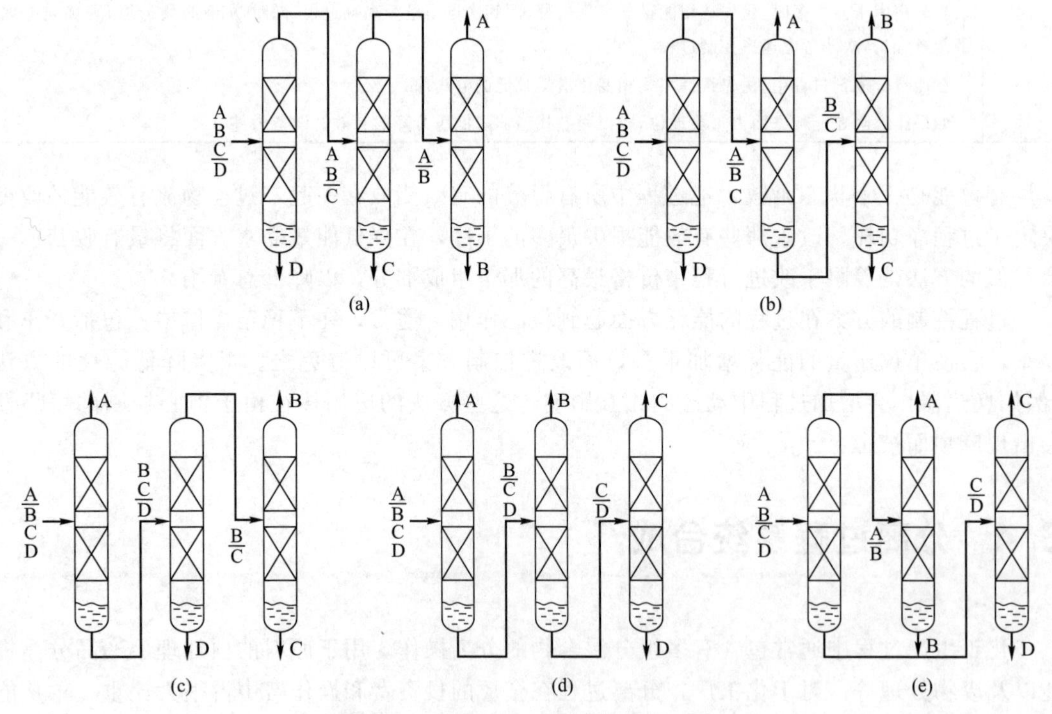

图6-26　分离四组分混合物的五种流程

种不同的分法。若第一个塔的塔顶产品含有 j 个组分，将这一产品继续进行分离可能有的分离顺序数用 S_1 表示。塔釜产品有（$c-j$）个组分，用 S_{c-j} 表示其分离顺序数，S_1 与 S_{c-j} 相乘而得第一分离塔一种分离法的分离顺序数为 S_1S_{c-j}。故对 $c-1$ 种不同分法的分离顺序总和为

$$S_c = \sum_{j=1}^{c-1} S_j S_{c-j} \tag{6-48}$$

逐步推算获得各 S 值：对 $c=2$，已知只能有一个分离顺序，从式(6-48）可得 $S_2=S_1S_1=1$和 $S_1=1$。对 $c=3$，$S_3=S_1S_2+S_2S_1=2$。依此类推，可得表 6-5 中对于 $c\leqslant 11$ 的顺序数。可以看出，顺序数随组分数或产品流的增加而急剧增加。顺序数也可从如下的公式得到

$$S_c = \frac{[2(c-1)]!}{c!(c-1)!} \tag{6-49}$$

表 6-5　用简单分离塔分离时的分离塔数和分离顺序数

组分数 c	各顺序中的分离塔数	顺序数 S_c	组分数 c	各顺序中的分离塔数	顺序数 S_c
2	1	1	7	6	132
3	2	2	8	7	429
4	3	5	9	8	1430
5	4	14	10	9	4862
6	5	42	11	10	16796

以上是就一种简单分离方法而说的，若要考虑多于一种方法的分离情况，例如考虑采用质量分离剂的萃取精馏或共沸精馏，上述式(6-48）或式(6-49）所代表的问题就大为复杂化。例如在一定情况下，总顺序数 S 按下式估算

$$S = T^{c-1} S_c \tag{6-50}$$

式中，T 为所考虑的不同分离方法数。

例如若 $c=4$，所考虑的分离方法为普通简单精馏、用苯酚的萃取精馏、用苯胺的萃取精馏及用甲醇的萃取精馏，一共四种方法，则从式(6-49）和式(6-50）得到可能的顺序数$S=4^{4-1}\times 5=64\times 5=320$ 种，即可能的顺序数为只考虑普通简单精馏时的 64 倍。如果还要考虑由于采用分离剂而引起的其它问题，如分离剂的回收和循环使用，以及对分离塔产品进行混调以得最后产品所需要的浓度等，都会使可能的顺序数增加更多。

对用非清晰分离生产混合产品，流程除包括清晰精馏塔、非清晰精馏塔外，还可以引入旁路（bypass)、分割（split）及混合（blend）等操作来减少分离成本，寻找最佳分离流程。目前求解此类问题的方法主要有图解法、经验法和数学法三种。图解法的优点是形象直观，省去大量计算工作，但因采用图形近似表示物流操作，所以很难快速求解大型复杂分离系统；经验法可用以寻找分离序列，大多数经验法不需要数学背景和计算技巧，既可手工计算，也可以加入专家系统之中。但缺点足以制约经验法的使用，经验内容互相矛盾或重叠，有时很难给出准确定义；数学法以严格准确的数学模型为特征，但非清晰分离系统中流程结构复杂多变，设备总数繁多，大规模组合优化特性和复杂的非线性建模和求解则是瓶颈和障碍，导致计算量大且不一定能找到全局最优解[44]。

6.4.2　分离顺序的合成方法

多组分物料分离成多个纯组分产品需要采用多个塔，这些塔如何排列，哪个组分首先分

出，这就是本节需要研究的问题，合理的流程安排对节能起着重要作用。

实际分离问题的可能分离序列往往很大，要从中选出最优序列是十分困难的。因此，人们提出了种种方法，以尽量缩小搜索空间，提高合成过程的效率。

分离序列合成的方法主要可分为三类：①试探合成；②调优合成；③最优化合成。

最优化合成和试探合成适用于无初始方案下的分离序列合成、试探合成得到的分离序列有时是局部最优解和近似最优解，因此，其中大多数方法必须与调优法结合，派生出一些方法，如试探调优法。调优法只适用于有初始方案时的合成问题。初始方案产生可依赖于试探法或现有生产流程，因此调优法更适于对老厂技术改造和挖潜革新。本节主要针对试探合成方法进行讨论。

6.4.2.1 试探法

所谓试探法（method of trial）实际上就是经验法，它虽然没有坚实的理论基础，但在实际过程合成应用中具有不可忽视的潜力。试探法的搜索速度一般高得多，因此该方法一直被广泛采用。

在广泛总结生产实践和深入分析研究过程的基础上，总结出分离过程合成的一些经验规则，即试探规则，下面粗略地将它们分为四类进行简要介绍。

（1）关于分离方法选择的经验规则

主要规则：能量分离剂的方法是首选的分离方法，其次再考虑使用质量分离剂的方法；若在分离器中使用的质量分离剂，应在下一级分离器中将其除去，以减少后继过程的负荷；选用费用最低的分离器作下一级分离器；质量分离剂的分离方法不能用于分离另一质量分离剂；倾向于采用普通精馏；关键组分的相对挥发度小于最小容许值时，可不采用普通精馏；避免采用极端操作条件。

精馏是工业上最广泛应用的分离方法，因其流程和操作简单，技术成熟，不会污染产品，一般比较经济。但当关键组分间的相对挥发度 $\alpha_{LK,HK}<1.05\sim1.1$ 时，则不宜采用普通精馏，而应考虑采用质量分离剂的分离方法；如果精馏塔塔顶冷凝器需用制冷剂，可以考虑以吸收或萃取替代精馏；如果精馏需用真空操作，可以考虑用萃取替代。因真空精馏和冷冻操作耗能大，有时宁肯在加压和较高的温度下操作，因为这样处理可能会更经济。

（2）设计方面的经验规则

主要规则：倾向于采用产品数目最少的分离序列，即避免重复得到相同的产品，以使分离设备数最少。

分离序列产生的产物数应最少。当产品全是单一组分时，显然不存在这个问题。但是，当产品是多元混合物时，能由分离塔直接得到产品是最好的，要用分离得到的产物混合调配而得产品，显然是不经济的，浪费了过度分离的能耗。

（3）与组分性质有关的经验规则

主要规则：优先分离热稳定性差、具有腐蚀性和毒性的组分；优先分离出能发生反应的组分；产品纯度要求高的分离放在分离序列的最后；最难分离的组分最后分离；优先分离易于分离的组分。

料液中的热稳定性差、腐蚀性组分和能发生化学反应的组分首先分出，对保证产品质量、提高收率、延长操作周期和节省设备投资都有利。

为了提高产品纯度，可以增加塔级数而保持回流比不变。此时如果带有非关键组分，上升蒸汽量将增大，因为回流量将随 D 的增大而增大。V 的增大和塔级数的增加将使设备费加大。因此对纯度要求高的组分的分离，希望在没有非关键组分存在的情况下进行分离，即放在分离序列的最后。

最困难的分离放到分离序列最后进行，是因为当 α 接近 1 时，所需 $R_{\min}$ 很大，R 也必然很大，相应的再沸器和冷凝器的热负荷也大。如果此时还存在轻组分或（和）重组分，塔釜和塔顶的温差将增大，按照式(6-46)，精馏的净功耗加大，不经济，故到最后分，才能节省净功耗。根据这一规则的理由，也就很易理解最容易的分离首先进行的规则了。

（4）与组成和经济性有关的规则

主要规则：倾向于一分为二的分离；较轻的组分优先分离；将含量最高的组分优先分离；尽量使分离单元内上升的气相流率最小。

在精馏塔中，塔顶的上升蒸汽量由塔顶回流量决定，当塔顶馏出量 D 远小于塔釜出料量 W 时，则精馏段液、汽相流量的比值 L/V 接近 1。也就是说，为了保证提馏段的分离，精馏段的回流量将远远超过分离的需要。当 W 远小于 D 时也是这样，因此当 D 和 W 接近时，精馏段和提馏段所要的回流比比较平衡。所需要的能耗最小。

宜将高回收率的分离留到最后进行。因此这时要求很多塔级数，塔较高，如果这时还有其它非关键组分存在，塔中汽相流率将增大，也将增大塔径，又高又大的塔将增大投资。

宜将原料中含量最多的组分首先分出。含量最多的组分分出后，就避免了这个组分在后继塔中的多次蒸发、冷凝，减小了后继塔的负荷，这样当然比较经济。

当料液中某一组分的摩尔分数很大时，应尽早将这一组分分离出去，否则将导致各塔的上升蒸汽量显著增大，使费用大大增加。

应当指出，使用上述规则时会出现相互矛盾的情况。采用不同试探规则组成的试探法求解同一问题，结论是不同的，所以设计者应当具体分析实际问题，判断影响决策的主要规则；应用这些规则的最好方法是：

① 同时满足（或近似满足）几条规则的序列应予优先考虑；

② 同时考虑用不同试探规则确定的几种序列；

③ 确定起主要作用的规则；

④ 保留 2～3 个最好的序列。

Tedder 等[45]设计并分析了三元物系（分别以 A、B、C 代表轻组分、中间组分和重组分）的精馏流程组织方案，提出了基于进料组成和分离因子的流程组织的选择，并绘制了类似三元图的优选区域图，如图 6-27 所示。

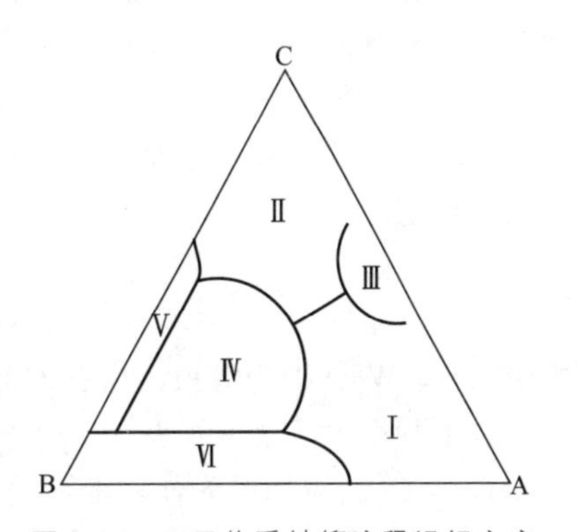

图 6-27 三元物系精馏流程组织方案

从图 6-27 中可以看出有 6 种精馏流程的组织：Ⅰ代表顺序分离流程，Ⅱ代表反序分离流程，Ⅲ代表有汽相侧线精馏流程，Ⅳ代表具有预分馏的精馏流程，Ⅴ代表有上部侧线采出的精馏流程，Ⅵ代表有下部侧线采出的精馏流程。当轻组分质量分数较高时，顺序分离流程（A/BC→B/C）可以通过较低的能耗实现，当重组分质量分数较高时，反序分离流程（AB /C→A/B）可以通过较低的能耗实现，当中间组分质量分数较高时，带有预精馏的分离流程可以通过较低的能耗实现。

Porter 等[46]提供了一种确定最佳分离序列的启发方法，仅使用进料中组分的摩尔分数以及相对挥发度可能按成本的顺序列出所有可能的序列，并可以定量表达，但该法在混合物中两种组分的相对挥发度低于 1.1 时不太精确。

6.4.2.2 有序试探法

有序试探法（ordered method of trial）首先把试探规则按照重要程度排成顺序，主要的排在前面，然后按顺序使用这些规则，逐步合成出分离序列，这在一定程度上解决了应用试探规则时出现矛盾的情况。

Nadgir 和 Liu 把试探规则分成四大类：①分离方法（M）试探规则，主要是对某一特定的分离任务，确定最好采用哪一类分离方法；②设计（D）试探规则，主要决定最好采用的某个特定性质的分离顺序；③组分（S）试探规则，根据被分离组分性质上的差异而提出的规则；④组成（C）规则，表示进料组成及产品组成对分离费用的影响。下面对这四种规则略加介绍。

（1）M 规则

M_1 规则：在各种分离方法中，优先采用能量分离剂的方法，其次才考虑采用质量分离剂的方法，若采用质量分离剂，应在下一级分离中将其除去，并且不能用质量分离剂来分离另一个质量分离剂。

M_2 规则：尽量避免采用真空精馏、冷冻操作。

（2）D 规则

D 类规则是指产品集合中元素最少的分离序列最有利。当产品全是单一组分时，不存在这个问题。但当产品包括两个或多个多元产品时，应当选择能产生最少产品集合的流程，这是因为产品集合最少，分离序列中分离剂的数目也最少，因此总费用降低。

（3）S 规则

S_1 规则：首先除掉具有腐蚀性、毒性组分，以减少污染，对后续设备及操作条件就不必提出过高的要求。

S_2 规则：最后处理难分离和分离要求高的组分。

（4）C 规则

C_1 规则：规定应将进料中含量最多的组分首先分离出去。

C_2 规则：指出等摩尔分割最有利。若难以判断哪一种分离最接近一分为二，则可选择具有最大易分离系数（C_{ES}）处为分离点。

$$C_{ES}=f\Delta \tag{6-51}$$

式中，Δ 代表欲分离两个组分的沸点差，Δ 也可按 $\Delta=(\alpha-1)\times 100$ 计算；f 代表产品摩尔流量的比值。

$$f=D/W \qquad (D\leqslant W)$$
$$f=W/D \qquad (D>W)$$

式中，D、W 分别为塔顶、塔釜产品的摩尔流量。

以上规则可用表 6-6 表示，这七条规则的重要性按下列次序排列：$M_1>M_2>D>S_1>S_2>C_1>C_2$。应用时先使用前面的规则，再依次使用，只有当前面规则不适用时，才考虑使用下一条规则，前一条规则优先于后一条，后面的规则服从前面的规则。

表 6-6　选择塔序排列的经验规则

类别		经验规则	类别		经验规则
M	M_1	优先使用能量分离剂的方法		S_2	将最困难的分离放在分离顺序的最后
	M_2	尽可能避免采用真空精馏及冷冻操作	C	C_1	先分离出含量最多的组分
D	D	选择能产生最少产品集合的分离顺序		C_2	优先采用等摩尔分割或C_{ES}数值最大的分割
S	S_1	首先移除腐蚀性和危险性的组分			

【例 6-3】 将下列混合物分离成较纯的单组分物流，进料组成如下表，其中组分E具有毒性，试用有序试探法选出一种最佳简单分离顺序。

组分	进料摩尔流率/(kmol/h)	相对挥发度	要求产品的含量(摩尔分数)
A	10	3.58	含 A94%
B	10	2.17	含 B94%
C	10	1.86	含 C94%
D	15	1.00	含 D94%
E	30	0.412	含 E94%

解　根据S_1规则和C_1规则，E为有毒气体且含量最多，应首先将其分离，所以第一步应分离组分E；B、C组分间相对挥发度最小，相对最难分离，根据S_2规则，B、C组分最后分离；A为最易分离的物体，所以第二步应分离组分A。具体分离顺序如图6-28所示。

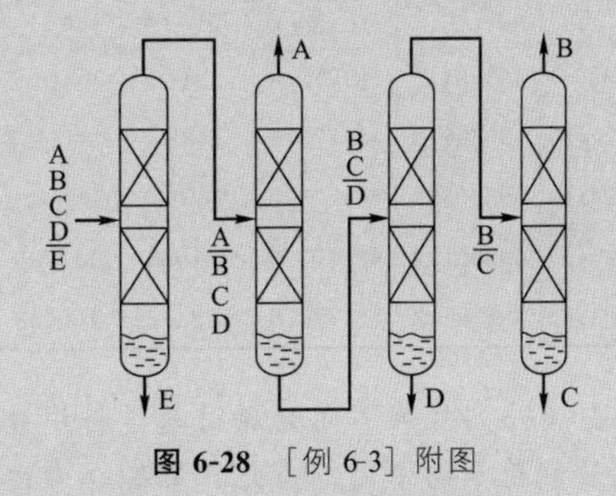

图 6-28　［例 6-3］附图

上面的研究可以看出试探法用规则确定多组分分离顺序时，规则间往往有矛盾或含糊不清。而有序试探法也是凭经验和主观判断，而且比较随意和缺乏科学性。利用层次分析和模糊数学法，构建用来归纳多组分精馏分离次序的数学模型，通过模糊数学的方法构造各属性指标的隶属函数，计算各种分离方案在各个指标中的权重，再利用层次分析法判断其优劣，从而确定分离方案[47]。

【工程案例 6-5】　二甲醚精馏分离序列的能耗分析[48]

浆态床一步法制备的二甲醚产物中主要含二甲醚（DEM）、H_2、CO、CO_2、N_2、CH_3OH和H_2O共7种物质。因为H_2、CO、N_2是制取二甲醚的原料气，且沸点远低于产物，所以可以先把它们作为一种物质分离出去。问题就简化为二氧化碳（A）、二甲醚（B）、甲醇（C）和水（D）分离成4个纯组分，故可能的分离序列有5种。如图6-26所示。

应用Aspen Plus模拟二甲醚精馏过程，并在满足进料物流组分和产品组分相同的情况下研究不同分离序列精馏过程中热量损耗和㶲损耗，计算结果分别见表6-7和表6-8。

从表6-7可以看出热量分析计算得出热量损耗最小的分离序列为图6-26(a)分离序列，其热量损耗值为42913.4MJ/h，热效率为53.22%，与图6-26(d)分离序列相比，热量损耗降低11737.4MJ/h，热效率提高了75.46%。表6-8的㶲分析计算得出㶲损耗最小的分离序列也为图6-26(a)分离序列，其㶲损耗值为101630.6MJ/h，㶲效率为50.79%，与图6-26(d)分离序列相比，㶲损耗降低了164128.6MJ/h，㶲效率提高了80.68%。很明显二甲醚

表 6-7　分离序列的热量分析

分类	进料物流 Q_{nf} /(MJ/h)	产品物流 Q_{ne} /(MJ/h)	系统与外界 Q_{nq}/(MJ/h)						热量损耗 Q_{nk} /(MJ/h)	效率 η_q/%
			冷凝器		再沸器		过程换热			
			入口	出口	入口	出口	入口	出口		
图 6-24(a)	456933.5	420646.6	4880.3	20685	226059	196079	2331	9880.4	42913.4	53.22
图 6-24(b)	456933.5	420646.6	3957.7	16774	233850	292837	2507	10625.8	46364.3	52.68
图 6-24(c)	456933.5	420646.6	3222.6	13658	384648	333637	9417	39915.3	46364.2	43.00
图 6-24(d)	456933.5	420646.6	11608	49199	729785	633003	12607	53434.3	54650.8	30.33
图 6-24(e)	456933.5	420646.6	13513.8	57276	575912	499536	6309	25763.9	49445.7	34.90

表 6-8　分离序列的㶲分析

分类	进料物流 Q_{nf} /(MJ/h)	产品物流 Q_{ne} /(MJ/h)	系统与外界 Q_{nq}/(MJ/h)						热量损耗 Q_{nk} /(MJ/h)	效率 η_q/%
			冷凝器		再沸器		过程换热			
			入口	出口	入口	出口	入口	出口		
图 6-24(a)	493501.2	481773.8	55482	59610.5	256740	160846	26794	28657	101630.6	50.79
图 6-24(b)	493501.2	481773.8	44883	48340.7	278200	174290	28501	30622	110058.5	50.03
图 6-24(c)	493501.2	481773.8	36636	39362.3	430068	269434	107064	115030	161668.9	39.62
图 6-24(d)	493501.2	481773.8	131966	141785	734965	460450	143326	153990	265759.2	28.11
图 6-24(e)	493501.2	481773.8	153633	165063	580000	363366	68430	73705	211655.7	32.64

精馏分离序列能耗不同的原因是进料组分的物性和分离顺序的不同导致分离难易程度和高品质能量利用率的不同，为此只有综合考虑所分离物系的具体特性、能耗等因素，才能找到经济合理的分离序列。综合比较分析得出分离顺序为先分离水，再分离甲醇，最后分离二氧化碳和二甲醚，分离的节能效果最显著。

6.4.3　复杂塔的分离顺序

前述简单分离顺序是传统的分离方案。尽管用经验法和更严格的塔序合成技术可确定较好甚至是最优的塔序，其热能的消耗仍然是比较大的。基于节能和热能综合利用的考虑，在简单分离塔原有功能的基础上加上多段进料、侧线出料、预分馏、侧线精馏、侧线提馏和热耦合等组合方式构成复杂塔及包括复杂塔在内的塔序，力求降低能耗。

图 6-29 表示出用精馏法分离三元物系的各种方案。组分 A、B、C 不形成共沸物，其相对挥发度顺序为 $\alpha_A > \alpha_B > \alpha_C$。方案（a）和（b）为简单分离塔序，图 6-29 收入这两个方案（a、b）的目的是便于其它方案与其比较。

方案（a）为简单分离塔序，在第一个塔中将组分 A 与其它两个组分分离。应用条件：A 的含量远大于 C。

方案（b）类似于方案（a），为简单分离，在第一个塔中将组分 C 与其它两个组分分离。应用条件：A 的含量远小于 C。

方案（c）中第一塔的作用及应用条件与方案（a）的相似，但再沸器被省掉了。釜液送往后继塔作为进料，上升蒸汽由后继塔返回汽提塔，该耦合方式优点是节省了一个再沸器，可降低设备费。缺点是开工和控制比较困难。

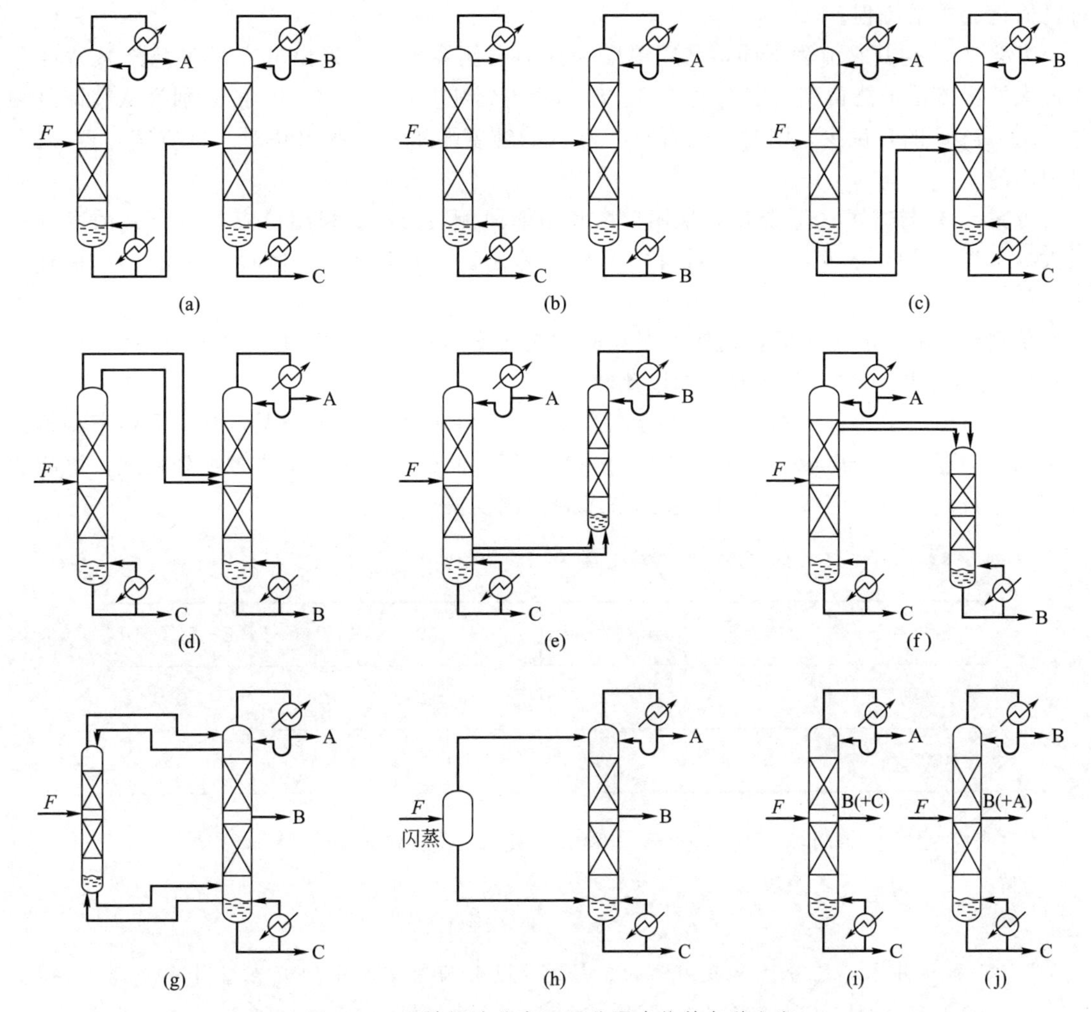

图 6-29　用精馏法分离三组分混合物的各种方案

方案（d）为类似于方案（c）的耦合方式对方案（b）的修正，其作用及应用条件与方案（b）的相似。该耦合方式优点是节省了一个冷凝器，可降低设备费。缺点同方案（c）。

方案（e）为在主塔（即第一塔）的提馏段以侧线采出中间馏分（B+C），再送入侧线精馏塔提纯，塔顶得到纯组分 B，塔釜液返回主塔。应用条件：当 B 的含量较少而 A 的含量远大于 C 时。

方案（f）与方案（e）的区别在于侧线采出口在精馏段，故中间馏分为 A 和 B 的混合物，侧线提馏塔的作用是从塔釜分离出纯组分 B。应用条件：当 B 的含量较少而 A 的含量远低于 C 时。

方案（g）为热耦合系统（亦称 Petyluk 塔）第一塔起预分馏作用。由于组分 A 和 C 的相对挥发度大，可实现完全分离。组分 B 在塔顶、釜均存在。该塔不设再沸器和冷凝器，而是以两端的蒸汽和液体物流与第二塔沟通起来。在第二塔的塔顶和塔釜分别得到纯组分 A 和 C。产品 B 可以按任何纯度要求作为塔中侧线得到。如果 A-B 或 B-C 的分离较困难，则需要较多的塔级数。热耦合塔的能耗是最低的，但开工和控制比较困难。当 B 的含量高，而 A 和 C 两者的含量相当时，则热耦合方案（g）常是可取的。

方案（h）与方案（g）的区别在于 A-C 组分间很容易分离，故用闪蒸罐代替第一塔即可，简化成单塔流程。

方案（i）与其它流程不同，采用单塔和提馏段侧线出料。采出口应开在组分 B 浓度分布最大处。该法虽能得到一定纯度的 B，却不能得到纯 B。(h) 与（i）的区别为从精馏段侧线采出。当 C 的含量少，同时（或者）C 和 B 的纯度要求不是很严格时，则方案（i）是有吸引力的。

方案（j）与方案（i）类似，采用单塔和精馏段侧线出料。采出口应在组分 B 浓度分布最大处。当 A 的含量少，同时（或者）A 和 B 的纯度要求不是很严格时，方案（j）是有吸引力的。

根据研究和经验可推断，这些方案还必须与方案（b）（C 的含量远大于 A 时）和方案（a）（C 的含量比 A 少或相仿时）加以比较。

应该指出，上述分析不限于一个分离产品中只含有一个组分的情况，它也适用于将不论多少组分的混合物分离成三种不同产品的分离过程。此外，对于具有更多组分系统，可能的分离方案数量将按几何级数增加，选择塔序的问题变得十分复杂。

【例 6-4】 混合醇的组成和相对挥发度为

组　分	乙醇（E）	异丙醇（*i*-P）	正丙醇（*n*-P）	异丁醇（*i*-B）	正丁醇（*n*-B）
摩尔分数/%	25	15	35	10	15
相对挥发度	2.09	1.82	1.0	0.677	0.428

要求每种醇产品的纯度均为 98%（摩尔分数），试确定较好的精馏塔序。

解 （1）相对挥发度数据得

$$\alpha_{E,i\text{-}P}=2.09/1.82=1.15$$

可见，乙醇与异丙醇的分离是最困难的。按 S_1 规则确定这两个组分在塔Ⅱ中分离。按规则（3）确定塔Ⅰ为 *i*-P 和 *n*-P 的切割塔。按 C_1 和 C_2 规则确定塔Ⅲ用于分离 *n*-P 和 *i*-B。流程如图 6-30 所示。

（2）塔Ⅰ和塔Ⅱ的排列顺序同（1），然后用热耦合方式完成其余组分的分离，流程如图 6-31 所示。

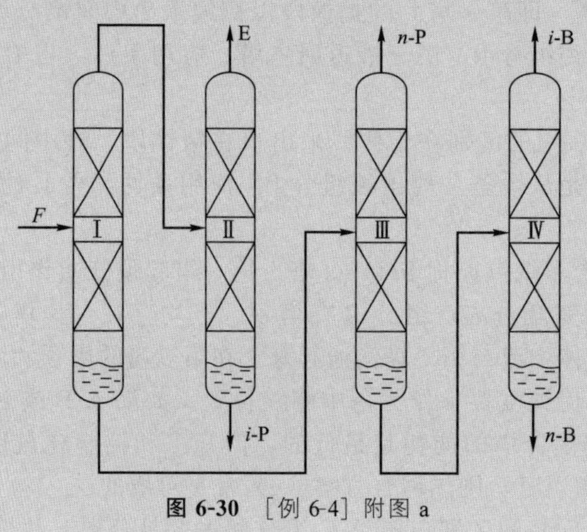

图 6-30 ［例 6-4］附图 a

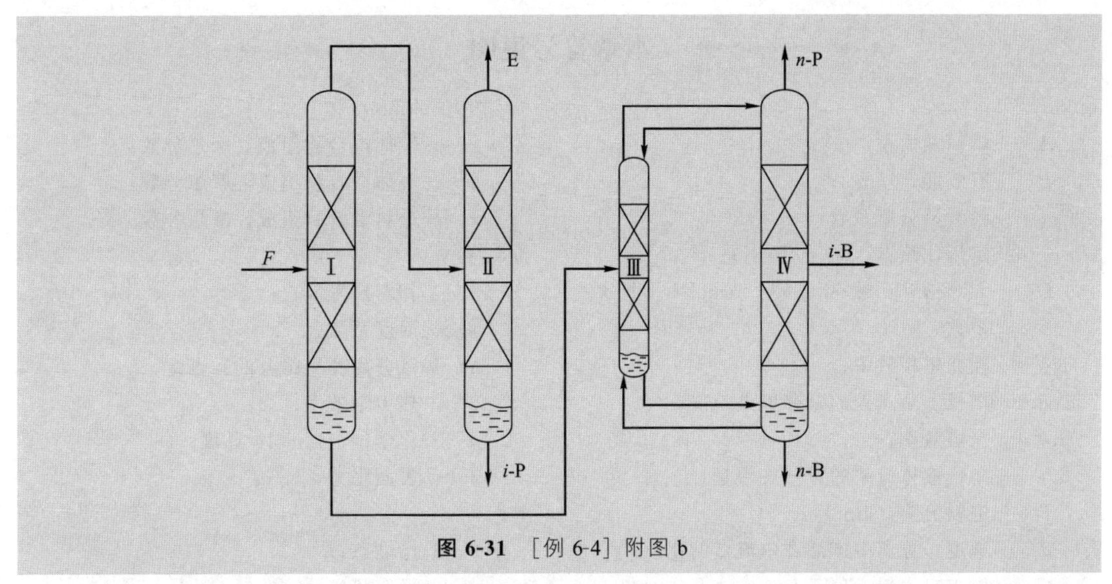

图 6-31 ［例 6-4］附图 b

在复杂精馏中，最优序列和最差序列的费用差距可达 50%，徐艳等[49]提出了一种基于代码矩阵的精馏序列合成方法及其算法实现。该方法包括混合物组群划分、减塔配置基本搜索空间的创建、代码矩阵的生成和使用分离限制条件筛选 4 个步骤，并给出了组群划分的依据；提出了以代码矩阵表示分离序列，使精馏塔序号和产品流股采出位置等信息直观显示于配置矩阵中，更便于分离配置的进一步筛选；由于代码矩阵衍生自矩阵法的 0-1 矩阵，且其元素代码包含了精馏塔分离编号和产品流股的采出位置等信息，因此，该合成法不仅能提供完整的精馏配置搜索空间，而且便于根据分离限制要求进行分离序列的筛选。

多组分混合物的热耦合精馏分离序列的设计，由于与常规塔的精馏序列相比具有更大的自由度故比较复杂。Calzon-McConville 等[50]针对五个组分混合物的分离将热耦合精馏序列进行了设计和优化（完全或部分耦合），不仅达到规定的分离，而且所需的能源消耗较低，比常规精馏方案具有更好的热力学效率。Anirudh 等[51]提出同时进行热量和质量集成的新多组分精馏序列，这种方法对非共沸精馏过程提供了一种新的高效节能选择。

多组分混合物精馏分离序列数随组分数增加爆炸性增长的特性，传统方法不适合用于过多组分的精馏分离序列优化综合。近年来，随机优化算法被广泛应用到过程综合中，其中模拟退火算法能在同一策略下实现两种不同类型变量的同步优化，可在问题建模时直接利用现有的精馏过程分析、设计和评价方法，从而可避免具体的 MINLP 模型建立及其处理等复杂工作。同时，通过增加记忆功能和引进并行技术，改进了传统模拟退火算法的效率，更适宜于复杂过程系统综合问题的求解。国内外学者提出一种新的分离序列数学表达方式，即模拟退火算法表达分离序列，并通过计算实例证明。但应用模拟退火算法，需要大量的数学理论和计算技术，较少的人为干预，可以系统地合成分离序列，有十分广泛的应用前景[52～54]。何喜辉[55]采用遗传模拟退火算法以相对费用函数作为评价函数，十组分烃类混合物 4862 个精馏分离序列为研究对象，进行精馏分离序列优化综合。首先由初始种群经过遗传操作产生下一代群体，然后对每个个体进行模拟退火过程产生用于遗传操作的下一代群体，可有效用于精馏分离序列优化综合用智能优化算法对其优化。

本章符号说明

英文

A——塔横截面积，m^2；

B——有效能，J/mol；

C_{ES}——最大易分离系数；

c_p——定压比热容，J/(mol·K)；

D——精馏塔顶摩尔流率，kmol/h；扩散系数；

E_M——默弗里板效率；

E_{OG}——塔板上某点处的默弗里点效率；

E_T——全塔效率；

e——单位液体流率的雾沫夹带量；

F——进料流率，kmol/h；

f——逸度；分离中产品摩尔流量的比值；

G——摩尔自由焓，J/mol；

H——摩尔焓，J/mol；

HETP——等板高度，m；

L——液相流率，kmol/h；

$N_{理}$——塔内所需理论板的数；

$N_{实}$——塔内实际板的层数；

n——物质的量，mol；

p——压力，kPa；

Q——热量，J/mol；

q——精馏中进料热状况；

R——精馏回流比；普适气体常数；

S——摩尔熵，J/（mol·K）；分离顺序数；

T——温度，K；

V——汽相流率，kmol/h；

W——功，J/mol；精馏中塔釜摩尔流率，kmol/h；

x——液体混合物组成，摩尔分数；

y——气体混合物组成，摩尔分数；

z——进料混合物组成，摩尔分数。

希文

α——相对挥发度；

γ——活度系数；

Δ——欲分离两个组分的沸点差；

η——热力学效率；

μ——化学位，J/mol；黏度；

σ——表面张力，N/m。

上标

0——标准态；

*——平衡状态。

下标

0——环境；

D——塔顶；

F——进料；

G——气相；

i——组分 i 的性质；

j——塔板序号；

L——液相；

min——最小；

OG——气相总计；

OL——液相总计；

s——轴；

V——气（汽）相；

W——塔釜。

习题

1. 乙烯产量是衡量一个国家石油化工发展水平的重要标志之一，工业上所用的乙烯主要是从乙烯装置裂解气体里分离出来的，为节能需了解分离的过程中耗能的情况。现对含乙烯32.4%（摩尔分数）的乙烯-乙烷混合物于2MPa压力下进行精馏，塔顶为纯乙烯，温度为239K，塔釜为纯乙烷、温度为260K，正常操作下，塔釜加入热量为8800kJ/kg乙烯，试计算分离净耗功为多少？计算热力学效率。

2. 试求环境温度下，下表所示的将石油液化气碳三碳四气体分离过程的最小功。

组　分	C_2	C_3	n-C_4	n-C_5	n-C_6	合计
进料/(kmol/h)	30	200	370	350	50	1000
产品 1/(kmol/h)	30	192	4			226
产品 1/(kmol/h)		8	366	350	50	774

3. 丙烯是三大合成材料的基本原料，主要用于生产聚丙烯、丙烯腈、异丙醇、丙酮和环氧丙烷等，现有一工厂预提纯丙烯，需将含丙烯 80%（均为摩尔分数）和丙烷 20%的料液在常压下分离为含丙烯 99.6%和 5%的两股产品，试求分离最小功。设料液和产品均处于环境温度 298K，料液可以当作理想溶液。

4. 苯、甲苯和二甲苯沸点相近，难于分离，因此如果要采用精馏分离，必须考虑能量的消耗问题，现需要将含苯 58.65%（均为摩尔分数）、甲苯 30.0%和二甲苯 11.35%的料液于常压下分离为两股产物，塔顶产物含苯 99.5%和甲苯 0.5%、塔釜产物含苯 0.5%、甲苯 72.0%和二甲苯 27.5%，试求分离最小功。设料液和产物均处于环境温度 298K，并均可当作理想溶液。

5. 某班级的学生在做实验时发现乙醇-苯-水系统在 101.3kPa、64.86℃形成共沸物，并得到其共沸组成（均为摩尔分数）为 22.8%乙醇（1）、53.9%苯（2）和 23.3%水（3），利用共沸点汽相平衡组成与液相组成相等这样的有利条件，计算在 64.86℃等温分离该共沸混合液成为三个纯液体产物所需的最小功。

6. 空气是常见的混合物，包含各种气体，气体的扩散是熵增自发的过程，但若将空气中的组分进行分离则是非自发的，现设空气中含氧 21%（均为体积分数），若在 25℃下将空气可逆分离成 95% O_2 的气氧和 99% N_2 的气氮，计算该分离最小功。

7. 某连续分离过程，在 0.101MPa、21.3℃的环境下，欲将 60%（均为摩尔分数）丙烯的丙烯-丙烷混合物分离成 99%的丙烯产品和 95%的丙烷产品，分离过程及产品均处于该环境的温度及压力，试计算分离最小功。

组　　分	$C_3^=$	C_3^0
进料组成(摩尔分数)	0.6	0.4
塔顶出料组成(摩尔分数)	0.99	0.01
塔釜出料组成(摩尔分数)	0.05	0.95

8. 利用化工模拟软件对甲醇和水多效精馏热集成精馏分离系统进行稳态模拟计算。已知甲醇-水混合物温度为 330K，流量为 3600kmol/h；组成为甲醇 60%（均为摩尔分数），水 40%；分离要求为塔顶精馏液中甲醇含量为 99.9%，塔釜馏出液水含量为 99.9%。低压塔和高压塔的理论级可以取 32 级，进料位置分别为 19 级和 18 级。低压塔压力为 0.06MPa，高压塔压力为 0.53MPa，每级压降取 0.0007MPa。

9. 裂解气的组成丰富，含有丙烷、异丁烷、正丁烷等，分离得到的烷烃在工业上有的可以作为燃料，有的可以作为常用溶剂，还有的可以作为中间体，现将一烃类混合物送入精馏装置进行分离，各组分的流率为

组分	丙烷	异丁烷	正丁烷	戊烷	己烷	庚烷	合计
流率/(kmol/h)	10	10	10	10	10	10	60

要求产品的指标：

丙烷馏分——含丙烷 94%（均为摩尔分数）；异丁烷馏分——含异丁烷 94%；正丁烷馏分——含丁烷 94%；戊烷馏分——含戊烷及以上 94%；试比较可行的分离方案。

10. 某反应器流出的是 RH_3 烃的各种氯化衍生物的混合物、未反应的烃和 HCl。根据

如下数据，用经验法设计两种塔序并作必要解释。注意：HCl具有腐蚀性。

组分	HCl	RH_3	RCl_3	RH_2Cl	$RHCl_2$
流率/(kmol/h)	52	58	16	30	14
α	4.7	15.0	1.0	1.9	1.2
纯度要求(摩尔分数)/%	80.0	85.0	98.0	95.0	98.0

11. 用普通精馏塔分离来自加氢单元的混合烃类，进料组成和相对挥发度数据如下表所示，试确定两个较好的流程。

组分	丙烷	1-丁烯	正丁烯	2-丁烯	正戊烷
进料流率/(kmol/h)	10.0	100.0	341.0	187.0	40.0
相对挥发度	8.1	3.7	3.1	2.7	1.0

12. 某设计院接到的任务是将以下的物料进行分离提纯，得到厂方需要的产品。

序号	组分	x_F/摩尔分率	相对挥发度		$(C_{ES})_{\mathrm{I}}$	$(C_{ES})_{\mathrm{II}}$	正常沸点/℃
			α_{I}	α_{II}			
A	丙烷	1.47					−42.1
			2.45		2.163		
B	1-丁烯	14.75					−6.3
			1.18	1/1.17	3.485	3.29	
C	正丁烷	50.3					−0.5
			1.03	1.70	1.510	35.25	
D	反-2-丁烯	15.62					0.9
E	顺-2-丁烯	11.96					5.7
			2.5		9.406		
F	正戊烷	5.9					36.1

要求得到的产品为高纯度的A、C、F和混合丁烯B、D、E。试用有序试探法合成出优化的或接近优化的分离序列。α_{I}代表普通精馏时的相对挥发度；α_{II}代表用96%的糠醛水溶液进行萃取精馏的相对挥发度。

参 考 文 献

[1] 陈洪钫，刘家祺. 化工分离过程 [M]. 第2版. 北京：化学工业出版社，2014：187-202，225-231，231-243，244-250.

[2] 徐东彦，叶庆国，陶旭梅. 分离工程（英文版）[M]. 北京：化学工业出版社，2011：145-152，153-158，159-165，166-170.

[3] 邓修，吴俊生. 化工分离工程 [M]. 北京：科学出版社，2013：78-91，273-275，277-280，281-294.

[4] （美）西德尔，（美）亨利著. 分离过程原理 [M]. 朱开宏，吴俊生译. 上海：华东理工大学出版社，2007：312-323.

[5] 钱建兵，朱慎林. 影响精馏塔板效率因素探讨 [J]. 化工时刊，2003，17 (7)：33-35.

[6] 赵培，张艳梅，熊丹柳等. 浅述流体力学因素对精馏塔塔板效率的影响 [J]. 化肥设计，2010，48 (1)：10-12.

[7] AIChE. Bubble-tary design manual [M]. New York：America Institute of Chemical Engineers，1958.

[8] Nallasamy M. Turbulence models and their applications to the prediction of internal flows：A review [M]. Computers & Fluids，1987，15 (2)：151-194.

[9] 路秀林，赵大企，张平安. 汽体混合对塔板效率的影响 [J]. 化工学报，1986，(2)：220-227.

[10] 赵培，李玉安，路秀林. 雾沫夹带对蒸馏塔板效率的影响——汽体完全混合及液体部分混合 [J]. 华东理工大学学报，1992，(2)：158-166.

[11] 王志魁，李乾生，高步良等. 雾沫夹带对精馏塔板效率的影响 [J]. 石油化工，1995，(11)：787-792.

[12] 王志魁，李乾生，高步良等. 漏液对精馏塔板效率的影响 [J]. 北京化工大学学报：自然科学版，1995，(4)：8-16.

[13] Hayden J G，O'Connell J P. A generalized method for predicting second virial coefficients [J]. Industrial & Engineering Chemistry Process Design and Development，1975，14 (3)：209-216.

[14] 张龙. 用于计算全塔效率的新关联式 [J]. 石油化工，1991，20 (2)：122-123.

[15] Ludwig E E. Applied Process Design for Chemical and Petrochemical Plants [M]. Houston：Gulf Publishing，1995.

[16] Schweitzer P. Handbook of Separation Technique for Chemical Engineers [M]. New York：McGraw Hill，1997.

[17] 杨康. 部分回流下十字旋阀塔板效率的研究 [J]. 现代化工，2015，(9)：168-171.

[18] 费斌. 部分回流条件下波纹导向浮阀塔板的传质性能研究 [D]. 上海：华东理工大学，2014.

[19] 张秋香，姜元涛，熊丹柳等. 筛板精馏塔的板效率研究 [J]. 化学工程，2011，39 (7)：18-21.

[20] 段毅文. 板式精馏塔的塔板效率 [J]. 内蒙古石油化工，2006，32 (12)：100-100.

[21] 张红彦，王树楹，周荣琪. 计算气体返混对蒸馏效率影响的混合池模型 [J]. 清华大学学报（自然科学版），2001，41 (12)：47-49.

[22] 许松林，王树楹，余国琮. 计算塔板效率的局部贡献法 [J]. 化工学报，1997，(2)：241.

[23] 窦维敏，刘桂莲，冯霄等. 变压吸附提纯氢装置最小分离功的研究 [J]. 石油化工，2012，41 (7)：815-819.

[24] Haselden G G. Gas separation fundamentals [J]. Gas Separation & Purification，1989，3 (4)：209-215.

[25] 余国琮. 传质分离过程的强化、节能与创新 [J]. 化工学报，2012，63 (1)：1-2.

[26] 费维扬，罗淑娟，赵兴雷. 化工分离过程强化的特点及发展方向 [J]. 现代化工，2008，28 (9)：1-4.

[27] 李凤莲，任瑞平，邹雪梅. 化工精馏高效节能技术开发及应用 [J]. 化工管理，2014，(18)：162-162.

[28] 李军，卢英华. 化工分离前沿 [M]. 厦门：厦门大学出版社，2011：15-29.

[29] 李岩梅，胡仰栋. 最小有效能损耗的多组分精馏流程优化设计 [J]. 化学工程，2012，40 (12)：1-4.

[30] 许良华，陈大为，罗祎青等. 带有中间热集成的精馏塔序列及其性能 [J]. 化工学报，2013，64 (7)：2503-2510.

[31] 杨德明，孙磊. 多效精馏分离甲醇-水体系的工艺研究 [J]. 石油与天然气化工，2010，39 (1)：14-17.

[32] 王绍云，向阳，初广文等. 甲醇精馏系统的模拟与优化研究 [J]. 计算机与应用化学，2015，(4)：403-407.

[33] 韩彬光. 热泵精馏与多效精馏的分析和比较 [J]. 广东化工，2013，40 (11)：179-181.

[34] Nakaiwa M. Energy savings in heat-integrated distillation columns [J]. Energy，1997，22 (6)：621-625.

[35] 冯惠生，刘叶凤，单纯等. 蒸馏过程节能减排的策略与新技术装备 [J]. 化工进展，2011，30：381-387.

[36] 杨德明，王颖，谭建凯等. 基于热耦精馏的三组分混合烷烃分离工艺 [J]. 石油化工，2015，44 (7)：862-866.

[37] 李萱，李洪，高鑫等. 热耦合精馏工艺的模拟 [J]. 化工进展，2016，35 (1)：48-57.

[38] 李洪，李鑫钢，罗铭芳. 差压热耦合蒸馏节能技术 [J]. 化工进展，2008，27 (7)：1125-1128.

[39] 张吕鸿，刘建宾，李鑫钢等. 一种改进的差压热耦合精馏流程 [J]. 石油学报：石油加工，2013，29 (2)：312-317.

[40] Kaibel D I G，Bla D I E，Köhler D I J. Gestaltung destillativer Trennungen unter Einbeziehung thermodynamischer Gesichtspunkte [J]. Chemie Ingenieur Technik，1989，61 (1)：16-25.

[41] 马晨皓，曾爱武. 隔壁塔流程模拟及节能效益的研究 [J]. 化学工程，2013，41 (3)：1-5.

[42] 朱登磊，尚书勇，谭超等. 基于分壁精馏塔的乙烯装置顺序分离新工艺及其模拟研究 [J]. 石油学报：石油加工，2014，30 (4)：682-686.

[43] 李清元，朱志亮. 4组分隔板塔热耦合精馏节能技术 [J]. 化学工程，2011，39 (12)：6-10.

[44] 王晓红，李玉刚. 非清晰精馏序列综合研究进展 [J]. 计算机与应用化学，2008，25 (2)：249-252.

[45] Tedder D W，Rudd D F. Parametric studies in industrial distillation：Part Ⅰ. Design comparisons [J]. AIChE Journal，1978，24 (2)：303-315.

[46] Porter K E，Momoh S O. Finding the optimum sequence of distillation columns - an equation to replace the "rules of

thumb" (heuristics) [J]. Chemical Engineering Journal, 1991, 46 (3): 97-108.

[47] 谭世语，任竞争，董立春等. 用层次分析和模糊数学法归纳多组分精馏分离的顺序 [J]. 计算机与应用化学，2010，27 (4)：538-542.

[48] 藏志伟，杨巨生，黄伟. 二甲醚精馏分离序列的能耗分析 [J]. 华中师范大学学报：自然科学版，2015，49 (3)：406-410.

[49] 徐艳，张春霞，王汝贤等. 基于代码矩阵的精馏序列合成 [J]. 化工学报，2015，66 (7)：2547-2554.

[50] Calzon-McConville C J, Rosales-Zamora M B, Segovia-Hernández J G, et al. Design and optimization of thermally coupled distillation schemes for the separation of multicomponent mixtures [J]. Industrial & Engineering Chemistry Research, 2005, 45 (2): 724-732.

[51] Shenvi A A, Shah V H, Agrawal R. New multicomponent distillation configurations with simultaneous heat and mass integration [J]. AIChE Journal, 2013, 59 (1): 272-282.

[52] Rong B G, Errico M. Synthesis of intensified simple column configurations for multicomponent distillations [J]. Chemical Engineering & Processing, 2012, 62 (6): 1-17.

[53] 张少珍. 精馏分离序列综合优化 [D]. 天津：天津大学，2009.

[54] Floudas C A, Paules G E. A mixed-integer nonlinear programming formulation for the synthesis of heat-integrated distillation sequences [J]. Computers & Chemical Engineering, 1988, 12 (6): 531-546.

[55] 何喜辉. 基于遗传模拟退火算法的精馏分离序列优化综合 [D]. 哈尔滨：哈尔滨工业大学，2009.

7

其它分离方法

随着化工生产与技术的发展，对分离技术要求越来越高，分离难度也越来越大。为了适应这些要求，新的分离方法和流程正在不断被开发出来。

7.1 吸附[1~6]

固体物质表面对气体或液体分子的吸着现象称为吸附（adsorption），其中的固体物质称为吸附剂，被吸附的物质称为吸附质。在吸附过程，气体或液体中的分子、原子或离子扩散到固体吸附剂表面，与其形成键或微弱的分子间力。

7.1.1 吸附的基本概念

7.1.1.1 吸附现象

吸附是利用多孔性固体吸附剂处理流体混合物，使其中所含的一种或数种组分吸附于固体表面上，以达到分离的目的。通常，吸附分离过程包括吸附和解吸（或再生）两部分。解吸的目的是回收被吸附的有用物质或使吸附剂恢复原状重复吸附操作，或两者兼而有之。所以选择性吸附继而再生是分离气体或液体混合物的基础。

以前工业中吸附操作主要是用于气体和液体净化以及液体混合物的分离。对于气体和液体的净化，吸附质含量一般少于约 3%（质量分数）即可，而对于液体混合物分离，吸附质的浓度要求较高，约 10%或更高。但目前吸附的应用已扩展到其它领域，如研究煤的吸附机理及其特性，可以总结煤与瓦斯突出规律，是预测预防煤与瓦斯突出的重要依据[7]。

吸附过程也属于平衡级分离过程。所有可用于平衡级过程的技术包括单级分离和多级分离对吸附操作都可适用。此外，由于固体吸附剂颗粒床层固定不动的特点，使得在吸附操作中可能采用半连续法，而这样的方法在液-液或气-液两流体相接触的平衡过程中是不大常用的。

吸附过程是非均相过程，气体或液体为被吸附物，与固相吸附剂接触，流体（气体或液体）分子从流体相被吹附到固体表面，从吸附开始到吸附平衡状态，意味着系统的自由能降低，而表示系统无规则程度的熵也是降低的。按照热力学定律，自由能变化 ΔG、焓变化 ΔH 及熵变化 ΔS 应满足如下关系

$$\Delta G=\Delta H-T\Delta S \tag{7-1}$$

式中，ΔG、ΔS 均为负值，则 ΔH 肯定为负值。因此说明吸附过程是个放热过程，其所放出的热量，就称吸附物在此固体吸附剂表面上的吸附热。

7.1.1.2 物理吸附与化学吸附

根据吸附剂表面与被吸附物质之间作用力的不同，吸附可分为两种类型，即物理吸附与化学吸附。

物理吸附是由分子间的引力引起的，通常称为范德华力。因此，物理吸附又称作范德华吸附。这一类吸附的特征是吸附质与吸附剂不发生作用；吸附过程进行得极快，参与吸附的各相间的平衡时常瞬间达到。对于这一类的吸附，当气体的压力降低或系统的温度升高时，被吸附的气体可以很容易从固体表面逸出，而不改变气体原来的性状，故吸附与脱附为可逆过程，工业上的吸附操作正是依靠这种可逆性，进行吸附剂的再生，被吸附物质的回收和混合物的逐级提浓分离的。

化学吸附是固体表面与被吸附物质间化学键力起作用的结果。化学吸附具有选择性，其吸附速率大都进行得较慢。升高温度可以大大地提高吸附速率。对于这一类的吸附是不易脱附的，往往要很高的温度，且所释出气体往往已发生了化学变化，不再呈现原有性状，故其过程大都是不可逆的。

物理吸附和化学吸附的特征见表 7-1。

表 7-1 物理吸附与化学吸附的特征比较

吸附性能	吸附类型	
	物理吸附	化学吸附
作用力	分子引力即范德华力	剩余化学价键力
选择性	一般没有	有
形成吸附层	单分子层或多分子层均可	只有单分子层吸附
吸附热	≤4.9kJ/mol	83.7～418.7kJ/mol
吸附速度	快，几乎不需要活化能	较慢，需要一定的活化能
温度	放热过程，低温有利于吸附	温度升高，吸附速度增加
可逆性	较易吸附	不可逆

乙烯是重要的石油化工基础原料，吸附分离法具有能耗低、无腐蚀及易于自动化等优点，在降低能耗和成本方面具有很大潜力。张永春等[8]研究了乙烯的物理吸附和化学吸附的作用机理，并对这两种吸附方式进行了比较分析，以期为在大规模工业生产中实现乙烯的吸附分离技术提供依据。

7.1.1.3 吸附剂[9]

吸附剂的种类很多，但常用的是活性炭、沸石分子筛、活性氧化铝、硅胶等。

(1) 活性炭和活性炭纤维

活性炭是碳质吸附剂的总称，由木炭、坚果壳、煤和石油渣等含碳原料经炭化与活化制得，根据需要可制成粉末状、球状、圆柱形或碳纤维等。它具有多孔一般为 3nm（30Å）或更大，以利于加快物质扩散。

活性炭的强吸附性能与其具有巨大的比表面积有关。其特征是微晶体是由碳原子以六角晶格排列的片状结构堆积而成，晶格间生成的空隙形成各种形状和大小的细孔。吸附作用主要发生在这些细孔的表面上，一般认为，每克活性炭的比表面积可达 500～1700m^2。

活性炭本身是非极性的，但在制造过程中，处于微晶体边缘的碳原子由于共价键不饱和而易与其它元素结合，如与氢、氧等结合形成各种含氧官能团（又称表面氧化物），如羧基、羟基、羰基等，而使活性炭具有微弱的极性。所以，活性炭不仅可以除去水中的非极性吸附质，还可吸附极性溶质甚至某些微量的金属离子及其化合物。

活性炭具有良好的吸附性能和化学稳定性，可耐酸碱，能经受水浸、高温、高压的作用，不易破碎，气流阻力小，因此广泛应用于化工、医药等工艺及水处理中[10]。

活性炭纤维（activated carbon fiber，ACF）是 20 世纪 70 年代发展起来的吸附剂，与粉末或颗粒活性炭相比，ACF 比表面积大、孔径小且分布窄（孔径主要集中在 0.5～1.5nm 之间），大量微孔开口在纤维丝表面，ACF 具有吸附容量大、吸附和脱附速率快等优点。

（2）沸石分子筛

沸石分子筛一般是用 $M_{2/n}O \cdot Al_2O_3 \cdot ySiO_2 \cdot wH_2O$ 式表示的含水硅酸盐，其中 M 为 IA 和 IIA 族金属元素，多数为钠与钙，n 表示金属离子的价数，y 与 w 分别表示 SiO_2 与 H_2O 的分子数。

分子筛在结构中有许多孔径均匀的孔道与排列整齐的孔穴，这些孔穴不但提供了很大的比表面积，而且它只允许直径比孔径小的分子进入，而比孔径大的分子则不能进入，从而使大小及形状不同的分子分开，起到筛选分子的作用，故称分子筛。根据孔径大小的不同，和 SiO_2 与 Al_2O_3 分子比的不同，分子筛可分为几种不同的型号，见表 7-2，工业上可根据不同的需要进行选用。

表 7-2　几种常用的分子筛

型　号	SiO_2/Al_2O_3（分子比）	孔径/10^{-10}m	典型化学组成
3A（钾 A 型）	2	3～3.3	$\frac{2}{3}K_2O \cdot \frac{1}{3}Na_2O \cdot Al_2O_3 \cdot SiO_2 \cdot 4.5H_2O$
4A（钠 A 型）	2	4.2～4.7	$Na_2O \cdot Al_2O_3 \cdot 2SiO_2 \cdot 4.5H_2O$
5A（钙 A 型）	2	4.9～5.6	$0.7CaO \cdot 0.3Na_2O \cdot Al_2O_3 \cdot 2SiO_2 \cdot 4.5H_2O$
10X（钙 X 型）	2.3～3.3	8～9	$0.8CaO \cdot 0.2Na_2O \cdot Al_2O_3 \cdot 2.5SiO_2 \cdot 6H_2O$
13X（钠 X 型）	2.3～3.3	9～10	$Na_2O \cdot Al_2O_3 \cdot 2.5SiO_2 \cdot 6H_2O$
Y（钠 Y 型）	3.3～6	9～10	$Na_2O \cdot Al_2O_3 \cdot 5SiO_2 \cdot 8H_2O$
钠丝光沸石	3.3～6	～5	$Na_2O \cdot Al_2O_3 \cdot 10SiO_2 \cdot 6\sim7H_2O$

由于分子筛晶体内的孔道很小，吸附作用力很强，脱水活化后又有很大的空间，而且晶体空间内表面高度极化，从而又可根据被分离的分子物理化学性质不同把它们分离开来，因此，分子筛的分离效应基于以下两方面：

① 分子筛效应，依据分子的形状及其直径的大小来筛选分子；

② 临界直径，比分子筛孔径小的分子，虽然都能进入毛细孔内，但由于这些分子的极性、不饱和度与空间结构不同，出现吸附强弱和扩散速度的差异，分子筛优先吸附的是不饱和分子、极性分子和易极化分子，这样就达到了分离的目的。

分子筛吸附水后可用加热的方法使分子筛再生，也可以用氮、氢或甲烷等气体经过加热后作为分子筛的再生载气。

（3）活性氧化铝

活性氧化铝的化学式是 $Al_2O_3 \cdot nH_2O$，为无定形的多孔结构物质，一般由氧化铝的水合物（以三水合物为主）加热、脱水和活化而得，孔径主要为 20～50Å，典型的比表面积为

$200\sim500m^2/g$。

活性氧化铝是一种极性吸附剂，一般用于脱除气体和液体中的水分，可脱至$<1\times10^{-6}$（质量分数），活性氧化铝表面上具有高官能团密度，这些官能团为极性分子的吸附提供了活性中心。活性氧化铝具有适中的吸附表面积，较大的平均孔径和大孔体积，因此，颗粒内部的传质速率较快。

（4）硅胶

硅胶是一种坚硬的由无定形 SiO_2 构成的多孔结构的固体颗粒，其分子式是 $SiO_2\cdot nH_2O$。用硫酸处理硅酸钠水溶液生成凝胶，所得凝胶用水洗去硫酸钠后，进行干燥，便得到硅胶。根据制造过程条件的不同，可以控制微孔尺寸、空隙率和比表面积的大小。一般典型的硅胶吸附剂孔径为10～400Å，比表面积 $830m^2/g$。工业用的硅胶有粒状、球状、其它加工成型的形状和粉状等四种。硅胶是极性吸附剂，易于吸附水和甲醇等极性物质，主要用于气体和液体的干燥[11]。

（5）其它吸附剂

除了上述常用的四类吸附剂外，还有一些新型吸附剂[12~14]，如：

① 吸附树脂　它是带有巨型网状结构的合成树脂，如苯乙烯和二乙烯苯的共聚物、聚苯乙烯、聚丙烯酸酯等，主要用于处理水溶液，如废水处理、维生素分离等。

② 活性黏土　天然的膨润土或其它黏土经硫酸或盐酸处理，然后经洗涤、干燥、粉碎而得，主要用于油品脱色，一般使用一次就废弃。

③ 离子交换纤维　以聚丙烯腈纤维为原料，采用化学改性法制备。纤维状功能材料具有吸附速率快、过滤层阻力小且能以多种形状使用、再生性能好等优点，主要用于处理重金属废水。

④ 生物炭　指在缺氧条件下，生物质热裂解产生的一种产物，属于黑炭的一种。主要组成元素为碳、氢、氧、氮等，含碳量多在70%（质量分数）以上。其原料来源广泛，农业废弃物及工业有机废弃物、城市污泥等都可作为其原料。生物炭具有疏松多孔、比表面积大的特点，且生物炭表面官能团包括羧基酚、羟基、酸酐等多种基团，这些特征使生物炭具有良好的吸附特性，能够强烈吸附环境介质中的有机污染物，消减其环境风险。

7.1.2　吸附平衡与吸附机理

7.1.2.1　吸附平衡

（1）吸附平衡

在吸附过程中，吸附分子的吸附与解吸是一个平衡可逆过程，即吸附质在吸附剂表面被吸附的同时，还存在着吸附质的分子由于热运动而脱离吸附剂表面的解吸过程。在等温、等压条件下，当吸附速率与解吸速率相等时，吸附质在吸附剂表面的浓度与在溶液中的浓度均不再改变，此时即达到了吸附的平衡状态，称为吸附平衡。当吸附达到平衡时，吸附质在溶液中的残余浓度称为平衡浓度，而在吸附剂上的浓度称吸附量，它表示吸附剂吸附吸附质的能力。

（2）吸附等温线

当吸附达到平衡时，对于给定的吸附剂与吸附质，其吸附量与温度及气体的压力有关。在恒定的温度下，吸附达到平衡后，吸附质在吸附剂和溶液中有一定的分配，即吸附量与平衡浓度之间存在着函数关系，这种函数关系用图来表示就是吸附等温线（adsorption isothem)。

① 吸附等温线的类型　根据实验结果表明不同吸附条件下的吸附等温线各异，但也具有一定规律。这里将现有的吸附等温线归纳为五种类型，如图 7-1 所示。

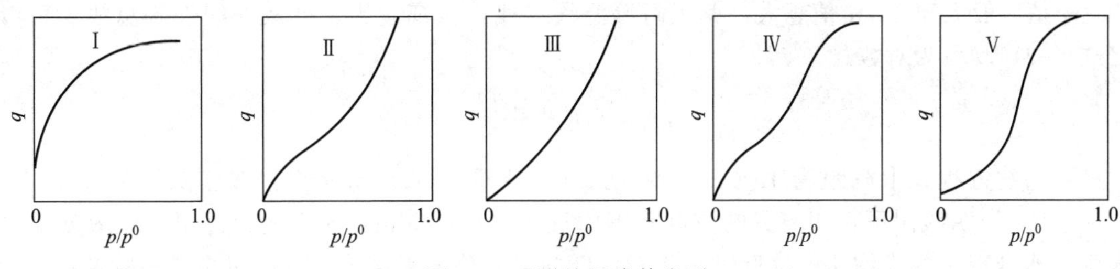

图 7-1　吸附等温线的类型

Ⅰ型　通常表示吸附质分子在吸附剂表面只吸附一层，即可用朗格缪尔方程加以描述，故称为朗格缪尔型。这种吸附有明显的饱和现象。一般发生在浓度较低时的吸附和孔径小于 20～30Å 时的吸附中。如−193℃时 N_2 在活性炭上的吸附。

Ⅱ型　反 S 等温线，是一般的物理吸附，吸附质在吸附剂表面的吸附不限于单分子层而可吸附多层吸附质分子。如发生在孔径大于 50Å 时的多分子层吸附，且第一层的吸附热大于液化热。如−195℃时 N_2 在硅胶上的吸附。

Ⅲ型　反朗格缪尔型，它与Ⅱ型相仿，比较少见，它发生在吸附质的吸附热与其汽化热大致相等的情况下。如 78℃时溴在硅胶上的吸附。

Ⅳ型　与Ⅱ型相对应，只是孔径有限，出现吸附饱和现象。如 50℃时苯在 FeO 上的吸附。

Ⅴ型　与Ⅲ型相对应，也会出现吸附饱和现象。如 100℃时水蒸气在活性炭上的吸附。

类型Ⅳ和类型Ⅴ反映了在吸附过程中产生的毛细管凝聚作用的影响。

② 温度对吸附等温线的影响　因为吸附是放热过程，所以在一定平衡压力下，吸附温度愈低，吸附质的平衡吸附量愈大，吸附等温线距横坐标愈远；反之吸附温度愈高，吸附等温线愈靠近横轴。

③ 吸附滞留现象　以上所述各类吸附等温线都是完全可逆的，就是说吸附等温线上的任一点所代表的平衡状态既可以由新鲜吸附剂进行吸附达到，也可以从已吸附了吸附质的吸附剂脱附达到。但在实际情况下，有时在某一段吸附等温线上，由吸附所达到的某一平衡点与由脱附达到的该点不是同一个平衡状态，如图 7-2 所示。这种现象称为“吸附滞留现象”。在任何情况下，如果发现有滞留现象产生，则对应于同一吸附量其吸附的平衡压力一定高于脱附的平衡压力。

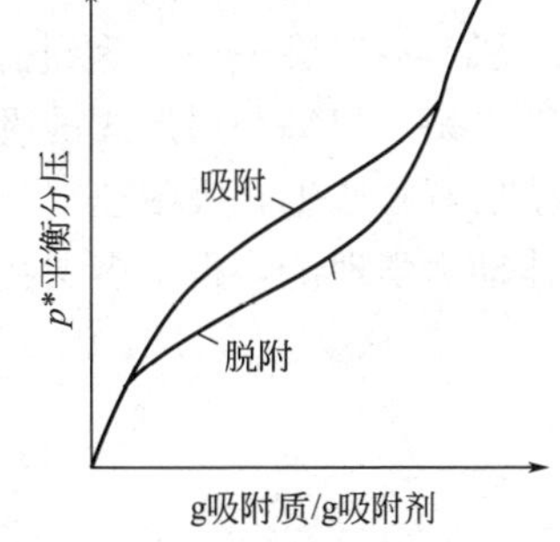

图 7-2　吸附滞留现象

（3）吸附等温式

吸附等温线的数学表达式叫做吸附等温式。不同类型的吸附等温线反映了吸附剂吸着过程的不同机理，因此提出了多种吸附理论和表达吸附平衡关系的吸附等温式。然而对实际固体吸附剂，由于复杂的表面和孔结构，很难符合理论的吸附平衡关系，因此还提出很多经验的、实用的方程。

① 弗罗因德利希（Freundlich）等温式　图 7-1 中第一类型的吸附等温线通常可用 Freundlich经验公式来表达

$$q=Kp^{1/n} \tag{7-2}$$

式中，q 为吸附质在吸附剂相中的浓度；p 为吸附质在流体相中的分压；K，n 分别为与吸附剂和吸附质以及温度等有关的经验常数，其数值应由实验方法确定。

n 值一般大于 1，n 值越大，其吸附等温线与线性偏离越大，变成非线性等温线。可以将式(7-2) 改写为对数式

$$\lg q=\lg K+\frac{1}{n}\lg p \tag{7-3}$$

该直线方程式中截距为 $\lg K$，斜率为 $1/n$。由此可求得这两个经验常数。K 值越大，$1/n$越小，说明吸附可在相当宽的浓度范围内进行。Freundlich 等温式较适用于低浓度下的吸附。水处理中污染物质的浓度都是相对较低的，此公式因简单、方便而获得普遍采用。

② 朗格缪尔（Langmuir）等温式　朗格缪尔等温式的前提假设条件是：固体吸附剂表面是均匀的；吸附为单分子层吸附；被吸附的相邻分子间无相互作用力。在这些条件下，吸附为理想吸附，从而得出

$$q=q_{\mathrm{m}}\frac{Kp}{1+Kp} \tag{7-4}$$

式中，q 和 q_{m} 分别为吸附剂的吸附容量和单分子层最大吸附容量；p 为吸附质在气体混合物中的分压；K 为 Langmuir 常数，与温度有关。

上式中 q_{m} 和 K 可以从关联实验数据得到。可将上式改写为倒数式

$$\frac{1}{q}=\frac{1}{q_{\mathrm{m}}Kp}+\frac{1}{q_{\mathrm{m}}} \tag{7-5}$$

由式(7-5) 可知 $1/q$ 与 $1/p$ 成直线关系。由此直线的截距和斜率可求出常数 q_{m} 和 K 的值。如在等温情况下煤岩不同压力的吸附解吸现象基本上符合 Langmuir 等温吸附方程[7]。

③ BET（Brunaner、Emmett、Teller）等温式　如果假设在吸附剂表面吸附的单分子层分子的附着力比吸附质分子之间的内聚力大很多，并在吸附剂表面产生化学吸附形成络合物，可假定分子层在表面不能自由移动。

Brunaner、Emmett、Teller 提出的 BET 模型认为，被吸附的分子不能在吸附剂表面自由移动，吸附层是不移动的理想均匀表面。其吸附可以是多层吸附，层与层之间的作用力是范德华力。各层水平方向的分子之间不存在相互作用力，即在第一层吸附层上面，可以吸附第二层、第三层……不等到上一层吸附饱和就可以进行下一层的吸附。各吸附层之间存在着动态平衡，即每一层形成的吸附速率和解吸速率相等。单分子层可由向空的表面吸附或双层分子层解吸产生，吸附速率与吸附有效面积的大小和分子碰击表面的频率有关。恒温下基于气体动力学理论，得出多层物理吸附的 BET 吸附等温方程为

$$q=\frac{Cq_{\mathrm{m}}\left(\frac{p}{p^0}\right)}{\left(1-\frac{p}{p^0}\right)\left[1+(C-1)\frac{p}{p^0}\right]} \tag{7-6}$$

式中，p 为平衡压力；p^0 为实验温度下的饱和蒸气压；C 为与吸附热有关的常数。

当吸附物质的平衡分压 p 远比饱和蒸气压小时，即 $p^0\gg p$，则

$$q=\frac{Cq_{\mathrm{m}}\left(\frac{p}{p^0}\right)}{1+C\left(\frac{p}{p^0}\right)} \tag{7-7}$$

取 $K=C/p^0$，则式(7-7) 变成 Langmuir 方程，即 Langmuir 方程是 BET 方程的特例。

【例 7-1】 纯甲烷气体在吸附温度为 296K 时在活性炭上的吸附平衡实验数据如下：

q/[cm^3(STP)CH_4/g 活性炭]	45.5	91.5	113	121	125	126	126
$p=p_{CH_4}$/kPa	275.8	1137.6	2413.2	3757.6	5240.0	6274.2	6687.9

拟合数据为：(a) Freundlich 方程；(b) Langmuir 方程。哪个方程拟合更好些？

解 将等温方程线性化，使用线性方程回归方法得到常数。

(a) 拟合式(7-2) 得到 $K=8.979$，$n=3.225$，故 Freundlich 方程为

$$q=8.979p^{0.3101}$$

(b) 拟合式(7-4) 导出线性公式

$$\frac{p}{q}=\frac{1}{q_m K}+\frac{p}{q_m}$$

拟合该式得到 $1/q_m=0.007301$，$\frac{1}{q_m K}=3.971$，故 $q_m=137.0$，$K=0.001838$。Langmuir 方程为

$$q=\frac{0.2553p}{1+0.001838p}$$

两个等温线预测的 q 值如下

p/kPa	q/[cm^3(STP)CH_4/g 活性炭]		
	实验值	Freundlich	Langmuir
276	45.5	51.3	46.1
1138	91.5	79.6	92.7
2413	113	100.5	111.8
3758	121	115.3	119.7
5240	125	127.8	124.1
6274	126	135.2	126.1
6688	126	137.9	126.7

【工程案例 7-1】 活性炭纤维吸附石化废水中苯酚的吸附平衡[15]

苯酚存在于石油化工、焦化、制药、印染等行业排放的废水中，是一种生物难降解的毒性有机污染物，因此含酚废水的处理方法备受关注。除了传统的生化法，含酚废水的处理方法主要有高级氧化法、吸附法等。吸附法是一种传统且高效的分离方法之一，吸附剂主要有活性炭、活性炭纤维、沸石分子筛和离子交换树脂等，其中活性炭与活性炭纤维对有机物具有较强的吸附能力。目前，以 ACF 为吸附剂吸附有机污染物的研究已有大量报道，图 7-3 所示为活性炭纤维

图 7-3 活性炭纤维吸附设备

吸附设备。

石化废水主要来源于原油电脱盐的废水，废水经初步除油、沉降处理。其中苯酚125.0mg/L，石油类108.0mg/L，硫化物0.16mg/L，NH_3-N 14.83mg/L，废水pH值7.0左右，废水中主要的金属离子为Na^+、Mg^{2+}、Ca^{2+}，其含量分别为480.5mg/L、16.6mg/L、80.4mg/L。吸附试验表明ACF对废水中的硫化物与氨-氮几乎不吸附，对苯酚、石油类物质有良好的吸附作用。

以活性炭纤维（ACF）为吸附剂，研究了ACF对石化废水中苯酚的吸附平衡及动力学。在25℃、40℃、55℃及65℃下测定了吸附平衡等温线，采用Langmuir、Freundlich等温方程对吸附平衡数据进行了拟合，结果表明吸附平衡数据更符合Langmuir方程。体系温度从25℃、40℃、55℃升高到65℃时，ACF对苯酚的吸附能力并不完全随温度升高而降低。其苯酚的吸附过程符合拟二级动力学方程。

7.1.2.2　吸附速率

（1）吸附速率

当含有吸附质的流体（气体或液体）与吸附剂接触时，吸附质将被吸附剂吸附，单位时间内被吸附的吸附质的量称为吸附速率（kg/s）。吸附速率是吸附过程设计与生产操作的重要参数。在废水处理中，吸附速率决定了废水和吸附剂的接触时间。吸附速率越快，所需的接触时间就越短，吸附设备容积也可以越小。

吸附速率与体系性质（吸附剂、吸附质及其混合物的物理化学性质）、操作条件（温度、压力、两相接触状况）以及两相组成等因素有关。对于一定体系，在一定操作条件下，两相接触、吸附质被吸附剂吸附的过程如下。开始时吸附质在流体相中的浓度较高，在吸附剂上的含量较低，离开平衡状态远，传质的推动力大，吸附速率快。随着吸附过程的进行，流体相中吸附质的浓度下降，吸附剂上吸附质的含量增高，吸附速率逐渐降低，经过很长时间，吸附质在两相间接近平衡，吸附速率趋近于零。

上述吸附过程为非稳态过程，其吸附速率可以表示为吸附剂上吸附质的含量、流体相中吸附质的浓度、接触状况和时间等的函数。

（2）吸附机理

吸附速率决定于吸附剂对吸附质的吸附过程。多孔吸附剂对溶液中吸附质的吸附过程基本上可分为三个连续阶段：第一阶段称为颗粒外部扩散（又称为膜扩散）阶段，吸附质从溶液中扩散到吸附剂表面；第二阶段称为孔隙扩散阶段，吸附质在吸附剂孔隙中继续向吸附点扩散；第三阶段称为吸附反应阶段，吸附质被吸附在吸附剂孔隙内的表面上。一般而言，吸附速度主要由膜扩散速度或孔隙扩散速率来控制。

（3）吸附的传质速率方程

根据上述机理，对于某一瞬间，按拟稳态处理，吸附速率可以分别用外扩散、内扩散或总传质速率方程表示。

① 外扩散传质速率方程　吸附质从流体主体扩散到吸附剂颗粒外表面是典型的流体与固体壁面间的传质过程，传质速率方程如下

$$\frac{\partial q}{\partial \theta}=k_F a_P (c-c_i) \tag{7-8}$$

式中，q为吸附剂上吸附质的含量，kg吸附质/kg吸附剂；θ为时间，s；$\frac{\partial q}{\partial \theta}$为每千克吸附

剂的吸附速率，kg/(s·kg)；a_P 为吸附剂的比表面积，m^2/kg；c 为流体相中吸附质的平均浓度，kg/m^3；c_i 为吸附剂外表面上流体相中吸附质的浓度，kg/m^3；k_F 为流体相侧的传质系数，m/s。k_F 与流体物性、颗粒几何特性、两相接触的流动状况以及温度、压力等操作条件有关，有一些计算式可供使用。

② 内扩散传质速率方程　从吸附剂外表面通过颗粒上的微孔向吸附剂内表面扩散的过程比外扩散复杂得多。吸附质在微孔中的扩散有两种形式——沿孔截面的扩散和沿孔表面的表面扩散。前者根据孔径大小又有三种情况，当孔径远较吸附质分子的平均自由程大时的分子扩散；当孔径远较分子平均自由程小时的纽特逊（Knudsen）扩散；介于这两种情况之间时的表面扩散。

按照内扩散机理进行内扩散速率的计算是很困难的，所以通常把内扩散过程简单地处理成从外表面向颗粒内的传质过程，而传质速率用下列传质方程表示

$$\frac{\partial q}{\partial \theta}=k_s a_P (q_i - q) \tag{7-9}$$

式中，q 为吸附剂上吸附质的平均含量，kg/kg；q_i 为吸附剂外表面上吸附质的含量，kg/kg，它与此处吸附质在流体相中的浓度 c 呈平衡；k_s 为吸附剂固体相侧的传质系数，m/s。

根据内扩散的机理可知，k_s 与吸附剂的微孔结构性质，吸附质的特性以及吸附过程持续的时间等多种因素有关。在吸附初期，吸附质刚从孔口向内扩散，吸附质到达内表面的路程短，内扩散快，k_s 大。随着吸附的进行，内扩散路程愈来愈长，内扩散速率减慢，k_s 小。k_s 必须由实验测定。

③ 总传质速率方程　实际上吸附剂外表面处的浓度 c_i 与 q_i 无法测定，因此通常按拟稳态处理，将吸附速率用总传质方程表示

$$N=\frac{\partial q}{\partial \theta}=K_F a_P (c - c^*) \tag{7-10}$$

$$=K_s a_P (q^* - q) \tag{7-11}$$

式中，c^* 为与吸附质含量为 q 的吸附剂呈平衡的流体中吸附质的浓度，kg/m^3；q^* 为与吸附质浓度为 c 的流体相呈平衡的吸附剂上的吸附质的含量，kg/kg；K_F 为以 $\Delta c=c-c^*$ 表示推动力的总传质系数，m/s；K_s 为以 $\Delta q=q^*-q$ 表示推动力的总传质系数，kg/(s·m)。

对于稳态过程，从流体传递到吸附剂外表面的速率应等于从吸附剂外表面传递到吸附剂内的速率，所以

$$N=\frac{\partial q}{\partial \theta}=K_F a_P (c-c^*)=K_s a_P (q^*-q)$$

$$=k_F a_P (c-c_i)=k_s a_P (q_i - q) \tag{7-12}$$

如果在操作规程的浓度范围内吸附平衡为直线

$$q-q_i=m(c-c_i) \tag{7-13}$$

则根据式(7-13) 可得

$$\frac{1}{K_F}=\frac{1}{k_F}+\frac{1}{mk_s} \tag{7-14}$$

$$\frac{1}{K_s}=\frac{m}{k_F}+\frac{1}{k_s} \tag{7-15}$$

上面两式表示吸附过程的总阻力为外扩散与内扩散的分传质阻力之和。

若内扩散很快，过程为外扩散控制，q_i 接近 q，则

$$K_F \approx k_F \tag{7-16}$$

若外扩散很快，过程为内扩散控制，c 接近于 c_i，则

$$K_s \approx k_s \tag{7-17}$$

一般说，内扩散的速度较慢，吸附过程常常是内扩散控制。对于气相吸附，有时吸附质沿孔壁的表面扩散很快，例如用硅胶吸附水蒸气，用活性炭吸附氢化物，此时内扩散速率可能与外扩散速率为同样数量级，甚至可能是外扩散控制。在吸附的初始阶段，或者使用细颗粒吸附剂，内扩散途径短，内扩散快，外扩散也可能是决定总传质速率的主要步骤。

7.1.2.3 影响吸附的因素

(1) 吸附剂的影响

吸附剂的结构决定其理化性质，理化性质对吸附的影响很大。一般要求吸附容量大，吸附速度快和机械强度好。吸附容量除外界条件外，主要与表面积有关。比表面积越大，空隙度越高，吸附容量就越大。吸附速度主要与颗粒度和孔径分布有关。颗粒度越小，吸附速度就越快。孔径适当，有利于吸附物向孔隙中扩散。一般是极性分子（或离子）型的吸附剂容易吸附极性分子（或离子）型的吸附质，非极性分子型的吸附剂容易吸附非极性分子型的吸附质。

(2) 溶剂的影响

单溶剂与混合溶剂对吸附作用有不同的影响。一般吸附物溶解在单溶剂中易被吸附；若是溶解在混合溶剂（无论是极性与非极性混合溶剂或者是极性与极性混合溶剂）中不易被吸附。所以一般用单溶剂吸附，用混合溶剂解吸。

(3) 溶液 pH 值的影响

溶液 pH 值影响某些化合物的离解度，从而影响其水溶性。各种溶质吸附的最佳 pH 值，常常通过实验决定。如有机酸类溶于碱，胺类物质溶于酸，所以，有机酸在酸性下，胺类在碱性下较易为非极性吸附剂所吸附。

(4) 温度的影响

吸附反应通常是放热的，因此温度越低对吸附越有利。但在废水处理中一般温度变化不大，因而温度对吸附过程影响很小，实践中通常在常温下进行吸附操作。

(5) 共存物的影响

共存物质对主要吸附物质的影响比较复杂。有的能相互诱发吸附，有的能相当独立地被吸附，有的则能相互起干扰作用。但许多资料指出，某种溶质都以某种方式与其它溶质争相吸附。因此，当多种吸附质共存时，吸附剂对某一种吸附质的吸附能力要比只含这种吸附质时的吸附能力低。悬浮物会阻塞吸附剂的孔隙，油类物质会浓集于吸附剂的表面形成油膜，它们均对吸附有很大影响。因此在吸附操作之前，必须将它们除去。

(6) 接触时间

吸附质与吸附剂要有足够的接触时间，才能达到吸附平衡。吸附平衡所需时间取决于吸附速度，吸附速度越快，达到平衡所需的时间越短。

在水溶液吸附体系中，改变离子强度对吸附剂和吸附质都会产生影响。对吸附剂的影响主要表现在三个方面：①改变了吸附剂表面的双电层厚度；②促进微粒形态的吸附剂发生团聚；③造成高分子吸附剂的收缩及孔隙的减小。

对吸附质的影响主要表现在四个方面：①与吸附质离子产生离子交换竞争；②对吸附质

产生盐析或盐溶效应；③电解质离子与吸附质离子形成离子对；④改变溶液中大分子吸附质分子的大小[16]。

7.1.3 吸附分离过程

根据待分离物系中各组分的性质和过程的分离要求（如纯度、回收率、能耗等），选择适当的吸附剂和解吸剂，采用相应的工艺过程和设备来完成分离。

常用的吸附分离设备有：吸附搅拌槽、固定床吸附器、移动床和流化床吸附塔。吸附分离过程的操作分类一般是以固定床吸附为基础的。若以分离组分的多少分类，可分为单组分和多组分吸附分离；以分离组分浓度的高低分类，可分为痕量组分脱除和主体分离；以床层温度的变化分类，可分为不等温（绝热）操作和恒温操作；以进料方式分类，可分为连续进料和间歇的分批进料等。

7.1.3.1 搅拌槽

搅拌槽用于液体的吸附分离。将要处理的液体与粉末状（或颗粒状）吸附剂加入搅拌槽中，在良好的搅拌下，固液形成悬浮液，在液固充分接触中吸附质被吸附。搅拌槽吸附适用于溶质的吸附能力强、传质速率为液膜控制和脱除少量杂质的场合。搅拌槽吸附有三种操作方式：

① 间歇操作　液体和吸附剂经过一定时间的接触和吸附后停止操作，用直接过滤的方法进行液体与吸附剂的分离；

② 连续操作　液体和吸附剂连续地加入和流出搅拌槽；

③ 半间歇半连续操作　液体连续流进和流出搅拌槽，在槽中与吸附剂接触，而吸附剂保留在槽内，逐渐消耗。

对于上述三种操作方式，应从搅拌槽结构和操作上保证良好的搅拌，使悬浮液处于湍流状态，达到槽内物料完全混合。对半连续操作，在悬浮区域以上有清液层，以便采出液体。

搅拌槽吸附操作是典型的级操作，通常为间歇分批操作，可以单个操作，也可以设计成多级错流或多级逆流流程，但多级操作的装置复杂，步骤繁多，实际上很少采用。

搅拌槽式吸附操作多用于液体的精制，例如脱水、脱色、脱臭等。价廉的吸附剂使用后一般弃去。如果吸附质是有用的物质，可以用适当溶剂或热空气或蒸汽来解吸。对于溶液脱色过程，吸附质一般是无用物，可以用燃烧法再生，循环使用。

7.1.3.2 固定床吸附器

固定床吸附器是装有颗粒状吸附剂的塔式设备。固定床循环操作由两个主要阶段组成。在吸附阶段，物料不断地通过吸附塔，被吸附的组分留在床中，其余组分从塔中流出。吸附过程可持续到吸附剂饱和为止，然后是解吸（再生）阶段，用升温、减压或置换等方法将被吸附的组分解吸下来，使吸附剂再生，并重复吸附操作。

固定床吸附器结构简单，操作方便，是吸附分离中应用最广泛的一类吸附器。例如从气体中回收溶剂蒸气、气体净化和主体分离、气体和液体的脱水以及难分离有机液体混合物的分离等。

(1) 固定床吸附器的操作特性

当流体通过固定床吸附剂颗粒层时，随着流体的不断通过，床层中吸附质的含量不断增高，其在床层中的分布不断变化，相应的流体在床层中不同位置处的组成也不断发生变化。

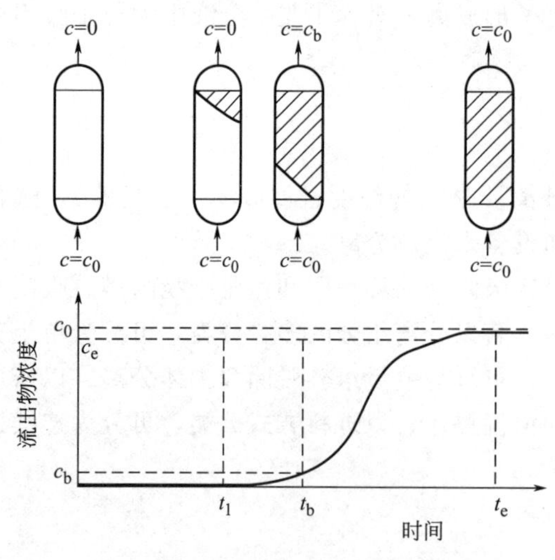

图 7-4 吸附透过曲线

因此固定床内流体中溶质的吸附是非稳态传质过程。

固定床吸附器的分析以建立流出物浓度-时间曲线为基础。该曲线是吸附器几何尺寸、操作条件和吸附平衡数据的函数，称为透过曲线（breakthrough curve）。

含吸附质初始浓度为 c_0 的进料连续流过装填有新鲜或再生好的吸附剂的床层，经过一定时间，部分床层为吸附质所饱和，吸附能力已为零，部分床层则建立了浓度分布即形成吸附波，随着时间的推移吸附波向床层出口方向移动。如图 7-4 所示，在时间 t_1，吸附质首先出现在床层出口端的流出物中。而对应于流出物中可允许的最大浓度 c_b 所需要的时间 t_b 为透过时间，c_b 为破点浓度（break through point concentration）。当流动继续进行，则吸附波逐渐移动到达床层出口，t_e 为床层被吸附质饱和所需的时间，此时床层中全部吸附剂与进料中吸附质的浓度达到平衡状态，吸附剂失去吸附能力，必须再生。从 t_1 到 t_e 的时间周期对应于床层中吸附区或传质区的长度，它与吸附过程的机理有关。很容易看出，透过曲线以上的面积表示了保留在床层中吸附质的数量。饱和区所处的状态对应于吸附等温线上的一点。

由于透过曲线易于测定，因此可以用它来反映床层内吸附负荷曲线的形状，而且也可以较准确地求出破点。如果透过曲线比较陡，则说明吸附速度较快。影响透过曲线形状的因素较多，除吸附剂和吸附质的性质外，其它参数如温度、压力、浓度、pH 值、移动相流速、流速分布、影响流动状况的诸因素，设备和吸附剂的尺寸大小，以至于吸附剂在固定床层中的装填方法等都会产生不同程度的影响。

（2）固定床吸附流程

① 双器流程　因为吸附剂需要再生，所以为使吸附操作连续进行，至少需要两个吸附器轮换循环使用。图 7-5 所示的 A、B 两个吸附器，A 正在吸附，B 正在进行再生。当 A 达到破点之前，B 再生完毕，下一个周期是 B 进行吸附，A 进行再生。对于吸附速率快，透过曲线陡的情况可采用这种流程。

② 串联流程　当体系的透过曲线比较平坦，吸附传质区比较长时，如采用上述双器流程，流体只在一个吸附器中进行吸附操作，达到破点时很大一部分吸附剂未达饱和，利用率很低，这种情况宜采用两个或更多个吸附器串联使用。图 7-6 所示为两个吸附器串联使用的流程，流程中共有三个吸附器。图中加料先进入 A，然后经 B 进行吸附，C 再进行再生。此时吸附传质区可以从 A 延伸到 B，这个操作一直可进行到从 B 流出的流体达到破点为

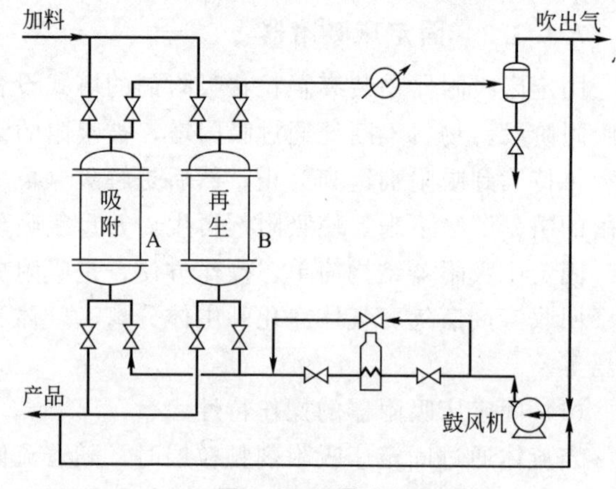

图 7-5 双器流程

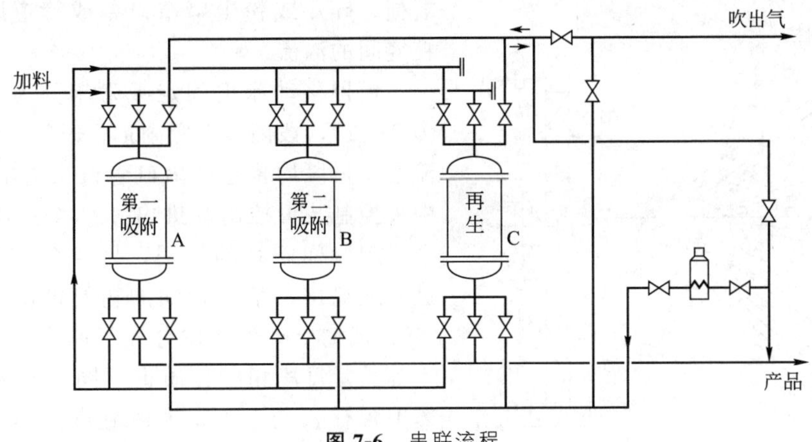

图 7-6　串联流程

止。接着将 A 转入再生，C 转入吸附，而加料则先进入 B、再进入 C。转入再生操作的 A 可以接近饱和。

③ 并联流程　当处理的流体量很大时，往往需要很大的吸附器，设备制造与运输都有困难，此时可以采用几个吸附器并联使用的流程，图 7-7 所示为两个吸附器并联使用的流程，图中 A、B 并联吸附，C 进行再生，下一阶段是 A 再生，B、C 吸附，再下一阶段是 A、C 吸附、B 再生，依此类推。

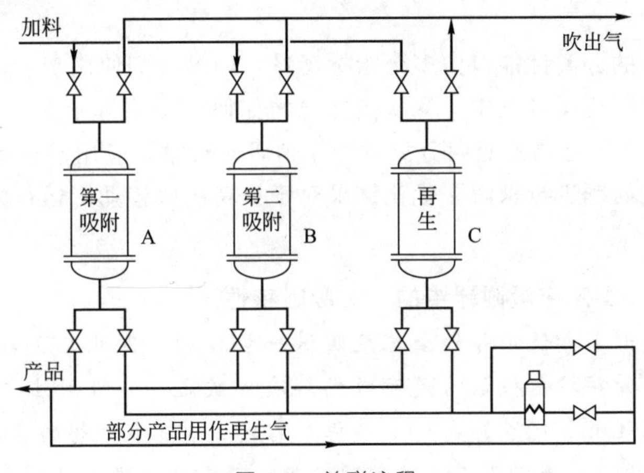

图 7-7　并联流程

在上述三种流程中，再生时均用产品的一部分作为再生用气体，实际上根据过程的具体情况，可以用其它介质再生。例如用活性炭来去除空气中的有机溶剂蒸气时，常用水蒸气再生。再生气（水蒸气+有机蒸气）冷凝成液体，再行分离。

7.1.3.3　模拟移动床

模拟移动床（simulated moving bed）分离技术是 20 世纪 60 年代兴起的一种连续逆流色谱分离技术。它可以提高固定相的利用率与产品纯度，在提高产品收率的同时也可以减小解吸剂的消耗，近年来在手性药物、石油化工分离等领域的应用受到越来越广泛的关注。

模拟移动床是利用吸附原理进行液体分离操作的传质设备。它是以逆流连续操作方式，通过变换固定床吸附设备的物料进出口位置，产生相当于吸附剂连续向下移动，而物料连续向上移动的效果。这种设备的生产能力和分离效率比固定吸附床高，又可避免移动床吸附剂

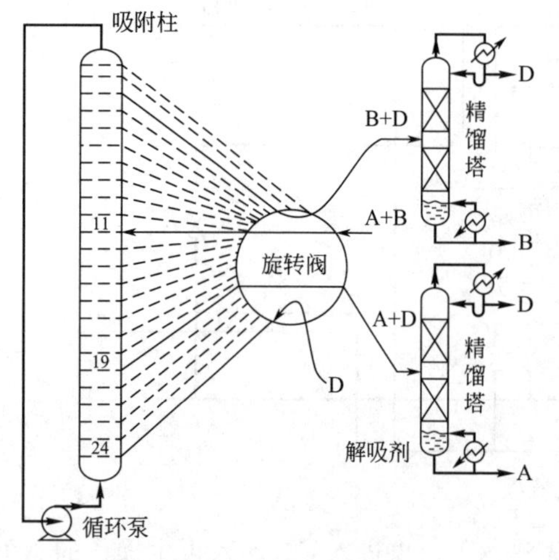

图 7-8 模拟移动床工作原理

磨损、碎片或粉尘堵塞设备或管道以及固体颗粒缝间的沟流。

模拟移动床把固定吸附床分为许多段（常为 24 段），段内装有吸附剂，段间液体不能直接流通。每段均装有进出口管道（进出两用），由中央控制装置控制其进出。24 个进出口中的 20 个只起段间联系的作用，另四个供四股物料的进入或离出，某一瞬间的物料进出口位置见图 7-8。把整个吸附床层分成了四个区，各区距离不等长，每段相际传质也不同。如 A 脱附区液体中含有 A 与 D，此区是用 D 使 A 脱附。B 脱附区是用 A 及 D 使 B 脱附。由上述两区之间的出料口所引出的吸附液只含 A 与 D，而且 A 的浓度也较大。A 吸附区是使原料中 A 与 B 分离，因此在 A 吸附区上部取出的吸余液中不含 A 而只含 B 与 D。若吸附剂固定不动，则随着时间的推移，固相中被分离组分的浓度将自下而上逐渐变大。模拟移动床则是利用一定的机构（如旋转阀），使四个物料的进出口以与固相浓度的变化同步的速度上移。这样，构成一闭合回路，其总的结果与保持进出口位置不动，而固体吸附剂在吸附器中自上而下移动的效果基本相同。

由于模拟移动床的分离性能可由多个指标衡量，如解吸剂使用量、产品收率、装置产率等。在模拟移动床实际运行过程中，众多指标之间如何平衡实际上是一个多目标优化问题。国内学者[17]以 C_8 芳烃混合物的吸附分离过程作为研究对象，应用多目标教学优化算法对模拟移动床多目标优化问题进行求解。优化结果对于提高模拟移动床运行的经济效益和分离性能有一定指导作用。

【工程案例 7-2】 固定床吸附器中的 CO_2 吸附特性[18]

化石能源的大量开采和使用导致全球变暖进一步加剧，因此 CO_2 减排越来越引起全世界的关注。其捕集与封存技术被认为是有效的解决方案之一，吸附法分离 CO_2 技术具有投资少、操作简单、能耗低等优点，在 CO_2 气体分离领域中具有广阔的应用前景。

以 13X-APG 粒状沸石为吸附剂，采用固定床吸附实验装置系统测定 CO_2 的吸附穿透曲线，研究 CO_2 动态吸附性能，并考察吸附气体温度及流量、吸附剂颗粒大小的影响，获得了吸附过程中吸附床的温度变化。

固定床吸附 CO_2 的实验装置如图 7-9 所示，实验系统包括固定床吸附器、气体供应系统、温度控制及测量系统组成。固定吸附床为一内径 30mm、长 280mm 的不锈钢筒体，床内填充球形颗粒 13X-APG 沸石，填充高度为 50mm；为稳定并均匀分布进入吸附床的气流，在吸附床两端各装填直径 6mm 的惰性颗粒玻璃珠 105mm，并用厚度 2mm 的筛板隔开吸附剂和玻璃珠，此外，为考察吸附热影响，吸附床用绝热材料包覆。

在此实验装置中，讨论了进口气体温度、气体流量、吸附剂粒径的影响。结果表明：气体温度的升高提前了 CO_2 吸附穿透点，并显著降低了吸附剂的吸附量；吸附气体体积流量的增加导致吸附速率增大，但对吸附量影响较小，吸附过程是内扩散控制过程。在 2mm 粒径的吸附量可以达到 91.21mg/g，是 5mm 粒径吸附量的 2.1 倍，但小粒径吸附剂在吸附过

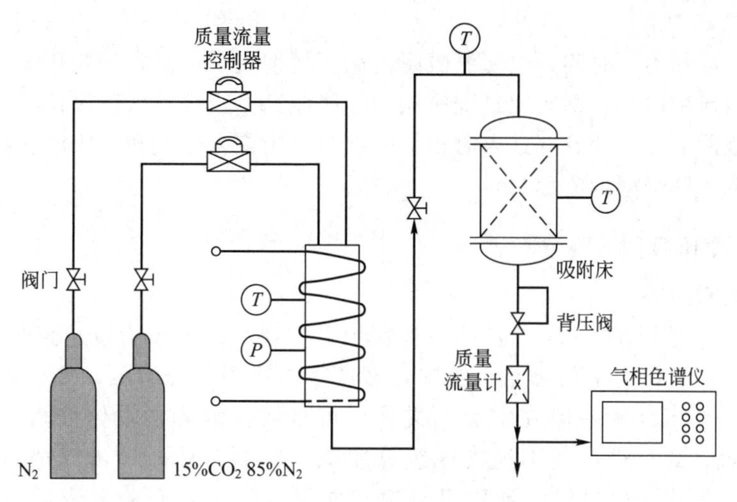

图 7-9 吸附装置示意图

程中的温升也较大，达到 18.7℃。因此，采用小粒径吸附剂，加强吸附过程中的散热，降低固定床吸附器的工作温度，才能有效地提高固定床吸附性能。

7.1.3.4 变温吸附

变温吸附利用吸附剂的平衡吸附量随温度升高而降低的特性，采用常温吸附、升温脱附的操作方法，目前普遍被用于挥发性有机废气的净化处理[19]。变温吸附原理可由图 7-10 形象地说明，循环操作在两个平行的固定床吸附器中进行。其中一个在环境温度附近吸附溶质，而另一个在较高温度下解吸溶质，使吸附剂床层再生。

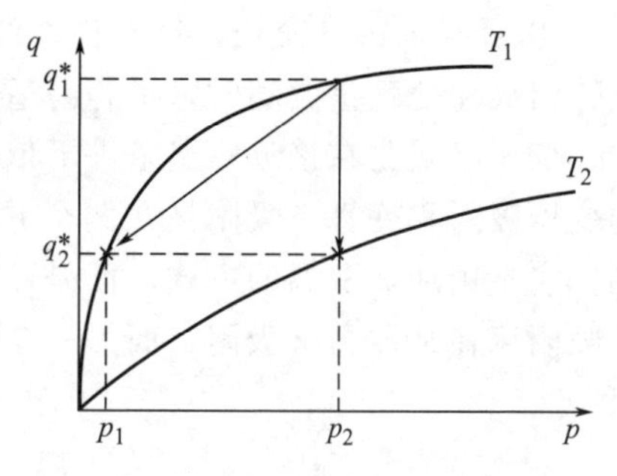

图 7-10 变温和变压吸附原理

尽管仅靠溶质的汽化而不用清洗气也可以达到解吸的目的，但当床层冷却时部分溶质蒸气会再吸附，所以最好还是使用清洗剂脱除解吸的吸附质。解吸温度一般都比较高，但不能高到引起吸附剂性能变坏的程度。变温吸附最好应用于脱除原料中低浓度杂质。在这种情况下，吸附和解吸均可在接近恒温的条件下进行。变温吸附理想循环包括以下四步：①在 T_1 温度下吸附至达到透过点；②加热床层至 T_2；③在 T_2 温度下解吸达到低吸附质负荷；④冷却床层至 T_1。实际循环操作没有恒温这一阶段。作为循环的再生阶段，第②和③两步是结合在一起的，床层被加热的同时，用经预热的清洗气解吸，直至进出口温度接近为止。第①和④两步也是同时进行的；床层冷却后期即开始进料，因此吸附基本上在进料流体温度下进行。

床层的加热和冷却过程不能瞬时完成，因为床层的热导率相当低。虽然可采用床外夹套或设置内部换热管间接加热，但还是以预热或预冷清洗流体的方式使床层温度变化更快。清洗流体可以是原料或流出物的一部分，或使用其它流体。在解吸阶段也能使用清洗流体。当吸附质是有价值的且容易冷凝，清洗流体选用不冷凝气体。当吸附质是有价值的但不易冷凝，并且基本上不溶于水，则可使用蒸汽作为清洗流体。而后将蒸汽冷凝，与解吸的吸附质分离。如果吸附质没有使用价值，那么可使用燃料或空气作为清洗剂，然后送去焚烧。再生阶段所消耗的清洗剂量比在吸附阶段送入床层的原料量要少得多。

由于加热和冷却需要时间，故变温吸附的循环周期较长，通常需要几小时或几天。循环时间越长，所需床层越长，则吸附过程床层利用率越高。当传质区比较长时，物料只在一个吸附器中进行吸附操作，达到穿透点时很大一部分吸附剂未达饱和，床层利用率低，这种情况宜采用两个床串联吸附的流程。

7.1.3.5 变压吸附

(1) 变压吸附循环

变压吸附分离过程是1958开发的一种在恒温下通过改变压力以达到吸附-脱附循环的操作方法[20~23]。在压力下气体组分吸附，减压下被吸附组分解吸，放出该气体组分，吸附剂得到再生。变压吸附一般在常温下进行，可将气体混合物本体分离取得纯组分，如从空气中分离氧、氮；也可将不纯气体组分脱除以精制气体，还可以把原料气体中的杂质（如水分和二氧化碳等）作为预处理去除与原料气的本体吸附分离同时进行，从而简化了工艺流程。

变压吸附分离过程具有如下优点：

① 产品的纯度高，特别是氢、氮和甲烷等不纯物质几乎可全部除去。例如，氢气的分离精制，可得到纯度为99.999%（体积分数）的纯氢。

② 一般在室温和不高的压力下操作，其设备简单。床层再生时不需要外加热源，再生容易，可以连续进行循环操作。

③ 可单级操作，原料气中的几种组分可在单级中脱除，原料中的水分和CO_2等不需要预先处理，同时分离其它组分如H_2、CH_4等。

④ 吸附剂的寿命长，对原料气的质量要求不高，装置操作容易，操作弹性大，如进料气体组成和处理量波动时，很容易适应。

变压吸附是在接近等温条件下依据吸附量随压力的变化特性而实现的吸附过程。最简单的变压吸附和变真空吸附是在两个并联的固定床中实现的，如图7-11所示，与变温吸附不同，它不用加热变温的方式，而是靠消耗机械功提高压力和造成真空完成吸附分离循环。一个吸附床在某压力下吸附，而另一个吸附床在较低压力下解吸。

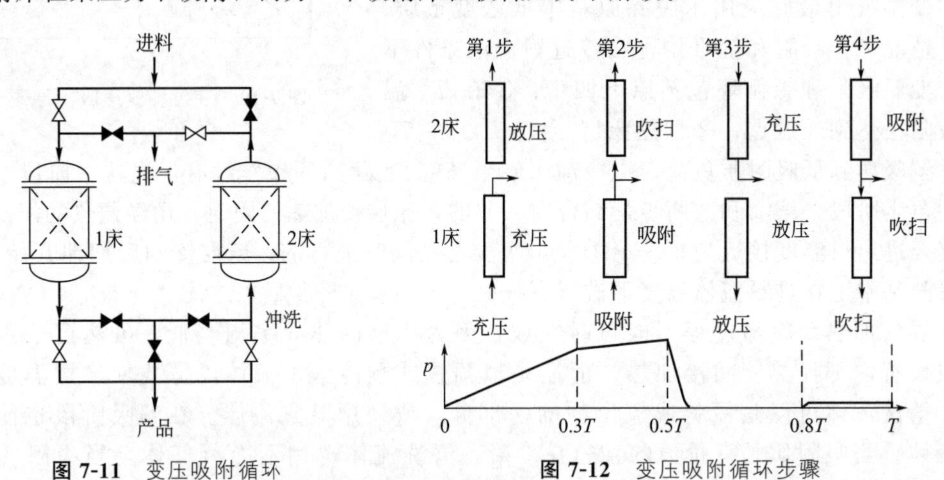

图7-11 变压吸附循环

图7-12 变压吸附循环步骤

具有两个固定床的变压吸附循环如图7-12所示，每个床在两个等时间间隔的半循环中交替操作：①充压后吸附；②放压后吹扫。实际上分四步进行。

原料气用于充压，流出产品气体的一部分用于吹扫。在图 7-12 中 1 床进行吸附，离开 1 床的部分气体返至 2 床吹扫用，吹扫方向与吸附方向相反。

变压吸附和变真空吸附分离受吸附平衡或吸附动力学的限制，这两种类型的控制在工业上都是重要的。例如，以沸石为吸附剂分离空气，吸附平衡是控制因素，氮比氧和氩吸附性能更强。从含氩 1%（均为体积分数）的空气中能生产纯度大约 96%的氧气。当使用碳分子筛作为吸附剂时，氧和氮的吸附等温线几乎相同，但是氧比氩的有效扩散系数大得多。因此可生产出纯度＞99%的氮气产品。

(2) 变压吸附分离操作的主要影响因素

① 吸附组分和不纯物质的种类　采用变压吸附技术处理原料气时，首先应考虑是分离还是精制。本体分离指从原料混合气中分离得到 20%～80%（均为体积分数）含量的产品，例如空气分离得到富氧或富氮。气体精制为脱除 5%～20%含量之间的次要气态组分，脱除很少量的不纯物质，例如空气干燥，床层经过再生后应能进行吸附阶段几小时甚至几天的时间。主体分离通常吸附阶段时间较短，一般在 30s～5min，在吸附剂未完全饱和及不纯物未透过以前，床层就需要再生。

在选择吸附剂时，首先要确定在气体原料中要吸附的组分。在空气分离中，用沸石分子筛作吸附剂，氧气是不吸附组分穿透床层排出，而氮气吸附在床层中，经解吸再生作为产品放出。用 5A 分子筛作吸附剂时，虽然产品氮气的纯度可达 98%～99%。因氮气不吸附，富氧的最高纯度只能约为 95%。改用另一种优先吸附进料中主要组分的吸附剂，如炭分子筛优先吸附氧，则所得富氧中氧气的纯度可提高，也可以同时使用沸石分子筛和炭分子筛使富氧和富氮的纯度都得到提高。在精制和分离氢时，硅胶、活性氧化铝和活性炭对分离烷烃有效是常用的吸附剂，可得纯度很高的氢气。

② 床层操作压力和清洗　变压吸附分离操作选用的压力取决于原料气体压力的大小和产品组分的性质，即产品是吸附性能强或难于吸附、不吸附的组分。如果原料气体在低压下已能分离，而不吸附的气体产品需要较高的压力，此时最好在低压下操作，最后仅压缩气体产品至所指定的压力。如果气体产品是可吸附的组分，得到的产品压力较低时可以重新加压，或利用降压阶段的气体清洗床层使气体产品解吸并同时升压。进料气体内组分的吸附性能较强，床层的间隙空间限制了强吸附组分回收率的提高。

③ 床层温度和热效率　气体组成在吸附时放热，解吸时是吸热过程，使变压吸附操作中吸附塔床层的局部温度不断波动，导致分离效果变坏。最好是床层在接近恒温的条件下分离，办法是缩短循环周期的时间和减少每一循环中的气体处理量。在工业的变压吸附干燥装置上最低的床层波动温度为 10℃以下。但是，在浓度较高的混合气体主体分离时，由于吸附组分浓度大，床层温度的波动较大。当大直径的吸附塔散热困难接近于绝热操作时，床层的温度波动最大。解决或改进的方法是尽力缩短循环周期时间，使床层在接近恒温下操作改进分离效果。

(3) 吸附塔的升压和吸附塔数

变压吸附分离装置所需要的吸附塔数目往往由要求的气体产品规格，如产品种类、纯度和回收率或是恒压下原料气体的流率、浓度组成所允许波动的范围等各种因素所决定。一般，多塔的变压吸附装置能更好地利用低纯度的原料气，产品的纯度和回收率较高，单位产品消耗的能量较少，操作的适应性较大，但是吸附塔数目愈多，操作愈复杂，设备投资和操作费用愈高。最终需视产品的价格（要求的回收率）、能耗、操作费用和设备投资的关系而决定。

【工程案例 7-3】 采用变压变温吸附技术回收聚氯乙烯生产中的精馏尾气[24]

聚氯乙烯生产中的精馏尾气中的氯乙烯及乙炔如不加以回收，不仅是一种浪费，同时也会造成严重的环境污染。各企业引进或开发了各种精馏尾气回收技术，如活性炭吸附、膜分离和变压变温吸附技术。变压吸附是用专用的吸附剂加压吸附、减压解吸，此法的优点是工艺流程短，操作弹性大，产品纯度易控制调节，可全自动操作，排空尾气中氯乙烯含量可以控制为小于 36mg/m^3，吸附剂使用寿命长。但吸附时间短，吸附量少。而变压变温吸附技术的尾气吸附量较大，且是在变压吸附技术的基础上变压脱吸之后，又进行升温脱吸，使脱吸进行得更彻底，从而使吸附剂吸附时间延长可长达 6h 以上，是尾气吸附量较大的技术，其缺点是仍需冷却用水、脱吸时需用蒸汽。

某厂聚氯乙烯生产中的精馏尾气变压变温吸附工艺流程见图 7-13，工业生产装置见图 7-14。由 3 台吸附塔、尾气缓冲罐、原料气缓冲罐、成品冷却器、真空泵等组成。3 台吸附塔始终有 1 台处于吸附状态，其余 2 台处于再生的不同阶段。3 台吸附塔的整个吸附与再生工艺切换均通过 36 台程控阀门来实现。来自精馏尾凝器压力为 0.5MPa 的尾气，经压力调节阀后进入原料气缓冲罐，再进入正在处于吸附状态的吸附塔中。在原料气经过装有选择性吸附剂的填料层时，全部的氯乙烯及少量的氮气、氢气和乙炔气体被吸附在吸附剂内，经吸附后的剩余气体（其中，氯乙烯含量小于国家排放标准）从吸附塔顶排出。

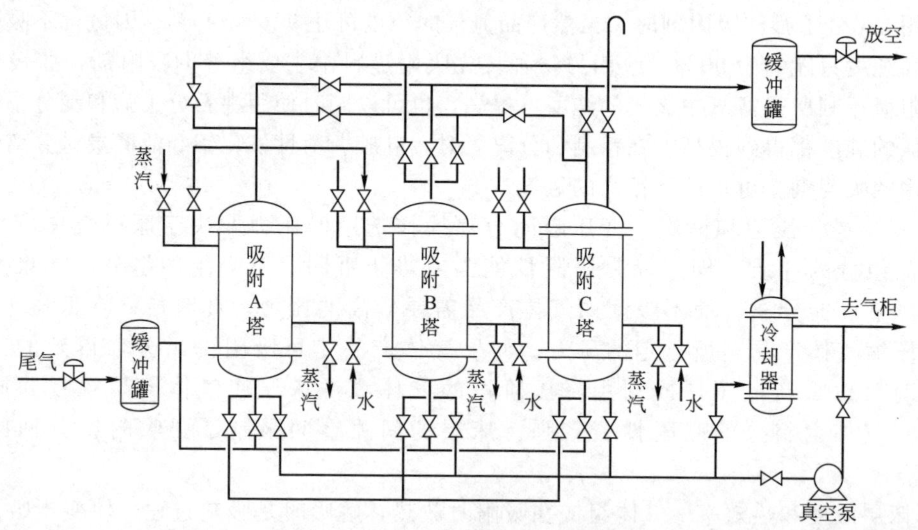

图 7-13 变压变温吸附工艺流程

吸附塔在吸附一定时间之后，系统会自动转入下一塔内进行吸附，或吸附后尾气中氯乙烯含量经检测接近或超过国家标准时，转用另一台吸附塔吸附，脱吸主要由 2 部分组成，平压升温脱吸及升温抽真空脱吸。

图 7-14 变压变温吸附工业生产装置

脱吸后进行反吸，其目的是将塔内残留的含有较多氯乙烯的气体反吹到待吸附的塔中，经待吸附塔吸附之后经塔顶排放，由于脱吸之后塔的吸附剂温度较高，需在壳程中通入冷却水，把冷却塔及吸附剂冷却到合适的温度，等待下一循环过程。在反吹及冷却完成后，为了使吸附塔可以在平稳地切换到下一次吸附的过程中不发生压力波动，需用其它吸附塔的排空气将塔压力升至吸附压力，该过程不仅使吸附塔升压，为下一次吸附工作做准备，同时，也使吸附剂内的微量氯乙烯向吸附塔下端移动，有利于下次排出合格的气体。

变温变压尾气吸附系统的投入使用，不但解决了在聚氯乙烯生产过程中精馏尾气超标排放对环境的污染问题，做到了达标排放，同时还变废为宝，把排空的尾气中低含量的氯乙烯直接变为高浓度的氯乙烯，回收到氯乙烯气柜。

7.2 离子交换[1,2,4,6,25]

离子交换（ion exchange）是应用离子交换剂进行混合物分离和其它过程的技术。离子交换剂是一种带有可交换离子的不溶性固体，利用离子交换剂与不同离子结合力的强弱，可以将某些离子从水溶液中分离出来，或者使不同的离子得到分离。

离子交换过程是液、固两相间的传质与化学反应过程。在离子交换剂内外表面上进行的离子交换反应通常很快，过程速率主要由离子在液、固两相的传质过程决定。该传质过程与液、固吸附过程相似。例如传质机理均包括外扩散和内扩散，离子交换剂也与吸附剂一样使用一定时间后接近饱和而需要再生。因此离子交换过程的传质动力学特性、采用的设备形式、过程设计与操作均与吸附过程相似，可以把离子交换看成是吸附的一种特殊情况，前述吸附中基本原理也适用于离子交换过程。近年来，随着离子交换技术的不断发展，尤其是交换速度快、交换容量高、机械强度大和化学稳定性好的大孔离子交换树脂的广泛应用，离子交换树脂在废水处理领域的应用范围不断扩大，越来越显示出它的优越性，因而被广泛应用于处理工业废水[26~28]。

7.2.1 离子交换树脂的结构与分类

7.2.1.1 离子交换树脂的结构

离子交换树脂是指带有可交换离子的不溶性固体高聚物，实际为高分子酸、碱或盐。离子交换树脂都不溶于一般的酸、碱溶液以及任何有机溶剂，如酒精、丙酮、苯等。从结构上说，是属于具有网状，既不溶也不熔的交联体型高分子化合物。单个颗粒是具有多孔结构的海绵体，在固定的网络骨架上连接着许多带极性、能离解出离子的功能基，功能基固定在网络骨架上不能自由移动。随着条件的改变，这种离子可以与其周围附近溶液的其它离子互相交换，所以叫做可交换离子。

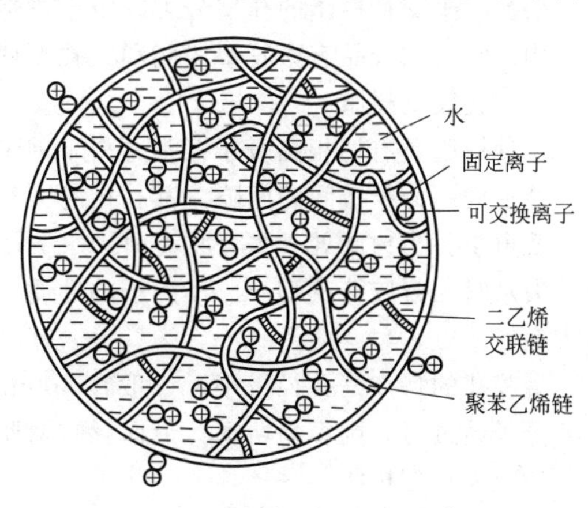

图 7-15 阳离子交换树脂结构模型示意图

由于交换基团的亲水性，在水溶液中它很易离解，因此离子交换树脂实际又可分为三个部分，现以强酸性阳离子树脂为例加以说明，参见图 7-15。

① 骨架（或称母体，以 R 表示） 如上所述它是高分子聚合物，并不参加交换反应，

但是，它起着极其重要的母体作用，即在它的表面挂着“交换基团”（或称功能基团）。如果把一颗树脂加以放大，便可发现其内部是庞大的三维网状空间结构，其上下左右含着许多由“母体”和“交换基团”组成的单元，使离子交换作用能深入其内部空隙表面。

② 惰性离子（$—SO_3^-$） 系交换基团的一个组成部分，它与骨架紧密结合，极不易扩散。视引入交换基团的性质不同，惰性离子可能是阳离子，也可能是阴离子。

③ 活动离子（或称可交换离子 H^+），树脂与水溶液接触后，惰性离子和活动离子之间的“连接链”减弱而离解

$$R—SO_3^+ H^- \longrightarrow R—SO_3^- \cdots H^+$$

活动离子可在较大范围内自由移动，并能扩散到溶液相，但它又有因静电引力所引起的靠近惰性离子的一种趋势。在离子交换中，把活动离子靠近惰性离子的趋势，称为“亲和力”。亲和力的大小与离子交换的选择性有着十分密切的关系。

7.2.1.2 离子交换树脂的分类

根据交换基团的成分，可把离子交换树脂分成两大类；一类是含有酸性基团的能与溶液中阳离子进行交换的树脂，称为阳离子交换树脂，如含有$—SO_3H$、$—PO_3H_2$、$—COOH$等酸性基团的树脂；另一类是含有碱性基团的能与溶液中阴离子进行交换的树脂，称为阴离子交换树脂，如含有$—N(CH_3)_3OH$、$—NH_2$ 等碱性基团的树脂。

根据交换基团酸、碱性的强弱，又可进一步把树脂分成如下几类[29,30]：

（1）阳离子交换树脂

① 强酸性阳离子交换树脂（含官能团$—SO_3H$、$—CH_2SO_3H$ 等）；

② 中等酸性阳离子交换树脂（含官能团$—PO_3H_2$、$—PO_3H_3$、$—SO_3H_2$ 等）；

③ 弱酸性阳离子交换树脂（含官能团$—COOH$、$—OH$、$—CH_2OH$）。

（2）阴离子交换树脂

① 强碱性阴离子交换树脂［含官能团$—N(CH_3)_3OH$、$—N(CH_3)_2C_2H_4OH$ 等］；

② 弱碱性阴离子交换树脂（含官能团$—NH_2$、$—NHR$、$—NR_2$ 等，其碱性依次为：$—NR_2>—NHR>—NH_2$）。

此外，尚有一些其它树脂，如选择性交换特定离子的螯合树脂［含螯合官能团$—CH_2N(CH_2COOH)_2$、$—CH_2N(CH_3)(CH_2CHOHCHOH\cdot CHOHCHOHCH_2OH)$、两性树脂（含强酸-弱碱、弱酸-强碱和弱酸-弱碱型）、氧化还原树脂（含官能团$—CH_2SH$）等］。

根据离子交换树脂的孔型分类。由于制造工艺的不同，离子交换树脂内部形成不同的孔型结构。常见的产品有凝胶型树脂和大孔型树脂两种。

（1）凝胶型树脂

这种树脂具有均相高分子凝胶结构，所以统称凝胶型离子交换树脂。球体中没有毛细孔，通道为高分子链间的间隙。其孔径的大小与树脂的交联度和膨胀度有关。交联度愈大，孔径就愈小。当树脂处于水合状态时，大分子链舒伸，链间距离增大，凝胶孔就扩大；树脂干燥失水时，凝胶孔就缩小。反离子的性质、溶液的浓度及 pH 值的变化都会引起凝胶孔径的改变。

凝胶孔的特点是孔径极小，一般在 300nm 以下。它只能通过直径很小的离子，直径较大的分子通过时，则容易堵塞孔道而影响树脂的交换能力。

（2）大孔型树脂

这种树脂在制造过程中，由于加入致孔剂，因而形成大量的毛细孔道，所以称为大孔型

树脂。在大孔树脂的球体中同时存在凝胶孔和毛细孔。其中毛细孔的体积一般为0.5mL/g左右，孔径从几百到几十万纳米，比表面积从几到几百平方米每克。由于这样的结构，大孔型树脂可以使直径较大的分子通行无阻，所以用它去除水中高分子有机物具有良好的效果。

(3) 离子交换树脂的命名

离子交换树脂产品的型号主要由三位阿拉伯数字组成，第一位数字表示产品交换基团的性质，称为分类代号（表7-3）；第二位数字代表骨架的组成，称为骨架代号；第三位数字为顺序号，用以区别交换基团或交联剂等的差异。凝胶型树脂的交联度是在型号后用“×”连接的阿拉伯数字表示：大孔树脂在型号前标以符号“D”加以区别，它不需标明交联度。

表7-3 分类代号及骨架代号

代号	分类代号	骨架代号	代号	分类代号	骨架代号
0	强酸性	苯乙烯系	4	螯合性	乙烯吡啶系
1	弱酸性	丙烯酸系	5	两性	脲醛系
2	强碱性	酚醛系	6	氧化还原性	氯乙烯系
3	弱碱性	环氧系			

例如，001×7即为凝胶型强酸性苯乙烯系阳离子交换树脂，交联度为7%；D111即为大孔型弱酸性丙烯酸系阳离子交换树脂。为贮存和运输安全，生产厂家都把强型树脂转变成盐型。例如，把强酸性阳树脂转变成Na型；强碱性阴树脂转变成Cl型。对弱型树脂则大多保持H型或OH型。

7.2.2 离子交换树脂的性能

7.2.2.1 离子交换树脂的物理性能

(1) 交联度

合成树脂时，作为交联剂如二乙烯苯含量的百分数即称为树脂的交联度。在商品树脂中，通常为8%～12%（质量分数）。交联度直接影响树脂的诸多性质。交联剂含量越高，树脂就越坚固，即机械强度越大，在水中不易溶胀。而交联剂含量低，交联度降低，树脂变得柔软，网眼结构粗大，溶剂或离子易渗透到树脂内部，容易溶胀。因此，交联度低的树脂达到交换平衡的速度就快，比较大的离子也能很好地被吸附，但它的缺点是机械强度差，对各种离子吸附选择性小。

(2) 粒度

树脂粒度可以用有效粒径和均匀系数表示。树脂粒度的大小，对离子交换水处理有较大影响。粒度大，交换速度慢；粒度小，树脂的交换能力大，但通过树脂层的压力损失就大。另外，树脂粒度相差很大，将使小颗粒树脂堵塞大颗粒树脂间的空隙，造成水流不匀和水流阻力增大，这种情况还会影响反洗流速，流速过大会冲走小颗粒树脂；流速过小，不能松动大颗粒树脂。一般树脂的粒径在0.3～1.2mm范围。

(3) 密度

单位体积树脂的质量称为离子交换树脂的密度。离子交换树脂的密度可分为干态密度和湿态密度两种。水处理中树脂都是在湿态下使用，故采用湿态密度。具有实际意义的密度是湿真密度和湿视密度。

① 湿真密度（true density in wet state） 指树脂在水中经过充分膨胀后，树脂颗粒的密度，即单位真体积（不包括树脂颗粒间空隙的体积）内湿态离子交换树脂的质量，单位是g/mL 或 kg/L。

$$湿真密度=\frac{湿树脂的质量}{湿树脂的真体积}$$

湿态离子交换树脂是指吸收了平衡水分，并经离心法除去了外部水分的树脂。离子交换树脂的反洗强度、分层特性与湿真密度有关。一般湿真密度在 1.04～1.30g/mL（或 kg/L）之间，且阳树脂的湿真密度大于阴树脂的湿真密度。湿真密度是影响树脂实际应用性能的一个指标。

② 湿视密度（bulk density in wet state） 指树脂在水中充分膨胀后的堆积密度，即单位视体积内紧密的无规律排列的湿态离子交换树脂的质量，单位是 g/mL 或 kg/L。

$$湿视密度=\frac{湿树脂的质量}{湿树脂的堆体积}$$

湿树脂的堆体积是指离子交换树脂以紧密的无规律排列方式在量器中占有的体积，包括树脂颗粒的固有体积及颗粒间的空隙体积。湿视密度是用来计算离子交换器中装载树脂时所需湿树脂量的主要数据。此值一般在 0.6～0.85g/mL（或 kg/L）之间。

（4）含水率

树脂的含水率是指在水中充分膨胀的湿树脂中所含水分的百分数。

$$含水率=\frac{湿树脂的质量-干树脂的质量}{湿树脂的质量}\times 100\%$$

含水率和树脂的类别、结构、酸碱性、交联度、交换容量、离子形态等有关。它可以反映离子交换树脂的交联度和网眼中的孔隙率。树脂含水率愈大，表示树脂的孔隙率愈大，其交联度愈小。因此，在树脂的使用过程中，可通过含水率变化了解树脂性能的变化。一般树脂的含水率在 40%～60%（质量分数）之间，所以，在贮存树脂时，冬季应注意防冻。

（5）转型膨胀率

转型膨胀率指离子交换树脂从一种单一离子型转为另一种单一离子型时体积变化的百分数。例如，树脂在交换和再生时，体积都会发生变化，经长时间不断的胀缩，树脂会发生老化现象，从而影响树脂的使用寿命。

（6）耐磨性

树脂颗粒在使用中，由于相互摩擦和胀缩作用，会产生破裂现象，所以耐磨性是影响其实用性能的指标之一。一般，树脂应能保证每年的耗损不超过 3%～7%。

7.2.2.2 离子交换树脂的化学性能

（1）酸碱性

离子交换树脂是一种不溶性的高分子电解质，在水溶液中能发生电离。例如：各种交换树脂在水溶液中电离时发生的反应分别为

$$RSO_3H \longrightarrow RSO_3^- + H^+$$

$$RCOOH \longrightarrow RCOO^- + H^+$$

$$RNR_3OH \longrightarrow RNR_3^+ + OH^-$$

上述电离过程，使水溶液呈酸性或碱性。其中强型（强酸性或强碱性）离子交换树脂的

电离能力强，其离子交换能力不受溶液 pH 值的影响；而弱型（弱酸性或弱碱性）离子交换树脂的电离能力弱，在水溶液 pH 值低时，弱酸性树脂不能电离或部分电离，该树脂在碱性溶液中有较强的电离能力；相反，弱碱性树脂在酸性溶液中有较强的电离能力。表 7-4 列出了不同类型离子交换树脂能有效地进行电离交换反应的 pH 值范围。

表 7-4　各类离子交换树脂的有效 pH 值范围

树脂类型	强酸性阳离子交换树脂	弱酸性阳离子交换树脂	强碱性阴离子交换树脂	弱碱性阴离子交换树脂
有效 pH 值的范围	0～14	4～14	0～14	0～7

离子交换树脂也能进行水解反应，若其水解后树脂的交换基团为弱酸或弱碱性时树脂的水解度就较大，例如

$$RCOONa + H_2O \longrightarrow RCOOH + NaOH$$

$$RNH_2Cl + H_2O \longrightarrow RNH_2OH + HCl$$

所以，具有弱酸性基团和弱碱性基团的离子交换树脂的盐型容易水解。

（2）选择性

离子交换树脂对水中各种离子的交换能力是不相同的，即有些离子易被离子交换树脂吸着，但也易被解吸，这种性能称为离子交换树脂的选择性。一般情况下，离子交换树脂优先交换那些化合价较高的离子，即化合价越大的离子被交换（吸附）的能力越强；在同价离子中则优先交换原子序数大的离子，即通常在碱金属及碱土金属的离子中，其原子序数越大，则被交换（吸附）的能力越强。选择性会影响树脂的交换和再生过程，在实际应用中是一个重要的化学性能。

（3）交换容量

交换容量表示离子交换树脂的交换能力，即可交换离子量的多少，通常用单位质量或单位体积的树脂所能交换离子的物质的量（摩尔）表示。交换容量是离子交换树脂最重要的性能指标。

① 全交换容量　指单位质量的离子交换树脂中全部离子交换基团的数量。其单位通常以 mmol/g 表示。

② 工作交换容量　指一个周期中单位体积树脂实现的离子交换量，即单位体积树脂从再生型离子交换基团变为失效基团的量。影响工作交换容量的主要因素有：树脂种类、粒度、原水水质、出水水质、终点控制以及交换运行流速、树脂层高度、再生方式等。

7.2.3　离子交换原理

利用质量作用定律解释离子交换平衡规律，既简单又具有实际应用价值。现以阳离子交换为例，若 R^-A^+ 代表阳离子交换树脂，R^- 表示固定在树脂上的阴离子基团，A^+ 为活动离子，电解质溶液中的阳离子以 B^{n+}，表示，则离子交换反应为

$$nR^-A^+ + B^{n+} \rightleftharpoons R_n^-B^{n+} + nA^+$$

若电解质溶液为稀溶液，各种离子的活度系数接近于 1，又假定离子交换树脂中离子活度系数的比值为一常数，则交换反应的平衡关系可用下式表示

$$K=\frac{[A^+]^n[R_n^-B^{n+}]}{[B^{n+}][R^-A^+]^n}$$

式中，右边各项均以离子浓度表示，由于对活度系数作了上述假定，所以 K 值不应视作一

个固定的常数，因此把它称为平衡系数。不过在稀溶液条件下，可近似地看作常数。

上式表明，K 值越大，吸着量越大，也就是说，溶液中的 B^{n+} 的去除率就越高。根据 K 值的大小，可以判断交换树脂对某种离子吸着选择性的强弱，所以又把 K 值称离子交换平衡选择系数。根据 K 值大小，可排出各种树脂对某些离子的交换顺序如下：

磺酸型阳离子交换树脂

$Fe^{3+} > Al^{3+} > Ca^{2+} > Ni^{2+} > Cd^{2+} > Cu^{2+} > Co^{2+} > Zn^{2+} > Mg^{2+} > Na^{+} > H^{+}$

羧酸型阳离子交换树脂

$H^{+} > Fe^{3+} > Al^{3+} > Ba^{2+} > Sr^{2+} > Ca^{2+} > Ni^{2+} > Cd^{2+} > Cu^{2+} > Co^{2+} > Zn^{2+} > Mg^{2+} > UO_2^{2+} > K^{+} > Na^{+}$

401 螯合型树脂

$Cu^{2+} > Pb^{2+} > Fe^{3+} > Al^{3+} > Cr^{3+} > Ni^{2+} > Zn^{2+} > Ag^{+} > Co^{2+} > Cd^{2+} > Fe^{2+} > Mn^{2+} > Ba^{2+} > Ca^{2+} > Na^{+}$

强碱性阴离子交换树脂

$Cr_2O_7^{2-} > SO_4^{2-} > NO_3^{-} > CrO_4^{2-} > Br^{-} > SCN^{-} > OH^{-} > Cl^{-}$

弱碱性阴离子交换树脂

$OH^{-} > Cr_2O_7^{2-} > SO_4^{2-} > CrO_4^{2-} > NO_3^{-} > PO_4^{3-} > MoO_4^{2-} > HCO_3^{-} > Br^{-} > Cl^{-} > F^{-}$。

影响离子交换平衡的主要因素有：交换树脂的性质、溶液中平衡离子（交换离子）的性质、溶液的 pH 值、溶液的浓度和温度等。在交换过程中，应注意掌握控制这些因素，以达到预期的交换效果。

7.2.4 离子交换的操作

7.2.4.1 离子交换法操作分类

离子交换法的装置和单元操作方式分类如下：离子交换装置可分为静态装置与动态装置。动态装置包括固定床和连续床。

（1）静态交换

静态交换，即将交换树脂与所需处理的溶液在静态或搅动下进行交换。这种操作必须重复多次才能使反应达到完全，方法简单但效率低，生产实用价值不大，只适用于实验室。

静态法的应用范围虽远不及动态法，但对于以交换平衡为中心的各种物理化学性能的测定，却是必不可少的重要操作。例如交换平衡常数、直接滴定测定交换容量、离子的活度、络合离子的离解常数，离子或分子的自扩散速度的测定以及滴定曲线的制作和树脂催化作用的研究等，都可应用静态操作来达到。

（2）动态交换

动态交换，即离子交换树脂或溶液在流动状态下进行交换，离子交换反应是可逆的，动态交换能把交换后的溶液及时和树脂分离，从而大大减少了逆反应的影响，使交换反应不断地顺利进行，并使溶液在整个树脂层中进行多次交换，即相当于多次间歇操作，由于它与静态法的间歇操作相比，效率要高得多，故在生产上广为应用。动态交换又可分为固定床和连续床两种。

7.2.4.2 离子交换工艺过程与设备

（1）离子交换工艺过程的基本步骤

利用离子交换剂的分离过程一般包括三步循环进行。

① 料液（含有欲除去的反离子 A）与离子交换剂 RB 进行交换反应，离子交换树脂 RB

的反离子 B 被料液中的反离子 A 取代，至树脂上反离子 A 接近饱和反应不宜再进行为止。

② 离子交换树脂的再生。饱含了反离子 A 的离子树脂用含反离子 B 的溶液使其再生，还原成原始形态 RB。

③ 再生的离子交换剂的清洗。再生完成的树脂床层中含有再生溶液，需用清水洗净，然后才能供下一循环重新使用。

在设计离子交换过程和选取树脂时既要考虑交换反应过程，也要考虑再生过程。

(2) 离子交换过程的设备与操作方式

离子交换过程为液固相间的传质过程，与液固相间的吸附过程十分相似，所以它所用的设备、操作方法和设备设计与吸附过程类似。前一节吸附中讲到的有关内容原则上均可用于离子交换过程。

离子交换过程所用设备也有搅拌槽、流化床、固定床和移动床等形式。操作方法也有间歇式、半连续和连续式三种。

① 间歇操作的搅拌槽　搅拌槽是带有多孔支持板的筒形容器，离子交换树脂置于支撑板上，间歇操作。操作过程如下。

a. 交换　将液体放入槽中，通气搅拌，使溶液与树脂均匀混合，进行交换反应，待过程接近平衡时，停止搅拌，将溶液排出。

b. 再生　将再生液放入，通气搅拌，进行再生反应，待再生完全，将再生废液排出。

c. 清洗　通入清水，搅拌，洗去树脂中存留的再生液。然后进行另一个循环操作。

这种设备结构简单，操作方便，反应后的排出液与反应终了时饱和了欲分离的反离子的树脂接触，分离效果较差，适用于小规模分离要求不高的场合。

② 固定床　固定床离子交换，即树脂装填在交换柱内，欲处理的溶液不断流过树脂层，离子交换的各项操作步骤均在柱内进行。

固定床的优点是交换效率高、设备少、操作简单，既能用于大型装置，也能用于小型装置。但一般的固定床存在以下缺点：

a. 由于树脂层固定在床中，当出水不合格时，上部树脂虽已饱和，但下层树脂仍有交换能力，故下层树脂不能充分利用，以致树脂用量增大；

b. 一旦出水不合格，全部树脂都需进行再生，并且上部树脂的再生产物会污染下部树脂，这样就要多消耗再生剂；

c. 由于树脂层固定不动，运行中逐渐被压实，空隙率减少，水流通过树脂层的阻力越来越大，以致出力降低；

d. 在非连续生产的场合，再生过程的操作要历时 2～4h，增加了贮水箱容积或交换柱的备用系数，从而增加投资。

针对固定床存在的问题，提出了半连续式和连续式的离子交换新工艺。

③ 连续床　连续式离子交换装置目前有两种形式：一是移动床，二是流动床。

a. 移动床　移动床是一种半连续式的离子交换装置，其工作原理可由图 7-16来说明。它一般由交换塔、再生塔

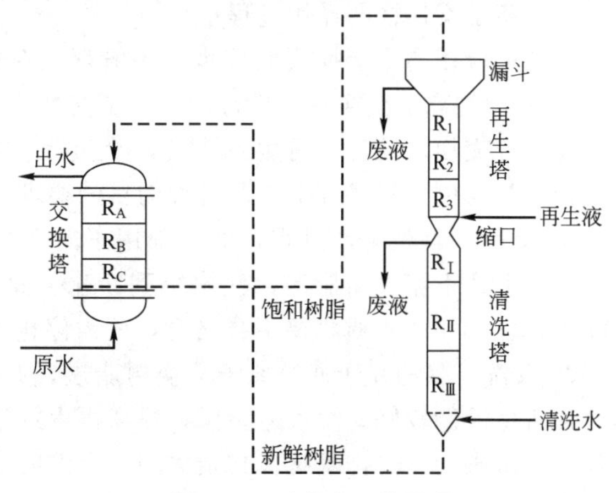

图 7-16　连续床工作原理

和清洗塔三个装置组成。在交换塔内，被处理的原水由下往上逆向交换，处理后水由上部取走。若把塔内树脂由下往上分成 R_A、R_B、R_C 三层，则交换经过一定时间后，R_A 首先饱和，R_B 仍有交换能力，R_C 则为新鲜树脂，此时不等 R_B、R_C 全部失效，而只将饱和层 R_A 立即输送到再生塔中。再生液由再生塔的下部往上通过树脂层、再生废液从上部排出。再生好的树脂通过缩口下落到清洗塔。清洗水由清洗段下部往上通过树脂层，从上部排出。与此同时，交换塔内树脂层 R_A 的位置空了，由树脂层 R_B 下落来填补。同样，树脂层 R_C 依次下落填补 R_B 的位置，而早已再生清洗完毕的新鲜树脂，靠水压送到 R_C 的位置，处理继续进行。待树脂层 R_B 失效，再按上述程序移动。

移动床的特点是交换塔内树脂失效一层立即移出塔外去再生清洗，不让它在交换塔内徒占位置。树脂在再生塔、清洗塔内再生清洗完毕后，再送回交换塔。从一层失效树脂移出再生到下一层，失效树脂移出再生的时间间隔，称移动床的一个交换周期。移动床在一个交换周期结束后，要停产 1～2min，使树脂落床，故称为半连续式离子交换装置。

移动床优点一是把树脂层压缩到最小限度，交换流速可大大提高，充分发挥了树脂层的作用；二是再生塔中采用了自下而上的流动方向，把反冲洗和再生两个工序结合起来，使再生洗脱液及时排掉，以获得较高的再生效率。

移动床的缺点是树脂的磨损较大，这是因为树脂不断在各塔间移送之故。但由于树脂的装填量较固定床少，因而二者的树脂绝对损耗量仍然相近。

b. 流动床　如果设想把图 7-16 中的再生塔和清洗塔内的树脂同样也分成 R_1、R_2、R_3 三层，在再生塔中树脂由上往下降落，再生液由下往上流动，经过一定时间后，再生塔中最下层 R_3，经历了由 R_1 到 R_3 的再生，并在下部与新鲜的再生液接触，达到了完全再生。R_2 还未充分再生，R_1 则刚开始。这时不等 R_2、R_1 全部再生，先把 R_3 送到清洗塔。同样，把清洗塔中树脂也分成三层，清洗一定时间后，R_I 首先合格，先把 R_I 送到交换塔填补 R_A 原来的位置，这样移动又加快了。再进一步设想，如果把三个塔内的树脂部分成几层，并按照上述程序连续地移动，这就成为全连续式离子交换装置——流动床。

流动床的特点是树脂在塔内既不是经常固定，也不是时常移动，而呈一个流动状态，即边交换，边再生，边清洗，所以它是全连续式的离子交换装置。流动床在给水处理中应用较广，并已有定型产品，在废水处理中也有所采用，如铀矿山废水处理。

（3）离子交换柱的操作过程

生产中应用离子交换法处理水，一般都是在如图 7-17 所示的离子交换柱中进行的。离子交换法的单元操作分交换、反洗、再生及正洗四个过程。现以交换除盐为例，叙述各个工艺过程的目的要求。

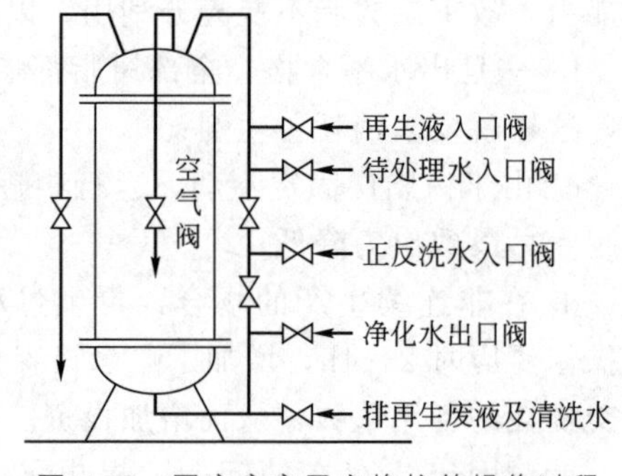

图 7-17　固定床离子交换柱的操作过程

① 交换　就是生产过程，通常都用正向交换，即原水自上往下流过树脂层，使水得到净化。此时开入口及出口阀，其余阀门关闭，如图 7-17 所示。当出水水质将要不合格时，就需停止生产，进行再生。

② 反洗　目的在于冲松离子交换树脂层，并排除树脂碎末及积存于其中的悬浮物及气泡，使再生液能较好地渗入树脂层，提高再生效率。一般以前级水自下往上反向冲洗。此时开反洗进水阀和反洗排水阀，其余关闭。反洗时应尽量加大流量，以不至于冲掉树脂为准。反洗强度一般控制在 3.0～5.0L/(m^2·s)。反洗时阳树脂的膨胀度应不小于 50%，阴树脂

的膨胀度应不小于80%（最好100%）。反洗直至出水不浑为止。反洗历时约15～20min。

③ 再生　目的在于恢复树脂的交换能力，又称为洗脱。反洗完毕后，为防止加入的再生溶液冲淡，再生前应放去反洗剩水，但要保持树脂面上留有10cm左右水深，以免空气进入树脂层，并开启空气阀排气。再生时再生液由上往下流动，再生废液（洗脱液）流至地沟。此时开再生液入口阀和正洗排水阀，其余关闭。

④ 正洗　目的在于洗净残余的再生产物，再生后要立即正洗。一般以前级水自上往下正洗。此时开正洗阀及正洗排水阀，其余关闭。正洗的最初阶段，实际是再生过程的继续。此时再生液以稀释状态和树脂接触，所以正洗流速开始应小些。经过15min左右，正洗流速可增至接近交换流速。正洗至出水基本符合要求为止。正洗历时与正洗耗水量与正洗流速有关。为降低设备耗水量，可用后期正洗废水配制再生液，或用作其它交换柱的反洗用水。

7.2.4.3　离子交换树脂的再生

离子交换反应是一种可逆反应。当交换到达终点（如交换出水水质失效或树脂不能对某种离子进行继续吸附），此时可以利用可逆反应的特点，停止交换，用适当的化学药剂配成较高浓度的溶液，加入树脂中进行搅拌或缓缓通过树脂层。将树脂上被吸附的离子洗脱下来，从而使树脂重新恢复交换能力[31]。

（1）用酸、碱再生

这是在离子交换中最常用的再生方法，根据对洗脱液成分的要求，常可采用H_2SO_4、HCl溶液来洗脱失效的阳离子交换树脂，用NaOH或其它碱溶液来洗脱失效的阴离子交换树脂。

例如用弱酸110树脂吸附镍达到饱和后，可用硫酸再生获得$NiSO_4$洗脱液。

（2）用中性盐再生

对弱酸、弱碱树脂，用酸、碱再生可获得很好的再生效果，但对强酸、强碱树脂，用酸、碱再生的效果就相当差。如果用中性盐来代替酸、碱进行再生，则这类树脂的洗脱效果就可以大大提高。如强酸树脂，在用NaCl、Na_2SO_4做再生剂时，由于Na^+的亲和力大于H^+的亲和力，再生剂用量可明显减少，即可获得较高的再生效率。

（3）用络合剂洗脱再生

许多金属阳离子可以呈简单的阳离子形式存在，也可以呈复杂的结合阴离子形式存在。当一种金属阳离子被络合成阴离子的形式之后，便失去阳离子的交换特性，而表现出阴离子的交换特性。因此，当一种原来交换亲和力很高的金属阳离子被阳树脂吸附之后，可用适当的络合剂来洗脱再生，使之变成络合阴离子而不再被阳树脂所吸附，从而达到洗脱的目的。

例如，用焦磷酸钾溶液从强酸树脂上洗脱Cu^{2+}便是一例。由于焦磷酸根对Cu^{2+}具有较强的络合能力，所以用浓度很高的焦磷酸钾溶液，可以较容易地将树脂上的Cu^{2+}完全洗脱。

（4）用破坏树脂上的络合离子方法再生

与上面情况相反，阴树脂上的络合阴离子若被破坏成简单的金属阳离子，它就失去了阴离子的交换特性而不再被阴树脂交换吸附。在镀金废水处理中，用丙酮加少量的HCl的混合液从强碱树脂上洗脱金［$Au(CN)_2^-$］；在镀银废水处理中，用H_2SO_4溶液从强碱树脂上洗脱铜［$Cu(CN)_3^-$］，都属这种类型。

7.3 液液萃取[1,3,32]

液液萃取（liquid-liquid extraction）作为分离和提取物质的重要单元操作之一，在石油、化工、湿法冶金、原子能、医药、生物、新材料和环保领域中得到了越来越广泛的应用。

在液液萃取过程中，一个液态溶液（水相或有机相）中的一个或多个组分（溶质）被萃取进第二个液态溶液（有机相或水相），而上述两个溶液是不相互溶或仅仅是部分互溶的。所以，萃取过程是溶质在两个液相之间重新分配的过程，即通过相际传递来达到分离和提纯的目的。

7.3.1 液液萃取过程的特点

同精馏和吸收过程相比，虽然同属化工分离单元过程，但萃取过程具有以下特点：

① 萃取过程中相互接触的两相均为液相，在萃取设备中此两相应先进行充分接触，以加强并完成传质过程，然后又必须依靠两相之间的密度差或外界输入能量进行两相的分离。

② 萃取过程中的两液相间的密度差、界面张力以及两液相的黏度等物理性质是十分重要的因素，水相和有机相对设备材质的亲和性有时也是一个重要的考虑因素。

③ 在萃取过程中，轴向混合的影响严重。轴向混合是指把导致两相流动的非理想性，并使两相在萃取设备内的停留时间分布偏离活塞流动的现象。由于液液萃取过程通常有两相密度差小、黏度和界面张力大等特点，因此轴向混合对过程的不利影响比在精馏和吸收过程中更为严重。据报道，对于大型的工业萃取塔，有时多达60%～80%的塔高是用来补偿轴向混合的不利影响的。

7.3.2 萃取剂的选择和常用萃取剂

萃取剂必须具备两个特点：

① 萃取剂分子中至少有一个功能基。通过它，萃取剂可以与被萃取物质结合成萃合物。常见的功能基有O、P、S、N等原子。有的萃取剂还含有两个或两个以上的功能基，例如2-甲基-8-羟基喹啉（结构式：喹啉环，N 邻位连 CH_3，8 位连 OH），其中O和N均为功能基。

② 作为萃取剂的有机溶剂的分子中必须有相当长的烃链或芳香环。这样，可使萃取剂及萃合物容易地溶解于有机相。一般认为萃取剂的相对分子质量在350～500之间较为适宜。

工业上选用萃取剂时，还应综合考虑以下各点：

① 选择性好。对要分离的一对或几种物质，其分离系数$\beta_{A/B}$或$\beta_{C/B}$要大。

② 萃取容量大。单位体积或单位质量的萃取剂所能萃取物质的饱和容量要大。

③ 化学稳定性强。要求萃取剂不易水解，加热时不易分解，能耐酸、碱、盐、氧化剂或还原剂的作用，对设备的腐蚀性要小。

④ 易与原料液相分层，不产生第三相和不发生乳化现象。

⑤ 易于反萃取或分离。要求萃取时对被萃取物的结合能力适当，当改变萃取条件时能较容易地将被萃取物从萃取剂相中反萃取到另一液相内，或易于用蒸馏（精馏）或蒸发等方

法将萃取剂相与被萃取物分开。

⑥ 操作安全。要求萃取剂无毒性或毒性小，无刺激性，不易燃（闪点要高），难挥发（沸点要高和蒸气压要小）。

⑦ 经济性。要求萃取剂的原料来源丰富，合成制备方法容易，价格便宜，在循环使用中损耗要尽量少。

萃取剂大致可以分为以下 4 类：①中性络合萃取剂，如醇、酮、醚、酯、醛及烃类；②酸性萃取剂，如羧酸、磺酸、酸性磷酸酯等；③螯合萃取剂，如羟肟类化合物；④离子对（胺类）萃取剂，主要是叔胺和季铵盐。

国内有学者提出利用分子连接性理论选择萃取剂的方法。即利用分子连接性指数与官能团贡献参数得到的极性指数来推断溶剂的极性，根据萃取剂极性指数与被分离体系中各组分极性指数的差异来选择萃取剂，即萃取剂的极性指数与被萃取组分的极性指数差异尽可能小而于其它组分的极性指数差异大[33]。：也有学者采用真实溶剂似导体屏蔽模型来对离子液体萃取剂的选择进行分子设计[34]。

7.3.3 萃取流程

根据单级萃取过程的不同组合，可有多种多级萃取流程。

① 错流流程　是实验室常用的萃取流程。如图 7-18(a) 所示，两液相在每一级上充分混合经一定时间达到平衡，然后将两相分离。通常，在每一级都加入溶剂，新鲜原料仅在第一级加入。萃取相从每一级引出，萃余相依次进入下一级，继续萃取过程。如乙酸甲酯和甲醇水溶液采用错流萃取分离工艺，在理论级数为 3 时，经过一次萃取乙酸甲酯可达 99.7%以上（质量分数），收率达 97%[35]。

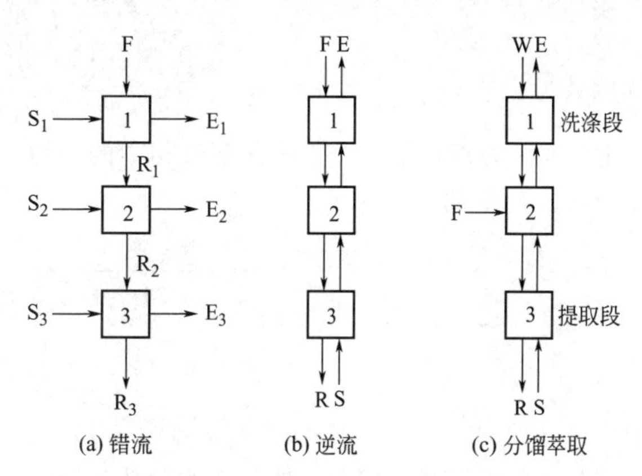

图 7-18　萃取流程

② 逆流萃取　是工业上广泛应用的流程，如图 7-18(b) 所示，溶剂 S 从串级的一端加入，原料 F 从另一段加入，两相在各级内逆流接触，溶剂从原料中萃取一个或多个组分。如果萃取器由若干独立的实际级组成，那么每一级都要分离萃取相和萃余相。如果萃取器是微分设备，则在整个设备中，一相是连续相，而另一相是分散相，分散相在流出设备前积聚。如环己酮-羟胺法制备己内酰胺工艺过程中，涉及三种物系的萃取操作，其中肟化工序中环己酮萃取肟化硫铵中的环己酮肟和中和工序中苯萃取硫铵中的己内酰胺都是采用的连续逆流萃取塔[36]。醋酸丁酯生产中，从废水中回收醋酸丁酯的工艺，可采用逆流萃取塔对醋酸丁酯-丁醇-水进行分离[37]。

③ 分馏萃取　两个不互溶的溶剂相在萃取器中逆流接触，使原料混合物中至少有两个组分获得较完全的分离。如图 7-18(c) 所示，溶剂 S 从原料 F 中萃取一个（或多个）溶质组分，另一种溶剂 W 对萃取液进行洗涤，使之除去不希望有的溶质，实际上洗涤过程提浓了萃取液中溶质的浓度。洗涤段和提取段的作用类似于连续精馏塔的精馏段和提馏段。

7.3.4 液液萃取过程的计算

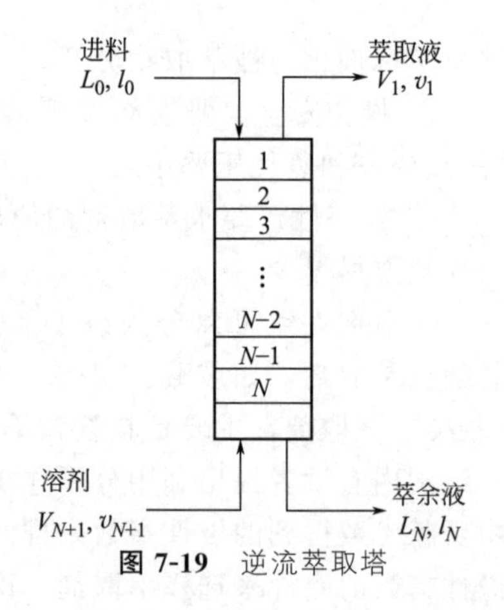

图 7-19 逆流萃取塔

Kremser 首先提出集团法，该方法仅提供用来关联分离过程的进料和产品组成与所需级数的关系，而不考虑各级温度与组成的详细变化。平均吸收因子法和平均有效吸收因子法就是用于多组分吸收和蒸出过程计算的集团法。对于逆流萃取过程，也有相应的集团法。

图 7-19 为逆流萃取塔的示意图，平衡级由塔顶向下数，若溶剂密度比进料液小，则溶剂 V_{N+1} 从塔釜加入，进料 L_0 从塔顶加入。

组分 i 的分配系数为

$$m_i=\frac{y_i}{x_i}=\frac{v_i/V}{l_i/L} \tag{7-18}$$

式中，y_i 为组分 i 在溶剂或萃取相中的摩尔分数；x_i 为组分 i 在进料或萃余相中的摩尔分数。

定义萃取因子 ε 为

$$\varepsilon_i=\frac{m_iV}{L} \tag{7-19}$$

ε_i 的倒数为

$$u_i=\frac{1}{\varepsilon_i}=\frac{L}{m_iV} \tag{7-20}$$

定义 Φ_U 为溶剂中组分 i 进入萃余相中的分数，相应于吸收单元中平均有效因子法所得计算公式，可得到

$$\Phi_U=\frac{v_{N+1}-v_1}{v_{N+1}}=\frac{u_e^{N+1}-u_e}{u_e^{N+1}-1} \tag{7-21}$$

$$1-\Phi_U=\frac{u_e-1}{u_e^{N+1}-1} \tag{7-22}$$

式中

$$u_e=[u_N(u_1+1)+0.25]^{1/2}-0.5 \tag{7-23}$$

定义 Φ_E 为进料中组分 i 被萃取的分数，则

$$\Phi_E=\frac{l_0-l_N}{l_0}=\frac{\varepsilon_e^{N+1}-\varepsilon_e}{\varepsilon_e^{N+1}-1} \tag{7-24}$$

式中

$$\varepsilon_e=[\varepsilon_1(\varepsilon_N+1)+0.25]^{1/2}-0.5 \tag{7-25}$$

为计算 ε_1、ε_N、u_1 和 u_N，需用下式估计离开第一级的萃余相流率 L_i 和从第 N 级上升的萃取相流率 V_{N+1}

$$V_2=V_1\left(\frac{V_{N+1}}{V_1}\right)^{1/N} \tag{7-26}$$

$$L_1=L_0+V_2-V_1 \tag{7-27}$$

$$V_N=V_{N+1}\left(\frac{V_1}{V_{N+1}}\right)^{1/N} \tag{7-28}$$

存在于萃取塔进料和溶剂中的某一组分，在萃取液中的流率 v_1，可用 Φ_U 和 Φ_E 表示

$$v_1=v_{N+1}(1-\Phi_U)+l_0\Phi_E \tag{7-29}$$

该组分总的物料平衡为

$$l_N=l_0+v_{N+1}-v_1 \tag{7-30}$$

式(7-20)～式(7-30)各式可用质量单位或摩尔单位。由于在绝热萃取塔中温度变化一般都不大，因此一般不需要焓平衡方程，只有当原料与溶剂有较大温差或混合热很大时才需考虑。

集团法对于萃取过程计算不总是可靠，其主要原因是，活度系数随组成变化显著，因而分配系数变化很大，近年来计算机模拟计算引入到液液萃取过程中，使计算迅速、准确[38]。

【例 7-2】 以二甲基甲酰胺（DMF）的水溶液（W）作溶剂，从苯（B）和正庚烷（H）的混合物中萃取苯。图 7-20 为萃取塔示意图，已知条件均标于图上，平衡级数为 5。各组分在操作条件下的平均分配系数为

组　分	H	B	DMF	W
m_i	0.0264	0.514	12.0	449

试用集团法估算萃取液与萃余液流率及组成。

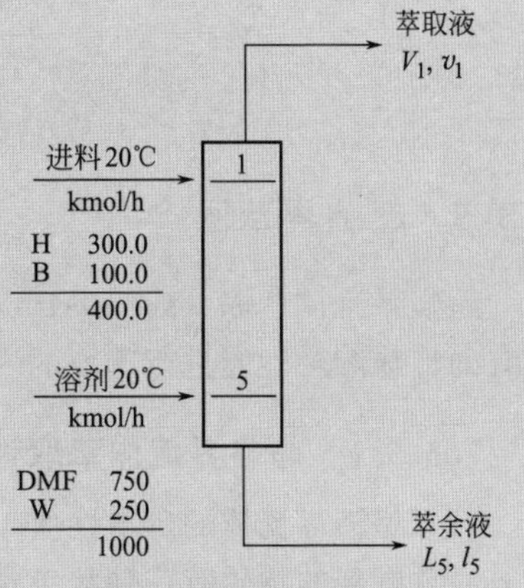

萃取液 V_1, v_1
进料20℃ kmol/h
H 300.0
B 100.0
400.0
溶剂20℃ kmol/h
DMF 750
W 250
1000
1
5
萃余液 L_5, l_5

图 7-20 ［例 7-2］附图

解 假设萃取液流率 $V_1=1113.1\text{kmol/h}$

由式(7-26)～式(7-28)，得到

$$V_2=1113.1\times\left(\frac{1000}{1113.1}\right)^{1/5}=1089.5\text{kmol/h}$$

$$L_1=400+1089.5-1113.1=376.4\text{kmol/h}$$

$$V_5=1000\times\left(\frac{1113.1}{1000}\right)^{1/5}=1021.7\text{kmol/h}$$

$$L_5=L_0+V_6-V_1=400+1000-1113.1=286.9\text{kmol/h}$$

由式(7-19)、式(7-20)、式(7-23)、式(7-25)得到

组分	ε_1	ε_5	u_1	u_5	ε_e	u_e
H	0.078	0.094	12.8	10.6	0.079	11.6
B	1.52	1.83	0.658	0.546	1.63	0.575
DMF	35.5	42.7	0.0282	0.0234	38.9	0.0235
W	1327.7	1598.9	7.5×10^{-4}	6.25×10^{-4}	1456.96	6.2×10^{-4}

由式(7-24)、式(7-21)、式(7-29)、式(7-30)得到

组　分	Φ_E	Φ_U	萃余液 l_5/(kmol/h)	萃取液 v_1/(kmol/h)
H	0.079	1	276.3	23.7
B	0.965	0.56	3.5	96.5
DMF	1	0.0235	17.63	732.37
W	1	6.2×10^{-4}	0.15	249.85
合计			297.58	1102.42

计算值 V_1 和假设值较接近，不再迭代。本例计算结果见图 7-21。

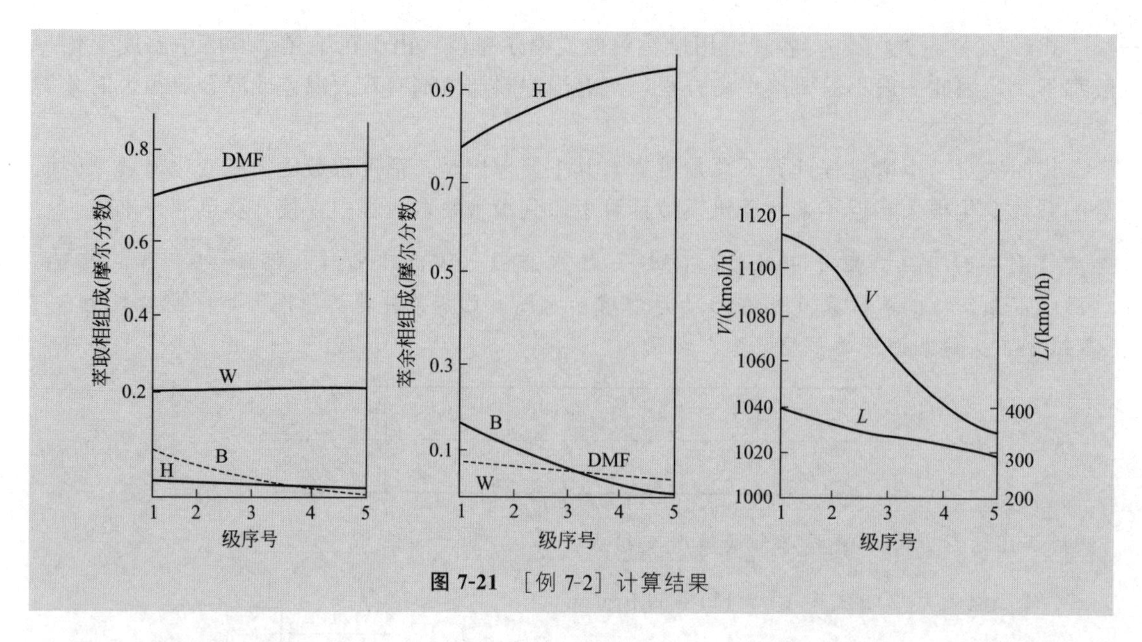

图 7-21 ［例 7-2］计算结果

7.3.5 超临界萃取[39～42]

超临界流体萃取（supercritical fluid extraction，SCF）萃取是利用流体在临界点附近所具有的特殊溶解性能进行萃取的一种化工分离技术。

7.3.5.1 超临界流体萃取过程的特征

（1）超临界流体的基本性质

通常看到的物质有三种状态，即固态、液态和气态。所谓超临界流体是指物质的温度和压力分别超过其临界温度（T_c）和临界压力（p_c）时的流体。处于临界点状态的物质可实现液态到气态的连续过渡，两相界面消失，汽化热为零。超过临界点的物质，不论压力多大都不会使其液化。在超临界状态下的流体，具有接近于液体的密度和类似于液体的溶解能力，同时还具有类似于气体的高扩散性、低黏度、低表面张力等特性。因此 SCF 具有良好的溶剂特性，很多固体或液体物质都能被其溶解。常用的 SCF 有二氧化碳、乙烯、乙烷、丙烯、丙烷和氨等，其中以二氧化碳最为常用。一些浸出溶剂的沸点与临界特性见表 7-5。

（2）二氧化碳的超临界特性

二氧化碳为最常用的超临界流体，特征主要如下：①密度接近液体，黏度比液体低，接近气体，扩散能力约为液体的 100 倍；②临界压力和临界温度较低；③通过压力、温度的简单调节，可以使它的密度发生高低变化，具有良好的分离选择性；④可以在较低温度下进行

表 7-5 一些浸出溶剂的沸点与临界特性

溶剂	沸点/℃	临界温度 T_c/℃	临界压力 p_c/MPa	临界密度 ρ_c/(g/cm³)
乙烯	−103.9	9.2	5.03	0.218
二氧化碳	−78.5	31.0	7.38	0.468
乙烷	−88.0	32.2	4.88	0.203
丙烯	−44.7	91.8	4.62	0.233
丙烷	−44.5	96.6	4.24	0.217
氨	−33.4	132.4	11.3	0.235
正戊烷	36.1	197	3.37	0.237
水	100	374.4	22.4	0.326

操作，同时它又是惰性气体，被萃取物很少发生热分解或氧化等变质现象，特别适合于热不稳定物质和天然物质的分离；⑤不燃、无毒、无味无臭，特别适合于食品成分的分离；⑥不存在溶剂残留问题；⑦容易取得、价廉。

7.3.5.2 超临界萃取的典型流程

利用 SCF 的溶解能力随温度或压力改变而连续变化的特点，可将超临界萃取过程大致分为两类，即等温变压流程和等压变温流程。前者是使萃取相经等温减压，后者是使萃取相经等压升（降）温，结果都能使 SCF 丧失对溶质的溶解能力，达到分离溶质与回收溶剂的目的。等温降压流程见图 7-22。

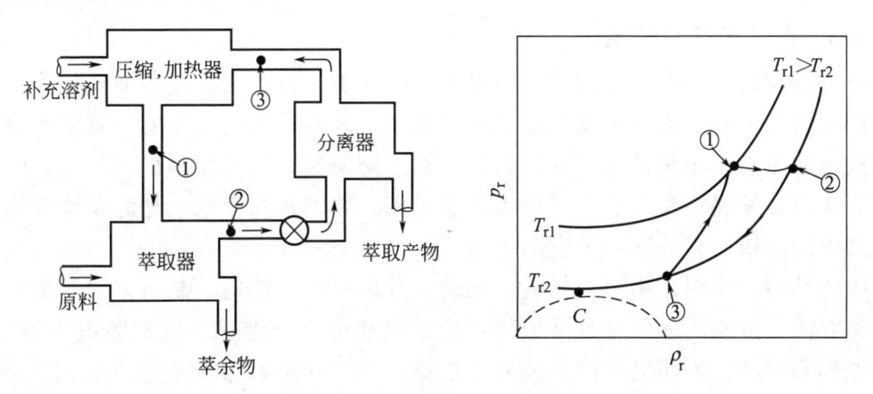

图 7-22 超临界萃取流程

①→② T↓进料萃取；②→③ p↓分离出料；③→① T↑ p↑溶剂回收

将二氧化碳气体压缩升温达到溶解能力最大的状态点①（即 SCF 状态），然后加到萃取器中与被萃取物料接触。由于 SCF 有很高的扩散系数，故传质过程很快就达到平衡。此过程维持压力恒定，则温度自然下降，密度必定增加，到状态点②，然后萃取物流进入分离器，进行等温减压分离过程，到状态点③，这时 SCF 的溶解能力减弱，溶质从萃取相中析出，SCF 再进入压缩机进行升温加压，回到状态点①，这样只需要不断补充少量溶剂，过程就可以周而复始。

7.3.5.3 超临界萃取的应用

目前，已经工业化应用的超临界萃取流程有：从烟草中提取尼古丁、从土壤中除去多环芳烃、用超临界 CO_2 流体提取辣椒红色素、废水工业中用 SCF 萃取有机物、天然气田中用 SCF 溶解固体硫，玉米秸秆快速热裂解生物油的分离提质、减压渣油混合油分离，尤其是对煤的分子结构、脱硫、制取氢气以及煤液化研究等[43~46]。将超声提取技术、膜分离技术、超临界流体萃取技术进行了耦合并应用于青蒿素的生产工艺中。

随着超临界流体技术研究的不断深入以及应用领域的不断拓展，新型超临界流体技术如超临界流体色谱、超临界流体化学反应、超临界流体干燥、超临界流体沉析等技术的研究都取得了较大进展，显示了超临界流体萃取技术良好的应用前景。

7.4 膜分离[47~52]

膜分离（membrane separation）技术是指在某种驱动力的作用下，利用膜对混合物中各组分的选择透过性能的差异，实现物质分离的技术。膜分离方法的驱动力可以是膜两侧的压力差、电位差或浓度差。膜分离过程中的物质迁移现象是一种不可逆的传质过程。常见的膜分离法主要有：微孔过滤、超滤、反渗透、渗析、电渗析、渗透汽化、液膜分离等。

7.4.1 膜分离概述

7.4.1.1 膜的定义及膜分离

膜可定义为两相之间的一个不连续区间，这个区间的三维量度中的一度和其它两度相比要小得多。膜的分离作用是借助膜对不同物质的选择渗透作用使混合物分离。

7.4.1.2 膜的种类及结构

用于分离的膜按其物态分有固膜、液膜及气膜三类。目前大规模工业应用多为固膜，液膜已有中试规模的工业应用，主要用在废水处理中，气膜分离尚处于实验室研究中。固膜以高分子合成膜为主，近年来，无机膜材料，特别是陶瓷膜，因其化学性质稳定、耐高温、机械强度高等优点，发展势头迅猛，正进入工业应用。特别是在微滤、超滤及膜催化反应及高温气体分离中的应用，充分展示了它的优点。

根据膜的性质、来源、相态、材料、用途、分离机理、结构、制备方法等的不同，膜有不同的分类方法。按膜的形状分为平板膜、管式膜和中空纤维膜。管式膜由于流动状态好，对进料预处理要求低，因而仍在许多领域中广泛应用。中空纤维膜直径通常为 25～200μm，具有 1m^2 膜面积的膜组件通常需 1000m 以上纤维。

按膜孔径的大小分为多孔膜和致密膜。按膜的结构分为对称膜、非对称膜和复合膜。

(1) 对称膜

膜两侧截面的结构及形态相同，且孔径与孔径分布也基本一致的膜称为对称膜。对称膜可以是疏松的微孔膜或致密的均相膜，膜的厚度大致在 10～200μm 范围内，但其在膜截面方向（即渗透方向）的结构都是均匀的。致密的对称膜主要用于实验室中研究膜材料或膜的性质。由于这种膜的通量太低，很少有工业应用。

(2) 非对称膜

非对称膜由致密的表皮及疏松的多孔支撑层组成，膜上下两侧截面的结构及形态不相同，致密层厚度约为 0.1～0.5μm，支撑层厚度约为 50～150μm。在膜过程中，渗透通量一般与膜厚度成反比，由于非对称膜的表皮比致密膜的厚度（10～200μm）薄得多，故其渗透通量比致密膜大得多。非对称膜有相转化膜及复合膜两类，前者皮层与支撑层为同一种材料，通过相转化过程形成非对称结构，后者表皮层与支撑层由不同材料组成，通过在支撑层上进行复合浇铸、界面聚合、等离子聚合等方法形成超薄表皮层。

(3) 复合膜

复合膜实际上也是一种具有表皮层的非对称膜，但表皮层材料与致密皮层可以用化学或物理等方法在非对称膜的支撑层上直接复合制得。复合膜由于可对起分离作用的表皮层和支撑层分别进行材料和结构的优化，可获得性能优良的分离膜。

7.4.1.3 膜材料

膜材料是发展膜分离技术的关键问题之一。按材料的性质区分，膜分离材料主要有高分子材料和无机材料两大类。

膜分离过程对膜材料的要求主要有：具有良好的成膜性能和物化稳定性，耐酸、碱、微生物侵蚀和耐氧化等。反渗透、纳滤、超滤、微滤用膜最好为亲水性，以得到高水通量和抗污染能力。气体分离，尤其是渗透蒸发，要求膜材料对透过组分优先吸附溶解和优先扩散。电渗析用膜则特别强调膜的耐酸、碱性和热稳定性。膜萃取等过程，要求膜耐有机溶剂。

(1) 天然高分子材料

主要是纤维素的衍生物，有醋酸纤维、硝酸纤维和再生纤维等。纤维素酯类膜是应用最早，截留能力强，目前应用最多的膜，主要用于反渗透、超滤、微滤等。

(2) 合成高分子材料

市场上大部分膜为合成高分子膜，种类很多，如聚砜、聚丙烯腈、聚酰亚胺、聚酰胺、聚烯类和含氟聚合物等。芳香聚酰胺类和杂环类膜材料目前主要用于反渗透。聚酰亚胺是近年开发应用的耐高温、耐化学试剂的优良膜材料。聚砜是超滤、微滤膜的重要材料。由于其性能稳定，机械强度好，是许多复合膜的支撑材料。聚丙烯腈也是超滤、微滤膜的常用材料，它的亲水性使膜的水通量比聚砜大。聚砜是最常用的材料之一，主要用于超滤膜，耐温(70～80℃)、耐pH变化（pH为1～13），但耐压能力较低。聚酰胺膜的耐压能力较强，使用寿命长，常用于反渗透。

(3) 无机材料

无机膜多以金属、金属氧化物、陶瓷、多孔玻璃为材料制成。无机膜耐高温和腐蚀、机械强度高、耐溶剂，耐生物降解，有较宽的pH适用范围。但其制法完全不同于有机膜，且制造困难，价格昂贵，成本比有机膜高十倍以上，目前膜市场中无机膜只占2%～3%。

7.4.1.4 膜组件

将膜、固定膜的支撑材料、间隔物或管式外壳等组装成的一个单元称为膜组件。膜组件的结构及形式取决于膜的形状，工业上应用的膜组件主要有中空纤维式、管式、螺旋卷式、板框式等四种形式。管式和中空纤维式组件也可以分为内压式和外压式两种。

(1) 板式膜组件

板式膜组件与平板式压滤机相近。结构和操作方式不同；板式膜组件使用平板膜，它由导流板、膜和多孔支撑板交替重叠组成。图7-23为一种板式膜组件的示意图。支撑板的两侧表面有孔缝，其内腔有供透过液流通的通道，支撑板的表面与膜相贴，对膜起支撑作用。导流板起料液的导流作用。在膜组件中，液体处于高速流动以减轻浓差极化。

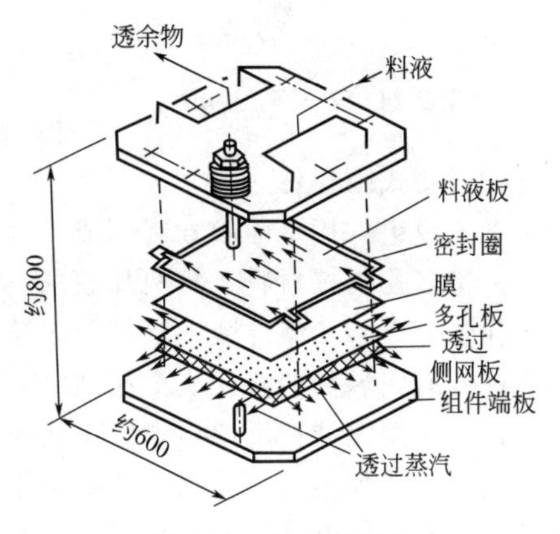

图7-23 板式膜组件

板式膜组件的优点是组装方便；膜的清洗更换比较容易；料液流通截面较大，不易堵塞。缺点是对密封要求高，结构不紧凑。

(2) 管式膜组件

管式膜组件有直径较大的多孔支撑管的管状膜和无支撑的中空纤维膜。有支撑的管状膜分内压式和外压式；单管式和管束式。内压单管式的管状膜装在多孔的不锈钢或者用玻璃纤维增强的塑料管内，此时加压下的料液从管内流过，透过膜所得产品收集在管子外侧。也可将若干根膜管组装成管束状。外压式管式膜与上述情况相反，由于需要耐压外壳，一般少用。

管式、毛细管式和中空纤维式皆为管状膜，差别主要是直径不同。管式膜直径>10mm；毛细管式膜直径在0.5～10mm之间；中空纤维膜直径<0.5mm。管状膜直径越小，则单位体积里的膜面积越大。

中空纤维膜根据使用时膜两侧压差的大小，可分为粗细两种，细的中空纤维外径20～250μm，用于反渗透；粗的中空纤维外径0.5～2mm，用于超滤等操作压差小的过程。

中空纤维膜一般均制成列管式，它由很多根纤维（多达几十万、甚至几百万根）组成。这类膜器的特点是：设备紧凑，单位设备体积内的膜面积大（高达16000～30000m^2/m^3）。缺点是膜容易堵塞，不易清洗，原料液的预处理要求高，换膜费用高。膜器结构如图7-24所示。

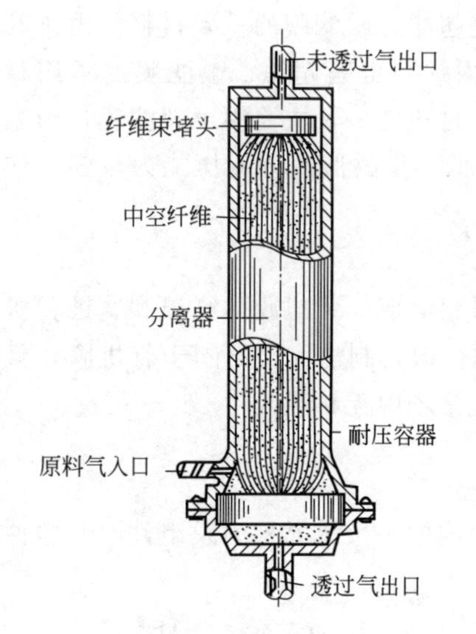

图7-24 管式膜组件图

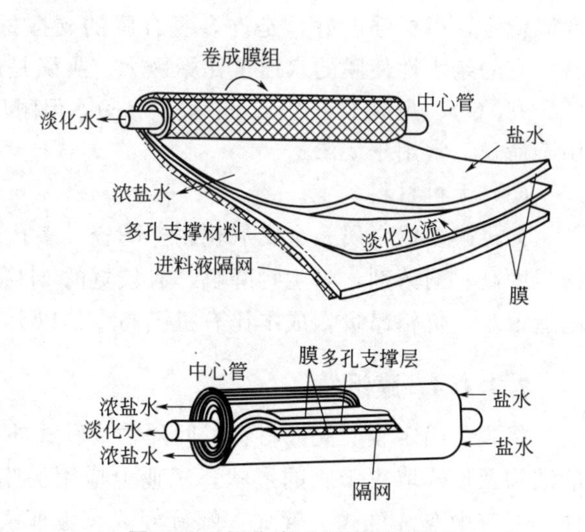

图7-25 螺旋卷式反渗透膜组件

（3）卷式膜组件

卷式膜组件用平面膜卷制而成。其结构与螺旋板式换热器类似（图7-25）。在两片膜中夹入一层多孔支撑材料，将两片膜的三边密封，再在膜上铺上一层隔网，将该多层材料卷绕在多孔管上，整个组件装入圆筒形耐压容器中。使用时料液沿隔网流动，与膜接触，透过膜的透过液沿膜袋内的多孔支撑流向中心管，然后导出。

目前该类膜器在反渗透中应用比较广泛，大型组件直径0.3m、长0.9m，图7-25为螺旋卷式反渗透膜组件。卷式膜器结构紧凑，单位体积膜面积很大，透水量大，设备费用低；缺点是浓差极化不易控制，易堵塞，不易清洗，换膜困难。

7.4.2 超滤和微滤[53]

超滤（ultrafiltration）和微滤（microfiltration）是通过膜的筛分作用将溶液中大于膜孔的大分子溶质截留，使这些溶质与溶剂及小分子组分分离的膜过程。膜孔的大小和形状对分离起主要作用，一般认为膜的物化性质对分离性能影响不很大。超滤和微滤在深度处理印染废水方面有较好的应用前景[54]。

7.4.2.1 基本理论

（1）基本原理

超滤和微滤都是在静压差的推动力作用下进行的液相分离过程，在一定的压力作用下，当含有高分子溶质（A）和低分子溶质（B）的混合溶液流过膜表面时，溶剂和小于膜孔的低分子溶质（如无机盐）透过膜，成为渗透液被搜集；大于膜孔的高分子溶质（如有机胶体）则被膜截留而作为浓缩液被回收。通常，能截留相对分子质量500以上、10^6以下分子的膜分离过程称为超滤；只能截留更大分子（通常被称为分散颗粒）的膜分离过程称为微滤。

超滤将液体混合物分成滤液和浓缩液两部分；原料液中的溶剂和小于超滤膜孔径的小分子溶质透过膜上微孔成为滤液或透过液；大于膜孔径的大分子溶质则被截留在高压侧构成浓缩液。所以超滤和微滤对微粒的截留机理是筛分作用，决定膜的分离效果的是膜的物理结构、孔的大小与形状。

超滤所用的膜为非对称性膜，其表面活性层有孔径1～20nm的微孔，所用压差0.1～0.5MPa。由于超滤膜表层的孔不规则和不均一，很难准确确定孔径，所以通常均用它能截留的物质的分子量来定义超滤膜孔的大小，称为膜的截留分子量。一般定义能截留90％的物质的分子量为膜的截留分子量。

微滤所用的膜为微孔膜，平均孔径0.025～10μm，所用压差为0.01～0.2MPa，可以将细菌、微粒、亚微粒、胶团等不溶物除去，滤液纯净。

（2）浓差极化与膜污染

① 浓差极化　超滤过程中在水透过膜的同时，大分子溶质被截留，而在膜表面处积聚，形成被截留的大分子溶质的浓度边界层（图7-26），这就是超滤过程的浓差极化。当过程达到稳态时，取边界层内平行于膜面的截面Ⅰ和膜的透过液侧表面Ⅱ间为系统作溶质的物料衡算，得

$$J_{\mathrm{V}}c=J_{\mathrm{V}}c_F-D\frac{\mathrm{d}c}{\mathrm{d}x} \tag{7-31}$$

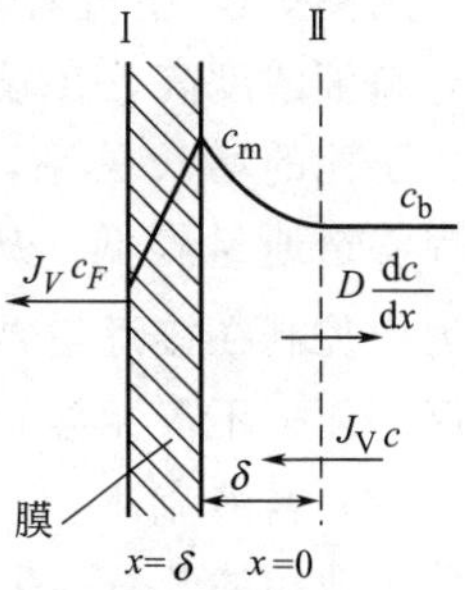

从边界层的边缘（$x=0$）到膜表面（$x=\delta$）积分得浓差极化式

$$\frac{c_{\mathrm{m}}-c_F}{c_{\mathrm{b}}-c_F}=\exp\left(\frac{\delta J_{\mathrm{V}}}{D}\right)=\exp\left(\frac{J_{\mathrm{V}}}{k}\right) \tag{7-32}$$

图7-26　超滤过程的浓差极化

式中，D为溶质的扩散系数，$\mathrm{m^2/s}$；c_{b}、c_{m}、c_F为相应位置的溶液浓度，$\mathrm{kmol/m^3}$；$k=D/\delta$为溶质的传质系数，m/s。

由于浓差极化，膜表面处溶质的浓度高，可以导致溶质截留率的下降和渗透通量降低。

超滤过程中，通常渗透通量较大，但大分子物质的扩散系数小，传质系数小，所以浓差极化现象往往较严重，膜表面处溶质的浓度比主体高得多，以致达到饱和而形成凝胶层，这时溶质的截留率增大，但却导致渗透通量的严重降低。

微滤的浓差极化表现为微粒在膜面上沉积，与一般过滤类似，如果采用终端过滤，沉积层的厚度将随透过液量的增加成比例地增厚。因此渗透通量将很快下降。为了克服这一困难，通常采用错流过滤。

② 膜污染　膜污染是指料液中的某些组分在膜表面或膜孔中沉积导致膜渗透流率下降的现象。组分在膜表面沉积形成的污染层将产生额外的阻力，该阻力可能远大于膜本身的阻力而使渗透流率与膜本身的渗透性无关；组分在膜孔中沉积，将造成膜孔减小甚至堵塞，实际上减小了膜的有效面积。

总之，浓差极化和膜污染都将使膜渗透流率下降，导致超滤和微滤过程无法进行较长时间的稳定操作，从而使该技术在化工、生化过程和食品加工等极有应用价值的领域内不能充

分发挥作用。对它的控制措施有：①预先过滤除去料液中的大颗粒；②增加流速，减薄边界层厚度，提高传质系数；③选择适当的操作压力，避免增加沉淀层的厚度和密度；④制膜过程中对膜进行修饰，使其具有抗污染性；⑤定期对膜进行反冲和清洗。

7.4.2.2 影响渗透通量的因素

下面是超滤过程影响渗透通量的因素：

(1) 操作压差

压差是超滤过程的推动力，对渗透通量产生决定性的影响。图 7-27 表示了渗透通量与操作压差的关系。R_m 为膜阻。当超滤纯水时，渗透通量与压差成正比。当过滤溶液时，在较小的压差范围内，渗透通量随压差仍保持正比增加关系。当压差较高时，由于浓差极化以及膜面污染、膜孔堵塞等原因，随着操作压差的增加，渗透通量的增长逐渐减慢，当膜面形成凝胶层时渗透通量趋于定值，此后通量不再随压差而变，此时的通量称为临界渗透通量。

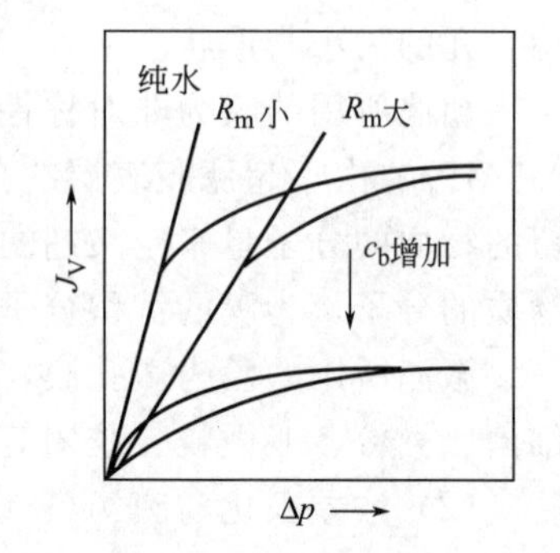

图 7-27 渗透通量与操作压差的关系

由图 7-27 还可看出，料液浓度 c_b 对操作特性有很大影响，料液浓度高，在较低压差时，渗透通量与压差就不再保持成正比的增长关系，而且在较低的压差下已达到临界值，临界渗透通量较低。从上述分析可得出结论，实际超滤操作压力应控制在接近临界渗透通量时的压差，即实际超滤操作应在接近临界渗透通量时操作。过高的压力不仅无益而且有害。

(2) 料液流速

工业超滤装置多采用错流操作，料液与膜面平行流动。流速高，边界层厚度小，传质系数大，浓差极化减轻，膜面处的溶液浓度较低，有利于渗透通量的提高。但流速增加，料液流过膜器的压降增高，能耗增大。采用湍流促进器、脉冲流动等可以在能耗增加较少的条件下使传质系数得到较大提高。

(3) 温度

温度高，料液黏度小，扩散系数大，传质系数高，有利于减轻浓差极化，提高渗透通量。因此只要膜与料液的物化稳定性允许，应尽可能采用较高的温度。

7.4.2.3 操作流程

超滤的特点是操作压差较低，膜器的具体结构比较简单，因此超滤用膜组件可以采用板框式、螺旋卷式、管式和中空纤维等。

超滤有两类操作流程；间歇式和连续式。

间歇操作适用于小规模间歇生产过程。将一批料液置于槽中，用泵加压后送往膜组件，连续排出渗透液，滤余液则返回槽中。过程持续到滤余液浓度达到预定值为止。间歇操作又分开式回路和闭式回路两种，后者可减少泵的能耗，尤其是料液需经预处理时更为有利。

连续超滤操作常用于大规模生产产品的处理。闭式回路循环的单级连续过程效率较低，可采用将几级循环回路串联起来。

微滤过程主要采用板框式膜器，对于水净化，常用褶皱式筒形过滤器。

7.4.3 反渗透[55]

反渗透（reverse osmosis）是利用反渗透膜选择性地只透过溶剂（通常是水）的性质，对溶液施加压力克服溶剂的渗透压，使溶剂从溶液中透过反渗透膜而分离出来的过程。

反渗透膜能截留水中的各种无机离子、胶体物质和大分子溶质，从而取得纯水。也可用于大分子有机物溶液的预浓缩。由于反渗透过程简单，能耗低，已经大规模应用于海水和苦咸水淡化，锅炉用水软化和废水处理，并与离子交换结合制取高纯水。目前其应用范围正在扩大，开始用于乳品、果汁的浓缩以及生化和生物制剂的分离和浓缩。

反渗透过程的实现必须满足两个条件：

① 高选择性（对溶剂和溶质的选择透过性）和高透过通量（一般是透水）；

② 操作压力必须高于溶液的渗透压。

7.4.3.1 基本原理

反渗透的原理：当用一个半透性膜分离两种不同浓度的溶液时，膜仅允许溶剂分子通过。由于浓溶液中溶剂的化学位低于它在稀溶液中的化学位，稀溶液中的溶剂分子会自发地透过半透膜向浓溶液中迁移。

渗透是由于化学位梯度存在而引起的自发扩散现象。如图 7-28(a) 所示，在左右半池分别放置纯水和盐水溶液，中间被只能透过纯水的半透膜隔开，在一定温度和压力下，设纯水的化学位为 $\mu^0_{(T,p_1)}$，则盐溶液中水的化学位

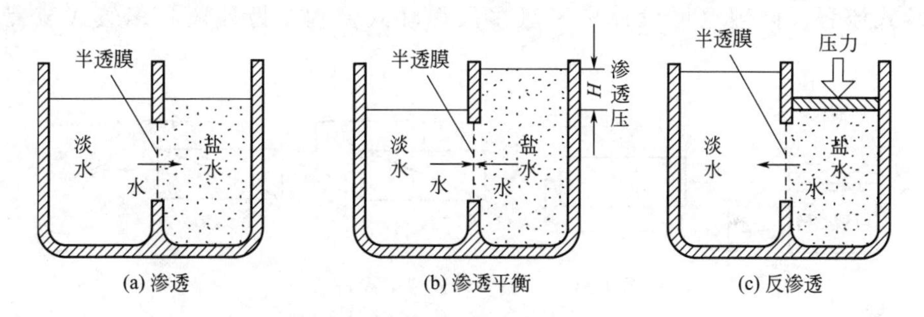

图 7-28 渗透、平衡与反渗透

$$\mu_{(T,p_1)}=\mu^0_{(T,p_1)}+RT\ln a \tag{7-33}$$

式中，a 为溶液中水的活度，纯水的 $a=1$，而溶液中 a 一般小于 1，即 $RT\ln a<0$，故 $\mu_{(T,p_1)}<\mu^0_{(T,p_1)}$。

由于纯水的化学位高于溶液中水的化学位，引起纯水向溶液方向渗透，并不断增加溶液侧的压力，这时溶液中水的化学位也随之增加。当溶液中水的化学位与纯水的化学位相等时，渗透达到动平衡状态［图 7-28(b)］。此时膜两侧的压力差称之为渗透压，即 $p_2-p_1=\pi$。

如果在溶液上施加大于渗透压的压力，溶液中的水向纯水方向传递，这种在压力作用下使渗透现象逆转的过程称为反渗透。因溶质不能通过半透膜，故反渗透过程将使池右侧溶液失去水而增浓［图 7-28(c)］。

实际的反渗透过程，透过液并非纯水，其中多少含有一些溶质，此时过程的推动力为

$$\Delta p=(p_2-p_1)-(\pi_2-\pi_1) \tag{7-34}$$

式中，π_1 和 π_2 分别为原液侧与透过液侧溶液的渗透压。

由此可见，为了进行反渗透过程，在膜两侧施加的压差必须大于两侧溶液的渗透压差。一般反渗透过程的操作压差为 2～10MPa。

7.4.3.2 反渗透过程工艺流程

根据料液的情况，分离要求以及所有膜器一次分离的分离效率高低等不同，反渗透过程可以采用不同工艺流程。

图 7-29 是一级一段连续式操作流程，料液一次通过膜件即为浓缩液而排出。通常为了减少浓差极化的影响，料液流过膜面时应保持较高的流速，因为透过膜的渗透通量较小，单个膜组件的料液流程又不可能很长，所以料液通过膜组件一次的浓缩率较低，对于盐水淡化而言，即水的利用率很低。这种流程工业上较少采用。

为了提高料液的浓缩率，可以采用部分浓缩液循环的流程（图 7-30）。此时经过膜组件的料液浓度高，在截留率保持不变的情况下，透过的水质有所下降。

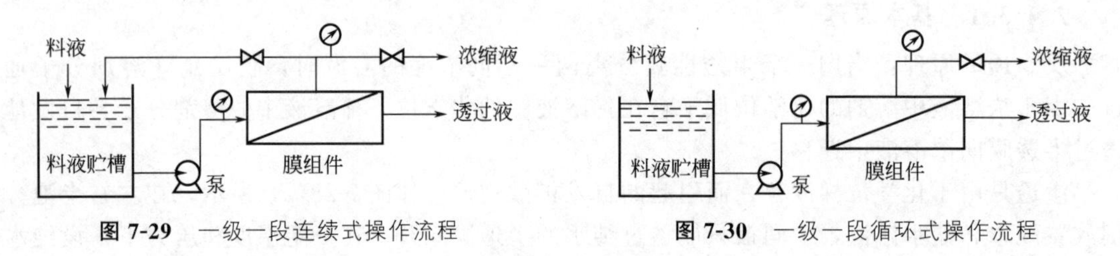

图 7-29 一级一段连续式操作流程　　**图 7-30** 一级一段循环式操作流程

为了提高料液的浓缩率，还可以采用多个膜组件串联操作的方法。图 7-31 为一级多段连续式流程。同理也可设计出一级多段循环式流程。另外还有多级式流程，不再赘述。

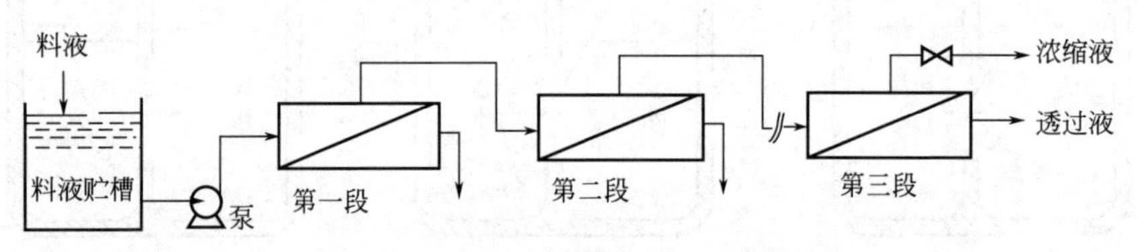

图 7-31 一级多段连续式操作流程

【工程案例 7-4】 膜分离技术工业应用案例

(1) 海水淡化及纯净水生产

海水淡化及纯净水生产主要是除去水中所含的无机盐，常用的方法有离子交换法、蒸馏法和膜法（反渗透、电渗析）等。膜法淡化技术有投资费用少、能耗低、占地面积少、建造周期短、易于自动控制、运行简单等优点，已成为海水淡化的主要方法。

近年来，我国建设了大量的海水淡化工程和工业污水处理工程。图 7-32 所示为二级反渗透海水淡化系统工艺流程，图 7-33 所示为反渗透海水淡化工业生产装置。

(2) 乳清加工

乳清中的乳清蛋白、大豆低聚糖和盐类排放到自然水体会造成污染，回收利用则变废为宝。在乳清蛋白的回收中，最为普遍采用的工艺是利用超滤对乳清进行浓缩分离，通过超滤分离可以获得蛋白质含量在 35%～85%的乳清蛋白粉。此外，引入超滤和反渗透组合技术，可以在浓缩乳清蛋白的同时，从膜的透过液中除掉乳糖和灰分等，乳清蛋白的质量明显提高。

(3) 膜集成技术深度处理石化污水循环使用工艺

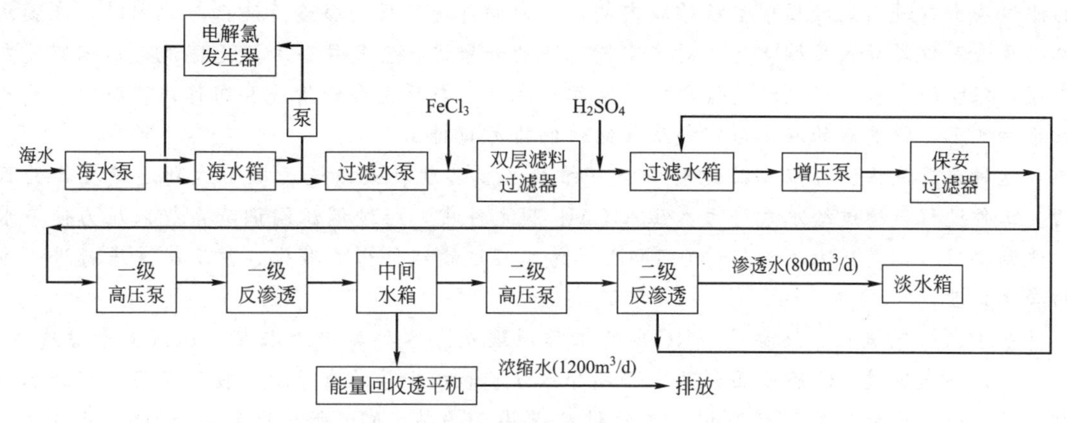

图 7-32 二级反渗透海水淡化系统工艺流程

图 7-33 反渗透海水淡化工业生产装置

膜集成技术在处理石化排放水方面在我国西北某石化动力厂对其排放的污水进行了一年的连续试验考察，取得了较好的试验结果。

① CMF 工艺流程。连续微滤（CMF）的工作原理是以中空纤维微滤膜为中心的处理单元，配以特殊设计的管路、阀门、自清洗单元、加药单元和自控单元等，形成闭合回路连续操作系统。使处理液在一定压力下通过微滤膜过滤，达到物理分离的目标。CMF 工艺流程如图 7-34 所示。

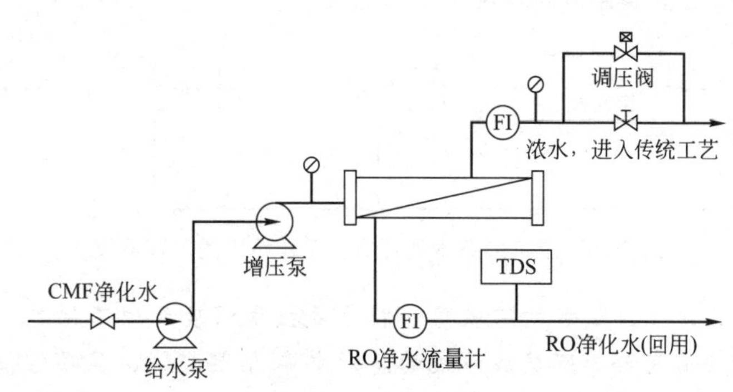

图 7-34 CMF 工艺流程

该系统采用了一种新的外压中空纤维膜清洗工艺方法。在清洗过程中，反洗液由膜元件的滤过液出口进入到外压中空纤维膜内侧，由内向外进行反向渗透清洗；与此同时，在膜元件的原液入口端鼓入压缩空气，对中空纤维膜的外壁进行空气振荡和气泡擦洗，压缩空气在中空纤维膜的外壁与膜元件壳体之间的空间内上升，与反向渗透清洗共同作用，将膜表面的污染物冲下，随洗后的液体与空气从膜组件的排污口排出。

这种自清洗方法可以有效地对中空纤维微滤膜实现在线清洗，从而达到连续生产的目的。工作过程是通过给水泵将污水压入 CMF 膜元件中，经过调压阀调节系统内压力使产水量达到要求，但是压力不能超过 0.1MPa，污水经过膜组件得以净化，供反渗透进行进一步的净化处理。

② RO 工艺流程。反渗透（RO）的工作原理是含各种离子的水在加压（大于渗透压）状态下，高速流过 RO 膜表面，其中一部分水分子和极少量的离子通过膜，而另一部分水和大量的离子被截留，使水被淡化。工作过程是用动力将 CMF 所产净水注入 RO 膜组件中去，再由增压泵进行加压，由调压阀调节压力，使所产水的产量达到要求为止，所产净水用作生产循环用水，污水再回到传统工艺的调节池进行处理。RO 工艺流程如图 7-35 所示。

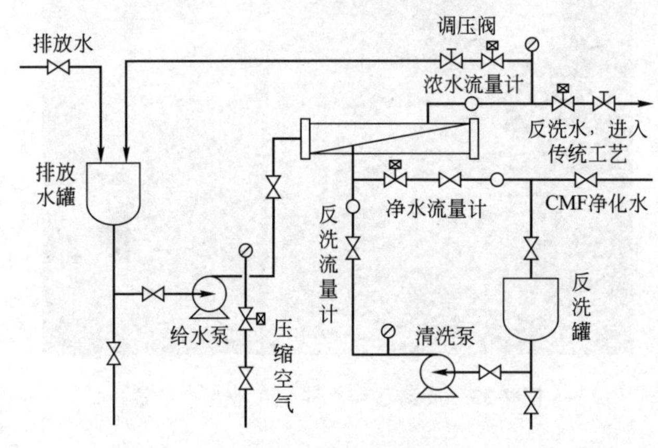

图 7-35 RO 工艺流程

③ 膜集成技术的工艺流程。膜集成技术处理石化工业污水的工艺流程如图 7-36 所示。在工作状态下，排放水通过动力作用进入带有气体擦洗-反冲洗系统的中空纤维膜装置的 CMF 系统，反渗透系统脱 COD_{Cr} 和脱盐处理净化水最终进行循环使用。连续微滤反冲洗水悬浮物含量高，浊度大；反渗透浓水有机物含量较高，相对分子质量较小，不易凝聚，用微滤难以去除，因而把这些水再回到传统污水工艺处理。

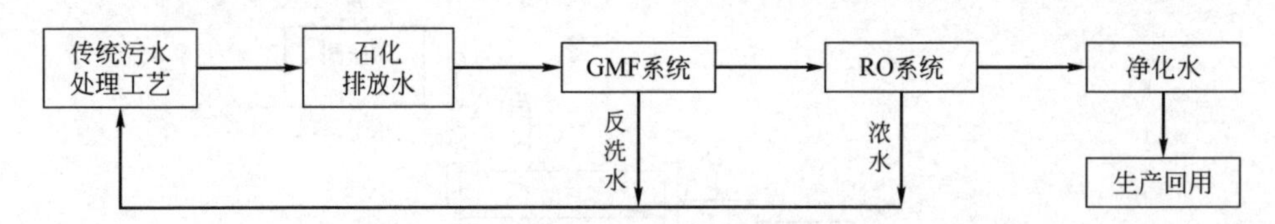

图 7-36 膜集成技术处理石化工业污水的工艺流程

④ 深度处理石化工业排放水的回收率。膜集成技术深度处理石化工业排放水的回收率情况见表 7-6。从表 7-6 可知，膜集成系统的总产水率为 39.3%，显得较低，主要原因是中试的处理规模偏小，使 CMF 和 RO 单个装置产水率较低，若规模扩大，CMF 装置产水率达到 95%，RO 装置产水率达到 80%，其总的产水率可望达 76%以上。由于 CMF 的反冲洗水和 RO 的浓水回到前面传统废水处理系统再处理，使整个系统的回收率可进一步提高。

表 7-6 膜集成系统深度处理石化污水工艺循环水的回收率

过程	流量/(L/h)				水产率/%
	浓水	净水	反冲水 1	反冲水 2	
CMF	2002	1687	2300	3000	84.3
RO	820	717			46.62
总产水率/%		39.3	系统回收率/%		≥90

⑤ 膜集成技术处理石化工业排放水回用水的成本预算。以在石化企业动力厂的试验设备为依据，算出来的循环水的成本为 4.08 元/吨，显得较高；主要原因是小型中试系统的产水率低，能源的利用率过低，若整个系统规模扩大，总投资和产水比就会相对降低。若产水量达到 10t/h 时，总投资 60 万元左右，设备投资只提高了 3 倍，吨成本折旧部分降低了 70%。耗电量吨成本也有所降低，经测算后月用水每吨成本为 1.80 元，从经济角度考虑，每吨排放水收费约 0.35 元，每吨自来水费用 1.5～2.0 元，合计共 1.85～2.35 元/吨。与回用水成本相比差不多，从经济上是可以接受的。而社会效益更是显著的，即节约了水资源，同时减轻了环境污染。

(4) 废水处理

废水资源化具有开发淡水资源与保护环境双重目的。除了脱盐与纯水的制备外，反渗透膜应用最多的就是在废水处理领域，而且绝大多数是对废水的深度处理，所以往往还要结合其它的预处理工艺。

如科威特建立起 17418m^3/h 规模的超大型反渗透装置用于污水回用。此外，反渗透也开始应用于水中微量无机污染物（主要包括一些重金属离子）和有机污染物的去除，以及一些工业生产废水的处理，例如制药废水、石油化工废水和炼钢废水等领域。反渗透膜在应用到这些领域时，主要是通过电荷斥力和空间排阻作用来移除水中的这些化合物，然而废水中各种杂质含量较多，膜表面容易形成沉积层，造成膜性能的急剧下降，所以膜污染和预处理系统设计将会是反渗透系统在应用到这些领域时应该重点关注的方面。

【工程案例 7-5】 反渗透膜在废水处理方面的应用[56]

反渗透膜过滤技术是一种高效、低能和易操作的液体分离技术，同传统的水处理方法相比具有处理效果好，尤其是在电厂循环排放污水处理、印染废水、重金属废水、矿场酸性废水、垃圾渗滤液和城市污水处理等方面有广泛的应用，图 7-37 所示为反渗透膜在废水处理方面的生产装置。

(1) 电厂循环排放污水处理

电厂循环冷却水系统消耗水量大，占到纯火力发电厂用水的 80%，占热电厂用水的 50%以上，如果使其直接排放，不仅会污染环境，也会造成能源的浪费。对循环排放水进行回收处理，产品水作为循环补充水或锅炉补给水系统的水源，既不会对环境造成污染，也可以节约能源。如北京京丰天然气燃机联合循环电厂选用荷兰诺芮特公司生产的 SXL-225FSFC0.8mm 中空纤维超滤膜元件和陶氏公司生产的 BW30-400-FR 聚酰胺复合反渗透膜对电厂循环排污水进行处理，超滤反渗透系统从 2004 年 10 月投运以来的各种分析数据显示，超滤出水水质完全满足反渗透进水要求，产水浊度小于 0.02 NTU，产水密度污染指数 (SDI) 小于 0.7；反渗透系统一直运行良好，截留率 97%，产水量 68 m^3/h，产水电导率小于 40 μS/cm，回收率大于 60%。

(2) 印染废水处理

图 7-37 反渗透膜在废水处理方面的生产装置

印染废水具有高COD、高色度、高盐度等特点，传统的处理技术已经较难达到排放要求，印染行业用水量大，随着水资源日益短缺和水费不断上涨，废水回用技术正在逐步推广，反渗透膜不仅可有效去除有机物、降低COD，且具有很好的脱盐效果，使得脱除COD、脱色、脱盐能在一步完成，其出水品质高，能直接回用于印染环节，同时浓水可回流至常规工序处理，实现废水零排放和清洁生产。曾杭成等采用超滤和反渗透双膜技术处理实际印染废水，研究结果表明，反渗透产水可达到城市工业用水回用标准，也可回用于大部分印染工序。反渗透膜的产水化学耗氧量（COD）均小于10mg/L，电导率小于80μS/cm，其对有机物和无机盐的去除率分别可达99%和93%以上。

（3）重金属废水处理

用反渗透技术处理含重金属的废水不需投加药剂，能耗低，设备紧凑，易实现自动化，且不改变溶液的物理化学性质。Mohsen-Niaa 等采用 CSM 公司生产的 RE2012-100 反渗透膜（截留率96%），可以有效脱除废水中的 Cu^{2+} 和 Ni^{2+} 离子，通过加入螯合剂 Na_2EDTA，对 Cu^{2+} 和 Ni^{2+} 离子截留率可以达到99.5%。铬是皮革工业最常用和有效的化学试剂，但是铬是具有高毒性的重金属，因此必须除去。传统的沉淀法可以将制革废水的三价铬含量由2700～5500mg/L降至30mg/L左右，但是不能满足环境排放标准（液体工业，总铬0.5～2.5mg/L、六价铬0.1mg/L；饮用水，总铬10μg/L）。Covarrubias 等利用 FAU 陶瓷反渗透膜处理制革废水，对制革废水中三价铬的去除率大于95%。Bodalo 用6种反渗透膜对皮革工业的废水进行处理，结果表明，反渗透膜可以有效地脱除皮革工业废水中的铬和有机物。

（4）矿场酸性废水处理

由于强烈的化学和生物氧化作用，当降水或地下涌水流经采矿场及废石场后，产生大量含 Cu^{2+}、Fe^{2+}、Fe^{3+} 及其它金属离子的酸性废水。目前常用的矿山酸性废水治理方法有中和法、萃取法、人工湿地、微生物法以及膜处理方法等。通过反渗透法处理矿山酸性废水，不仅可以实现废水达标排放，还能有效富集废水中的金属资源。陈明等用反渗透工艺处理金铜矿山酸性废水，结果表明，通过两段反渗透处理，水回收率可达36.79%，透过液可达到排放标准，浓缩液用硫化沉淀浮选法处理，得到含铜量为26.3%的铜渣，铜回收率可达74%。

（5）垃圾渗滤液处理

城市垃圾填埋厂的垃圾渗滤液主要来源于降水和垃圾本身的内含水，是一种成分复杂的高浓度有机废水，对其进行处理十分必要。传统处理方法主要是生物法。但其生化效果差，处理效率低。利用膜技术可以有效去除垃圾渗滤液中的各种有害物质，达到国家排放标准。Bohdziewicz 等对波兰南部城市琴斯托霍瓦 Sobuczyna 垃圾场的垃圾渗滤液进行了分析，将此垃圾渗滤液合成溶液后，用向上厌氧污泥生物反应器（UASB）进行处理，溶液 COD、BOD、氨氮、氯的质量浓度分别降为 960mg/L、245mg/L、196mg/L 和 2350mg/L，不能满足环境排放要求。对 UASB 的流出液用 SEPA CF-HP 和 RO-DS3SE 聚酰胺反渗透处理，渗透液的 COD、氨氮、氢及氯的浓度均远远低于排放标准。

（6）城市污水处理

杨树雄等采用超滤（UF）-反渗透（RO）-连续电去离子膜块（EDI）联合工艺对城市污水处理厂二级出水进行深度处理，其出水水质可满足大连泰山热电厂 440t/h 超高循环流化床锅炉对其化学补给水的水质要求，并能保证大连泰山热电厂超高压锅炉用水的安全性和可靠性。本系统一级、二级反渗透膜组件分别采用美国陶氏公司生产的 BW30-365FR 抗污染复合反渗透膜和 BW30-400FR 复合反渗透膜，单根膜脱盐率均达 99.6%。

7.4.4 电渗析

电渗析（electrodialysis）是在直流电场作用下，利用离子交换膜的选择渗透性，产生阴阳离子的定向迁移，达到溶液分离、提纯和浓缩的传递过程。

电渗析是目前所有膜分离过程中唯一涉及化学变化的分离过程（电极反应）。在脱盐等领域与其它方法相比，电渗析能有效地将生产过程与产品的分离过程融合起来，在节能和促进传统技术的升级方面具有很大的潜力，具有其它方法不能比拟的优势[57,58]。

7.4.4.1 电渗析的基本原理

离子交换膜是一种由高分子材料制成的具有离子交换基团的薄膜。在膜的高分子链上，连接着一些可以发生离解作用的活性基团。例如，磺酸型阳膜中的活性基团—SO_3H，季铵型阴膜中的活性基团—$N(CH_3)_3OH$。它们在水溶液中能离解出 H^+ 和 OH^-。

产生的反离子（如 H^+，OH^-）进入水溶液，阳膜中带负电荷的固定基团吸引溶液中带正电荷的离子，而排斥溶液中带负电荷的离子。同理，阴膜中带正电荷的固定基团吸引溶液中的阴离子，而排斥阳离子。因此离子交换膜具有选择性。

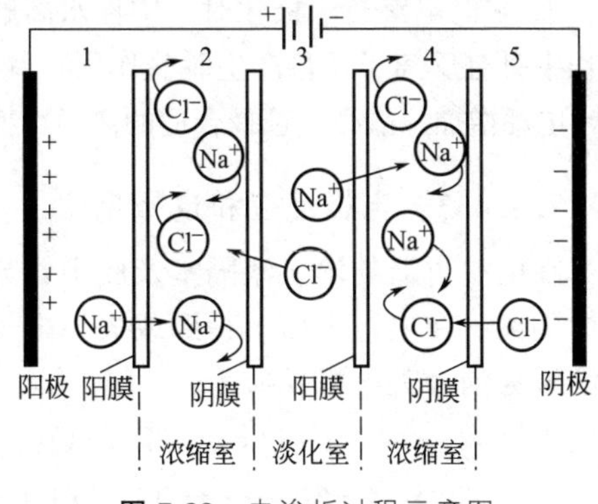

图 7-38 电渗析过程示意图

如图 7-38 所示，在两电极间交替放置着阴离子膜和阳离子膜，在两膜所形成的隔室中充入含离子的水溶液（如 NaCl 水溶液），接上电源后，溶液中带正电荷的阳离子在电场作用下向阴极方向运动，这些离子很容易穿过阳膜，但被阴膜所挡住。同样，溶液中带负电荷的阴离子在电场的作用下向阳极运动，并通过阴膜，而被阳膜所阻挡，这种与膜所带电荷相反的离子穿过膜的现象称为反离子迁移，其结果使图 7-38 中的 2 和 4 隔室中离子浓度增加，与其相间的第 3 阳室离子浓度下降，分别引出浓缩的盐水和淡水。

从上述分析可得到电渗析过程脱除溶液中离子的基本条件为：①直流电场使溶液中的阳阴离子作定向运动，阳离子移向阴极，阴离子移向阳极；②离子交换膜的选择性透过，使溶液中的离子作反离子迁移。

电渗析器的主体部分膜组件，由大量的离子交换膜和隔板按一定的格式相间叠加而成(图 7-39)。

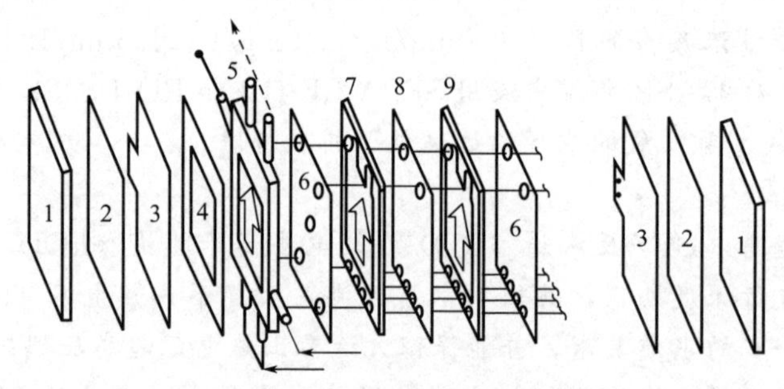

图 7-39 电渗析器基本组成形式

1—压紧板；2—垫板；3—电极；4—垫圈；5—导水、极水板；6—阳膜；7—淡水隔板；8—阴膜；9—浓水隔板

7.4.4.2 电渗析中的传递过程

在电渗析器中发生多种传递过程如下。

① 反离子迁移是电渗析中的主要传递过程。

② 同性离子迁移　即与膜的固定基团带相同电荷的离子透过膜的现象。由于离子交换膜的选择透过度不可能达到 100%，故产生这种迁移现象。但与反离子迁移相比，数量是很少的。

③ 电解质的浓度扩散　由于膜两侧浓缩室与淡水室的浓度差，而产生电解质由浓缩室向淡水室的扩散。这种扩散速度随浓缩室侧浓度的提高而增加。

④ 水的渗透　随着电渗析的进行，淡水室中水含量逐渐升高，由于渗透压的作用，淡水室中的水将向浓水室渗透。两室浓差越大，水的渗透量也越大，从而使淡水大量损失。

⑤ 渗漏　出于膜两侧的压力差，造成高压侧溶液向低压侧渗漏。

⑥ 水的电渗析　极化时，中性水离解成 OH^- 和 H^+，从淡水室透过膜进入浓缩室。以上过程中只有反离子迁移产生脱盐作用。其它过程的发生，将使电渗析的效果变坏，工作效率降低，电耗增加。故必须选择合适的离子交换膜，合适的操作条件和电渗析器，加以抑制和改善。

7.4.4.3 电极反应和电极电位

在电渗析器的浓、淡隔室及膜中，导电是离子型的，在电极上则变为电子型，存在于溶液中的离子在电极表面上得到或失掉电子，产生氧化、还原反应，这就是电极反应。以食盐水溶液为例，其电极反应为：

阳极　$H_2O \rightleftharpoons H^+ + OH^-$　　　$Cl^- - e \longrightarrow [Cl]$(初生态氯) $\downarrow$ $\frac{1}{2}Cl_2\uparrow$

$2OH^- - 2e \longrightarrow H_2O + [O]$(初生态氧) $\downarrow$ $\frac{1}{2}O_2\uparrow$

阴极 $$H^+ + Cl^- \rightleftharpoons HCl$$

$$H_2O \rightleftharpoons H^+ + OH^-$$

$$2H^+ + 2e \longrightarrow H_2 \uparrow$$

$$Na^+ + OH^- \rightleftharpoons NaOH$$

电极反应的结果使阳极室的 OH^- 减少，极水呈现酸性，并产生氧气和氯气，对电极造成强烈的腐蚀，故电极材料应考虑耐腐蚀性。在阴极室，由于 H^+ 减少，极水呈碱性，当极水中有 Ca^{2+}、Mg^{2+} 和 HCO_3^- 等离子时，则与 OH^- 生成 $CaCO_3$、$Mg(OH)_2$ 等水垢，结集在阴极上，同时阴极室还有氢气排出，为保证电渗析器正常运行，需向极室通入极水，以便不断排除电极反应的产物。

7.4.4.4 电渗析器流程

电渗析器多采用板框式。它的左右两端分别为阴阳电极室，中间部分自左向右为很多个依次由阳膜、淡化室隔板、阴膜、浓缩室隔板构成的组件。

为减轻电渗析器浓差极化，电流密度不能很高，水的流速不能低，故水流通过淡化室一次能够除去的离子量是有限的，因此用电渗析器脱盐时应根据原水含盐量与脱盐要求采用不同流程。

图 7-40 为二级电渗析器，含盐原水经淡化室淡化一次后，再串联流经另一组淡化室淡化，以提高脱盐率。

为达到较高的脱盐率，可将电渗析器设计为三级连续操作的流程。

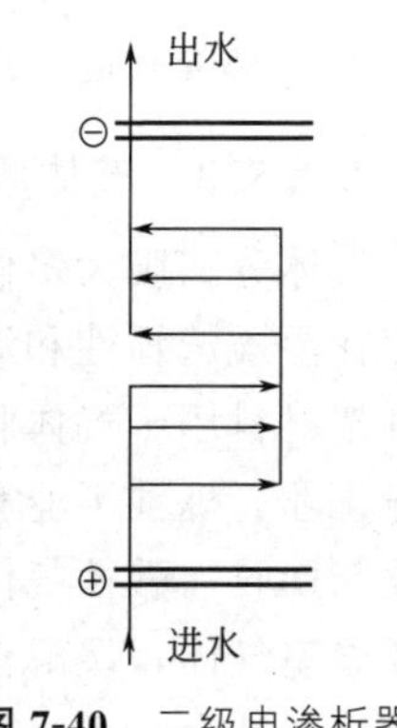

图 7-40 二级电渗析器

7.4.5 气体膜分离

气体膜分离（gas permeation）是以分压差为推动力，根据气体分子通过膜的渗透率不同而进行气体组分分离。气体渗透可以采用无孔的致密膜，其分离选择性不在分子的大小，而在于不同组分分子渗透通过膜的速率的快慢。

7.4.5.1 基本原理

膜法气体分离的基本原理是根据混合气体中各组分在压力的推动下透过膜的传递速率不同，从而达到分离目的。对不同结构的膜，气体通过膜的传递扩散方式不同，因而分离机理也各异。目前常见的气体通过膜的分离机理有两种：①气体通过多孔膜的微孔扩散机理；②气体通过非多孔膜的溶解-扩散机理。

按照简单的溶解-扩散模型，气体组分透过膜的步骤是：①在膜的高压侧，气体混合物中的渗透组分溶解在膜表面上；②溶解在膜表面上的组分从膜的高压侧通过分子扩散传递到膜的低压侧；③在膜的低压侧表面，组分解吸到气相。所以，气体透过致密膜是溶解、扩散和解吸过程。

7.4.5.2 影响渗透通量与分离系数的因素[59]

（1）膜材质

用作制备气体渗透膜的聚合物很多，有醋酸纤维素、聚酰胺、聚砜、甲基硅橡胶和聚碳酸酯等，可制成平面膜或中空纤维膜。渗透用高分子膜，膜体没有孔道。由于高分子链热振动的结果，随机地形成小于 1nm 的间隙作为透过气体分子的通道。为了提高渗透通量或分离系数可以对膜进行改质。例如对聚合物接枝、连桥，使较大分子的扩散系数有明显降低，从而提高氢对其它气体的渗透系数比值。除高分子膜外，金属-有机骨架材料、玻璃膜等无机膜也用作气体渗透膜。

（2）膜的厚度

膜的活性层厚度小，渗透通量大。减少膜厚的方法是采用复合膜，由起分离作用的超薄膜与多孔基膜构成复合体，活性表面层厚度小于 50nm（500Å），使渗透通量提高。

（3）温度

温度对气体在高分子膜中的溶解度与扩散系数均有影响。一般说温度升高、溶解度减小，而扩散系数增大，但比较而言，温度对扩散系数的影响更大，所以渗透通量随温度的升高而增大。

（4）压力

膜两侧的压力差是气体膜分离的推动力，压差增大，通量愈大。实际操作压差受能耗、膜强度和设备制造费用等的限制，需综合考虑确定。

7.4.5.3 气体膜分离应用

气体分离膜大多使用中空纤维或卷式膜组件，针对聚合物膜难以达到高效分离的要求，且存在渗透选择性和渗透通量互为制约的关系，阻碍了进一步的发展，国内学者将金属-有机骨架材料用于气体膜分离，被认为具有潜在的应用前景[60]。气体膜分离已经广泛用于合成氨工业、炼油工业和石油化工中氢的回收、富氧、富氮、工业气体脱湿技术、有机蒸气的净化与回收、酸性气体脱除等领域，取得了显著的效益。目前 CO_2 是造成全球气候变暖的主要温室气体，缓解全球变暖的关键是减少碳排放。作为减少碳排放的方案之一，碳捕获受到了国际社会特别是发达国家的关注，而气体膜分离技术作为碳捕获方案被国际社会认为是最有发展潜力的脱碳方法之一[61]。

气体膜分离技术目前广泛用于石油化工节能降耗，如氢气分离膜和有机蒸气分离膜在回收利用含烃石化尾气上，耐溶胀性能、高选择性和高渗透性等新挑战也随之出现。此外，提高膜分离过程模拟优化的准确性、强化膜分离过程与其它分离技术的结合、降低综合分离工艺的内耗、提高分离效率也是气体膜分离技术在进一步推广应用中面临的重要问题[62]。

7.4.6 液膜分离

7.4.6.1 概述[63,64]

液膜分离（liquid membrane separation）是将第三种液体展成膜状以分隔两个液相，由于液膜的选择透过性，因此原料液中的某些组分透过液膜进入接受液，实现三组分的分离。液膜分离过程是由三个液相所形成的两个相界面上的传质分离过程，实质上是萃取与反萃取的结合。所以液膜分离又称液膜萃取。

液膜是分隔两个液相的第三液相，它与被分隔液体的互溶度极小，否则液膜就会因溶解而消失。当原料液为水溶液时，用有机液体（主要是烃类）作液膜；当原料液为有机液体时，用水溶液作液膜。液膜与固体膜不同，它没有一定的形状，只是在一定条件下展开并保持膜状。分离操作所用的液膜，有三种形式（图 7-41）。

（1）液滴膜

液膜以液滴的包裹层形式处于两个液相之间，被包裹的相称为内相，处于液膜外的相称为外相。内外相是水溶液、膜相为有机液时，称为油包水型（W/O）液滴；反之，水相构

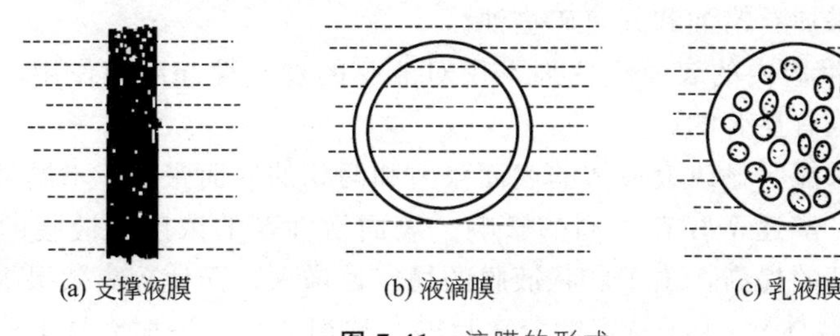

图 7-41 液膜的形式

成液膜时，称为水包油型（O/W）液滴。液滴形成的过程是：内相液先在膜相液层中分散成液滴，此液滴通过界面进入外相液层时，自然形成液滴。液滴的直径一般为 1～5mm。液滴膜的稳定性差，比表面积小，仅用于实验研究。

（2）乳液膜

乳液膜的基本情况与液滴膜相同。差别仅在于乳液膜的内相分散成许多微液滴，悬浮在膜相液中，构成乳状液。微液滴的直径为 1～100μm，乳状液液滴直径为 0.5～2mm。乳液膜实际上可以看成一种“水-油-水”型（W/O/W）或“油-水-油”型（O/W/O）的双重乳状液高分散体系。将两个不相溶的液相通过高速搅拌或超声波处理制成乳状液，然后将其分散到第三种液相（连续相）中，就形成了乳状液膜体系。

（3）支撑液膜

如果液体能润湿某种固体物料，它就在固体表面分布成膜。微孔材料制成的膜片或中空纤维，用膜相溶液浸渍后，就形成固体支撑的液膜。聚四氟乙烯、聚丙烯制成的微孔膜，用以支撑有机液膜；滤纸、醋酸纤维素微孔膜和微孔陶瓷，可支撑水膜。支撑液膜的形状、面积和厚度，取决于支撑材料。

液膜分离物系的外相、膜相和内相，相当于萃取-反萃取物系的原料液、萃取剂和反萃剂。萃取剂是由萃取反应剂、稀释剂（溶剂）和调节剂所组成。膜相液既要有萃取剂的功能又要有成膜的功能。它由载体、膜溶剂、表面活性剂和稳定剂所组成。

膜溶剂是膜相液的主体，占总量的 90%以上。它相当于萃取剂中的稀释剂。膜溶剂是一些常用的有机溶剂（如中性油，烷烃、二甲苯、辛醇和四氯化碳等），还有水。

载体是运载溶质穿过液膜的物质，它相当于萃取剂中的萃取反应剂。它与所分离溶质之间的化学反应具有良好的选择性。

膜增强剂通过提高膜相溶液的黏度，增进液膜的稳定性。常用的有甘油和聚胺等。

7.4.6.2 影响液膜传质的因素

（1）液膜溶液的组成

通常对于组成液膜的主要成分，如表面活性剂、膜溶剂、添加剂都必须认真地加以选择，确定其相应的配比。液膜溶液的组成通常为表面活性剂 1%～5%，添加剂 1%～5%，而膜溶剂则占 90%以上。

① 膜溶剂　膜溶剂是构成液膜的主要成分。根据不同的分离体系及工艺要求，必须选择适当的膜溶剂。如分离烃类应采用水膜，而分离水溶液中的重金属离子则用中性油、烃类等做膜溶剂。

膜溶剂的黏度是物性选择中的重要参数。黏度的大小直接影响膜的稳定性、膜的厚度和膜相传质系数，从而直接影响分离效果。

为了增加膜的稳定性，可以在膜溶剂中加入适当的其它溶剂。如水包油乳化液膜可添加甘油，油包水液膜可添加石蜡油和其它矿物油。

② 表面活性剂　液膜内的表面活性剂不仅对液膜的稳定性起决定作用，而且对渗透物通过液膜的扩散速率也有显著的影响。

表面活性剂的加入能明显改变液体的表面张力和两相的界面张力。不同类型的表面活性剂对物质透过液膜的扩散速率存在不同的影响。表面活性剂的浓度对液膜的稳定性影响很大。随表面活性剂浓度的提高，由于乳状液膜的稳定性增大，而使分离效果提高。

③ 添加剂（流动载体）　为了特定的分离目的，选用适当的添加剂是十分必要的。添加剂应易溶于膜相而不溶于相邻的溶液相，在膜的一侧与待分离的物质络合，传递通过膜相在另一侧解络。添加剂的加入不仅可能增加膜的稳定性，而且在选择性和溶质渗透速度方面起到十分关键的作用。

（2）液膜分离工艺条件对分离效果的影响

① 搅拌速度　搅拌速度包括制乳时的搅拌速度及乳液与待分离体系两相接触分离时的搅拌速度。

在制乳阶段，通过搅拌输入外加能量，使内包相解吸液呈微滴状分散到膜相中去。此时一般搅拌速度愈大，形成乳液滴的直径愈小，一般采用2000r/min的速度即可达到制备稳定乳状液膜的要求。

当连续相与乳液接触时，加入搅拌使乳液与待分离溶液充分接触，提供尽可能大的膜表面积。这里，搅拌速度有其最佳的范围，速度过快，液膜容易破裂；过慢的搅拌速度则难以实现乳液相的分散。

② 接触时间　接触时间是指在适当的搅拌速度下，料液与液膜互相混合接触的时间。由于液膜体系两相接触界面积大、液膜薄、渗透快等原因，两相往往在较短时间即可达到分离要求。若进一步延长接触时间，分离效果并无提高，相反可能会使少量液膜破裂，分离效果反而下降。

③ 料液的浓度和酸度　液膜分离特别适用于低浓度物质的分离提取，一般浓度范围可以从 10^{-6}～1%～2%（质量分数）。若料液浓度较高，一级处理达不到要求时，可以采用多级处理。采取逆流操作时效果更好。一般在使用液膜技术处理废水时，为达到排放标准和简化其操作，往往要求废水浓度有一定的上限。

料液中的酸度即pH值对液膜分离效果的影响是不容忽视的。一些分离过程在一定的pH值下，待分离物质能与膜相中的载体形成络合物而进入液膜相，取得明显的分离效果。然而pH值条件不能满足时，这类过程则难以进行。

④ 操作温度　液膜分离操作一般是在常温或料液温度下进行的。提高温度虽然可能加快传质速率，但降低了液膜的黏度，增大了膜相的挥发性，甚至可促进表面活性剂的水解，从而降低液膜的稳定性和分离效果。

7.4.6.3 液膜分离设备

液膜分离所用的设备，取决于所用液膜类型。

（1）用支撑液膜的设备

支撑液膜所用的支撑物有聚砜、聚四氟乙烯、聚丙烯和纤维素的微孔膜，制成平膜、毛细管和中空纤维。微孔平面膜构成的支撑液膜分离装置采用板框式结构。微孔管状膜和中空纤维膜构成的膜分离装置，采用管壳式结构。

（2）用乳液膜的设备

用乳液膜分离的流程由制乳、萃取和破乳设备组成，在制乳器内，将内相液加到配制好的膜相液中，用强烈的搅拌制成内相分散很细的乳状液。然后将外相作连续相，乳状液作分散相，在通常的萃取设备中操作。从萃取器出来的乳状液，经破乳器分离成单独的膜相液和内相液，膜相液返回制乳器循环使用。当分离水溶液中溶质时，原料水溶液作为外相，经萃取后成为萃余液。从破乳分离出来的内相，是富集了被萃取组分的反萃液。

图 7-42 为两类液膜的制备示意图。

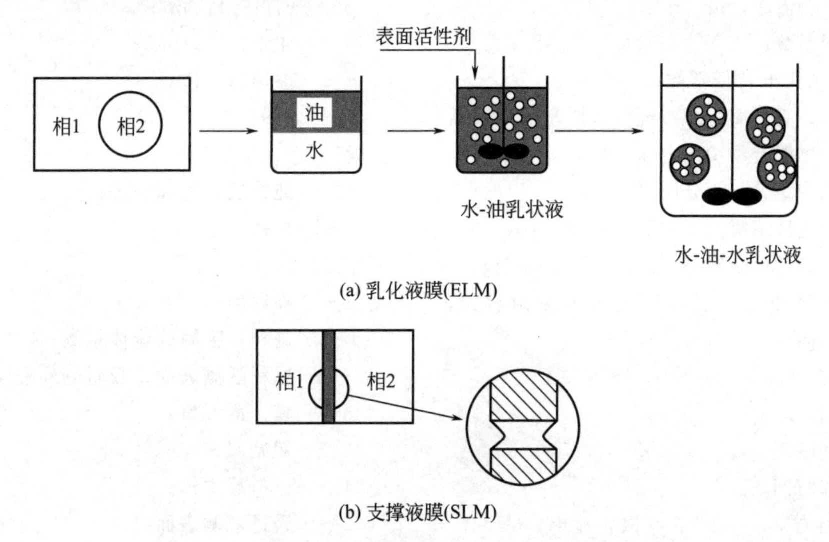

(a) 乳化液膜(ELM)

(b) 支撑液膜(SLM)

图 7-42 两类液膜的制备示意图

液膜分离技术由于其过程具有良好的选择性和定向性，分离效率很高，因此，它的研究和应用广泛。例如：

① 烃类混合物的分离。这类工艺已成功用于分离苯-正己烷，甲烷-庚烷，庚烷-己烯等混合体系。

② 含酚废水、含氰废水及有毒重金属废水处理。含酚废水产生于焦化、石油炼制、合成树脂、化工、制药等工厂。采用液膜分离技术处理含酚废水效率高、流程简单。采用油包水型乳液膜，以 NaOH 水溶液作为内相，除酚率可达 99%[65]。

③ 从铀矿浸出液中提取铀。

从总体来说，液膜分离技术还处于实验室研究及中间工厂试验阶段，液膜分离要在工业上得到广泛应用，还有很多问题需要解决，如乳状液膜分离技术具有传质效率高、选择性强等优点，在湿法冶金、废水处理、生物医药、化学传感器以及纳米材料合成等领域拥有广阔的应用前景。但要实现工业化，还必须解决液膜溶胀、液膜稳定性和破乳工艺的问题[66]。只有达到很高的溶剂回收率，很多仅在技术上可行的液膜工艺，才能在工业实际中得到应用。

本章符号说明

英文

a——活度；萃取传质比表面积，m^2/m^3；

a_P——吸附剂的比表面积，m^2/kg；

c——物质的浓度，$kmol/m^3$；

c_F——进料中溶质的浓度，kg/m^3；

D——扩散系数，m^2/s；

J——渗透通量，$kg/(m^2 \cdot h)$，$kmol/(m^2 \cdot s)$；

J_V——溶剂的通量，$m^3/(m^2 \cdot s)$；

K——吸附中的总传质系数，m/s 或 $kg/(s \cdot m)$；Freundlich 经验常数；Langmuir 常数；

K_F——以 $\Delta c = c - c^*$ 表示推动力的总传质系数，m/s；

K_s——以 $\Delta q = q^* - q$ 表示推动力的总传质系数，kg/(s·m)；
k——分传质系数，m/s；
k_F——吸附剂流体相侧的传质系数，m/s；
k_s——吸附剂固体相侧的传质系数，m/s；
L——萃余相流率，m^3/s；
m——分配系数；
n——Freundlich 特征常数；
p——压力；吸附质总压；纯气体吸附时吸附质在气体混合物中的分压，Pa；
p_i——汽相中组分 i 的分压，Pa；
p^0——吸附温度下吸附质饱和蒸气压，Pa；
q——吸附剂的吸附容量，kg/kg 或 mmol/g；
q_m——吸附剂单分子层吸附的最大吸附容量，kg/kg；
T——温度，K；
t——时间，s；
t_b——穿透时间，s；
t_e——饱和时间，s；
V——汽相流率，mol/h；萃取相流率，m^3/s；
x——萃余相浓度；液相组成；
y——萃取相浓度；气相组成。

希文

Δ——差值；
ε——萃取因子；
δ——膜厚，m；
ρ——密度，kg/m^3；
μ——化学位，J/mol；
π——渗透压，Pa；
θ——时间，s。

上标

0——纯物质，饱和状态；
*——平衡。

下标

c——临界值；
F——进料；吸附的流体相侧；
i——原料液侧表面；吸附侧外表面；
m——膜；最大值；
0——初始态；
1——原料液主体；
2——透过液侧表面。

习题

1. 固定床是在进行多相过程的设备中，若有固相参与，且处于静止状态时，设备内的固体颗粒物料床层。吸附器是装有吸附剂实现气-固吸附和解吸的设备。固定床吸附器则是二者的有机整合，请回答在固定床吸附器中，如何利用透过曲线，判断吸附剂的吸附性能？

2. 学生通过实验室一组活性炭批量试验，完成从水溶液中去除农药的初步研究。在10个500mL三角烧瓶中，各注入250mL浓度为515mg/L的农药溶液。其中8个烧瓶各加入不同质量的粉末活性炭，另外两个为不加活性炭的空白样，每个烧瓶在密闭的情况下，在25℃下振荡8h，然后分离上清液并分析农药残留浓度，结果如下表，试确定吸附等温线。

瓶号	1	2	3	4	5	6	7	8
农药浓度/(μg/L)	58.2	87.3	116.4	300	407	786	902	2940
碳剂量/mg	1005	835	641	491	391	298	290	253

3. 吸附净化技术是一种成熟的化工单元过程，早已用于各种有机溶剂的回收，尤其是活性炭吸附法已经在印刷、电子、喷漆、胶黏剂等行业，用于对甲烷、苯、二甲苯、四氯化碳等有机溶剂的回收。于296K下纯甲烷气体被活性炭吸附，实验室数据如下表，试确定Freundlich和Langmuir型等温线。

p/MPa	0.276	1.138	2.413	3.758	5.240	6.274	6.688
$q/(cm^3/g)$	45.5	91.5	113	121	125	126	126

4. 颗粒活性炭分为定型和不定型颗粒。主要以椰壳、果壳和煤质为原料，经系列生产

工艺精加工而成。确定用下列颗粒活性炭（GAG）吸附实验数据的 Freundlich 和 Langmuir 等温式系数。在间歇吸附试验中采用液体体积为 1L，溶液中吸附质的初始浓度为 3.37mg/L，于 7 天后达到平衡。

GAG 质量/g	0.000	0.001	0.0100	0.100	0.500
溶液中吸附质的平衡浓度 C_e/(mg/L)	3.37	3.27	2.77	1.86	1.33

5. 在一定条件下，硅胶与被分离物质之间产生作用，这种作用主要是物理和化学作用两种。物理作用来自于硅胶表面与溶质分子之间的范德华力；化学作用主要是硅胶表面的硅羟基与待分离物质之间的氢键作用。110℃下纯苯蒸气在硅胶上的吸附数据如下表所示。分别用 Freundlich 方程和 Langmuir 方程进行拟合，并说明哪个等温线方程与数据拟合最好？

吸附量$\times 10^5$/(mol/g)	2.6	4.5	7.8	17.0	27.0	78.0
苯分压/MPa	5.0×10^{-5}	1.0×10^{-4}	2.0×10^{-4}	5.0×10^{-4}	1.0×10^{-3}	2.0×10^{-3}

6. 离子交换是借助于固体离子交换剂中的离子与稀溶液中的离子进行交换，以达到提取或去除溶液中某些离子的目的，是一种属于传质分离过程的单元操作，离子的交换速度是离子交换的重要指标。请回答离子交换速度有什么实际意义？影响离子交换速度的因素有哪些？交联度的大小对离子交换树脂有何影响？

7. 以二氯甲烷（MC）为溶剂，用逆流萃取法从二甲基甲酰胺（DMF）、二甲胺（DMA）和甲酸（FA）水溶液中回收 DMF，操作条件见附图(a)，在操作条件下除 DMF 外的其他组分的分配系数可认为是恒定的，见下表。DMF 的分配系数曲线见附图(b)。试用集团法估算萃取液与萃余液的流量及组成。

组分	MC	FA	DMA	W
m(分配系数)	40.2	0.005	2.2	0.003

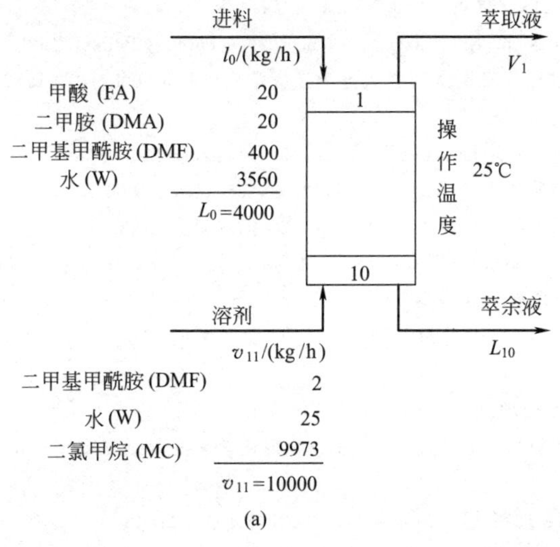

(a)

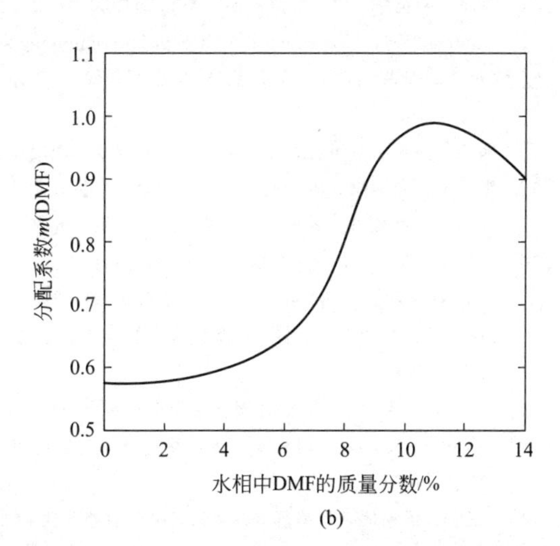

(b)

习题 7 附图

8. 超临界 CO_2 萃取的特点决定了其应用范围十分广阔。如在医药工业中，可用于中草药有效成分的提取、热敏性生物制品药物的精制及脂质类混合物的分离；在食品工业中，啤酒花的提取、色素的提取等；在香料工业中，天然及合成香料的精制；在化学工业中混合物的分离等。说明在超临界萃取中CO_2作为溶剂的主要特征是什么？

9. 某工厂采用超滤分离聚乙烯醇水溶液，由于浓差极化现象，使得透过通量降低，试分析应采取哪些措施以减小浓差极化现象。

10. 膜分离是在20世纪初出现，20世纪60年代后迅速崛起的一门分离新技术。目前已广泛应用于各领域产生了巨大的经济效益和社会效益，成为当今分离科学中最重要的手段之一，此外化工中还有许多别的分离方法，弄清楚每一种分离方法的特点与应用范围，才能选择合适的方法实现低能耗完成分离要求，因此请尽可能全面地说明膜分离与下列操作的不同。

(1) 吸附和脱附；(2) 精馏；(3) 液液萃取；(4) 萃取精馏。

11. 厚2μm，孔径为1nm的二氧化碳-玻璃膜，被用在100℃下从CO中分离H_2。该膜对氢气和一氧化碳的渗透率分别为6.7×10^{-14} mol·m/(m^2·s·Pa) 和2.34×10^{-16} mol·m/(m^2·s·Pa)。如果H_2和CO的分压推动力分别为1654800Pa和551600Pa。试计算通过膜的速率。

12. 利用反渗透膜组件脱盐，操作温度为25℃，进料侧的水中NaCl含量为1.8%（质量分数），压力为6.896MPa，渗透侧的水中NaCl的含量为0.05%（质量分数），压力为0.345MPa。所采用的特定膜对水和盐的渗透系数分别为1.0859×10^{-4} g/(cm^2·s·MPa) 和16×10^{-6} cm/s假设膜两侧的传质阻力可忽略，水的渗透压可用$\pi=RT\sum m_i$计算，m_i为水中溶解离子或非离子物质的摩尔体积，试分别计算出水和盐的通量。

参 考 文 献

[1] 徐东彦，叶庆国，陶旭梅. 分离工程（英文版）[M]. 北京：化学工业出版社，2011：189-205，206-215，216-227，241-254.

[2] 赵德明. 分离工程 [M]. 杭州：浙江大学出版社，2011：241-259，260-269.

[3] 邓修，吴俊生. 化工分离工程 [M]. 北京：科学出版社，2013：371-383，184-250.

[4] 李军，卢英华. 化工分离前沿 [M]. 厦门大学出版社，2011：37-99，260-284，125-177.

[5] Thomas W J，Crittenden B. Adsorption technology and design [M]. Elsevier Science & Technology Books，1998.

[6] （英）理查森，（英）哈克著. 化学工程第2卷B分离过程 [M]. 大连：大连理工大学出版社，2008：970-1052，1053-1076.

[7] 熊伟，郭为，刘洪林. 页岩的储层特征以及等温吸附特征 [J]. 天然气工业，2012，32 (1)：113-116.

[8] 张永春，周锦霞，郭新闻. 乙烯的物理吸附机理和化学吸附机理 [J]. 化工学报，2004，55 (11)：1900-1902.

[9] 杨国华，黄统琳，姚忠亮等. 吸附剂的应用研究现状和进展 [J]. 化学工程与装备，2009，(6)：84-88.

[10] Heinen A W，Peters J A，Van Bekkum H. Competitive adsorption of water and toluene on modified activated carbon supports [J]. Applied Catalysis A：General，2000，194-195：193-202.

[11] 唐雪娇，曹梦，毕成良. 新型吸附剂的合成、表征及其对Ni(Ⅱ) 的吸附研究 [J]. 化学学报，2007，65 (23)：2771-2775.

[12] 高超，王启山. 吸附法处理含酚废水的研究进展 [J]. 水处理技术，2011，37 (1)：1-4.

[13] 孙小莉，曾庆轩，冯长根. 多胺型阴离子交换纤维吸附铬（Ⅵ）的动力学 [J]. 物理化学学报，2009，25 (10)：1951-1957.

[14] 王宁，侯艳伟，彭静静等. 生物炭吸附有机污染物的研究进展 [J]. 环境化学，2012，1 (3)：287-295.

[15] 孔黎明，张婷，王佩德等. 活性炭纤维吸附石化废水中苯酚的吸附平衡及动力学 [J]. 化工学报，2015，66 (12)：4874-4883.

[16] 吴志坚，刘海宁，张慧芳. 离子强度对吸附影响机理的研究进展 [J]. 环境化学，2010，29 (6)：997-1003.

[17] 胡蓉，杨明磊，钱锋. 基于多目标教学优化算法在二甲苯吸附分离过程优化中的应用 [J]. 化工学报，2015，(1)：

326-332.

[18] 张芳芳，丁玉栋，朱恂等. 13X-APG 粒状沸石在固定床吸附器中的 CO_2 吸附特性 [J]. 热科学与技术，2013，12 (1)：14-19.

[19] 柯玉娟，王巍，王元辉. 变温吸附技术在有机气体治理中的应用 [J]. 重型机械，2010，(S2)：50-53.

[20] Xu J G，Pillarella M R，Dee D P. Single bed pressure swing adsorption process [P]. US 6425938，2002.

[21] 杨华伟. 真空变压吸附分离氮甲烷过程模拟与优化 [D]. 天津：天津大学，2013.

[22] 祝显强，刘应书，杨雄，等. 我国变压吸附制氧吸附剂及工艺研究进展 [J]. 化工进展，2015，(1)：19-25.

[23] Shivaji S. Pressure swing adsorption [J]. Industrial & Engineering Chemistry Research，2002，41：1389-1392.

[24] 宋丽军. 采用变温变压吸附技术回收聚氯乙烯生产中的精馏尾气 [J]. 中国氯碱，2011，(11)：11-13.

[25] Zagorodni A A. Ion exchange materials properties and applications [M]. Oxford：Elsevier Science，2007.

[26] 侯新刚，潘佼，王玉棉等. 用离子交换法从低浓度硫酸镍溶液中回收镍 [J]. 兰州理工大学学报，2010，36 (5)：19-22.

[27] 王滢秀. 强碱性阴离子交换树脂在海水提溴中的应用 [D]. 青岛：中国海洋大学，2011.

[28] Mahore J G，Wadher K J，Umekar M J，et al. Ion exchange resins：Pharmaceutical applications and recent advancement [J]. International Journal of Pharmaceutical Sciences Review and Research，2010，1 (2)：8-13.

[29] 范云鸽，肖国林. 耐高温强碱阴离子交换树脂研究进展 [J]. 离子交换与吸附，2005，21 (4)：376-384.

[30] 王菲，王连军，孙秀云. 强酸性阳离子交换树脂对铅的吸附行为及机理 [J]. 中国有色金属学报，2008，18 (3)：564-569.

[31] 周潇. 离子交换树脂的再生 [J]. 当代化工，2011，40 (8)：817-819.

[32] 戴猷元编著. 液液萃取化工基础 [M]. 北京：化学工业出版社，2015.

[33] 马珊珊. 液-液萃取分离体系萃取剂的选择 [D]. 天津：天津大学，2009.

[34] 李瑞，崔现宝，吴添等. 基于 COSMO-SAC 模型的离子液体萃取剂的选择 [J]. 化工学报，2013，64 (2)：452-469.

[35] 曹宇锋，顾正桂，施磊等. 液液萃取分离乙酸甲酯与甲醇水溶液的模拟计算 [J]. 化学工程，2012，40 (12)：57-59.

[36] 李文涛. 液液萃取相平衡的研究及工程应用 [D]. 上海：华东理工大学，2012.

[37] 杨梅. 液液萃取法分离醋酸丁酯-丁醇-水的研究 [D]. 南京师范大学，2014.

[38] 李伟敏，顾正桂，管小伟. 液液萃取分离硫辛酸-乙醇-水体系的模拟计算 [J]. 计算机与应用化学，2007，24 (9)：1228-1230.

[39] 陈洪钫，刘家祺. 化工分离过程 [M]. 第 2 版. 北京：化学工业出版社，2014：282-287.

[40] 方立超. 临界萃取技术及其应用 [J]. 化学推进剂与高分子材料，2009，7 (4)：34-36.

[41] Abbas K A，Mohamed A，Abdulamir A S，et al. A review on supercritical fluid extraction as new analytical method [J]. American Journal of Biochemistry and Biotechnology，2008，4 (4)：345-353.

[42] Herrero M，Mendiola J A，Cifuentes A，et al. Supercritical fluid extraction：Recent advances and applications [J]. Journal of Chromatography A，2010，1217 (16)：2495-2511.

[43] 崔洪友，王景华，魏书芹等. 超临界 CO_2 萃取分离生物油 [J]. 山东理工大学学报：自然科学版，2010，24 (6)：1-5.

[44] 陈永光，韩照明，葛海龙等. 减压渣油超临界萃取分离与结构研究 [J]. 当代化工，2012，41 (2)：129-132.

[45] 王红，王子军，王翠红等. 加氢渣油超临界流体萃取分离及产物性质研究 [J]. 石油炼制与化工，2014，45 (5)：72-76.

[46] 薛丁丁，刘振学，于洪观. 煤的超临界流体萃取研究进展 [J]. 应用化工，2013，42 (8)：1501-1504.

[47] Seader J D. Separation process principles [M]. 3rd. New York：John Wiley & Sons，2010：713-773.

[48] 魏刚. 化工分离过程与案例 [M]. 北京：中国石化出版社，2009：213-232.

[49] 任建新. 膜分离技术及其应用 [M]. 北京：化学工业出版社，2005.

[50] 王华，刘艳飞，彭东明等. 膜分离技术的研究进展及应用展望 [J]. 应用化工，2013，42 (3)：532-534.

[51] 陈默，曹端林，李永祥等. 新型膜分离技术的研究进展 [J]. 山东化工，2011，40 (5)：31-33.

[52] Krull F F，Fritzmann C，Melin T. Liquid membranes for gas/vapor separations [J]. Journal of Membrane Science，2008，325 (2)：509-519.

[53] 李富祥，李雪铭. 微絮凝-超滤-膜系统深度处理印染废水 [J]. 环境工程学报，2010，4 (3)：607-610.

[54] 沈悦啸，王利政，莫颖慧等. 微滤、超滤、纳滤和反渗透技术的最新进展［J］. 中国给水排水，2010，26（22）：1-5.
[55] 许骏，王志，王纪孝等. 反渗透膜技术研究和应用进展［J］. 化学工业与工程，2010，27（4）：351-357.
[56] 李凤娟，王薇，杜启云. 反渗透膜的应用进展［J］. 天津工业大学学报，2009，28（2）：25-29.
[57] 康莹莹，宋玉栋，周岳溪等. 电渗析在丙烯酸丁酯废水预处理中的应用［J］. 环境工程学报，2011，05（3）：494-498.
[58] 涂丛慧，王晓琳. 电渗析法去除水体中无机盐的研究进展［J］. 水处理技术，2009，35（02）：14-18.
[59] Pandey P，Chauhan R S. Membranes for gas separation［J］. Progress in Polymer Science，2001，26（6）：853-893.
[60] 侯丹丹，刘大欢，阳庆元等. 金属-有机骨架材料在气体膜分离中的研究进展［J］. 化工进展，2015，（8）：2907-2915.
[61] 孙翀，李洁，孙丽艳等. 气体膜分离混合气中二氧化碳的研究进展［J］. 现代化工，2011，31（z1）：19-23.
[62] 阮雪华，焉晓明，代岩等. 气体膜分离技术用于石油化工节能降耗的研究进展［J］. 石油化工（上），2015，44（7）：785-790；（下），2015，44（8）：905-911.
[63] 张牡丹，张丽娟，刘关等. 液膜分离技术及其应用研究进展［J］. 化学世界，2015，56（8）：506-512.
[64] Bödeker K W. Liquid separations with membranes［M］. Berlin：Springer，2008.
[65] 王东，韩洋. 液膜分离技术及其在工业废水处理中的应用［J］. 化学工程师，2014，28（5）：55-57.
[66] 李青松，李可彬，李飞. 乳状液膜分离技术的研究进展［J］. 当代化工，2009，38（1）：75-77.